HISTOIRE DES SCIENCES

Sous la direction de
PHILIPPE DE LA COTARDIÈRE

HISTOIRE DES SCIENCES

DE LA PRÉHISTOIRE À NOS JOURS

TALLANDIER

18, rue Dauphine – 75006 Paris

SOMMAIRE

CHAPITRE II

La physique, par Michel Crozon

CHAPITRE III

L'astronomie, par Denis Savoie et Jean-Louis Heudier

CHAPITRE IV

La chimie, par Olivier Lafont

CHAPITRE V

Les sciences de la Terre, par Yves Gautier

INTRODUCTION

Philippe de La Cotardière

La quête permanente de la connaissance, de la compréhension du monde, est l'une des manifestations de l'intelligence humaine. L'interprétation des signes du ciel a sans doute constitué, dès la préhistoire, la première tentative de « décodage » de la nature. Plus tard, les civilisations du Proche-Orient, de l'Inde et de la Chine, ont accumulé progressivement un riche savoir empirique, notamment en mathématiques, en astronomie, en médecine, en botanique...

La science proprement dite se constitue en Grèce, à partir du VIe siècle avant notre ère. Autour d'Athènes et de quelques cités qui se gouvernent elles-mêmes, puis à Alexandrie, qui capitalise le savoir des Égyptiens et des Babyloniens, penseurs et philosophes développent un mode de connaissance nouveau, centré sur la recherche de la preuve et de la démonstration. De Thalès à Archimède, d'Hippocrate à Euclide, les Grecs inventent une nouvelle façon de penser le monde, où quelques principes régissent l'ensemble des processus.

Au Moyen Âge, le monde arabe reprend le flambeau. Du VIIIe au XVe siècle, les savants arabes mènent les recherches les plus avancées de leur temps. Ils vont transmettre à l'Europe, à partir du XIIe siècle, une moisson de connaissances, certaines héritées de l'Antiquité grecque ou indienne, d'autres relevant de leur propre apport, principalement en mathématiques, en astronomie et en médecine.

Du milieu du XVIe siècle à la fin du XVIIIe, l'Occident connaît une révolution scientifique : c'est la période de la « science classique », qui marque l'avènement de la science moderne. Inaugurée par l'hypothèse héliocentrique de Copernic – la Terre ne trône plus, immobile, au centre de l'Univers, mais tourne autour du Soleil comme les autres planètes –, elle se développe jusqu'au transformisme de Lamarck et à la mécanique analytique de Lagrange, qui préparent respectivement, au XIXe siècle, au darwinisme (en biologie) et au concept de champ (en physique). Cette période se caractérise par quelques grandes découvertes, telles les lois du mouvement des planètes (Kepler), la loi de la chute des corps pesants (Galilée). la circulation du sang (Harvey), l'algébrisation de la géométrie (Descartes), la loi de la gravitation (Newton)... Mais elle marque surtout l'avènement d'une nouvelle démarche intellectuelle mêlant expérimentation et mathématisation, de telle sorte que les phénomènes de la nature puissent être reconstruits à l'intérieur du domaine de l'intelligibilité mathématique. Désormais, les savants n'ont de cesse d'observer, de mesurer, de classer, d'expliquer, de prévoir...

Au XIXe siècle, les sciences se développent, se spécialisent tout en s'interpénétrant, et s'étendent à de nouveaux domaines. On assiste au développement de la thermodynamique, de l'électromagnétisme, de la chimie organique, des géométries non-euclidiennes, de l'astrophysique, de la théorie de l'évolution des espèces. Ce mouvement s'amplifie au XXe siècle avec, d'abord, la naissance de la génétique, le bouleversement introduit par la théorie de la relativité, la révolution de la physique quantique ; puis de grandes mutations par lesquelles certains domaines scientifiques vont prendre un essor considérable, élargissant les champs d'investigation de l'infiniment petit à l'infiniment grand : la physique des particules, la biologie moléculaire, la génétique, la planétologie, l'astrophysique des galaxies, etc.

Science et société

Parallèlement, le statut du chercheur a évolué. Au XXe siècle, la science est une activité sociale, collective et institutionnalisée, dont les applications peuvent produire des effets bénéfiques ou néfastes pour l'homme. Mobilisant des centaines de milliers de personnes dans le monde, nécessitant des équipements de plus en plus coûteux, la recherche n'est plus l'affaire des seuls chercheurs. Elle est désormais tributaire de choix politiques, économiques, industriels, militaires.

Malgré l'admiration déférente qu'il suscite encore, le savant n'est plus considéré comme le symbole du progrès humain, de la construction d'un avenir meilleur. L'ère du scientisme, qui connut son âge d'or dans la seconde moitié du XIXe siècle, est bien révolue. L'opinion nourrit désormais des idées paradoxales vis-à-vis de la science, qui fascine autant qu'elle inquiète. La découverte de l'Univers jusqu'à des milliards d'années-lumière, l'exploration des planètes voisines, la quête d'autres systèmes solaires font rêver, les prouesses de la chirurgie forcent l'admiration, mais d'autres avancées de la médecine, celles de la biologie, les expérimentations sur l'embryon humain, les manipulations des gènes, le clonage... soulèvent d'importants débats. Le progrès sans précédent des sciences et des techniques influence plus directement qu'auparavant les choix de société. Dans des domaines tels que la santé, l'alimentation, l'énergie et l'environnement, on revendique à présent le droit d'être informé non seulement sur les perspectives qui s'ouvrent, mais également sur les interrogations des spécialistes. C'est l'une des raisons pour lesquelles la demande d'information scientifique est, aujourd'hui, particulièrement forte.

Les étapes essentielles de l'acquisition du savoir

Ce contexte justifie, à lui seul, la publication d'une nouvelle histoire des sciences, destinée à un large public. Organisé en six grandes parties correspondant aux principaux champs du savoir (mathématiques, physique, chimie, astronomie, sciences de la Terre, sciences de la vie), le présent ouvrage ne prétend pas relater en détail et de façon exhaustive l'épopée scientifique de l'humanité, mais retracer avec clarté les étapes essentielles de l'acquisition des connaissances, dans chaque domaine. Chacun des auteurs s'est appliqué à exposer, en langage simple, les épisodes majeurs de ce long cheminement conjugué de la théorie, de l'observation et de l'expérimentation, marqué par une succession d'hypothèses, de controverses et de découvertes auxquelles ont participé des générations de chercheurs. Sans omettre de donner un aperçu des avancées les plus récentes et des connaissances actuelles – parfois encore très fragmentaires, et de toute manière provisoires – afin de faire mieux percevoir au lecteur les enjeux des recherches en ce début du XXIe siècle. Ce récit des efforts déployés par l'intelligence humaine depuis des millénaires pour comprendre le monde et ses phénomènes est aussi une manière de souligner la dimension culturelle de la science, encore trop souvent négligée.

Chapitre I

LES MATHÉMATIQUES

Quand l'homme s'est-il mis à exercer une activité mathématique ? Avant d'essayer de répondre, précisons un peu le sens même de cette expression. On pourrait qualifier de mathématique toute activité où intervient un raisonnement suivant des règles bien définies et comportant des aspects quantitatifs : jouer aux dés, faire du troc, rendre la monnaie, carreler un sol, etc. : les exemples de mathématiques pratiquées quotidiennement, et en général à notre insu, sont légion. Mais on prendra ici les mathématiques et leur histoire dans une acception plus restreinte, à savoir les mathématiques en tant que science : un ensemble de concepts et de méthodes explicitement énoncés, qui s'enrichit avec les siècles.

PREMIERS NOMBRES, PREMIÈRES MATHÉMATIQUES

Selon cette acception, les débuts du savoir mathématique se confondent avec l'émergence des nombres entiers (comme 2, 7 ou 30). Ce concept abstrait, mais indispensable pour quantifier, a probablement été inventé dès la préhistoire, comme le suggèrent quelques rares indices matériels. Le plus ancien est un os de babouin découvert dans le sud de l'Afrique et datant d'il y a 37 000 ans. Il comporte vingt-neuf entailles et ressemblerait aux bâtons-calendriers actuels des Bochimans. Un autre vestige bien connu des spécialistes est l'os d'Ishango, vieux d'une vingtaine de milliers d'années et trouvé à l'est de la République démocratique du Congo ; ses incisions font penser à un calendrier lunaire semestriel.

Il est possible que de tels objets témoignent d'un savoir ou d'une pratique numériques ; ceux-ci seraient donc de loin antérieurs à l'invention de l'écriture, dans la deuxième moitié du IVe millénaire [1]. Mais ces pièces sont trop rares et trop peu explicites pour que l'on puisse étayer davantage cette interprétation.

Les premières preuves véritables de l'utilisation de nombres par l'homme remontent à près de quatre mille ans avant notre ère. Elles ont été découvertes en Mésopotamie, dans l'Irak et l'Iran actuels, où sont apparues les plus anciennes civilisations connues. Parmi les objets légués par ces sociétés figurent des boules d'argile creuses contenant de petits jetons, également d'argile, de taille et forme diverses. Ces bulles sont sans doute une forme primitive d'enregistrement comptable : les jetons symbolisaient des quantités de biens, comme du bétail ou des céréales, tandis que la surface de la bulle portait le sceau de leur propriétaire, d'un vérificateur officiel, etc.

Ces outils rudimentaires de comptabilité se sont transformés au fil des siècles, évolution qu'ont précisée récemment – ces trente dernières années – les travaux des historiens et des archéologues. Les bulles ont d'abord porté des marques extérieures, réalisées en appuyant les jetons contre l'argile avant de les y enfermer : grâce à ces marques, il n'était plus besoin de casser les bulles pour connaître leur contenu. Puis, vers la fin du IVe millénaire, les bulles se sont aplaties pour devenir des tablettes et les jetons intérieurs ont disparu. Et pour imprimer des marques dans l'argile, on s'est mis à utiliser une pointe de roseau. Cet outil allait servir à la fois à indiquer les quantités de biens et à inscrire des signes précisant la nature des biens ; autrement dit, c'est avec le développement de la comptabilité et de la représentation des nombres qu'est née l'écriture.

Les mathématiques mésopotamiennes

Progressivement, avec l'accroissement des échanges commerciaux et le développement des cités-États, puis d'empires plus centralisés comme ceux d'Assyrie et de Babylone, les divers systèmes en usage en Mésopotamie pour l'écriture des nombres et des

---

[1] L'écriture apparaît sous forme pictographique à Sumer, vers 3500 avant J.-C. Vers 3000, elle devient cunéiforme (littéralement : « en forme de clous »).

mesures se sont unifiés. Au début du IIe millénaire, alors que l'écriture cunéiforme est désormais en place, un système numérique unique s'impose.

Il s'agit d'un système de numération sexagésimal, c'est-à-dire fondé sur la base soixante, et non sur la base décimale qui nous est familière *(voir l'encadré page suivante)*. Les unités de temps que nous utilisons aujourd'hui – 60 secondes dans une minute, 60 minutes dans une heure – constituent un lointain souvenir de ce système, peut-être motivé par le grand nombre d'entiers (2, 3, 4, 5, 6, 10, 12, 15, 20, 30) qui divisent 60.

Durant la période dite de la troisième dynastie d'Ur (XXIe siècle avant J.-C.), les mathématiques mésopotamiennes étaient très liées au contexte pratique et administratif. On rencontre toutefois des textes contenant des exercices mathématiques, par exemple de division de grands nombres, destinés à l'apprentissage des scribes et éloignés de cas réels. Des mathématiques « pures », non strictement utilitaires, se sont épanouies au cours de la période dite archaïque, de 1900 à 1600 avant J.-C. Globalement, le savoir mathématique des scribes mésopotamiens, même si son style était très peu théorique, allait bien au-delà d'une arithmétique élémentaire. Les scribes disposaient de tables de multiplication, de conversion entre différentes unités, d'intérêts composés, des tables donnant les carrés, les cubes ou les racines carrées des nombres, etc. Ils avaient des méthodes, qu'ils ne justifiaient pas, par exemple pour trouver avec une bonne approximation la racine carrée d'un nombre entier. Ils savaient calculer l'aire d'un triangle rectangle, d'un rectangle, d'un trapèze rectangle. S'il fallait déterminer l'aire d'un champ de forme plus compliquée, ils décomposaient celui-ci en morceaux d'aire connue. Pour calculer l'aire d'un cercle, ils divisaient par 12 le carré de sa circonférence, et cette circonférence était obtenue en triplant le diamètre – ce qui revient à prendre $\pi = 3$ au lieu de 3,14159...

Du côté de l'algèbre également, les Mésopotamiens n'avaient pas à rougir de leurs compétences. Ils se donnaient des exercices qui équivaudraient, dans nos notations modernes, à résoudre des équations linéaires (comme $2x + 7 = 8$, où x est l'inconnue), des équations du second degré (comme $x^2 + x = 10$) ou du troisième degré (comme $x^2[x + 1] = 12$). Certes, les problèmes de ce genre étaient formulés sous forme géométrique ; l'un d'eux, par exemple, consiste à trouver le côté d'un carré sachant que l'aire moins le côté vaut 870 (ce qui revient à résoudre $x^2 - x = 870$). Mais le fait que les scribes

Le système sexagésimal des Babyloniens

Le système de numération en vigueur dans la Mésopotamie ancienne utilisait seulement deux symboles différents, l'un pour le nombre 1, l'autre pour le nombre 10. Par exemple, les nombres 13 et 43 s'écrivaient respectivement :

 et 

Pour représenter les nombres supérieurs à 60, les « chiffres » avaient une valeur dépendant de leur position, comme dans notre système moderne. Quand nous écrivons 342, par exemple, nous voulons dire le nombre $3 \times (10)^2 + 4 \times (10)^1 + 2 \times (10)^0$: de droite à gauche, le chiffre désigne le nombre d'unités, puis celui des dizaines, puis celui des centaines, etc. Le système mésopotamien est analogue, sauf que la base est 60 et non 10 ; de droite à gauche, on avait donc les unités, puis les soixantaines, puis les soixantaines au carré, etc. Ainsi, l'écriture

représentait le nombre $23 \times (60)^2 + 12 \times (60)^1 + 5 \times (60)^0$, c'est-à-dire $23 \times 3\,600 + 12 \times 60 + 5 = 83\,525$.

Le même principe permettait de représenter des nombres fractionnaires, l'écriture  pouvant ainsi désigner le nombre $2 \times (60)^0 + 20 \times (60)^{-1}$, c'est-à-dire $2 + 20/60 = 7/3$. On voit ici l'un des défauts du système mésopotamien, puisque  pouvait également représenter le nombre $2 \times (60)^1 + 20 \times (60)^0$, c'est-à-dire 140, ou encore le nombre $2 \times (60)^2 + 20 \times (60)^1$, c'est-à-dire 8 400, et ainsi de suite : les Babyloniens n'avaient pas un équivalent de notre « virgule », d'où des ambiguïtés.

Un autre défaut de ce système de numération était l'absence de signe bien défini pour le zéro, du moins jusqu'au IVe siècle avant J.-C. ; par exemple, 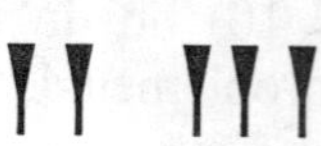 pouvait aussi bien désigner $2 \times 60 + 3$ que $2 \times (60)^2 + 3$.

n'aient pas eu de scrupules à additionner ou soustraire des aires à des longueurs montre une certaine capacité d'abstraction et un goût pour des problèmes à caractère purement mathématique. Quatre mille ans après, dans les domaines de l'arithmétique, de l'algèbre ou de la géométrie, le savoir mésopotamien – ou plutôt le savoir-faire, dans la mesure où il s'agit davantage de procédés et de recettes que de raisonnements théoriques et explicites – a de quoi impressionner, d'autant plus qu'il n'y avait pas de notations condensées, à la manière de nos symboles algébriques modernes, pour faciliter la tâche.

Les mathématiques de l'Égypte ancienne

Une autre civilisation de la Haute Antiquité exhibant un savoir mathématique significatif est celle de l'Égypte ancienne, de la fin du IVe millénaire jusqu'en 332 avant notre ère, date de la conquête de l'Égypte par Alexandre le Grand. Ce savoir était détenu par les scribes, qui comptabilisaient les impôts, les salaires ou les récoltes, déterminaient la superficie des champs ou effectuaient des conversions entre systèmes de mesure différents. Les documents spécifiquement mathématiques qui nous sont parvenus comportent d'ailleurs essentiellement des tables de calculs et des problèmes avec leurs solutions, manifestement destinés à l'apprentissage des scribes.

Ces vestiges sont peu nombreux : principalement cinq papyrus, un parchemin de cuir, deux tablettes en bois, datés de 2000 à 1650 environ avant J.-C. Le plus célèbre est le « papyrus de Rhind », du nom de l'Anglais qui l'acheta à Louxor en 1858. Conservé au British Museum (Londres), il a été composé vers 1650 avant J.-C., par un scribe nommé Ahmès, qui précise qu'il s'agit d'une copie d'un papyrus vieux de deux siècles. Il contient au recto de longues listes de divisions, et au verso quelque quatre-vingt-cinq problèmes.

À quoi les mathématiques égyptiennes ressemblaient-elles ? Tout d'abord, leur système d'écriture des nombres était décimal, comme le nôtre. Dans l'écriture hiéroglyphique, il y avait des symboles distincts pour 1, 10, 100, etc., jusqu'à 1 000 000. En général, ils étaient disposés dans n'importe quel ordre horizontal ou vertical, et chacun était reproduit en autant d'exemplaires que nécessaire pour représenter le nombre visé. Par exemple, 16 pouvait s'écrire

∩ IIIIII, 23 pouvait s'écrire III∩∩. L'écriture hiéroglyphique, utilisée pour les monuments et les inscriptions officielles, n'était cependant pas la plus courante. Dans leurs papyrus, les scribes employaient l'écriture dite hiératique, forme cursive plus commode et plus condensée.

Les Égyptiens connaissaient, outre les nombres entiers, les nombres fractionnaires, qu'ils voyaient comme des inverses d'entiers. Ils utilisaient donc seulement ce que nous appelons des fractions unitaires, c'est-à-dire telles que 1/4 ou 1/17, dont le numérateur est 1 (cet usage s'est conservé chez les Grecs et jusqu'au Moyen Âge). Ces fractions étaient notées en surmontant le nombre correspondant au dénominateur d'un signe (un ovale dans l'écriture hiéroglyphique, un point dans l'écriture hiératique). La seule fraction non unitaire admise était 2/3, désignée par un symbole spécifique. Qui plus est, les scribes égyptiens se refusaient à répéter la même fraction unitaire : au lieu d'écrire, mettons, 1/7 + 1/7 + 1/7 + 1/7 pour 4/7, ils se livraient à des calculs parfois élaborés et fastidieux ou s'aidaient de tables pour obtenir une écriture sans répétition, soit 1/2 + 1/14 dans le présent exemple.

Les papyrus mathématiques et les problèmes qui y sont traités nous indiquent quelques méthodes arithmétiques, algébriques ou géométriques utilisées par les anciens Égyptiens. On ne sait comment les scribes additionnaient ou soustrayaient les nombres, mais on connaît leur méthode pour multiplier (ou pour diviser), qui consistait à doubler successivement l'un des nombres puis à faire la somme de certains des résultats *(voir l'encadré page suivante)*.

Une méthode intéressante, de nature algébrique, que l'on trouve aussi dans des civilisations plus tardives (jusqu'à la Renaissance en Europe), est celle dite de la *fausse position* ou de la *fausse supposition*. Elle servait à résoudre ce que nous appelons aujourd'hui des équations linéaires. On peut l'illustrer sur l'un des problèmes du « papyrus de Rhind », dont l'énoncé est : « une quantité et son septième font ensemble 19 ; quelle est-elle ? » Pour obtenir la réponse, le scribe part d'un nombre arbitraire, provisoirement supposé être la solution. Le plus simple est de prendre 7, dont le septième vaut 1. Comme 7 + 1 = 8 et non 19 comme souhaité, la bonne réponse s'obtient en multipliant 7 par 19/8, ce qui donne 133/8, ou 16 + 1/2 + 1/8. Le scribe effectue ensuite une vérification, pour s'assurer que le résultat est juste.

Multiplier à la manière égyptienne

Pour illustrer la méthode employée par les Égyptiens anciens pour multiplier (ou diviser) des nombres, prenons la multiplication 19×32. Ils écrivaient successivement :

1	32
2	64
4	128
8	256
16	512

où chaque ligne correspond au double de la précédente (en l'additionnant à elle-même). Ils dressaient ainsi une table signifiant

$$\begin{aligned} 1 \times 32 &= 32 \\ 2 \times 32 &= 64 \\ 4 \times 32 &= 128 \\ 8 \times 32 &= 256 \\ 16 \times 32 &= 512 \end{aligned}$$

Ils cochaient ensuite les lignes dont la somme des premiers termes est égale à 19 ; il s'agit de la première (1), de la deuxième (2) et de la cinquième (16), puisque $19 = 1 + 2 + 16$. Et ils additionnaient les résultats correspondants $(32 + 64 + 512)$ pour obtenir $19 \times 32 = 608$

En d'autres termes, la procédure suivie par les scribes égyptiens revient à décomposer la multiplication 19×32 sous la forme :

$$19 \times 32 = (1 + 2 + 16) \times 32 = (1 \times 32) + (2 \times 32) + (16 \times 32),$$

calcul qui ne faisait intervenir que des additions. Les divisions se faisaient d'après le même principe, appliqué en sens inverse.

Comme en arithmétique, le savoir géométrique des scribes égyptiens se traduit en général par des procédures de calcul à suivre, présentées au moyen d'exemples construits avec des nombres concrets. Dans un problème du « papyrus de Rhind », l'auteur affirme ainsi que l'aire du cercle de diamètre 9 unités est la même que celle d'un carré de côté 8 unités. Autrement dit, pour calculer l'aire d'un cercle, la prescription est d'ôter un neuvième du diamètre et d'élever au carré le résultat ; si l'on compare à l'expression exacte πr^2, cela revenait à prendre $\pi = 256/81 = 3,16049...$, ce qui était une très bonne approximation. Un autre « exploit » des scribes égyptiens était de savoir calculer le volume d'une pyramide tronquée ; la procédure suivie équivalait à appliquer la formule exacte que l'on connaît aujourd'hui.

Comme avec l'aire du cercle ou d'autres questions, on ne sait pas, cependant, si les méthodes des scribes avaient un fondement théorique, si elles étaient démontrées d'une manière ou d'une autre, ni si les scribes avaient conscience du caractère approximatif ou exact du résultat donné par telle ou telle méthode. Comme les mathématiques babyloniennes, les mathématiques égyptiennes étaient essentiellement liées à des problèmes pratiques, elles avaient un caractère algorithmique – suivre une succession d'étapes de calcul pour aboutir au résultat – et cela sans que des justifications de nature théorique soient données. Mais n'oublions pas qu'on ne dispose que d'un nombre très restreint de documents archéologiques, généralement des textes d'apprentissage, ce qui peut conduire à sous-estimer la capacité d'abstraction des mathématiciens de cette époque lointaine.

L'ÉPOPÉE DES MATHÉMATIQUES GRECQUES

Avec l'essor de la civilisation grecque, à partir du VIe siècle avant J.-C., les mathématiques, et surtout la géométrie, sont entrées dans une phase extrêmement féconde. Ce sont les Grecs qui ont posé les premiers fondements solides des mathématiques, qui en ont fait une véritable discipline théorique, avec des énoncés généraux plutôt que relatifs à tel ou tel cas particulier, et qui leur ont imprimé un style viable aujourd'hui encore. C'est avec les Grecs que l'historien découvre les premières véritables démonstrations, raisonnements rigoureux sans lesquels les mathématiques d'aujourd'hui seraient inconcevables.

Quel a été le moteur de ces développements ? La question reste débattue par les historiens. On a souvent invoqué la découverte par les Grecs, au Ve siècle avant notre ère, de longueurs « incommensurables » (c'est-à-dire de nombres *irrationnels*, si l'on transcrit cela en termes modernes d'arithmétique), dont nous reparlerons plus loin [2]. La découverte aurait provoqué une crise importante, en montrant que les nombres entiers ne suffisaient pas pour décrire le monde géométrique et en soulignant la nécessité de justifier même des propriétés qui paraissaient évidentes. Cette hypothèse est aujourd'hui abandonnée par la plupart des historiens, qui mettent plutôt l'accent sur le contexte social, culturel et politique, qui s'est profondément modifié dans la Grèce du VIe siècle avant J.-C. : une nouvelle société de citoyens relativement libres et souverains émergeait, qui aurait donné une place privilégiée à la discussion et au débat public, favorisant ainsi le développement de la pensée abstraite et argumentée – la philosophie –, et des considérations mathématiques fondées sur des raisonnements rigoureux, donc persuasifs.

Thalès et Pythagore

Les débuts des mathématiques grecques sont obscurs : on ne dispose pas de documents de cette période, mais seulement de sources indirectes et ultérieures au IIIe siècle avant J.-C. environ. La tradition retient surtout deux hommes, qui seraient les deux premiers véritables mathématiciens de l'histoire : Thalès de Milet et Pythagore de Samos. Ces personnages quasi-mythiques ont sans doute existé. Mais ils n'ont laissé aucune œuvre écrite, et ce qu'on croit savoir d'eux est fortement sujet à caution, les sources d'information n'étant pas, loin s'en faut, de première main.

Thalès (v. 625-v. 547 avant J.-C.) aurait été à la fois homme d'État, ingénieur, mathématicien, astronome, philosophe, et riche négociant. Diogène Laërce, écrivain grec du IIIe siècle de notre ère, le comptait parmi les Sept Sages. Ayant vécu à Milet, en Asie mineure, Thalès aurait voyagé en Égypte et en Mésopotamie d'où il aurait rapporté certaines connaissances mathématiques. La tradition lui attribue la paternité de quelques théorèmes de géométrie élémentaire, voire de leur démonstration *(voir figure 1 page suivante)*, mais sa contribution réelle à la découverte de ces propriétés, sans parler de leurs démonstrations, reste indéterminée.

---

[2] Voir *infra*, pp. 31-35.

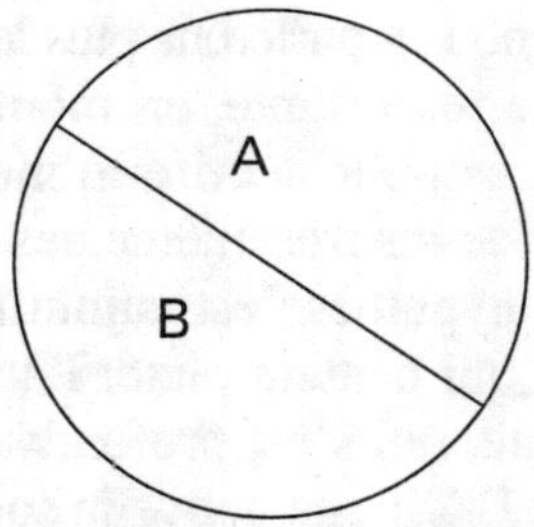

Un diamètre d'un cercle partage celui-ci en deux parties égales (A = B).

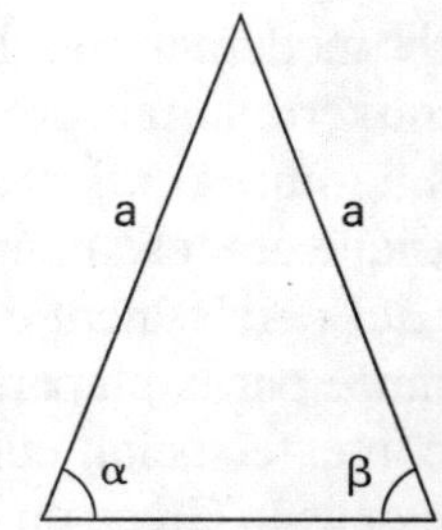

Les angles α et β à la base d'un triangle isocèle sont égaux.

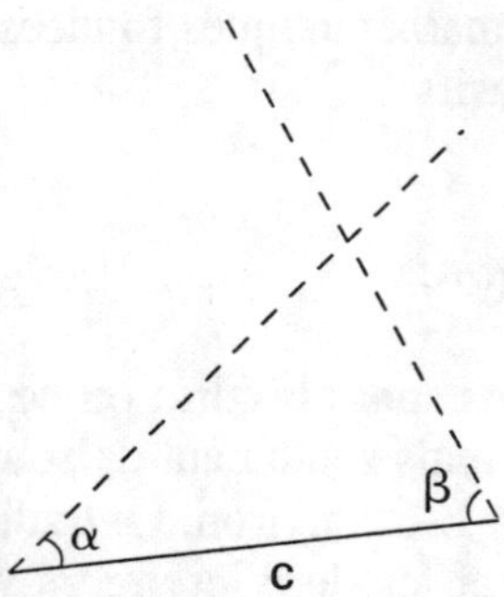

Un triangle est complètement déterminé par la donnée d'un de ses côtés et des deux angles qui l'encadrent (α, β et c déterminent un triangle unique).

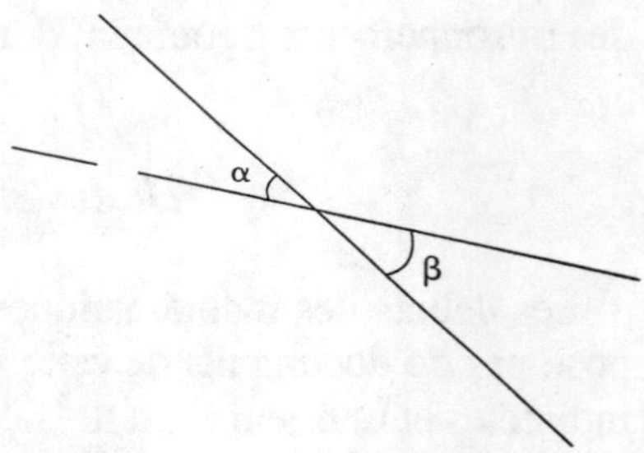

Les angles opposés de deux droites qui se coupent sont égaux (α = β).

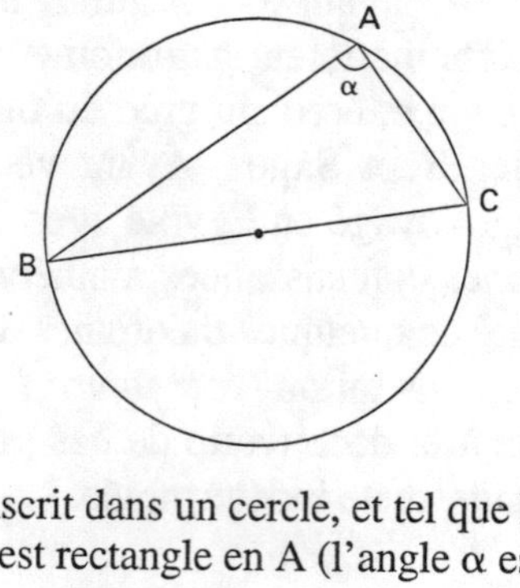

Un triangle ABC inscrit dans un cercle, et tel que BC est un diamètre du cercle, est rectangle en A (l'angle α est de 90°).

Fig. 1. – Les théorèmes attribués à Thalès

Pythagore n'est pas mieux connu. Né dans l'île de Samos, également en Asie mineure et non loin de Milet, il a vécu entre 569 et 500 avant J.-C. environ. Selon certaines sources, il aurait été l'élève de Thalès et d'un de ses disciples milésiens, Anaximandre. Comme Thalès, Pythagore a voyagé en Égypte et au Moyen-Orient, et fini par s'établir à Crotone, une colonie grecque dans le sud de l'actuelle Italie. Il y a fondé une secte à la fois religieuse, philosophique et politique, de tendance conservatrice, luttant contre le relâchement des mœurs, tentant de rapprocher l'homme du divin afin de transformer la vie de la cité, prônant le courage guerrier et la discipline. Les pythagoriciens vivaient en communauté; ils partageaient leurs découvertes, mais ne les divulguaient pas. Leurs pratiques ascétiques étaient contraintes par des tabous et des superstitions – végétariens, ils s'interdisaient par exemple de manger des fèves.

Pythagore a certainement été une figure importante de l'Antiquité, mais on ne peut aujourd'hui distinguer son travail de celui de son école, qui a perduré jusque vers 400 avant notre ère. On lui devrait les termes de philosophie (*philosophia:* «amour de la sagesse») et de mathématique (*mathèma:* «ce qui est appris»). La tradition considère qu'il a donné une nouvelle tournure aux mathématiques, en les détachant des préoccupations utilitaires. Aristote, qui ne mentionne jamais Pythagore mais seulement les pythagoriciens, attribue à ces derniers la fameuse devise «Tout est nombre», signifiant que les nombres entiers (1, 2, 3, etc.) sont l'essence du monde et de sa connaissance. Inversement, les pythagoriciens attachaient une signification mystique aux nombres (entiers), le 1 (la monade) étant l'origine des nombres et le nombre de la raison, le 2 (la dyade), le principe femelle et le nombre de l'opinion, le 3 (la triade), le principe masculin, le 4, le nombre de la justice, le 5, le nombre du mariage (car égal à 2 + 3), etc.

Mais l'école pythagoricienne a aussi légué des mathématiques plus sérieuses. Citons le célèbre «théorème de Pythagore» *(figure 2)*, quoiqu'il soit probablement antérieur à Pythagore et qu'on ne sache si ce dernier l'a démontré.

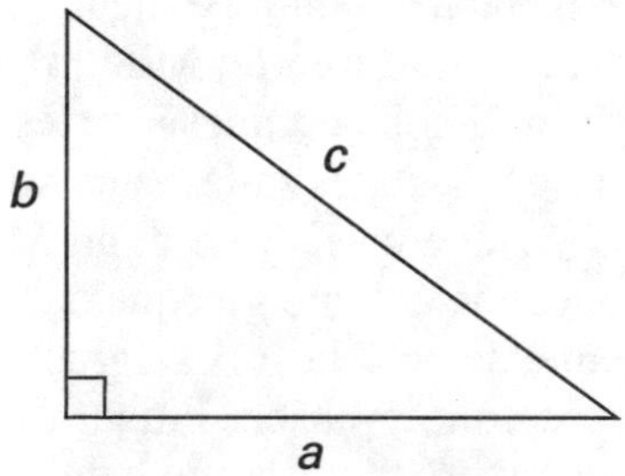

$$c^2 = a^2 + b^2$$

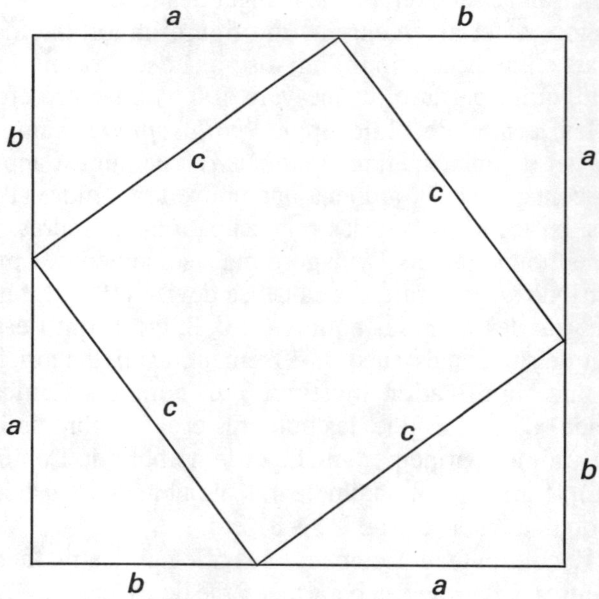

$$\text{Démonstration : } (a + b)^2 - 4 \times (\frac{1}{2} ab) = c^2$$

$$\text{d'où } c^2 = a^2 + b^2$$

Fig. 2. – Le « théorème de Pythagore », au nom probablement injustifié.

Citons également les « nombres figurés », représentations géométriques des nombres (entiers) en termes de points *(figure 3).*

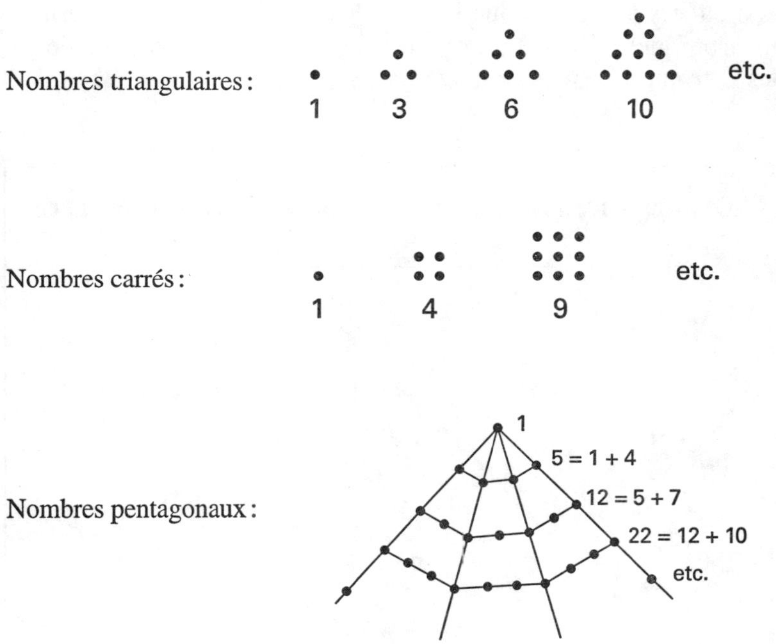

Fig. 3. – Exemples de nombres figurés des pythagoriciens.

Citons enfin une étude des proportions, c'est-à-dire d'égalités de rapports de nombres entiers, dont les pythagoriciens se sont servis pour définir les sons harmonieux en musique.

Incommensurabilité, quadrature du cercle et autres problèmes

La découverte capitale des grandeurs dites incommensurables, vers la fin du Ve siècle, a été portée au crédit des pythagoriciens. Hippase de Métaponte en est peut-être l'auteur. Il en est ainsi de la diagonale d'un carré par rapport à son côté : les longueurs de la diagonale et du côté, mesurées avec la même unité, ne peuvent être toutes deux des nombres entiers. Cela revient à dire qu'il n'existe pas d'entiers p et q tels que l'on ait $2 = (p/q)^2$; en d'autres termes, anachroniques, $\sqrt{2}$ est un nombre *irrationnel*, impossible à écrire sous la forme p/q *(voir l'encadré ci-dessous)*.

L'incommensurabilité de la diagonale et du côté d'un carré

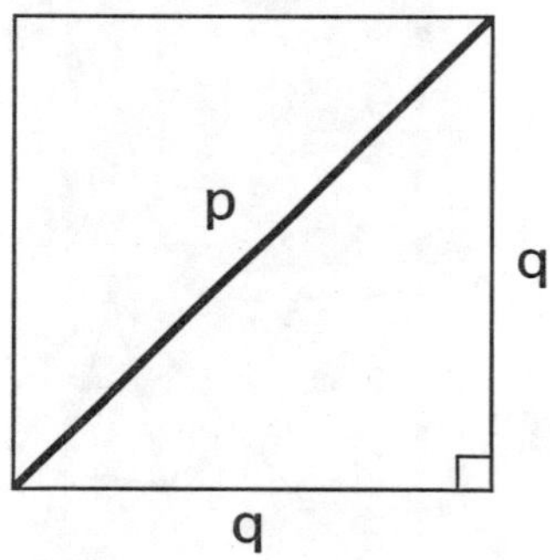

Fig. 4. – $p = q\sqrt{2}$

Si le côté du carré est q fois une unité de longueur, la longueur p de sa diagonale (mesurée avec la même unité) vérifie $p^2 = q^2 + q^2 = 2q^2$ d'après le théorème de Pythagore. Supposons que p et q soient tous deux des entiers, auquel cas la diagonale et le côté seraient commensurables. On peut considérer, quitte à redéfinir l'unité de longueur, que les entiers p et q n'ont pas de diviseur commun. Raisonnons sur la parité de p et q. Si p est pair, on peut écrire $p = 2m$ où m est entier, et $p^2 = 4m^2 = 2q^2$, d'où $q^2 = 2m^2$, ce qui implique que q^2, donc q lui-même, est pair. Mais p et q ne peuvent être pairs tous les deux, car on les a supposés sans diviseur commun. La seule possibilité restante serait que p est impair. Mais alors p^2 serait également impair, ce qui n'est pas possible non plus puisqu'il doit être égal à $2q^2$, qui est pair. Les deux cas (p pair, p impair) conduisent chacun à une contradiction, ce qui montre qu'il n'existe pas d'entiers p et q tels que $p^2 = 2q^2$, c'est-à-dire tels que $p/q = \sqrt{2}$. Soulignons que cette démonstration est de style moderne, et ce n'est probablement pas de cette manière que les Grecs ont démontré l'incommensurabilité.

Cette découverte met à mal le credo pythagoricien « Tout est nombre [entier] » [3], puisque certaines grandeurs géométriques semblent y échapper. Elle a nourri ou rejoint des interrogations profondes, liées à l'opposition discret/continu, où le concept d'infini était sous-jacent. C'est d'ailleurs dans le cadre de ces questionnements – et avant même la découverte des incommensurables – qu'entrent les fameux paradoxes (de la dichotomie, d'Achille et de la tortue, de la flèche, du stade) énoncés par Zénon d'Élée, vers le milieu du Ve siècle avant notre ère. Celui de la dichotomie affirme par exemple que le mouvement est impossible en arguant qu'un mobile, pour effectuer un parcours donné, doit d'abord parcourir la moitié de la distance, mais auparavant la moitié de cette moitié, et encore auparavant la moitié de la moitié de cette moitié, et ainsi de suite, à l'infini.

La seconde moitié du Ve siècle avant J.-C. a été qualifiée par l'historien américain Carl B. Boyer d'« époque héroïque » : de nombreux problèmes importants (dont l'incommensurabilité et les paradoxes de Zénon) y furent soulevés par des mathématiciens comme Archytas de Tarente, Hippase de Métaponte, Hippias d'Élis ou Hippocrate de Chios, alors même qu'ils ne disposaient pas des méthodes ou des concepts nécessaires pour les résoudre. C'est à cette époque que furent posés les « trois problèmes classiques » de l'Antiquité : la quadrature du cercle (étant donné un cercle, construire un carré ayant même aire), la duplication du cube (étant donné un cube, construire un cube de volume double) et la trisection de l'angle (partager un angle en trois angles égaux). Idéalement, il s'agissait de le faire en n'utilisant que la règle (non graduée) et le compas – une insistance sur la simplicité et la pureté conceptuelles qui illustre une fois de plus le caractère non utilitaire de tels problèmes. Les tentatives pour les résoudre, que ce soit à la règle et au compas (méthode ici impossible, comme on le démontrera au XIXe siècle) ou d'une autre manière, s'avèreront fécondes en elles-mêmes.

C'est également au cours de cette époque « héroïque » que l'on détermine pour la première fois l'aire exacte d'une surface à bords non rectilignes, Hippocrate de Chios étant en effet parvenu à calculer, par un procédé de comparaison, l'aire de certaines lunules *(voir*

---

[3] Voir *supra*, p. 29.

l'encadré ci-dessous). Et Démocrite d'Abdère, celui-là même qui prônait l'existence des atomes, fut peut-être un lointain précurseur du calcul intégral inventé au XVIIe siècle par Newton et Leibniz [4] : en considérant un solide comme constitué d'un très grand nombre

L'aire de la lunule d'Hippocrate

Fig. 5

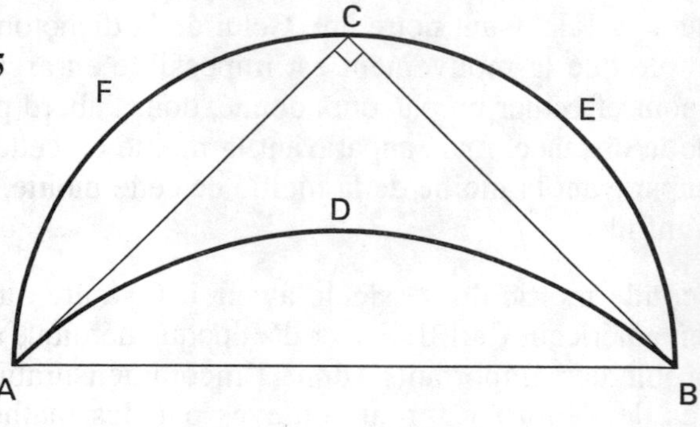

Hippocrate de Chios est parvenu à déterminer l'aire exacte de certaines lunules, dont la lunule particulière ADBECF représentée ici : son aire est égale à celle du triangle ABC. Cette lunule est obtenue en partant d'un triangle rectangle et isocèle ABC ; on trace le demi-cercle AFCEB de diamètre AB, ce qui forme deux petites lunules, ACF et CBE ; puis on trace l'arc de cercle ADB de façon que la lunule ABD soit homothétique des lunules ACF et CBE (les arcs AFC et CEB sont de rayon égal à AB/2, l'arc ADB est de rayon égal à AC). Hippocrate savait que l'aire d'un cercle est proportionnelle au carré de son diamètre, d'où il pouvait déduire que le rapport entre l'aire de ACF (ou de CBE) et l'aire de ABD est égal au rapport entre le carré de AC et le carré de AB. Or, d'après le théorème de Pythagore appliqué au triangle ABC, on a $AB^2 = 2AC^2$ et donc l'aire de ABD est égale à la somme des aires de ACF et de CBE. Par conséquent, l'aire recherchée, celle de la lunule ADBECF, est :

(aire de ACF) + (aire de CBE) + (aire du triangle ABC) – (aire de ABD)
= aire du triangle ABC,
que l'on calcule facilement si l'un de ses côtés est donné.

[4] Voir *infra*, pp. 62-63.

de tranches parallèles très minces, il aurait presque démontré que le volume d'une pyramide est égal au tiers du produit de la base et de la hauteur.

Le temps de Platon et de son Académie

Au IVe siècle avant notre ère, les mathématiques grecques étaient sous la domination de l'Académie, fondée à Athènes par Platon, vers 387. Le grand philosophe n'était pas lui-même mathématicien, mais il était informé et avait des mathématiques une haute estime. Platon a fait la renommée des cinq « solides platoniciens », les seuls polyèdres réguliers (et convexes) – le tétraèdre, le cube, l'octaèdre, le dodécaèdre et l'icosaèdre *(figure 6)* –, auxquels on a accordé jusqu'au XVIIe siècle au moins une portée cosmique ou mystique.

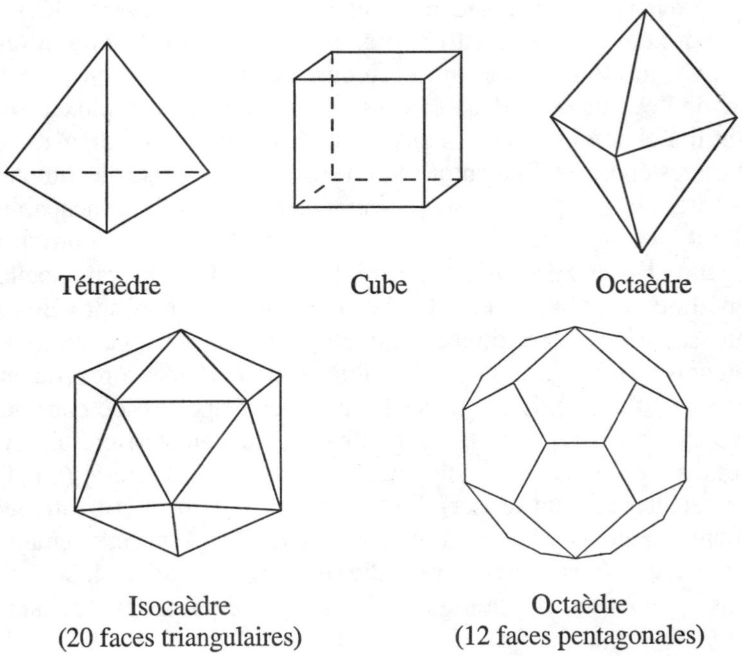

Fig. 6. – Il existe 5 – et seulement 5 – « solides platoniciens », ou polyèdres réguliers convexes.

Cependant, la contribution principale de Platon aux mathématiques est d'ordre philosophique. Selon sa conception, les objets mathématiques appartiennent au monde des idées et non au monde sensible soumis au changement. Par exemple, le cercle (ou la droite) mathématique est quelque chose d'idéal, qui se distingue d'un cercle (ou d'une droite) que l'on trace ou construit forcément de manière approximative ; c'est sur le cercle abstrait, le cercle en tant qu'« idée », et non sur le cercle concret et imparfait, que l'on pourra obtenir des vérités éternelles. Cette vision platonicienne a beaucoup contribué à renforcer le caractère théorique des mathématiques, à privilégier le raisonnement déductif et à exclure, dans les démonstrations, toute référence à l'expérience sensible.

D'éminents mathématiciens étaient liés à Platon ou à son Académie : Théodore de Cyrène (v. 470-v. 420 avant J.-C.), Théétète d'Athènes (v. 415-v. 369 avant J.-C.), Eudoxe de Cnide (v. 408-v. 355 avant J.-C.), Ménechme (milieu du IVe siècle avant J.-C.).

Eudoxe, également astronome, est le plus remarquable d'entre eux. On lui doit une définition rigoureuse des proportions, c'est-à-dire de l'égalité entre deux rapports [5]. La définition d'Eudoxe, par sa subtilité et son efficacité, a suscité l'admiration de mathématiciens de toutes époques. Elle autorisait en particulier la prise en compte de rapports de grandeurs incommensurables, ce dont était incapable la théorie pythagoricienne des proportions. Une deuxième contribution majeure d'Eudoxe est d'avoir, semble-t-il, fondé ce qu'on appelle la « méthode d'exhaustion ». Cette méthode, que reprendra Euclide dans ses *Éléments* et dont Archimède fera grand usage, permet de démontrer rigoureusement des égalités entre certaines aires (ou entre certains volumes). L'une de ses principales étapes est de considérer un polygone inscrit dans la figure dont on veut caractériser l'aire A, et d'utiliser le fait que si le polygone a n côtés, et est d'aire S_n (que l'on sait calculer ou caractériser), l'écart entre A et S_n peut être diminué à volonté en augmentant n, par exemple en doublant successivement ce nombre de côtés. La méthode d'exhaustion est assez laborieuse, mais ingénieuse ; elle préfigurait le calcul intégral tout en évitant un

[5] Transcrite en langage et en notation modernes, cette définition est la suivante : étant données des grandeurs a, b, c et d, le rapport a/b est égal au rapport c/d si et seulement si, pour tous nombres entiers m et n, on a $mc > nd$ si $ma > nb$, $mc = nd$ si $ma = nb$, et $mc < nd$ si $ma < nb$.

recours explicite à la notion de limite[6] que les Grecs n'avaient du reste pas dégagée. Elle a notamment permis à Eudoxe de prouver irréfutablement que l'aire d'un cercle est proportionnelle au carré du diamètre *(voir l'encadré page suivante)*.

Euclide à Alexandrie, nouvelle capitale des mathématiques

La mort d'Alexandre le Grand, en 323 avant J.-C., et la dislocation de son empire, ont marqué l'avènement d'une nouvelle ère, la période hellénistique. Parallèlement, le centre de gravité des mathématiques s'est déplacé d'Athènes à Alexandrie. Au début du IIIe siècle avant J.-C., l'Égypte vivait sous le règne de Ptolémée Ier, un dirigeant éclairé, qui créa à Alexandrie une institution d'avant-garde, le Musée. Parmi ses prestigieux enseignants figurait Euclide (IIIe ou IVe siècle avant J.-C.). On ne sait quasiment rien du personnage, mais plusieurs de ses travaux lui ont survécu. Ouvrage à succès qui a traversé deux millénaires et connu de multiples copies et éditions, ses *Éléments* sont un manuel en treize livres, où sont exposées une bonne partie des connaissances mathématiques de l'époque. Euclide n'y a peut-être pas ajouté beaucoup de résultats nouveaux, mais il y a remarquablement organisé, synthétisé et présenté le savoir acquis au cours des deux siècles qui l'ont précédé. La démarche est déductive et axiomatique : des définitions sont données, puis des postulats et des axiomes, à partir desquels on déduit par un raisonnement (relativement) rigoureux des propriétés ou théorèmes. Les *Éléments* ont représenté un modèle de rigueur pour les mathématiciens, et le mode d'exposition a inspiré la démarche axiomatique moderne apparue au début du XXe siècle[7].

Les quatre premiers livres des *Éléments* se rapportent à la géométrie ; ils exposent les notions élémentaires et les propriétés relatives aux droites, aux cercles, aux triangles et aux rectangles ; ils donnent sous forme géométrique des résultats de nature algébrique[8] ; ils traitent de la construction à la règle et au compas des polygones inscrits dans des cercles. Le livre V expose une théorie générale des

---

[6] Voir *infra*, p. 76.
[7] Voir *infra*, p. 96.
[8] Par exemple, l'identité que l'on écrit aujourd'hui $a(b + c + d) = ab + ac + ad$ est exprimée en termes d'aires de rectangles.

La méthode d'exhaustion

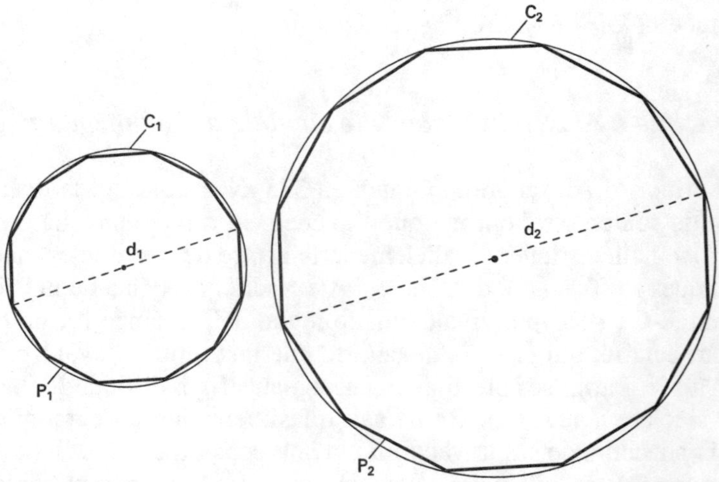

Fig. 7. – $P_1/P_2 = C_1/C_2 = (d_1)^2/(d_2)^2$

La méthode d'exhaustion, due à Eudoxe, permet de démontrer rigoureusement des résultats sur les aires et les volumes. Elle permet par exemple de démontrer que l'aire d'un cercle est proportionnelle au carré de son diamètre ; autrement dit, pour deux cercles d'aires C_1 et C_2 et de diamètres d_1 et d_2, on a $C_1/C_2 = (d_1)^2/(d_2)^2$.

Pour prouver cette relation, on suppose qu'elle est fausse, puis l'on montre que cela conduit à une contradiction. Si elle est fausse, c'est-à-dire si $C_1/C_2 \neq (d_1)^2/(d_2)^2$, alors il existe une aire S différente de C_2 telle que $C_1/S = (d_1)^2/(d_2)^2$. Faisons d'abord l'hypothèse $S < C_2$; l'idée centrale de la méthode d'exhaustion est d'inscrire un polygone régulier ayant suffisamment de côtés pour que son aire P_2 soit comprise entre S et C_2 ; pour le cercle C_1, on a le polygone semblable d'aire P_1, et l'on sait par des résultats antérieurs que $P_1/P_2 = (d_1)^2/(d_2)^2$. Par définition de S, on en déduit que $P_1/P_2 = C_1/S$, ou encore $P_1/C_1 = P_2/S$; mais comme P_1 est strictement inférieur à C_1, cette dernière égalité implique que S est strictement supérieur à P_2, ce qui contredit l'hypothèse de départ $S < C_2$. D'une manière analogue, on peut montrer qu'une contradiction résulterait de l'hypothèse $S > C_2$. Conclusion : la seule possibilité non contradictoire est $S = C_2$, d'où $C_1/C_2 = (d_1)^2/(d_2)^2$.

proportions, fondée sur les travaux d'Eudoxe, et le livre VI l'utilise pour décrire les propriétés de figures semblables dans le plan. Les livres VII à IX traitent d'arithmétique, même si les nombres (entiers) y sont représentés par des segments de droite ; on y définit les nombres pairs et impairs, premiers et composés, etc., on y présente leurs propriétés, on y décrit l'algorithme (dit d'Euclide) permettant de trouver le plus grand diviseur commun de deux nombres, etc. L'un des plus célèbres théorèmes qu'ils contiennent est celui affirmant l'existence d'une infinité de nombres premiers *(voir l'encadré ci-dessous)*. Le livre X étudie et classe les grandeurs incommensurables. Les trois derniers livres ont trait à la géométrie dans l'espace (pyramides, cônes, cylindres, sphères, solides platoniciens), faisant appel pour certaines questions à la méthode d'exhaustion d'Eudoxe.

L'infinité des nombres premiers

Un nombre premier est un entier positif (≥ 2) qui n'est divisible que par 1 ou par lui-même (par exemple : 11, 67 ou 89). Dans les *Éléments* d'Euclide est énoncé et démontré le théorème suivant lequel la liste des nombres premiers est sans fin. Cette démonstration est un raisonnement par l'absurde : on suppose qu'il existe un nombre fini de nombres premiers, et l'on montre qu'une contradiction en découle.

Soit P le produit de tous les nombres premiers $p_1, p_2,..., p_n$, s'ils sont en nombre fini n. On considère alors l'entier $N = P + 1$. Soit N est premier, soit il ne l'est pas. Si N est premier, on a une contradiction car il n'appartient pas à la liste $p_1, p_2,..., p_n$. Si N n'est pas premier, il est divisible par un certain entier premier q; mais on a alors aussi une contradiction, car q n'appartient pas à la liste $p_1, p_2,..., p_n$ (en effet, aucun de ces entiers ne divise $N = P + 1$). Conclusion : l'hypothèse de départ (les nombres premiers sont en nombre fini) est fausse.

Deux grands géomètres : Apollonios de Perga et Archimède de Syracuse

Les *Éléments* ne couvrent pourtant pas toutes les mathématiques de l'époque. On n'y trouve ni techniques de calcul, ni coniques. Les coniques sont les courbes formées par l'intersection d'un plan avec

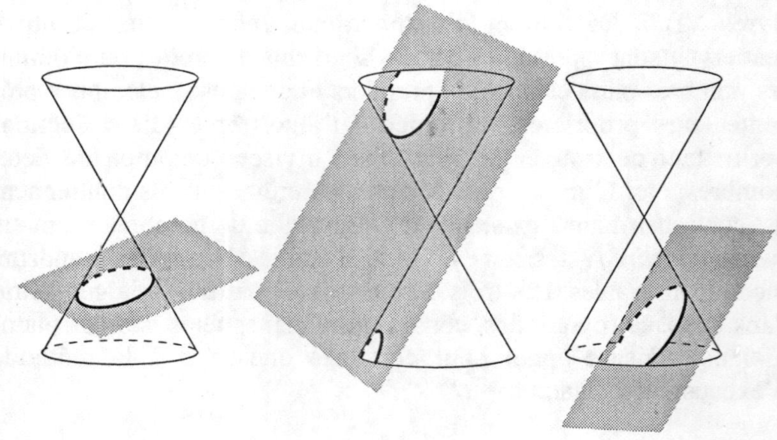

Fig. 8. – Les coniques

un cône de base circulaire ; selon l'inclinaison du plan, il y a trois types de courbes : ellipse, parabole ou hyperbole *(voir la figure 8).*

C'est Ménechme, de l'Académie de Platon, qui les avait découvertes en cherchant à résoudre le problème de la duplication du cube [9] (l'intersection d'une parabole et d'une hyperbole conduit à une solution, même si la règle et le compas ne suffisent pas). Mais le nom associé aux sections coniques est plutôt celui d'un homme originaire du sud de l'Asie mineure, Apollonios de Perga (IIIe-IIe siècles avant J.-C.). Le « Grand géomètre », comme on l'a surnommé dans l'Antiquité, a passé une partie de sa vie à Alexandrie. Le traité sur les sections coniques est son chef-d'œuvre et a marqué l'histoire de la géométrie. C'est un exposé complet et systématique des connaissances de l'époque sur les propriétés des coniques, avec de nombreux résultats nouveaux et élaborés.

---

[9] Voir *supra*, p. 36.

Archimède *(voir l'encadré ci-dessous)*, le plus grand mathématicien de toute l'Antiquité, était également ingénieur et physicien. Les travaux mathématiques d'Archimède concernent essentiellement la géométrie, et notamment le calcul des aires (du cercle, d'un morceau de parabole, d'un morceau de spirale, etc.) et des volumes (de la sphère, d'un cylindre coupé par un plan oblique, d'un morceau de paraboloïde, etc.). En considérant le périmètre de deux polygones réguliers à 96 côtés, l'un inscrit dans un cercle et l'autre étant circonscrit au cercle, il a démontré que la valeur de π est comprise entre $3^{10}/_{71}$ (3,140845) et $3^{10}/_{70}$ (3,142857) – estimation meilleure que celle des Égyptiens ou des Babyloniens.

Pour obtenir des résultats sur les aires et volumes, Archimède s'aidait parfois d'astucieuses considérations et pesées mécaniques ; mais il prouvait ensuite avec rigueur que les réponses soufflées par l'expérience étaient bonnes, en utilisant notamment la méthode

Archimède

Né à Syracuse, vers 287 avant J-C., d'un père astronome, Phidias, Archimède aurait voyagé en Égypte, où il aurait inventé la « vis d'Archimède », dispositif permettant de puiser de l'eau, et étudié auprès des successeurs d'Euclide à Alexandrie. À Syracuse, il entretint des liens étroits avec le tyran Hiéron II et sa famille ; à l'époque, il est plus célèbre pour son ingéniosité technique que pour ses talents mathématiques. Il joua grâce à ses inventions – catapultes, projectiles, miroirs incendiaires, etc. – un rôle actif dans la défense de Syracuse assiégée par le Romain Marcellus lors de la deuxième guerre punique. Ce siège de trois ans eut toutefois raison de Syracuse et du savant : en 212, un soldat romain aurait, selon Plutarque, donné ordre à Archimède, alors plongé dans une réflexion mathématique, de se rendre auprès de Marcellus. Le Grec ayant refusé d'obéir avant d'avoir achevé sa démonstration, le légionnaire, furieux, assassina ce grand savant qui s'est distingué non seulement par ses mathématiques et ses inventions, mais aussi par d'importants travaux de mécanique et de statique des solides ou des liquides (*cf.* la poussée ou le principe d'Archimède...) [10].

---

10 Sur ses contributions à la physique, voir *infra*, pp. 113-114.

d'exhaustion. Il a, par exemple, démontré que le volume d'une sphère est égal à 4 fois celui du cône ayant pour base un grand cercle de la sphère et pour hauteur le rayon, que le volume d'une sphère est deux tiers de celui du cylindre qui la contient tout juste – ce qui équivaut à dire que le volume d'une sphère est $(4/3)\pi r^3$.

Les « Arithmétiques » de Diophante

Euclide, Archimède et Apollonios représentent l'apogée des mathématiques grecques. Certes, des études intéressantes seront faites par Aristarque de Samos (v. 310-v. 230 avant J.-C.), Ératosthène de Cyrène (v. 276-v. 194 avant J.-C.), Hipparque de Nicée (190-120 avant J.-C.), Héron d'Alexandrie (Ier siècle après J.-C.), Ménélaüs d'Alexandrie (vers 100 après J.-C.), ou encore Ptolémée (IIe siècle de notre ère). Elles concernent essentiellement la mesure des angles et la trigonométrie, et reflètent un déplacement des centres d'intérêt vers les applications des mathématiques, en particulier l'astronomie et la géodésie. Mais dans l'ensemble, après l'âge d'or du IIIe siècle avant J.-C., très peu d'idées nouvelles apparaissent. Les mathématiques grecques entrent dans une période de déclin, peut-être due à l'avènement du christianisme ; l'intérêt se porte alors désormais vers les questions théologiques.

Une des rares exceptions connues, ce sont les *Arithmétiques* de Diophante (vers 250 après J.-C.), recueil de problèmes correspondant à des équations algébriques à une ou plusieurs inconnues, dont Diophante recherche les solutions parmi les nombres rationnels positifs – par exemple, « trouver deux nombres tels que leur somme et leur produit sont des nombres donnés », ou « trouver trois nombres tels que le carré de la somme de ces trois nombres, ôté de chacun de ces nombres, est un carré ». Les *Arithmétiques* semblent innover par leur contenu, par le caractère purement algébrique (sans référence géométrique) des problèmes posés et de leurs solutions, ainsi que par l'utilisation de certaines abréviations, lointaines prémices de l'écriture symbolique moderne. L'œuvre de Diophante aura un impact tardif, en inspirant les recherches en algèbre et en théorie des nombres de Pierre de Fermat, au XVIIe siècle [11].

---

[11] Voir *infra*, p. 61.

Diophante appartient à la brillante école d'Alexandrie [12], centre des mathématiques depuis Euclide durant plusieurs siècles. Avec la prise d'Alexandrie par les musulmans en 642, elle a complètement disparu ; son rayonnement avait commencé à faiblir depuis la mort de la mathématicienne et philosophe Hypatie, sauvagement assassinée par des chrétiens fanatiques en 415.

LE MOYEN ÂGE OU L'ÈRE DES MATHÉMATIQUES ARABES

La prise de Rome en 476 par les Hérules, peuplade germanique, marque la chute de l'Empire romain d'Occident et le début du Moyen Âge. L'Europe occidentale entre alors dans une période de plusieurs siècles d'instabilité économique et politique, avec de grands mouvements migratoires. L'époque ne sera pas favorable au développement scientifique. De fait, la science et les mathématiques occidentales connaissent une sévère éclipse, dont elles n'émergeront pas avant le Xe siècle.

L'érudition se déplace vers l'Orient, où les textes scientifiques et philosophiques grecs sont traduits et étudiés dans les Églises de l'est du bassin méditerranéen. Au VIIe siècle, on assiste à la naissance et à l'expansion fulgurante de l'islam, grâce au prophète Mahomet († 632), qui unifie les tribus nomades d'Arabie. En moins d'une centaine d'années, la domination musulmane s'étend sur un immense territoire, qui à l'ouest va jusqu'à l'Espagne en passant par l'Afrique du nord, et à l'est atteint presque la Chine. Les conquérants arabes assimilent la culture et le patrimoine intellectuel des pays soumis et réussissent à bâtir une puissante civilisation qui va non seulement contribuer aux progrès scientifiques (notamment par ses nombreux mathématiciens), mais également sauver la science grecque des oubliettes de l'Histoire.

Les mathématiques de l'Inde et de la Chine

Les mathématiciens du monde musulman ont puisé dans trois grandes sources : les mathématiques grecques, dont on a déjà

[12] Voir *supra*, p. 42.

parlé, les mathématiques indiennes et, dans une moindre mesure, les mathématiques mésopotamiennes. On suppose aussi quelques emprunts aux mathématiques chinoises, mais ces échanges sont mal connus. Les mathématiques indiennes et chinoises, à peu près aussi anciennes que celles de l'Égypte et la Mésopotamie, peuvent être comparées à celles des Égyptiens : pas de raisonnements déductifs mais plutôt des procédures de calcul fournies sans justification, des résultats exacts mêlés à des résultats approximatifs, une démarche algébrique plus que géométrique. Malgré l'aspect peu conceptuel ou théorique de leurs œuvres, les mathématiciens hindous ou chinois ont à leur crédit certains résultats remarquables.

Les Hindous ont apporté à l'histoire mondiale des mathématiques deux contributions importantes. La première, datant peut-être du VIIe siècle de notre ère, est un système de numération décimal comportant neuf chiffres auxquels s'ajoute le zéro, symbole dont l'introduction est capitale pour écrire les nombres et effectuer commodément les opérations arithmétiques ; le système est positionnel, c'est-à-dire que la valeur numérique représentée par un chiffre dépend de la position de celui-ci dans l'écriture du nombre. C'est ce système d'écriture hindou, repris par les Arabes, que nous utilisons de nos jours. La deuxième contribution indienne d'importance concerne la trigonométrie – qui faisait partie de l'astronomie, domaine d'application privilégié des mathématiques –, avec en particulier l'introduction du sinus d'un angle (des tables, datant du IVe ou du Ve siècle, donnent les valeurs du sinus des angles multiples de $3^3/_4$ degrés, jusqu'à 90°).

D'autres développements des Hindous sont dignes d'intérêt, même s'ils n'ont pas connu de suite à leur époque. Il faut notamment citer l'étude par Brahmagupta (milieu du VIIe siècle) du problème correspondant à l'équation linéaire $ax + by = c$, où a, b et c sont des entiers donnés, et x et y des inconnues à rechercher parmi les nombres entiers – un tel problème est appelé de nos jours « équation diophantienne ». Brahmagupta a été le premier à en donner la solution générale [13].

---

[13] Pour qu'il existe des solutions entières, le plus grand diviseur commun de a et b doit diviser c; et si a et b sont sans facteurs communs, alors toutes les solutions sont de la forme $x = p + nb$, $y = q - na$, où p et q sont une solution, et n un entier arbitraire. Voir *infra*, p. 61.

Pour la Chine ancienne, on peut mentionner un intérêt marqué pour le calcul de valeurs précises de π. La meilleure a été atteinte par le mathématicien Tsu Ch'ung-Chih (430-501), qui a déterminé que π est compris entre 3,1415927 et 3,1415926. L'algèbre chinoise culmine au XIIIe siècle, notamment avec Chu Shih-Chieh (v. 1300) qui s'est intéressé aux systèmes d'équations et à des équations de degré allant jusqu'à 14 ; pour résoudre des équations polynomiales [14], il a décrit une méthode par approximations successives connue aujourd'hui sous le nom de méthode de Horner (d'après l'Anglais William Horner qui l'a trouvée indépendamment... environ 500 ans après). Parmi les résultats du XIIIe siècle chinois, notons également que les premières lignes au moins du « triangle de Pascal » étaient connues [15].

Al-Khwarizmi et le développement de l'algèbre

Après la conquête musulmane, à partir de 750 environ, les savants de langue arabe commencèrent à assimiler l'héritage intellectuel des civilisations précédentes, en particulier celle des anciens Grecs. C'est durant cette phase que de nombreuses œuvres scientifiques, comme l'*Almageste* de Ptolémée et les *Éléments* d'Euclide, furent traduites en arabe. Grâce à des dirigeants éclairés, des centres d'érudition se constituèrent. On fit ainsi venir à Bagdad des savants de tout le Moyen-Orient (pas uniquement musulmans), et le calife Al-Mamoun (au pouvoir de 809 à 833) y créa une « Maison de la Sagesse » semblable à l'ancien Musée d'Alexandrie. L'un de ses membres était le mathématicien et astronome Abu Jafar Muhammad ibn-Moussa Al-Khwarizmi (788-850).

En mathématiques, Al-Khwarizmi est l'auteur de deux traités qui, après avoir été traduits en latin au XIIe siècle, ont eu une grande influence en Europe. L'un d'eux, dont on ne connaît que la version latine, présentait le système de numération hindou et l'arithmétique qui s'y rattache. Ce système, qu'Al-Khwarizmi exposait comme à son habitude en toutes lettres, sans utiliser de symboles, a été peu à peu adopté par les mathématiciens de langue arabe ; celui que nous utilisons aujourd'hui en est l'héritier – c'est pourquoi on parle

---

[14] Voir *infra*, p. 66.
[15] Voir *infra*, p. 82.

de « chiffres arabes » (qui ne ressemblent pas tellement aux chiffres utilisés de nos jours par les Arabes) ou, plus correctement, de numération arabo-hindoue. Par ailleurs, chez les érudits de langue latine, le calcul relatif à ce système a pris le nom d'Al-Khwarizmi, déformé en *algorismi*, puis devenu *algorithme*, terme qui désigne aujourd'hui une procédure systématique de résolution ou de calcul.

Al-Khwarizmi nous a légué un autre mot très courant, celui d'*algèbre*. En effet, son second traité mathématique, le plus important, s'intitulait *Kitab fi'l-jabr wa'l-muqabala* (« Livre sur la restauration et la confrontation »). *Al-jabr* et *al-muqabala* désignent certaines manipulations faites sur des équations ; *al-jabr* consiste, si un membre d'une équation comporte un certain terme soustrait A, à additionner A aux deux membres de l'équation afin de faire disparaître la soustraction. Le nom de cette opération a fini par désigner l'*algèbre* en général, c'est-à-dire la manipulation – soumise à des règles plus ou moins machinales – d'objets mathématiques représentés par des symboles.

Le traité algébrique d'Al-Khwarizmi étudie et résout de manière systématique des équations linéaires et du second degré, classées en plusieurs types qui correspondent, dans nos notations, à $ax = b$, $ax^2 = c$, $ax^2 = bx$, $ax^2 + bx = c$, $ax^2 = bx + c$, $ax^2 + c = bx$, avec des coefficients positifs. La résolution des équations du second degré est effectuée en complétant les carrés, pour ensuite prendre leur racine carrée *(voir l'encadré page suivante)*.

Pour les trois dernières formes, Al-Khwarizmi donne également une justification géométrique à leur résolution, ce qui témoigne de l'influence des mathématiques grecques. Le traité d'algèbre d'Al-Khwarizmi contient aussi des règles de calcul sur des expressions binomiales, ainsi que des applications à des problèmes d'héritage, la complexité des lois musulmanes en la matière ayant certainement constitué l'une des motivations de l'algèbre. Bien que relativement élémentaire, ce traité a, par sa clarté et son caractère systématique, valu à son auteur d'être parfois qualifié de père de l'algèbre.

Cette branche des mathématiques se développera ensuite et gagnera en maturité avec de nombreux mathématiciens : Abou Kamil (fin du IXe-début du Xe siècle), qui n'hésite pas à traiter des équations du second degré contenant des quantités irrationnelles ; Al-Karagi (fin du Xe-début du XIe siècle), qui étend les procédures arithmétiques aux expressions algébriques contenant une inconnue ;

Comment Al-Khwarizmi résout $x^2 + 10x = 39$

Pour résoudre cette équation, Al-Khwarizmi complète son membre de gauche pour obtenir un carré : sa procédure, dans nos notations actuelles, revient à écrire $x^2 + 10x + 25 - 25 = 39$, soit $(x + 5)^2 - 25 = 39$, qui devient $(x + 5)^2 = 64$, et l'on déduit que $x + 5 = 8$ (Al-Khwarizmi ne considérait que les racines positives), d'où $x = 3$.

Pour justifier ce résultat géométriquement *(voir la figure 9)*, il trace un carré de côté x, et accole à chacun des quatre côtés un rectangle de longueur x et de largeur 2,5 : l'aire du carré et des quatre rectangles est égale à $x^2 + 10x$ (qui doit être égale à 39). Pour compléter la figure en un carré, il faut ajouter dans chaque coin un petit carré, de côté 2,5, et donc d'aire 6,25 unités. L'aire du grand carré complété est par conséquent $39 + 4 \times 6{,}25 = 64$ unités. Son côté a donc pour longueur 8 unités, d'où $x = 8 - 2 \times 2{,}5 = 3$ unités.

Fig. 9

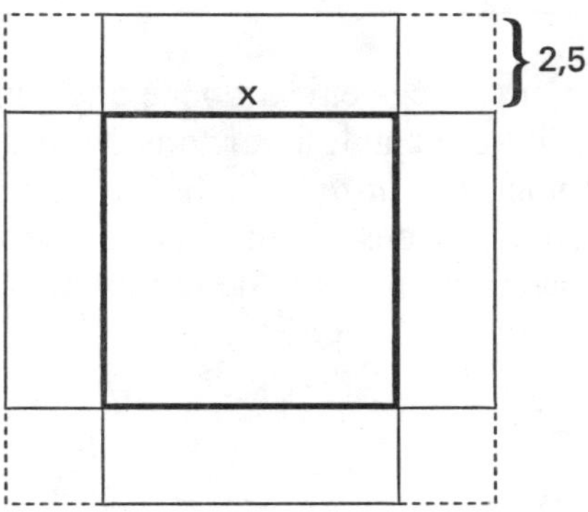

Al-Samaw'al (XIIe siècle), qui développe un symbolisme lui permettant de manipuler aisément des expressions contenant x et $1/x$, ou encore Al-Karagi (vers l'an 1000) qui trouve des solutions numériques à des équations du type $ax^{2n} + bx^n = c$, etc.

De Thabit ibn Qurra à Al-Kashi

Au IXe siècle, celui d'Al-Khwarizmi, vit un autre mathématicien d'expression arabe : le célèbre Thabit ibn Qurra (826-901). Il appartient à une importante école de traducteurs, et c'est grâce à lui que des œuvres d'Euclide, d'Archimède, d'Apollonios, de Ptolémée et d'autres ont été traduites et nous sont parvenues. Ses travaux sont variés. Il s'est distingué en arithmétique, où il a trouvé un résultat remarquable concernant les nombres dits amiables *(voir l'encadré ci-dessous).*

Thabit ibn Qurra et les nombres amiables

Deux entiers p et q sont dits *amiables* si la somme des diviseurs de p est égale à q, et la somme des diviseurs de q égale à p. Les deux plus petits nombres amiables sont 220 et 284 (par exemple, les diviseurs de 220 sont 1, 2, 4, 5, 10, 11, 20, 22, 44, 55 et 110, dont la somme est égale à 284). Thabit ibn Qurra a montré que si a, b et c sont des nombres premiers de la forme $a = 3 \times 2^n - 1$, $b = 3 \times 2^{n-1} - 1$ et $c = 9 \times 2^{2n-1} - 1$, alors les nombres $2^n ab$ et $2^n c$ sont amiables. C'est l'un des résultats qui ont bâti sa renommée.

Thabit ibn Qurra a également donné une généralisation du théorème de Pythagore, valable pour tous les triangles, qu'ils soient rectangles ou non *(voir la figure 10).* Il a calculé des aires de morceaux de paraboles et des volumes de morceaux de paraboloïdes, essayé de résoudre le problème de la trisection d'un angle, fait des travaux de trigonométrie, etc.

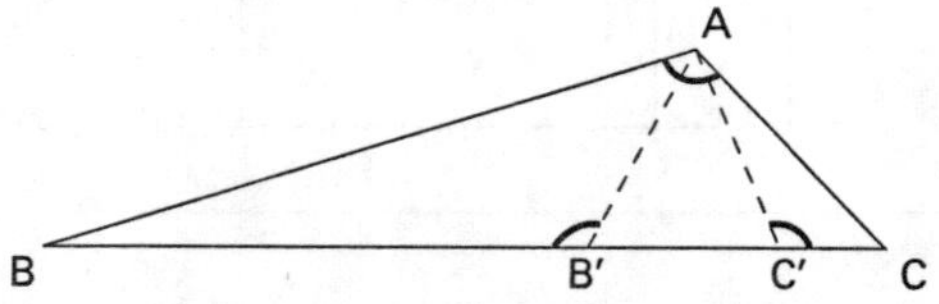

Si, sur le côté BC (ou son prolongement) du triangle ABC, on note B' et C' les points tels que les angles AB'B et AC'C soient chacun égaux à l'angle A, alors on a

$$\overline{AB}^2 + \overline{AC}^2 = \overline{BC}\,(\overline{BB'} + \overline{CC'}).$$

C'est une généralisation du théorème de Pythagore ; toutefois, elle n'est pas aussi utile que ce dernier. Thabit ibn Qurra l'a donnée sans démonstration, quoique celle-ci pouvait être facilement établie en utilisant les propriétés de triangles semblables.

Fig. 10. – Le théorème de Pythagore généralisé

Autre célébrité, le Persan Omar Khayyam (1048-1131), poète, mathématicien et astronome *(voir l'encadré ci-dessous)*. Il s'est notamment illustré dans les équations cubiques (comme $x^3 + ax = b$), objet principal de son traité d'algèbre. Il les a étudiées et classées de façon systématique, et en a déterminé des solutions géométriquement, par intersection de deux coniques (intersection entre une parabole et un cercle par exemple). Par ailleurs, en commentant l'œuvre d'Euclide sur les proportions, il a mené une réflexion sur le lien entre les proportions et les nombres, et a aidé de ce fait à conférer aux grandeurs irrationnelles (ou incommensurables [16]) un statut de nombre.

Omar Khayyam (1048-1131)

Omar Khayyam est né à Nishapur, dans le Khorasan, en Perse. C'est là qu'il étudie, avant de s'établir en 1070, à Samarkand, où il rédige son traité d'algèbre. Quelque temps après, le sultan Malik Shah, de la dynastie seldjoukide, l'invite à Ispahan pour y fonder un observatoire. Khayyam le dirigera pendant dix-huit ans, accomplissant un travail de qualité (compilation de tables astronomiques, réforme du calendrier, mesure de la durée du jour avec une grande précision). Avec la mort de Malik Shah en 1092 commence une période d'instabilité. En 1118, Sanjar, son troisième fils, prend la tête de l'empire seldjoukide ; peu après, Omar Khayyam part pour Merv (dans l'actuel Turkménistan), où Sanjar Shah avait créé un centre d'étude islamique ; il y effectuera d'autres travaux mathématiques. Homme de science, il est aussi un remarquable poète, qui a laissé un célèbre recueil, *Roba'iyat*, traduit pour la première fois par Edward Fitzgerald en 1859.

L'époque d'Omar Khayyam était déjà pour les mathématiques et la science arabes le début d'une période de déclin, en raison des conflits politiques et religieux qui affectaient le monde musulman. Deux mathématiciens d'origine persane marquent pourtant la période suivante : Nasir Al-Din Al-Tusi (1201-1274) et d'Al-Kashi (mort vers 1430).

---

[16] Voir *supra*, pp. 31-32.

Nasir Al-Din Al-Tusi, astronome à Maragha auprès de Hulagu Khan, le petit-fils de Gengis Khan, est l'auteur du premier traité systématique de trigonométrie (plane et sphérique), où cette discipline est exposée sans être assujettie à l'astronomie, comme c'était le cas auparavant chez les Grecs et les Hindous. On y fait appel aux six fonctions trigonométriques (appelées aujourd'hui sinus, cosinus, tangente, cotangente, sécante, cosécante) pour le calcul des angles ou des côtés de triangles tracés sur un plan ou sur une sphère. Cette œuvre restera méconnue en Europe.

Al-Kashi, astronome et mathématicien, travaillait à l'observatoire de Samarcande, sous la protection du prince Ulugh Beg qui l'avait fondé. Sa principale contribution en mathématiques est d'avoir favorisé l'emploi de fractions décimales (plutôt que les fractions sexagésimales, legs du système de numération de base 60 utilisé par les Babyloniens), et d'avoir effectué des calculs numériques fort précis, notamment de racines n-ièmes de nombres. Il a ainsi déterminé la valeur de π avec une précision de 16 décimales, record qui tiendra jusqu'à la fin du XVIe siècle. On le considère comme le dernier mathématicien important du monde musulman au Moyen Âge. Sa disparition, vers 1430, marque la fin de l'ère arabe en mathématiques.

LA RENAISSANCE DE L'EUROPE MATHÉMATIQUE

Au Xe siècle, à l'apogée des mathématiques d'expression arabe, les mathématiques occidentales amorcent seulement un timide retour. Quatre cents années ont passé depuis les grandes découvertes, et la science grecque a été oubliée. L'érudition dans le monde chrétien, tant dans l'Empire byzantin que dans l'Empire romain d'Occident, est alors sous la chape de la religion. Le dogmatisme et le mysticisme qui caractérisent le christianisme durant cette période n'incitent guère à l'étude de la nature, et les mathématiques sont presque réduites à l'art de compter, ou à un outil au service du calendrier et de la détermination – problématique – de la date de Pâques. Cependant, des ponts entre le monde musulman, donc sa science, et le monde chrétien finissent par s'établir, malgré les barrières linguistiques, religieuses et culturelles. Ces contacts se développent aux frontières, essentiellement en Espagne et en Italie du Sud (la Sicile est alors aux mains des Arabes), et dans l'Empire byzantin.

L'appropriation des savoirs grecs et arabes

L'ecclésiastique Gerbert d'Aurillac, devenu pape sous le nom de Sylvestre II en l'an 999, aurait été le premier à enseigner l'usage des chiffres indo-arabes, système qu'il a peut-être assimilé à l'occasion d'un séjour en Espagne vers 967. Mais le système de numération indo-arabe ne pénétrera que progressivement en Europe, s'imposant réellement au XIIIe siècle seulement. Le marchand et mathématicien italien Léonard de Pise, dit Fibonacci, fut l'un de ses principaux promoteurs *(voir l'encadré page suivante).*

Au XIIe siècle, alors que l'Europe est dans une phase de développement économique et démographique, de nombreuses œuvres sont traduites de l'arabe au latin, notamment en Sicile et en Espagne (Tolède en particulier), devenue un centre culturel important par ses savants musulmans et juifs. Deux des traducteurs les plus importants sont l'Anglais Adélard de Bath (1075-1160), qui traduit entre autres les *Éléments* d'Euclide et les *Tables astronomiques* d'Al-Khwarizmi, et Gérard de Crémone (1114-1187), auquel nous devons la version latine de près de quatre-vingt œuvres de savants grecs et arabes.

D'autres traductions seront réalisées au XIIIe siècle, tels les principaux traités d'Archimède, traduits du grec au latin vers 1269. L'Europe retrouve ainsi son patrimoine scientifique et assimile celui des Arabes.

Frémissements aux XIIIe et XIVe siècles

Parallèlement se développe une activité mathématique plus autonome. Frédéric II de Hohenstaufen (1194-1250), roi de Sicile et empereur germanique, organise à sa cour de Palerme des compétitions entre savants, auxquelles participe notamment Fibonacci[17], le meilleur mathématicien de l'époque. En Espagne, on publie des tables numériques précises pour l'astronomie. Au nord apparaissent

[17] Voir *infra*, p. 52.

Léonard de Pise, *alias* Fibonacci (v. 1180-v. 1250)

Leonardo Pisano, surnommé Fibonacci (fils de Bonacci) est né à Pise d'un père marchand, mais c'est en Afrique du Nord, où sa famille a émigré, qu'il entre en contact avec les mathématiques arabes. À son retour à Pise, vers 1200, il rédige son célèbre traité paru en 1202, nommé *Liber abaci* (« Livre sur l'abaque »), bien qu'il ne traite point d'abaques – ces tables comportant plusieurs rangées de jetons mobiles dont on se servait pour effectuer des calculs arithmétiques. Il y expose le système de numération arabe, dont il explique le maniement et l'arithmétique, et y traite de l'extraction de racines carrées ou cubiques, de systèmes d'équations linéaires. Le *Liber abaci* est aussi un recueil de problèmes divers et variés, en particulier pour les marchands (conversions monétaires, prix des marchandises, calcul des gains, etc.).

C'est là que Fibonacci pose son fameux problème à propos de lapins se reproduisant comme des lapins : si tout couple de lapins, âgés d'au moins un mois, donne naissance au bout d'un mois à un autre couple de lapins, combien de couples aura-t-on au bout d'une année, en commençant avec un seul couple ? La suite des nombres de couples présents mois après mois est 1, 1, 2, 3, 5, 8, 13, 21, etc., où chaque terme est la somme des deux précédents ; on découvrira plus tard que cette « suite de Fibonacci » apparaît dans divers contextes en mathématiques, et a des propriétés intéressantes ; notamment, le rapport entre deux termes consécutifs u_{n+1}/u_n tend vers le nombre d'or $(1 + \sqrt{5})/2$ lorsque n tend vers l'infini.

Fibonacci a écrit d'autres ouvrages mathématiques dignes d'intérêt, dont un remarquable *Liber quadratorum* (1225), traitant de théorie des nombres : détermination de triplets pythagoriciens (triplets d'entiers a, b et c vérifiant la relation de Pythagore $a^2 + b^2 = c^2$), démonstrations que si x et y sont des entiers, $x^2 - y^2$, $x^2 + y^2$ et $x^4 - y^4$ ne peuvent être des carrés parfaits, etc. Sans doute le mathématicien le plus talentueux du Moyen Âge chrétien, il a contribué à revitaliser l'activité mathématique dans son entourage et à transmettre une partie du savoir arabe. En avance sur son temps, son influence est restée limitée.

les premières universités (vers 1200 pour celles de Paris et d'Oxford) ; on redécouvre la science d'Aristote, et certains érudits, comme l'évêque de Londres Robert Grosseteste (1175-1253) et son disciple Roger Bacon (v. 1214-1294), s'en inspirent pour insister sur le rôle de l'observation concrète de la nature et celui des mathématiques. À la frontière entre mathématiques et physique, l'Anglais Thomas Bradwardine (1290-1349) et le Français Nicole Oresme (v. 1323-1382) étudient quantitativement le mouvement. Oresme introduit une représentation graphique (vitesse en fonction du temps) du mouvement uniformément accéléré, permettant de calculer la distance parcourue *(figure 11)*.

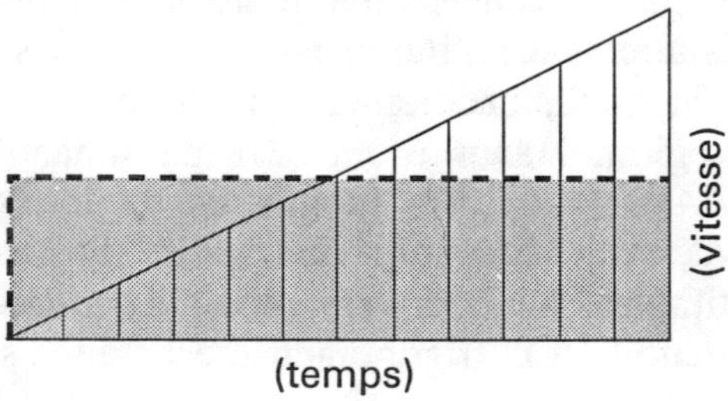

Horizontalement, on a des intervalles de temps réguliers ; verticalement, pour chaque instant, on trace un segment de longueur proportionnelle à la vitesse à cet instant. La distance parcourue est l'aire du triangle rectangle formé ; comme cette aire est égale à celle du rectangle complété par le pointillé, cette distance est égale à celle que parcourt un mobile animé d'une vitesse constante, égale à la moyenne des vitesses extrêmes. Oresme apporte ainsi une démonstration géométrique de ce résultat, donné par l'école d'Oxford.

Fig. 11. – Représentation graphique donnée par Oresme d'un mouvement uniformément accéléré.

On lui doit également l'introduction de puissances non entières d'un nombre, ainsi que la démonstration, pour la première fois, que la série dite « harmonique » (1/2 + 1/3 + 1/4 + 1/5 +... + 1/n + ...) est divergente. (Oresme regroupe ici astucieusement les termes : 1/2 dans le premier groupe, 1/3 et 1/4 dans le deuxième, les quatre termes suivants dans le troisième groupe, et ainsi de suite, le p-ième groupe contenant 2^{p-1} termes ; il est facile de voir que la somme des termes dans chaque groupe est supérieure ou égale à 1/2, et comme il y a une infinité de groupes, on en déduit que la somme de la série est infinie.) Le calcul de sommes de séries est d'ailleurs à l'époque un thème de prédilection.

L'essor de l'algèbre dans l'Italie de la Renaissance

Ces progrès s'essoufflent dans la seconde moitié du XIVe siècle, alors que surgissent d'importants bouleversements : révoltes paysannes, disettes et famines, épidémies de peste dévastatrices, et la guerre de Cent Ans. L'activité scientifique d'Oxford et de Paris décline, l'avant-garde mathématique se situant désormais plutôt dans les universités allemandes, italiennes et polonaises. L'Allemagne est la patrie du mathématicien-astronome le plus important du XVe siècle, Regiomontanus (nom latin de Johannes Müller, de Königsberg, 1436-1476). Cet homme de la Renaissance, mort prématurément, avait l'ambition de traduire du grec en latin des œuvres scientifiques. Il a écrit vers 1464 *De triangulis*, le premier ouvrage occidental où la trigonométrie est traitée séparément de l'astronomie [18].

Par ailleurs, entre 1480 et 1550 environ, l'Allemagne voit la publication, motivée par l'arithmétique commerciale, de nombreux livres d'algèbre. Quelques innovations y apparaissent, comme l'emploi des signes + et –, du signe √ pour les racines, des fractions décimales, de coefficients négatifs dans les équations.

Mais c'est en Italie que l'on trouve des développements algébriques originaux et d'importance. En 1545, Geronimo Cardano (1501-1576) – Jérôme Cardan en français – publie son *Ars magna* où figure, pour la première fois, la résolution des équations du troisième et du quatrième degré (dans nos notations : $x^3 + ax^2 + bx + c = 0$ et $x^4 + ax^3 + bx^2 + cx + d = 0$) *[voir l'encadré page suivante]*. Querelles et rivalités y sont liées. En effet, c'est de Niccolo Fontana, dit Tartaglia (v. 1500-1557), que Cardan a obtenu la solution de l'équation cubique, qu'il publie alors qu'il avait juré de ne pas la dévoiler. Tartaglia n'est du reste pas l'auteur de cette découverte, due à Scipione del Ferro (v. 1465-1526), professeur de l'université de Bologne, qui, à sa mort, l'a communiquée à l'un de ses étudiants. Quant à la résolution de l'équation du quatrième degré, Cardan l'attribue à son disciple Ludovico Ferrari (1522-1565).

---

18 Les mathématiciens musulmans l'avaient toutefois devancé sur ce point dès le XIIIe siècle. Voir *infra*, p. 234.

La résolution de l'équation cubique

Pour résoudre une équation de degré 3 telle que $x^3 + 6x = 20$, qui est de la forme $x^3 + px = q$ où les coefficients p et q sont positifs, la méthode dévoilée par Jérôme Cardan consiste (dans nos notations modernes) à poser $x = u - v$, où u et v sont tels que $uv = p/3$, c'est-à-dire ici $uv = 2$. En remplaçant x par $u - v$ puis v par $2/u$ dans l'équation $x^3 + 6x = 20$, on obtient l'équation $u^6 = 20u^3 + 8$, qui est une équation du second degré en u^3, donc résoluble facilement (on trouve $u^3 = 10 + \sqrt{108}$ pour la racine positive). On en déduit :

$$x = \sqrt[3]{\sqrt{108} + 10} - \sqrt[3]{\sqrt{108} - 10}.$$

En gardant les lettres p et q, on obtient la solution (positive) de $x^3 + px = q$:

$$x = \sqrt[3]{\sqrt{\left(\frac{p}{3}\right)^3 + \left(\frac{q}{2}\right)^2} + \frac{q}{2}} - \sqrt[3]{\sqrt{\left(\frac{p}{3}\right)^3 + \left(\frac{q}{2}\right)^2} - \frac{q}{2}}.$$

Des substitutions similaires permettent de résoudre les autres formes d'équation cubique. De manière analogue, une équation de degré 4 se résout en introduisant des inconnues auxiliaires (comme u et v ci-dessus), procédure qui conduit dans ce cas à la résolution d'une équation cubique.

La résolution des équations de troisième et quatrième degré est le progrès le plus marquant de l'algèbre depuis l'Antiquité, et a impulsé bien d'autres recherches sur les équations polynomiales. C'est aussi dans ce contexte que le monde des « nombres complexes » a fait sa timide entrée.

En effet, l'application des formules de Cardan-Tartaglia faisait surgir, dans certains cas, des racines carrées de nombres négatifs, alors même qu'on savait que l'équation cubique en question a une solution tout à fait orthodoxe (un nombre positif par exemple). Les algébristes daignaient – malgré leurs réticences – manipuler des nombres négatifs, voire irrationnels ; en revanche, les racines carrées de nombres négatifs n'avaient aucun sens pour eux, et l'apparition d'une telle racine carrée était synonyme d'impasse. Cardan, et surtout le mathématicien bolonais Raffaele Bombelli (1526-1573) sont les premiers à manier les nombres formés avec des racines carrées de nombres négatifs, entités que l'on appelle aujourd'hui nombres complexes. Ils s'écrivent sous la forme $x + iy$, où x et y sont des nombres réels ordinaires et i désigne la racine carrée de – 1 ; autrement dit, i est un symbole purement formel vérifiant $i^2 = -1$.

Art de la perspective et art des notations

Pour clore cette période de la Renaissance qui porte bien son nom, évoquons brièvement deux autres domaines où les avancées ont été significatives.

Le premier n'avait pas initialement de liens étroits avec les mathématiques : il s'agit de la perspective, ou art de représenter sur un plan – celui du tableau – des scènes réelles en trois dimensions. Des architectes, des artistes du XVe siècle ont défini les règles classiques de la perspective – en particulier l'Italien Filippo Brunelleschi (1377-1446), Leon Battista Alberti (1404-1472), Piero della Francesca (v. 1416-1492) et Léonard de Vinci (1452-1519), mais aussi l'Allemand Albrecht Dürer (1471-1528). Si les mathématiciens n'ont pas participé à cette entreprise (Dürer et Della Francesca avaient cependant de bonnes connaissances mathématiques), l'art de la perspective représente les prémices d'une discipline mathématique féconde, la *géométrie projective*. Celle-ci fera ses premiers pas avec Girard Desargues, au XVIIe siècle [19].

Le deuxième domaine, c'est celui des notations, dont la simplicité et la commodité conditionnent bien souvent des progrès conceptuels. On peut considérer le système de numération indo-arabe lui-même comme une nouvelle notation, qui a simplifié les calculs arithmétiques. On a aussi vu qu'en Allemagne, les algébristes avaient introduit quelques-unes des notations mathématiques universellement utilisées aujourd'hui. De même, les algébristes italiens, qui n'ont pas connu de postérité, ont fait usage de symboles et d'abréviations. La palme en la matière revient pour l'époque à François Viète (1540-1603). Grand mathématicien de la fin de la Renaissance, ce juriste et conseiller d'Henri IV introduit l'usage systématique de l'écriture littérale, s'appliquant à la fois aux inconnues et aux quantités non spécifiées, mais *a priori* connues (les paramètres) ; il désigne les inconnues par des voyelles (A, E, etc.), et les

---

[19] Voir *infra*, p. 67.

paramètres par des consonnes. C'est une étape importante pour aborder des équations en toute généralité, sans se focaliser sur les valeurs des coefficients. Viète prône également l'emploi des fractions décimales plutôt que sexagésimales, note qu'il y a des relations algébriques entre les coefficients d'une équation cubique et ses solutions, ou encore obtient (par des méthodes géométriques compliquées) des identités trigonométriques importantes comme celle qui transforme une somme de deux sinus en un sinus multiplié par un cosinus, ou celle exprimant cos nx en fonction de cos x et sin x (pour n entier positif).

LE XVIIe SIÈCLE OU LES DÉBUTS DE LA MODERNITÉ

Les années 1600 constituent pour la science en Europe le tournant entre la Renaissance et l'époque moderne. Au XVIIe siècle sont associés des noms prestigieux : Kepler, Galilée, Descartes ou Newton, qui ont grandement contribué à ce qu'on a appelé la révolution scientifique. Développement de la démarche expérimentale, mathématisation de l'astronomie et de la physique, épanouissement des mathématiques, tels sont les grands traits de cette révolution. L'ère qui s'ouvre est aussi celle d'une transformation des modes de travail des acteurs de la science. Jusqu'alors, la diffusion des résultats scientifiques était lente, et essentiellement restreinte aux correspondances privées entre savants qui se connaissaient. À partir de la seconde moitié du XVIIe siècle, avec la création des premières académies et sociétés scientifiques – en 1660 la *Royal Society* de Londres, en 1666 l'Académie des sciences française, en 1700 l'Académie de Berlin, etc. – les savants peuvent communiquer plus facilement et publier plus rapidement. Les réseaux de scientifiques s'ouvrent, acquièrent une visibilité grâce à des périodiques indépendants ou édités sous l'égide d'une académie : la production de résultats scientifiques change d'échelle.

Simplifier les calculs numériques grâce au système décimal.

À la fin de la Renaissance, on a de plus en plus besoin de méthodes efficaces de calcul numérique, notamment pour la navigation et l'astronomie. L'utilisation maximale des ressources du système de numération indo-arabe constitue une première étape. En 1585, l'ingénieur flamand Simon Stevin publie un petit ouvrage, traduit en français sous le titre *La Disme*, dans lequel il introduit les fractions décimales et souligne leur utilité pratique pour les calculs d'arpentage, d'astronomie ou de stéréométrie. Il s'agit d'étendre le système décimal et son arithmétique aux nombres non entiers. Stevin n'est pas l'inventeur des fractions décimales, mais son ouvrage, en les expliquant en détail et de manière élémentaire, a largement contribué à ce qu'on les adopte. Pour les noter, il place à côté de chaque chiffre composant la partie fractionnaire, la puissance négative de 10 correspondante, entourée d'un cercle. Par exemple, au lieu de noter 11,32 la fraction décimale 1132/100 comme nous le faisons, Stevin note

11 ⓪ 3 ① 2 ②

ce qui signifie

$11 \times 10^0 + 3 \times 10^{-1} + 2 \times 10^{-2}$.

La notation moderne a remplacé celle de Stevin quelques années plus tard : dès 1616, le baron et mathématicien écossais John Napier (ou Neper) note les fractions décimales avec un point (ou une apostrophe) pour séparer la partie entière de la partie fractionnaire, sans mettre explicitement les puissances de 10. Cette écriture gagne rapidement l'Angleterre, puis le reste de l'Europe.

... et aux logarithmes

Par ailleurs, le même Napier réfléchit depuis plusieurs années à ce qu'il appelle les logarithmes, invention qu'il finit par publier en 1614 – un astronome et fabricant d'instruments suisse, Jobst Bürgi, en eut peut-être l'idée avant Napier, mais il ne publia ses résultats qu'en 1620. L'idée fondamentale sous-jacente aux logarithmes est la suivante : fixons-nous un nombre positif b, qu'on appelle la base, et considérons les puissances b^n de ce nombre. On a la propriété $b^n \times b^m = b^{n+m}$. Autrement dit, dans la multiplication de deux puissances d'un même nombre b, les exposants n et m s'additionnent : en raisonnant sur les exposants, on peut donc transformer la multiplication de deux nombres compliqués en une addition, beaucoup plus simple à effectuer. Il suffit pour cela de disposer d'une table de logarithmes de base b, c'est-à-dire une table associant à chaque nombre x l'exposant y tel que $x = b^y$. L'exposant y est le « logarithme de base b » de x (on note aujourd'hui $y = \log_b x$). Pour multiplier deux nombres x et x', on cherche alors dans la table les exposants (les logarithmes) correspondants y et y', on fait la somme $y + y' = Y$, puis on recherche dans la table le nombre X tel que $X = b^Y$; cet X est le résultat de la multiplication de x et x'.

Napier n'a pas présenté ses logarithmes de cette façon, mais il les a justifiés géométriquement, en termes de rapports entre distances parcourues en ligne droite par deux mobiles partant d'un même point, l'un se déplaçant à vitesse constante et l'autre à vitesse proportionnelle à la distance qui lui reste à parcourir jusqu'à un point fixé d'avance. De plus, les choix de Napier correspondent à une base $b = 0{,}999\,999\,9$, et son « logarithme » L d'un nombre N est le nombre L tel que $N = 10^7 \times 0{,}999\,999\,9^L$, ce qui est un peu différent de ce qu'on a expliqué ci-dessus.

Quoi qu'il en soit, l'intérêt des logarithmes de Napier pour la simplification des calculs est vite reconnu, d'autant que cette invention est améliorée et simplifiée par Henry Briggs, professeur de géométrie à Oxford. Dès 1615, en effet, Briggs évoque la question avec Napier ; en 1617, année de la mort de Napier, il publie les premières tables de logarithmes décimaux tels qu'on les connaît aujourd'hui – le logarithme décimal (c'est-à-dire de base $b = 10$) d'un nombre x étant l'exposant y de 10 vérifiant $10^y = x$. De nos jours, avec les calculatrices, les tables de logarithmes n'ont plus d'intérêt pour faciliter les calculs numériques ; en revanche, les logarithmes en tant que fonctions ($f[x] = \log x$) sont omniprésents en mathématiques et dans leurs applications.

Quand la géométrie devient analytique

La création de la géométrie analytique est l'une des grandes avancées mathématiques de cette période. Elle naît en France, vers 1630, grâce aux travaux, indépendants, de Pierre de Fermat *(voir l'encadré p. 61)* et de René Descartes (1596-1650[20]). En voulant comprendre et approfondir les œuvres des géomètres grecs Apollonios de Perga

---

[20] Voir *infra*, pp. 148-149, sur ses contributions à la physique.

et Pappus d'Alexandrie [21], Fermat et Descartes ont exploité les connaissances de leur temps et introduit ainsi des idées et des méthodes permettant d'utiliser l'algèbre et ses méthodes dans les questions de géométrie. La géométrie analytique séduira vite les mathématiciens ; dans les décennies suivantes, ses techniques seront étendues et on les appliquera notamment à l'étude de courbes diverses et variées. Ce sont des travaux pionniers de Descartes et Fermat que nous vient, par exemple, l'habitude de représenter des courbes planes par des équations en deux variables x et y – et inversement –, les x et y étant les coordonnées des points de la courbe par rapport à un système de deux axes *(figure 12)*.

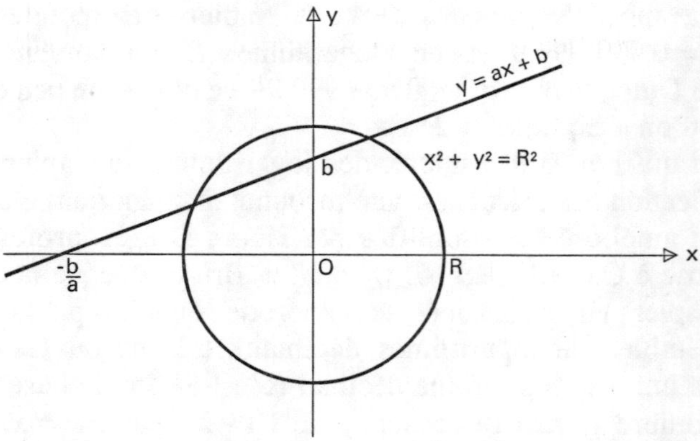

Fig. 12. – En géométrie analytique, on peut représenter des objets géométriques par des objets algébriques ; la traduction en termes algébriques permet alors de remplacer des raisonnements géométriques par des calculs algébriques, parfois plus faciles. Par exemple, on représente une droite par une équation de la forme $y = ax + b$, ou un cercle de rayon R par l'équation $x^2 + y^2 = R^2$, en repérant les points des courbes à l'aide de deux coordonnées x et y, définies par rapport à un système de deux axes ; déterminer les points d'intersection de la droite et du cercle revient alors à résoudre un système de deux équations à deux inconnues x et y. Inversement, l'assimilation de variables à des coordonnées permet de représenter graphiquement des équations et de donner ainsi une signification géométrique à ces entités algébriques.

---

[21] Voir *supra*, pp. 39-40.

Pierre de Fermat (1601-1665)

Bien que Pierre de Fermat ne se soit consacré aux mathématiques qu'en amateur, il est l'un des mathématiciens les plus brillants de son époque. Il n'a pas cherché à publier ses travaux et n'a que rarement mené ses démonstrations jusqu'au bout : son influence est donc restée limitée. Né dans une famille bourgeoise à Beaumont-de-Lomagne, dans le Sud-Ouest, il a poursuivi à Toulouse et à Castres une carrière de magistrat. C'est à Bordeaux qu'il se serait initié à l'algèbre de Viète, qu'il a appliquée à des questions de géométrie, créant ainsi, en même temps que Descartes, la géométrie analytique.

Fermat est surtout connu pour ses travaux en théorie des nombres ; il s'est intéressé aux équations diophantiennes [22] – équations algébriques à plusieurs inconnues dont on cherche les solutions en nombres entiers – et a obtenu des résultats remarquables. L'un de ces problèmes est illustre : dans la marge de son exemplaire de l'*Arithmetica* de Diophante, Fermat écrivit en substance que l'équation $x^n + y^n = z^n$ n'a pas de solutions x, y, z en nombres entiers positifs dès que l'entier n est supérieur ou égal à 3, et qu'il en avait trouvé une démonstration, trop longue pour être retranscrite dans la marge. Fermat bluffait-il ou s'était-il trompé ? Cet énoncé a résisté plus de trois cent cinquante ans aux tentatives de démonstrations. Le « Grand théorème de Fermat » n'a été prouvé qu'en 1994, grâce à des méthodes modernes extrêmement élaborées [23].

Fermat a exercé son génie dans d'autres domaines. Il a par exemple inventé une ingénieuse méthode pour trouver le minimum ou le maximum d'une expression algébrique $P(x)$ – elle consiste à écrire que, pour x voisin du point cherché, on a $P(x) = P(x + h)$ où h est assez petit, puis de simplifier par h et de poser $h = 0$. En fait, cette méthode revient à imposer que la dérivée de P soit nulle au point x cherché ; elle a en outre permis à son auteur d'obtenir une méthode de détermination des tangentes à une courbe – ainsi Fermat est-il souvent considéré comme un précurseur du calcul infinitésimal. *Via* sa correspondance avec Pascal, il a également contribué aux premiers pas du calcul des probabilités. Enfin, même s'il n'était pas physicien, il s'est intéressé à la réflexion et la réfraction optiques, et on lui doit un principe de « chemin minimal » qui régit la propagation des rayons lumineux.

---

22 Voir *supra*, pp. 42-43.
23 Voir *infra*, p. 104.

Fermat a exposé ses idées de géométrie analytique dans le texte *Ad locos planos et solidos isagoge* («Introduction aux lieux plans et solides»), écrit en 1636, mais publié seulement après sa mort. Il y étudiait entre autres systématiquement les équations de degré 2 à deux inconnues, en montrant qu'une équation du type $xy = k^2$ correspond à une hyperbole, que $x^2 + y^2 + 2ax + 2by = c^2$ est un cercle, etc., et plus généralement qu'une équation quadratique correspond à une conique.

Descartes a, quant à lui, publié ses travaux algébrico-géométriques en 1637 dans *La Géométrie*, appendice au fameux *Discours de la méthode,* censé illustrer sa méthode philosophique dans le domaine des mathématiques. Incidemment, cet ouvrage était le premier à employer des notations qui ne dérouteraient pas un lecteur d'aujourd'hui : Descartes notait les paramètres [24] avec les premières lettres de l'alphabet (*a*, *b*, *c*...) et les inconnues avec les dernières (*x, y, z*), comme nous le faisons souvent aujourd'hui, mais à l'inverse de Viète, que suivait Fermat ; il utilisait les exposants pour les puissances, les signes + et –, introduits par les algébristes allemands, etc. L'un des seuls symboles qui nous paraîtraient exotiques était son signe d'égalité. Le signe = avait été inventé dès 1557 par l'Anglais Thomas Recorde (1510-1558), mais il n'était pas encore répandu.

Cependant, cet aspect formel est secondaire au regard des principes de géométrie analytique qui faisaient leur apparition dans *La Géométrie*.

La révolution du calcul infinitésimal

La création du calcul infinitésimal – ou calcul différentiel et intégral – est l'un des événements les plus importants de toute l'histoire des mathématiques. On l'attribue à l'Anglais Isaac Newton (1642-1716) et à l'Allemand Gottfried Wilhelm Leibniz (1646-1727), qui ont publié leurs travaux vers 1680 (dès 1684 pour Leibniz, en 1687 pour Newton). Bien que ces deux mathématiciens aient travaillé indépendamment, une longue et âpre querelle de priorité a envenimé les relations entre Newton et Leibniz, et entre leurs partisans

---

24 Voir *supra*, p. 60.

respectifs, allant jusqu'à causer une nette diminution des échanges entre Anglais et continentaux, et handicapant les mathématiques anglaises pour plusieurs décennies.

Le calcul infinitésimal s'est développé autour de deux types de questions : d'une part, la détermination des aires et des volumes, et d'autre part, la détermination des tangentes à des courbes. Archimède, qui utilisait la rigoureuse méthode d'exhaustion pour calculer des aires ou des volumes, et qui a déterminé des tangentes à la spirale, peut en être considéré comme un noble ancêtre[25]. De 1610 à 1670, un nombre assez important de mathématiciens ont obtenu des résultats significatifs, précurseurs du véritable calcul infinitésimal : citons entre autres Johannes Kepler (1571-1630), Fermat, Descartes, Bonaventura Cavalieri (1598-1647) qui, pour calculer des aires, considérait une figure plane comme une infinité de segments parallèles – les « indivisibles » -, Gilles Personne de Roberval (1602-1675), John Wallis (1616-1703), Isaac Barrow (1630-1677). Aidés par les développements de la géométrie analytique, ils ont inventé des procédés souvent très ingénieux, mais aussi souvent intuitifs et peu rigoureux, pour calculer des aires, des tangentes ou des normales à une courbe, la position d'un maximum ou d'un minimum d'une courbe, etc. Néanmoins, on considère Newton et Leibniz comme les fondateurs du calcul infinitésimal, car c'est grâce à eux qu'ont été dégagés les concepts sous-jacents et communs à tous ces résultats épars.

Qu'est-ce que le calcul infinitésimal ? Il serait long et fastidieux de l'expliquer selon les conceptions et la terminologie de l'époque. Pour être bref, concis, et très anachronique, la question des tangentes, des *maxima* et *minima* d'une courbe, etc. fait appel au concept fondamental de *dérivée*, tandis que la question des aires ou des volumes utilise le concept fondamental d'*intégrale*, l'un et l'autre faisant intervenir des quantités infinitésimales, c'est-à-dire arbitrairement petites (*voir les figures 13 et 14 pages suivantes).* La dérivée et les techniques afférentes forment le *calcul différentiel*, alors que le *calcul intégral* a trait bien entendu aux intégrales. Intégrale et dérivée sont liées par un théorème fondamental, qui fait

[25] Voir *supra*, pp. 41-42.

apparaître l'intégration comme l'opération inverse de la dérivation : l'intégrale d'une fonction $f(x)$ entre les bornes $x = a$ et $x = b$ est égale à $F(b) - F(a)$, où $F(x)$ est une fonction (qualifiée de *primitive* de f) dont la dérivée vaut $f(x)$ pour tout x.

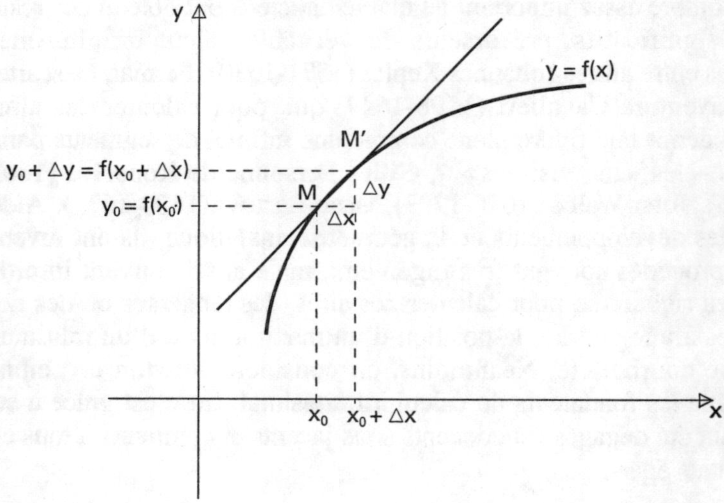

La tangente en un point M à une courbe, donnée par une équation $y = f(x)$, peut être vue comme la limite d'une droite sécante en M et passant par un point voisin M' de la courbe, lorsque M' se rapproche de M. Si M a pour coordonnées (x_0, y_0) et M' a pour coordonnées $(x_0 + \Delta x, y_0 + \Delta y)$ où les accroissements Δx et Δy sont petits, la pente de la sécante est $\Delta y/\Delta x = [f(x_0 + \Delta x) - f(x_0)]/\Delta x$. Lorsque M' se rapproche de M jusqu'à se confondre avec ce point, Δx tend vers 0 et le rapport $\Delta y/\Delta x = [f(x_0 + \Delta x) - f(x_0)]/\Delta x$ tend vers un nombre qui est, par définition, la dérivée de la fonction f au point d'abscisse x_0. Cette dérivée, que l'on note souvent $f'(x_0)$, est la pente de la droite tangente à la courbe au point M ; elle mesure le taux de variation de f en x_0.

Fig. 13. – La notion de dérivée

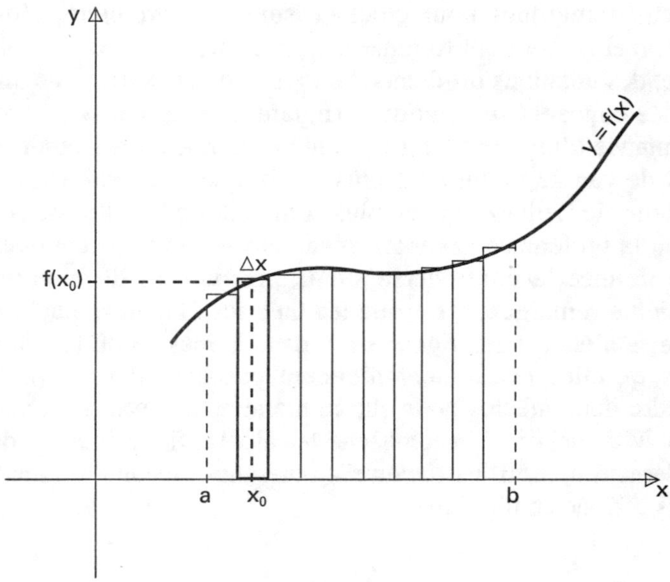

Pour calculer l'aire comprise entre une courbe d'équation $y = f(x)$, l'axe horizontal Ox et les limites verticales $x = a$ et $x = b$, le principe est d'approcher cette aire par celle d'un grand nombre de rectangles étroits, de base arbitrairement petite Δx et de hauteur $f(x)$, comme représenté ici. Chacun de ces rectangles a pour aire $f(x)\Delta x$, où x est l'abscisse d'un point de la base du rectangle. En prenant des Δx de plus en plus petits, le nombre de rectangles augmente indéfiniment et la somme de leurs aires se rapproche de l'aire recherchée, qu'on note alors

$$\int_a^b f(x)\, dx\,.$$

C'est, par définition, l'intégrale de la fonction f entre $x = a$ et $x = b$. Le symbole de l'intégrale est un S allongé, le S venant pour « somme » : c'est la somme des aires infinitésimales $f(x)\Delta x$. On peut facilement démontrer que l'intégration est en quelque sorte l'opération inverse de la dérivation : elle revient à déterminer une fonction F dont la dérivée est f (et l'intégrale ou aire ci-dessus est alors égale à $F(b) - F(a)$).

Fig. 14. – La notion d'intégrale

Deux remarques pour clore ce sujet. La première, c'est que Newton et Leibniz ont formulé leurs découvertes avec des points de vue et des notations différents. La démarche de Newton est inspirée par des concepts cinématiques (notamment de vitesse : la vitesse instantanée d'un mobile est tangente à sa trajectoire), tandis que le point de vue de Leibniz est plus algébrique. La formulation et les notations de Leibniz, un peu plus commodes que celles de Newton, ont eu la préférence des mathématiciens – du moins continentaux, étant donnée la controverse sur la priorité des découvertes. La deuxième remarque, c'est que les théories élaborées par les deux hommes n'étaient pas rigoureuses, dans la mesure où les infinitésimaux qu'elles manipulent n'étaient pas bien définis (il faudra attendre deux siècles pour que le malaise des infinitésimaux soit levé). Mais cela n'a pas empêché le calcul infinitésimal de devenir rapidement un outil extrêmement puissant et fécond, en mathématiques comme en physique.

Théorie des équations, géométrie projective, calcul des probabilités : les prémices

La géométrie analytique et le calcul infinitésimal ne sont pas les seuls champs mathématiques qui naissent au XVIIe siècle, mais ils ont occulté les autres. Avec Albert Girard (1595-1632), un mathématicien hollandais né en Lorraine, l'étude des équations polynomiales a commencé à prendre une forme théorique[26]. S'affranchissant des réticences de prédécesseurs comme Cardan et Viète, Girard comprit la nécessité de prendre en compte, dans les solutions, les nombres négatifs et les nombres imaginaires. Cela l'aida à découvrir le « théorème fondamental de l'algèbre » (qu'il ne démontra pas), qui affirme qu'une équation polynomiale de degré n possède en général n solutions, et à énoncer correctement les relations liant les solutions à la valeur des coefficients.

Contentons-nous d'illustrer cela en regardant l'équation de degré trois $x^3 - x^2 - 4x + 4 = 0$; elle possède 3 solutions qui sont $x = 1$, $x = 2$ et $x = -2$; dans cette équation, le coefficient de x^2 est égal à $-1 = -[1 + 2 + (-2)]$ (opposé de la somme des solutions), le

---

[26] Voir *supra*, p. 45

coefficient de x est égal à $-4 = 1 \times 2 + 1 \times (-2) + (-2) \times 2$ (somme des produits de deux solutions), et le coefficient constant est égal à $2 = -[1 \times 2 \times (-2)]$ (opposé du produit des trois solutions).

Avec l'architecte et ingénieur militaire Girard Desargues (1591-1661), un Lyonnais, c'est la « géométrie projective » qui fait ses premiers pas. Mais ces développements resteront dans l'ombre jusqu'au XIXe siècle, en partie à cause de l'exposé lourd et maladroit de Desargues, en partie parce que la mode était à la géométrie analytique. La démarche de Desargues, parue dans son *Brouillon projet d'une atteinte aux événemens des rencontres d'un cône avec un plan* (1639), est de prolonger l'étude de la perspective et d'étudier les propriétés géométriques qui restent inchangées lorsqu'on effectue une projection à partir d'un point. Par exemple, les diverses sections coniques (cercles, ellipses, paraboles, hyperboles) peuvent s'obtenir l'une de l'autre par projection ; il s'ensuit que toute propriété valable pour un cercle et qui reste inchangée par projection sera également valable pour toutes les autres coniques. La démarche projective autorise ainsi une plus grande généralité que la géométrie traditionnelle.

De même, le calcul des probabilités est né avec Fermat et Blaise Pascal (1623-1662). Un siècle auparavant, Cardan et Tartaglia s'étaient penchés sur le sujet, mais leurs réflexions, pas encore mûres, furent oubliées. En 1654, le chevalier de Méré, ami de Pascal, l'interroge sur les jeux de hasard (combien de jets de deux dés faut-il pour avoir plus d'une chance sur deux d'obtenir un double six ? comment répartir équitablement les mises de deux joueurs si le jeu est interrompu avant son terme ?). La réponse de Pascal provoque une correspondance avec Fermat. Cependant, c'est au savant hollandais Christiaan Huygens (1629-1695) qu'on doit le premier texte de calcul de probabilités publié, en 1657.

LE XVIIIe, SIÈCLE DE L'ANALYSE

La création du calcul infinitésimal a ouvert de larges voies à l'analyse mathématique qui, au XVIIIe siècle, s'est consolidée et développée. Ses applications connaissent le même sort : après avoir servi à l'étude des courbes, le calcul différentiel et intégral a vite prouvé son utilité en mécanique, pour décrire la cinématique et la dynamique de particules individuelles, de corps solides ou de fluides. Une interaction fructueuse s'est établie entre les deux domaines. Et beaucoup de mathématiciens de l'époque ont contribué à la mécanique ou à la physique, que les lois de Newton énoncées en 1687 dans ses *Principia* permettaient de mathématiser.

La majorité des mathématiciens du XVIIIe siècle étaient membres d'académies – de plus en plus nombreuses, associées à un État ou une ville plutôt que, comme auparavant, à un mécène ou un érudit –, de sociétés savantes, ou encore, plus rarement, professeurs d'université. Paris, Saint-Pétersbourg, Berlin, Londres (qui connut cependant une éclipse dans la deuxième moitié du siècle), Bâle, sont alors les principaux centres d'activité.

Le calcul infinitésimal : de la géométrie des courbes à la mécanique analytique

Beaucoup de noms ont marqué l'analyse. On retiendra essentiellement Leonhard Euler, Joseph Louis Lagrange et la famille Bernoulli *(voir les encadrés pages suivantes).*

Euler est sans doute le mathématicien le plus prolifique de l'histoire. Son œuvre (près de neuf cents titres, qui remplissent quatre-vingts volumes), est immense. Elle touche à tous les domaines des mathématiques, ainsi qu'à la mécanique céleste et à la physique. La grande part de ses contributions porte sur l'analyse. C'est lui qui a défini ce qu'est une fonction *(« une expression analytique composée d'une manière quelconque d'une quantité variable et de nombres ou de quantités constantes »)*, tout en plaçant ce concept au centre de l'analyse mathématique. En privilégiant l'aspect algébrique et calculatoire du calcul infinitésimal, il confère à l'analyse un caractère formel. L'analyse est ainsi affranchie de ses origines géométriques, mais les questions de rigueur (définition des infinitésimaux, convergence des séries, etc.) sont laissées de côté. Il intègre la trigonométrie à l'analyse en considérant les cosinus et sinus comme des fonctions, données notamment par un développement en séries de puissances de la variable (par exemple, en utilisant l'identité $(\cos x \pm i \sin x)^n = \cos nx \pm i \sin nx$ et la formule du binôme, Euler a pu obtenir – de façon non rigoureuse, en prenant n infiniment grand et x infiniment petit mais tels que $nx = u$ – le développement $\cos u = 1 - u^2/2\,! + u^4/4\,! - ....$). Il introduit les exposants complexes et établit la fameuse identité $e^{ix} = \cos x + i \sin x$, d'où l'on tire $\cos x = (e^{ix} + e^{-ix})/2$, $\sin x = (e^{ix} - e^{-ix})/(2i)$, ainsi que la très jolie et compacte relation $e^{i\pi} + 1 = 0$ qui lie cinq nombres fondamentaux. Il calcule la somme de bon nombre de séries, telles les séries $1 + 1/2^{2k} + 1/3^{2k} + 1/4^{2k} + ...$ pour l'entier k valant entre 1 et 13, résout divers types d'équations différentielles, introduit des notations aujourd'hui universelles comme e et i, etc.

Leonhard Euler (1707-1783)

Né à Bâle, Euler est fils de pasteur ; son père, qui a étudié les mathématiques avec Jacques Bernoulli, le destine à la théologie. Mais l'intérêt de Leonhard pour les mathématiques ne faiblit pas, et il est encouragé à continuer dans cette voie par Jean Bernoulli. Grâce à Nicolas et Daniel Bernoulli, fils de Jean, il entre en 1727 à l'Académie des sciences de Saint-Pétersbourg, où il enseigne d'abord la physique, en 1730, puis les mathématiques, en 1733. Il se marie cette même année – il aura 13 enfants. En 1741, Frédéric II le fait venir à l'Académie de Berlin, où il reste jusqu'en 1766, date à laquelle il revient à Saint-Pétersbourg. Il perd alors l'usage de son second œil – il a perdu l'œil droit en 1735 – mais il parvient malgré tout à travailler, dictant ses œuvres à ses proches.

Les premières applications du calcul infinitésimal ont, on l'a vu, porté sur des problèmes liés aux courbes. L'un des plus célèbres est celui de la courbe brachystochrone, posé en 1696 par Jean Bernoulli, et dont les solutions de Newton, Leibniz, Jacques et Jean Bernoulli furent publiées l'année suivante dans la revue *Acta Eruditorum*.

Il consiste à déterminer, étant donnés deux points A et B d'altitude différente, la courbe reliant A et B et sur laquelle une particule matérielle glisserait en un temps minimal, sous l'influence de la pesanteur *(figure 15).*

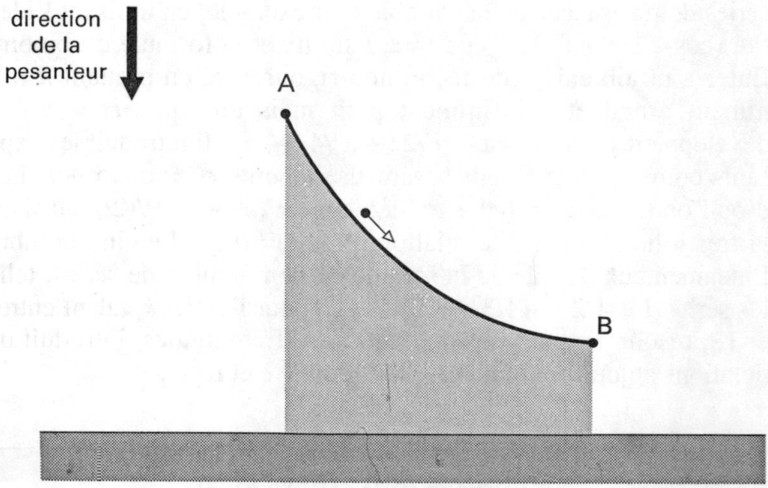

Le problème de la brachystochrone, posé et résolu en 1696, consiste à déterminer la courbe de chute permettant à une particule matérielle de glisser sans frottement d'un point A à un point plus bas B, de telle façon que la durée de la chute soit minimale. La courbe solution est un morceau de cycloïde.

Fig. 15. – Le problème de la brachystochrone

La courbe solution est un morceau de cycloïde (trajectoire décrite par un point fixé sur un cercle lorsque celui-ci roule le long d'une droite). En résolvant de tels problèmes, on aboutit généralement à une équation différentielle, c'est-à-dire une équation reliant une fonction inconnue $y(x)$ à ses dérivées (exemple simple : l'équation $y'[x] + x\,y[x] = 0$, où y' désigne la dérivée de la fonction y). Dans le contexte des courbes, la quantité y peut représenter l'ordonnée des points de la courbe, ordonnée qui dépend de l'abscisse x.

Comme elles surgissent dans maintes situations – géométriques, mécaniques et autres – les équations différentielles sont très pré-

Les Bernoulli

La famille Bernoulli, originaire d'Anvers, dans les Flandres espagnoles, s'est exilée en Suisse, à Bâle. Entre 1600 et 1850, elle donne naissance à une douzaine de mathématiciens, dont plusieurs portent le même prénom. Les plus connus sont Jacques Bernoulli (1654-1705) et son frère cadet Jean (1667-1748). Jacques, répondant aux désirs paternels, a d'abord étudié la théologie, mais il s'est rapidement réorienté vers les sciences exactes. Après avoir voyagé en France, en Angleterre et aux Pays-Bas, où il a rencontré des scientifiques prestigieux, il revient définitivement en Suisse en 1687, où il sera professeur à l'université de Bâle. Son frère Jean étudie la médecine avant de se tourner vers les mathématiques. Il devient professeur à l'université de Groningue en 1695 ; à la mort de Jacques, en 1705, il récupère sa chaire à l'université de Bâle. Les deux frères Bernoulli, ensemble et séparément, ont développé le calcul infinitésimal de Leibniz pour l'appliquer à de nombreux problèmes (étude de courbes, équations différentielles), étudié des séries infinies, contribué au calcul des probabilités. Des disputes ont pourtant éclaté entre les frères, Jean étant jaloux de la qualité des contributions de Jacques, plus importantes et plus originales.

Nicolas (1695-1726) et Daniel Bernoulli (1700-1782) sont les fils de Jean. Les travaux du premier, mort à trente et un ans, portent sur la géométrie des courbes, les équations différentielles et les probabilités. Le second s'est illustré en hydrodynamique, a travaillé sur les fonctions trigonométriques, les fractions continues (fractions dont le dénominateur est lui-même une fraction dont le dénominateur est une fraction... et ainsi de suite), les équations différentielles et, surtout, l'application du calcul des probabilités aux sciences humaines.

sentes au XVIIIe siècle. Les mathématiciens se frottent également aux premières « équations aux dérivées partielles » – équations différentielles où la fonction inconnue dépend de plus d'une variable, et où interviennent donc des « dérivées partielles » (dérivées par rapport à l'une des variables en considérant fixes les autres). En règle générale, elles sont beaucoup plus difficiles, mais aussi beaucoup plus intéressantes à étudier, que les équations différentielles ordinaires. Omniprésentes dans la description mathématique des phénomènes naturels, les équations aux dérivées

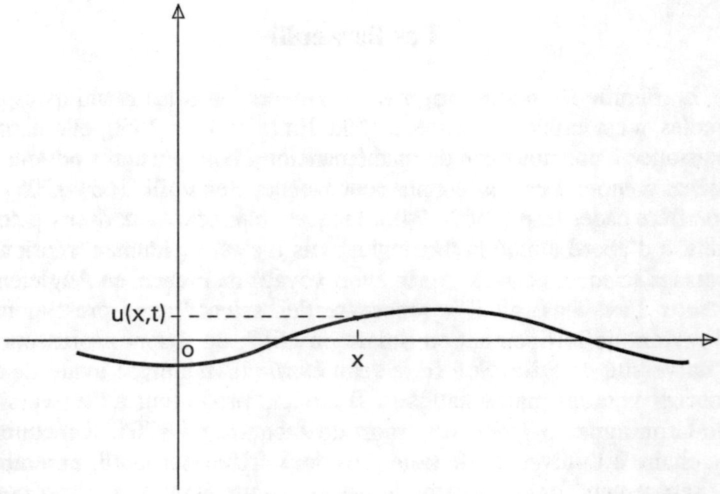

La vibration d'une corde tendue peut être décrite par l'amplitude *u* du déplacement, par rapport à la position au repos, de chacun des points de la corde. Cette amplitude dépend *a priori* du temps (t) et de la position (x) le long de la corde du point considéré : $u = u(x, t)$. On peut montrer, en appliquant les lois de la mécanique, que *u* doit obéir à l'équation aux dérivées partielles :

$$\frac{\partial^2 u}{\partial t^2} = c^2 \frac{\partial^2 u}{\partial x^2}$$

où *c* est une constante qui correspond à la vitesse de propagation des ondes le long de la corde. Cette équation est d'une grande généralité : elle ou ses variantes décrivent un grand nombre de phénomènes ondulatoires, qu'ils soient mécaniques, acoustiques, électriques ou autres.

Fig. 16. – L'équation des cordes vibrantes

partielles représentent aujourd'hui encore l'un des principaux champs de la recherche mathématique pure ou appliquée. L'une des plus simples et des plus significatives a été abordée entre autres par Euler, Jean Le Rond d'Alembert (1717-1783) et Daniel Bernoulli : il s'agit de l'équation des cordes vibrantes, qui décrit le déplacement vertical *u* des points d'une corde unidimensionnelle, en fonction de

Joseph Louis Lagrange (1736-1813)

Né à Turin d'un père d'origine française, Lagrange est le plus jeune des onze enfants de la famille. Dès l'âge de dix-neuf ans, il enseigne les mathématiques à l'école royale d'artillerie de Turin. Tout en faisant ses premiers travaux, il entre en correspondance avec Euler, qui reconnaît sa valeur et le fait connaître à l'Académie de Berlin et à Frédéric II le Grand. Celui-ci, après le retour d'Euler à Saint-Pétersbourg, l'invite à Berlin, où il restera jusqu'en 1787. Puis Lagrange accepte l'invitation de Louis XVI et s'installe à Paris. À la Révolution, il fait partie du comité chargé d'élaborer le système métrique. En 1795 il enseigne à l'École polytechnique, tout juste créée. Napoléon lui rendra honneur et le nommera sénateur et comte. Lagrange fut l'un des mathématiciens les plus importants du siècle. Son œuvre a surtout concerné l'analyse (équations différentielles, développement des fonctions en séries de puissances, calcul variationnel) et la mécanique, mais il a aussi effectué de remarquables travaux en théorie des nombres et en algèbre.

leur position horizontale x et du temps t *(figure 16)*. Avec nos notations modernes, cette équation s'écrit, dans les unités appropriées, $\partial^2 u/\partial x^2 = \partial^2 u/\partial t^2$, où l'opération notée $\partial^2/\partial x^2$ consiste à dériver deux fois de suite la fonction $u(x, t)$ par rapport à la variable x. Son examen a posé des questions qui allaient notamment conduire, au début du XIXe siècle, aux importants travaux de Joseph Fourier sur la représentation des fonctions par des séries trigonométriques [27].

Autre branche de l'analyse ayant fait son apparition : le *calcul variationnel* (ou *calcul des variations*), dont la paternité revient à Euler et à Lagrange. Un problème variationnel typique consiste à rechercher une fonction inconnue f qui minimise ou maximise la valeur d'une intégrale prise sur une expression faisant intervenir f (le problème de la brachystochrone [28] peut être formulé de cette façon, car on peut exprimer la durée de la chute à l'aide d'une intégrale dans laquelle intervient la forme de la courbe). Pour ce faire, il

---

27 Voir *infra*, le sous-chapitre « *Séries de Fourier, fonctions elliptiques* », p. 79.
28 Voir *supra*, pp. 69-70.

faut envisager des variations arbitraires de la fonction *f*, d'où le nom donné par Lagrange à cette partie des mathématiques. Lagrange a d'ailleurs mis à profit les idées du calcul des variations, ainsi que la théorie des équations différentielles, dans ses travaux sur la mécanique. Sa *Mécanique analytique* de 1788 donne l'état de ses recherches ; c'est une vaste synthèse de la mécanique, fondée sur le « principe de moindre action » et ne faisant appel qu'à des concepts analytiques (non géométriques), qui ramène tout problème à la résolution d'équations différentielles ou aux dérivées partielles. La *Mécanique analytique* (qui ne contient aucune figure !) est considérée comme l'un des joyaux de la science de l'époque.

Des avancées importantes hors de l'analyse

Ce qui précède ne doit pas faire croire que les découvertes du XVIIIe siècle n'ont porté que sur l'analyse. En algèbre, par exemple, se pose la question des solutions d'une équation polynomiale. On se doute que toute équation polynomiale $P(x) = 0$ à coefficients réels possède au moins une solution complexe, c'est-à-dire de la forme $x = a + ib$. Mais ce « théorème fondamental de l'algèbre », comme on l'a appelé, ne sera démontré qu'en 1799, par Karl Friedrich Gauss [29].

Vers 1742, Euler remarque que si un nombre complexe $a + ib$ est solution d'une équation polynomiale à coefficients réels, alors $a - ib$ en est également solution. Cela – en admettant le théorème fondamental de l'algèbre – implique que tout polynôme à coefficients réels peut être décomposé en un produit de facteurs réels du premier ou du deuxième degré – par exemple, $x^3 - 2x^2 + x - 2 = (x - 2)(x + i)(x - i) = (x - 2)(x^2 + 1)$. C'est un résultat bien utile, car ces décompositions permettent entre autres de calculer aisément des intégrales d'un type très fréquent.

Par ailleurs, cherchant à comprendre la résolubilité par radicaux des équations algébriques, Lagrange découvre vers 1770 que la question est liée au comportement de certaines fonctions lorsqu'on permute entre elles les solutions de l'équation algébrique. Ces travaux le conduisent à supposer que l'équation générale du cinquième degré ou plus n'est pas résoluble par radicaux (sans qu'il

---

[29] Voir *infra*, p. 84.

parvienne à le démontrer), et ouvrent la voie aux découvertes de Niels Henrik Abel et d'Évariste Galois au siècle suivant[30].

En géométrie, on progresse surtout dans les domaines qui mettent en jeu des méthodes analytiques : la géométrie analytique et la géométrie différentielle (qui définit par exemple les notions de rayon de courbure d'une courbe ou d'une surface). Les avancées en géométrie classique sont moins spectaculaires. Citons cependant la *Géométrie descriptive* (1799) de Gaspard Monge (1746-1818), ouvrage dont la démarche consiste à *« représenter avec exactitude sur des dessins qui n'ont que deux dimensions les objets qui en ont trois »*. Plus précisément, Monge projette les figures tridimensionnelles sur un plan horizontal et un plan vertical, afin d'en déduire les propriétés géométriques ; cette œuvre prépare le terrain aux travaux de géométrie projective des années 1820[31]. Évoquons également les travaux de divers géomètres – comme l'Italien Girolamo Saccheri (1667-1733) et l'Alsacien Johann Heinrich Lambert (1728-1777) – autour du cinquième postulat d'Euclide (le postulat des parallèles[32]). Comme bien d'autres mathématiciens avant eux, ils ont tenté en vain de démontrer ce postulat à partir des autres. Toutefois, en cernant mieux la question, leurs travaux ont constitué un prélude à l'invention des géométries non-euclidiennes, au XIXe siècle.

LE XIXe SIÈCLE : VERS L'ABSTRACTION ET LA RIGUEUR

Les mathématiques entrent au XIXe siècle dans une grande phase d'expansion : c'est le début d'un âge d'or qui ne s'est pas encore achevé. Le métier de mathématicien se constitue véritablement. Les académies perdent l'exclusivité de la recherche scientifique : avec la démocratisation de l'enseignement supérieur, les universités offrent de plus en plus de débouchés à ceux qui veulent vivre des mathématiques, auxquelles s'intéresse du reste de près la révolution industrielle. Le nombre de mathématiciens augmente, revues et publications se multiplient, et les découvertes se succèdent. On assiste à un tel foisonnement du savoir et des théories qu'à la fin du

[30] Voir *infra*, p. 87.
[31] Voir *infra*, pp. 81-82.
[32] Voir *infra*, p. 84.

XIXe siècle, il n'est quasiment aucun mathématicien capable de dominer à lui seul sa discipline dans toutes ses ramifications.

La transformation n'est pas seulement quantitative. Les mathématiques acquièrent leur autonomie par rapport aux autres sciences, même si les liens restent forts et parfois même s'approfondissent. De nombreux travaux puisent désormais leur raison d'être dans des problématiques purement mathématiques, résultant d'une dynamique interne et sans rapport évident avec l'expérience sensible ou les applications. Ce faisant, émergent des idées et des techniques de plus en plus abstraites : même si les questions initiales peuvent être relativement concrètes, les mathématiciens se rendent compte que pour y répondre, des détours par les chemins de l'abstraction et de la généralité s'imposent. Parallèlement, une extrême attention est accordée à la rigueur. À la fin du siècle, la clarification des concepts de base conduit naturellement à des réflexions sur les fondements logiques et philosophiques des mathématiques, donnant naissance à la métamathématique.

Les centres d'activité mathématique se multiplient, mais les principaux restent en France, en Allemagne – qui domine la France dans la seconde moitié du siècle –, et en Angleterre. En France, les mathématiques ont été fortement stimulées par la Révolution de 1789 et la rénovation de l'enseignement des sciences qu'elle a apportée, notamment avec la création, en 1794, de l'École polytechnique où iront enseigner des savants de premier ordre (dont Gaspard Monge, fondateur de l'École, Lagrange, Siméon Denis Poisson, Joseph Fourier, Augustin-Louis Cauchy) et dont les cours, publiés, auront beaucoup d'influence, en France comme à l'étranger.

Des fondements rigoureux pour le calcul infinitésimal

Le Français Augustin-Louis Cauchy (1789-1857) domine la première partie du siècle. Intéressé par toutes les branches des mathématiques, il s'est notamment distingué en analyse. Dans les années 1820, il instaure de nouveaux critères de rigueur en s'efforçant de définir correctement des notions comme celles de limite, de la convergence d'une série, de la continuité d'une fonction, de l'intégrale d'une fonction. Par exemple, pour Cauchy : *« La fonction f(x) restera continue par rapport à x entre des limites données si, entre ces limites, un accroissement infiniment petit de la variable produit toujours un accroissement infiniment petit de la fonction elle-même »*. Sa définition de la continuité est proche de celle, plus précise, adoptée aujourd'hui *(voir l'encadré page suivante)*.

La clarification des notions de base de l'analyse n'a pas préoccupé le seul Cauchy. Il faut également citer, sur cette question, le Tchèque Bernard Bolzano (1781-1848), dont les travaux sur la logique, sur les fondements de l'analyse et sur les ensembles infinis sont longtemps passés inaperçus, et surtout l'Allemand Karl Weierstrass (1815-1897), à qui l'on doit les formulations modernes de notions comme la limite et la continuité. Weierstrass est aussi l'un des mathématiciens ayant élaboré, dans les années 1860-1870, une construction rigoureuse des nombres réels, qui définit de façon précise les nombres irrationnels à partir des nombres entiers et rationnels, construction indispensable pour asseoir l'analyse sur des bases arithmétiques solides.

De l'analyse complexe à la théorie des équations différentielles

Cauchy a été le pionnier de deux domaines importants de l'analyse : la théorie des fonctions d'une variable complexe, et la théorie des équations différentielles. Comme son nom l'indique, la théorie des fonctions d'une variable complexe étudie les fonctions $f(z)$ où z est une variable complexe, c'est-à-dire de la forme $x + iy$ où x et y sont des variables réelles (une telle fonction peut aussi être vue comme une fonction à valeurs complexes dépendant de deux variables réelles, car on peut toujours écrire $f(z)$ sous la forme $u(x, y) + i\, v(x, y)$ où u et v sont deux fonctions à valeurs réelles). L'*analyse complexe* définit la dérivée de telles fonctions, leur développement en série de puissances, leur intégration, etc. C'est une théorie féconde et d'une grande utilité, qui permet d'obtenir d'innombrables résultats, y compris concernant les fonctions réelles ; par exemple, beaucoup d'intégrales d'une fonction réelle peuvent être facilement calculées en faisant le détour par des intégrales portant sur la fonction complexe correspondante. Cauchy a appliqué certaines de ses techniques d'analyse complexe pour l'étude générale des équations différentielles. Il a insisté sur le fait qu'il fallait d'abord démontrer l'existence d'une solution avant de s'attaquer à la résolution effective d'une équation différentielle. Et il a établi des critères précis permettant d'affirmer qu'une solution existe.

La continuité d'une fonction

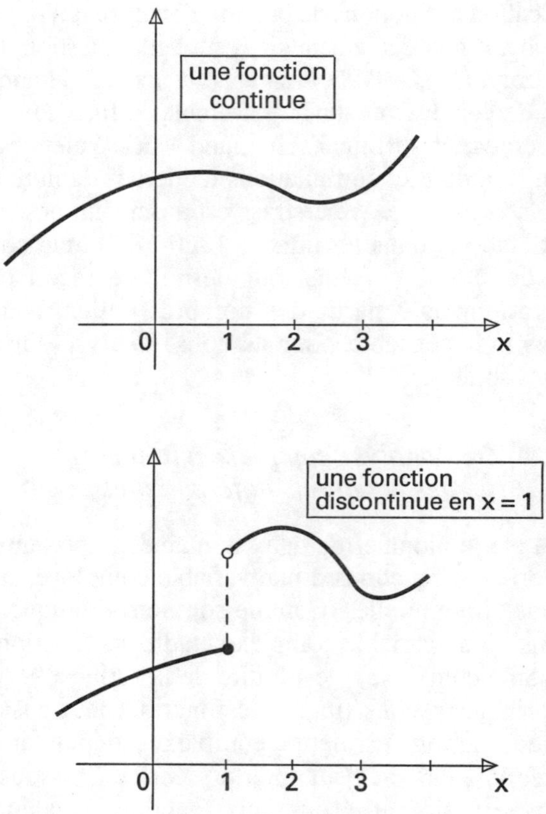

Fig. 17

La continuité d'une fonction est une notion capitale de l'analyse. Intuitivement, une fonction est continue si l'on peut tracer sa représentation graphique sans lever le crayon. Ainsi, la fonction dessinée en A est continue, tandis que la fonction dessinée en B présente une discontinuité en $x = 1$. La définition actuelle de la continuité, plus précise que celle de Cauchy, est due à Weierstrass. Selon cette définition, une fonction f est continue en un point $x = a$ si, quel que soit le nombre strictement positif ϵ, il existe un nombre strictement positif δ tel que pour tout x vérifiant $|x - a| < \delta$ on ait $|f(x) - f(a)| < \epsilon$.

Séries de Fourier et fonctions elliptiques

Joseph Fourier (1768-1830), autre mathématicien français d'importance, a marqué les années 1800-1820. Son œuvre maîtresse est une *Théorie analytique de la chaleur* publiée en 1822. En étudiant la diffusion de la chaleur dans un solide, il établit l'équation aux dérivées partielles qui la décrit, et cherche à résoudre celle-ci. Pour ce faire, Fourier avance l'idée, pressentie par Daniel Bernoulli, que l'on peut développer toute fonction $f(x)$ définie sur un intervalle fini en une série de fonctions sinus et cosinus. Plus précisément, si f est définie, mettons, sur l'intervalle $[-\pi, \pi]$, Fourier donne le développement en série trigonométrique

$$f(x) = a_0/2 + a_1 \cos x + a_2 \cos 2x + a_3 \cos 3x + \ldots$$
$$+ b_1 \sin x + b_2 \sin 2x + b_3 \sin 3x + \ldots$$

où les coefficients numériques a_n et b_n (n entier positif) sont déterminés par les formules :

$$a_n = \frac{1}{\pi} \int_{-\pi}^{\pi} f(x) \cos nx \, dx \text{ et } b_n = \frac{1}{\pi} \int_{-\pi}^{\pi} f(x) \sin nx \, dx .$$

Mais les justifications données par Fourier sont incomplètes ou imparfaites. Elles seront précisées et complétées par deux grands mathématiciens allemands, Peter Gustav Lejeune-Dirichlet en 1829, puis Bernhard Riemann *(voir l'encadré page suivante)*, en 1854. Il s'agit alors de préciser sous quelles conditions la série de Fourier d'une fonction f converge, et si elle converge vers $f(x)$ pour tout x. Cela dépend, entre autres, du nombre fini ou non de discontinuités de f. C'est d'ailleurs en relation avec ces questions que Riemann a développé sa théorie de l'intégrale, plus générale que celle de Cauchy (bien qu'elle ait été supplantée par une théorie plus abstraite mais aussi plus puissante, élaborée en 1902 par le Français Henri Lebesgue). Quoi qu'il en soit, les séries de Fourier et leur généralisation (les intégrales de Fourier, pour les fonctions définies sur l'axe réel tout entier et non pas uniquement sur un intervalle fini) constituent depuis un outil d'une importance considérable, d'usage très répandu en mathématiques et dans leurs applications.

Bernhard Riemann (1826-1866)

Figure capitale des mathématiques du XIXe siècle, Riemann a effectué sa brève carrière à l'université de Göttingen, où il est nommé conférencier (*Privatdozent*) en 1854. En 1859, il prend la succession de Dirichlet à la chaire qu'avait occupée Gauss. Son génie se manifeste dès sa thèse, en 1851, portant sur les fonctions de variables complexes. Son mémoire d'habilitation au poste de *Privatdozent*, présenté en 1854 devant Gauss, est célèbre : c'est en effet dans ce travail, *Sur les hypothèses qui servent de base à la géométrie*, qu'il développe ses idées de géométrie différentielle dans des espaces généraux. Il étudie également les développements en séries trigonométriques, les fonctions dites abéliennes, construit une théorie améliorée de l'intégration, etc. Il met au jour des liens profonds entre la théorie des nombres et l'analyse, étendant en particulier aux valeurs complexes de la variable la fonction $\zeta(s)$ définie pour tout $s > 1$ par $\zeta(s) = 1 + 1/2^s + 1/3^s + ... + 1/n^s + ...$ Cette « fonction dzêta de Riemann » a des rapports étroits avec la répartition des nombres premiers, et fait l'objet d'une des conjectures les plus importantes des mathématiques. La conjecture de Riemann suppose que toutes les valeurs non réelles de s pour lesquelles la fonction ζ s'annule ont pour partie réelle 1/2 ; sa démonstration (ou son infirmation) reste un défi lancé aux mathématiciens.

L'analyse du XIXe siècle a été également marquée par l'étude des « fonctions elliptiques ». Ce sont des fonctions définies à partir d'intégrales de la forme

$$\int_0^x \frac{p(t)}{\sqrt{q(t)}}\, dt$$

où $p(t)$ et $q(t)$ sont des polynômes, et q étant de degré 3 ou 4. Elles sont appelées elliptiques car le calcul de la longueur d'un arc d'ellipse fait intervenir des intégrales de ce type, étudiées déjà par le Français Adrien-Marie Legendre *(voir l'encadré page suivante)*. Une telle intégrale, que l'on ne peut exprimer à l'aide des fonctions élémentaires usuelles, définit une fonction $u(x)$: à chaque valeur de x correspond une valeur u de l'intégrale. Or à la fin des années 1820, le Norvégien Niels Henrik Abel (1802-1829) et l'Allemand

Carl Gustav Jacobi (1804-1851) découvrent qu'en permettant à x d'être un nombre complexe et en inversant la relation entre u et x, la fonction $x(u)$ ainsi définie possède une propriété remarquable : elle est doublement périodique. Autrement dit, il existe deux nombres complexes distincts α et β tels que, pour tout u, on a $x(u + \alpha) = x(u + \beta) = x(u)$.

L'étude des fonctions elliptiques $u(x)$, qui généralisaient les fonctions trigonométriques (celles-ci ne possèdent qu'une seule période), s'est avérée d'une grande richesse. Elle a par la même occasion stimulé l'analyse complexe en montrant que le passage d'une variable réelle à une variable complexe peut ouvrir de nouveaux horizons.

Adrien-Marie Legendre (1752-1833)

Ce mathématicien français commença sa carrière comme enseignant à l'École militaire, et fut nommé en 1783 à l'Académie des sciences. Legendre s'est illustré dans plusieurs domaines : mécanique et mécanique analytique (il obtint en 1782 le prix de l'Académie de Berlin pour un mémoire de balistique), analyse (travaux sur les fonctions et intégrales elliptiques), théorie des nombres (son *Essai sur la théorie des nombres* était, en 1798, le premier ouvrage consacré entièrement à cette théorie), géodésie et trigonométrie sphérique. Ses *Éléments de géométrie* (1794), ouvrage pédagogique dans lequel il reprend et remodèle les *Éléments* d'Euclide, connurent un grand succès.

Quand la géométrie devient plurielle

En géométrie, de profonds bouleversements ont lieu. D'abord, la géométrie projective se constitue en véritable discipline autonome grâce à Jean-Victor Poncelet (1788-1867), ancien élève de Monge. Son *Traité des propriétés projectives des figures*, publié en 1822, traite de façon unifiée de la théorie des sections coniques, en utilisant la démarche projective, c'est-à-dire en exploitant les propriétés qui restent conservées après une projection (par exemple : la projection d'une droite est une droite, la projection d'une tangente à une courbe est une tangente, la projection de deux droites concourantes donne deux droites concourantes, la projection d'une section conique est une section conique, etc.).

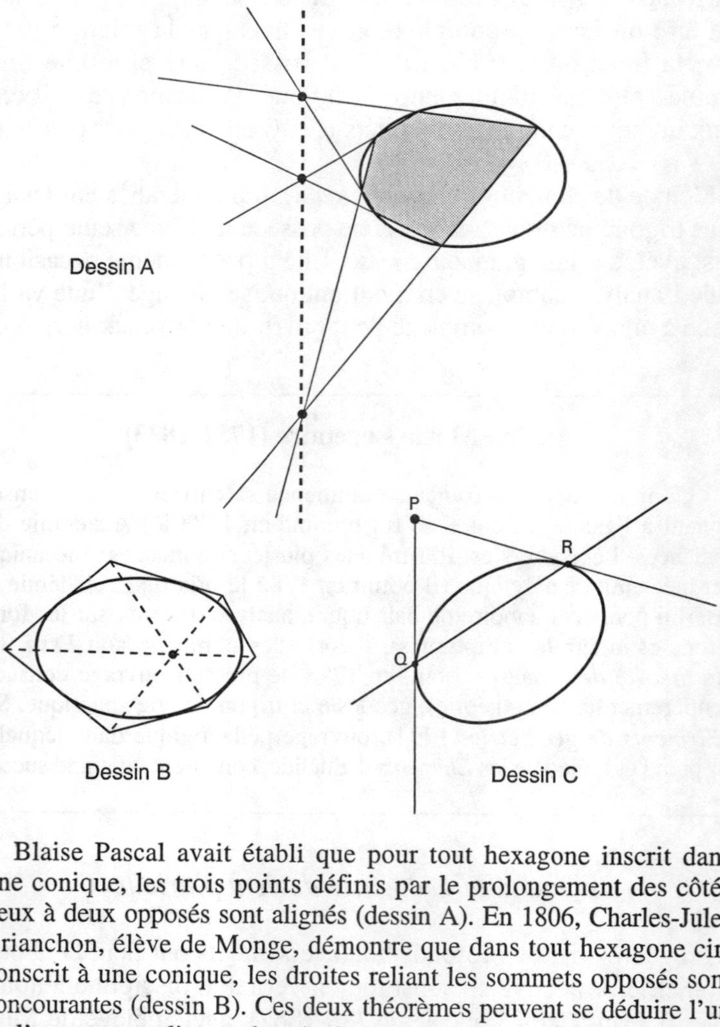

Blaise Pascal avait établi que pour tout hexagone inscrit dans une conique, les trois points définis par le prolongement des côtés deux à deux opposés sont alignés (dessin A). En 1806, Charles-Jules Brianchon, élève de Monge, démontre que dans tout hexagone circonscrit à une conique, les droites reliant les sommets opposés sont concourantes (dessin B). Ces deux théorèmes peuvent se déduire l'un de l'autre en appliquant le principe de dualité, qui échange points et droites ; étant donnée une conique, ce principe fait correspondre à tout point extérieur P la droite QR (et réciproquement) reliant les deux points de la conique définis par les deux tangentes passant par P (dessin C).

Fig. 18. – Une illustration du principe de dualité en géométrie projective

Poncelet était un fervent partisan de la géométrie *synthétique*, où l'on raisonne sur les figures elles-mêmes et non sur leurs représentations algébriques comme en géométrie analytique. Il a notamment mis en exergue, à peu près en même temps que Joseph Diaz Gergonne (1771-1859) – ancien élève de l'École polytechnique qui prônait, quant à lui, le point de vue analytique – une idée synthétique puissante, celle de « dualité ». Le principe de dualité, qui a été progressivement clarifié, établit une correspondance entre des points et des droites *(figure 18)* ; en échangeant alors, dans un

Un modèle élémentaire de géométrie non-euclidienne

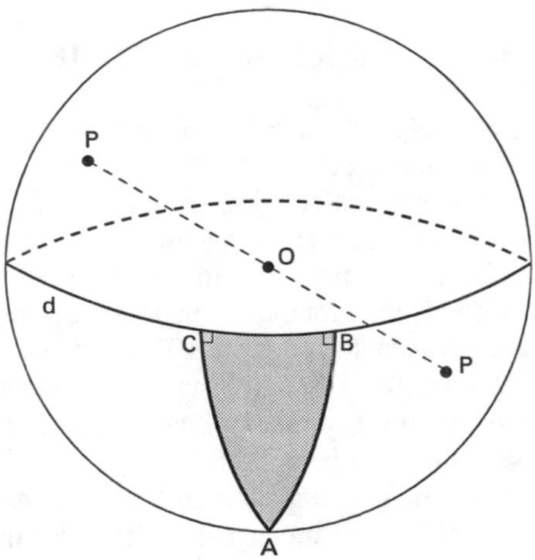

Fig. 19

La sphère, surface à courbure constante positive, peut constituer un exemple simple de géométrie non-euclidienne. Le « plan » est identifié à toute la surface, les « droites » sont les grands cercles tracés sur la sphère, et les « points » sont les paires de points diamétralement opposés. On voit ici qu'étant donnés une « droite » *d* et un « point » P extérieur à cette « droite », il ne passe par P aucune « droite » parallèle à *d*, c'est-à-dire ne rencontrant pas *d*: le postulat des parallèles d'Euclide n'est pas vérifié. Par ailleurs, on remarque que la somme des angles d'un triangle tracé sur la sphère (le triangle ABC par exemple) est supérieure à 180°.

théorème, les mots « points » et « droites », ainsi que « colinéaires » et « concourantes », on déduit facilement un autre énoncé, lui aussi vrai. Une façon de faire d'une pierre deux coups...

Événement plus marquant encore, on voit apparaître des géométries non-euclidiennes, c'est-à-dire des constructions théoriques dans lesquelles le cinquième postulat d'Euclide (affirmant que par un point extérieur à une droite donnée ne passe qu'une parallèle et une seule à cette droite) est faux[33] *(voir l'encadré page précédente)*. Elles ont constitué un bouleversement conceptuel dans la mesure où, pour la première fois, la géométrie s'affranchissait de la réalité physique, ou plutôt de l'intuition que l'on en a, tout en gardant une parfaite cohérence. Parallèlement, elles démontraient que le

Karl Friedrich Gauss (1777-1855)

Gauss, le plus grand mathématicien du XIXe siècle, s'est fait remarquer dès son plus jeune âge. On raconte qu'un jour que l'instituteur demandait aux élèves de calculer la somme 1 + 2 + 3 + ... + 100, Gauss avait trouvé la réponse en quelques secondes. Il avait disposé, sous la première ligne, la même somme sous la forme 100 + 99 + ... + 2 + 1, remarqué que la somme des deux nombres de chaque colonne est constante et égale à 101, et en avait déduit le résultat $(101 \times 100)/2 = 5\,050$). Il a réalisé sa première grande découverte à dix-neuf ans, en montrant que le polygone régulier à 17 côtés est constructible à la règle et au compas.

L'œuvre de ce mathématicien allemand est immense. Il s'est particulièrement distingué par ses travaux de théorie des nombres (lois de réciprocité, congruences, répartition des nombres premiers, conditions de constructibilité à la règle et au compas des polygones réguliers, etc.), par ses démonstrations du théorème fondamental de l'algèbre (tout polynôme non constant à coefficients réels se décompose en produit de facteurs du premier ou second degré à coefficients réels), par sa géométrie différentielle des courbes et des surfaces. Le « Prince des mathématiques », comme on l'a surnommé, s'est également illustré en géodésie, en astronomie, en physique (mécanique, optique, électricité et magnétisme).

---

33 Voir *supra*, p. 75.

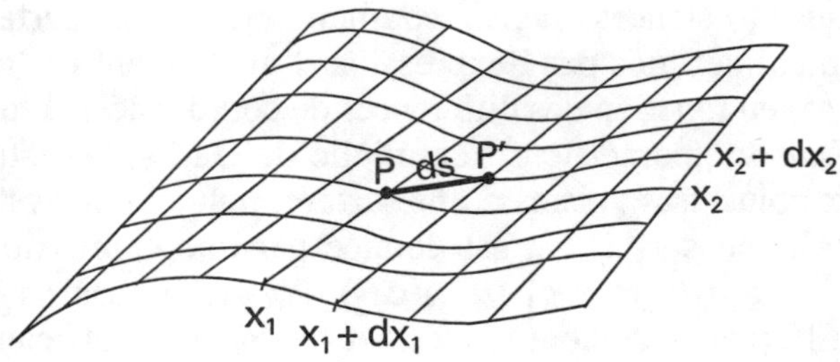

Fig. 20. – Soient P et P' deux points infiniment proches sur une surface munie d'un système de deux coordonnées x_1 et x_2 (par exemple la latitude et la longitude sur une sphère). Si P et P' ont pour coordonnées (x_1, x_2) et $(x_1 + dx_1, x_2 + dx_2)$ respectivement, la distance infinitésimale ds entre P et P' est donnée par $ds^2 = g_{11}(dx_1)^2 + g_{12}(dx_1)(dx_2) + g_{22}(dx_2)^2$. Les coefficients g_{ij}, qui dépendent *a priori* de x_1 et x_2, caractérisent complètement les propriétés géométriques de la surface, en chaque point. De plus, les g_{ij} définissent la géométrie de manière intrinsèque, sans qu'il soit besoin de considérer la surface comme un objet plongé dans un espace euclidien à trois dimensions. La géométrie riemannienne généralise ces idées à des espaces de dimension supérieure, où les points sont repérés par un nombre plus grand de coordonnées.

cinquième postulat d'Euclide est indépendant des autres, ce qui mettait fin à deux millénaires d'interrogation à ce sujet.

Plusieurs mathématiciens sont associés à cette révolution. Le Russe Nikolaï Ivanovitch Lobatchevski (1793-1856) et le Hongrois János Bolyai (1802-1860), à la fin des années 1820, ont, chacun de son côté, posé les premières pierres. Karl Friedrich Gauss, le « Prince des mathématiques » *(voir l'encadré)*, a développé des idées sur la question avant eux, mais ne les a jamais publiées par crainte de choquer. Il faut leur adjoindre l'Italien Eugenio Beltrami (1835-1900) qui, vers 1868, exhibe une surface à courbure constante négative où s'applique la géométrie de Lobatchevski. Enfin, Riemann [34] élabore dès 1854 un cadre général en étendant la géométrie différentielle de Gauss, qui montre que les propriétés

---

[34] Voir *supra*, pp. 79-80.

géométriques (distances, angles, courbure, etc.) d'une surface sont complètement définies par l'expression d'un élément de longueur infinitésimal en fonction des différences de coordonnées. Plus précisément, dans la géométrie différentielle de Gauss, la distance ds entre deux points très voisins d'une surface, munie d'un système de deux coordonnées x_1 et x_2, est donnée par une expression de la forme $ds^2 = g_{11}(dx_1)^2 + g_{12}(dx_1)(dx_2) + g_{22}(dx_2)^2$ où dx_1 et dx_2 sont les différences de coordonnées et les g_{ij} des coefficients, qui peuvent dépendre de la position sur la surface (pour le plan euclidien, on a en tout point $g_{11} = g_{22} = 1$ et $g_{12} = 0$ si x_1 et x_2 sont les coordonnées cartésiennes, conformément à la relation de Pythagore $ds^2 = (dx_1)^2 + (dx_2)^2$) *(voir la figure 20 page précédente)*.

Riemann a généralisé cela à des espaces quelconques, à nombre arbitraire de dimensions. En d'autres termes, si les points d'un espace sont repérés par n coordonnées $x_1, x_2, ..., x_n$, la distance infinitésimale ds entre deux points est donnée par une expression quadratique :

$$ds^2 = g_{11}(dx_1)^2 + g_{12}(dx_1)(dx_2) + g_{13}(dx_1)(dx_3) + ... + g_{ij}(dx_i)(dx_j) + ... + g_{nn}(dx_n)^2.$$

Les g_{ij} caractérisent complètement la géométrie (euclidienne ou non) de l'espace considéré et cela localement, en chaque point. La géométrie riemannienne englobe de façon naturelle les géométries non-euclidiennes ; elle trouve sa première application en physique avec la théorie de la relativité générale d'Einstein [35], dans les années 1910.

Sur la géométrie, un point de vue différent et influent a été apporté par le mathématicien allemand Felix Klein (1849-1925). Dans son *programme d'Erlangen*, présenté en 1872, Klein propose de considérer la géométrie euclidienne et les géométries non-euclidiennes comme des cas particuliers de la géométrie projective. Plus globalement, il attribue à la géométrie un sens général en la définissant comme l'étude des groupes de transformations qui laissent inchangées les propriétés des figures d'un certain espace. Par exemple, selon le point de vue de Klein, la géométrie euclidienne consiste à étudier les transformations (rotations, translations, etc.) qui laissent invariantes les propriétés de base comme les lon-

---

[35] Voir *infra*, pp. 177-180.

gueurs et les angles ; la géométrie projective, caractérisée par un groupe de transformations plus vaste – puisqu'il contient également les projections –, conserve certaines propriétés comme l'alignement, mais plus les longueurs ou les angles. L'influence du *programme d'Erlangen* tient à sa vision unificatrice et aux nouvelles directions de recherche suggérées. Notons que la théorie riemannienne, où le type de géométrie lui-même peut *a priori* varier d'un point à l'autre de l'espace, ne s'intègre pas très bien au point de vue de Klein ; mais la géométrie riemannienne était encore marginale à l'époque, et on étudiait surtout les surfaces à courbure constante, qui ne remettaient pas en cause le schéma de Klein.

La percée d'Évariste Galois dans la théorie des équations algébriques

L'algèbre progresse également ; une première voie, assez classique, concerne la résolution des équations algébriques. En 1824, Niels Henrik Abel démontre qu'on ne peut résoudre par radicaux l'équation générale du cinquième degré (bien que certaines équations particulières puissent l'être). Existe-t-il une telle résolution pour des équations générales de degré supérieur ? Sinon, dans quels cas particuliers une résolution par radicaux est-elle possible ? La réponse à ces questions – négative pour la première – sera donnée par un jeune prodige français, Évariste Galois *(voir l'encadré page suivante)*. Ses travaux n'ont été reconnus que vers 1843, bien après sa mort. Il est parvenu à ces résultats grâce à un examen ingénieux et détaillé du « groupe » des permutations des racines (*a priori* non connues) de l'équation algébrique considérée. Ainsi Évariste Galois est-il considéré comme le père, ou du moins le précurseur, de la théorie des groupes, importante partie des mathématiques qui a rendu et rend toujours de précieux services en physique (le terme de groupe désigne tout ensemble G d'éléments muni d'une opération interne, notons-la *, avec les propriétés suivantes :

1) il existe un élément dit neutre e tel que pour tout élément a de G, on a $a * e = e * a = a$;
2) pour tout élément a de G il existe un inverse a', c'est-à-dire un élément a' tel que $a * a' = a' * a = e$;
3) l'opération * est associative, c'est-à-dire $(a * b) * c = a * (b * c)$ quels que soient les éléments a, b, c de G).

Évariste Galois (1811-1832)

Malheureusement pour les mathématiques, Évariste Galois a connu un destin tragique. Brouillon, rebelle, ses dons pourtant exceptionnels n'ont été pleinement reconnus ni par ses professeurs, ni par les mathématiciens de l'époque. Entré à l'École normale supérieure en 1829, après avoir échoué au concours d'entrée à l'École polytechnique, il n'a pas réussi à faire publier ses travaux, peut-être trop singuliers pour l'époque. Ses positions politiques libérales lui ont valu quelques ennuis, dont plusieurs séjours en prison. Provoqué en duel dans des circonstances obscures (querelle de cœur ou politique), Galois est tué en 1832. Il n'avait pas vingt et un ans. Son œuvre ne commencera à être reconnue qu'en 1843, grâce aux efforts de son frère et de son ami Auguste Chevalier, et par l'entremise du mathématicien Joseph Liouville (1809-1882).

De l'arithmétique à la théorie algébrique des nombres

L'arithmétique, la théorie des nombres, ouvre une deuxième voie. En 1801, Gauss, qui n'a alors que vingt-quatre ans, publie un livre fondateur : les *Recherches arithmétiques (Disquisitiones arithmeticae)* : le « Prince des mathématiques » y synthétise et complète les acquis arithmétiques de ses prédécesseurs, avec un souci de précision et de complétude inégalé. Son œuvre a conféré un grand prestige à la théorie des nombres, « reine des mathématiques » selon Gauss. Dans les *Recherches arithmétiques*, l'un des hauts faits est la démonstration de la belle « loi de réciprocité quadratique » énoncée par Legendre. D'une utilité à la fois théorique et pratique, cette loi établit, pour des nombres premiers p et q, un lien simple entre les réponses aux questions : « existe-t-il un entier x tel que $p - x^2$ soit divisible par q ? » et « existe-t-il un entier x tel que $q - x^2$ soit divisible par p ? » Les tentatives de la généraliser à des puissances supérieures de x (c'est-à-dire à x^3, à x^4, etc.) ont suscité de nombreux développements algébriques et arithmétiques. Par exemple, en s'attaquant au cas de la puissance quatre, Gauss comprend que pour obtenir une loi analogue, il lui faut généraliser l'arithmétique aux nombres complexes – appelés aujourd'hui « entiers de Gauss » – de la forme $a + ib$, où a et b sont des entiers.

Les mathématiciens s'intéressent également à l'arithmétique d'autres types de nombres, notamment ceux qui s'écrivent sous la forme $a + b\sqrt{d}$, où d est un entier fixé une fois pour toutes.

Ainsi l'Allemand Ernst Eduard Kummer (1810-1893), lui aussi motivé par les lois de réciprocité, est-il amené à définir des « facteurs premiers idéaux », objets mathématiques abstraits intervenant dans une propriété arithmétique (la décomposition en produit de facteurs premiers) d'une certaine famille de nombres (les « entiers cyclotomiques »).

Son compatriote Richard Dedekind (1831-1916) généralise par la suite les « facteurs premiers idéaux » tout en leur donnant une définition plus concrète, ce qui donne les « idéaux », objets algébriques faisant aujourd'hui partie des connaissances de base de tout mathématicien. L'ensemble de ces travaux a marqué la naissance de la théorie algébrique des nombres : partant de l'arithmétique des entiers usuels, les mathématiciens ont été conduits à analyser des ensembles de nombres construits à l'aide de ces entiers et donc à inventer des concepts algébriques abstraits comme les idéaux.

Mais l'abstraction apporte aussi des récompenses concrètes. Les facteurs premiers idéaux par exemple, ont, au passage, permis à Kummer de démontrer le grand théorème de Fermat [36] pour de nombreuses valeurs de l'exposant n – et de remporter en 1857 le prix offert par l'Académie des sciences de Paris.

Espaces vectoriels, matrices, déterminants, etc. : l'algèbre linéaire

Troisième voie de recherche : l'*algèbre linéaire*. Le point de départ, c'est l'étude des systèmes d'équations linéaires (une équation – algébrique, différentielle ou autre – est dite linéaire si, étant données deux solutions, la somme de ces solutions est également une solution). Cette étude commence dès le XVIIe siècle, et des mathématiciens du XVIIIe comme Cauchy se sont penchés sur les propriétés des déterminants, sortes de tableaux de nombres auxquels est associée, selon des règles bien définies, une certaine valeur numérique et qui servent à résoudre des systèmes d'équations

---

[36] Voir *supra*, pp. 59-61.

linéaires. Au XIXe siècle ont été dégagées les notions clefs de l'algèbre linéaire comme celle d'*espace vectoriel* (ensemble dont les éléments, appelés *vecteurs*, peuvent s'additionner et être multipliés par des nombres) et de *matrice* (tableau de nombres capable de représenter une transformation linéaire sur un espace vectoriel, c'est-à-dire une application T telle que $T(\alpha u + \beta v) = \alpha T(u) + \beta T(v)$ quels que soient les vecteurs u et v et les nombres α et β).

Les Anglais Arthur Cayley (1821-1895) et James Sylvester (1814-1897), les Allemands Hermann Grassmann (1809-1877) et Leopold Kronecker (1823-1891), comptent parmi les grands pionniers de cette partie fondamentale des mathématiques. Là encore, l'abstraction gagne du terrain, avec la considération d'espaces vectoriels de dimension n (n étant le nombre de « composantes » d'un vecteur) où n peut être supérieur à 2 ou 3, c'est-à-dire des espaces dont il n'existe pas de représentation géométrique simple.

Une arithmétique des infinis : Cantor et la théorie des ensembles

Dans les années 1870, en Allemagne, Georg Cantor (1845-1918) forge une construction radicalement nouvelle : la théorie des ensembles. Parti de considérations sur la convergence des séries trigonométriques, il est amené à des découvertes fondamentales sur les ensembles contenant une infinité d'éléments. Il introduit notamment la notion de *cardinal*, qui permet de comparer des ensembles infinis : deux ensembles A et B ont même cardinal s'il existe une bijection entre eux, c'est-à-dire si l'on peut faire correspondre chaque élément de A à un élément unique de B et réciproquement. C'est le cas de l'ensemble des entiers et l'ensemble des entiers pairs (à tout entier n on peut faire correspondre l'entier pair $2n$, et réciproquement) ; ces deux ensembles infinis possèdent donc, en un sens, le même « nombre » d'éléments ; autrement dit, leur infinité est du même ordre.

Cantor a ainsi découvert des propriétés étonnantes. Exemples : l'ensemble des nombres rationnels est dénombrable, c'est-à-dire qu'il a même cardinal que l'ensemble des entiers (alors qu'intuitivement les rationnels nous paraissent beaucoup plus « nombreux » que les entiers) ; l'ensemble des nombres réels compris dans l'intervalle [0, 1] n'est pas dénombrable (ce qui implique que les nombres irrationnels sont infiniment plus « nombreux » que les rationnels ou les entiers) ; plus surprenant encore, l'ensemble des points contenus à l'intérieur d'un carré a le même cardinal que les points situés sur l'un de ses côtés. La théorie de Cantor constitue ainsi une véritable théorie de l'infini : elle établit une hiérarchie des différents infinis possibles et en dégage des règles de nature arithmétique, portant sur les cardinaux. Cette théorie a d'abord rencontré de grandes réticences et, vers la fin du siècle, a soulevé de difficiles questions de logique et d'épistémologie, questions qui seront à l'origine de travaux fructueux sur les fondements des mathématiques [37]. Mais ses principaux résultats ne furent pas remis en cause, et les raisonnements sur les ensembles sont de nos jours si courants que les mathématiciens ne pourraient guère s'en passer.

LE XXe SIÈCLE : CORNES D'ABONDANCE

Quelques centaines de mathématiciens dans le monde en 1900 ; quatre-vingt mille, voire cent mille, en l'an 2000 : à eux seuls, ces chiffres donnent une idée du développement phénoménal des mathématiques. Ce n'est pas la croissance démographique qui est en cause, mais la reconnaissance du rôle de la science aux plans économique, industriel, militaire, etc. Cette reconnaissance s'est notamment jouée lors de la Seconde Guerre mondiale, qui a fait émerger de nouvelles disciplines et a donné à la science un autre rayonnement. Parallèlement, la guerre modifie les rapports de forces : les États-Unis accueillent de nombreux scientifiques européens et acquièrent une indiscutable suprématie économique, politique et militaire. En quelques années, ils deviennent une super-puissance scientifique. Au début du XXe siècle, le cœur des mathématiques est en Europe (France et Allemagne surtout, mais aussi Grande-Bretagne, Italie, Hongrie, Russie...) ; à la fin, il est éclaté entre les États-Unis, le Japon, l'ex-URSS – dont la puissante école mathématique s'est beaucoup affaiblie et dispersée depuis l'effondrement du régime soviétique – et l'Europe occidentale, où la France regagne à partir des années 1950 une place de choix.

---

37 Voir le chapitre suivant.

Le nombre de mathématiciens s'est multiplié – enseignants-chercheurs universitaires, membres d'organismes publics de recherche, mais aussi chercheurs employés par des entreprises privées –, de même que les productions. Les revues professionnelles publient chaque année environ cent mille articles de recherche mathématique... Parallèlement, comme dans les autres sciences, les diverses branches de la discipline se sont fortement spécialisées.

Les historiens du XXe siècle mathématique sont confrontés à deux grandes difficultés : d'une part, l'abondance et la spécialisation des recherches, d'autre part, le manque de recul, inhérent à l'étude de la période. Aussi l'histoire des mathématiques au XXe siècle reste-t-elle encore largement à faire. Technicité et abstraction continuent de progresser, et rares sont les travaux qui offrent de véritables synthèses. C'est pourquoi on se limitera ici essentiellement à quelques idées générales ou événements marquants.

Deux figures emblématiques des années 1900 : Poincaré et Hilbert

Au tournant du XIXe et du XXe siècle, la France et l'Allemagne représentent les deux principaux pôles de recherches mathématiques. La première, trop concentrée sur des thèmes d'analyse classique (la théorie des fonctions de tel ou tel type), est en perte de vitesse, la deuxième en plein élan. Mais chacune a son héros : Henri Poincaré en France, David Hilbert en Allemagne *(voir les encadrés p. 93 et p. 97)*.

Ces deux génies, les derniers « grands mathématiciens universels » comme on le dit souvent aujourd'hui, ne partagent ni les mêmes points de vue ni les mêmes méthodes de travail. Poincaré fait preuve d'une intuition analytique et géométrique hors du commun et puise son inspiration dans des problèmes relativement concrets, purement mathématiques (par exemple les équations différentielles, les fonctions de plusieurs variables complexes) ou provenant de la physique (par exemple le mouvement de trois corps s'attirant mutuellement par gravitation, comme le système Terre-Lune-Soleil).

Si on lui a souvent reproché une certaine confusion et un manque de rigueur, nul n'a contesté la profondeur, l'étendue et l'influence de ses découvertes. Parmi les plus estimées figure celle des *fonctions automorphes*, que Poincaré appelle à l'époque *fonctions*

Henri Poincaré (1854-1912)

Cousin de l'homme politique Raymond Poincaré (1860-1934), il est né à Nancy, dans une famille aisée et cultivée (son père était neurologue). Élève de l'École polytechnique, puis de l'École des mines, il soutient en 1879 à la Sorbonne sa thèse de doctorat sur les propriétés des fonctions définies par des équations aux dérivées partielles. Il enseigne à l'université de Caen puis, à partir de 1881, à la Sorbonne et est élu en 1887 à l'Académie des sciences. En 1889, il obtient le premier prix du concours du roi Oscar II de Norvège avec son mémoire *Sur le problème des trois corps et les équations de la dynamique*, thème de mécanique céleste qui l'accompagnera tout au long de sa carrière. L'œuvre de Poincaré est abondante et variée ; souvent en avance sur son époque, elle inspire beaucoup de recherches modernes.

À part les fonctions automorphes et l'étude qualitative des équations différentielles, Poincaré fut l'un des premiers à étudier les fonctions de plusieurs variables complexes. Il fait des travaux de géométrie algébrique, de théorie des nombres, etc., et on le considère comme le fondateur de la topologie algébrique [38]. Il touche aussi à la physique mathématique – notamment l'électromagnétisme, la théorie de la relativité, et bien sûr la mécanique céleste. À la fin de sa vie, dans des livres destinés au grand public, il publie ses réflexions sur la science.

fuchsiennes en l'honneur du mathématicien allemand Lazarus Fuchs (1833-1902). Il s'agit de fonctions $f(z)$ de la variable complexe z qui restent invariantes sous l'effet d'un certain groupe de transformations dites homographiques, de la forme $z \to z' = (az + b)/(cz + d)$ où a, b, c et d sont des coefficients ; autrement dit, une fonction automorphe f vérifie $f(z') = f(z)$ lorsque les valeurs des coefficients a, b, c et d correspondent à des transformations homographiques adéquates (l'explicitation de ce que signifie ici « adéquates » nous entraînerait trop loin).

Les fonctions automorphes, qui généralisent les fonctions elliptiques citées au chapitre précédent [39], interviennent dans la résolution d'une classe importante d'équations différentielles : les « équations

[38] Voir l'encadré *infra*, p. 100.

[39] Voir *supra*, pp. 80-81.

différentielles linéaires à coefficients algébriques» (comme $y'' + P(z)y' + Q(z)y = 0$, où y' est la dérivée de la fonction inconnue $y(z)$, y'' sa dérivée seconde, $P(z)$ et $Q(z)$ étant des polynômes ou des quotients de polynômes en z).

Tel est d'ailleurs le contexte dans lequel Poincaré a découvert ces fonctions, que les mathématiciens verront apparaître dans bien d'autres questions.

Poincaré, précurseur de la théorie des systèmes dynamiques

Poincaré est aussi le pionnier de l'étude qualitative des équations différentielles. Si, étant donnée une équation différentielle (ou un système de plusieurs équations différentielles), on désigne par $f(t)$ sa solution, t étant une variable réelle, il est intéressant de savoir comment va se comporter la fonction f pour les très grandes valeurs de t, c'est-à-dire lorsque t tend vers l'infini. On peut en particulier s'interroger sur la *stabilité* des solutions.

Le problème est le suivant. La solution f d'une équation différentielle est en principe complètement déterminée par la donnée d'une «condition initiale» spécifiant par exemple la valeur que doit prendre f pour $t = 0$; si l'on note K cette valeur imposée, la solution $f(t)$ de l'équation doit donc dépendre de K. La question de la stabilité est de savoir si, en prenant des conditions initiales K légèrement différentes, les solutions correspondantes f diffèreront elles aussi légèrement (stabilité) ou si ces solutions n'auront plus rien à voir l'une avec l'autre pour des valeurs assez grandes de t (instabilité) *(voir la figure 21 page suivante).*

Comme les équations différentielles permettent de représenter l'évolution, au cours du temps t, de nombreux systèmes réels (l'oscillation de deux pendules couplés l'un à l'autre, des corps en mouvement sous l'influence d'un champ de gravitation, etc.), les questions de ce genre ne sont pas gratuites. En liaison notamment avec la question de la stabilité d'un système de trois corps en interaction gravitationnelle, Poincaré a introduit des méthodes et des concepts permettant d'étudier de tels aspects (sans avoir à résoudre explicitement les équations). Il est de ce fait considéré comme le père de la *théorie des systèmes dynamiques.*

Cette théorie, apparue sur le devant de la scène à partir des années 1970-1980, avait déjà connu des progrès importants au cours

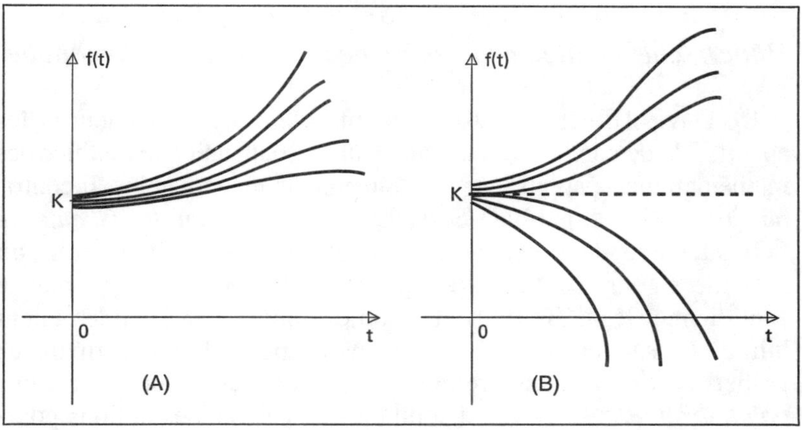

Fig. 21. – Exemples de stabilité (A) ou d'instabilité (B) des solutions *f*(*t*) d'une équation différentielle au voisinage de la condition initiale $f(0) = K$.

de la première moitié du siècle, grâce notamment aux travaux de l'école soviétique. Si elle a été remise au goût du jour, c'est en partie grâce aux avancées théoriques et expérimentales réalisées du côté de la physique, où on l'a plutôt dénommée théorie du *chaos déterministe*[40]. Les physiciens découvrent alors que de nombreux systèmes simples, décrits par des équations différentielles assez banales en apparence, peuvent évoluer de manière imprévisible au cours du temps. Il ne s'agit pas d'une imprévisibilité de principe – connaissant la condition initiale, le comportement futur est, du point de vue mathématique, parfaitement déterminé –, mais d'une imprévisibilité au plan pratique, due à une trop grande « sensibilité aux conditions initiales » : comme l'état initial d'un système physique n'est jamais connu avec une précision parfaite, son évolution est imprévisible dans les cas, fréquents, où une petite incertitude sur la condition initiale entraîne une grande, sinon totale, incertitude sur l'évolution à long terme du système. Telle est l'idée générale de chaos déterministe, qui semble pertinente dans de nombreux autres domaines (chimie, météorologie, physiologie, etc.).

40 Voir *infra*, p. 207.

Hilbert, chef de file de la démarche formaliste et axiomatique

De David Hilbert, l'histoire retient notamment la rigueur et les apports à la démarche axiomatique. Hilbert souhaitait que l'édifice des mathématiques s'appuie sur des fondements inattaquables. Il contribue à les bâtir en publiant en 1899 ses *Grundlagen der Geometrie* (« Fondements de la géométrie »), petit ouvrage où figure enfin un système rigoureux d'axiomes permettant d'édifier la géométrie euclidienne (les définitions et axiomes donnés par Euclide étaient loin d'être satisfaisants). Il y exprime un point de vue formaliste : Hilbert part de notions premières, non définies, ayant pour noms *point*, *droite* et *plan*, mais il souligne que ces mêmes notions pourraient aussi bien être désignées sous les vocables de *table*, *chaise* et *chope de bière*. En d'autres termes, dans une théorie mathématique, on n'a pas à préciser la nature ou la signification des objets sur laquelle elle porte ; seules importent les relations mutuelles de ces objets, relations que déterminent les axiomes.

Le grand avantage de ce point de vue formaliste est celui de la généralité. Les théorèmes se déduisent ensuite des axiomes en appliquant les règles strictes de la logique. Bien sûr, un système d'axiomes n'est pas arbitraire. Pour être acceptable, il faut qu'il soit :

a) *cohérent* (on dit plutôt, en imitant l'anglais, *consistant*), c'est-à-dire qu'il n'entraîne aucune contradiction ;

b) *complet*, c'est-à-dire que pour tout énoncé formulé à l'intérieur de la théorie, il est possible de prouver – en utilisant les axiomes – soit qu'il est vrai, soit qu'il est faux.

Hilbert, et d'autres, souhaitent ainsi asseoir toutes les mathématiques sur un système d'axiomes cohérent et complet. Plusieurs mathématiciens ou logiciens de renom se sont consacrés à cette tâche, avec parfois quelques succès. Les mathématiciens réussirent par exemple à construire une théorie axiomatique des ensembles évitant l'apparition de paradoxes [41].

---

[41] Comme celui qui naît en définissant « l'ensemble E de tous les ensembles qui n'appartiennent pas à eux-mêmes » : Bertrand Russell souligne ce paradoxe en 1902 ; en effet, si l'on suppose que E fait partie de E, on en déduit que E n'appartient pas à lui-même, et inversement.

David Hilbert (1862-1943)

Hilbert, qui a enseigné à l'université de Königsberg, puis à celle de Göttingen, s'est passionné pour de multiples questions : algèbre abstraite, théorie des nombres, équations intégrales (équations où la fonction inconnue figure dans une intégrale), calcul variationnel, analyse fonctionnelle (analyse portant sur des ensembles de fonctions vérifiant certaines propriétés), fondements des mathématiques, etc. Il s'est également intéressé à l'application des mathématiques à la physique (théorie cinétique des gaz, théorie du rayonnement, relativité générale, mécanique quantique). Hilbert, qui a eu une grande influence, est pour beaucoup dans l'adoption des méthodes abstraites et axiomatiques. En 1900, lors du IIe Congrès international des mathématiciens à Paris, il dresse une liste désormais célèbre de vingt-trois grands problèmes à résoudre : il vient de définir une large partie des travaux mathématiques qui seront entrepris au XXe siècle, au moins jusqu'aux années 1970.

Le programme de Hilbert va pourtant se heurter à d'infranchissables obstacles. En 1930 et 1931, à Vienne, le jeune logicien Kurt Gödel démontre deux théorèmes fort surprenants, qui marqueront profondément la logique et la philosophie des mathématiques :

1) dans tout système cohérent d'axiomes assez élaboré pour contenir l'arithmétique des entiers, on peut former des énoncés dont on ne peut ni prouver qu'ils sont vrais, ni prouver qu'il sont faux ;

2) l'un de ces énoncés indémontrables est l'affirmation que le système d'axiomes est cohérent.

Les théorèmes d'incomplétude de Gödel limitent la toute-puissance des mathématiques : des énoncés « indécidables » existent – et on en connaît maintenant beaucoup. Si elles ont rarement des conséquences sur le travail courant des mathématiciens, ces questions – et d'autres de même nature – ont suscité de nouveaux développements en logique mathématique et en métamathématique ; aujourd'hui encore, c'est un champ de recherches actif.

De David Hilbert à Nicolas Bourbaki

Henri Poincaré et David Hilbert n'ont pas exercé la même influence au sein de leurs communautés. Poincaré travaillait dans une relative solitude et, malgré sa notoriété, n'a pas formé les disciples qui auraient pu diffuser et approfondir son œuvre. On retrouve d'ailleurs ce schéma chez la plupart des mathématiciens français de l'époque, dont Élie Cartan (1869-1951), théoricien des « groupes de Lie » (groupes possédant une infinité continue d'éléments), et Paul Lévy (1886-1971), spécialiste des probabilités. Peut-être faut-il voir là, avec les conséquences de la Première Guerre mondiale, l'une des causes du déclin des mathématiques françaises au cours des années 1900-1940.

Les mathématiciens allemands travaillaient, quant à eux, plus collectivement, échangeant notamment leurs idées dans des séminaires. C'est par exemple grâce à Hilbert que l'université de Göttingen, où il était arrivé en 1895 à l'invitation de Félix Klein, a été pendant une trentaine d'années un centre mondial des mathématiques, bastion de l'algèbre abstraite et de la théorie algébrique des nombres, influençant de jeunes mathématiciens allemands ou étrangers. Cet âge d'or prit fin dans les années 1930, avec l'arrivée des nazis au pouvoir. Hilbert dut alors assister impuissant à la désagrégation et à la dispersion de son école.

L'influence de l'école algébrique allemande se retrouve chez Nicolas Bourbaki, pseudonyme d'un groupe insolite fondé par de jeunes mathématiciens français en 1935 *(voir l'encadré p. 99)*. Le principal instigateur de Bourbaki semble avoir été André Weil (1906-1998), qui sera par ailleurs l'un des grands mathématiciens du siècle. Bourbaki s'était assigné pour tâche la rédaction collective d'un traité moderne de mathématiques, exposant de manière systématique et axiomatique le fonds des connaissances indispensables à tout jeune mathématicien. Ce traité, intitulé *Éléments de mathématique*, verra le jour en plusieurs volumes publiés progressivement de 1939 à 1998. Inachevé, le traité de Bourbaki a pourtant exercé une forte influence, en France, mais aussi à l'étranger. Il innovait par son mode de présentation général et abstrait, par sa terminologie et ses notations, par sa concision. Il rénovait et réorganisait profondément les connaissances mathématiques. Il contribuait à modifier le style de la pratique mathématique, et à renforcer son aspect algébrique.

Dynamisant le milieu mathématique français, Bourbaki a compté dans ses rangs nombre de mathématiciens prestigieux, dont Laurent Schwartz (1915-2002), qui a créé vers 1945 la théorie des distribu-

Le groupe Nicolas Bourbaki

Bourbaki est créé en 1935 par de jeunes mathématiciens français : Henri Cartan (né en 1904), Claude Chevalley (1909-1984), Jean Delsarte (1903-1968), Jean Dieudonné (1906-1992), André Weil (1906-1998), etc. Le groupe, qui ne doit pas compter plus de douze membres, se renouvelle en se séparant de ceux qui ont passé l'âge de cinquante ans ; les nouveaux collaborateurs sont admis après une période d'essai. Le traité de Bourbaki est d'une grande austérité, mais une vraie fantaisie a régné dans le groupe, avec force farces, plaisanteries et canulars. Bourbaki ne révèle ni les noms de ses membres, ni les dates, lieux et teneur de ses réunions internes. On sait cependant qu'une quarantaine de mathématiciens (presque tous français) en ont fait partie à un moment ou à un autre ; on y a recensé des célébrités du monde mathématique comme Laurent Schwartz, Jean-Pierre Serre, Alexandre Grothendieck, Alain Connes ou Jean-Christophe Yoccoz. L'âge d'or du groupe s'est étalé sur une vingtaine s'années, de 1950 à 1970 environ. Aujourd'hui, son activité principale semble se limiter au séminaire tri-annuel qu'il organise, et qui attire des mathématiciens du monde entier.

tions, sorte de généralisation de la notion de fonction. Un peu plus précisément, une distribution est une application continue D qui, à toute fonction f (prise dans un ensemble adéquat de fonctions), associe un nombre $D(f)$, et ce de façon linéaire, c'est-à-dire que si a et b désignent des nombres, alors $D(af_1 + bf_2) = aD(f_1) + bD(f_2)$. Un exemple élémentaire de distribution est la « distribution de Dirac », notée δ; par définition, à toute fonction f elle associe la valeur de f en 0 : $\delta(f) = f(0)$. Les distributions ont un rôle essentiel dans l'analyse et la résolution des équations aux dérivées partielles.

Les autres grandes figures de Bourbaki sont plutôt des algébristes comme André Weil, Jean-Pierre Serre (né en 1926), Alexandre Grothendieck (né en 1928) qui ont, dans les années 1950-1970, considérablement fait progresser la topologie algébrique *(voir l'encadré page suivante)* et la géométrie algébrique.

Qu'est-ce que la géométrie algébrique ? Bornons-nous à une vague caractérisation. Partie importante mais abstraite des mathématiques modernes, la géométrie algébrique est très éloignée de la géométrie usuelle et intuitive. Elle a pour origine l'étude des courbes et surfaces définies par des équations algébriques. Pour

Topologie et topologie algébrique

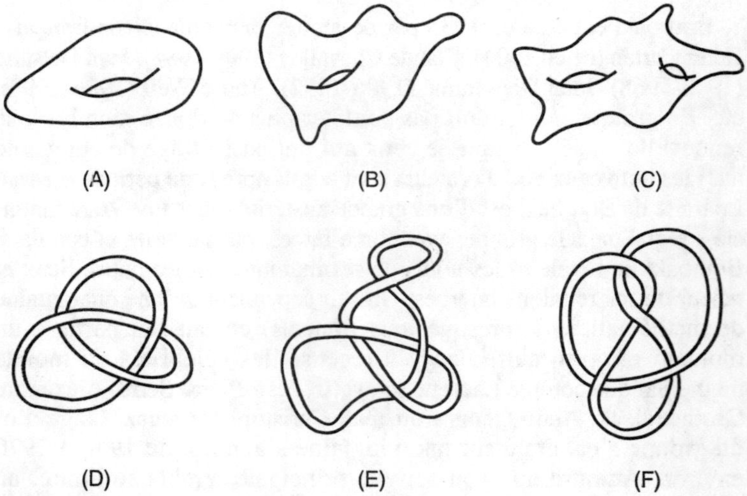

Fig. 22. – La topologie, partie fondamentale de l'analyse, s'est constituée au début du XXe siècle ; l'Allemand Felix Hausdorff (1868-1942), en est l'un des principaux artisans. Elle étudie des propriétés liées à des concepts comme ceux de limite, de voisinage, de continuité. Par exemple, on considère que les deux surfaces représentées en A et B sont équivalentes du point de vue topologique, car on peut passer de l'une à l'autre en effectuant une transformation continue (en déformant sans couper) ; en revanche, la surface dessinée en C est topologiquement distincte. En topologie algébrique, discipline très active depuis Poincaré et jusqu'à nos jours, on essaie de caractériser des propriétés topologiques à l'aide d'objets de nature algébrique (comme des nombres, des polynômes, des groupes, etc.), qui se prêtent à des calculs.

La question de la classification des nœuds, problème de topologie algébrique parmi bien d'autres, a le mérite d'être facile à comprendre : il s'agit de trouver des objets algébriques, appelés invariants, qui caractérisent de façon unique un nœud et tous ceux qui lui sont topologiquement équivalents. Ainsi, les nœuds dessinés en D et E sont topologiquement équivalents et doivent donc être associés à un même invariant ; le nœud dessiné en F, qui n'est pas équivalent aux deux premiers, devra posséder un invariant différent. Tout au long du siècle, on a découvert des quasi-invariants (en l'occurrence, des polynômes) qui ont fait avancer la question de la classification des nœuds, sans la résoudre complètement.

répondre aux questions qui se posent dans ce domaine, il s'est révélé fécond de considérer les équations algébriques correspondantes comme définies dans des ensembles de nombres plus généraux et plus abstraits que les nombres réels ou complexes (ensembles qui font l'objet de la théorie algébrique des nombres). La situation ressemble à celle de la théorie des nombres où, pour répondre à des questions portant sur des nombres entiers, on opère un détour par des ensembles de nombres plus généraux (réels, complexes ou autres). Bien souvent, de tels détours facilitent la tâche initiale et permettent de découvrir d'autres propriétés intéressantes ou utiles, nourrissant bientôt de nouveaux travaux.

Les mathématiques omniprésentes : nouvelles problématiques, nouveaux champs d'action

Dans la première moitié du XXe siècle, les mathématiques évoluaient essentiellement en réponse à des problématiques internes à la discipline. La situation change à partir de la Seconde Guerre mondiale, même si certains événements importants y sont un peu antérieurs. Vers 1933 par exemple, l'école soviétique constitue, notamment grâce au grand mathématicien Andreï Kolmogorov (1903-1987), la théorie moderne des probabilités et des processus aléatoires. Dans les décennies 1920-1930, le mathématicien hongrois (puis américain) John von Neumann (1903-1957) crée ce qu'on appellera la *théorie des jeux*, analyse de situations où des acteurs, animés par des intérêts différents, doivent chacun prendre des décisions successives en fonction de celles prises par les autres ; avec l'Américain d'origine autrichienne Oskar Morgenstern (1902-1977), il applique ces idées à la théorie économique. Autour de 1936, le Britannique Alan Turing (1912-1954) établit des travaux sur les notions de calculateurs et de calculabilité, qui annoncent l'informatique théorique.

Avec la guerre naissent d'autres directions de recherche. Les militaires mobilisent des mathématiciens sur des questions concrètes, urgentes, liées par exemple aux ondes radar, à la mécanique des fluides et des matériaux déformables, au cryptage des messages secrets, à la planification des transports de troupes ou de matériels, etc. Cela donne une nouvelle impulsion à des thèmes mathématiques déjà anciens comme les équations aux dérivées partielles, ou

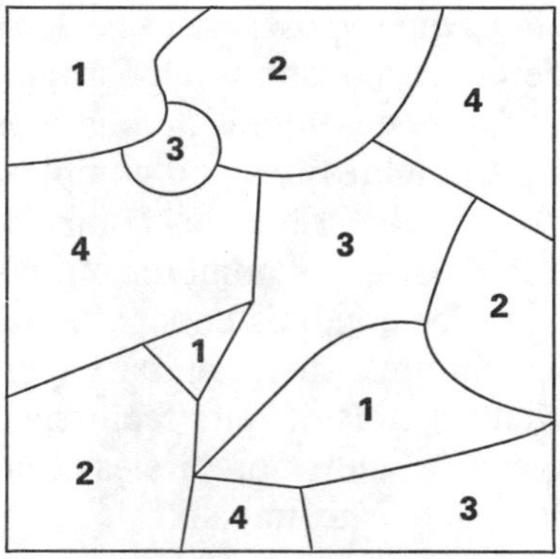

De combien de couleurs a-t-on besoin pour colorier et distinguer, sur une carte géographique plane, des pays limitrophes et faits d'un seul morceau ? Cette question était posée depuis le milieu du XIXe siècle. On se doutait que quatre couleurs, au maximum, suffisent. En 1976, deux mathématiciens de l'université de l'Illinois, Kenneth Appel et Wolfgang Haken, réussirent enfin à le démontrer grâce à un ordinateur, ce qui constituait une première pour une preuve mathématique. (Dans la carte dessinée ici, les chiffres 1 à 4 représentent les couleurs.)

Fig. 23. – Le théorème des quatre couleurs

à des sujets plus récents comme la théorie des jeux ou la théorie des probabilités et des statistiques. Se révèlent également de nouveaux thèmes, comme la *recherche opérationnelle*, qui cherche à résoudre de la meilleure manière des problèmes d'emplois du temps, de planification, de distribution de tâches, etc., où interviennent de multiples paramètres et contraintes.

Les ordinateurs, qui apparaissent à la fin de la guerre, apportent de véritables bouleversements. En mathématiques, ils provoquent notamment un fort regain d'intérêt pour l'*analyse numérique* (tout ce qui se rapporte aux algorithmes de calcul ou de résolution numérique, c'est-à-dire qui visent à produire des résultats sous forme de nombres explicites) ; citons aussi le *calcul formel* (automatisation du calcul portant sur des symboles ou des expressions symboliques), ou des domaines de recherche en liaison avec l'informatique théorique (logique mathématique, algorithmique, théorie de la démonstration, etc.). De même, la généralisation des technologies numériques de l'information et de la communication suscite beaucoup de travaux de nature mathématique, portant par exemple sur la théorie de l'information, la cryptographie, la représentation numérique des images, la reconnaissance automatique de l'écriture, la gestion du trafic sur Internet, etc.

L'irruption des mathématiques dans le monde de l'économie et de la finance, dans le monde de l'entreprise, le monde des industries et des hautes technologies, est tout à fait visible depuis les années 1970. Si les mathématiques leur rendent de précieux services, la réciproque est également vraie : le contact avec ces domaines d'application mène parfois à des avancées conceptuelles significatives. Le développement de la théorie des *ondelettes* (fonctions qui jouent un rôle analogue à celui des fonctions trigonométriques dans l'analyse de Fourier ; plus compliquées, elles permettent néanmoins de prendre le relais de l'analyse de Fourier dans des situations où celle-ci est impuissante) en est un bon exemple. Parallèlement, les recherches purement fondamentales, non utilitaires, se poursuivent avec la même vigueur que par le passé, avec parfois des résultats spectaculaires, telle la démonstration, en 1976, du théorème des quatre couleurs *(voir la figure 23, page précédente)*, ou celle, en 1994, de la fameuse conjecture de Fermat *(voir l'encadré p. 104)*.

Autre fait notable : depuis les années 1970, on assiste à un resserrement des liens déjà étroits – et fructueux pour les deux parties – entre mathématiques et physique théorique (physique des particules élémentaires, théorie des « cordes »). De plus en plus de mathématiciens commencent également à s'intéresser à la biologie moléculaire (séquences d'ADN, conformation spatiale des protéines, etc.). Certains prévoient même qu'au XXIe siècle, la biologie fécondera les mathématiques autant que la physique l'a fait au XXe, ce qui n'est pas peu dire... Une chose est sûre : aujourd'hui, les mathématiciens se mêlent de tout !

Maurice Mashaam*

---

* Maurice Mashaam tient à remercier Catherine Goldstein et Bernard Vitrac pour leur lecture du manuscrit et leurs commentaires.

Andrew Wiles et le théorème de Fermat

En 1993, après plusieurs années de travail acharné mais discret, le mathématicien britannique Andrew Wiles (né en 1953) croit avoir démontré une partie substantielle d'une conjecture importante des mathématiques modernes, la conjecture dite de Shimura-Taniyama-Weil (elle établit certaines relations entre des courbes dites elliptiques et des fonctions dites modulaires). La nouvelle fait le tour du monde, car on savait depuis 1986 que si cette conjecture est vraie, le théorème de Fermat en découle (« il n'existe pas d'entiers positifs x, y, z vérifiant l'équation $x^n + y^n = z^n$, quel que soit l'entier n supérieur ou égal à 3 »)[42]. Mais quelques lacunes se révèlent dans la démonstration de Wiles, qu'il comblera un an plus tard avec Richard Taylor, un de ses anciens étudiants.

En 1994, donc, trois siècles et demi après avoir été énoncée, la conjecture de Fermat se voit enfin accorder le statut de théorème. Malgré l'aspect médiatique, le plus intéressant pour les mathématiciens n'est pas le théorème de Fermat lui-même, mais la conjecture de Shimura-Taniyama-Weil et, surtout, les méthodes découvertes par Wiles pour la prouver. L'extension de ces méthodes a d'ailleurs permis de démontrer la conjecture complète en 1999 (travaux du Français Christophe Breuil et des Américains Brian Conrad, Fred Diamond et Richard Taylor). Plus largement, la conjecture de Shimura-Taniyama-Weil s'inscrit dans le cadre de la « correspondance de Langlands », un tissu de conjectures, initialement formulées à la fin des années 1960 par le mathématicien canadien Robert Langlands, qui établissent des liens profonds entre l'algèbre, l'analyse et la théorie des nombres. Ce programme de recherches a connu ces dernières années des progrès substantiels. Ceux-ci ont notamment fait l'objet de la médaille Fields (l'équivalent du prix Nobel en mathématiques) attribuée en 2002 au chercheur français Laurent Lafforgue (né en 1966).

---

[42] Voir *supra*, pp. 59-61.

Chapitre II

LA PHYSIQUE

Bien que le terme grec *phusis* signifie *nature,* la discipline que nous appelons aujourd'hui *physique* ne traite qu'une partie des phénomènes naturels accessibles à l'homme. Depuis le XVIIe siècle, où se sont épanouies les sciences au sens moderne du terme, ses objets d'étude concernent principalement les mouvements des corps – pesants ou non – et plus largement la mécanique, ainsi qu'un certain nombre d'autres phénomènes naturels : le son, la lumière, la chaleur, le magnétisme, l'électricité... Pour la présente histoire des sciences, il a paru plus commode, même pour les époques anciennes, d'utiliser les divisions actuelles du savoir : astronomie et sciences de la Terre, chimie, sciences du vivant, physique proprement dite avec ses diverses spécialités.

À partir du XVIIe siècle en effet, grâce aux progrès des connaissances empiriques et des mathématiques, on a compris que les mouvements des objets terrestres et célestes relevaient des mêmes théories scientifiques, rassemblées dans une première théorie physique : la mécanique rationnelle. Une histoire de la physique est une histoire orientée à partir de ce que nous savons aujourd'hui. Pour ce qui précède le XVIIe siècle, celui de Galilée et de Newton, il est de tradition d'indiquer dans les œuvres des savants grecs, arabes ou médiévaux les préoccupations, les sujets d'étude, les méthodes, prémices de la physique d'aujourd'hui, ensemble étroitement imbriqué de théorie mathématisée et d'expérience. C'est là un anachronisme, mais il a le mérite de montrer comment la démarche scientifique s'est construite progressivement, mobilisant la diversité des aptitudes de l'espèce humaine.

AVANT L'ÉCRITURE : LES PREMIÈRES INTUITIONS SCIENTIFIQUES

Il peut sembler étrange d'évoquer la physique, science constituée à forte composante mathématique, pour une époque qui ne se préoccupe sans doute pas de connaissances rationnelles explicites, fondées sur le raisonnement et l'expérience. Les rares traces matérielles des hommes préhistoriques dont nous disposons ne nous permettent pas de reconstituer avec certitude leurs savoirs, spéculations et représentations mentales. Mais ces traces témoignent de leurs réalisations techniques : des masses pour frapper et fracasser, des outils tranchants, des armes de jet, la maîtrise du feu, manifestent une perception empirique de propriétés qui seront ensuite conceptualisées – masse, vitesse, température... La construction de bâtiments de bois ou de pierre met en jeu la pesanteur et des équilibres statiques, tandis que l'invention de la roue, des poulies et des leviers pour soulever des objets lourds révèle un effort constant vers une certaine forme de représentation abstraite, comme une préfiguration des développements ultérieurs de la géométrie. L'utilisation de nombres entiers pour les inventaires comme pour les échanges, attestée chez les Sumériens 4 500 ans avant notre ère [1], remonte sans doute à un passé encore plus lointain. L'existence d'instruments de musique montre la mise en relation des sons avec une arithmétique intuitive, et l'utilisation de l'irrigation suppose une certaine maîtrise de l'hydraulique.

Certes, il s'agit de techniques, et non de science au sens contemporain du terme. Une tradition intellectuelle héritée des Grecs tend à dévaluer l'importance de la technique face à la connaissance théorique. Pourtant, dans l'histoire des sciences, et en particulier en physique, c'est souvent grâce aux problèmes techniques qu'on a pu s'orienter vers une interrogation, une pensée théoriques : en fait, science et technique n'ont cessé de s'enrichir mutuellement.

---

[1] Voir *supra*, p. 19

Les pratiques magiques de la préhistoire préfigurent l'appréhension scientifique du monde. Nous pouvons raisonnablement supposer, chez nos ancêtres lointains, les manifestations de ce qu'on nomme *animisme*, croyance qui attribue à chaque chose, vivante ou non, un esprit. Pour influencer ces esprits, on accomplit des rites (sacrifices, représentations imagées ou analogiques) qui permettent d'orienter ou de maîtriser les phénomènes naturels – orages, pluies, sécheresses –, de capturer le gibier, de féconder des animaux ou des plantes. On peut comparer, toutes proportions gardées, le rôle des esprits dans ces pratiques à la théorie scientifique qui permet, elle aussi, d'agir sur la réalité grâce à une connaissance abstraite. Il serait certes naïf d'en déduire que l'animisme est une connaissance « scientifique » au sens contemporain ; il traduit néanmoins la tendance de l'esprit humain à abstraire et à modéliser ses abstractions pour agir sur le monde.

LES GRECS

Avant Aristote

Les premiers essais de théories physiques dignes de ce nom sont traditionnellement attribués aux Grecs. Ce sont surtout les phénomènes astronomiques, périodiques et spectaculaires, qui ont attiré leur attention et donné lieu à des spéculations [2].

Dès le VIe siècle av. J.-C., à Milet, l'illustre mathématicien Thalès [3] et ses successeurs tentent d'expliquer un certain nombre de phénomènes naturels. Thalès explore les propriétés de l'ambre frotté (source d'électricité statique) et celles de la pierre d'aimant attirant les objets de fer. Selon lui, l'eau est à l'origine des phénomènes : mer, air (vapeur), terre (par solidification). Anaximandre, quant à lui, attribue l'apparition des êtres vivants à l'action du soleil sur l'humidité primitive. Anaximène considère l'air comme la substance primordiale dont une série de modifications qualitatives, par des processus de condensation et de raréfaction, engendrent les diverses

---

[2] Voir *infra*, pp. 217-218.
[3] Voir *infra*, p. 439.

sortes de matière. Une fois encore, toutes ces théories ne peuvent être qualifiées de physiques au sens contemporain du terme, mais elles manifestent une aspiration « scientifique » : le souci d'expliquer des phénomènes variés et des mécanismes complexes à l'aide de causes simples et uniques.

On prête à Pythagore (v. 569-v. 500 avant J.-C.), mathématicien et philosophe fondateur d'une école célèbre [4], l'importante découverte de la relation entre la hauteur des sons et les nombres entiers. L'a-t-il déduite, comme l'ont rapporté ses successeurs, du rapport entre les masses d'enclumes, de vases plus ou moins remplis d'eau qui, frappés, produisent des sons séparés par des intervalles déterminés ou, plus vraisemblablement, a-t-il observé des cordes vibrantes et des tuyaux sonores ? Sa conclusion est claire : les intervalles sonores d'octave, de quarte, de tierce peuvent s'exprimer en fractions numériques simples. Porté à la spéculation, Pythagore attribue des nombres aux phénomènes, qu'ils soient célestes (l'« harmonie des sphères »), concrets (les sons), ou même sociaux – comme l'union du mâle (auquel il attribue le nombre 3) à la femelle (2), aboutissant au nombre 5, qu'il octroie au mariage ! Il invoque aussi les multiples significations magiques du nombre 7. Certains de ses successeurs, en particulier Aristote, se sont moqués de cette relation mystique aux nombres ; les pythagoriciens sont pourtant les premiers à lier mathématiques et réalité.

Vers la même époque, Parménide (v. 515-v. 440 avant J.-C.) fonde l'école éléate. Critique vis-à-vis de Pythagore, il considère l'Univers comme fini ; surtout, il nie la réalité de tout changement, en particulier celle du mouvement, considéré comme pure illusion. Pour lui, la réalité est constituée d'« étants » immuables. Zénon d'Élée (v. 490-v. 430 avant J.-C.), ami et disciple de Parménide, énonce, selon Aristote, le fameux paradoxe d'Achille et de la tortue : bien que plus rapide que la tortue, Achille ne la rattrapera jamais car, à chaque fois qu'il atteint le point où elle se trouvait, elle aura avancé un peu, et ainsi de suite. Cette affirmation, en contradiction avec l'expérience courante, n'était guère favorable à l'étude des phénomènes réels.

Les sophistes, comme Protagoras d'Abdère (v. 486-v. 410 avant J.-C.) et Socrate (470-399 avant J.-C.), sont surtout préoccupés de

---

[4] Voir *supra*, pp. 29-33.

philosophie morale ; peu leur importe l'observation de la nature. Platon (v. 427-348/7 avant J.-C.), disciple de Socrate, s'en soucie sans doute davantage, mais il considère la réalité tangible comme la simple image d'un monde véritable plus fondamental, celui des idées. Pour lui, le monde naturel n'est qu'un guide pour étudier ce monde idéal, seul digne d'intérêt. Cette attitude marquera les esprits au moins jusqu'au Moyen Âge, et reste vivace chez certains théoriciens d'aujourd'hui, sous des formes diverses. De Platon survivra également l'ambition de décrire l'Univers en termes géométriques, la géométrie étant l'image de la perfection.

La physique aristotélicienne

Malgré une grande considération pour les mathématiques, c'est à ce qu'il appelle *épistémé* – la nature de la connaissance – qu'Aristote *(voir l'encadré)* a consacré ses premières réflexions. Cet aspect de son œuvre scientifique traite d'abord de la logique, fondée sur le syllogisme, modalité du raisonnement qui va du général au particulier, de l'abstrait au concret, à partir de prémisses. Celles-ci sont soit des axiomes, qui rendent possible le raisonnement, soit des définitions et des hypothèses spécifiques à chaque science. Exemple célèbre de syllogisme : *« Tous les hommes sont mortels ; or, Socrate est un homme ; donc, Socrate est mortel. »*

Aristote (384-322 avant J.-C.)

Né à Stagire, en Macédoine, Aristote s'inscrit à dix-sept ans à l'Académie platonicienne d'Athènes, où il se distingue par sa précocité ; mais malgré son admiration pour Platon, ses idées divergent assez largement de celles de son maître. En 343 avant J.-C., Philippe II de Macédoine le nomme précepteur de son fils Alexandre. Lorsque ce dernier monte sur le trône, Aristote revient à Athènes et y fonde sa propre école, le Lycée, en 335. Avec ses disciples, il prend l'habitude de réfléchir en marchant, d'où le nom de péripatéticiens qu'ils s'attribuent. Aidé par Alexandre, il enseigne pendant douze ans, créant une bibliothèque et rassemblant des collections d'objets naturels, ce qui souligne ses divergences avec Platon, qui n'accordait que peu d'intérêt à la réalité concrète. Contraint de quitter Athènes à la mort d'Alexandre, en 323, il meurt à Chalcis l'année suivante.

Son analyse minutieuse permet de fonder avec assurance la connaissance, appuyée sur l'observation et sur la raison. Réfléchissant sur la notion de cause, Aristote montre aussi que, pour rendre compte d'un phénomène, par exemple une table, il faut considérer quatre facteurs : sa matière (le bois, cause matérielle), sa forme spécifique (cause formelle), sa cause effective (le menuisier qui l'a fabriquée) et sa cause finale (ce pour quoi elle a été faite). Il explicite aussi ce qu'il nomme « faits » ou « données » : il y inclut non seulement les phénomènes ou facteurs empiriques, mais aussi ce que l'on rapporte d'eux. Pour lui, l'étude de la nature est liée au bonheur ; la faculté suprême de l'homme est la raison *(nous)*, qui permet la contemplation *(theoria)*, activité supérieure de l'esprit. Cette raison comporte la « philosophie première » (ce que nous appelons métaphysique), les mathématiques, et la « philosophie seconde » *(phusikè)*, notre physique.

Pratiquant l'observation, recherchant les causes, classant les phénomènes, Aristote a construit un ensemble de connaissances systématiques, décrites dans ses ouvrages et couvrant l'ensemble des domaines accessibles à la connaissance empirique. La plus grande part de son œuvre scientifique concerne les êtres vivants et l'histoire naturelle. Dans le domaine de la physique, Aristote distingue le monde sublunaire – le nôtre – du monde céleste – celui des astres, objets de l'astronomie. Les deux mondes ne relèvent pas des mêmes lois. Alors que les objets célestes suivent des trajectoires circulaires parfaites, car d'origine divine, les objets terrestres tombent ou, dans le cas du feu ou de la vapeur par exemple, s'élèvent pour rejoindre leur « lieu naturel ». Ces déplacements verticaux doivent par ailleurs être distingués des déplacements horizontaux, comme ceux de la flèche ou de la pierre lancées par l'arc ou la fronde. Pour Aristote, tout mouvement dépend d'une cause active ; il s'arrête dès que cesse cette cause. Cette conception pose des problèmes évidents : pourquoi, par exemple, une pierre continue-t-elle sa course après avoir quitté la fronde ? Pour y répondre, il doit supposer une action de l'air déplacé par la progression de la pierre et entretenant, au moins un temps, son mouvement.

Aristote attribue la variété et les transformations des objets réels à la combinaison de quatre éléments : la terre, le feu, l'eau et l'air, auxquels il ajoute, pour les objets célestes, une cinquième substance plus noble, l'*aithèr*. Les proportions des quatre éléments déterminent les qualités des objets selon une série d'échelles, du chaud au froid, du sec à l'humide, du haut au bas, etc.

Première synthèse des connaissances concernant le monde matériel, l'œuvre d'Aristote, complétée ou amendée par ses successeurs, offre une vision du monde séduisante et très complète. Elle traite l'expérience quotidienne : le mouvement des astres dans le ciel, celui des corps qui tombent, les animaux, les plantes, le corps humain... Ce qu'Aristote pense du mouvement correspond assez bien à notre expérience immédiate : les enseignants de physique savent bien que, de nos jours encore, la physique d'Aristote, « physique du sens commun [5] », alimente les raisonnements spontanés. Il faut tout un travail de déconstruction, même pour des étudiants en sciences, pour passer de la compréhension aristotélicienne à celle que nous présente la mécanique rationnelle héritée de Galilée et de Newton.

Aristote et ses successeurs ont montré l'intérêt et la possibilité d'une organisation systématique du savoir. À côté de la spéculation morale et métaphysique des sophistes et de Platon, ils ont donné leurs lettres de noblesse à l'observation et à la connaissance raisonnée. Certes, l'expérimentation leur est étrangère, mais cela tient surtout à la nature essentiellement qualitative de leurs théories, ne permettant que des prédictions sommaires. Cette restriction commence à s'effacer à l'époque hellénistique, quand la culture grecque se répand dans le bassin méditerranéen.

Comment les héritiers d'Aristote vont-ils faire évoluer sa pensée ? L'un de ses successeurs à la tête du Lycée, Straton de Lampsaque (v. 335-v. 269 avant J.-C.), surnommé *ho Phusicos* (le Physicien), s'intéresse à des problèmes de physique et de dynamique, apportant parallèlement des contributions à la zoologie, à la botanique, à la pathologie. Il a composé plusieurs traités, dont beaucoup ont été perdus. Sur la question de la gravité, il rejette l'opinion d'Aristote selon laquelle il existerait deux tendances naturelles, l'une portant les corps légers vers le haut, l'autre les portant vers le bas. Il montre que l'ascension des corps légers (air chaud, flamme) peut s'expliquer par le contrecoup du mouvement vers le bas des corps plus lourds. Surtout, il s'approche de la notion d'accélération en remarquant, par exemple, qu'un filet d'eau tombant d'un toit se

---

[5] Selon l'expression de Jean Rosmorduc dans son *Histoire de la physique et de la chimie*, Paris, Éd. du Seuil, 1985, coll. « Points Sciences ».

fragmente, prouvant ainsi que la vitesse de l'eau croît au cours de la chute. De même, plus une pierre tombe de haut, plus la marque qu'elle imprime est profonde, ce qui indique une différence de vitesse selon la hauteur de chute. Pour parvenir à cette idée, il est clair que Straton a procédé à des observations systématiques, voire à des expérimentations.

Héron d'Alexandrie (Ier siècle après J.-C.) rapporte également qu'il a démontré le caractère corporel de l'air en enfonçant dans l'eau, bec en bas, un vase vide. L'eau n'y pénètre que si l'on perce le fond du vase : alors l'air fuit, laissant le liquide entrer. Dans le même texte, Héron critique Aristote à propos de l'impossibilité du vide ; celle-ci, reposant sur une argumentation abstraite, ne résiste pas à une observation bien conduite. Selon lui, le simple fait qu'on puisse comprimer l'air dans un récipient indique l'existence de zones vides où peut s'insérer l'air supplémentaire. C'est aussi à Héron que l'on doit l'invention des ancêtres de nos thermomètres, les *thermoscopes* : sous l'effet de la température, la dilatation d'une certaine quantité d'air y déplace un volume d'eau. Ainsi peut-on comparer des températures, même s'il ne s'agit pas encore de mesures au sens actuel du terme. Cette invention sombre dans l'oubli pendant une bonne quinzaine de siècles, jusqu'à ce que les textes de Héron soient redécouverts.

Les successeurs de Straton et de Héron poursuivent leurs expériences, mais dans un tout autre esprit, semble-t-il. Il cherchent à créer des effets frappants ou curieux, une sorte de magie pratique, plutôt qu'à imaginer ou élaborer de nouvelles théories.

L'École d'Alexandrie

Ptolémée Ier Sôter, monté sur le trône d'Egypte en 305 avant J.-C., réunit et protège les plus grands savants et ingénieurs de son temps, dispersés par l'expansion grecque. Il crée à Alexandrie un centre intellectuel original[6], avec une bibliothèque imposante – des milliers de manuscrits et de papyrus –, un musée abritant des instruments et curiosités de toutes sortes, et surtout une école accueillant les esprits les plus brillants. Cet esprit perdurera après son règne ; ainsi se rencontrent à Alexandrie philosophes, savants et ingénieurs, alliant la

---

[6] Voir *supra*, p. 37.

théorie et la pratique. L'École d'Alexandrie a influencé tout le bassin méditerranéen, les savants de l'époque, et notamment Euclide (IIIe siècle avant J.-C.).

Euclide est non seulement l'auteur d'une œuvre mathématique à l'importance considérable [7], mais il a également composé une *Optique* et, pense-t-on, une *Mécanique* (aujourd'hui perdue). Parlant de la lumière, il suit la théorie pythagoricienne des rayons émis par l'œil et admet la propagation en ligne droite des rayons lumineux, ce qui lui permet d'expliciter l'emploi des ombres portées pour mesurer les hauteurs. Il connaît la loi de la réflexion sur les surfaces planes et la possibilité d'allumer un feu à l'aide de miroirs.

Archimède

Né sans doute en 287 av. J.-C., à Syracuse, Archimède est une figure emblématique de l'époque hellénistique [8]. Fils de l'astronome Phidias, après quelques voyages, en Espagne et peut-être à Alexandrie, il revient à Syracuse qu'il ne va plus quitter. Mathématicien, physicien, ingénieur et inventeur, il illustre avec génie l'alliance du concret et de l'abstrait, de la théorie et de la pratique.

Bien que certains de ses ouvrages aient été perdus (notamment un traité d'optique et un ouvrage sur les balances), on sait que la contribution d'Archimède à la physique est importante. En hydraulique, on lui doit l'invention de la « vis d'Archimède ». Mais il est surtout célèbre pour sa contribution à l'hydrostatique et la découverte du « principe » auquel on a donné son nom. Vitruve raconte que Hiéron, maître de Syracuse, avait demandé à Archimède de vérifier si sa couronne était bien d'or pur. Le savant, en prenant son bain, observa que plus son corps s'enfonçait dans la baignoire, plus le niveau de l'eau montait. Il imagina donc de fabriquer deux blocs de masse égale à celle de la couronne, l'un d'or, l'autre de cuivre, beaucoup moins dense, et de déterminer les volumes de la couronne et des deux échantillons en mesurant la quantité d'eau qu'ils déplacent une fois immergés. La comparaison des volumes permettait de déterminer si la couronne était ou non d'or pur... On prétend que, fou de joie d'avoir découvert ce procédé, Archimède sortit de sa baignoire en

---

[7] Voir *supra*, pp. 36-37.

[8] Voir *supra*, pp. 41-42.

criant: *« Eurêka! »*. Mais, dans son traité *Sur les corps flottants*, il se contente d'énoncer sobrement le fruit de ses réflexions, à partir de postulats sur les propriétés des liquides, selon une progression logique semblable à celle des traités d'Euclide, jusqu'au fameux « principe » encore enseigné aujourd'hui: « Tout corps plongé dans un liquide en reçoit une poussée ascendante égale au poids du liquide déplacé. »

De même, son traité de statique des corps pesants enchaîne, à partir de quelques postulats, sur les propriétés des leviers, des barycentres et sur l'équilibre des forces. À propos des leviers, on prête à Archimède cette boutade: « Donnez-moi un point d'appui et je soulèverai la Terre. » Surtout, en parallèle à ces constructions abstraites et rigoureuses, il a inventé ou perfectionné divers dispositifs pratiques pour soulever des masses, incendier des navires, ou expédier des projectiles, techniques qu'il utilisa, dit-on, lors du siège de Syracuse (212 avant J.-C.). Théoricien rigoureux, mathématicien, ingénieur aux compétences multiples, aux idées originales, il est sans doute le savant de l'Antiquité qui s'est approché le plus de la figure moderne du physicien, celle qu'inaugurera bien plus tard Galilée.

L'héritage grec

Les découvertes des Grecs sont, on l'a vu, considérables. Ce savoir s'est affirmé avec le Lycée d'Athènes et a culminé avec l'école d'Alexandrie. C'est la première étape d'un effort soutenu pour interroger les phénomènes naturels et les expliquer à partir de quelques idées simples. Cet effort s'appuie sur l'observation et le raisonnement logique, quelquefois mathématique. Pour les Grecs de l'Antiquité, le monde est intelligible: cette conviction constitue l'essentiel de leur message. Certes, c'est d'abord dans le champ de l'astronomie qu'ils ont élaboré un savoir complexe et détaillé, multipliant observations et spéculations [9]. Les autres domaines de la physique, mouvement et équilibre des corps pesants, lumière, sons, électricité, ont donné lieu à moins de développements tout en alimentant certaines applications. Il faut pourtant retenir, dès les pythagoriciens, l'intuition du rôle des nombres et des mathéma-

---

[9] Voir *infra*, pp. 217-218.

tiques dans la description des phénomènes. C'est surtout la question du mouvement qui a constitué le nœud de la réflexion des Grecs. Mais la séparation stricte qu'ils ont maintenue entre les phénomènes célestes et le « monde sub-lunaire », en apparence conforme à l'observation, ne leur a pas permis d'accéder à une théorie universelle du mouvement.

LES ROMAINS

Les Romains, s'ils ont recueilli l'héritage grec, n'ont pas contribué à l'enrichir. Mais les années sombres ont vraiment commencé avec le déclin de l'Empire. La grande bibliothèque fondée par Ptolémée et enrichie par ses successeurs brûle partiellement en 269 après J.-C., lors de la guerre entre Zénobie et Aurélien ; en 415, elle subit – avec la complicité de l'évêque Cyrille, qui réprouve le savoir païen – de graves dommages lors d'émeutes ; d'autres encore sont provoqués par un incendie, en 640, lors de l'invasion musulmane. Cette suite de malheurs traduit bien la fragilité du statut d'un savoir raisonné face aux certitudes arrogantes des croyances « révélées ». Heureusement, un certain nombre d'ouvrages seront sauvés par les érudits fuyant les invasions.

Il faut cependant mentionner ici Augustin (354-430), Berbère et Romain, évêque d'Hippone, l'un des grands inspirateurs de la théologie médiévale. S'il place la foi au-dessus de tout, il considère également que la connaissance est bonne : l'Univers, création d'un Dieu bienveillant, ne peut être que bon, et mérite à ce titre d'être étudié. C'est pourquoi il fut, au Moyen Âge, la caution de ceux qui s'adonnaient à l'étude de la nature.

LA PHYSIQUE ARABE

L'enseignement des Grecs a principalement été conservé en terre d'islam, jusqu'à ce que les hommes du Moyen Âge le redécouvrent. Nous sommes donc d'abord redevables aux Arabes de nous avoir transmis les textes des auteurs de l'Antiquité grecque. Mais les savants arabes n'ont pas été seulement des passeurs ; ils ont apporté des contributions originales, surtout en astronomie et en mathématiques [10].

En ce qui concerne la physique, après quelques prédécesseurs intéressés par l'optique, comme Abu Yusuf Ibn Ishaq al-Kindi (v. 800-v. 870) et Qusta Ibn Luqa (835-912), chrétien de Baalbek, il faut surtout signaler, autour de l'an 1000, l'importante œuvre d'Abu Ali Hasan ibn al-Haytham (965-1039). Celui-ci est connu en Europe sous le nom d'Alhazen. Après une carrière hasardeuse auprès du calife fatimide al-Hakim, il retourne aux études, cherchant une connaissance rationnelle qu'il va notamment trouver chez Aristote. Il se sépare pourtant des conclusions du philosophe grec en matière d'optique. Pour lui – et c'est là une conclusion originale –, la lumière est émise par les corps lumineux, les astres, les flammes. Illuminant les objets, elle est diffusée par ceux-ci, qui deviennent des sources secondaires. Ces dernières la renvoient dans toutes les directions (« en forme de sphère »), et elle se propage en ligne droite. Ces explications vont dans le sens d'une théorie ondulatoire telle qu'elle sera exposée par Huygens des siècles plus tard [11].

La théorie des couleurs d'Alhazen est plus confuse : elles lui semblent indépendantes de la lumière, mais portées par elle. Alhazen étudie la réflexion sur un miroir et postule que la réfraction des rayons lumineux est due aux différences de vitesse de la lumière dans les milieux transparents. Son ouvrage sur l'*Optique* est diffusé en Europe dès le début du XIIIe siècle, et certaines de ses intuitions seront reprises plus tard par Kepler et Descartes [12].

Entre le XIe et le XIIIe siècles, les œuvres d'Aristote et d'Archimède sont soigneusement étudiées, en particulier celles qui traitent de l'équilibre des corps, des pesées et de l'utilisation des balances. Al-Khazini (début du XIIe siècle), ascète et mystique, rédige un traité consacré aux balances, notamment hydrostatiques, auxquelles, dans le prolongement d'Archimède, il apporte divers perfectionnements utiles pour évaluer la qualité des métaux et des pierres précieuses.

---

[10] Voir notamment *supra*, pp. 45-50, sur les mathématiques, et *infra*, pp. 228-231, sur l'astronomie.

[11] Voir *infra*, pp. 128-130.

[12] Voir *infra*, pp. 148-149.

LES CHINOIS

Les productions techniques de la civilisation chinoise, très ancienne, sont importantes et très élaborées. Pourtant, en dépit de ses succès et même de réflexions mathématiques non négligeables, elle n'a pas produit une science théorique comparable à celle de l'Occident : aux spéculations, il semble que les Chinois aient toujours préféré des réalisations concrètes et utiles.

Dans le domaine de l'optique, les savants chinois ont conscience de la propagation rectiligne de la lumière et l'utilisent pour des spectacles d'ombres chinoises. Ils connaissent aussi l'usage de miroirs, plans ou sphériques, et surtout, ils inventent la chambre noire *(camera oscura)*, qui fournit une image inversée des objets. Les lentilles qu'ils ont appris à tailler dans du cristal de roche, ils ne les utilisent ni pour fabriquer des lunettes ni dans la réalisation de télescopes : ces inventions, ainsi que d'autres comme les cerfs-volants ou les feux d'artifice, sont plutôt vouées à des usages ludiques, spectaculaires ou pratiques ; on ne cherche pas à leur trouver d'explication théorique.

La boussole est peut-être la plus marquante de leurs découvertes. Ils connaissent depuis longtemps la propriété de la magnétite d'attirer les objets en fer. Les devins l'utilisent dans leurs tables de divination. Sont ainsi notamment fabriquées des espèces de cuillères qui, comme par magie, pointent plus ou moins vers le sud ; elles sont ensuite remplacées par des aiguilles flottantes, véritables boussoles, qui n'ont pourtant longtemps servi qu'à prédire l'avenir. Ce n'est que vers le XIe siècle que les Chinois utilisent la boussole pour la navigation. Parallèlement, ils découvrent la déclinaison magnétique, c'est-à-dire le fait que le nord magnétique ne coïncide pas avec le nord géographique.

LE MOYEN ÂGE

Avec le déclin de l'Empire romain et la diffusion du christianisme en Occident, la désorganisation de la société, les grandes invasions, les calamités diverses, la pensée rencontre bien des obstacles. Seuls les monastères ont, dans leurs bibliothèques, conservé quelques œuvres antiques, mais il s'agit surtout d'ouvrages religieux, moraux ou philosophiques. La réflexion du haut Moyen Âge n'a guère pris en compte la pensée d'Augustin, et c'est l'hostilité qui domine face à la curiosité des esprits scientifiques.

Au cours du haut Moyen Âge, l'étude des phénomènes naturels est négligée – sauf par quelques hommes exceptionnels comme Bède le Vénérable (672/3-735), bénédictin anglais qui, écrivant l'histoire de son pays, les prend en compte et ne se contente pas de citer aveuglément les Anciens et les Pères de l'Église – et même ce qu'on appellera plus tard la Renaissance carolingienne ne concerne guère que la littérature, la théologie et la philosophie.

Au XIIe siècle, l'Occident commence à découvrir l'héritage grec. D'abord, par la traduction en latin de quelques textes arabes, comme l'*Optique* d'Ibn al-Haytham [13], puis par des traductions ou des commentaires de savants grecs, notamment Aristote. Il faut rappeler le rôle joué, dans ce renouveau, par Tolède, ville d'échanges entre l'islam et l'Occident. Le mouvement gagne rapidement les universités d'Oxford et de Paris nouvellement créées, où des ordres religieux nouveaux, les Dominicains et les Franciscains, jouent un rôle important.

A Oxford, le franciscain Robert Grosseteste (1175-1253), curieux de tout, recherche, selon les vues d'Aristote, les « causes efficaces » des phénomènes dans des champs aussi variés que l'optique, l'acoustique et bien sûr l'astronomie. En optique, il traite de la propagation des rayons lumineux, de la réflexion et de la réfraction, des images obtenues dans les lentilles et les miroirs et de la possibilité de grossir les objets lointains. Son disciple Roger Bacon (v. 1214-1294), peu apprécié de son ordre (il préconise l'alchimie et l'astrologie que déteste Bonaventure, général des Franciscains), met l'accent sur l'observation et les mathématiques comme moyen d'accès à la connaissance des choses et de celles-ci à la connaissance de Dieu. Certes, il s'agit plutôt de magie naturelle, mais son goût de l'expérience et de l'utilisation d'instruments, notamment d'optique, pour observer la réalité, méritent d'être mentionnés.

---

13 Voir *supra*, p. 116.

Un de ses contemporains, Albert le Grand (1200-1280), qui sera plus tard déclaré Père de l'Église, adopte une position analogue. Il introduit les sciences grecque et arabe dans les universités occidentales et surtout, malgré l'opposition des autorités ecclésiastiques de Paris, conseille d'étudier Aristote – ouvrant ainsi la voie à Thomas d'Aquin – qu'il ne se prive pas, par ailleurs, de critiquer au nom de l'observation.

Le dominicain Thomas d'Aquin (1225-1274) marque l'apogée de la redécouverte de la science de l'Antiquité. Malgré des difficultés provisoires avec l'Église, il réussit une méritoire synthèse entre la « vérité révélée » et la science aristotélicienne, rendant à l'étude de la nature une légitimité nouvelle. Cette synthèse – la scolastique – finit par être adoptée par l'Église, devenant *in fine* la position officielle. Elle sera plus tard la source d'un nouveau conservatisme : la philosophie scolastique.

Sur la question du mouvement, Thomas d'Aquin avait adopté la thèse d'Aristote affirmant qu'il faut une cause permanente pour assurer un mouvement régulier ou uniforme (ce qui revenait à placer un ange derrière chaque astre...) Cette affirmation, difficile à soutenir devant la flèche lancée par un arc, l'est encore moins lorsqu'on considère les projectiles que peuvent lancer les engins de guerre. C'est pourquoi des savants comme Jean Buridan (v. 1300-apr. 1358) ou Nicolas Oresme (v. 1323-1382) avancent l'idée d'*impetus* (c'est-à-dire d'élan, propriété d'un corps massif en mouvement), qui s'approche du concept moderne d'inertie [14], lequel apparaîtra plus tard. Parallèlement, Oresme commence aussi à élaborer les concepts de vitesse et d'accélération.

En 1269, l'ingénieur Pierre Pèlerin de Maricourt effectue la première étude systématique connue des propriétés de l'aimant. Dans une lettre à un collègue, il relate les expériences auxquelles il s'est livré : à partir de l'orientation de la boussole, il distingue les deux extrémités du barreau aimanté et les nomme « pôles Nord et Sud » pour rappeler les directions cardinales vers lesquelles elles pointent. Il observe que le pôle Nord d'un aimant attire le pôle Sud d'un autre, mais que deux pôles Nord, ou deux pôles Sud se repoussent. Il rapporte également que les deux moitiés d'un aimant scié

[14] Voir *infra*, p. 126 *sq*.

constituent deux aimants à part entière – avec deux pôles – et que, chauffé, l'aimant perd son aimantation. Hormis ces résultats remarquables, les phénomènes magnétiques et électriques restent assez peu étudiés, suscitant seulement des analogies fantaisistes avec l'attirance amoureuse.

La production scientifique du Moyen Âge peut sembler assez mince. Elle a surtout retrouvé et exploré les auteurs grecs. N'oublions pas, cependant, que l'époque a connu un développement technique très important. Dès le XIe siècle, les sources d'énergie ont été multipliées. Les moulins à eau – déjà utilisés depuis les Romains, mais peu répandus – et les moulins à vent à axe horizontal ont été perfectionnés. Le fer à cheval et le collier d'attelage ont rendu plus aisé le transport de marchandises lourdes. Il faut ajouter les progrès de la sidérurgie ; l'amélioration de la charrue qui, dans un nombre croissant de régions, a remplacé l'araire ; l'invention des hauts fourneaux ; celle du vilebrequin ; celle du gouvernail d'étambot, facilitant les transports maritimes ; les progrès de l'exploitation minière ; l'amélioration des machines de guerre (les trébuchets, auxquels, plus tard succédera l'artillerie) ; la diffusion des lunettes correctrices à la fin du XIIIe siècle...

LA RENAISSANCE DE LA PHYSIQUE

À la fin du Moyen Âge, la société est en expansion. Les techniques facilitent l'utilisation des ressources de la nature et permettent de réaliser des outils de plus en plus complexes, posant aux esprits curieux des énigmes où se jouent des phénomènes fondamentaux : rôle des verres correcteurs, trajectoires des projectiles, équilibres et écoulement des liquides, rôle de la chaleur, fusion, etc. Pour accompagner le développement économique et commercial consécutif à cette évolution, il faut former les esprits : des universités naissent, lieux d'instruction et de formation, lieux de réflexion, de critique, de recherche intellectuelle. Ce qu'on appelle la Renaissance représente en quelque l'aboutissement de l'effervescence économique et intellectuelle du Moyen Âge, développement un temps arrêté par les guerres et les grandes épidémies mais qui, à la faveur du renouveau du commerce méditerranéen puis hanséatique, a connu la fortune que l'on sait.

La Renaissance commence dès le XIVe siècle en Italie, plus tard dans les autres pays occidentaux. Sur le plan technique, les innovations du Moyen Âge sont prolongées et systématisées ; l'usage de l'artillerie se généralise, notamment grâce aux progrès de la métallurgie : les canons de fonte, mieux calibrés, projettent plus vite et plus loin des boulets de métal, dont il faut désormais prévoir précisément la trajectoire. Les formules empiriques des ingénieurs paraissent alors plus adaptées que les théories aristotéliciennes. Et pour aller toujours plus loin en mer, il devient nécessaire de déterminer les routes les plus directes et de mieux connaître la position du navire.

La Renaissance est une extraordinaire époque d'épanouissement : des progrès techniques très importants, des bouleversements philosophiques considérables, l'héritage artistique de l'« Atelier » italien, l'éclosion d'écoles nationales de peinture, de sculpture, d'architecture... La physique, pourtant, ne s'inscrit pas dans le mouvement général. Peut-être le retour à Platon, par opposition à Aristote compromis avec la scolastique de l'Église catholique, a-t-il conduit à mépriser les phénomènes matériels. Peut-être l'effervescence religieuse qui a mené à la Réforme et aux guerres de Religion a-t-elle accaparé les esprits et durci des positions dogmatiques. L'accueil réservé à la théorie de Copernic, et surtout le rejet des visions cosmiques de Giordano Bruno, condamné par les calvinistes comme par les catholiques, prouvent le peu de cas que les autorités religieuses faisaient de la connaissance du monde. L'affaire Galilée, au XVIIe siècle, va confirmer cette rigidité [15]. Par ailleurs, notons que, s'il ne faut pas oublier ses réflexions sur la perspective et sur les propriétés de la lumière ni son intuition du principe d'action et de réaction, même un Léonard de Vinci (1452-1519) est plus attaché aux dispositifs pratiques qu'aux principes sous-jacents.

À cette époque, c'est dans le domaine mathématique que les progrès sont les plus importants [16].

À la fin du XVIe siècle, cependant, l'activité scientifique se développe, annonçant les importantes avancées des siècles suivants. En

---

[15] Voir *infra*, pp. 246-249.
[16] Voir *supra*, pp. 54-56.

physique, deux noms méritent plus particulièrement d'être cités durant cette période : ceux du Flamand Simon Stevin et de l'Anglais William Gilbert.

Simon Stevin

Physicien et mathématicien né à Bruges, Simon Stevin (1548-1620) s'intéresse au problème de l'optimisation des routes maritimes et aux symboles mathématiques [17]. Il publie des *Principes de statique* où, poursuivant les travaux d'Archimède, il étudie la théorie du levier, celle du centre de gravité des figures planes et des corps solides. Il découvre la « loi » des plans inclinés, démontrée grâce à un « collier de sphères » *(figure 24)*, montrant que la traction exercée vers le bas par chaque sphère dépend de l'inclinaison de la règle sur laquelle elle repose. Il met ainsi en évidence le principe de la combinaison des forces selon un parallélogramme, idée dont Galilée tirera profit [18].

Toujours sur les traces d'Archimède, Stevin est également l'auteur de *Principes d'hydrostatique*, où il montre notamment que la pression exercée par un liquide au fond d'un récipient ne dépend que de la hauteur du liquide, mais ni de la forme, ni de la surface du récipient. Sa grande curiosité l'a aussi amené à s'intéresser aux fortifications, aux écluses, aux moulins à vent, aux aimants et à la déclinaison magnétique.

William Gilbert

En 1600, le médecin anglais William Gilbert (1544-1603), praticien renommé – il a soigné la reine Élisabeth Ire et le roi Jacques Ier – publie un ouvrage original intitulé *De magnete* (« De l'aimant »). Il y rapporte une série d'expériences qui lui ont coûté une bonne partie de sa fortune. Après avoir répété les résultats de Pierre de Maricourt [19], il montre qu'alors que les propriétés de la magnétite (un aimant

---

[17] Voir *supra*, p. 58.
[18] Voir *infra*, pp. 126-128.
[19] Voir *supra*, pp. 119-120.

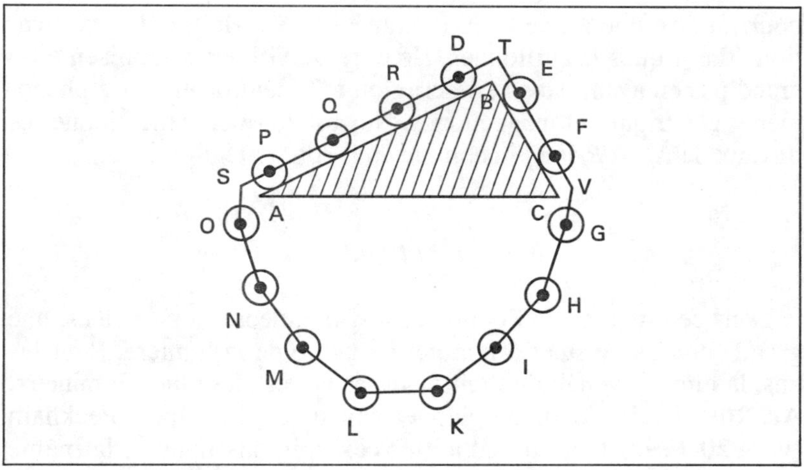

Dans cette expérience de pensée, Stevin considère un collier formé de billes équidistantes et pouvant tourner, disposé autour d'un prisme de projection triangulaire ABC tel que AB est double de BC. Il admet qu'en S, T et V soient « trois points fixes sur lesquels la ligne puisse couler librement et sans accrochement ». Un tel collier reste immobile. Stevin en déduit que le « pouvoir du poids E » est double de celui du poids D, ce qui conduit à l'expression de la force le long d'un plan incliné et mènera à la loi de composition des forces.

Fig. 24. – Le « collier de sphères » de Simon Stevin

naturel) n'ont pas besoin d'être activées, les forces électriques demandent que l'on frotte l'ambre ou la résine pour se manifester. Il décrit également la magnétisation par influence : même à distance, une barre de fer (mais pas une barre de verre ou de soufre) s'aimante quand on l'approche d'un aimant permanent. Cette action à distance s'exerce même à travers une feuille de papier. Ce n'est pas le cas pour la force électrique. Ayant modelé une sphère à partir de matériau magnétique, il montre que la direction du magnétisme y présente des orientations analogues à celles du champ magnétique terrestre, indiquant ainsi que la Terre peut être considérée comme un aimant sphérique, muni de deux pôles. Kepler s'inspirera de ce résultat pour suggérer que l'attraction entre la Terre et le Soleil pourrait être due à une action magnétique [20]. Malgré des explications théoriques brouillonnes, l'œuvre de Gilbert a représenté un grand pas en avant dans la description et l'identification des phénomènes électriques et magnétiques. Newton lui-même mentionne ses travaux dans ses *Principia* comme dans son traité d'optique.

L'optique

Dans ce domaine de l'optique subsistait, depuis les Anciens, une grande confusion sur l'origine et la nature de la lumière. Pour les uns, la lumière venait de l'œil, pour les autres, des objets lumineux. Au XIIIe siècle, le théologien et savant anglais John Peckham (v. 1220-1292) tente de concilier ces opinions mais, à la même époque, l'ecclésiastique polonais Witelo (v. 1220-1275) se rallie à la théorie d'Ibn al-Haytham, pour lequel l'œil n'est pas source de lumière, celle-ci étant émise par les objets lumineux (Soleil, flamme) et diffusée par les objets opaques [21]. Parallèlement, Witelo pense que l'humeur vitrée, liquide interne de l'œil, est l'organe sensible à la lumière.

Le principal ouvrage d'optique de la Renaissance est dû à au bénédictin italien d'origine grecque Francesco Maurolico (1494-1575), par ailleurs mathématicien et astronome. Dans ses *Lumières sur la lumière et sur l'ombre,* il explique la formation des ombres, celle de l'arc-en-ciel, la structure de l'œil et l'utilisation des lunettes, l'appréciation de l'intensité lumineuse et le rayonnement calorique. Pour l'utilisation des lentilles, il faut mentionner l'ouvrage d'un autre Italien, Giambattista Della Porta (1535-1615), *Magia Naturalis* (1558) : celui-ci approche le principe de la lunette, mais semble avoir été arrêté par la mauvaise qualité des lentilles, difficulté que rencontrera aussi Galilée qui pourra, lui, la surmonter au moins en partie [22].

---

[20] Voir *infra*, p. 243.
[21] Voir *supra*, p. 116.
[22] Voir *infra*, p. 126.

LA CONSTRUCTION DE LA PHYSIQUE CLASSIQUE : 1600-1900

La Révolution scientifique

C'est au cours du XVIIᵉ siècle que s'est produit le bouleversement que l'on a appelé la Révolution scientifique. Bien entendu, comme souvent en histoire, cette affirmation mérite d'être nuancée. Sans doute, la recherche en mathématiques et en astronomie avait-elle déjà bien progressé. Sans doute plusieurs penseurs, comme Roger Bacon, avaient-ils préconisé l'observation et l'expérimentation au lieu de l'étude des œuvres d'Aristote. Mais, pour ce qui concerne la physique, il y a bien une révolution : l'œuvre de Galilée, qui inaugure un irrésistible mouvement. Cette révolution, complétée par Newton à la fin du XVIIᵉ siècle, concerne d'abord la mécanique, science des mouvements des corps pesants.

Les savants européens, mathématiciens, physiciens, philosophes, voire ingénieurs, ont constitué un réseau informel, échangeant lettres, visites, défis et polémiques. Leurs contributions seront mentionnées ci-après dans les sections concernant les principales branches de la physique. Avant même que Newton ne théorise l'attraction universelle, l'activité scientifique se développe rapidement. La *Royal Society* de Londres date de 1645, l'Académie des sciences de Paris, de 1665. Quelques années plus tard naissent les premiers journaux savants, diffusés dans l'Europe entière. Sur le modèle de la mécanique, les différentes branches de la physique prennent leur essor : chaleur, optique, électricité, etc. Elles font l'objet d'expériences systématiques et de théories mathématisées sur le modèle de la mécanique céleste. Elles progressent parallèlement pour aboutir, à la fin du XIXᵉ siècle, à un vaste ensemble assez cohérent qu'on appellera rétrospectivement « physique classique ». Nous rapporterons successivement les avancées des principales d'entre elles, la mécanique, la théorie de la chaleur et la thermodynamique, l'optique, l'électricité...

La mécanique

Galilée et les corps en mouvement

Galileo Galilei, dit Galilée (1564-1642), naît à Pise, fils d'un célèbre luthiste. La légende veut qu'il ait découvert les lois du pendule à 19 ans, en observant les oscillations du lustre de la cathédrale de Pise. Mathématicien et physicien, il étudie la cycloïde et formule les lois de la chute des corps, montrant que la trajectoire d'un projectile est une parabole. Il réalise l'un des premiers microscopes et effectue les premières observations du ciel à la lunette [23]. *« La philosophie est écrite dans ce livre immense (...) l'Univers (...). Ce livre est écrit dans la langue mathématique »*, affirme-t-il.

Pour un physicien d'aujourd'hui, sa théorie du mouvement accéléré est aussi importante que sa contribution à la connaissance des astres. Depuis Aristote, en effet, on distinguait les mouvements naturels – selon l'axe vertical de la chute des corps – des mouvements provoqués, considérés, comme tout changement, comme dépendants d'une cause, et donc voués à disparaître lorsque cette dernière cessait. Cette conception était évidemment infirmée par l'observation courante : par exemple, la vitesse horizontale des boulets de canons sur une trajectoire donnée était presque constante, et l'on ne notait pas de discontinuité entre la phase ascendante et la phase descendante de cette trajectoire. La notion médiévale d'*impetus* liée à l'objet en mouvement permettait d'éviter de recourir à des causes improbables comme une rétropression de l'air. Mais cette notion, qualitative, ne donnait pas le moyen de déterminer avec précision la trajectoire.

Quel a été l'apport de Galilée ? Dès sa jeunesse, il s'est intéressé à l'hydrostatique et à la chute des corps, soumettant ses hypothèses au verdict de l'expérience. En 1638, après sa condamnation par l'Église [24], il fait publier aux Pays-Bas ses *Discours et démonstrations mathématiques concernant deux sciences nouvelles*. Il y traite de la résistance des matériaux, et surtout de la chute des corps.

---

[23] Voir *infra*, pp. 245-249.
[24] Voir *infra*, pp. 246-249.

En premier lieu, il choisit ses hypothèses non pas en fonction de leur évidence, mais sur leur capacité à donner une prédiction. Pour la chute des corps pesants, il postule l'existence d'une accélération constante – l'actuelle pesanteur. Introduisant le concept de vitesse instantanée, il montre que, soumis à une accélération constante, un corps en mouvement vertical doit voir sa vitesse varier proportionnellement au temps de chute, ce qui doit entraîner un accroissement régulier des parcours par unité de temps. Il a pu le vérifier grâce à des mesures de temps de parcours sur des plans inclinés (faute d'instrument précis et fiable, il utilisait son pouls en guise de montre). Pour la trajectoire d'un projectile, il traite d'abord le mouvement horizontal, de vitesse constante. Sa réflexion sur la chute d'un objet du haut du mât d'un bateau en mouvement l'a convaincu de ce qu'on appelle aujourd'hui « principe d'inertie » : tout corps en mouvement continue indéfiniment en ligne droite à vitesse constante tant qu'il n'est pas soumis à une force externe. La combinaison de ce mouvement horizontal, constant, avec le mouvement vertical uniformément accéléré engendre une trajectoire en forme de parabole. Cette courbe, bien connue des mathématiciens, est en accord avec l'expérience des artilleurs.

Sans doute certains, comme Nicolas Oresme, avaient-ils déjà approché ce résultat. Mais l'originalité de Galilée, c'est de substituer au fatras de considérations qualitatives de ses prédécesseurs des concepts clairs, univoques – position, inertie, vitesse instantanée, accélération –, puis de confronter les résultats de son raisonnement, explicité sous forme mathématique, à des données expérimentales bien définies, et non à de prétendues évidences logiques. Fait important, dans cette théorie, la correspondance entre les mathématiques et la réalité n'est pas seulement qualitative ou symbolique, elle suit le déroulement des positions au cours du temps. L'expérience apporte une vérification point par point de cette correspondance. Aussi Galilée est-il considéré comme le premier physicien au sens moderne du terme, en quelque sorte le père fondateur de la physique. La tendance qu'il a initiée sera ensuite systématisée, notamment par Newton qui, au simple modèle cinématique descriptif de Galilée, substituera une véritable théorie dynamique du mouvement des corps pesants en introduisant la gravitation universelle[25].

---

[25] Voir *infra*, pp. 130-131.

Galilée s'est également intéressé à l'hydraulique. Dès 1612, dans son *Discours sur les corps flottants,* il montre que, contrairement aux préjugés aristotéliciens, c'est sa densité, et non sa forme, qui fait flotter la glace sur l'eau. Il détermine la densité de l'air, concept hérétique aux yeux des scolastiques, et aborde dans son dernier ouvrage, le « problème du puisatier » : pourquoi, par aspiration, l'eau ne peut-elle pas s'élever de plus de dix mètres ? L'« horreur du vide » d'Aristote aurait-elle des limites ? Galilée envisage d'autres hypothèses, mais c'est son élève Evangelista Torricelli (1608-1647) qui, peu après sa mort, va mettre en cause la pression atmosphérique et réaliser les premiers tubes barométriques remplis de mercure, qui culmine à 76 cm.

Pour l'étude du mouvement, il faut rappeler les travaux de Pierre de Fermat (1601-1665) explicitant la composition des forces selon la règle du parallélogramme, et ceux du mathématicien et philosophe René Descartes (1596-1650), sur la force vive et la quantité de mouvement, ainsi que l'optique, etc [26].

Christiaan Huygens

Avant d'entrer dans l'œuvre de Newton, il faut évoquer la figure de Christiaan Huygens (1629-1695). Ami de Descartes, admirateur de Galilée, ce fils de négociant néerlandais, né à La Haye, est à la fois physicien, mathématicien et astronome. Galilée tenait les anneaux de Saturne pour d'étranges satellites ; c'est Huygens qui les identifie grâce à ses excellents télescopes. D'autre part, Galilée avait remarqué que les très petites oscillations d'un pendule sont de durée constante (isochrones) ; Huygens calcule et réalise un pendule isochrone même pour les grandes oscillations. Toute sa vie, Huygens s'intéresse à l'utilisation des pendules pour mesurer précisément le temps et déterminer les longitudes. Il invente l'échappement, dispositif permettant de rendre constante la vitesse d'une horloge mécanique, grâce à un pendule dont il entretient le mouvement. Il invente également le pendule spiral, transportable. Il approche, à propos du pendule de forme quelconque, le concept moderne de « moment d'inertie », qui sert à décrire la rotation des corps. Il étu-

---

[26] Voir *supra*, pp. 62-63, sur leurs travaux en mathématiques.

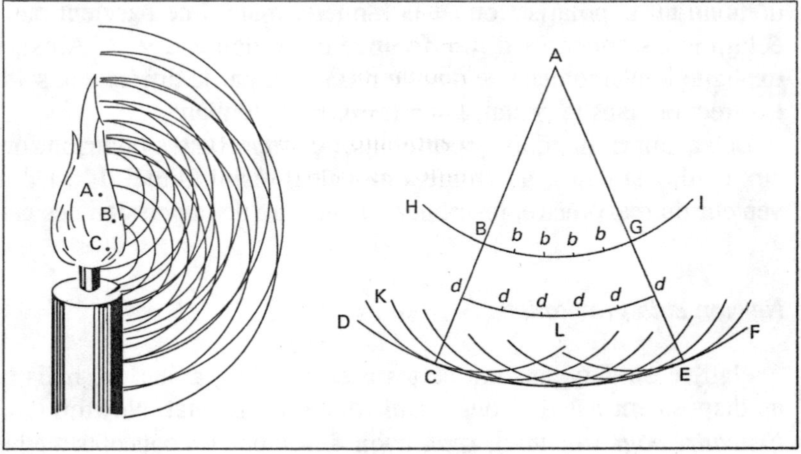

Pour Huygens, l'onde lumineuse émise par un point est sphérique, et chaque point de cette onde émet à son tour une onde sphérique et ainsi de suite. Toutes ces ondes se combinent en fronts d'ondes sphériques. Une figure semblable sera reprise beaucoup plus tard par Fresnel pour expliquer les phénomènes d'interférence et de diffraction.

Fig. 25. – Les ondes selon Huygens

die les collisions élastiques, établissant la loi de conservation de la quantité de mouvement.

Pour Huygens, la lumière est constituée de vibrations longitudinales, c'est-à-dire d'ondes et non de corpuscules *(figure 25)*, conception qui suscite la colère de Newton. L'idée fondamentale, c'est que chaque point du front d'onde qui se propage devient à son tour la source d'une nouvelle onde, l'enveloppe de ces petites ondes constituant le phénomène lumineux.

Huygens s'intéresse à la double réfraction du quartz, découverte en 1669 par le Danois Erasmus Bartholin[27] : un rayon de lumière, s'il traverse un cristal de calcite (ou spath d'Irlande), se trouve dédoublé, comme s'il rencontrait deux milieux différents à la surface qui sépare air et cristal. Huygens effectue les premières expériences

[27] Voir *infra*, p. 150.

démontrant la polarisation de la lumière, mais il ne parvient pas à éclaircir les concepts d'interférence et de déphasage [28]. Ainsi, il explique le phénomène de double réfraction par la différence, selon la direction dans le cristal, des vitesses de la lumière.

Le savant hollandais apporte aussi d'importantes contributions aux mathématiques, notamment au calcul infinitésimal. Il est l'inventeur du manomètre, instrument de mesure de la pression des gaz.

Newton et la gravitation

Galilée ou Huygens ont certes pressenti la gravitation, mais ils ne disposaient pas de l'outil mathématique adéquat. Newton *(voir l'encadré page suivante)*, après avoir développé les concepts mathématiques de limite d'une suite infinie et de quantité infiniment petite («calcul des fluxions»), les utilise pour écrire un unique système d'équations décrivant aussi bien les mouvements de la Lune autour de la Terre ou de Mars autour du Soleil que celui d'une pomme qui tombe ou d'un boulet de canon projeté à grande distance. Son concept d'attraction universelle, proportionnelle aux masses en présence, inversement proportionnelle au carré de la distance entre ces masses, est mal accueilli par une partie du monde scientifique. Les cartésiens se moquent de cette propriété qui semble magique – précisons que Descartes, sans recourir à des causes cachées, avait imaginé un ensemble de tourbillons expliquant qualitativement assez bien les mouvements des astres. Plus tard, alors que les Britanniques portent Newton au pinacle sans réellement utiliser son travail, les Français, jusqu'alors cartésiens, admettent sa physique, notamment grâce aux *Lettres philosophiques* (1734) de Voltaire ; les mathématiciens français vont largement développer la mécanique newtonienne. L'œuvre de Newton corrobore les premières lois de conservation, celle de la quantité de mouvement, due à Descartes, et celle de l'énergie cinétique, due à Leibniz. Ce n'est pourtant qu'au XIXe siècle que la notion de champ a rendu conceptuellement acceptable la fameuse action à distance.

Rétrospectivement, la mécanique de Newton apparaît comme la première grande unification de la physique. À partir d'un élément

---

[28] Voir *infra*, p. 152.

Isaac Newton (1642-1727)

L'œuvre du savant anglais Isaac Newton est unanimement reconnue comme un sommet, une « montagne magique » selon Emilio Segrè. Enfant plutôt fragile, élevé par sa grand-mère, maladivement religieux, austère, peu sociable, la grande peste de 1665 le contraint à fuir l'université de Cambridge. C'est alors, dans sa ville natale, à Woolsthorpe, dans le Lincolnshire, qu'il réfléchit au problème de la chute des corps et devient l'auteur d'une théorie nouvelle, unissant radicalement les phénomènes célestes et ceux de notre monde sublunaire : la théorie de la gravitation. Il ne publie cette découverte qu'en 1687 sous le titre : *Principes mathématiques de la philosophie naturelle*. En 1704 paraît son *Optique,* qui connaît un grand retentissement.

Professeur de mathématiques à Cambridge, président de la *Royal Society*, directeur de la Monnaie, Newton a aimé les honneurs et l'argent ; il était d'une fierté ombrageuse. Sa querelle avec Leibniz sur l'antériorité de la découverte des méthodes mathématiques d'analyse [29] a secoué le monde scientifique européen au début du XVIIIe siècle. Cet homme exceptionnel a consacré les dernières années de sa vie à ce que nous considérons aujourd'hui comme des balivernes : l'alchimie et une chronologie fantaisiste de l'histoire humaine, établie à partir de l'Ancien Testament.

central, l'attraction universelle, et en raffinant les concepts introduits par Galilée, il a regroupé dans un formalisme mathématique cohérent l'ensemble des phénomènes régissant les mouvements des corps pesants, célestes ou terrestres. Ses mathématiques, complexes, parfois ésotériques, ont été ensuite supplantées par celles de Leibniz, plus puissantes, et au formalisme plus accessible [30].

La mécanique rationnelle

Pendant plus de deux siècles, la théorie de Newton, complétée par les mathématiques de Leibniz, sera perfectionnée et étendue par une pléiade de mathématiciens de premier plan (Euler, Bernoulli,

29 Voir *supra*, pp. 62-63.
30 Voir *supra*, p. 66.

Clairaut, d'Alembert, Lalande, Lagrange, Laplace, etc.). Dans les autres champs de la physique, l'optique, l'électricité, le magnétisme, outre ses contributions personnelles, – notamment à l'optique, que nous évoquerons plus loin – ses idées guideront les recherches ; il s'agit alors d'établir les équations différentielles régissant les phénomènes et d'en étudier les solutions.

La notion de champ à propos de la gravitation est élaborée au XIXe siècle. Elle permet de remplacer l'attraction universelle par un concept plus satisfaisant : une organisation de l'espace autour des corps pesants. Exprimée sous une forme toujours plus dense et abstraite, la mécanique rationnelle, qui traite des mouvements des corps sous l'influence de forces variées, devient en quelque sorte une branche des mathématiques. Elle connaît l'une de ses heures de gloire lorsqu'Urbain Jean Joseph Le Verrier découvre par le calcul, en 1846, l'existence et la position de la planète Neptune [31]. La fameuse expérience du pendule de Léon Foucault (1851) apporte également de l'eau au moulin de la mécanique rationnelle en mettant en évidence la rotation de la Terre [32].

L'esprit de la mécanique rationnelle gagne rapidement les autres domaines des sciences physiques – chaleur, optique, électricité, etc. – qui font l'objet d'expériences systématiques et de théories mathématisées sur le modèle de la mécanique céleste. Chacun progresse considérablement pour aboutir, à la fin du XIXe siècle à un vaste ensemble assez cohérent qu'on a rétrospectivement appelé physique classique. C'est seulement au XXe siècle qu'Einstein explicitera, pour les dépasser, les limites du modèle newtonien en matière d'étude des mouvements relatifs.

Vibrations et sons

Pythagore, déjà, avait reconnu la nature vibratoire du son. Sa vitesse est mesurée dès le XVIIe siècle, notamment par le père Marin Mersenne (1588-1648). Newton, puis le Suisse Leonhard Euler [33]

---

[31] Voir *infra*, p. 263.

[32] Le plan d'oscillation du pendule de 11 m, suspendu par Foucault à l'Observatoire de Paris, puis au Panthéon tourne par rapport à la Terre. Son mouvement n'est qu'apparent : c'est la Terre qui tourne et non le pendule.

[33] Voir *supra*, pp. 72-73.

(1707-1783) théorisent sa propagation dans l'air, mais ce sont les Français Jean Le Rond d'Alembert (1717-1783) et Joseph Louis Lagrange [34] (1736-1813) qui développent les équations des phénomènes périodiques, notamment acoustiques. On doit à Félix Savart (1791-1841) l'étude de la propagation du son dans les solides et à Joseph Fourier (1768-1830) la théorie de la décomposition des sons complexes. Vers 1860, Henri Victor Regnault (1810-1878) explore la physiologie de l'audition.

De la chaleur à la thermodynamique

Outre les mouvements des corps solides, objet de la mécanique, les physiciens abordent les questions liées aux fluides (liquides, gaz) et à leurs transformations sous l'effet de la température.

Pression, volume, température

Depuis longtemps les transformations de la matière – fusion, évaporation et opérations chimiques – ont attiré l'attention des savants sur le rôle de la chaleur. Dès l'époque de Galilée, distinguant la notion de température de celle de chaleur, des physiciens (et peut-être Galilée lui-même) ont imité le thermoscope, invention de Héron d'Alexandrie [35], où la dilatation d'un gaz sert à évaluer les températures. Les travaux de l'Anglo-Irlandais Robert Boyle (1627-1691), et ceux du Français Edme Mariotte (v. 1620-1684), montrent que le volume d'un gaz dépend non seulement de la température, mais aussi de la pression : à température constante, le produit du volume d'un gaz par sa pression est constant. En conséquence, dans un thermoscope, l'indication de température dépend de la pression atmosphérique et celle-ci est variable. D'où l'intérêt, pour une mesure fiable, d'utiliser des liquides normalement insensibles à la pression.

Se pose aussi, pour établir une échelle de température, la question des repères fixes. Edmund Halley (1656-1742), puis Guillaume Amontons (1663-1705), observent que, toute la durée de l'ébullition

---

[34] Voir *supra*, pp. 73-74.

[35] Voir *supra*, p. 112.

ou de la fusion, la température de l'eau reste constante. Après diverses tentatives, le Danois Ole Römer (1644-1710), celui qui a le premier déterminé la vitesse de la lumière [36], fabrique un thermomètre dont l'indicateur de température est l'alcool, et l'étalonne sur la fusion de la glace et l'ébullition de l'eau. Il divise cet intervalle en 60 degrés. Au gré de considérations variées, l'Allemand Daniel Gabriel Fahrenheit (1686-1736), puis le Français René Antoine Ferchault de Réaumur (1683-1757), ont chacun choisi pour leurs thermomètres des échelles différentes. L'échelle aujourd'hui utilisée, arbitraire comme toute échelle de ce genre, est celle du Suédois Anders Celsius (1701-1744), inversée par son compatriote Carl von Linné (glace fondante : 0°C, eau bouillante : 100°C). Le mercure, aisément purifiable et ne se vaporisant qu'à haute température, est devenu le liquide thermométrique le plus employé.

La thermométrie, qui met en jeu la dilatation – changement de volume des corps sous l'action de la température – fait l'objet de nombreux travaux sur les solides (Deluc en 1772, Lavoisier et Laplace, Dulong et Petit), sur les liquides, et surtout sur les gaz. En 1802, Louis Joseph Gay-Lussac (1778-1850) montre que de nombreux gaz « se dilatent également par les mêmes degrés de chaleur », ce qui constitue une similitude frappante. (Henri Sainte-Claire Deville et L. J. Troost) réalisent des thermomètres à gaz qui vont conduire lord Kelvin (1824-1907) au concept de température absolue. Parallèlement, Joseph Fourier établit une description théorique de la conduction thermique, phénomène familier (qui permet notamment la cuisson, mais aussi la production de vapeur), sans qu'en soient précisés les mécanismes sous-jacents.

Une fois éclaircie la notion de température, se pose la question de la nature de la chaleur. Comme pour la lumière, deux conceptions s'affrontent. Pour les uns, la chaleur consiste en des vibrations au sein de la matière, pour d'autres, en un « fluide impondérable ». C'est à partir de cette dernière hypothèse que le Hollandais Herman Bœrhaave (1668-1738) postule la conservation de la chaleur. Le Britannique Joseph Black (1728-1799) clarifie plusieurs concepts importants par des expériences systématiques, utilisant le thermomètre, mélangeant des liquides de températures

---

[36] Voir *infra*, p. 149.

différentes, faisant fondre des solides. Il montre que des corps différents absorbent plus ou moins de chaleur pour une même élévation de température, d'où la notion de capacité calorifique (ou chaleur spécifique) – capacité d'un corps à absorber (ou à délivrer) de la chaleur. Il étudie et mesure également la chaleur nécessaire pour faire fondre la glace ou transformer l'eau en vapeur – c'est le concept de chaleur latente, qu'utilisera notamment son compatriote James Watt (1736-1819) pour inventer le condenseur.

Du vide à la machine à vapeur

C'est un élève de Galilée, Evangelista Torricelli, qui a inventé le baromètre ; Blaise Pascal (1623-1662), informé de cette découverte, en profite pour démontrer l'existence du vide (contre l'opinion de Descartes), brisant ainsi un tabou qui datait au moins d'Aristote. Il fait mesurer la hauteur de la colonne de mercure en haut et en bas du Puy-de-Dôme, établissant de façon indubitable l'action de la pression atmosphérique (1648). Par ailleurs, l'espace situé au-dessus du mercure dans un tube barométrique ne contient pas de matière. Il faut donc admettre l'existence du vide, contrairement à l'opinion des Anciens.

Du même Pascal, citons également les expériences d'hydrostatique et d'« équilibre des liqueurs », la machine à calculer, ainsi qu'un ouvrage de mathématiques, le *Traité des coniques*.

La première pompe capable de produire facilement du vide est construite par l'Allemand Otto von Guericke (1602-1686). Il l'utilise pour démontrer que l'air est nécessaire à la vie, à la combustion et à la propagation du son. L'expérience qu'il réalise en 1654 à Magdebourg reste célèbre : il assemble deux hémisphères formant une sphère creuse dans laquelle il a fait le vide ; plusieurs chevaux sont alors nécessaires pour séparer les hémisphères liés par la force de la pression atmosphérique.

Guericke démontre également, en faisant le vide derrière un piston, que cette même pression atmosphérique peut être utilisée pour produire du mouvement et du travail. Après diverses tentatives en ce sens, c'est le Français Denis Papin (1647-v. 1712) qui, le premier, réussit à produire du travail par la condensation de vapeur d'eau enfermée dans un cylindre chauffé muni d'un piston (la « marmite » de Papin, 1690). Ce résultat stimule l'imagination des chercheurs. L'Anglais Thomas Newcomen (1663-1729) construit en 1712 la première machine à pompage atmosphérique utilisée dans une mine pour en évacuer l'eau. En inventant vers 1764 le condenseur, qui liquéfie la vapeur sans refroidir le cylindre, James Watt augmente considérablement le rendement de la pompe de Newcomen. Mais il s'agit toujours d'une machine où le travail est dû à la pression atmosphérique. Enfin, Watt imagine de remplacer la pression atmosphérique par la pression de la vapeur pour actionner le piston : la machine à vapeur est née. Imaginatif, cherchant à accroître la puissance et à faire des économies de combustible, Watt invente également le régulateur, la machine à double effet ; il améliore le système bielle-manivelle transformant le va-et-vient du piston en mouvement circulaire. Ses successeurs vont imaginer la machine à haute pression et construire des moteurs beaucoup plus légers, capables de mouvoir un véhicule.

Ces travaux d'ingénieurs constituent l'une des plus importantes avancées de la connaissance expérimentale du XVIIIe siècle ; c'est de l'étude de la machine à vapeur qu'est née la thermodynamique, l'une des sciences-reines du siècle suivant. Rappelons aussi qu'à la fin du siècle, la connaissance des propriétés des gaz et le goût de l'aventure donnent lieu aux premières expériences d'aérostation : celles de Joseph et Étienne de Montgolfier (1782) et de Pilâtre de Rozier (1783), qui utilisent la dilatation de l'air chaud, et celle de Jacques Charles (1783), qui tire parti de la faible densité de l'hydrogène, un gaz dont la découverte est alors récente [37]

La chaleur : substance, fluide, ou mouvement ?

Au début du XVIIIe siècle, l'Allemand Georg Ernst Stahl développe la théorie du « phlogistique » [38], une substance hypothétique qui serait enfermée dans tous les corps combustibles (métaux, corps organiques) et libérée lors de la combustion. Chauffés avec du charbon – corps constitué de phlogistique presque pur –, les oxydes métalliques pourraient récupérer leur phlogistique. Cette théorie, qui explique qualitativement de nombreuses transformations chimiques,

---

[37] Voir *infra*, p. 332.
[38] Voir *infra*, pp. 327-329.

est invalidée par Antoine Laurent de Lavoisier (1743-1794) : celui-ci, utilisant la balance pour établir les bilans de matière dans les réactions chimiques, observe que les oxydes pèsent plus lourd que les métaux dont ils proviennent : la combustion n'est donc pas une perte de phlogistique, elle correspond à la fixation d'oxygène.

L'hypothèse d'une substance de la chaleur – le « calorique » – subsiste en revanche et Lavoisier lui-même la soutient. On attribue à l'Anglais Benjamin Thompson, comte Rumford (1753-1814) [39] une observation déterminante dans l'abandon de ce « calorique » : lorsqu'on fore l'âme d'un canon, ce qui demande une énergie considérable, il se dégage beaucoup de chaleur. D'où vient-elle ? Est-elle stockée dans le métal ? Or il remarque parallèlement que l'usage d'un outil ébréché accroît le travail nécessaire et la chaleur dégagée. Il semble que ce soit, comme pour le mouvement, le travail même qui produise cette chaleur, et non qu'elle provienne d'un stock de calorique caché dans le métal. Rumford donne même une première estimation du rapport entre le travail et la chaleur. Cette réflexion va contribuer à constater l'équivalence chaleur-travail, postulat central de la thermodynamique.

Poursuivant l'œuvre de Rumford, le Britannique Humphrey Davy (1778-1829) montre que deux blocs de glace fondent quand on les frotte l'un contre l'autre. Cette expérience semble récuser la théorie affirmant que la chaleur est de nature matérielle. Celle-ci restera pourtant admise par de nombreux chercheurs comme Fourier (conduction de la chaleur) ou Laplace (propagation du son, vibration sans échange de chaleur). Si la compréhension de ces phénomènes s'étend, ce n'est que vers le milieu du XIXe siècle que l'équivalence chaleur-travail sera définitivement admise.

Les principes de la thermodynamique

La connaissance des gaz a fait de sérieux progrès au début du XIXe siècle, notamment grâce à l'Italien Alessandro Volta (1745-1827) et au Français Louis Joseph Gay-Lussac (1778-1850).

---

[39] D'abord officier au service de l'armée britannique pendant la guerre d'Indépendance américaine, puis établi en Allemagne où il est pendant quinze ans gouverneur de la Bavière et anobli, Rumford vit ensuite en France, devient un protégé de Napoléon et épouse la veuve de Lavoisier !

Premier constat : tous les gaz se dilatent de la même façon sous l'effet de la température et, à pression constante, leur volume s'accroît de 1/273 par degré Celsius. En 1811, à partir des données de la chimie, l'Italien Amedeo Avogadro (1776-1856) montre que tout gaz, dans les mêmes conditions de pression et de température, contient le même nombre de molécules par unité de volume. Puis le Français Henri Victor Regnault (1810-1878) mesure avec précision les propriétés – densité, compressibilité, capacité calorifique – de nombreux gaz, établissant ce que l'on appellerait aujourd'hui une base de données systématique qui sera fort utile pour établir la thermodynamique ainsi que la mécanique statistique.

La réflexion sur les relations entre chaleur et mouvement sont venues principalement de la multiplication des machines à vapeur, d'abord en Grande-Bretagne, patrie de la Révolution industrielle, puis en France.

Sadi Carnot

En 1824 est publié à Paris un opuscule de 118 pages intitulé *Réflexions sur la puissance motrice du feu*. L'auteur, Sadi Carnot (1796-1832), jeune polytechnicien et officier du Génie, est le fils du révolutionnaire Lazare Carnot. L'ouvrage, qui contient peu de calculs, se présente comme une réflexion destinée aux ingénieurs et cherche à déterminer les fondements scientifiques du fonctionnement de la machine à vapeur. Pour cela, il prend en considération la pression et la température de la vapeur.

Même si Carnot croit encore que la chaleur est de nature matérielle[40], il relève le fait qu'une machine thermique doit disposer de deux sources, l'une chaude, l'autre froide. On produit du travail grâce à la chaleur communiquée au fluide par la source chaude et rendue à plus basse température à la source froide *(voir la figure 26)*.

Carnot invente le concept d'opération réversible, c'est-à-dire constituée d'une succession d'états d'équilibre (des températures, des pressions). Il montre que le fonctionnement d'une machine thermique idéale est une suite de cycles, chacun comportant quatre phases réversibles : un échauffement par la source chaude,

---

40 Voir *supra*, pp. 136-137.

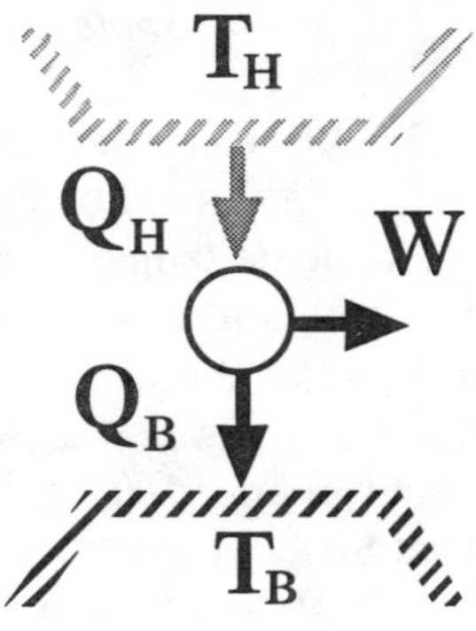

Grâce à la quantité de chaleur (Q_H) fournie par la source chaude (T_H), la machine thermique produit du travail (W) et fournit une certaine quantité de chaleur (Q_B) à une source froide T_B.

Fig. 26. – Schéma d'une machine thermique.

une détente « adiabatique » (c'est-à-dire sans échange de chaleur entre le fluide actif et le milieu extérieur), fournissant du travail et pendant laquelle le fluide se refroidit, un échange avec la source froide, suivi d'une recompression, elle aussi adiabatique.

De sa réflexion, Carnot a déduit un « théorème » qu'on considère aujourd'hui plutôt comme un principe : la puissance motrice maximale possible dans un tel moteur ne dépend pas du fluide utilisé, mais de la seule différence des températures des deux sources. Cela correspond à ce que Carnot appelle « la chute du calorique » : ce sera l'important second principe de la thermodynamique.

Les milieux académiques ignorent l'œuvre de Carnot ; un autre polytechnicien, Émile Clapeyron (1799-1864), va pourtant la comprendre, en exprimer les théories sous une forme rigoureuse et étendre le cas de son moteur idéal aux cas où interviennent un liquide et sa vapeur.

Kelvin et Joule

William Thomson (1824-1907), anobli sous le titre de Lord Kelvin, est formé à Cambridge, puis à Paris, chez Henri Victor Regnault. Il propose d'abord une échelle de température fondée sur la théorie de Carnot, traduisant le fait que la rentabilité maximale d'une machine est indépendante du fluide utilisé. Mais là encore, Thomson, comme Clapeyron, suppose la conservation du « calorique » [41].

C'est alors qu'il rencontre James Joule (1818-1889), savant amateur et doué, élève de Dalton et qui avait dès 1841 établi la loi sur le dégagement de chaleur produit par un courant électrique dans une résistance, ce que nous appelons encore l'« effet Joule ». Joule comprend que cette chaleur est aussi équivalente à un travail mécanique, celui qui fait tourner la dynamo produisant le courant. De plus, il étend sa démonstration : tout travail peut être converti en chaleur. Joule montre que lorsqu'un gaz travaille, par exemple en poussant un piston, il refroidit : la chaleur se transforme en travail. Il reproduit également une expérience de Gay-Lussac indiquant que, détendu dans le vide, donc sans produire de travail, un gaz ne change pas de température. Enfin, Joule réalise sa célèbre expérience, en mesurant l'équivalent mécanique de la chaleur avec un système de palettes qui tournent dans un liquide à l'intérieur d'un calorimètre. Sous son influence, Thomson admet que le travail peut produire de la chaleur, ce qui l'amène à définir ce que nous appelons la température absolue, dont le zéro est à – 273,16 degrés Celsius.

Pour son « théorème », Carnot raisonnait selon une analogie hydraulique. Il assimilait le « calorique » à un liquide qui se conserve, et la différence de température à la hauteur de la chute de ce liquide. Mais le principe d'équivalence chaleur-énergie montre qu'en réalité le « calorique » ne se conserve pas : seule l'énergie se conserve.

Clausius et l'entropie

En 1850, l'Allemand Rudolf Clausius (1822-1888) introduit une réflexion nouvelle : l'équivalence chaleur-travail est tout à fait compatible avec la chute de température relevée par Carnot. Une

---

[41] Voir *supra*, pp. 136-138.

machine à vapeur ne transforme en travail qu'une partie de la chaleur contenue dans la vapeur ; le reste doit être restitué à la source froide, car la chaleur ne peut s'écouler spontanément d'une source vers une source plus chaude.

Grâce à Clausius, la thermodynamique trouve sa cohérence. Du premier principe (la conservation de l'énergie), il déduit que, dans une machine thermique, la chaleur contenue dans le fluide se partage entre le travail que celui-ci fournit, et l'énergie calorifique restituée à la source froide, reliquat d'énergie interne du fluide refroidi. Pour le second principe (le principe de Carnot[42]), la chaleur ne pouvant spontanément passer d'un corps à un autre plus chaud, Clausius montre qu'on peut décrire l'état du fluide en utilisant une grandeur caractéristique qu'il appelle « entropie », dont le symbole est S.

En bref, si l'on utilise l'analogie déjà mentionnée de la chute d'eau, on peut considérer l'entropie comme l'équivalent du volume d'eau, la différence des températures jouant le rôle de hauteur de chute. Au cours d'un cycle réversible, l'entropie est conservée, comme le volume d'eau de la chute. Mais il apparaît que la chaleur, qui n'est pas un fluide, est d'une nature telle que si le cycle est irréversible, l'entropie peut et doit augmenter, ce qui contredit l'analogie. L'entropie est un concept extrêmement abstrait, et il faudra du temps pour en pénétrer la signification, explicitée dans le cadre de la thermodynamique statistique, comme on le verra plus loin[43].

Pour compléter la théorie de Clausius, où l'entropie est définie à une constante près (seules les variations d'entropie ont une signification) et en tenant compte des propriétés des gaz, l'Allemand Walther Nernst (1864-1941) ajoute un « troisième principe » à la thermodynamique, affirmant que l'entropie d'un corps est nulle au zéro absolu de température.

La thermodynamique, une science majeure

Conservation de l'énergie, plus généralement équivalence des différents types d'énergie (chaleur ; mouvement ; énergie électrique, magnétique, chimique, voire – beaucoup plus tard – énergie

---

[42] Voir *supra*, pp. 138-139.
[43] Voir *infra*, pp. 143-146.

nucléaire), croissance de l'entropie, rendement des machines thermiques : la thermodynamique, élaborée à partir de la question de la machine à vapeur et reliant des phénomènes d'apparence disparate, est devenue une science majeure. À la lumière des théories atomiques naissantes, les concepts macroscopiques qu'elle utilise (énergie, entropie, pression, vapeur, température...) révèlent d'ailleurs une signification liée à la structure discontinue de la matière.

La conservation de l'énergie, introduite pour rendre compte de la production du travail par une machine thermique, est devenue et reste aujourd'hui l'un des principes les plus assurés de la physique, quels que soient les phénomènes considérés.

La théorie cinétique des gaz

Au XVIIe siècle, Boyle et Mariotte ignoraient encore totalement les causes du « ressort de l'air » (c'est-à-dire l'élasticité des gaz), mais, dès le XVIIIe siècle, le Suisse Daniel Bernoulli (1700-1782) explique la pression d'un gaz par le mouvement désordonné d'un grand nombre des petites particules dont ce gaz serait constitué. Il montre que, dans ce cas, le produit de la pression par le volume d'une certaine quantité de gaz doit être proportionnel au nombre de « molécules », à la masse de celles-ci et au carré de leur vitesse moyenne. La question de la température reste en suspens mais, au début du XIXe siècle, Regnault et quelques autres mesurent les coefficients de dilatation de divers gaz sous l'effet de la température : ils sont égaux, d'où le concept d'une température absolue liée à la vitesse des molécules. C'est Avogadro qui, on l'a évoqué, énonce en 1811 le principe selon lequel, à une même pression et à une même température, deux volumes égaux de gaz différents doivent contenir le même nombre de molécules. Dès cette époque, même si on n'en a pas encore la preuve, l'idée de molécule [44] devient familière. On peut en déduire que la température du gaz est proportionnelle à l'énergie cinétique des molécules en question ($1/2mv^2$, où m est la masse d'une molécule et v sa vitesse), par l'intermédiaire d'une constante K « universelle », c'est-à-dire valable pour tous les gaz.

Ainsi, des éléments pour une théorie cinétique des gaz sont disponibles très tôt. Bien que le Britannique John Waterson (1811-1883)

---

[44] Voir *infra*, p. 341

ait proposé quelques articles novateurs qui seront ignorés, c'est l'Allemand August-Karl Krönig (1822-1879) qui retrouve le principe de l'« équipartition de l'énergie », c'est-à-dire le fait que l'énergie des molécules se répartit également entre les diverses formes de leurs mouvements (translations, rotations, vibrations...).

Une fois achevé son travail sur la thermodynamique et l'entropie, Clausius [45] éclaircit le point suivant : si l'air est composé de molécules en mouvement, pourquoi une odeur met-elle un certain temps à traverser une pièce ? Et pourquoi la fumée de tabac, par exemple, paraît-elle presque immobile ? Il postule que chaque molécule occupe un certain volume et, donc, qu'elle est amenée dans sa course à entrer en collision avec d'autres molécules sur lesquelles elle rebondit, changeant de direction à chaque collision. On peut définir et calculer un *libre parcours moyen* – valeur moyenne des distances séparant deux collisions successives d'une molécule. C'est cette grandeur, combinée à la vitesse propre des molécules, qui détermine la vitesse de propagation (ou de diffusion) d'un gaz dans un autre.

Clausius ne tient compte que des vitesses moyennes ; en 1859, le Britannique James Clerk Maxwell (1831-1879) raffine le modèle en exprimant la distribution des vitesses des molécules dans un gaz [46]. Il calcule également le « coefficient de viscosité » des gaz, c'est-à-dire leur résistance à l'écoulement, en fonction des tailles des molécules, et explicite l'équipartition de l'énergie. Avec sa femme, il entreprend de mesurer la viscosité des gaz pour accéder aux propriétés individuelles de leurs molécules.

La mécanique statistique

Restait à trouver le lien entre cette théorie moléculaire et la thermodynamique proprement dite, qui décrit les propriétés macroscopiques des fluides. Ce fut principalement l'œuvre du physicien autrichien Ludwig Boltzmann *(voir l'encadré p. 144)*.

Le premier principe de la thermodynamique (l'équivalence chaleur-travail) peut s'expliquer par le mouvement et les rebonds

---

[45] Voir *supra*, pp. 140-141.

[46] Sur Maxwell, voir *infra*, pp. 164-166.

Ludwig Boltzmann (1844-1906)

Né à Vienne, Ludwig Boltzmann est d'abord l'élève de Josef Stefan (1835-1893), qui deviendra célèbre pour ses travaux sur le rayonnement des corps chauffés. Professeur de mathématiques et de physique dans diverses universités, théoricien subtil, auteur d'articles remplis de calculs complexes, il procède malgré une forte myopie à des mesures de constantes diélectriques et d'indices de réfraction. Son œuvre principale concerne la théorie cinétique des gaz. Écrivain, pianiste, conférencier de talent, cet admirateur de Maxwell[47] était aussi un homme amer, agressif dans la polémique. Dépressif, malgré la reconnaissance universelle de ses pairs, il se pense mésestimé. Il se suicide en 1906.

élastiques (analogues à ceux de boules de billard) des molécules. Pour le second principe (le principe de Carnot[48]), les choses sont moins simples. Boltzmann considère d'abord les états réversibles pour lesquels l'entropie reste constante. Maxwell a montré en 1867 que la distribution des vitesses qu'il avait établie restait stable dans le temps en dépit des collisions. Boltzmann généralise cette théorie pour les cas où les molécules subissent une force extérieure (par exemple, la pesanteur). Surtout, il calcule les distributions des vitesses selon deux méthodes : en suivant les chocs successifs d'une molécule, et en considérant la moyenne instantanée d'un ensemble de molécules.

Entre-temps, Maxwell imagine un être – le « démon de Maxwell » – capable de distinguer la vitesse des molécules sans dépense d'énergie et qui ne laisserait passer que les plus rapides. Il montre ainsi que seules des considérations de probabilité valideraient le second principe. Finalement, Boltzmann est amené à introduire une fonction H dépendant de la distribution des vitesses des molécules et ne pouvant que rester constante ou décroître avec le temps. Il montre qu'à l'équilibre, cette fonction H est proportionnelle à l'entropie S, mais de signe contraire.

---

[47] Voir *infra*, pp. 164-166.
[48] Voir *supra*, pp. 138-139.

Dans ce rapprochement entre les mouvements individuels des molécules et la thermodynamique macroscopique, la question de la non-réversibilité pose problème. En effet, le second principe a pour corollaire l'existence nécessaire d'une direction temporelle, correspondant au fait que l'entropie d'un système isolé ne peut qu'augmenter ou rester constante. Comment concilier cela avec le fait qu'à l'échelle microscopique, les mouvements et les chocs entre molécules sont réversibles, ce qui signifie que les équations décrivant les trajectoires des molécules individuelles restent inchangées si l'on y inverse le sens du temps ? Le passage du microscopique réversible au macroscopique irréversible (entropie croissante) n'est intelligible que si l'on admet que la cause de l'irréversibilité réside dans le grand nombre de molécules et de chocs se produisant dans le gaz.

Raisonnant sur les positions des molécules à un moment donné et sur leurs quantités de mouvement, Boltzmann montre qu'à un simple état macroscopique (pression, volume, température donnés), correspond un très grand nombre d'états microscopiques possibles et équivalents (répartition des positions et des quantités de mouvement des très nombreuses molécules individuelles), ces états étant d'une égale probabilité. Il s'ensuit que pour deux états macroscopiques différents, le plus probable de ceux-ci correspond à un nombre plus élevé d'états microscopiques équivalents. Boltzmann montre ensuite (cette démonstration est restée célèbre dans sa simplicité), que si l'on rassemble deux échantillons de gaz, les entropies s'ajoutent alors que les probabilités se multiplient. Il en déduit que l'entropie, propriété macroscopique, est identifiable au logarithme de la probabilité des états microscopiques correspondants, à une constante multiplicative près, bien entendu. Dans cette perspective, l'entropie apparaît comme une mesure du désordre du système considéré.

La mise en relation de l'entropie, grandeur macroscopique, avec la probabilité de la distribution des positions et des vitesses des molécules individuelles s'insère dans la problématique atomique et moléculaire qui tend alors à s'imposer en chimie. C'est un grand pas dans la compréhension des phénomènes physiques. Mais la thermodynamique statistique ainsi élaborée se heurte à l'opposition ou au scepticisme des physiciens attachés aux théories et aux méthodes de la physique traditionnelle. L'approche de Boltzmann aboutit également à une « équation de diffusion » qui décrit l'évolution temporelle de la fonction de distribution, permettant aussi le calcul de la viscosité, de la diffusion et de la conduction de la chaleur, toutes quantités accessibles à l'expérience, ce qui permet d'en vérifier les conclusions. La mise en forme systématique et l'extension aux systèmes à plusieurs phases des travaux de Boltzmann sont dues à l'Américain Willard Gibbs (1839-1903), dont les *Principes élémentaires de mécanique statistique* datent de 1901.

Changements d'état

Depuis Boyle et Mariotte, les physiciens ont cherché à exprimer dans une équation (appelée *équation d'état*), les variations simultanées affectant les caractéristiques d'un corps soumis à des influences extérieures. Si l'on admet qu'un gaz est constitué de molécules s'agitant librement et se heurtant aléatoirement, on peut penser que, dans un liquide, ces mêmes molécules sont au contact les unes des autres tout en pouvant encore aisément circuler, alors que dans un solide, notamment un solide cristallin, elles sont rangées d'une façon stable et ne peuvent plus que vibrer autour d'une position fixe. Pour décrire ces variations, le Néerlandais Johannes Diderik Van der Waals (1837-1923) publie en 1873 une équation unique tenant compte des propriétés connues des gaz, de la dimension des molécules individuelles, d'une force s'exerçant entre molécules placées côte à côte et, bien sûr, de la température et de la pression exercée sur le corps en question. Cette équation rend remarquablement compte des nombreuses mesures, et en particulier celles de l'Irlandais Thomas Andrews (1813-1885) sur le gaz carbonique (CO_2). Malgré sa relative simplicité, elle permet de décrire très correctement les phénomènes de compression, de liquéfaction, de solidification des corps. Elle donne une interprétation simple de l'existence d'une température, dite critique, au-dessus de laquelle il est impossible de liquéfier un gaz, quelle que soit la pression qu'on exerce.

Dans le même état d'esprit et par analogie à ce qui avait été imaginé pour les gaz, l'étude des solutions, entamée par le Français François Marie Raoult (1830-1901) et poursuivie par le Néerlandais Jacobus Henricus Van't Hoff (1852-1911), permet de comprendre des phénomènes comme l'osmose et les variations de températures de fusion ou d'ébullition des mélanges en fonction des propriétés moléculaires des corps dissous.

L'Optique

La lumière est un phénomène naturel à la fois familier et spectaculaire. Grâce à la sensibilité et à la finesse de perception de l'œil, elle nous révèle les formes, les couleurs et les mouvements des êtres et des choses avec une extrême fidélité. Elle n'a pas été classée par les Grecs de l'Antiquité parmi les quatre (ou cinq) éléments primordiaux, mais ses propriétés exceptionnelles en faisaient déjà pour eux une entité à part, une sorte de feu idéal. De nombreux peuples lui ont attribué un caractère surnaturel, voire divin. Aujourd'hui encore, elle est source de métaphores et d'identifications religieuses ou mystiques.

Son origine même suscite les questionnements. Vient-elle de l'œil qui regarde ? De l'objet regardé ? De rayons émis par l'un et par l'autre (Platon) ? Des astres ? À la suite de Pythagore, Aristote, Euclide... de nombreux savants se sont interrogés sur sa nature et ses propriétés. Au XVIIe siècle, il est à peu près acquis que les sources de lumière sont les astres (surtout le Soleil), les flammes, et quelques phénomènes transitoires comme l'éclair ; que les objets éclairés la renvoient plus ou moins colorée ; qu'elle se propage en ligne droite ; qu'elle peut subir des réflexions (sur une surface métallique, sur une vitre) et des réfractions (en passant d'un milieu transparent à un autre). Ce qu'on ignore en revanche, c'est pourquoi la lumière blanche permet de voir la couleur et la nature des objets qu'elle éclaire. Est-ce là une propriété de la lumière, ou de l'objet ? Pour certains, la lumière est constituée de particules très fines, pour d'autres elle correspond à une sorte d'ébranlement du milieu (analogue au son), chacune de ces options expliquant assez bien une partie de ses propriétés. Sur le plan pratique, miroirs et lentilles correctrices sont couramment utilisés dès Archimède, puis au Moyen Âge. Comme la théorie du mouvement, l'optique, étude des propriétés de la lumière et de ses utilisations, connaît un développement important à partir de la fin du XVIe siècle. La maîtrise de la fabrication de lentilles, notamment pour les lunettes, s'accroît, et on finit par associer plusieurs lentilles pour combiner leurs propriétés : ainsi sont construites les lunettes grâce auxquelles Galilée peut observer les astres [49].

---

[49] Voir *infra*, p. 245 *sq.*

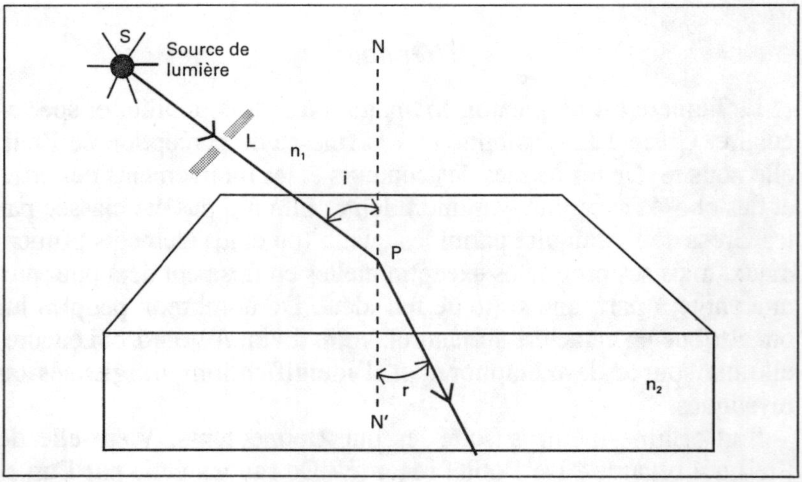

Un rayon lumineux L émis par une source S frappe en un point P la surface d'un corps transparent (verre, eau,...). Il est dévié en changeant de milieu : c'est le phénomène de réfraction. Si, en entrant, il fait un angle i (angle d'incidence) avec la normale NN' au point d'impact, après la traversée de la surface, l'angle r (angle de réfraction) est tel que $n_1.\sin i = n_2.\sin r$, où n_1 et n_2 sont les indices de réfraction des milieux traversés. Si le premier milieu est de l'air, son indice est à peu près égal à 1 et la formule devient $\sin i = n.\sin r$.

Fig. 27. – La loi des sinus

Ce sont les rayons lumineux, déviés en passant d'un milieu transparent à un autre, qui confèrent aux lentilles leurs propriétés – convergence ou divergence. Mais selon quelle règle ? Le Hollandais Willebrord Snell van Royen, dit Snellius (1580-1626), de Leyde, est sans doute le premier à découvrir le rapport constant entre le sinus de l'angle d'incidence et celui de l'angle de réfraction lors du passage d'un pinceau lumineux d'un milieu transparent dans un autre. Ce rapport constant est celui des *indices de réfraction*, propriétés des milieux considérés – par exemple l'air et le verre *(figure 27)*.

Mais cette « loi des sinus » est publiée par d'autres, notamment Huygens et Descartes, chacun s'appuyant sur des raisons différentes.

Pour Descartes, la lumière vient de la vibration des corpuscules qui empliraient tout espace. Aussi pense-t-il (à tort) que plus le milieu est dense, plus elle est rapide. Huygens considère, quant à lui, la lumière comme une suite d'ondes de choc se propageant dans un « éther », à une vitesse très élevée, mais finie. Chaque onde engendre sur son parcours des ondes secondaires dont l'enveloppe constitue une sorte de front d'onde : ainsi explique-t-il la propagation en ligne droite, la réflexion et la réfraction (mais pas la couleur). Pour la vitesse de la lumière, Huygens s'appuie sur le résultat du Danois Ole Römer. Ce dernier a, en effet, découvert que les éclipses des satellites de Jupiter subissent des décalages de temps variant en fonction de la distance qui sépare Jupiter de la Terre. Pour lui, ces décalages proviennent du temps nécessaire à la lumière pour parcourir cette distance [50]. L'Italien Francesco Maria Grimaldi (1618-1663) montre que les ombres portées, même à partir d'un source ponctuelle, ne sont jamais tout à fait nettes et présentent des franges colorées. Ce fait plaide en faveur d'une théorie ondulatoire comme celle de Huygens *(voir la figure 25, p. 149).*

L'Anglais Robert Hooke (1635-1703) explore les couleurs produites par la lumière blanche sur les lames minces, les anneaux de couleur engendrés par le contact d'une lentille convexe et d'un plan, ainsi que la décomposition d'un rayon lumineux au travers d'un prisme. Ainsi se trouve posée la question de la nature de la couleur : propriété intrinsèque ou altération de la lumière ?

Newton et la lumière

Newton ne s'est pas contenté d'étudier les mouvements des corps. Dès 1670, il élabore une théorie de la lumière qui ne sera diffusée qu'à partir de 1704, dans son *Optique*. Il critique vivement Huygens et sa théorie ondulatoire. Pour lui, la lumière est constituée de corpuscules qui, frappant un milieu transparent, peuvent être réfractés ou réfléchis selon qu'ils s'introduisent dans un « accès de réfraction » ténu, ou qu'ils rebondissent comme une balle sur un « accès de réflexion ». Frappant les arêtes des objets, les corpuscules vibrent, ce qui engendre leur diffraction et les effets de frange colorée. À l'aide de prismes de verre, Newton décompose la lumière

---

[50] Voir *infra*, p. 254.

blanche en rayons de couleurs étalées du rouge au violet, résultat déjà décrit par Hooke. Il démontre expérimentalement que le mélange de ces couleurs reconstitue la lumière blanche initiale. L'action du prisme est due au fait que, pour un même angle d'incidence, la lumière dans le verre est réfractée à des angles légèrement différents selon sa couleur, ce qui témoigne d'indices de réfraction différents.

Newton croit constater (c'est ce qu'on a appelé « l'erreur de Newton ») que les indices relatifs aux différentes couleurs sont toujours classés dans le même ordre, quel que soit le milieu transparent. Il en conclut qu'il est impossible de construire un système de lentilles « achromatiques », c'est-à-dire où les images d'un même objet obtenues pour les différentes couleurs sont toutes confondues. Autour de 1750, Leonhard Euler, puis le mathématicien et avocat britannique Chester Moor Hall (1703-1771), montrent que la dispersion des couleurs n'est pas la même dans tous les milieux transparents et qu'il est possible, en employant des verres différents, de compenser leurs effets chromatiques et d'obtenir un achromatisme satisfaisant. Mais c'est, d'une certaine façon, cette erreur qui a amené Newton à inventer (après l'Écossais James Gregory, mais selon un plan différent) un télescope achromatique destiné à observer les astres. Construit à partir du constat que la réflexion par un miroir est indépendante de la couleur, les télescopes, qui ont commencé à se répandre au XVIIIe siècle et sont toujours utilisés, fonctionnent avec des miroirs courbes et non avec des lentilles. À Newton, on doit aussi l'explication des anneaux colorés obtenus au contact d'une surface plane et d'une surface convexe.

Le Danois Erasmus Bartholin (1625-1698) a mis en évidence en 1669 la « biréfringence » du spath d'Islande, un cristal de carbonate de calcium : un simple rayon lumineux traversant ce cristal selon certaines directions se scinde en deux pinceaux de lumière dont l'un obéit à la loi des sinus et l'autre pas ! Huygens a ensuite montré qu'un second cristal, selon l'angle qu'il fait avec le premier, produit deux ou quatre faisceaux, plus ou moins intenses.

Forte du prestige de Newton, et en dépit de ses insuffisances pour expliquer les phénomènes de diffraction de la lumière, la théorie corpusculaire a exercé une grande influence jusqu'au XIXe siècle. Elle a abouti à la formulation de ce que l'on a appelé l'*optique géométrique*, ensemble de théorèmes et de formules permettant d'établir les trajectoires des rayons lumineux à travers une succession de milieux transparents, de calculer des instruments d'optique (télescopes, microscopes, objectifs divers) capables de donner des images nettes d'objets très lointains ou très petits. Parallèlement, grâce aux techniques de fabrication des lentilles, aux microscopes de plus en plus puissants, grâce aussi à l'utilisation de verres d'indice différents produisant des systèmes achromatiques et au polissage de miroirs de plus en plus grands, l'optique instrumentale a fait de grands progrès au cours du XVIIIe siècle. Le Français Pierre Bouguer (1698-1758), inventeur du premier photomètre [51], a également étudié l'intensité des phénomènes lumineux et découvert que l'intensité de la lumière émise par une source diminue proportionnellement au carré de la distance à cette source.

Au XIXe siècle: des corpuscules aux ondes

En dépit du prestige de Newton et des succès de sa théorie, des problèmes subsistaient. Si la lumière est composée de corpuscules, pourquoi ceux-ci se déplacent-ils toujours à la même vitesse, extrêmement élevée, qu'ils soient produits par le Soleil, une flamme ou un silex frappé ? Pourquoi certains sont-ils réfléchis par une plaque de verre alors que d'autres y pénètrent et sont réfractés ? Les explications de Newton à ce sujet sont assez confuses, liant les phénomènes de diffraction et de réfraction aux vibrations provoquées par les chocs des corpuscules sur la matière.

En 1808, le Français Étienne Louis Malus (1775-1812), observant au travers d'un quartz la lumière reflétée par une lucarne, découvre que, réfléchie selon certains angles, l'intensité observée varie avec l'angle du quartz. Il en déduit qu'après une réflexion, la lumière est « polarisée », et explique un peu maladroitement ce phénomène dans le cadre de la théorie corpusculaire.

La première remise en cause de la théorie de Newton est effectuée par le Britannique Thomas Young (1773-1829). Enfant prodige, celui-ci exerce à la fois la médecine et la physique, et maîtrise exceptionnellement bien les langues anciennes : c'est l'un des rivaux de Champollion. En 1802, il publie la description du dispositif

---

51 Appareil constitué de miroirs permettant de comparer sur une surface l'éclairement produit par une source étalon et celui produit par la source à mesurer.

d'interférence connu depuis sous le nom de « fentes de Young » : passant simultanément à travers deux trous rapprochés, la lumière d'une source unique dessine sur un écran des alternances claires et sombres, les *franges d'interférence*. On peut s'étonner que la lumière ajoutée à la lumière produise des zones obscures ; cela ne peut s'expliquer que si les rayons lumineux sont, comme le son, de nature ondulatoire. Young calcule donc les longueurs d'ondes correspondantes : de 0,4 à 0,7 millième de millimètre, du violet au rouge.

Un physicien français, Augustin Fresnel (1788-1827), retrouve seul les résultats de Young. Soutenu par François Arago (1786-1853), il explique le phénomène de diffraction, puis la polarisation par réflexion, par une théorie ondulatoire. La théorie de Fresnel reçoit une confirmation supplémentaire à la suite d'une remarque du mathématicien Siméon Denis Poisson (1781-1840). Celui-ci a démontré par le calcul que si la lumière est de nature ondulatoire, l'ombre portée par un disque doit présenter, au centre, un minuscule point central lumineux. C'est bien ce que révèle l'expérience, contrairement à l'intuition. Si l'on admet l'analogie avec le son se propageant dans l'air, c'est-à-dire une hypothèse ondulatoire, ces vibrations doivent avoir un support. Or, le phénomène de polarisation de la lumière implique que de telles vibrations soient transversales, ce qui supposerait l'existence d'un milieu adapté, à la fois rigide, pénétrable et élastique – conditions difficiles à satisfaire simultanément – présent jusque dans le vide. Hippolyte Fizeau (1819-1896), héritier de Fresnel, et Léon Foucault (l'homme du pendule[52]) mesurent la vitesse de la lumière dans l'air à l'aide d'un ingénieux dispositif de roue dentelée et dans l'eau à l'aide de miroirs tournants : il apparaît que la lumière va plus vite dans l'air que dans l'eau ; Huygens triomphe de Descartes et de Newton. L'hypothèse corpusculaire va cependant garder d'ardents partisans.

L'Autrichien Christian Doppler (1803-1853) et Fizeau déterminent le changement de fréquence apparente de la lumière émise par un corps en mouvement (effet Doppler). Ces travaux, et d'autres encore, comme l'utilisation de réseaux pour analyser la lumière, finissent par faire admettre la nature ondulatoire de la lumière, seule hypothèse permettant d'expliquer sa diffraction et sa polarisation. On verra un peu plus loin comment cette théorie rejoindra l'électro-

---

52 Voir *supra*, p. 132.

dynamique dans la synthèse de Maxwell [53] : la lumière est composée d'ondes électromagnétiques vibrant perpendiculairement à la direction de sa propagation ; ce sont ces ondes qui transportent les influences électriques et magnétiques.

Raies et spectres : l'identification des éléments chimiques

On a vu que Newton, à l'aide d'un prisme, a décomposé la lumière solaire en un spectre de couleurs, composantes de la lumière blanche. Ce n'est pourtant qu'en 1802 que le Britannique William Hyde Wollaston (1766-1828) observe dans le spectre de la lumière solaire un certain nombre de raies noires. En 1814, l'Allemand Joseph von Fraunhofer (1787-1826) complète ces observations et commence à examiner les spectres de la lumière provenant des étoiles. Il améliore ses méthodes d'analyse en utilisant, au lieu d'un prisme, des réseaux de diffraction finement gravés. Il découvre également que certaines des raies noires du spectre solaire correspondent aux mêmes longueurs d'onde que des raies brillantes d'étincelles ou de flammes produites par divers éléments. Vers 1850, l'Allemand Robert Wilhelm Bunsen (1811-1899) se sert de la couleur des flammes et des étincelles pour identifier la présence de certains éléments chimiques ; son compatriote Gustav Robert Kirchhoff (1824-1887) l'incite à utiliser un spectroscope pour explorer les spectres d'émissions de divers corps, montrant que chaque élément révèle un certain nombre de raies caractéristiques. L'identification de ces raies est un moyen exceptionnel d'analyse : grâce à elles, même une substance qui n'est présente qu'à l'état de traces peut être décelée. Bunsen et Kirchhoff ouvrent ainsi la voie à l'analyse spectrale, tant pour la chimie (grâce à cette nouvelle technique, Bunsen lui-même découvrira de nouveaux éléments comme le césium, le rubidium, le thallium) que pour l'astronomie [54]. Les deux savants montrent également que les raies noires sont dues à l'absorption par la vapeur du corps dont les raies caractéristiques ont la même longueur d'onde.

Ces phénomènes suggèrent l'existence de propriétés électromagnétiques liées aux atomes ou à des composants internes de la

---

53 Voir *infra*, pp. 164-166.
54 Voir *infra*, p. 265.

matière. Mais nulle théorie ne relie alors le spectre d'un élément – c'est-à-dire la série des fréquences et des intensités des différentes raies de lumière qu'il émet lorsqu'on le chauffe à une température suffisante – à sa nature atomique. Pour tenter d'y voir clair, les chercheurs constituent des catalogues des raies relatives aux différents éléments. Ils constatent que ces spectres sont d'autant plus complexes que l'élément correspondant est d'un rang plus élevé dans la classification de Mendeleïev [55], et le Suisse Johann Jakob Balmer (1825-1898) trouve, empiriquement, une formule décrivant très bien le spectre visible de l'élément 1 de cette classification : l'atome d'hydrogène. Cette formule utilise la suite des nombres entiers naturels pour calculer les fréquences des raies ; elle met en jeu une constante, dite de Rydberg – du nom du physicien suédois Johannes Robert Rydberg (1854-1919), qui a mis en évidence son existence. Des formules analogues, fondées sur la même constante, ont ensuite été établies pour les spectres ultraviolets et de rayons X de l'atome d'hydrogène, puis pour les spectres des atomes plus lourds. Cette irruption surprenante des nombres entiers dans la description de phénomènes ondulatoires sera expliquée beaucoup plus tard par le Danois Niels Bohr (1885-1962) [56].

L'électricité, le magnétisme

Il a fallu du temps, de la curiosité et de l'obstination pour identifier et différencier les phénomènes électriques et magnétiques. En 1660, Otto von Guericke (déjà connu pour ses travaux sur le vide et la pression atmosphérique) reprend les expériences magnétiques faites au Moyen Âge par William Gilbert, en utilisant une sphère contenant une bonne quantité de soufre mélangé à des produits magnétiques. Il découvre que, frottée, une telle sphère attire de petits objets et émet des étincelles. Il réitère l'expérience avec une sphère constituée entièrement de soufre, fabriquant ainsi la première machine électrostatique, mais sans vraiment comprendre qu'il a affaire à des phénomènes électriques. Il constate également qu'une brindille d'abord attirée par l'ambre frotté est, après le contact avec celui-ci, violemment repoussée.

---

[55] Voir *infra*, pp. 363-364

[56] Voir *infra*, pp. 181-182.

Au début du XVIIIe siècle, l'Anglais Francis Hawksbee († 1713) construit, à partir d'une boule de verre, une machine produisant par frottement de l'électricité statique et capable de générer des étincelles de grande dimension. Étudiant le tube barométrique, il découvre, après le Français Jean Picard (1620-1682), que si l'on agite le mercure, des lueurs apparaissent dans la partie vide du tube : celles-ci viennent du frottement du mercure sur le verre, conclut-il à juste titre. Ces expérimentations ont accentué les distinctions entre l'électricité statique, produite par frottement, et le magnétisme, propriété naturelle transmissible par influence. Les machines électrostatiques à frottement seront perfectionnées par le Britannique Jesse Ramsden (1735-1800), célèbre fabricant d'instruments scientifiques, qui imaginera un dispositif formé de deux récipients de verre tournants.

On peut considérer que l'étude systématique des phénomènes électrostatiques commence dans les années 1720, lorsque l'Anglais Stephen Gray (v. 1670-1736) construit une machine électrostatique améliorée et démontre que la « vertu électrique » peut être transportée d'un corps chargé électriquement à un autre non chargé, à l'aide de fils de métal ou même du corps humain. Il distingue les corps conducteurs, comme les métaux, des corps isolants, comme le verre et le soufre, et parvient à transmettre de l'électricité par influence, sans contact direct. Puis le Français Charles François Du Fay (1698-1739) met en évidence deux formes de charges électriques : celles produites par frottement des corps transparents (cristal, verre), dites électricité vitrée, et celles qui proviennent de corps résineux ou bitumineux, l'électricité résineuse. Chacune de ces deux formes repousse les corps portant une charge de même type et attire ceux portant la charge opposée. Avec son collaborateur, l'abbé Jean Antoine Nollet (1700-1770), Du Fay réalise d'extraordinaires démonstrations – par exemple, suspendu à des cordons de soie et électrisé, il fait jaillir entre sa main et celle de son assistant de longues étincelles. L'abbé Nollet deviendra ensuite célèbre grâce à ses enseignements spectaculaires et à la publication en 1764 de *Leçons de physique expérimentale*, en six volumes, qui popularisent les phénomènes électriques.

Ewald Jürgen von Kleist (1700-1748) puis, vers 1746, Petrus van Musschenbroek (1692-1761) – connu aussi pour avoir éprouvé la première commotion électrique ! – découvrent que le « fluide électrique », comme on dit alors, peut être stocké dans ce qu'ils appellent des « bouteilles de Leyde ». Celles-ci – des condensateurs – sont constituées de deux surfaces conductrices séparées par une épaisseur de verre ; leur capacité ne dépend pas de leur volume, elle est proportionnelle à la surface du verre et inversement proportionnelle à son épaisseur. Moyennant des montages en parallèle ou en série, il devient possible d'étudier la décharge de ces bouteilles et la conduction du courant électrique.

Benjamin Franklin (1706-1790), l'un des premiers savants américains, échafaude une théorie de ces instruments. Pour lui, le fluide électrique est unique et c'est son excès ou son déficit qui engendre les deux formes d'électricité, vitrée et résineuse. Il précise la notion de charge électrique et énonce le principe de la conservation de la charge. Dans ses célèbres expériences avec des cerfs-volants, il capte l'électricité atmosphérique et montre qu'elle est de même nature que l'électricité statique obtenue par frottement, comme le laissent penser les similitudes entre éclairs et étincelles électriques. Observant les propriétés des pointes métalliques, Franklin invente en 1752 le paratonnerre. Signalons également que le physicien russe Georg Wilhelm Richmann (1711-1753), répétant l'expérience du cerf-volant de Franklin, meurt électrocuté, ce qui révèle les réels dangers du « fluide électrique ».

Les lois de Coulomb

En dépit de ces observations, la question de la nature de l'électricité reste assez confuse. Pour certains, il s'agit d'un fluide très ténu, composé de particules capables de pénétrer même la matière la plus dense ; alors que les particules qui composent la matière solide se lient fortement, les « particules électriques » se repoussent : la charge électrique d'un corps repose sur un excès ou sur un déficit de ces particules. Pour d'autres, deux fluides, correspondant respectivement aux électricités vitreuse et résineuse, sont répartis en quantités égales dans les corps neutres ; le déplacement d'un de ces fluides provoque les phénomènes d'électrisation et d'influence.

C'est à partir de cette théorie que le Français Charles de Coulomb (1736-1806), inventeur d'un électroscope[57], établit la loi dite de

[57] Appareil capable de déceler les charges électriques.

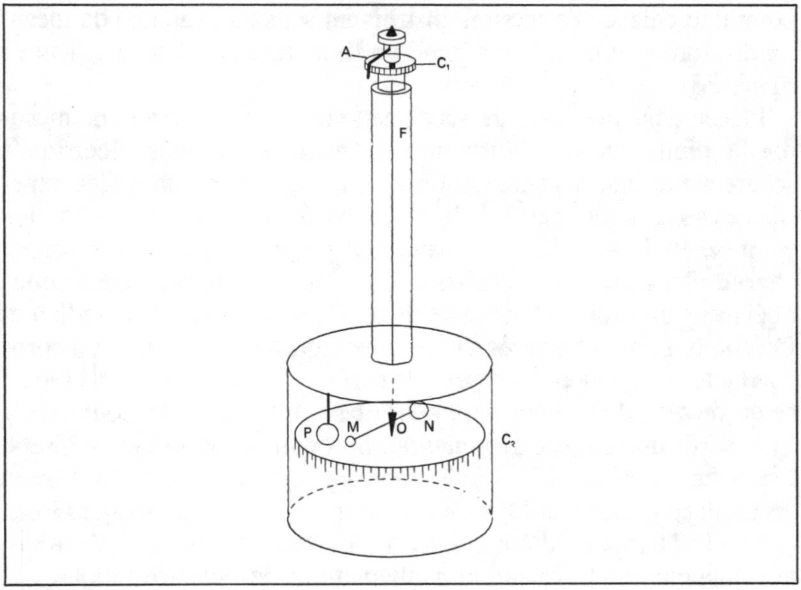

F est un fil dit de torsion dont la résistance est proportionnelle à la rotation qu'il subit. Il est solidaire d'une aiguille A dont on peut mesurer la position sur un cercle gradué C_1. P et M sont des boules qu'on peut charger d'électricité. On peut mesurer la distance entre ces boules sur un cercle C_2 gravé sur la paroi de verre du récipient. La torsion du fil mesurée par l'aiguille compense l'attraction ou la répulsion entre les charges électriques déposées sur M et P. Ce dispositif, sensible mais très délicat à mettre en œuvre, a permis à Coulomb de déterminer les lois d'attraction et de répulsion des charges électriques en fonction de la distance.

Fig. 28. – La balance de Coulomb

l'inverse carré. Celle-ci, proposée par le Britannique Joseph Priestley (1733-1804), avait été pressentie par Franklin, et également établie par le Britannique John Robinson, puis par son compatriote Henry Cavendish (1731-1810), qui négligea de la publier. Elle s'inspire évidemment de la loi d'attraction des masses de Newton, attraction inversement proportionnelle au carré de la distance. Coulomb, ingénieur très minutieux, étudie les phénomènes de frottement et met au point une balance de torsion, instrument sensible, capable de mesurer des forces grâce à la torsion d'un fil métallique élastique *(voir la figure 28)*.

Placée dans une cage de verre, cette balance lui permet de mesurer la répulsion ou l'attraction entre deux charges électriques séparées par une distance qu'on peut ajuster et mesurer. Ces expériences sont si délicates que la précision des résultats de Coulomb a été mise en doute ; elles ont néanmoins permis d'affiner la notion de charge électrique et d'établir le fait que les charges électriques obéissent à la loi de l'inverse carré. Parallèlement, Cavendish et Coulomb montrent que les fluides électriques déposés dans un corps conducteur se portent toujours à la surface, ce qui correspond bien à ce qu'on attend de charges mobiles obéissant à la loi de Coulomb.

À partir du concept de *potentiel*, introduit par le Français Joseph Louis Lagrange pour la gravitation, ses compatriotes Pierre Simon de Laplace et Siméon Denis Poisson, puis l'Anglais George Green (1793-1841), et l'Allemand Karl Friedrich Gauss (1777-1855), développent une formulation mathématique de l'électrostatique, qui sera transposée aux phénomènes magnétiques en tenant compte du fait qu'à la différence des charges électriques, les charges magnétiques ne peuvent être isolées et ne sont pas mobiles : tout aimant, si petit soit-il, a deux pôles – Nord et Sud – qui portent des charges magnétiques opposées [58]. Coulomb établit également qu'il existe pour les charges magnétiques une loi de l'inverse carré analogue à celle qui concerne les charges électriques ; il imagine en outre une théorie moléculaire du magnétisme.

Vers l'électrodynamique

Seuls des courants électriques transitoires pouvaient alors être produits – le temps que se déchargent les bouteilles de Leyde. Louis-Guillaume Le Monnier (1717-1799), qui observe ce phénomène en 1746, en déduit que la vitesse d'écoulement est beaucoup plus grande que celle du son. De même, les chercheurs remarquent la similitude entre les décharges électriques des poissons-torpilles et celles des bouteilles de Leyde. En 1791, l'Italien Luigi Galvani (1737-1798) découvre qu'un muscle de grenouille peut être excité

---

58 Voir *supra*, p. 157.

par le contact du nerf avec un objet métallique. L'effet est encore plus marqué avec deux métaux. On imagine alors une électricité animale – il faut dire qu'à l'époque, les savants observent toutes sortes de « fluides » (électrique, magnétique, calorique, gazeux, etc.), parfois difficiles à différencier. Alors pourquoi pas un fluide d'électricité animale ? C'est un autre Italien, Alessandro Volta, qui éclaircit la question en inventant la pile électrique, première source connue de courant continu *(voir l'encadré ci-dessous)*.

Alessandro Volta (1745-1827)

S'intéressant très jeune à l'électrostatique, Alessandro Volta se fait vite une idée claire des notions de charge électrique, de potentiel, de capacité d'un condensateur. Il explore les implications de la relation entre la charge, la capacité et la tension aux bornes d'une bouteille de Leyde (c'est-à-dire, en termes modernes, la relation $Q = CV$ reliant la charge Q d'un condensateur à sa capacité C et à la tension électrique V). Pour cela, il invente un électrophore, dispositif ingénieux pour produire et accumuler les charges électriques, ainsi qu'un électromètre, capable de donner des mesures fiables du potentiel électrique. Son intérêt ne se limite pas à l'électricité : il découvre le méthane dans le gaz des marais et construit un eudiomètre, dans lequel il allume des mélanges gazeux à l'aide d'une étincelle électrique. Il présume également que, dans l'expérience de Galvani[59], c'est l'électricité produite par le contact de deux métaux qui excite le nerf de grenouille ; cela le conduit à sa découverte majeure, la pile électrique.

La pile de Volta utilise la différence des potentiels électriques de deux métaux distincts reliés par un liquide qu'une solution acide, l'électrolyte, a rendu conducteur. Volta a mesuré les résultats obtenus avec divers métaux, classés en fonction des potentiels électriques qu'ils engendrent. Sa pile est constituée d'un empilement (d'où son nom) de disques de cuivre et de zinc, séparés par du tissu (ou une autre matière poreuse) imprégné d'acide. Il a relevé les analogies avec l'organe électrique naturel du poisson-torpille. Son invention, qui fait l'admiration du monde savant, ouvre la voie à l'étude du courant électrique et à l'électrochimie. Couvert d'honneurs par Napoléon, célébré par tous, il mourra à quatre-vingt-deux ans sans avoir assuré sa succession scientifique.

---

[59] Voir *supra*, p. 158.

Les lois du courant électrique

Jusqu'à l'invention de la pile par Volta, les machines électrostatiques à frottement – seules sources pratiques d'électricité – fournissaient des tensions élevées mais des quantités d'électricité très faibles, s'écoulant très rapidement dès qu'on fermait le circuit. La pile fournit des tensions plus faibles – de l'ordre d'un volt par élément, soit quelques milliers de volts pour les plus grosses piles. Le Britannique John Frederic Daniell (1790-1845), puis l'Allemand Robert Wilhelm Bunsen (1811-1899), mettront à la disposition des chercheurs des piles plus stables, de plus longue durée, plus commodes à utiliser, et bien différentes des empilements de métal et de tissu des débuts. Ces piles offrent des courants stables pouvant durer plusieurs heures.

Les chimistes ont pu étudier les effets du passage du courant électrique dans certaines substances : électrolyse de l'eau, de la potasse, de la soude, ce qui a permis d'isoler plusieurs métaux jusqu'alors inconnus. Ces études montrent que, contrairement à ce que pensait Volta, l'oxydation des électrodes joue un rôle dans le fonctionnement des piles. Le Britannique Humphrey Davy (1778-1829), auteur d'un grand nombre de ces travaux, découvre également l'arc électrique, ou arc voltaïque, source de lumière et de chaleur intenses, capable de fondre ou de vaporiser même des matériaux réfractaires.

En 1820, le Danois Hans Christian Œrsted (1777-1851), professeur à l'université de Copenhague, annonce qu'un courant électrique peut dévier une aiguille aimantée. Il l'a découvert par hasard au cours d'une démonstration. Ce n'est pas, comme il l'a d'abord imaginé, l'étincelle électrique qui agit sur l'aimant, mais le courant lui-même. Cette découverte empirique fait grand bruit et se diffuse rapidement dans toute l'Europe savante. François Arago (1786-1853) l'expose à l'Académie des sciences de Paris, où l'écoute le mathématicien André-Marie Ampère, professeur à l'École polytechnique *(voir l'encadré p. 161)*.

La Loi d'Ohm

Pour expliquer l'effet magnétique du courant électrique, Ampère a utilisé le concept d'*intensité* – quantité d'électricité débitée par seconde. Cavendish, beaucoup plus tôt, avait défini une *intensité*

André-Marie Ampère (1775-1836)

Fils d'un marchand lyonnais guillotiné sous la Terreur, André-Marie Ampère est un enfant surdoué dans tous les domaines. Successivement enseignant en collège, inspecteur général, académicien et professeur (de mathématiques, de physique, de philosophie et d'astronomie) dans les chaires les plus prestigieuses, il se fait remarquer en mathématiques, en chimie avec Gay-Lussac et surtout par sa théorie des effets magnétiques du courant électrique : après avoir entendu l'exposé d'Arago, il formule en quelques jours cette théorie mathématique expliquant les résultats d'Œrsted. En 1827, il publie sa *Théorie mathématique des phénomènes électrodynamiques déduite de l'expérience,* où il synthétise ses travaux, ceux d'Œrsted, de Biot et de Savart. Il imagine des expériences idéales, mettant en évidence l'action à distance entre deux éléments de courant et celle de chaque élément de courant sur une aiguille aimantée. D'une rare élégance mathématique, sa théorie comporte la description et l'explication du solénoïde (enroulement produisant un champ magnétique) et une représentation de l'aimantation au niveau moléculaire. « Newton de l'électricité » selon Maxwell, esprit distrait jusqu'au ridicule, myope et maladroit, poète aux accents romantiques, Ampère voit aujourd'hui son nom immortalisé par l'unité de courant électrique.

d'électrisation, concept qui s'est révélé analogue à un potentiel tel que Lagrange et Laplace le concevaient dans le cadre de la mathématisation du champ de gravitation [60]. Volta avait, quant à lui, défini une *tension électrique*, analogue à une différence de potentiel, ce que reprendra Ampère. L'Allemand Georg Simon Ohm (1789-1854) met au jour l'idée de *résistance électrique*. Pour ses expériences, il utilise d'abord des piles, puis une nouvelle source de courant, le couple thermo-électrique. Il établit que, pour un potentiel donné, l'intensité du courant dépend des caractéristiques du conducteur : longueur, diamètre, et matériau.

Ohm établit ainsi la fameuse loi à laquelle on a donné son nom, qui définit la résistance électrique R d'un conducteur comme le quotient de la tension U par le courant I qu'elle engendre (habituellement, les lycéens retiennent plutôt la loi d'Ohm sous la forme

[60] Voir *supra*, p. 132.

U = RI). La notion de *résistivité* naît du constat que différents matériaux de dimensions égales présentent des résistances différentes.

De 1825 à 1845, les lois du courant électrique s'insèrent dans les concepts mathématiques élaborés par Poisson et Green et atteignent un degré d'élaboration remarquable.

L'induction électromagnétique

Si Ampère a élucidé l'effet magnétique d'un courant électrique, ni lui ni ses successeurs immédiats n'ont réussi à mettre en évidence les effets électriques d'un champ magnétique dont ils pressentaient l'existence. Ampère a pourtant essayé, Arago a obtenu quelques succès en faisant tourner un plateau de cuivre au-dessus d'une aiguille aimantée, mais c'est le Britannique Michael Faraday *(voir l'encadré ci-dessous)* qui découvre l'induction magnétique, ouvrant la voie à toute l'industrie électrique.

Michael Faraday (1791-1867)

Enfant pauvre, apprenti relieur, Michael Faraday commence son instruction en lisant les livres sur lesquels il travaille. Il devient l'élève puis l'assistant du chimiste et physicien Humphrey Davy, qui l'emmène visiter l'Europe des savants. Il rencontre ainsi Ampère, Arago, Volta, Gay-Lussac, etc. Il entre à la *Royal Academy*, où il se livre à la recherche dans des domaines variés. Expérimentateur de génie, il découvre en chimie les dérivés chlorés de certains hydrocarbures, met en évidence le benzène, étudie la liquéfaction des gaz, procède à des essais de métallurgie, et met au point des aciers spéciaux. Malgré son absence de formation mathématique, la subtilité de ses raisonnements et de ses montages prépare les voies de la mathématisation de l'électrodynamique.

Les modes de raisonnement de Faraday sont tout à fait singuliers. Ses prédécesseurs pensaient en terme d'action à distance, à la manière de Newton. Pour lui au contraire, les lignes de champ magnétiques et électriques sont des réalités, propageant les effets de proche en proche. Ainsi fabrique-t-il un dispositif constitué d'un anneau de fer sur lequel il a enroulé deux fils de cuivre : dans l'un, il fait circuler le courant engendré par une pile, l'autre étant relié à un galvanomètre, appareil destiné à détecter le passage d'un éventuel courant. Après plusieurs essais infructueux, il finit par remarquer qu'un courant apparaît dans le second fil au moment où s'ouvre ou se ferme le circuit du premier. Conclusion : ce n'est pas le champ magnétique mais sa variation qui engendre le courant électrique ! Très vite, Faraday essaie plusieurs méthodes pour faire varier le flux magnétique : déplacement d'un aimant, déformation ou translation du conducteur électrique.

Grâce à sa découverte, il devient possible de produire du courant électrique à partir d'énergie mécanique : c'est la dynamo. Ingénieux et obstiné, Faraday mesure systématiquement les quantités de divers corps produits par électrolyse et en déduit qu'il faut toujours la même quantité d'électricité pour obtenir ce que nous appelons aujourd'hui une valence-gramme du corps considéré. Il met ainsi en relation l'électrolyse et la loi des proportions multiples de la chimie[61], montrant qu'au moins certaines liaisons chimiques sont de nature électrique. Avec son compatriote William Whewell (1794-1866), il propose pour les phénomènes électrochimiques une nomenclature encore utilisée aujourd'hui : électrolyte, cathode, anode, ion, anion... Faraday explique également que toutes les formes d'électricité (voltaïque, thermique, animale, etc.) produisent les mêmes effets ; elles doivent donc être considérées comme identiques. Il montre aussi l'influence de la nature des matériaux isolants (ou diélectriques) dans les phénomènes électrostatiques.

Cet expérimentateur fécond ne s'est pas arrêté là. Depuis longtemps, il soupçonne une unité sous-jacente aux phénomènes magnétiques et lumineux. Après de multiples tentatives, il montre qu'un champ magnétique parallèle à un rayon lumineux polarisé fait tourner cette polarisation, ce qui confirme sa conviction – partagée notamment par Fresnel – que la lumière est composée de vibrations électromagnétiques transversales, c'est-à-dire perpendiculaires à la direction de propagation. Il découvre également le diamagnétisme : de nombreux matériaux considérés comme non magnétiques s'orientent selon les lignes de force d'un champ magnétique, sous l'influence de forces très faibles, bien plus faibles que celles que subissent les objets de fer.

---

61 Voir *infra*, p. 365.

L'étude des courants électriques et les lois générales de la propagation de l'électricité sont approfondies par Gustav Robert Kirchhoff et William Thomson [62]. En 1857, Kirchhoff mesure la vitesse du courant électrique dans un conducteur métallique circulaire et trouve qu'elle est égale à celle de la lumière, nouvel indice rapprochant lumière et électricité. Par ailleurs, les Allemands Wilhelm Weber (1804-1891) et Rudolf Kohlrausch (1809-1858) déterminent par des mesures la vitesse de propagation de l'action électrique à distance : là encore, Kirchhoff remarque que celle-ci est proche de celle de la lumière. Il n'en saisit pas, toutefois, les implications.

Une nouvelle étape est franchie avec le Britannique James Clerk Maxwell *(voir l'encadré p. 165)*. Pour établir une théorie des phénomènes électriques et magnétiques, Maxwell s'appuie sur des analogies avec l'hydrodynamique et avec la propagation de la chaleur. Ainsi peut-il utiliser les équations de Fourier [63] pour développer les intuitions de Faraday. Le problème, c'est de combiner la théorie du courant électrique avec l'induction, où la variation temporelle du champ magnétique est cause du courant électrique. Maxwell y parvient grâce à un jeu d'équations différentielles devenues célèbres, qui mettent en relation le champ électrique, le champ magnétique, l'espace et le temps, et qui permettent de décrire une perturbation électromagnétique se propageant dans l'espace comme dans le temps. Dans ce système, les charges électriques et les charges magnétiques sont reliées par un terme ayant les dimensions d'une vitesse. La vitesse mesurée par Kohlrausch et Weber, à peu près 310 000 km/s, est très proche de celle de la lumière mesurée par Fizeau. Les phénomènes électromagnétiques se transmettent donc par une perturbation qui se propage à la vitesse de la lumière. Pour cette propagation, Maxwell imagine un milieu élastique, l'*éther*, occupant tout l'espace et capable de transmettre les oscillations électromagnétiques. Il montre qu'absorbée ou réfléchie, la lumière, dont il a révélé la nature électromagnétique, doit exercer une pression, très faible mais calculable, ce qui sera vérifié en 1899.

Maxwell n'a pas vu triompher sa théorie. En 1885, l'Allemand Heinrich Hertz (1857-1894), d'abord assistant de Helmholtz, puis

---

[62] Voir *supra*, p. 140.
[63] Voir *supra*, p. 133.

James Clerk Maxwell (1831-1879)

Né en Écosse, brillant étudiant à Cambridge, au cours de sa brève carrière Maxwell a montré que les anneaux de Saturne devaient être composés de cailloux, inventé les lentilles à grand angle *(fish eyes)*, étudié la perception des couleurs, la viscosité des gaz et les gaz raréfiés. Sa contribution majeure, synthétisée dans son célèbre *Treatise on electricity and Magnetism* (1864), concerne la théorie de l'électromagnétisme : il révèle les liens entre l'électromagnétisme et l'optique. Il s'est aussi préoccupé des applications pratiques de l'électricité, notamment pour les câbles sous-marins. En 1870, il est nommé à Cambridge où il crée le *Cavendish Laboratory*, qui deviendra l'un des hauts lieux de la physique mondiale.

professeur à Karlsruhe, prouve l'existence d'ondes électromagnétiques. Il fabrique un émetteur à partir d'un générateur électrostatique en faisant jaillir des étincelles. Son « récepteur » est une simple boucle coupée, disposée à quelques mètres de l'émetteur. Lorsqu'on actionne le générateur, des étincelles éclatent dans la coupure de la boucle. Ce montage rudimentaire, peu à peu perfectionné, permet à Hertz de réaliser des expériences (réflexion, déviation par un prisme de bitume, mesure de la vitesse de propagation, etc.) prouvant la réalité des ondes dites « hertziennes ». Peu après, dans les années 1880-1890, le Français Édouard Branly (1844-1940) et l'Italien Guglielmo Marconi (1874-1937) inventent des dispositifs capables d'émettre et de recevoir à distance des signaux électromagnétiques et d'en moduler l'amplitude, ouvrant la voie aux communications sans fil. Hertz approche également l'effet photoélectrique. Il meurt à trente-sept ans ; Max Planck fera son éloge funèbre.

L'œuvre de Maxwell marque une double unification : d'une part, elle rassemble l'électricité et le magnétisme en une théorie unique, celle de l'électromagnétisme ; d'autre part, la découverte de la nature électromagnétique de la lumière inclut l'optique dans cette théorie. Même la « chaleur rayonnante » (rayonnement infrarouge), ainsi que les rayons ultraviolets, sont intégrés dans la large palette du rayonnement électromagnétique. Ce succès extraordinaire, exprimé par des équations différentielles aux dérivées partielles, marque un des sommets de la physique classique. Il a fallu quelque temps pour que cette théorie soit acceptée par tous les physiciens. Le Hollandais Hendrik Antoon Lorentz (1853-1928) la reformule ; poursuivant logiquement l'entreprise de Maxwell, il attribue l'émission lumineuse des corps chauffés au mouvement de particules chargées, les électrons, au sein de la matière. Les équations de Maxwell induisent que la vitesse de la lumière est indépendante du mouvement de la source. Lorentz l'exprime sous la forme de transformations mathématiques – les transformations de Lorentz, qu'utilisera Einstein pour sa théorie de la relativité restreinte [64]. La question de l'existence et la nature présumée de l'éther [65] est alors posée, qui va conduire l'Américain Albert Abraham Michelson (1852-1931) à ses expériences sur la vitesse de la lumière [66].

Énergie rayonnante et corps noir

En 1801, l'astronome britannique d'origine allemande William Herschel [67], déplaçant un thermomètre au-delà du rouge du spectre visible, découvre ce que l'on a appelé « infrarouge » : un rayonnement analogue à la lumière, porteur d'énergie, mais invisible. Plus généralement, on découvre dans la seconde moitié du XIXe siècle qu'il y existe un continuum de rayonnement dont font partie la lumière visible, la « chaleur rayonnante » (lumière infrarouge), mais aussi le rayonnement ultraviolet.

Ces rayonnements, de nature ondulatoire, relèvent des lois de l'optique ; Maxwell, on l'a vu, en a établi la nature électromagnétique.

Puisque tout corps solide chauffé émet un rayonnement électromagnétique, les métallurgistes savent depuis longtemps que la couleur obtenue est fonction de la température. Mais on sait aussi qu'un corps absorbe tout ou partie du rayonnement qu'il reçoit. Gustav Kirchhoff étudie la relation entre l'émission et l'absorption, par les corps solides chauffés, d'un rayonnement, qu'il soit visible ou non : les longueurs d'onde se répartissent selon un spectre

---

[64] Voir *infra*, pp. 179-180.
[65] Voir *supra*, p. 164.
[66] Voir *infra*, p. 180.
[67] Voir *infra*, p. 260.

continu. Il montre que le rapport entre le pouvoir d'émission et le coefficient d'absorption d'une longueur d'onde donnée ne dépend pas de la nature du corps, mais seulement de sa température et de la fréquence de la radiation considérée. D'où l'intérêt de ce qu'il appelle *corps noir*, dont tout le rayonnement est absorbé par le corps émetteur, comme par exemple à l'intérieur d'une cavité fermée dont la paroi est portée à une température homogène. Dans ce cas, l'énergie contenue dans le rayonnement ne dépend que de la température T et de la fréquence ν, et son expression e (ν, T) est indépendante de la nature du corps. C'est là un raisonnement purement thermodynamique et, par là même, très convaincant. Restait à déterminer le spectre de ce rayonnement, c'est-à-dire la répartition de l'énergie selon les différentes fréquences (ou les longueurs d'ondes) du rayonnement électromagnétique.

LA PHYSIQUE CLASSIQUE

À la fin du XIXe siècle, la physique atteint un très grand degré de perfection. Développée à partir des lois de Newton, la mécanique rationnelle, qui sert à décrire les mouvements des corps pesants, reste l'archétype de toute théorie physique. Construits sur un modèle analogue, l'électromagnétisme et l'optique ondulatoire, rassemblés en une théorie unique grâce aux équations de Maxwell, l'acoustique, l'omniprésente thermodynamique (qui traite des transformations de l'énergie et des propriétés de la matière : conduction thermique, liquides et gaz, solides, solutions, mélanges, etc.) constituent, avec la mécanique rationnelle, ce qu'on appelle aujourd'hui la *physique classique*. Nombreux sont alors les physiciens qui en explorent les conséquences, qui déterminent les constantes numériques liées aux nombreux phénomènes observables, qui étendent le champ de sa validité. Science du comment, la physique ignore en général le pourquoi, c'est-à-dire les mécanismes sous-jacents aux phénomènes macroscopiques dont elle traite. Seule la thermodynamique statistique [68] introduit un lien conceptuel entre la physique classique et le monde encore un peu incertain des molécules et des atomes. Mais

68 Voir *supra*, pp. 143-146.

elle contraint à ne considérer que des ensembles statistiques, des valeurs moyennes, ce qui gêne ceux pour qui la causalité stricte de Newton est l'unique paradigme.

Face à cet accomplissement et à ces limites, de nombreuses questions apparaissent : atomes et molécules existent-ils vraiment ? Si oui, les atomes sont-ils vraiment les particules élémentaires ? Pourquoi, dans l'électrolyse, l'électricité décompose-t-elle certains corps ? Quel est le support des ondes électromagnétiques : si c'est l'éther [69], quelle est sa nature ? Pourquoi un corps chauffé émet-il des ondes électromagnétiques ? Pourquoi celles-ci se manifestent-elles parfois sous forme de raies ?

Par ailleurs, les progrès, dans les laboratoires, des techniques du vide, de l'électricité, des émulsions sensibles, des corps fluorescents soulèvent de nouveaux problèmes : pourquoi les gaz raréfiés conduisent-ils le courant électrique ? Quelle est la nature des rayons cathodiques ? Pourquoi la déformation d'un cristal engendre-t-elle des charges électriques (piézo-électricité) ?

1895-1905 : dix années exceptionnelles

Au tournant du XIXᵉ et du XXᵉ siècle, une série de découvertes aussi bien théoriques qu'expérimentales renouvellent complètement la physique. Non pas en récusant la physique classique, mais plutôt en établissant les limites de sa validité, en révélant des phénomènes insoupçonnés, ou en pointant les causes invisibles de phénomènes visibles. D'importantes certitudes ont été bouleversées : on croyait les atomes insécables, on les découvre sécables ; on pensait la lumière continue, elle se révèle discrète ; d'absolus, l'espace et le temps deviennent relatifs. On passe de la physique classique à la physique moderne...

L'effet Zeeman

Faraday avait essayé, en vain, de mettre en évidence l'action d'un champ magnétique sur l'émission de lumière d'un corps chauffé [70].

---

[69] Voir *supra*, p. 164.
[70] Voir *supra*, pp. 162-163.

En 1896, grâce à des instruments beaucoup plus précis, le Hollandais Pieter Zeeman (1865-1943) montre qu'un fort champ magnétique élargit, voire dédouble, la raie jaune intense émise par les vapeurs de sodium, révélant un phénomène général de dédoublement des raies, l'*effet Zeeman*. Lorentz trouve alors une explication à ce phénomène : la lumière est émise par des particules en mouvement au sein des atomes et le champ magnétique perturbe ce mouvement. Les particules en question ont une charge négative et le rapport de leur charge à leur masse s'est révélé 2 000 fois plus élevé que ce qu'attendait Lorentz. L'effet Zeeman sera, au XXe siècle, l'une des voies d'accès privilégiées à la structure des atomes.

Les rayons cathodiques et l'électron

Depuis les années 1860, des progrès continus avaient permis d'améliorer la qualité du vide produit en laboratoire. Les pompes à mercure, efficaces malgré un maniement malaisé, abaissaient à une fraction de millimètre de mercure la pression résiduelle de l'air dans une ampoule de verre. Il est apparu qu'entre deux électrodes séparées par un tel vide, une tension électrique engendre un courant non négligeable. Les Allemands Julius Plücker (1801-1868) et Wilhelm Hittorf (1824-1914), puis le Britannique William Crookes (1832-1919), montrent que ce courant correspond à la formation d'un rayonnement émis par la cathode (l'électrode négative) et se propageant vers l'anode (l'électrode positive). Si l'on dispose sur cette dernière un corps fluorescent, une lueur caractéristique apparaît *(voir la figure 29)*. Ces *rayons cathodiques* sont déviés par un champ magnétique et un champ électrique.

D'autres rayons, dits *rayons canaux*, naissent derrière l'anode. S'agit-il de phénomènes ondulatoires, ou d'un ensemble d'objets ponctuels ? Hertz penche pour les ondes. Le Français Jean Perrin (1870-1942) montre que les rayons cathodiques portent une charge électrique négative et, en 1897, le Britannique Joseph John Thomson (1856-1940) en mesure simultanément l'énergie, la quantité de mouvement et la charge électrique. Il en déduit qu'il s'agit d'un flux de corpuscules tous identiques, possédant une masse de $9,11 \times 10^{-28}$ g et une charge électrique négative de $1,60 \times 10^{-19}$ coulomb. Ces corpuscules recevront le nom d'*électrons*. Leur masse est minuscule, près de deux mille fois plus faible que celle de l'atome d'hydrogène,

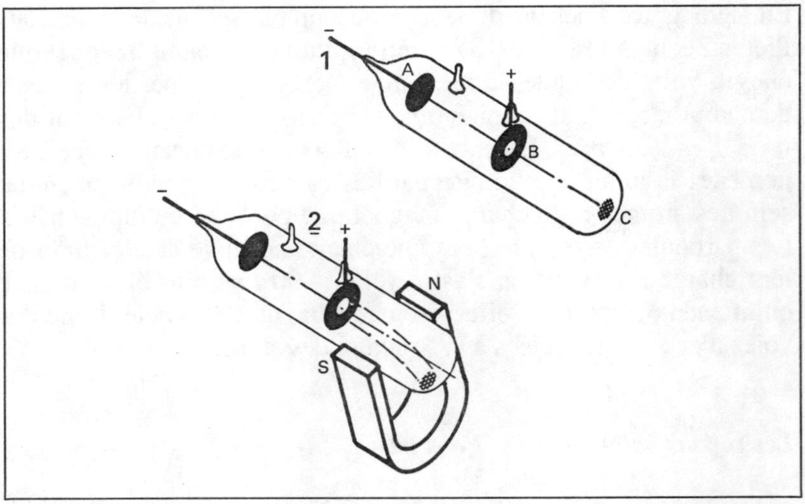

Dans une ampoule de verre l'on a fait le vide.

1. – Si l'on établit une tension électrique suffisante entre l'anode A et la cathode percée B, une tache lumineuse apparaît sur l'extrémité C du tube que l'on a au préalable recouverte d'une peinture fluorescente. Elle est produite par des « rayons cathodiques » arrachés à A par la différence de potentiel entre A et B.

2. – Ces rayons peuvent être déviés par un champ magnétique. Ils sont constitués d'électrons arrachés à A.

Fig. 29. – Les rayons cathodiques

le plus léger de tous. Cette découverte rejoint l'explication de Lorentz pour l'effet Zeeman [71], et pose la question d'une structure interne des atomes (réputés jusque-là insécables, d'où leur nom), dont les électrons ne seraient que l'un des éléments. En 1910, l'Américain Robert Andrews Millikan (1868-1953) mesure avec une extrême précision la charge de l'électron, la charge électrique la plus faible que nous puissions isoler, considérée comme élémentaire.

La maîtrise des rayons cathodiques donne naissance à l'oscillographe cathodique, ancêtre des écrans de nos téléviseurs et de nos

[71] Voir *supra*, pp. 168-169.

ordinateurs. Elle engendre aussi la lampe diode, qui ne laisse passer le courant que dans un sens, et surtout la lampe triode, inventée en 1906 par l'Américain Lee De Forest (1873-1961), qui permet de moduler l'intensité du courant électrique selon la tension appliquée à la grille. La triode et ses dérivés sont à l'origine de l'électronique, technique de traitement des signaux et de l'information dont les utilisations sont aujourd'hui devenues innombrables.

Rayons X, cristaux, atomes

En novembre 1895, l'Allemand Wilhelm Röntgen (1845-1923) observe qu'à proximité d'un tube à rayons cathodiques, un écran enduit de produit fluorescent s'illumine même lorsqu'il est retourné. Soupçonnant l'existence de « rayons », il interpose sur leur trajet des objets, puis sa main. Ni le papier, ni le tissu musculaire n'arrêtent ces rayons ; en revanche les os, les métaux, les interceptent. Le 28 décembre 1895, il publie le résultat de sa recherche et une première *radiographie* de sa main. Cette découverte enflamme l'Europe savante et l'opinion publique. Perfectionnés, les appareils à « rayons X » (ainsi a-t-on nommées ces énigmatiques émanations) ont doté la médecine d'un de ses plus puissants moyens d'exploration de l'organisme humain.

La nature de ces mystérieux rayons n'est identifiée que seize ans après leur découverte, par l'Allemand Max von Laue (1879-1960) : il s'agit tout simplement d'un rayonnement de nature électromagnétique, mais dont la longueur d'onde est beaucoup plus faible que celle de la lumière visible. Cette faible longueur d'onde (correspondant à une fréquence de vibration plus élevée) sera utilisée par Laue puis par le Britannique William Henry Bragg (1862-1942) avec son fils William Lawrence (1890-1971), pour tester une hypothèse déjà ancienne, celle de la structure des cristaux. Conformément à l'intuition de l'abbé René-Just Haüy (1743-1822), il apparaît, sous l'impact des rayons X, que les cristaux, curiosités naturelles, sont bien composés d'atomes (ou de groupes d'atomes) disposés sous forme de réseaux réguliers à trois dimensions.

Ainsi les rayons X sont-ils devenus les principaux instruments de l'étude des cristaux. Réciproquement, les cristaux se sont révélés d'excellents réseaux de diffraction, utiles pour analyser des rayonnements électromagnétiques aux fréquences élevées, ce qui a permis d'étendre considérablement l'étude des spectres lumineux des atomes, bien au-delà du spectre de la lumière visible, jusqu'aux rayons X. En 1913, le Britannique Henry Moseley (1887-1915) établira notamment un lien entre ces spectres et le nombre de charges électriques des noyaux atomiques (représenté, dans la classification de Mendeleïev, par le numéro atomique des éléments [72]), ce qui permettra de rechercher et d'identifier de nouveaux éléments chimiques.

La radioactivité

En France, Henri Becquerel (1852-1908), professeur au Muséum d'histoire naturelle, spécialisé dans l'étude des phénomènes luminescents, suit le conseil de Henri Poincaré (1854-1912) et cherche, dès l'annonce de la découverte de Röntgen, à associer rayons X et luminescence. Après divers essais, il expose au soleil une poudre de sel d'uranium : elle impressionne une plaque photographique pourtant soigneusement enveloppée de papier noir. Le ciel devenant gris, il constate que le soleil n'est pas nécessaire et que c'est l'uranium lui-même qui émet directement de mystérieux « rayons » capables de traverser le papier. Becquerel montre que ces rayons ionisent les gaz : ils y provoquent la formation d'ions positifs et négatifs qui les rendent conducteurs. Ce phénomène étonnant sera appelé *radioactivité*.

De l'uranium au radium

La découverte de Becquerel, annoncée en février 1896, fait moins de bruit que celle de Röntgen. Elle intrigue néanmoins le physicien Pierre Curie (1859-1906), déjà connu pour ses travaux sur la piézoélectricité, le magnétisme et les symétries et pour son inventivité en matière d'instruments. Celui-ci invite sa jeune épouse d'origine polonaise, Marie (1867-1934), à choisir ce phénomène comme sujet de thèse. La suite est bien connue : à l'aide d'un électroscope équipé d'un quartz piézo-électrique inventé par son mari, Marie Curie établit que la radioactivité est liée à l'atome d'uranium lui-même et non au composé chimique dans lequel il est inclus, puis elle découvre un autre métal radioactif, le thorium. Analysant les émissions radio-

---

[72] Voir *infra*, pp. 363-364.

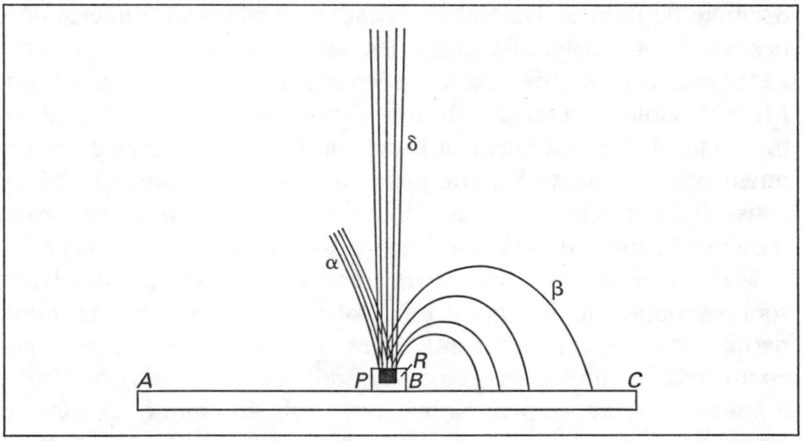

La radioactivité produit trois sortes de rayons. On peut les séparer par l'action d'un champ magnétique perpendiculaire au plan de la figure. Les rayons alpha (α) ont une charge électrique positive et la masse d'un noyau d'hélium. Les rayons béta (β) ont une charge négative : ce sont des électrons, beaucoup plus légers que les alphas. Les rayons gamma (γ) ne sont pas déviés : ce sont des photons d'énergie élevée, analogues aux rayons X.

Fig. 30. – La radioactivité

(D'après Marie Curie, Thèse, Paris, Gauthier-Villars, 1904)

actives, Rutherford et les Curie distinguent les rayons α (alpha), positifs, des rayons β (bêta), de charge négative. Les rayons γ (gamma), neutres, seront découverts par le Français Paul Villard (1860-1934) *(figure 30).*

Étudiant ensuite un minerai naturel d'uranium, la pechblende, Marie Curie y détecte la présence de corps beaucoup plus actifs que l'uranium ou le thorium. Le couple entreprend de les rechercher par de fastidieuses séries de dissolutions et de cristallisations. En juillet 1898, il isole le polonium (ainsi nommé en l'honneur de la patrie de Marie). Ce métal alors inconnu, fortement radioactif, voit son activité diminuer avec le temps, ce qui a suggéré aux Curie l'idée de période radioactive, temps nécessaire pour que l'activité diminue de moitié. Traitant de grandes quantités de minerai dans des conditions matérielles difficiles, les Curie mettent en évidence l'existence d'un autre élément encore plus radioactif, le radium, que Marie n'isole à l'état pur qu'une dizaine d'années plus tard. Ils montrent que le rayonnement β est constitué d'électrons et remarquent que la quantité d'énergie émise dans la radioactivité est considérablement supérieure à celle des réactions chimiques. Mais d'où vient cette énergie ? Quelle est la nature de ces radiations ?

Mal reconnus par l'université française, les travaux des Curie sont couronnés en 1903 par le prix Nobel de physique, que le couple partage avec Henri Becquerel. Après la mort accidentelle de son époux, Marie Curie le remplace à la Sorbonne ; en 1911, elle obtient à nouveau, seule, le prix Nobel, cette fois en chimie. Pendant la guerre de 1914, elle développe les services radiographiques au front. Elle mourra en 1934, rongée par la manipulation de corps radioactifs.

Les Curie s'intéressaient principalement à l'isolement et à la caractérisation des corps radioactifs ; c'est le Britannique Ernest Rutherford (1871-1937) qui va exploiter les propriétés et les effets des rayonnements radioactifs.

Ernest Rutherford

Né en 1871, Ernest Rutherford consacre ses recherches à la radioactivité, identifiant les rayons α et β et leurs propriétés. À Montréal, où il est nommé professeur, il trouve un laboratoire bien équipé (ce qui a tant manqué aux Curie) et s'entoure de collaborateurs talentueux – parmi lesquels son compatriote Frederick Soddy (1877-1956), l'Allemand Otto Hahn (1879-1968), ou le Néo-Zélandais Ernest Marsden (1889-1970) – avec qui il découvre la nature des rayons α et met en évidence l'existence des noyaux atomiques. En 1919, Rutherford prend à Cambridge la direction du légendaire laboratoire Cavendish ; avec sa nouvelle équipe (Hans Wilhelm Geiger [1882-1945], James Chadwick [1891-1974], etc.) il réalise des découvertes majeures, notamment celle du proton, noyau d'hydrogène, ou celle du neutron (1932), dont il avait deviné l'existence dix ans auparavant. Cet expérimentateur hors pair meurt en 1937. Il repose à l'abbaye de Westminster, à côté de Newton.

Rutherford constate que les rayons α sont des atomes d'hélium dépourvus de leurs électrons, c'est-à-dire des noyaux d'hélium.

Avec Soddy, il montre également que, lors d'une désintégration radioactive, les atomes eux-mêmes changent de nature, se transformant en d'autres atomes. C'est là un fait surprenant, une transmutation qui remet en cause le dogme implicite de l'immuabilité des atomes.

Vers 1910, assisté par Geiger et Marsden, Rutherford réalise une expérience fondamentale *(voir la figure 31)*. Projetant des rayons α sur une mince feuille d'or, il montre que si de nombreux rayons α traversent sans encombre la feuille, quelques-uns sont déviés sous un très grand angle, certains même renvoyés vers l'arrière. Ce résultat révèle que, même dans un métal aussi dense que l'or, une bonne partie du volume est pratiquement vide de matière, à l'exception de quelques centres minuscules et lourds sur lesquels rebondissent les rayons α. On appellera *noyaux atomiques* ces centres denses.

Cette expérience marque le départ d'une nouvelle discipline, la physique nucléaire. Elle est aussi le prototype d'une méthode d'exploration de la matière qui va connaître un grand succès, celle

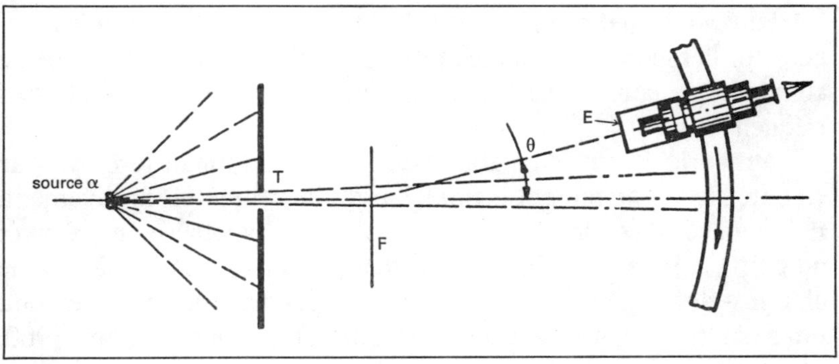

Les rayons d'une source alpha sont canalisés par le trou T. Ils frappent une mince feuille d'or F. La plupart la traversent sans encombre, mais quelques uns sont déviés On les observe sur un écran fluorescent E grâce à un microscope. Certains sont déviés à des angles θ très grands. On en déduit l'existence de points durs et massifs au sein de la matière : les *noyaux atomiques*.

Fig. 31. – L'expérience dite « de Rutherford »

fondée sur les expériences dites *de diffusion*, dans lesquelles une particule est projetée sur d'autres, et où l'on observe les particules sortantes pour remonter à la structure des particules impliquées et à la dynamique des collisions observées.

La constante de Planck

Le problème du rayonnement du corps noir était posé depuis les années 1870[73]. Après Kirchhoff, plusieurs chercheurs se sont ingéniés à déterminer la fonction e (v, T), soit par l'expérience, soit en théorie par des considérations sur la façon dont le rayonnement est produit ou absorbé. En 1879, Josef Stefan démontre que l'énergie totale émise par un corps noir est proportionnelle à la quatrième puissance de la température absolue de ce corps. En 1884, Ludwig Boltzmann, traitant le rayonnement électromagnétique comme une sorte de gaz enfermé dans la cavité du corps noir, démontre la validité de la loi de Stefan. Pour mesurer le spectre du corps noir, les expérimentateurs utilisent un petit trou percé dans la paroi d'une enceinte fermée maintenue à une température homogène. Sur le plan théorique, le Britannique John Rayleigh (1842-1919) et l'Allemand Wilhelm Wien (1864-1928) proposent des formules fondées sur la thermodynamique et l'électromagnétisme ; mais l'une ne convient que pour les hautes fréquences, l'autre que pour les basses fréquences.

La théorie électromagnétique de Maxwell donnait le moyen de calculer le rayonnement d'une charge électrique en mouvement. L'Allemand Max Planck (1858-1947) émet l'hypothèse que la paroi du corps noir est constituée d'oscillateurs hertziens, c'est-à-dire de charges électriques qui, en oscillant, engendrent le rayonnement. Pour rendre compte des résultats des mesures, il introduit, en 1900, une petite constante qu'il appelle h. Afin de justifier ce résultat empirique, il doit admettre que pour chaque oscillateur de fréquence n, l'énergie rayonnée est égale au produit $e = hv$. Tout se passe comme si l'énergie était émise par grains, auxquels Planck donne le nom de *quanta*. Rappelons toutefois qu'il s'agit de rayonnement, phénomène ondulatoire, et que, dans ce cadre, la notion de « grain » n'a guère de sens. Planck, physicien rigoureux mais peu

---

[73] Voir *supra*, p. 166.

porté aux audaces conceptuelles, a passé en vain plusieurs années à tenter de faire entrer sa découverte dans le giron de la physique ondulatoire classique. Cette découverte est devenue l'un des fondements d'une nouvelle approche théorique, la *physique des quanta*.

Le mouvement brownien

Dès 1828, le botaniste britannique Robert Brown (1773-1858) avait découvert que, dans l'eau, sous le microscope, de minuscules grains de pollen ou de poudres minérales en suspension s'agitent de façon désordonnée. L'origine de ce mouvement (dit aujourd'hui « brownien ») fait longtemps l'objet d'hypothèses diverses, assez peu convaincantes. Faraday lui-même s'avoue incapable d'en rendre compte ; avec la théorie cinétique de la chaleur, on y voit même une violation du second principe de la thermodynamique : la chaleur produirait du travail sans la présence de source froide [74]. L'étude expérimentale du phénomène se heurte à la difficulté de mesurer les vitesses des grains en mouvement.

L'article d'Albert Einstein *(voir l'encadré p. 178)* sur la théorie statistique du mouvement brownien, paru en 1905, constitue une véritable révolution : utilisant les travaux de l'Irlandais George Stokes (1819-1903) sur le déplacement d'une sphère dans un liquide, ceux du Néerlandais Jacobus Henricus Van't Hoff (1852-1911) sur la pression osmotique (c'est-à-dire la pression exercée par des molécules dissoutes dans un liquide), il explique le mouvement brownien par les chocs successifs des molécules du liquide sur les grains en suspension, et en déduit même un mode de détermination du nombre d'Avogadro [75].

La théorie d'Einstein, qui explique l'agitation de grains visibles par les mouvements individuels des molécules invisibles, connaît un grand retentissement, notamment grâce aux travaux de Jean Perrin qui a cherché à déterminer le nombre d'Avogadro en utilisant le dénombrement de particules en suspension à différentes hauteurs d'une colonne d'eau, ainsi que la répartition des positions successives d'une particule en suspension agitée par le mouvement

---

[74] Voir *supra*, p. 138.

[75] Le nombre de molécules contenues dans deux volumes égaux de gaz différents, à une même pression et à une même température. Voir *supra*, p. 138.

brownien. Dans les deux cas, il a obtenu entre 6 x 10^{23} et 7 x 10^{23}, en accord avec ce que donnent par ailleurs les mesures de viscosité des liquides. En 1913, dans son célèbre ouvrage *Les Atomes,* Jean Perrin constate « la réalité objective des molécules », conclusion que quelques nostalgiques de la physique classique refuseront.

Albert Einstein (1879-1955)

En 1905, un physicien allemand inconnu, âgé de vingt-six ans, publie trois articles fondamentaux : ils portent respectivement sur la théorie statistique du mouvement brownien, sur l'effet photoélectrique, et sur « l'électrodynamique des charges en mouvement », qui expose les bases de ce qu'on appelle maintenant la relativité restreinte. Dans ces trois domaines, Einstein introduit des innovations radicales. Puis il étend à la cosmologie sa réflexion sur l'espace-temps : c'est la relativité générale (1916), dont l'astronome et physicien britannique Arthur Stanley Eddington (1882-1944) effectue une première vérification expérimentale en 1919[76], et qui le rend célèbre. Einstein travaille ensuite sur la théorie du corps noir et participe étroitement à l'élaboration de la mécanique quantique. Il ne se rallie pas à la conception probabiliste du Danois Niels Bohr[77] (1885-1962) et reste attaché à la causalité traditionnelle. En quête d'une théorie unifiée des forces de la nature, il suggère l'existence d'une constante cosmologique, paramètre équivalant en quelque sorte à une force qui tend à s'opposer à la gravitation à l'échelle de l'Univers entier. En 1921, le prix Nobel de physique lui est décerné pour ses travaux dans le domaine de la physique théorique et, en particulier, sa découverte de la loi de l'effet photo-électrique.

Einstein étant d'origine juive, la montée du nazisme le contraint à quitter l'Allemagne dès 1933. Il émigre aux États-Unis et adopte la nationalité américaine. Pendant la Seconde Guerre mondiale, il est l'un de ceux qui alertent le président Roosevelt sur les dangers que courrait le monde si l'Allemagne venait à maîtriser les dernières découvertes scientifiques ; cette célèbre mise en garde est à l'origine de la construction de la bombe atomique, au développement de laquelle il ne participe pas. Après la Guerre, il milite en faveur de la paix dans le monde. Il meurt en 1955, à Princeton.

---

[76] Voir *infra*, pp. 271-272.
[77] Voir *infra*, pp. 180-184.

L'effet photo-électrique

Comme l'a découvert Hertz [78], une plaque métallique illuminée par une lumière convenable émet des électrons que l'on peut canaliser à l'aide d'un potentiel électrique. À chaque métal correspond une fréquence minimale au-dessous de laquelle aucun électron n'est émis, quelle que soit l'intensité lumineuse utilisée. Au-dessus de cette fréquence seuil, le nombre d'électrons émis est au contraire proportionnel à l'intensité lumineuse. Un tel phénomène n'a aucune explication dans le cadre de la théorie ondulatoire classique de la lumière. Là encore, c'est Einstein qui l'explique. S'inspirant des travaux de Planck sur le rayonnement du corps noir, il a postulé que la lumière est composée de « grains » d'énergie (qu'on appellera *photons*), ce qui signifie qu'en dépit de ses propriétés ondulatoires, elle est de nature corpusculaire. C'est l'impact d'un grain de lumière d'une énergie suffisante qui éjecte l'électron. Pour Planck, seuls les oscillateurs du corps noir ont une énergie quantifiée. Einstein franchit le pas : la lumière est à la fois onde et corpuscule, conclusion en apparence contradictoire, mais dont la pertinence s'affirmera au cours des années.

La relativité restreinte

Des équations de Maxwell [79] on concluait que la vitesse de la lumière est indépendante du mouvement de sa source, ce qui contredisait la mécanique de Galilée, où les vitesses se composent par addition vectorielle [80]. Par ailleurs, on pensait que les vibrations transversales qui constituent la lumière se propagent dans un « éther [81] » à la fois rigide et pénétrable.

En 1895, Lorentz propose un système de transformations de coordonnées qui laisse invariante la vitesse de la lumière. Au lieu des trois dimensions classiques, cette formule met en jeu quatre dimensions, dont une dimension temporelle ; dans ce cas, à la différence

---

[78] Voir *supra*, pp. 164-165.
[79] Voir *supra*, p. 165.
[80] Voir *supra*, p. 127.
[81] Voir *supra*, p. 164.

du système newtonien, il n'y a ni temps, ni espace absolus. Or, dès 1881, Albert Abraham Michelson, aidé ensuite par son compatriote Edward Williams Morley (1838-1923), avait montré, grâce à un interféromètre [82] très précis, que la vitesse de la lumière, par rapport à cet éther dans lequel elle se déplacerait, est la même dans la direction du mouvement de la Terre que dans la direction perpendiculaire. Ainsi, l'existence même de l'éther, élément important de la théorie de Maxwell, était-elle mise en cause.

Dans son article de 1905 « sur l'électrodynamique des corps en mouvement », Albert Einstein énonce deux postulats. L'un pose que les lois de la physique sont les mêmes quand on les exprime mathématiquement dans deux référentiels (deux systèmes de coordonnées) en mouvement linéaire l'un par rapport à l'autre. Selon l'autre, la vitesse de la lumière est indépendante du mouvement de sa source. Pour résoudre les contradictions apparentes qui en découlent, Einstein rappelle que les temps se mesurent grâce à des horloges et que, pour caler celles-ci les unes sur les autres, il faut utiliser des signaux qui eux-mêmes se propagent à la vitesse de la lumière. Deux événements simultanés dans un référentiel ne le sont donc pas nécessairement dans un autre. Pour passer d'un référentiel à un autre, Einstein a recours aux transformations de Lorentz.

Simple dans son énonciation mathématique (qui contient en particulier la célèbre formule $E = mc^2$, traduisant l'équivalence de l'énergie E et de la masse m), cette théorie de la relativité restreinte demande sur le plan conceptuel une gymnastique difficile, remettant notamment en cause le temps universel de Newton et les évidences du bon sens courant. En 1916, généralisant ses intuitions et les appliquant au cas des référentiels en mouvement relatif quelconque, Einstein établit la théorie dite de la relativité générale, qui permet de décrire la géométrie de l'Univers à l'échelle cosmique.

La physique quantique

En quelques années, le paysage s'est transformé. Avant même 1914, l'existence des atomes et des molécules ne fait plus aucun

---

[82] Cet appareil émet un faisceau d'ondes séparé par une lame semi-transparente en deux parties ; celles-ci se propagent dans des directions perpendiculaires jusqu'à un miroir qui les renvoie sur la lame de départ, où elles sont superposées.

doute. Un atome comporte un noyau massif de charge positive et des électrons négatifs en nombre suffisant pour neutraliser la charge du noyau. C'est le nombre d'électrons qui engendre les propriétés chimiques des corps. Chauffé, un atome émet de la lumière, ce qu'on attribue au déplacement des électrons par l'énergie thermique. Comme chaque atome a un spectre discret (c'est-à-dire formé de raies discontinues) de rayonnement propre, on suppose que des règles cachées président à ces émissions, règles dans lesquelles la constante de Planck h semble jouer un rôle central [83]. Les expérimentateurs ont catalogué un très grand nombre de mesures des spectres lumineux des divers atomes, liés à la suite des nombres entiers par des formules empiriques. Par ailleurs, comme le prouve l'effet photo-électrique, la lumière elle-même est composée d'éléments discrets, les photons. Sa vitesse dans le vide est une constante universelle et les objets dont la vitesse approche celle de la lumière sont régis par les équations de la relativité d'Einstein, les équations de Newton restant largement valides aux vitesses plus faibles. Les noyaux de certains atomes peuvent être instables, c'est ce qui provoque la radioactivité. Celle-ci met en jeu des énergies considérables, bien supérieures à celles des réactions chimiques. Les désintégrations radioactives se produisent de façon aléatoire, sans cause apparente, et la durée de vie moyenne d'un élément n'est sensible à aucune influence extérieure.

L'atome de Bohr

Le principal chantier concerne la structure des atomes. En 1914, Niels Bohr *(voir l'encadré p. 182)* propose un modèle « planétaire ». Les électrons négatifs y sont disposés en orbite autour d'un noyau central positif, ces orbites correspondant à des états stationnaires stables, définis par des formules empiriques numériques. Le passage d'un électron d'une orbite à une autre s'accompagne de l'émission ou de l'absorption d'un photon de fréquence ν, et d'énergie $h\nu$. Mais ce modèle pose des problèmes : pourquoi les électrons ne rayonnent-ils pas spontanément, conformément à la théorie de Maxwell [84] ? Par certains aspects « classique » (les orbites

---

[83] Voir *supra*, p. 176.
[84] Voir *supra*, p. 165.

Niels Bohr (1885-1962)

Né en 1885 à Copenhague, Niels Bohr a joué pour la théorie quantique un rôle analogue à celui de Rutherford pour l'expérimentation. Auteur d'un modèle atomique (l'*atome de Bohr*) où se mêlent des techniques de physique classique et des idées quantiques, il imagine un « principe de correspondance » où chaque grandeur quantique peut être mise en relation avec une grandeur de la physique classique (trajectoire, mouvement, rotation, etc.), selon une procédure précise. À partir de 1920, il est au cœur d'un réseau de théoriciens ; son ascendant et son talent lui valent d'être considéré comme le pape de la mécanique quantique. Contre Einstein et quelques autres, il défend l'interprétation probabiliste, dite *de Copenhague*, – due au Britannique d'origine allemande Max Born (1882-1970) – selon laquelle on ne peut prédire que statistiquement le comportement des particules individuelles.

Lors de la Seconde Guerre mondiale, Bohr fuit le Danemark pour les Etats-Unis ; pacifiste, il était partisan d'un partage des secrets nucléaires avec les Russes, dans l'espoir de garantir la paix.

« planétaires »), par d'autres « quantique » (la sélection d'un nombre restreint d'orbites possibles), ce modèle, perfectionné par l'Allemand Arnold Sommerfeld (1868-1951), rend compte avec précision des principales séries de raies spectrales correspondant aux changements d'orbites.

À ces innovations théoriques s'ajoutent des résultats expérimentaux nouveaux. En 1921, l'Américain d'origine allemande Otto Stern (1888-1969) et l'Allemand Walther Gerlach (1889-1979), utilisant un champ magnétique très hétérogène, séparent en deux populations un faisceau d'atomes d'argent, révélant une nouvelle propriété quantique liée au moment magnétique interne des atomes. En 1922, l'Américain Arthur Holly Compton (1892-1962) réussit à provoquer des collisions entre des rayons X et des électrons, à la suite desquelles les trajectoires des uns et des autres sont modifiées, ce qui confirme l'aspect corpusculaire des rayons X.

Cette accumulation de résultats déroutants appelle une nouvelle théorie capable de les expliquer. En une dizaine d'années, sous la houlette de Niels Bohr, une poignée de jeunes gens brillants et passionnés conçoivent une théorie physique radicalement nouvelle, la *mécanique quantique*, l'un des plus grands accomplissements de l'esprit humain.

La mécanique quantique : de l'intuition au triomphe

C'est à Louis de Broglie (1892-1987) que l'on doit l'idée fondatrice de la mécanique quantique. Dans sa thèse de 1924, il étend audacieusement à l'électron, particule munie d'une charge électrique et d'une masse, la double nature déjà attribuée au photon, à la fois onde et corpuscule. Pour cela, il définit, grâce à la constante de Planck[85], une longueur d'onde associée à toute particule en mouvement. Cette onde « accompagne » en quelque sorte la particule et guide sa trajectoire. Pour Einstein, cette hypothèse *« soulève un coin du grand voile »*.

Louis de Broglie construit alors une théorie, la mécanique ondulatoire, première version de la mécanique quantique. Elle reçoit une confirmation éclatante en 1927 grâce aux expériences des Américains Clinton Joseph Davisson (1881-1958) et Lester Halbert Germer (1896-1971) et du Britannique George Paget Thomson (1892-1975), démontrant le caractère ondulatoire des électrons. À partir de cette idée, les choses s'accélèrent. L'Allemand Werner Heisenberg (1901-1976), l'Autrichien Erwin Schrödinger (1887-1961), Niels Bohr, Max Born, l'Américano-suisse d'origine autrichienne Wolfgang Pauli (1900-1958), l'Italien Enrico Fermi (1901-1954), le Britannique Paul Dirac (1902-1984) et d'autres, échafaudent un ensemble de théories où les électrons de l'atome sont devenus des manifestations d'une *fonction d'onde* qui définit la probabilité de leur présence et son évolution au cours du temps. Les grandeurs physiques ne sont plus représentées par de simples variables comme dans la mécanique de Newton, mais par des entités mathématiques, les opérateurs, qui agissent sur les fonctions d'onde et donnent accès aux spectres des valeurs physiques mesurables. Les « inégalités d'Heisenberg » montrent qu'il est alors impossible de déterminer rigoureusement et simultanément la position et la vitesse d'une particule. Les particules sont dotées d'une propriété spécifiquement quantique, le *spin* – un mouvement propre de rotation de la

[85] Voir *supra*, p. 176.

particule sur elle-même, qui ne peut exhiber que des valeurs discrètes (multiples entiers ou demi-entiers de la constante de Planck *h*). Si leur *spin* vaut 1/2, comme les électrons, on les appelle *fermions*, du nom du physicien italien Enrico Fermi. Deux fermions ne peuvent occuper simultanément le même état quantique : c'est le *principe d'exclusion* de Pauli. Cette propriété explique que les électrons restent largement dispersés autour du noyau de l'atome. Si leur spin est entier (0, 1, 2...), comme les photons, on les appelle *bosons*, du nom du physicien indien Satyendranath Bose (1894-1974) ; ces bosons peuvent s'empiler sans limitation dans le même état quantique.

Il a été possible de montrer que des formulations mathématiques très différentes de la mécanique quantique – équation de Schrödinger, algèbre des matrices de Heisenberg, algèbre des spineurs de Dirac – sont des voies d'accès, équivalentes bien que très différentes, aux phénomènes quantiques. À partir de l'équation qu'il a proposée – et qui, en plus des propriétés quantiques comme le spin, prend en compte les équations de la relativité restreinte – Paul Dirac esquisse une première version d'une théorie de champ quantique où les particules sont des manifestations d'une organisation du temps et de l'espace qu'on appelle un *champ*.

Au début des années 1930, la mécanique quantique est déjà bien établie. Elle permet de rendre compte des propriétés des atomes et des molécules. Mais ses équations sont rarement solubles de façon simple et rigoureuse, et les chercheurs doivent recourir à des approximations, tenant compte de leurs symétries et de leurs propriétés mathématiques. La nature probabiliste des phénomènes à l'échelle atomique est fermement acquise, en dépit des objections d'Einstein (qui la récuse car, dit-il, *« Dieu ne joue pas aux dés »*). Certains physiciens comme Louis de Broglie et ses collaborateurs, pour conserver malgré tout un cadre déterministe, s'appuient sur l'hypothèse de variables cachées, c'est-à-dire de processus physiques déterministes encore inconnus, mais donnant aux phénomènes une apparence indéterministe. En 1964, le Britannique John Stewart Bell (1928-1990) montre que, pour tout système à variable cachée émettant des paires de particules, la corrélation entre les spins de ces particules doit obéir à la loi classique de l'indépendance statistique de systèmes spatialement séparés. Les « inégalités de Bell » vont susciter plusieurs séries de mesures de corrélation entre des photons émis par paires. Les expériences effectuées au début des années 1980 (notamment par le Français Alain Aspect, à Orsay) montrent toutes que l'hypothèse de variables cachées ne peut être retenue et que l'univers microscopique obéit bel et bien aux lois quantiques.

Des objets quantiques macroscopiques

Le monde quantique ne se limite pas aux dimensions atomiques. L'une des caractéristiques des objets quantiques est d'être indiscernables, ce qui signifie, par exemple, qu'il est impossible de distinguer un électron d'un autre. Cette donnée a des conséquences sur le comportement collectif des particules, notamment à très basse température.

Prenons le cas de la superfluidité. L'hélium 4, refroidi au-dessous de 2 K (– 271 °C), présente des propriétés nouvelles : il s'écoule sans friction apparente entre deux disques polis pressés l'un contre l'autre, il monte en film le long des parois du récipient qui le contient, il refuse d'être entraîné par la rotation de celui-ci, etc. À quoi sont dues ces propriétés ? Au fait que les atomes d'hélium 4 sont des bosons (ils ont un spin nul) et qu'à cette température, les atomes se trouvent tous dans le même état quantique. Un phénomène analogue produit la *supraconductivité* dans certains métaux refroidis : la résistance électrique [86] y est nulle. Autre phénomène du même type : le rayon laser, imaginé en 1958 par les Américains Charles Hard Townes (né en 1915) et Arthur L. Schawlow (1921-1999), et réalisé en 1960 par leur compatriote Theodore Harold Maiman (né en 1927) en utilisant le « pompage optique » étudié par Alfred Kastler. Le laser est constitué d'un ensemble de photons identiques se propageant ensemble dans la même direction.

De nos jours, les progrès dans la maîtrise des très basses températures (moins d'un microkelvin) et dans l'utilisation des lasers pour confiner des atomes isolés, permettent de réaliser des *condensats de Bose*, c'est-à-dire des empilements d'atomes identiques tous placés dans le même état quantique et agglomérés sous forme d'une sorte d'atome unique. Ces expériences difficiles confirment la validité de la description quantique.

---

[86] Voir *supra*, p. 161.

Aux confins du quantique

Il reste à expliquer comment passer de l'univers quantique, microscopique, à notre monde classique, macroscopique, qui correspond à nos sens (et à notre bon sens !). C'est l'objet des *théories de décohérence,* explorées par des physiciens comme l'Américain Murray Gell-Mann (né en 1929), par ailleurs l'un des inventeurs du modèle des *quarks*. Ces théories utilisent une formulation de la mécanique quantique que l'on doit à l'Américain Richard Philips Feynman (1918-1988), celle de l'*intégrale de chemin* : elle consiste, pour chaque processus physique, à déterminer l'ensemble des voies indiscernables par lesquelles il peut se produire, et à en déduire la probabilité du processus effectivement observé. Ce procédé a l'avantage de faire apparaître la mécanique classique comme limite de la mécanique quantique quand la valeur du quantum h (la constante de Planck [87]) tend vers zéro. Cela permet d'évaluer l'écart des états quantiques par rapport à l'état classique ; cet écart est d'autant plus faible que le processus est plus complexe. Ainsi, plus on observe la matière à une échelle grossière (ce qu'on appelle parfois *agraindissement*), plus les aspects quantiques s'effacent pour laisser aux choses leur apparence classique.

La nouvelle physique

Élaborée pour décrire les propriétés des atomes, la mécanique quantique est devenue une sorte de langage universel nécessaire à la compréhension des sciences de la nature, depuis les particules élémentaires jusqu'à l'astrophysique, la chimie ou la biologie. Mais la description quantique ne suffit pas, elle doit être intégrée aux théories spécifiques des domaines considérés. À partir de la découverte de la structure discontinue de la matière, de nouveaux sujets d'étude sont apparus : atomes et molécules, noyaux atomiques, particules élémentaires, états de la matière, processus hors d'équilibre. Ils constituent autant de champs de ce qu'on peut appeler la « nouvelle physique », par opposition avec la physique classique. Mais il ne

---

[87] Voir *supra*, p. 176.

faut pas oublier que, grâce à la maîtrise d'outils quantiques comme le laser, une science «classique», comme l'optique, a, elle aussi, connu des progrès considérables.

Les noyaux atomiques

Rutherford et ses collaborateurs [88] ont montré qu'en émettant leurs rayonnements, les éléments radioactifs changent de nature chimique, subissant une transmutation. Ils ont aussi constaté que ces processus produisent parfois des éléments aux propriétés chimiques identiques, mais dont les masses atomiques diffèrent d'une ou deux unités. Appelés *isotopes*, ces éléments posaient la question des constituants des noyaux. Marsden et Rutherford, bombardant de l'azote avec des rayons α, ont observé, lors de certains de ces chocs, la production de particules chargées accomplissant un parcours anormalement long. Constatant qu'il s'agit de protons, Rutherford en déduit que le bombardement a cassé le noyau d'azote. Il ouvre ainsi la voie à l'étude des *réactions nucléaires* par bombardement de noyaux atomiques. En 1922, pour expliquer l'existence des isotopes, il postule qu'à côté des protons, les noyaux contiennent aussi d'autres particules, de masse analogue mais électriquement neutres, les *neutrons.* Il affirme également que pourrait exister un isotope de l'hydrogène, dont le noyau serait constitué d'un proton et d'un neutron. En 1932, le neutron est découvert par James Chadwick dans le laboratoire de Rutherford. La même année, aux États-Unis, Harold Clayton Urey (1893-1981), isole le *deutéron*, isotope du noyau de l'hydrogène, le proton. Les noyaux atomiques sont donc constitués de protons et de neutrons, et contrairement à ce que l'on pensait, ils ne contiennent pas d'électrons. Leur charge correspond au nombre de protons. Un nombre égal d'électrons est nécessaire pour neutraliser ces protons. Ces électrons déterminent les propriétés chimiques des atomes. Les masses des protons et des neutrons juxtaposés dans le noyau engendrent la masse atomique.

En 1934, Irène Joliot-Curie (1897-1956), la fille de Marie, et son époux Frédéric Joliot-Curie (1900-1958) mettent en évidence la radioactivité artificielle, c'est-à-dire la production, par des réactions nucléaires, de corps radioactifs, dont certains, d'une brève durée de

---

[88] Voir *supra*, pp. 174-176.

vie, n'existent pas dans la nature. Cette découverte (qui vaut à ses auteurs le prix Nobel de chimie en 1935) permet l'exploration des conditions de stabilité des différents noyaux. Elle donne accès à la production d'isotopes artificiels, très utiles pour l'étude des phénomènes physiques et biologiques, les diagnostics et les traitements médicaux.

Munis d'une charge électrique positive, les protons d'un noyau devraient se repousser mutuellement. Or, pour briser les noyaux stables, il faut une énergie considérable, ce qui conduit à postuler l'existence d'une force (ou interaction) s'exerçant entre protons et neutrons, d'intensité suffisante pour surmonter la répulsion entre protons et assurer la stabilité des noyaux. On appelle cette force l'*interaction forte*. La masse d'un noyau n'est pas exactement égale, mais légèrement inférieure – en général de quelques ‰ – à la somme des masses des protons et des neutrons qui le constituent. Ce déficit de masse (quelques MeV) représente l'énergie de liaison, qui maintient ensemble les constituants du noyau ou *nucléons* (c'est-à-dire les protons et les neutrons). Les énergies en jeu sont bien plus élevées que celles correspondant aux liaisons chimiques. Ces dernières sont de nature électromagnétique (quelques eV) et concernent les électrons entourant les noyaux.

C'est grâce à l'énergie dégagée par des réactions nucléaires que le Soleil et les étoiles produisent chaleur et lumière pendant des milliards d'années. L'Américain d'origine allemande Hans Albrecht Bethe (né en 1906) a reconstitué, en 1938, le cycle de réactions qui, dans le Soleil, transforment les protons en noyaux d'hélium. L'énergie nucléaire est utilisée dans les réacteurs nucléaires et les bombes « atomiques ».

Bombes atomiques

Au cours des années 1930, l'étude des noyaux atomiques montre que certains gros noyaux, comme ceux d'uranium, peuvent devenir instables lorsqu'ils absorbent un neutron. Ils se scindent immédiatement en plusieurs fragments, accompagnés de neutrons libres, libérant de l'énergie, comme le montrent les recherches de l'Allemand Otto Hahn et de l'Autrichienne Lise Meitner (1878-1968). C'est le phénomène de *fission nucléaire*. Produit en cascade (réaction en chaîne), ce phénomène dégage une énergie considérable, instantanée (bombe A) ou étalée dans le temps (« piles atomiques » ou réacteurs nucléaires). En 1942, à Chicago, Enrico Fermi réalise la première réaction en chaîne contrôlée, avec un réacteur à uranium. On sait le rôle militaire et politique qu'ont joué les deux bombes A lâchées sur le Japon en 1945 ; elles furent fabriquées grâce à un important programme de recherche collective, Manhattan, réunissant à Los Alamos, de 1943 à 1945, les ténors de la physique américaine, et même mondiale sous la direction de Robert Julius Oppenheimer (1904-1967).

Après la Seconde Guerre mondiale, a été mise au point la bombe H (ou bombe thermonucléaire), fondée sur la *fusion nucléaire* – union de plusieurs noyaux légers en un noyau plus lourd – et dont l'explosion est encore plus puissante. Ces exploits militaires ont apporté aux physiciens la faveur des responsables politiques qui leur ont donné, en échange, les moyens de construire des instruments de recherche de plus en plus coûteux. On peut considérer que la physique, devenue un instrument politique, y a perdu son innocence scientifique, comme le fit la chimie pendant la Première Guerre mondiale, avec les gaz asphyxiants. Notons pourtant que, peut-être dans le souci de racheter leur discipline, bien des physiciens de premier plan (comme Robert Oppenheimer aux États-Unis et Andreï Sakharov, 1921-1989, en URSS) s'impliqueront par la suite dans les programmes de désarmement nucléaires et dans les traités de non-prolifération.

La grande complexité des noyaux

Utilisant comme sondes des protons, des neutrons, des électrons ou d'autres noyaux, les physiciens ont minutieusement recensé les conditions de stabilité et de désintégration des noyaux. Ils ont souligné l'existence d'états excités, analogues aux états excités des atomes, mettant en jeu des énergies importantes. À l'aide des accélérateurs d'ions, ils ont déterminé l'ensemble des conditions (nombre de protons, nombre de neutrons, états excités, modalités de désintégration) présidant à la constitution des noyaux, stables ou instables.

La physique de la « matière nucléaire » s'est révélée très complexe. Plusieurs modèles ont été élaborés pour décrire les noyaux. L'un, dit

« modèle en couches », dû à l'Américaine d'origine allemande Maria Goeppert-Meyer (1906-1972), est analogue à la description des orbites électroniques des atomes. Un autre considère le noyau comme l'équivalent d'une goutte d'eau ou d'huile qui vibre, tourne et se déforme. On sait aujourd'hui que l'interaction forte qui lie protons et neutrons n'est en fait qu'une sorte de prolongement d'une force plus fondamentale, l'interaction de couleur [89]. De nos jours, la physique nucléaire étudie surtout les noyaux très instables ou soumis à des perturbations exceptionnelles (rotations, oscillations, déformations), et les résultats de collisions de noyaux d'énergie très élevée.

La physique des particules

Scruter et produire des particules

L'expérience de Rutherford avait montré la voie : pour scruter des objets aussi petits que des noyaux ou des particules, on peut les bombarder par d'autres particules. L'optique nous enseigne d'ailleurs que pour observer un objet d'une dimension donnée, il faut une lumière de longueur d'onde inférieure à cette dimension. Or, selon Louis de Broglie, une particule est elle-même une onde, de longueur d'onde d'autant plus faible que son énergie est élevée. Conséquence ? Pour étudier les minuscules particules, on doit utiliser d'autres particules à très haute énergie. Ajoutons que si l'énergie E atteinte dans une collision entre particules est suffisante, la fameuse relation $E = mc^2$ ouvre la possibilité de créer des particules de masse pouvant aller jusqu'à m [90]. Cependant, la création de particules obéit à des règles complexes. Pour explorer ce monde, les physiciens utilisent donc des particules d'énergie de plus en plus élevée : ce furent d'abord les rayons cosmiques, puis les accélérateurs de particules.

---

[89] Voir *infra*, pp. 206-207.
[90] Voir *supra*, p. 180.

Les rayons cosmiques

Vers 1910, les chercheurs sont intrigués par des fuites électriques dans les électroscopes[91]. Suspectant la radioactivité ambiante, ils éloignent leurs instruments du sol. Des expériences effectuées au sommet de la tour Eiffel, en haute montagne et lors d'ascensions en ballon montrent, au contraire, que l'effet croît avec l'altitude ! En 1911, l'Autrichien Victor Hess (1883-1964) en conclut qu'il existe des rayonnements venant de l'espace. On découvrira par la suite que ces *rayons cosmiques* (dénomination due à Millikan) sont constitués principalement de protons, de noyaux atomiques légers, et de quelques photons animés d'une énergie pouvant atteindre une valeur considérable. Lorsqu'ils traversent l'atmosphère, leur énergie se dégrade par chocs successifs sur l'azote et l'oxygène de l'air. C'est pourquoi, pour utiliser au mieux leur énergie, les chercheurs installent leurs instruments au sommet des montagnes, dans des ballons et des avions. Faute d'accélérateurs adéquats, ce sont donc les rayons cosmiques qui permettent de découvrir les positrons (particules analogues aux électrons, mais de charge positive), les mésons π (ou pions), les muons et d'autres entités appelées « particules étranges »[92]. Leur emploi est cependant malaisé car ils sont très dispersés, leur arrivée est imprévisible et l'énergie de chaque particule, inconnue. C'est pourquoi, après 1955, quand les physiciens ont su accélérer des particules à une énergie suffisante, ils ont peu à peu renoncé à cet usage des rayons cosmiques : aujourd'hui, ceux-ci ne servent plus qu'à l'étude des mécanismes qui les ont produits et accélérés à des énergies très élevées, à l'intérieur ou hors de notre galaxie.

Les accélérateurs de particules

Toute particule chargée (proton, électron, noyau, etc.) peut être accélérée par un champ électrique. Il est devenu habituel, dans cette physique, de mesurer les énergies en électronvolts (eV) : un électronvolt représente l'énergie communiquée par une différence de

---

[91] Voir *supra*, p. 156.
[92] Voir *infra*, pp. 200-202.

potentiel de 1 volt à une particule possédant la charge unité, celle de l'électron. Les énergies élevées (mais aussi les masses, en vertu de la relation $E = mc^2$) peuvent donc être exprimées dans des unités multiples de l'électronvolt : le kilo-électronvolt (keV), qui vaut 1 000 eV ; le méga-électronvolt (MeV), qui vaut 10^6 eV ; le giga-électronvolt (GeV), qui vaut 10^9 eV ; le téra-électronvolt (TeV), qui vaut 10^{12} eV... Par exemple, un proton a une masse de 0,939 GeV.

Le premier *microscope électronique* est réalisé en 1928 par Ernst Ruska (1906-1988) et Max Kroll. Accélérés par quelques dizaines de milliers de volts, les électrons ont une longueur d'onde assez faible pour permettre d'observer des détails insaisissables à la lumière ordinaire. Grâce aux lentilles magnétiques qui en modèlent les faisceaux, le microscope électronique est devenu indispensable pour observer les composants des cellules vivantes, les virus, les microcristaux, et même les grosses molécules. Les grossissements atteignent plus d'un million, contre quelque milliers pour les microscopes à lumière ordinaire.

Il est assez simple d'accélérer des particules sous quelques centaines de milliers (microscope électronique), voire quelques millions de volts (accélérateurs Cockroft et Van de Graaf, 1931). Au-delà, des artifices sont nécessaires. On doit au Norvégien Rolf Wideröe (1902-1996) l'accélérateur linéaire (1928), où les particules « surfent » sur la composante accélératrice d'un champ électrique alternatif qui les accompagne dans leur progression. Ernest Orlando Lawrence (1901-1958) invente, en 1930, l'accélérateur circulaire, le *cyclotron*. Dans cet appareil, les particules accélérées tournent entre les pôles d'un aimant, sont ramenées au dispositif accélérateur et bénéficient, à chaque tour, d'un apport d'énergie, jusqu'à l'énergie maximale que permettent d'atteindre le champ magnétique et le diamètre de l'instrument. Les perfectionnements techniques ultérieurs (*synchrocyclotron*, puis *synchrotron* à protons ou à électrons) portent, en 1956, l'énergie disponible à 6 GeV (six milliards d'électronvolts), ce qui suffit pour produire des antiprotons [93]. Aujourd'hui, on utilise surtout des *collisionneurs*, c'est-à-dire des synchrotrons dans lesquels deux faisceaux de particules circulant en sens inverse se croisent, suscitant des chocs entre les particules qu'ils renferment. Le plus grand collisionneur, le LHC

---

[93] Voir *infra*, pp. 196-197.

(Large Hadron Collider), d'un diamètre de 9 km, sera mis en service au Cern (Laboratoire européen pour la physique des particules), près de Genève, vers 2007, et fera entrer en collision des protons de 7 000 milliards d'électronvolts (7 TeV), conférant aux chocs une énergie totale de 14 TeV. On envisage également la construction de collisionneurs linéaires d'électrons.

En outre, les accélérateurs (d'électrons, de protons, d'ions plus lourds), sont aujourd'hui utilisés dans la plupart des sciences de la nature ainsi que dans la médecine et l'industrie.

Les détecteurs

Pour étudier les particules et leurs interactions, il fallait des instruments capables de les détecter individuellement, donc beaucoup plus sensibles que les plaques photographiques et les électroscopes, qui ne donnent que des mesures statistiques. Les particules chargées perturbent faiblement la matière qu'elles traversent, y provoquant une ionisation fugace. On doit amplifier ces effets très faibles pour les rendre mesurables.

L'amplification peut utiliser divers types de procédés :

– procédés thermodynamiques : la chambre à brouillard ou chambre de Wilson (1911), utilisée surtout pour les rayons cosmiques, due au Britannique Charles Thomson Rees Wilson (1869-1952) ; la chambre à bulles (1952), disposée auprès des accélérateurs de particules, inventée par l'Américain Donald Arthur Glaser (né en 1926) ;

– procédés chimiques, dans des émulsions photographiques ultrasensibles (1945) ;

– procédés électromagnétiques : le compteur Geiger (1913), dû à l'Allemand Hans Wilhelm Geiger *(cf. p. 174-175)* ; la chambre proportionnelle multifils (v. 1970), inventée par le Français Georges Charpak (né en 1924), et les instruments qui en dérivent.

À ces détecteurs se sont ajoutés des dispositifs électroniques et informatiques adaptés au traitement de données numérisées très nombreuses. À mesure que croissait l'énergie, accélérateurs et détecteurs gigantesques ont fait de la physique des particules une science lourde, mobilisant de nombreux chercheurs au sein de très importantes collaborations internationales.

L'électrodynamique quantique

Autour du noyau constitué de protons et de neutrons s'étalent des électrons : trois sortes de fermions [94] (particules de spin 1/2) semblent donc suffire pour servir de « briques » à la matière. Il faut y ajouter les photons, particules électromagnétiques, bosons constituant la lumière. Paul Dirac, quantifiant les résultats de Maxwell, a montré que les interactions entre les charges électriques s'opèrent par l'échange permanent de photons, chaque échange se déroulant en un temps bref. Sitôt émis, le photon est absorbé : dans une telle interaction, il reste virtuel, c'est un simple lien matérialisant une force. Les photons ne deviennent réels que lorsque l'énergie disponible le permet, par exemple lorsqu'un électron change d'orbite autour d'un noyau. La théorie de Dirac est une théorie de champ quantique (« seconde quantification »), c'est-à-dire une description des particules et des forces sous forme d'une organisation de l'espace appelée *champ* et obéissant aux règles quantiques.

Cette théorie finit cependant par faire apparaître des termes infinis dans les équations, comme par exemple l'action d'une charge électrique sur elle-même (distance nulle). Julian Schwinger, Shin-ichiro Tomonaga, Hans Albrecht Bethe et Richard Philipps Feynman surmontent cette difficulté, vers 1950 : pour éliminer les infinis, ils introduisent un procédé appelé *renormalisation*, qui supprime de telles divergences dans les calculs. Grâce à la renormalisation, l'électrodynamique quantique (souvent désignée par le sigle QED pour *Quantum Electro-Dynamics*) se révèle la plus précise des théories physiques, strictement confirmée par l'expérience. Elle concerne tous les phénomènes mettant en jeu des charges électriques et des photons. L'interaction électromagnétique entre les particules chargées, comme les électrons et les protons (qui sont des fermions), y est décrite par l'échange de photons virtuels (qui sont des bosons). Pour représenter ces phénomènes, R. Feynman a inventé des dessins très simples, les diagrammes de Feynman *(figure 32)*, dont chaque élément représente un processus physique et donne lieu à une expression mathématique. Cette théorie est devenue un modèle de théorie physique pour comprendre et décrire

[94] Voir *supra*, p. 184.

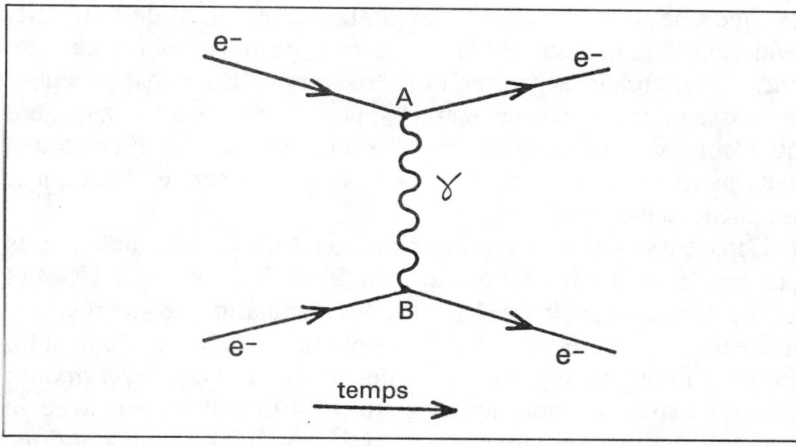

Pour représenter les réactions entre particules, Feynman a utilisé de petits dessins où les particules (les fermions) sont représentées par des lignes droites et les bosons qu'elles échangent par des lignes sinueuses. Le présent diagramme représente l'interaction entre un électron et un autre électron. Leurs charges électriques se repoussent, ce qui modifie leurs trajectoires respectives. On considère que cela s'opère grâce à l'échange d'un photon γ passant d'un électron à l'autre. Dans la théorie de Feynman, chacun des éléments de ce diagramme (lignes, points A et B, photon) correspond à une formule mathématique, ce qui permet de calculer les probabilités des différents angles de déviation possibles. Ce type de représentation s'est révélé utilisable quelles que soient les particules et leurs modes d'interaction.

Fig. 32. – Diagramme de Feynman

les atomes (travaux du Français Claude Cohen-Tannoudji, né en 1933), les molécules, les semi-conducteurs, l'électronique et l'électrotechnique, les phénomènes lumineux.

L'interaction faible : le neutrino

Dans la radioactivité β un neutron se désintègre en un proton (un peu plus léger que lui) avec émission d'un électron très léger. Or, vers 1930, on constate qu'une faible partie de l'énergie de masse du neutron disparaît dans cette désintégration, au point que Niels Bohr évoque une possible défaillance de la conservation de l'énergie. Wolfgang Pauli, et surtout Enrico Fermi, postulent alors que cette énergie est emportée par une troisième particule, de charge neutre. de masse nulle ou presque, entrant si peu en relation avec la matière qu'elle ne peut être détectée. Fermi baptise *neutrino* (« petit neutre ») cette particule fugitive. Cette hypothèse *ad hoc* permet d'expliquer les phénomènes radioactifs.

L'insaisissable neutrino sera finalement observé beaucoup plus tard, en 1956, par les Américains Frederick Reines (1918-1998) et Clyde Cowan (1919-1974), dans les émanations d'un réacteur nucléaire. L'hypothèse de Fermi implique l'existence d'une autre forme d'interactions entre particules nommée *interaction faible* : celle-ci explique pourquoi le neutrino interagit si peu avec la matière. À l'électromagnétisme et à la gravitation viennent donc s'ajouter les interactions forte et faible. On est loin de la belle unité que cherchait Einstein.

Antimatière et symétries

À partir de son équation décrivant le comportement d'un électron dans le champ d'un noyau [95], Dirac avait imaginé qu'existent des particules aux propriétés symétriques de celles des particules connues, qu'on a appelées *antiparticules*. Le *positron* ou *positon* (c'est-à-dire l'anti-électron, de même masse que l'électron mais de charge électrique opposée) a été découvert dès 1932 par l'Américain Carl David Anderson (1905-1991) dans le rayonnement cosmique. Jean Frédéric et Irène Joliot-Curie ont peu après observé la création simultanée d'électrons et de positrons. Quand elles se rencontrent, particule et antiparticule s'annihilent mutuellement, donnant naissance, selon l'énergie disponible et le hasard quantique, à deux photons ou à une autre paire particule-antiparticule. La symétrie particule-antiparticule est une symétrie fondamentale de la physique. Elle a notamment été confirmée en 1954, lorsque les Américains Emilio Segrè (1905-1989) et Owen Chamberlain (né en 1920) ont mis en évidence l'antiproton. À toute particule correspond son antiparticule, mais il est des cas, comme celui du photon, où une particule est sa propre antiparticule.

---

95 Voir *supra*, p. 183

En 1995, au Cern, près de Genève, il a été possible de produire des anti-atomes d'hydrogène, composés d'un antiproton et d'un positron ; on espère, dans les années à venir, en fabriquer suffisamment pour en étudier les propriétés, ce qui permettra de tester la rigoureuse symétrie entre matière et antimatière.

La relation particule-antiparticule, dite *conjugaison de charge C*, est l'une des symétries abstraites qui se manifestent dans les théories de champs quantiques. Certaines de ces symétries ne sont qu'approximatives, comme celle qui unit le proton et le neutron, dont les masses sont proches, mais pas rigoureusement égales. La parité P, symétrie par réflexion dans un miroir, qui transforme une main droite en main gauche, n'est, elle, respectée que par les interactions électromagnétique et forte ; elle est systématiquement violée par l'interaction faible. Cette violation a été postulée en 1956 par les Américains d'origine chinoise Tsung Dao Lee (né en 1926) et Chen Ning Yang (né en 1922), et confirmée par l'expérience. Une autre petite violation, portant sur le produit CP (conjugaison de charge C combinée à la parité P) a été mise en évidence en 1964 par les Américains James Watson Cronin (né en 1931) et Val Fitch (né en 1923). Elle fait depuis sa découverte l'objet de recherches minutieuses. On la relie au fait qu'en dépit de la symétrie C, l'Univers semble bien ne contenir que de la matière : c'est à la violation de CP que serait due la disparition de l'antimatière primitive apparue lors du Big Bang. De délicates expériences sont en cours ou en projet pour éclaircir cette question. Cependant, un théorème rigoureux démontre que les grandeurs physiques sont invariantes sous l'application du produit CPT des trois symétries C, P et T, où T représente l'inversion du temps.

En physique, l'étude des symétries remonte à Pierre Curie. On sait depuis les travaux de la mathématicienne allemande Emmy Nœther (1882-1935) que les symétries mathématiques qui apparaissent dans les lois physiques correspondent à une loi de conservation, c'est-à-dire à une grandeur physique invariante sous certaines transformations : à la conservation de l'énergie correspond l'invariance (ou symétrie) par déplacement dans le temps ; à celle de la quantité de mouvement, l'invariance par rapport au déplacement dans l'espace. Ainsi les lois de la physique sont-elles les mêmes aujourd'hui qu'hier ou demain, ici, aux antipodes, ou dans une autre galaxie. La question des symétries est centrale pour la physique.

Particules et interactions

En 1934, le Japonais Hideki Yukawa (1907-1981), par analogie avec le photon tel que le décrit la théorie de Dirac, présume que la cohésion du noyau de l'atome est due à l'échange d'un autre boson, porteur de l'interaction forte. Cette interaction étant à courte portée, ce boson doit avoir une masse intermédiaire entre l'électron et le proton (d'où son nom de *méson*). Le méson π nommé aujourd'hui *pion*, est identifié en 1947 dans le rayonnement cosmique – il a d'abord été confondu avec une autre particule de masse proche, abondante dans les rayons cosmiques mais insensible à l'interaction forte ; celle-ci s'est avérée, en fait, très semblable à l'électron, bien qu'à peu près 200 fois plus lourde que lui : on la nomme aujourd'hui *muon* (ou μ). Le muon et le pion représentent les premières étapes de l'exploration de deux grandes classes de particules, les leptons et les hadrons. Quatre interactions, de nombreuses particules différentes : la situation se révélait complexe...

L'interaction gravitationnelle

La gravitation, rétive à la quantification, a eu d'emblée un statut particulier. L'attraction gravitationnelle entre deux particules, extraordinairement faible, n'est sensible que pour un grand nombre de particules additionnant leurs attractions. Constamment additive, c'est elle qui, à grande échelle, structure le cosmos et les objets qu'il contient – galaxies, étoiles, planètes. Elle obéit aux lois de la relativité générale d'Einstein. Les phénomènes les plus violents dans l'Univers donnent lieu à l'émission d'ondes gravitationnelles, infimes perturbations de l'espace-temps se propageant à l'infini et qu'on cherche aujourd'hui à mettre en évidence à l'aide de détecteurs ultrasensibles. Dans un cadre quantique, ces ondes correspondent à un boson qu'on appelle *graviton,* mais le cadre théorique correspondant, c'est-à-dire la gravitation quantique, n'est pas encore assuré.

L'interaction électrofaible

L'électron possède, on l'a vu, un homologue plus lourd, le muon. Le neutrino, dépourvu de masse (ou presque) est, quant à lui, une sorte d'électron sans charge électrique, sensible à la seule interaction faible. Il a été observé en 1956. Au même moment, il est apparu que le muon doit être apparié avec une autre sorte de neutrino, qualifié de *neutrino muonique* (le premier étant le *neutrino électronique*), tout aussi fantomatique que le premier. Il a été observé en 1962. Une troisième particule, appelée *tau* (τ), est venue en 1973 compléter la liste des homologues chargés de l'électron. On a appelé *leptons* les particules neutres (les neutrinos) ou chargées (l'électron, le muon, le tau) insensibles à l'interaction forte. Le troisième neutrino, dit *neutrino tauique*, n'a pu être piégé dans les instruments qu'en 1999, mais la certitude de son existence était acquise depuis longtemps. Munis ou non de charge électrique, ces six leptons posaient le problème de la nature de l'interaction faible. C'est le LEP *(Large Electron Positron storage ring)*, grand collisionneur du Cern, qui, en 1989, a permis de vérifier que la liste des leptons est désormais complète.

Sur le modèle de l'électrodynamique quantique a été imaginée la *théorie électrofaible,* décrivant en un jeu unique d'équations les interactions faible et électromagnétique. On doit son élaboration à de nombreux théoriciens, parmi lesquels les Néerlandais Gerardus ‘t Hooft (né en 1946) et Martinus Veltman (né en 1931), les Américains Sheldon Lee Glashow (né en 1932) et Steven Weinberg (né en 1933), et le Pakistanais Abdus Salam (1926-1996). Cette théorie met en jeu deux groupes mathématiques de symétrie, U(1) et SU(2). Elle postule que l'interaction faible, celle des neutrinos par exemple, est transmise par l'intermédiaire de bosons dits *électrofaibles*. Leur masse élevée explique la très faible portée de l'interaction. Certains de ces bosons sont chargés (W^+ et W^-), d'autres neutres (Z^0). La théorie électrofaible implique l'existence de réactions dites « à courant neutre », où un neutrino peut communiquer de l'énergie à un autre particule sans changer de nature. Elles ont été observées au Cern en 1973 par l'équipe du Français André Lagarrigue. La différence entre les masses élevées des bosons électrofaibles (plus de 80 GeV) et la masse nulle du photon électromagnétique a été expliquée par une brisure de symétrie due au « mécanisme de Higgs », sorte de champ de force partout répandu et qui fournit leurs masses aux diverses particules.

C'est notamment grâce à l'Italien Carlo Rubbia (né en 1934) et au Néerlandais Simon Van der Meer (né en 1925) que la théorie électrofaible connaît une confirmation retentissante, en 1983, avec la mise en évidence, au Cern, des bosons W et Z, grâce à un collisionneur de protons et d'antiprotons spécialement conçu. Aujourd'hui, pour que la théorie électrofaible soit entièrement validée, seul(s) le (ou les) boson(s) de Higgs – particule(s) censée(s) apporter la masse, et correspondant à la « brisure de symétrie électrofaible » – reste(nt) à découvrir.

Des hadrons aux quarks

À partir de 1950, d'abord dans les rayons cosmiques, puis auprès des accélérateurs, plusieurs centaines de particules instables ont été découvertes, certaines (les *baryons*) assez semblables au proton et au neutron, d'autres (les *mésons*) analogues au pion. Toutes sont sensibles aux interactions fortes : ce sont des *hadrons*. Plusieurs d'entre elles, bien que produites par interaction forte, se désintègrent par interaction faible, d'où leur nom de *particules étranges* ; elles ont été découvertes dès 1947 dans les rayons cosmiques, mais sont restées longtemps énigmatiques.

Face à cette situation confuse, l'Américain Murray Gell-Mann (né en 1929) et l'Israélien Yuval Ne'eman (né en 1925) proposent pour ces particules une classification selon leurs propriétés. Ils font appel au groupe mathématique SU(3), c'est-à-dire à une symétrie ternaire *(figure 33)*.

À partir du succès de cette classification, Murray Gell-Mann et George Zweig imaginent en 1964 de décrire tous les hadrons (particules subissant l'interaction forte) comme des combinaisons d'objets élémentaires qu'ils appellent *quarks*. Un baryon, comme le proton ou le neutron, contient trois quarks, tandis qu'un méson renferme un quark et un antiquark. À partir de cette combinatoire, il a été possible de représenter tous les hadrons alors connus en utilisant trois quarks de base : *u*, *d* et *s*, le quark *s* (pour *strange,* ou étrange) étant porteur de l'étrangeté.

Les quarks, impossibles à observer directement – ils étaient en principe porteurs d'une charge électrique fractionnaire – pouvaient passer pour une simple commodité mathématique, une fiction théorique. Cependant, des expériences « à la Rutherford » [96], mais

---

[96] Voir *supra*, p. 175

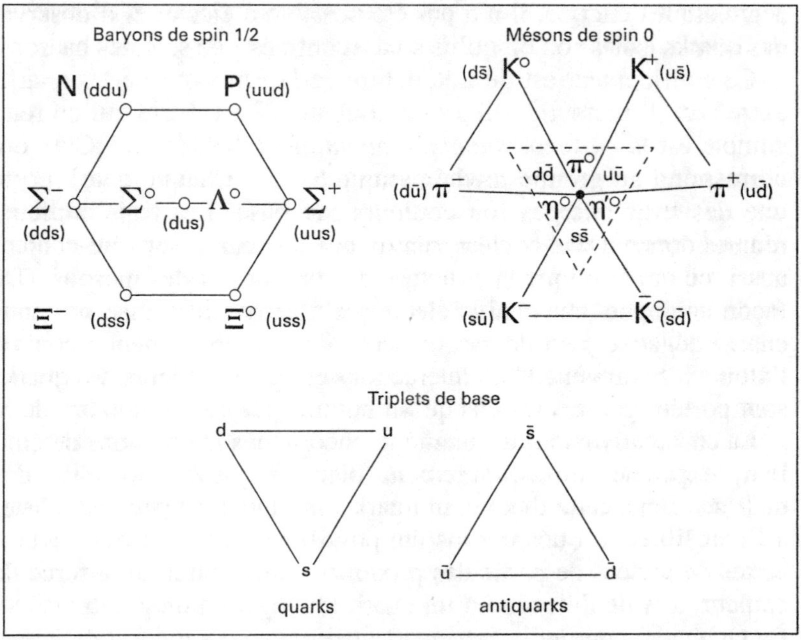

Pour classer les hadrons, particules à interactions fortes, Gell-Mann et Ne'eman ont utilisé deux de leurs propriétés : leur charge électrique et leur « étrangeté », propriété liée à leurs modes de désintégration. Ils ont ainsi obtenu des diagrammes à symétrie triangulaire, correspondant au groupe mathématique SU(3). Deux de ces diagrammes sont ici représentés, l'un correspondant à des baryons (analogues aux protons et au neutrons), l'autre à des mésons. Par la suite, Gell-Mann et Zweig ont montré qu'on peut construire ces diagrammes hexagonaux complexes par des combinaisons diverses de quarks *u*, *d* et *s* (et de leurs antiquarks) : trois quarks pour les baryons, des paires quark-antiquark pour les mésons.

Fig. 33. – Classification de particules selon le groupe SU(3)

utilisant des électrons de très haute énergie (plus de 10 GeV) ont mis en évidence au sein des protons et des neutrons des structures « dures », de dimension ponctuelle, portant des charges électriques fractionnaires, qu'on a pu identifier aux quarks. Mais, même en accroissant l'énergie, il n'a pas été possible d'éjecter et d'observer des quarks isolés : on dit qu'ils sont « confinés » au sein des hadrons.

Ce confinement est dû à la nature de la force qui lie les quarks entre eux, l'interaction dite « de couleur ». La théorie qui en rend compte est la *chromodynamique quantique* (abrégée en QCD), qui correspond au groupe mathématique SU(3). Chaque quark porte une des trois charges (ou couleurs) de base. Les trois couleurs réunies donnent une couleur neutre, une couleur et son anti-couleur aussi, ce qui explique la structure des baryons et des mésons. (De façon analogue, une charge électrique positive neutralise son anti-charge négative pour donner un objet électriquement neutre comme l'atome d'hydrogène.) Les interactions entre les couleurs des quarks sont portées par des bosons qu'on nomme *gluons,* au nombre de 8.

La chromodynamique quantique, théorie des interactions de couleur, explique remarquablement bien la grande diversité des hadrons. Dans cette théorie, ni quarks, ni gluons ne peuvent exister à l'état libre. Il a néanmoins été possible d'observer des « jets », sortes de giclées de particules produites, sous l'effet de la force de couleur, lors de l'éjection d'un quark (1976) ou d'un gluon (1978). La QCD est, comme la théorie électrofaible, une théorie de jauge, c'est-à-dire que ses manifestations sont invariantes sous des rotations locales de l'espace.

Parallèlement, la découverte de nouvelles particules de très haute masse (par Burton Richter et Samuel Chao Chung Ting en 1974, Leon M. Lederman en 1977, etc.) conduit à admettre l'existence de nouveaux quarks, nommés *c*, *b* et *t*. On connaît donc aujourd'hui six quarks *(voir la figure 34)*, particules de charges électriques fractionnaires, constituants élémentaires de la matière hadronique. On pense aussi avoir mis en évidence, dans des conditions extrêmes de température et de pression, ce que l'on appelle un « plasma de quarks et de gluons », un nouvel état de la matière, sorte de soupe matérielle très chaude, où les quarks se meuvent librement et qui aurait existé au début de l'Univers.

La QCD a fait comprendre en outre que l'interaction dite forte – qui unit protons et neutrons dans les noyaux – n'est qu'une manifestation marginale de l'interaction de couleur, une sorte de résidu de la force qui confine les quarks, résidu suffisant pour assurer la cohésion des nucléons, et la grande diversité des noyaux dont découle la diversité des atomes.

Fig. 34. – Les particules fondamentales

I. Fermions				
→ Charge électrique	0 (neutrinos)	-1 (leptons chargés)	-1/3 (quarks)	+2/3 (quarks)
Génération 1 Masse	Υ_e (neutrino électronique) < 10 eV [97]	e (électron) 0,511 MeV	quark d ≅ 3 à 9 MeV	quark u ≅ 1 à 5 MeV
Génération 2 Masse	Υ_m (neutrino muonique) < 0,17 MeV	μ (muon) 105,66 MeV	quark s ≅ 60 à 170 MeV	quark c ≅ 1,1 à 1,4 GeV
Génération 3 Masse	Υ_t (neutrino tauique) < 18,2 MeV	τ (tau) 1777,05 MeV	quark b ≅ 4,1 à 4,4 GeV	quark t ≅ 175 GeV
Interactions →	faible	faible, électro -magnétique	faible, électromagnétique, couleur	

II. Bosons	
Interaction électromagnétique :	photon γ
Interaction faible :	Bosons W^+, W^-, Z^0
Interaction de couleur :	8 gluons

[97] eV = électronvolt ; MeV = méga-électronvolt ; GeV = giga-électronvolt. Voir *supra*, p. 182.

Modèle standard et au-delà

Théorie électrofaible et chromodynamique quantique s'appliquent aux douze fermions de base, six leptons et six quarks : c'est cet ensemble théorique qui constitue ce qu'on appelle le « modèle standard des particules ». Il réunit trois interactions fondamentales : l'interaction électromagnétique, l'interaction faible et l'interaction de couleur. Les expériences menées sur les collisionneurs d'Europe et des États-Unis ont très largement confirmé ce modèle, qui explique en principe tous les phénomènes matériels, à l'exception de ceux liés à la gravitation. En fait, pour décrire la matière ordinaire, il suffit des deux quarks *u* et *d*, et de l'électron. Les autres quarks et leptons, instables, servent seulement à décrire les premiers instants après le Big Bang ou des situations extrêmes, mais ne sont guère présents dans la matière qui nous entoure.

Cependant, les théoriciens sont encore insatisfaits. Le modèle standard leur semble une théorie incomplète, ne prédisant ni le nombre ni les masses des composants de base, quarks et leptons. Il reste encore à leurs yeux plus une sorte de bricolage théorique qu'une véritable théorie unitaire. Pour aller au-delà, pour approfondir l'unification des forces et des particules, ils ont échafaudé un système nommé « supersymétrie », qui veut englober le modèle standard dans une symétrie plus complète. La supersymétrie (familièrement appelée SUSY) prévoit l'existence d'autres particules qui pourraient bien jouer le rôle de la matière sombre dont les astrophysiciens ont dû postuler l'existence [98]. Mais les particules supersymétriques que prédit cette théorie sont aujourd'hui encore introuvables...

Reste également à imaginer une théorie physique unique qui intégrerait en plus la gravitation ; sur ce plan, la théorie dite des « supercordes », ou théorie M, dans laquelle les particules sont considérées comme des sortes de cordes vibrantes relativistes, donne certains espoirs. Il s'agit de spéculations mathématiques au sein d'espaces comportant un grand nombre de dimensions. À l'exception des quatre dimensions de l'espace-temps, d'autres seraient « enroulées » sur elles-mêmes, se manifestant par les inter-

---

[98] Voir *infra*, p. 205.

actions. Dans ce cadre pourrait exister une version quantifiée de la gravitation, la « supergravité ». Toutefois, à ce jour, la théorie des supercordes reste strictement spéculative et encore incapable de proposer de nouvelles expériences probantes.

Sur le plan expérimental quelques pistes sont en cours d'exploration, qui pourraient ouvrir à une compréhension plus complète :

– la recherche du ou des bosons de Higgs [99] ;

– la masse des neutrinos : longtemps tenues pour des particules de masse nulle, les trois variétés de neutrinos semblent maintenant nanties d'une très faible masse. On espère en déduire des indications pour dépasser le modèle standard ;

– la recherche de particules non standard. Diverses possibilités sont envisagées : particules relevant de la supersymétrie [100], ou particules encore inconnues expliquant le déficit de masse décelé dans les galaxies (matière sombre galactique [101]). La recherche de ces particules met en œuvre des détecteurs ultra-sensibles.

Une théorie unitaire de la matière n'est donc pas encore à notre portée. Mais, excepté les effets de la gravitation, l'actuel modèle standard condense toutes les propriétés de la matière connue : celle qui nous entoure, celle du cœur des étoiles de neutrons, comme celle des premiers instants de l'Univers et de tout autre phénomène actuellement accessible à l'observation. Associé à la théorie cosmologique du Big Bang, ce modèle témoigne de la fécondité de l'entreprise de Galilée qui, s'appuyant sur l'expérience et les mathématiques, a voulu embrasser en un savoir unique le monde des cieux et celui de la Terre.

La physique macroscopique

L'immense effort réductionniste en direction des particules « élémentaires » pouvait laisser penser qu'une fois identifiés et compris les mécanismes de base de l'univers matériel, il deviendrait simple d'en déduire l'ensemble des phénomènes naturels, si complexes soient-ils. Cet espoir s'est rapidement révélé illusoire. En effet, il ne

---

99 Voir *supra*, p. 200.
100 Voir *supra*, p. 204.
101 Voir *infra*, p. 280.

suffit pas de connaître les fondements mathématiques et les équations différentielles pour en déterminer les solutions exactes, surtout dans des configurations complexes. Certes, grâce à l'étude des symétries, grâce aux techniques de modélisation, l'informatique donne accès à des approximations souvent très précises, qu'elles concernent les noyaux, les atomes, les molécules ou les structures plurimoléculaires et cristallines; la chimie quantique, en particulier, a fait d'immenses progrès dans le calcul des molécules et de leurs réactions [102].

Parallèlement, la matière a été explorée à diverses échelles. Outre les états traditionnels, c'est-à-dire les gaz, les solides et les liquides – qui font l'objet du vaste champ de la physique de la matière condensée (travaux du Français Pierre Gilles de Gennes [né en 1932]) –, les physiciens ont inventorié et étudié d'autres formes d'organisation de la matière: les plasmas (gaz d'ions et d'électrons), la matière divisée (tas de sable), les agrégats d'atomes ou de molécules, les longues molécules disposées en couches séparées (cristaux liquides), les couches monoatomiques disposées sur supports cristallins, les dispositifs multicouches et les systèmes ayant un nombre de dimensions inférieur à trois, etc. Sont apparues certaines régularités, certaines propriétés communes à différents domaines, comme celles qui concernent les états critiques et les structures chaotiques.

L'étude des états critiques

Les transitions de phase, qu'il s'agisse de fusion, d'ébullition, ou de modification des configurations cristallines dans les alliages, constituent un sujet traditionnel de la physique. Sous certaines conditions, il arrive que deux phases deviennent indistinguables. C'est, par exemple, le cas de la transition liquide-gaz: au-dessus de la «température critique», cette transition s'évanouit et disparaît. L'expérience a montré qu'autour d'un point critique, les systèmes physiques exhibent des propriétés particulières, se manifestant aussi bien dans un aimant que dans un fluide, dans un ensemble de quarks ou dans le faisceau de photons d'un laser. Dans ces configurations d'apparence aléatoire, les grandeurs pertinentes sont le paramètre

---

[102] Voir *infra*, pp. 343-346.

d'ordre, qui caractérise l'homogénéité du système, et la longueur de corrélation, qui indique l'échelle de distance entre les domaines de phases différentes. Des descriptions analogues concernent également la percolation (c'est-à-dire le passage d'un fluide au travers d'une poudre pressée), la turbulence des fluides, la forme des macromolécules de polymères, ou la transition vers le chaos.

L'Américain Kenneth G. Wilson (né en 1936) a montré qu'une entité mathématique dite « groupe de renormalisation » peut servir à rendre compte des phénomènes critiques, quels que soient leur nature ou les mécanismes sous-jacents qui les provoquent. Des dimensions quantiques aux échelles macroscopiques, on voit ainsi apparaître une structure s'appliquant à un grand nombre de phénomènes. Celle-ci a également permis de renormaliser les interactions électromagnétiques dans l'électrodynamique quantique (QED), et d'utiliser des théories « de jauge [103] » pour les interactions électrofaibles et les interactions de couleur.

Les états chaotiques

Les battements d'un pendule sont en principe entièrement déterminés. Si on couple un pendule conique (c'est-à-dire libre d'osciller dans deux plans perpendiculaires) avec un pendule battant à une autre fréquence, on constate, pour certaines valeurs de cette fréquence, que le premier pendule se trouve entraîné dans des mouvements rapidement variables et erratiques, non périodiques. Bien qu'entièrement déterminé, ce comportement présente toutes les apparences d'un désordre aléatoire. C'est là un exemple simple d'un phénomène fréquent qu'on a appelé « chaos déterministe » [104]. Il montre que, même un système simple comme celui qui lie deux pendules, est très sensible aux conditions initiales, deux états initiaux très proches pouvant engendrer des déroulements très différents. Ainsi, la notion de régularité, inséparable de la physique classique, est-elle remise en cause. Des théories analogues concernent aussi bien la turbulence dans les fluides que les lasers, les robinets qui gouttent, certains circuits électriques... Intermédiaires entre les lois

---

[103] Voir *supra*, p. 202.
[104] Voir *supra*, pp. 94-95.

de la physique et celles du hasard, les théories du chaos pourraient, selon certains, ménager un passage entre le monde classique et le monde quantique.

L'auto-organisation

Si l'on chauffe par le bas une couche de liquide au repos, le gradient de température devient tel que le liquide s'organise en cellules spatiales, à l'intérieur desquelles s'établit un mouvement de convexion entraînant les molécules. Le Belge Ilya Prigogine (né en 1917) et ses collaborateurs ont étudié des systèmes de ce type qui montrent que la matière peut s'organiser d'elle-même quand elle est placée hors de l'état d'équilibre. De tels phénomènes se manifestent aussi bien en physique qu'en biologie ou dans les fluctuations climatiques. Apparaissent alors des configurations nouvelles qui semblent contredire l'accroissement perpétuel d'entropie que prédit la thermodynamique [105]. Certes, on peut montrer que cet « ordre né du chaos » se paie par une dépense d'énergie fournie par le monde extérieur. Mais ces systèmes ouverts, à toutes les échelles, jouent un rôle important dans la structuration des formes de la nature.

PERSPECTIVES

Rappelons que c'est à la physique que toutes les sciences de la nature doivent la plupart de leurs instruments, du microscope à la résonance magnétique nucléaire et à la lumière synchrotron. Récemment, le microscope à *effet tunnel* a donné accès à l'observation et à la manipulation des atomes individuels. Outre l'élaboration des connaissances, l'invention d'instruments de plus en plus sophistiqués reste l'une des justifications majeures de la recherche.

Depuis ses origines, la physique progresse dans deux directions opposées. D'une part, elle tend vers l'unification – Galilée et Newton rapprochant physique terrestre et physique céleste ; Maxwell unis-

---

[105] Voir *supra*, p. 140.

sant l'électricité, le magnétisme et la lumière ; Planck, Einstein et de Broglie rassemblant en un seul concept ondes et corpuscules ; les innombrables auteurs du modèle standard offrant une première approche unitaire de tous les phénomènes matériels, représentent autant d'étapes sur ce chemin... En même temps, la physique étend en permanence la gamme des phénomènes qu'elle étudie : ce furent d'abord les mouvement des corps et les phénomènes lumineux, la chaleur et l'énergie, puis les manifestations électriques et magnétiques. Ensuite, le mouvement brownien, les molécules, les atomes, les particules, les plasmas et autres états de la matière, les phénomènes à très basse température qui n'existaient nulle part avant que l'homme ne les produise, les phénomènes transitoires de plus en plus brefs (jusqu'à 10^{-23} seconde), les processus complexes liés à la matière vivante et aux grands événements cosmiques... Demain, sans doute, étudiera-t-on la matière sombre que recherchent aujourd'hui les cosmologistes.

La physique n'a épuisé ni la voie de l'unification, ni celle de la diversification. Mais, en quatre cents ans, ses théories ont parcouru un chemin considérable. Au XVIIe siècle, elle fut la première discipline (avec l'astronomie) à franchir le seuil de la scientificité au sens moderne du terme. Aujourd'hui, les instruments qu'elle élabore, les accomplissements théoriques qu'elle présente, les nouveaux champs d'exploration qu'elle aborde, en font plus que jamais une science ouverte.

Michel Crozon

Chapitre III

L'ASTRONOMIE

LES DÉBUTS DE L'ASTRONOMIE

Même en l'absence de documents écrits pour l'attester, on peut penser que les premiers hommes ont été frappés par les phénomènes astronomiques et la beauté du ciel étoilé. Ce furent vraisemblablement le Soleil, par le cycle des saisons, et la Lune, par la succession de ses phases, qui retinrent principalement leur attention. À l'époque néolithique (5 000 à 2 500 ans avant notre ère), le dessin de certaines constellations (Grande Ourse, Petite Ourse, Pléiades) a été gravé dans la pierre. On connaît surtout de cette période les alignements de menhirs et de dolmens, dont une grande proportion est orientée vers le Soleil levant. Le plus connu de ces alignements est celui de Stonehenge (Grande-Bretagne), dont certains pensent qu'il fut utilisé comme observatoire astronomique ; rien n'est cependant certain et il convient de rester très prudent quant à l'interprétation de ces mégalithes.

Une conception mythique des cieux, la dénomination des constellations ou la déification des astres ne constituent pas encore une science. La naissance de l'astronomie a été graduelle et s'est faite de manière différente selon les peuples et les pays. Ce sont des problèmes concrets qui ont conduit les hommes à développer l'étude du ciel ; on peut citer par exemple la détermination des dates des saisons pour l'agriculture, les problèmes liés à la chronologie pour la mise au point de calendriers solaires ou lunaires, le sentiment d'une relation entre l'avenir des hommes et le ciel, avec l'astrologie, les religions et les mythes, etc. Tous ces facteurs, auxquels il faudrait ajouter des phénomènes célestes « prodigieux » comme les éclipses, les comètes, les novae, ont contribué à faire du ciel un objet d'observation, que l'on tenta progressivement de comprendre puis de prévoir. La naissance de l'écriture fut un pas décisif dans cette longue quête [1].

L'astronomie babylonienne

Notre vision de l'astronomie babylonienne est assez récente puisqu'elle remonte à la traduction des textes cunéiformes il y a un peu moins d'un siècle, et au déchiffrement des textes mathématiques dans les années 1920. Durant plusieurs millénaires, les astronomes mésopotamiens, puis babyloniens, ont accumulé des observations (par exemple des listes d'éclipses) ; bien plus tard, ils ont élaboré des théories mathématiques permettant de décrire avec une remarquable précision les mouvements du Soleil, de la Lune et des planètes.

Très tôt ont été distingués les astres fixes, c'est-à-dire les étoiles, et les astres errants, c'est-à-dire les planètes. À l'époque de la conquête de l'empire perse par Alexandre le Grand, en 331 avant J.-C., l'astronomie babylonienne, aussi appelée chaldéenne, a déjà atteint un certain niveau puisqu'elle possède les outils suivants : division du zodiaque en 12 signes de 30 degrés, calendrier lunaire, connaissances empiriques sur les phénomènes lunaires et planétaires. Sur le plan mathématique, elle connaît l'utilisation des progressions arithmétiques dans la description des phénomènes périodiques et emploie le système sexagésimal dans les calculs [2].

Les instruments astronomiques utilisés sont essentiellement le *gnomon* et le *polos*. Particulièrement rudimentaire, le *gnomon* est un simple bâton fiché verticalement dans le sol ; en suivant la variation de la longueur de son ombre au cours de la journée et de l'année, on obtient divers renseignements astronomiques et on peut mesurer l'heure. Quant au *polos*, il est constitué d'une demi-sphère creuse dont la concavité est tournée vers le ciel ; au centre de la sphère est maintenue une bille qui projette une ombre dans la cavité, permettant ainsi de représenter le mouvement diurne et annuel du Soleil.

---

[1] Voir *supra*, p. 20.

[2] Sur les mathématiques babyloniennes, voir *supra*, p. 22

Un point fondamental à retenir est que l'astronomie babylonienne n'utilise pas, comme le fera l'astronomie grecque, de modèles géométriques. Sa prévision des phénomènes célestes repose uniquement sur l'utilisation de fonctions arithmétiques. Les éphémérides issues de ces calculs permettent de connaître année par année la position du Soleil, de la Lune ou des planètes. Les astronomes grecs doivent d'ailleurs beaucoup à leurs prédécesseurs babyloniens. Il est aussi important de souligner que l'astrologie n'a pas été, comme on le pensait et comme on le pense encore, le principal moteur de la transmission des connaissances.

L'astronomie égyptienne

Longtemps isolée dans la vallée du Nil, à l'abri des grandes invasions, l'astronomie égyptienne est restée rudimentaire. Mais nous lui devons deux notions essentielles : un calendrier de 365 jours et l'invention des décans, d'où découle la division du jour en 24 heures. À la période hellénistique (IIIe-Ier siècles avant J.-C.), l'astronomie égyptienne s'est transformée en subissant l'influence grecque et babylonienne, avec notamment l'apparition de l'astrologie.

Le calendrier vague

Le calendrier égyptien, mis en place entre le IVe et le IIIe millénaire avant notre ère, n'a pas de caractère astronomique : l'année y est divisée en trois saisons de quatre mois chacune (inondations, végétation, récoltes), chaque mois comptant trente jours et étant lui-même subdivisé en trois groupes de dix jours ou décades ; l'année comporte cinq jours additionnels (dits épagomènes, « ajoutés », en grec) placés à la fin du douzième mois. C'est donc un calendrier rudimentaire de 365 jours, qui ne fait pas appel à une synchronisation entre les périodes solaires et les périodes lunaires. Il n'y a aucune espèce d'intercalations comme dans les calendriers lunaires, où le mouvement complexe de la Lune, sans compter la vie politique et sociale, obligent à ajouter des jours supplémentaires à chaque fin de mois. En contrepartie, la durée constante de l'année égyptienne provoque à court terme une dérive du début de l'année par rapport aux saisons de quinze jours en soixante ans (d'où son appellation de « calendrier vague »). Mais ce calendrier constitue à long terme une échelle de temps immuable qui restera utilisée au moins jusqu'à Copernic dans les calculs astronomiques.

Le seul concept astronomique du calendrier égyptien est le lever héliaque de Sirius [3], dont l'importance tenait au fait qu'entre le XVe et le Ve siècle avant notre ère, il coïncidait avec les crues du Nil, principal événement de la vie de l'Égypte.

Les décans

À l'époque du Moyen Empire (v. 2100-1800 avant J.-C) apparaissent les décans, qui vont donner naissance aux premières horloges stellaires. Les prêtres égyptiens ont en effet été confrontés au problème de déterminer l'heure des prières nocturnes, et l'idée d'utiliser les étoiles s'est imposée. Les Égyptiens adaptent les heures de nuit à leur calendrier : puisque le mois est divisé en décades, il en est de même avec les étoiles horaires – apparaissant au bord de l'horizon à une certaine heure. Une étoile est choisie comme marquant la dernière heure de nuit pendant dix jours, une autre étoile pendant les dix suivants, etc. Les décans correspondent donc des étoiles. Comme l'année compte 365 jours, on obtient trente-six décans, plus un reliquat pour les cinq derniers jours appelés épagomènes.

On pourrait donc s'attendre à ce qu'il y ait, à un instant donné, dix-huit décans au-dessus de l'horizon. Mais il faut se rappeler qu'il ne fait pas nuit noire dès le coucher du Soleil – de même qu'il fait déjà jour le matin avant que le Soleil ne soit levé – et que les nuits, comme les jours, ne sont pas égales. Autrement dit, en raison de l'inégalité des nuits et de la durée des crépuscules, on constate que seulement douze décans ont leur lever observable. La nuit est donc divisée en douze heures, et le jour en douze heures également. Il convient de noter que c'est la division décimale du mois qui a entraîné une division duodécimale du jour.

---

3 Sirius, l'étoile la plus brillante dans le ciel, était appelée Sopt par les Égyptiens (Sothis dans une forme hellénisée). Elle se couche de plus en plus tard au printemps, puis disparaît. Quelque 70 jours plus tard, elle réapparaît le matin, juste avant le lever du Soleil (*Hélios* en grec), d'où le terme de « lever héliaque ».

L'astronomie chinoise

La Chine a constitué un autre foyer précoce d'éclosion de l'astronomie. L'Antiquité chinoise commence aux environs de 1500 avant J.-C. et connaît un éclat remarquable sous la dynastie des Han (202 avant-220 après J.-C.). Les plus anciennes observations astronomiques chinoises, trouvées sur des os gravés, mentionnent le relevé d'éclipses, mais il reste difficile de porter un regard objectif sur l'état des connaissances dans la haute Antiquité chinoise, des auteurs tardifs ayant crédité leurs ancêtres d'un savoir immuable.

L'essentiel de l'astronomie chinoise antique repose sur l'observation du Soleil et de la Lune dans le but d'organiser le calendrier. C'est une astronomie officielle, au service du souverain, où l'astrologie est omniprésente. Comme dans beaucoup d'autres civilisations, on reconnaît la longueur de l'année tropique [4] avec une précision satisfaisante (365 jours 1/4), la période de révolution synodique de la Lune [5] et le cycle de dix-neuf ans, dit « de Méton » en Occident [6] et nommé *tchang* en Chine. La période de révolution des planètes, qui n'ont pas de nom propre en chinois, est aussi bien connue.

Contrairement aux astronomies babylonienne et grecque, qui positionnent les astres, tant fixes qu'errants, par rapport à l'écliptique [7], le repérage des étoiles s'effectue par rapport à l'équateur

---

[4] L'année tropique est l'intervalle moyen de temps qui sépare deux équinoxes successifs de printemps, soit la durée de la révolution de la Terre autour du Soleil (actuellement 365,2422 jours).

[5] La révolution synodique de la Lune ou mois lunaire ou lunaison est l'intervalle moyen de temps qui sépare deux nouvelles lunes ou deux pleines lunes consécutives. Il correspond donc à l'espace de temps nécessaire à la Lune pour parcourir le trajet séparant deux positions identiques relativement à la Terre et au Soleil (29,53 jours environ). La révolution sidérale de la Lune désigne l'intervalle de temps dont elle a besoin pour décrire une orbite complète autour de la Terre et donc retrouver une position identique par rapport aux étoiles (27,32 jours environ). Les deux valeurs diffèrent, puisque la Terre est elle-même en orbite autour du Soleil : durant une révolution sidérale, la Lune modifie en même temps que la Terre sa position par rapport au Soleil ; elle a donc besoin de 2 jours 5 heures et 51,3 secondes pour retrouver une position identique par rapport à celui-ci.

[6] Voir *infra*, p. 217.

[7] Voir *infra*, p. 224.

céleste [8] et aux méridiens. Des catalogues d'étoiles, regroupées en deux cent quatre-vingt-quatre constellations, sont dressés dès le Ve siècle avant J.-C. Deux cosmologies géocentriques dominent cette période, la plus ancienne représentant l'univers sphérique au-dessus d'une Terre carrée, et la seconde figurant l'univers comme un œuf sphérique dont la Terre serait le jaune et le firmament la coquille.

Le Moyen Âge chinois, que les historiens font commencer en 317 de notre ère, avec la prise de villes importantes par les Barbares, voit le perfectionnement d'instruments comme la sphère armillaire, le cadran solaire, la clepsydre (horloge à eau) et, plus tard, le turquet [9], dont la découverte est certainement due aux contacts avec les Arabes. C'est aussi l'époque où l'inégalité des saisons, les principales inégalités du mouvement de la Lune et la précession des équinoxes [10] sont attestées avec certitude. Quant aux théories du mouvement des planètes, qui apparaissent plus tardivement, leur développement est certainement lié aux contacts avec l'astronomie grecque.

En dépit de relations nombreuses avec les Indiens et les Arabes, l'astronomie chinoise, demeure essentiellement fondée sur l'observation du ciel (liste d'éclipses, de comètes, supernova de 1054, etc.) ; on ne trouve pas de modèles géométriques comme chez les Grecs. Ce n'est qu'après l'arrivée, en 1583, du savant et missionnaire jésuite italien Matteo Ricci (1552-1610) à la cour des empereurs Ming, à Pékin, que la science moderne européenne va pénétrer lentement en Chine. On assiste alors à l'introduction des modèles de Ptolémée et de la cosmologie concentrique des sphères [11]. Dès le début du XVIIe siècle, les Jésuites font découvrir aux Chinois la lunette et révisent le calendrier grâce à leurs tables astronomiques, qui autorisent une bien meilleure prévision des éclipses de Soleil et de Lune.

---

[8] L'équateur céleste, perpendiculaire à l'axe terrestre, est situé au milieu du trajet entre les pôles célestes, points visés par les bouts de l'axe de rotation de la Terre.

[9] Sur la sphère armillaire et le turquet, voir *infra*, p. 224.

[10] Voir *infra*, pp. 222-223.

[11] Voir *infra*, pp. 239-240.

L'ANTIQUITÉ

L'astronomie grecque

On peut se faire une idée des connaissances astronomiques des Grecs aux VIe et Ve siècles avant J.-C grâce aux présocratiques, c'est-à-dire aux philosophes ayant vécu entre Thalès (v. 625-v. 547 avant J.-C) et Socrate (470-399 avant J.-C). Mais on ne possède de ces auteurs que des fragments, d'une portée astronomique parfois très secondaire. En résumant, on peut dire que, pendant cette période, on fait la distinction entre étoile et planète, on reconnaît que la Lune est éclairée par le Soleil, que l'étoile du soir et l'étoile du matin sont identiques et qu'il s'agit de Vénus, enfin que les éclipses de Soleil résultent de l'interposition de la Lune devant le Soleil et celles de Lune du passage de la Lune dans l'ombre de la Terre. Ce que nous savons de l'astronomie de cette époque exclut toutefois une quelconque possibilité de prévoir une éclipse. Quant à la sphéricité de la Terre, il est probable que sa découverte soit due au changement d'aspect du ciel au cours des voyages (variation de la hauteur du pôle Nord, apparition de nouvelles étoiles vers le Sud) [12].

Des témoignages existent également sur les recherches entreprises vers 430 avant notre ère par deux astronomes athéniens, Méton et Euctémon. Ils ont établi une corrélation, déjà connue des Babyloniens, entre l'année solaire et l'année lunaire : dix-neuf années solaires (le « cycle de Méton ») équivalent à deux cent trente-cinq mois lunaires. On sait enfin qu'ils ont observé des solstices et fait des mesures en différents endroits du monde grec.

Platon (v. 427-348/7 avant J.-C.) distingue le mouvement diurne et le mouvement annuel, donne un ordre géocentrique des planètes, mais il tire son savoir des astronomes de son entourage, notamment Eudoxe de Cnide (v. 408-v. 355 avant J.-C). La découverte, alors récente, de la sphéricité de la Terre, a dû suggérer l'idée d'une sphéricité analogue du ciel et d'un mouvement circulaire des astres, ce

---

[12] Voir *infra*, pp. 219-221.

qui aboutira à la théorie des sphères homocentriques (ayant un centre commun) d'Eudoxe : les mouvements du Soleil et de la Lune peuvent être décrits par la combinaison des mouvements uniformes de deux sphères concentriques. Mais cette découverte présentait de graves insuffisances, en particulier son incapacité à expliquer la variation d'éclat des planètes qui semblait indiquer une variation de la distance.

L'astronomie hellénistique

Aristote

Élève de Platon, précepteur d'Alexandre et fondateur du Lycée à Athènes, Aristote (384-322 avant J.-C.) n'est pas un astronome [13]. Mais ses nombreux écrits ont eu une influence considérable en astronomie et en physique. Sa conception de l'Univers, exposée dans la *Physique* et le *Traité du ciel*, a perduré jusqu'au XVIIe siècle. Aristote distingue tout d'abord le monde infralunaire, situé sous la Lune ; c'est le monde du changement, où les mouvements naturels ou violents sont rectilignes et s'effectuent, soit vers le haut à partir du centre, soit vers le bas en direction du centre. Au-delà de la Lune s'étend le monde supralunaire, sans vide, empli d'une substance appelée éther, régi par des lois différentes : on n'y trouve que des mouvements naturels, circulaires et uniformes. C'est un monde immuable où rien ne peut naître ni périr. La Terre, immobile, occupe le centre de cet univers sphérique, où l'on trouve ensuite successivement la Lune, le Soleil, les cinq autres astres « errants » (Vénus, Mercure, Mars, Jupiter, Saturne [14]), puis le ciel des étoiles fixes. À l'époque de Claude Ptolémée et ensuite, un ordre différent sera adopté : Lune, Mercure, Vénus, Soleil, Mars, Jupiter, Saturne.

Aristote avait adopté le système déjà évoqué d'Eudoxe de Cnide, légèrement complexifié entre-temps par l'astronome Callippe (début du Ve siècle avant J.-C.), qui rendait les planètes et les étoiles

---

[13] Voir *supra*, pp. 109-112.

[14] Ces noms de divinités romaines sont bien entendu postérieurs, les Grecs appelant Vénus, Phosphoros le matin et Hespéros le soir, Mercure, Stilbon, Mars, Pyroeis, Jupiter, Phaéton, et Saturne, Phainôn.

solidaires. Or, on l'a vu, les constructions eudoxéennes étaient purement abstraites. Elles laissaient de côté notamment deux problèmes physiques : d'une part, la nature des orbes transportant les planètes, d'autre part, la transmission de leurs mouvements entre le ciel des étoiles fixes et la région de la Lune. Aristote s'intéresse au contraire de près à ces questions, proposant un système complexe où à chaque astre « errant » correspond une sphère creuse (orbe) en rotation autour de ses pôles particuliers et en révolution autour de la Terre. Ce système était conforme à l'exigence formulée par Platon : prendre pour hypothèse des mouvements circulaires uniformes, tels qu'ils sauvent les apparences que présentent les astres « errants ». En revanche, il n'était pas en mesure de rendre véritablement compte des phénomènes, du fait de son principe de base « homocentrique ».

C'est Apollonius de Perga (IIIe-IIe siècles avant J.-C.[15]) qui fera franchir le pas fondamental au système d'Aristote et permettra d'obtenir une description de tous les mouvements à l'aide de cercles : ses travaux, éliminant les sphères « homocentriques », introduiront des combinaisons de cercles « excentriques » et d'épicycles *(voir la figure 37, p. 225)*.

L'astronomie hellénistique couvre la période qui s'étend des conquêtes orientales d'Alexandre le Grand (IVe siècle avant J.-C.) aux conquêtes romaines du IIe siècle avant J.-C (bien que cette astronomie se prolonge dans quelques foyers intellectuels, notamment Alexandrie, jusqu'au milieu du IIe siècle après J.-C.). Elle s'étend de la Grèce à l'Égypte, en passant par l'Asie Mineure et une partie de l'actuelle Syrie. Ce que l'on sait de l'astronomie grecque provient essentiellement de Ptolémée (IIe siècle après J.-C.), dont l'œuvre a quasiment éclipsé celle de ses prédécesseurs.

La mesure de la circonférence terrestre

Aristote est le premier auteur à avoir donné une série d'arguments prouvant la sphéricité de la Terre, le plus connu étant la forme de l'ombre de la Terre sur la Lune lors d'une éclipse de Lune. Mais c'est à Ératosthène (v. 276-v. 194 avant J.-C), qui dirigea notamment la bibliothèque d'Alexandrie, que l'on doit la première mesure de la circonférence terrestre *(figure 35)*.

---

[15] Voir *supra*, p. 40, sur son œuvre de géomètre.

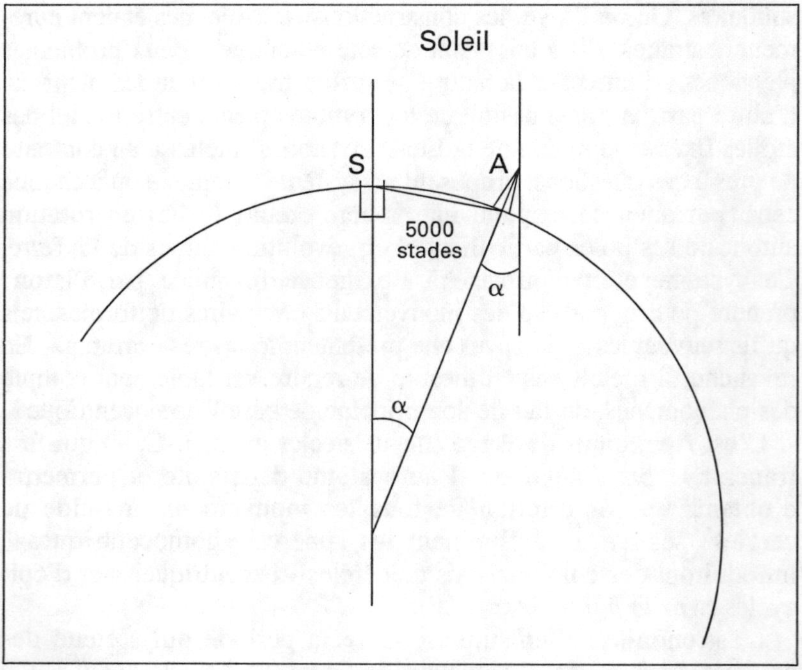

À Syène (S), le jour du solstice d'été, à midi, le Soleil ne donne aucune ombre et éclaire le fond d'un puits : il est au zénith. Le même jour, à Alexandrie (A), située plus au nord, l'ombre d'un *gnomon* montre que le Soleil fait un angle α de 7° 10' (soit 1/50 de circonférence environ). Cet angle représente la différence de latitude entre les deux villes. Or, la distance de Syène à Alexandrie mesurée sur le sol, par arpentage, est de 5 000 stades (environ 800 km). On en déduit la valeur de la circonférence terrestre : 5 000 × 50 = 250 000 stades, soit 40 000 km environ.

Fig. 35. – L'expérience d'Ératosthène

La méthode utilisée par Ératosthène est rapportée par Cléomède (IIe siècle après J.-C). On savait que, près de Syène, se trouvait un puits dans lequel l'image du Soleil se reflétait au solstice d'été ; autrement dit, que le Soleil était à cette date au zénith du puits. Considérant qu'Alexandrie est sur le même méridien que Syène,

Ératosthène était en mesure de calculer le rayon de la Terre. Il lui fallait connaître deux paramètres : la distance Alexandrie-Syène et la différence de latitude entre les deux villes. La première donnée était peut-être connue depuis Alexandre, qui avait confié à des bématistes, c'est-à-dire des arpenteurs, la tache de recueillir des renseignements topographiques. Ératosthène estima à 5 000 stades, une unité de mesure grecque, la distance Alexandrie-Syène. Pour déterminer la différence de latitude entre Alexandrie et Syène, il utilisa vraisemblablement un gnomon : si le jour du solstice d'été le Soleil est au zénith à Syène à midi (il n'y a aucune ombre), un gnomon placé à Alexandrie projette vers le Nord une ombre, dont la mesure permet de fixer la hauteur du Soleil, et donc sa distance zénithale (complément de la hauteur). Ératosthène trouva une différence de latitude de 7° 10', soit un cinquantième de la circonférence terrestre. La circonférence terrestre valant 50 fois plus, Ératosthène trouva 250 000 stades, valeur qu'il porta à 252 000 stades.

Les modernes ont beaucoup commenté ces résultats. Outre le fait que certaines valeurs sont notoirement arrondies pour des raisons de commodité, qu'Alexandrie n'est pas exactement sur le même méridien que Syène et que la valeur du stade utilisée reste incertaine (selon qu'Ératosthène ait utilisé le stade grec, de 177,40 m, ou le stade égyptien, de 165 m), on aboutit à une circonférence terrestre d'environ 40 000 km. Il ne faut pas chercher dans cette mesure d'Ératosthène une opération topographique de haute précision, mais une méthode simple, ne faisant appel qu'à la règle de trois, et qui finalement donne un ordre de grandeur remarquable.

Aristarque

On ne possède d'Aristarque de Samos (v. 310-v. 230 avant J.-C.) qu'un seul ouvrage, *Des dimensions et des distances du Soleil et de la Lune,* dans lequel il explique les méthodes pour mesurer la distance Terre-Lune et la distance Terre-Soleil *(voir la figure 36 page suivante)*. Dans le premier cas, il obtient la valeur très correcte de 60 rayons terrestres. Par contre, il estime que le Soleil est situé 19 fois plus loin que la Lune ; en réalité, le Soleil est 350 fois plus loin que la Lune ! Mais la valeur donnée par Aristarque sera utilisée jusqu'au XVIIe siècle. Celui-ci propose également une théorie héliocentrique du mouvement des planètes – les pythagoriciens plaçaient

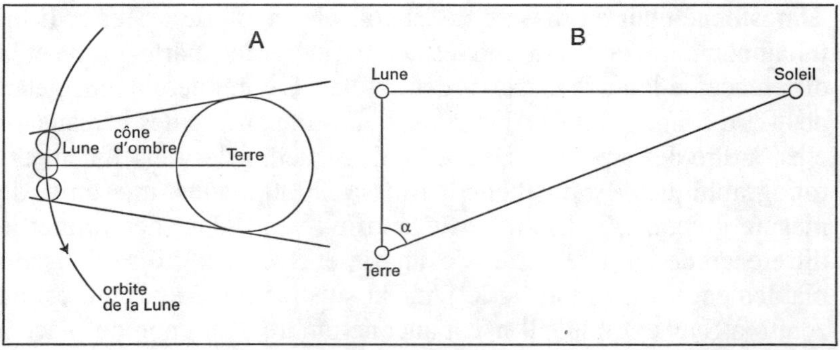

A. Lors d'une éclipse de Lune, la Lune est contenue environ trois fois dans l'ombre de la Terre. Son diamètre est donc voisin du tiers de celui de la Terre. Compte tenu de son diamètre apparent dans le ciel (0°31' en moyenne), on en déduit que sa distance équivaut à 30 diamètres (60 rayons terrestres).

B. Lorsque la Lune est au premier quartier, elle forme un angle droit avec la Terre et le Soleil. Évaluant à 87° (par une méthode que l'on ignore) l'angle α (Lune-Terre-Soleil), Aristarque établit, par des considérations géométriques, que le Soleil est situé 19 fois plus loin que la Lune. En réalité, α vaut 89°50' et le Soleil est environ 350 fois plus éloigné que la Lune.

Fig. 36. – Mesure des distances de la Lune et du Soleil par Aristarque de Samos.

également le Soleil au centre de l'Univers. Elle sera repoussée, puis oubliée jusqu'au XVIe siècle.

Hipparque

Hipparque de Nicée (190-120 avant J.-C.) est considéré comme l'un des plus grands astronomes de l'Antiquité. Il est surtout connu pour avoir découvert ce qui est considéré aujourd'hui comme le troisième mouvement de la Terre, la *précession des équinoxes*.

Notre planète n'est pas rigoureusement sphérique, mais légèrement aplatie aux pôles. Aussi, en tournant sur elle-même, elle se comporte comme une toupie, ce qui entraîne un déplacement de son axe de rotation. Le terme de « précession » désigne ce mouvement conique. L'étoile polaire, celle vers laquelle pointe l'axe de rotation terrestre dans l'hémisphère Nord, est de nos jours une étoile relative brillante située dans la constellation de la Petite Ourse. Il n'en a pas toujours été ainsi, car l'axe des pôles terrestres effectue un tour complet du ciel en 26 000 ans environ. Ce mouvement provoque un déplacement du point fictif choisi comme origine des coordonnées des astres dans le ciel, le *point vernal* (position du Soleil sur la sphère céleste à l'équinoxe de printemps). Ce déplacement, d'environ 50" par an (Hipparque trouva 36" et Ptolémée, après lui, reprit cette valeur), entraîne une lente variation des coordonnées de tous les astres au cours des siècles.

La contribution d'Hipparque à l'astronomie est loin de se réduire à la découverte de ce mouvement global des étoiles. S'il s'est peu attaché au mouvement des planètes, il s'est en revanche beaucoup intéressé au Soleil et à la Lune en construisant des théories pour chacun de ces deux astres.

On avait reconnu assez tôt que les saisons ont des durées inégales (dans l'hémisphère Nord, l'été est actuellement la saison la plus longue et l'hiver, la saison la plus courte). Hipparque comprit que, dans son modèle expliquant le mouvement du Soleil, la Terre ne pouvait être au centre de l'orbite, mais devait être décalée d'une quantité appelée « excentricité », qu'il calcula. De cette façon, le Soleil semblait se déplacer dans le ciel plus vite en hiver et moins vite en été.

Pour la Lune, dont le mouvement est l'un des plus complexes de l'astronomie, Hipparque imagina un modèle qui rendait compte de son déplacement dans le ciel, mais qui ne s'accordait avec la réalité qu'au moment de la nouvelle lune et de la pleine lune. Il découvrit toutefois une première inégalité du mouvement de la Lune, appelée *équation du centre,* due à ce que l'orbite de l'astre autour de la Terre n'est pas circulaire.

Ptolémée

Après les découvertes d'Hipparque, contemporaines des conquêtes romaines, on ne relève jusqu'au IIe siècle de notre ère le nom d'aucun grand astronome. Si la contribution des Romains à l'astronomie est extrêmement réduite, il n'y a cependant pas de fracture dans le développement de la science grecque, et Alexandrie reste un foyer intellectuel très fécond. C'est dans cette ville, célèbre pour sa Bibliothèque, que vécut le plus grand astronome de l'Antiquité, Claude Ptolémée (v. 100-v. 170), dont l'œuvre est considérable par sa richesse et sa diversité.

L'ouvrage le plus connu de Ptolémée, et qui restera jusqu'au XVIIe siècle la base des connaissances de tout astronome compétent, s'intitule en grec *Megalè Syntaxis* (« Grande Composition »), que les Arabes traduiront par *Almageste*. Divisé en treize livres, l'*Almageste* est une synthèse de toute l'astronomie ancienne et constitue un des grands chefs-d'œuvre d'analyse scientifique.

Ptolémée commence par rappeler sa vision du monde, dont les fondements ont été solidement établis par Aristote, avec une Terre sphérique immobile au centre du monde. Il aborde ensuite le mouvement du Soleil, se contentant de reprendre la théorie d'Hipparque. Il apporte dans la théorie du mouvement de la Lune une contribution majeure en découvrant une deuxième inégalité, l'*évection*. Il donne également un catalogue de 1 022 étoiles, le premier qui ait été conservé.

Les instruments d'observation utilisés à l'époque sont, outre le gnomon [16], déjà connu des Babyloniens, la *sphère armillaire* et l'*instrument parallactique*, que l'on désignera au Moyen Âge sous le nom de *triquetrum* ou triquet. Construits en bois, ils servaient à déterminer des coordonnées ou des hauteurs d'astres.

L'étude de la variation de la longueur de l'ombre du gnomon au cours de la journée et de l'année permettait de déterminer la latitude du lieu, la date des équinoxes et des solstices ainsi que l'inclinaison de l'équateur sur l'écliptique [17] (ou *obliquité de l'écliptique*). Accessoirement, le gnomon servait à mesurer l'heure.

La sphère armillaire, que Ptolémée appelle *astrolabe*, est en fait une représentation des principaux cercles de la sphère céleste : méridien, équateur, écliptique, tropique, horizon. Ces cercles étaient généralement mobiles, et en les munissant d'un système de visée, on pouvait mesurer directement les coordonnées célestes du Soleil, de la Lune et des planètes sur l'écliptique. Il fallait pour cela que la sphère soit correctement orientée, et positionnée à la bonne latitude.

Quant à l'instrument parallactique, ainsi appelé parce que Ptolémée l'utilisa pour mesurer la parallaxe de la Lune (angle sous lequel on

---

16 Voir *supra*, p. 212.

17 Le terme « écliptique » désigne le plan de l'orbite terrestre autour du Soleil.

verrait, de cet astre, le rayon de la Terre ; la distance de la Lune s'en déduit) *[voir l'encadré]*, il se composait de trois règles solidaires disposées en triangle isocèle, l'une fixe, les deux autres mobiles en hauteur et en azimut grâce à un système de charnières.

C'est sans doute dans la théorie du mouvement des planètes que Ptolémée a le plus excellé en introduisant l'*équant (voir l'encadré page suivante)*. La théorie épicyclique d'Apollonius de Perge et d'Hipparque ne parvenait pas à expliquer toutes les inégalités du mouvement des planètes. En généralisant le point équant à toutes les planètes, sauf Mercure, Ptolémée parvint à rendre compte de façon

La parallaxe

La parallaxe d'un astre est l'angle sous lequel on verrait, de cet astre, le rayon de l'orbite terrestre.

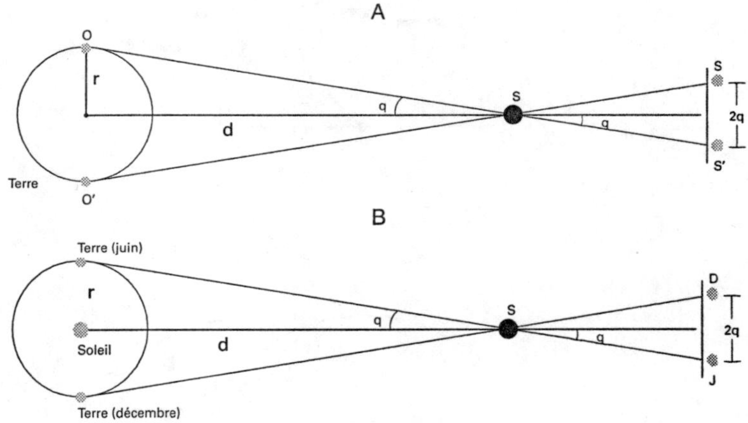

Fig. 37

A. Deux observateurs, O et O', situés à deux endroits différents de la Terre, observent le même astre S. Pour eux, il apparaît sur la voûte du ciel en deux endroits différents, S et S'. On peut, par l'angle q, déterminer la distance d à l'astre et le rayon terrestre r.

B. Le cas est le même pour un observateur sur la Terre à deux moments différents de l'année, par exemple juin et décembre. L'astre S apparaît en juin en J et en décembre en D. On peut ainsi déterminer la distance Terre-Soleil (r) et la distance d du Soleil à l'astre.

Le mouvement géocentrique des planètes dans l'Antiquité

Un des problèmes majeurs de l'astronomie ancienne est d'expliquer le mouvement des planètes parmi les étoiles, notamment leur mouvement rétrograde à certaines époques. On utilise pour cela différentes combinaisons ; la plus simple consiste à placer la planète sur un petit cercle appelé *épicycle*, parcouru en une révolution synodique (intervalle de temps entre deux oppositions, c'est-à-dire lorsque le Soleil, la Terre et la planète sont alignés). Le centre de l'épicycle parcourt un cercle plus grand, le *déférent*, en une révolution sidérale, intervalle de temps au bout duquel la planète a fait le tour du ciel par rapport aux étoiles *(voir la figure 37)*. Pour expliquer les irrégularités du mouvement de la planète, on excentre la Terre du centre, soit en T *(excentrique)*, soit, comme le fera Ptolémée, en E *(point équant)*. L'épicycle sert à compenser l'immobilité de la Terre.

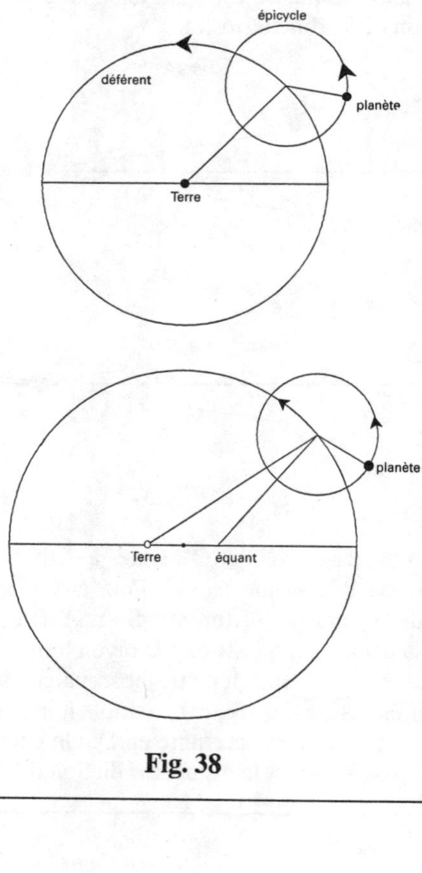

Fig. 38

très satisfaisante de la position en longitude des astres errants. Copernic, quatorze siècles plus tard, ne fera pas mieux, preuve que l'héliocentrisme à lui seul ne constituait pas un facteur d'amélioration. En revanche, le point le plus faible de l'*Almageste* est peut-être sa théorie des latitudes. La difficulté tient essentiellement au fait que Ptolémée fait passer les plans orbitaux par le centre de la Terre, et non par le Soleil, ce qui l'entraîne dans des développements très complexes.

Au total, l'*Almageste* permet de calculer, grâce à des tables, la position du Soleil, de la Lune, une éclipse de Lune ou de Soleil, la position d'une étoile ou d'une planète, une opposition, une élongation, etc., tout ceci pour une date quelconque. Mais l'œuvre du grand astronome d'Alexandrie ne s'arrête pas là. Ptolémée rédigea plus tard un autre traité d'astronomie, les *Tables faciles*. Il s'agit d'un regroupement des diverses tables de calculs disséminées tout au long de l'*Almageste*, accompagnées d'un mode d'emploi. Les *Hypothèses des planètes*, en deux livres, sont un exposé cosmologique, une description physique du monde, utilisant l'*Almageste* comme base de données. Les calculs dérivant de l'*Almageste* avaient une autre finalité : l'astrologie. Ptolémée composa par la suite le plus grand traité d'astrologie de l'Antiquité, la *Tétrabible*.

On ne saurait rendre justice à l'œuvre astronomique gigantesque de Ptolémée à travers ce résumé succinct. Il convient de se rappeler, par exemple, que chaque proposition de l'*Almageste* fait l'objet de démonstrations précises et élégantes, fondées sur des observations astronomiques, et que ses raisonnements mathématiques sont d'une grande sophistication, utilisant la trigonométrie.

Après Ptolémée, on assiste à un déclin graduel de l'astronomie, surtout dans l'Occident latin. Les efforts tendent essentiellement à la préservation du savoir acquis plutôt qu'à son accroissement. Ce déclin s'explique par les changements sociaux, politiques et économiques de l'Empire romain, par l'émergence, surtout au Bas-Empire, du christianisme, ou encore par les migrations de peuples, ce qu'on appelle les « invasions barbares ».

LA PÉRIODE MÉDIÉVALE

L'astronomie arabe

À partir du VIIe siècle, les Arabes vont conquérir un territoire plus grand que l'Europe, en Asie, vers l'Inde, en Afrique du Nord, en Asie mineure, et jusqu'en Espagne. Des savants arabes, dont l'activité débute sous le califat des Abbassides, à Bagdad, découvrent des tables astronomiques indiennes, dont certains éléments remontent jusqu'à la période hellénistique, preuve qu'il y eut des contacts assez tôt entre l'astronomie grecque et l'astronomie indienne. Ces tables astronomiques incitent les astronomes arabes à s'intéresser à Ptolémée, dont la *Syntaxe mathématique*, écrite en grec, avait été traduite en syriaque, puis en arabe à partir du VIIIe siècle. Les autres travaux de Ptolémée seront également traduits et feront l'objet de très nombreux commentaires. Après la période de l'assimilation et des traductions commence celle de la période de vérification et de la correction des paramètres ptoléméens. Parallèlement à ces travaux se développe la construction d'observatoires, à Bagdad et à Damas dans un premier temps, puis dans le Nord-Ouest de l'Iran avec l'observatoire de Maragha au XIIIe siècle.

Des motivations religieuses

L'étude de l'astronomie répondait, pour les Arabes, à une demande bien précise : la détermination des heures de prière et de la direction de La Mecque. Le jour musulman, qui commence au coucher du Soleil en raison du caractère lunaire du calendrier, et parce que le mois commence avec la première visibilité du croissant de Lune, est rythmé par les cinq prières canoniques dont les heures sont définies en fonction de la longueur de l'ombre le jour, et par des phénomènes crépusculaires. Le Coran précise en outre que les musulmans doivent se tourner vers la Kaaba, l'édifice cubique de La Mecque où est enchâssée la « pierre noire » (bétyle) vénérée depuis l'époque anté-islamisque. La détermination de la direction de La Mecque *(qibla)* est purement du ressort des mathématiques, en particulier de la trigonométrie, mais celle de la visibilité du croissant du Lune, ainsi que de la longueur de l'ombre au cours de la journée, requièrent une bonne connaissance du mouvement de la Lune et du Soleil. L'étude de cette astronomie pratique, où la chronologie tient une part importante, amènera les astronomes arabes à se pencher sérieusement sur l'astronomie théorique.

Ptolémée sous les feux de la critique

De nombreux astronomes vont travailler sur les théories de Ptolémée ; on peut citer Thabit ibn Qurra (826-901), qui composa de nombreux traités dans lesquels il étudie surtout l'aspect mathématique des théories de l'*Almageste* [18]. Toujours au IXe siècle, al-Battani (v. 850-929, grand observateur et auteur des *Tables sabéennes*, améliore des constantes astronomiques comme l'obliquité ou la précession ; il affirme le premier l'existence d'éclipses de Soleil annulaires à partir des variations des diamètres de la Lune et du Soleil. Enfin, on citera al-Biruni (973-v. 105), savant exceptionnel qui a composé trente-cinq ouvrages d'astronomie et effectué une synthèse de toute l'astronomie en se référant aux travaux en langue arabe comme en langue grecque.

À partir du XIe siècle, les astronomes deviennent très critiques vis-à-vis de Ptolémée ; un astronome comme Ibn al-Haytam (965-1039), connu en Occident sous le nom d'Alhazen, déplace le débat sur le plan cosmologique [19].

Dans son traité *Sur la configuration du monde*, Alhazen résume les quatre principes physiques sur lesquels repose la construction du monde :

– le corps naturel céleste ne peut par nature se mouvoir de plus d'un mouvement ;

– le corps céleste simple ne peut être mû d'un mouvement irrégulier ;

– le corps céleste est impassible et ne saurait subir aucune division ou pénétration ;

– le vide n'existe pas dans le monde.

---

[18] Voir *supra*, p. 224.
[19] Voir *supra*, p. 116.

Alhazen tente ensuite d'intégrer ces principes (conformes aux idées d'Aristote) dans la doctrine des mouvements célestes de l'*Almageste* et des *Hypothèses des planètes*. C'est par ce traité que la vision ptoléméenne des sphères corporelles se répandra dans le monde arabe et dans l'Occident médiéval. Dans un second traité, plus tardif, *Doutes concernant Ptolémée*, Alhazen reproche à Ptolémée d'avoir utilisé le principe de l'équant[20] comme artifice mathématique, qu'il savait faux d'un point de vue philosophique, puisqu'il viole le principe des mouvements circulaires uniformes. D'autres auteurs, comme Averroès (1126-1198), seront beaucoup plus radicaux, refusant, au nom d'Aristote, tout compromis avec les postulats cinématiques de Ptolémée, ce qui les conduira à nier l'existence dans le ciel de sphères non concentriques à la Terre. Ces critiques seront reprises en Occident à partir du XIIIe siècle ; mais jamais les objections techniques ou philosophiques ne menaceront les bases mathématiques et les résultats de l'*Almageste*, ni la représentation cosmologique des sphères.

Les observations se multiplient

Des programmes précis d'observations avaient été développés dès le VIIIe siècle, essentiellement pour le Soleil et la Lune. Al-Battani, en Syrie, est le premier à mentionner l'utilisation de tubes d'observation, dépourvus de lentilles, afin d'éliminer au maximum la lumière parasite. D'autres astronomes observeront au Caire, à Ispahan, et réviseront totalement le catalogue d'étoiles de l'*Almageste*. Les quelque huit siècles écoulés entre Ptolémée et les observations des astronomes arabes avaient entraîné la modification de certains paramètres astronomiques, en particulier la précession des équinoxes et l'obliquité de l'écliptique[21]. Cette dernière faisait l'objet de mesures précises, impliquant une observation assidue du Soleil. La variation de l'obliquité au cours du temps a amené certains astronomes, dont Thabit ibn Qurra, à supposer une variation non uniforme du mouvement de précession, d'où la théorie de la trépidation, ou mouvement d'accès et de recès, qui fera l'objet de vifs débats au Moyen Âge en Occident, débats tranchés au XVIe siècle.

---

20 Voir *supra*, p. 227.
21 Voir *supra*, p. 224.

Les Arabes pensaient que le mouvement du *point vernal*, origine des coordonnées des étoiles [22], ne se déplaçait pas de façon uniforme au cours du temps, mais oscillait de part et d'autre d'une position moyenne. En fait, c'est l'imprécision des mesures de la position des étoiles au cours des siècles qui était à l'origine de cette interprétation erronée.

À partir des Xe et XIe siècles s'opère une sorte de scission au sein de l'immense empire arabe, avec d'un côté la partie andalouse à l'Ouest, où Tolède et Cordoue prennent un essor important, et de l'autre la partie orientale, qui connaît une invasion mongole et le sac de Bagdad en 1258. Peu après, le Mongol Hulagu Khan fait ériger dans sa capitale de Maragha (Azerbaïdjan iranien) un observatoire qui supplante tous les autres par sa taille et ses installations. L'observatoire de Maragha, où travaille d'abord Nasir Al-Din Al-Tusi [23] (1201-1274), donne lieu à une intense activité astronomique. Il est surpassé au début du XVe siècle par celui qu'Ulugh Beg fait construire à Samarcande, dans le Turkestan. Tous ces observatoires ont pour finalité essentielle l'établissement de tables astronomiques : ces ouvrages très techniques renfermant des données d'ordre chronologique, des catalogues d'étoiles, des coordonnées de lieux, des tables permettant le calcul des positions du Soleil, de la Lune et des planètes, représentent pour les astronomes un instrument de travail fondamental, à partir duquel ils peuvent établir des éphémérides.

L'astronomie en Amérique précolombienne

Faute de documents historiques suffisants, il est difficile de se faire une idée juste et objective du niveau atteint en astronomie par les civilisations qui peuplaient l'Amérique avant l'arrivée de Christophe Colomb, qu'il s'agisse de la civilisation inca, du peuple des Nazcas, qui a laissé dans les plaines désertiques de la côte péruvienne d'immenses silhouettes d'animaux dont la signification astronomique est contestée, ou encore des Aztèques, bien que l'aire culturelle de ces derniers soit plus proche de celle des Mayas. D'un point de vue général, l'astronomie andine reste un domaine d'étude pratiquement vierge.

---

22 Voir *supra*, p. 223.
23 Voir *supra*, p. 50.

On sait qu'avant l'ère chrétienne, les Indiens méso-américains s'intéressaient à la durée de l'année solaire, au mois lunaire et au cycle de Vénus. De véritables observatoires ont servi à l'étude de ces trois astres et certainement d'étoiles remarquables ; leur intérêt était surtout en rapport avec la religion, les rites et la divination.

Vers le VIe siècle de notre ère débute l'ascension de la civilisation maya, principalement en Amérique centrale (Yucatan, Guatemala, Honduras). Bien que les Mayas n'aient pas laissé de traités sur leurs méthodes astronomiques et mathématiques, on peut, par l'étude des inscriptions sur les monuments et les temples, brosser un tableau général de leurs connaissances. Des vestiges impressionnants de l'astronomie maya subsistent ; les sites de Palenque, d'Uxmal et de Chichen Itza, au Mexique – pour ne citer que les plus connus – servaient de toute évidence d'observatoires astronomiques. On possède surtout des manuscrits précieux sur l'astronomie maya ; le plus important est le *Codex de Dresde* (du nom de la bibliothèque de Dresde, qui l'a acquis en 1739), datant probablement du XIIe siècle, mais que l'on considère comme une copie d'un document plus ancien.

L'étonnant calendrier maya

D'un point de vue général, on sait que les Mayas utilisaient un système de numération vicésimal (en base 20) comprenant le concept du zéro, un calendrier sacré utilisant une année de 260 jours, appelé *Tzolkin*, et une calendrier solaire de 365 jours appelé *Haab*. Le *Tzolkin* était divisé en 13 mois de 20 jours, tandis que le *Haab* était divisé en 18 mois de 20 jours plus un résidu de 5 jours. Chaque jour portait deux désignations dans chaque calendrier ; or, le plus petit multiple commun au *Tzolkin* et au *Haab* étant 18 980, il fallait donc attendre 18 980 jours, soit 52 ans, pour retrouver un même couple de noms à une certaine date de l'année dans les deux calendriers. Ces 52 ans constituaient la période la plus fondamentale de la chronologie maya. Mais à ces cycles s'ajoute le plus original, fondé sur le mouvement de la planète Vénus, dont la période de révolution synodique est de 584 jours en moyenne. Les Mayas accordèrent cette période aux deux autres en remarquant que 2 fois 52 ans correspondaient à 65 révolutions de Vénus, soit 37 960 jours. La combinaison de tous ces cycles permettait entre autres la prévision à long terme de la visibilité de Vénus. Basés sur des périodes moyennes, ces cycles s'écartaient au cours du temps de la réalité, et périodiquement des corrections étaient apportées. Mais la conception du temps des Mayas, la dimension religieuse des cycles, restent encore dans l'ombre, de même que la concordance entre la chronologie maya et chrétienne, où certaines sources diffèrent de près de 1 000 ans.

Le *Codex de Dresde* contient également des tables suggérant une relation avec les éclipses. Les Mayas avaient reconnu la durée du mois synodique lunaire qui varie de 29 jours à 30 jours, ainsi qu'un cycle de 405 lunaisons, lui-même divisé en sous-multiples de 6 mois et 5 mois, périodes qui rappellent le passage du Soleil au voisinage d'un nœud lunaire où se produisent les éclipses. Faut-il en déduire pour autant que les Mayas étaient réellement capables de prédire une éclipse de Soleil ou de Lune ? Rien n'est moins sûr.

À partir du XIIe siècle commence le déclin de la civilisation maya ; à l'arrivée des conquistadores, il ne reste pratiquement plus rien de la splendeur de ce peuple. Quant aux empires aztèque et inca, ils sont presque entièrement détruits par les Espagnols au XVIe siècle.

L'astronomie en Occident

Le XIIe siècle connaît une intense activité de traduction, notamment en Espagne, en Italie du Sud et en Sicile. C'est à Tolède, par exemple, que Gérard de Crémone (1114-1187) traduit l'*Almageste* de l'arabe en latin. Une grande partie du corpus aristotélicien et de nombreux ouvrages d'astronomie vont se répandre en Europe au XIIIe siècle.

Arrivé à l'université de Paris en 1221 comme professeur de mathématiques et astronome, le moine et mathématicien anglais Johannes de Sacrobosco (fin du XIIe siècle-1244 ou 1256) compose un manuel élémentaire qui va devenir un best-seller, le *Traité de la sphère*. Ce petit ouvrage, premier livre d'astronomie imprimé (en 1472 à Ferrare), presque quarante ans avant l'*Almageste*, sera encore étudié dans les universités au XVIIe siècle ! Il s'agit pourtant d'un ouvrage rudimentaire, composé de quatre chapitres, qui rappelle succinctement la physique aristotélicienne et qui survole les théories du mouvement du Soleil et des planètes, sans aborder la précession, ni faire intervenir les épicycles et les excentriques[24].

---

[24] Voir *supra*, p. 227.

Développement des tables astronomiques

L'Occident latin a disposé de tables astronomiques à partir du XIIe siècle ; au XIIIe siècle, l'intérêt croissant pour l'astronomie, dû notamment à l'importance accordée à l'astrologie par les puissants, permet de stimuler le développement des tables. Celles des XIIe et XIIIe siècles sont des tables arabes traduites en latin. Vers 1320, dans les milieux astronomiques parisiens, se répandent des tables beaucoup plus ambitieuses, établies indépendamment d'un calendrier particulier et mises au compte du roi Alphonse X de Castille (1221-1284) : les *Tables Alphonsines*. Leur succès fut tel qu'à partir du XIVe siècle, on ne rencontre pratiquement plus que les *Tables Alphonsines* ou leurs adaptations – mais ce succès doit plus à leur mode d'emploi qu'à la qualité des positions prédites.

Peurbach et Regiomontanus

À la fin du Moyen Âge, deux figures dominent ce qu'il est convenu d'appeler « l'avant-Copernic ». Le premier auteur est Georges Peurbach (1423-1461) qui compose les *Theoricae novae* (« Théories nouvelles »). Le second est son élève Johannes Müller, dit Regiomontanus (1436-1476), qui publie en 1472 des *Theoricae novae*, traité classique d'astronomie ptoléméenne dont l'innovation principale réside dans l'exposé sur les mouvements planétaires. On doit aussi à Peurbach la diffusion de l'idée que les astres sont entraînés par un ensemble d'orbes d'épaisseur variable, remplissant chacune des sphères totales dévolues aux planètes. Le problème est d'autant plus compliqué que chaque sphère ne pouvant avoir, selon Aristote, qu'un seul mouvement propre, il a fallu assez tôt ajouter, pour rendre compte des divers mouvements prêtés aux étoiles fixes, une neuvième sphère afin de séparer le mouvement diurne du mouvement de précession, puis une dixième et même une onzième sphère, pour rendre compte des complications du mouvement de trépidation[25].

En ce début de la Renaissance, l'astronomie est dans une impasse. L'héritage aristotélico-ptoléméen exerce une telle domination sur

---

[25] Voir *supra*, p. 230.

l'astronomie et la physique qu'il paraît impossible d'en sortir. À cela s'ajoute le fait que les théologiens ont leur mot à dire, ce qui contribue d'une certaine façon à bloquer la situation dans le débat cosmologique. La rareté des observations et l'imprécision des tables astronomiques, souvent mises à rude épreuve par leur incapacité à prévoir correctement des phénomènes célestes majeurs, nourrissent chez certains auteurs le sentiment qu'une réforme profonde de l'astronomie et de son statut vis-à-vis de la physique est nécessaire.

LA RÉVOLUTION COPERNICIENNE

La publication, en 1543, du *De revolutionibus orbium cœlestium* (« Des révolutions des orbes célestes ») de Nicolas Copernic (1473-1543) marque un tournant décisif dans l'histoire de l'astronomie. L'auteur propose pour la première fois un modèle du monde où les planètes tournent autour du Soleil, la Terre tournant de surcroît sur elle-même, pour expliquer la succession des jours et des nuits. La publication du *De revolutionibus* avait été cependant précédée en 1540 par la *Narratio prima* de Joachim Rheticus (1514-1574), l'unique disciple de Copernic, ouvrage dans lequel ce dernier présentait la théorie copernicienne. La rencontre en 1539 avec Rheticus décida Copernic à publier son œuvre, Rheticus se chargeant d'en effectuer l'édition. Malheureusement, il ne put accomplir sa tâche jusqu'au bout, laissant au théologien luthérien Andreas Osiander (1498-1552) le soin de la poursuivre. Osiander a placé en tête de l'ouvrage, de sa propre initiative, un avertissement au lecteur non signé, en totale contradiction avec les idées de Copernic. Il écrit en effet que l'on ne doit voir dans le *De revolutionibus* qu'une hypothèse destinée à sauver les apparences. Cela peut expliquer en partie pourquoi le *De revolutionibus* ne sera mis à l'Index par l'Église qu'en 1616, lors de la première affaire Galilée [26].

Les raisons de l'adoption de l'héliocentrisme par Copernic restent une énigme. De nombreux astronomes avaient en effet pris conscience des imperfections du système géocentrique de Ptolémée ;

---

[26] Voir *infra*, pp. 246-249.

l'introduction du point équant [27], en particulier, constituait une violation de l'axiome fondamental du système d'Aristote : le mouvement circulaire uniforme des planètes. Encore fallait-il proposer un autre système aussi efficace. La réfutation par Copernic de la cosmologie ancienne, appuyée sur des arguments de physique et d'astronomie, omet cependant d'expliquer comment sont mus les orbes contenant les planètes [28]. Ce qui est certain, c'est que Copernic n'a pas connu l'héliocentrisme d'Aristarque de Samos [29]. Le monde savant a fait cette découverte en 1544 dans l'édition *princeps* de l'*Arénaire* où Archimède y fait allusion.

Le système de Copernic : mythe et réalité

L'idée que l'on a traditionnellement de Copernic, découvrant à la suite de ses nombreuses observations que la Terre tourne autour du Soleil, est un mythe. Copernic n'a pratiquement pas observé au cours de sa vie, et son système reste en partie verrouillé par la physique et l'astronomie anciennes. Ses emprunts aux Anciens, notamment à l'*Almageste* de Claude Ptolémée, sont massifs, sans qu'il discute les observations de ces prédécesseurs. Il considère le mouvement circulaire uniforme comme le seul possible pour les planètes, rejetant ainsi en principe le système à équant de Ptolémée [30]. En fait, il reprend les modèles de l'*Almageste* en effectuant un changement de repère, adoptant de fait, mais de façon déguisée, le point équant. Il y a chez lui, comme chez Ptolémée, une contradiction entre ses propres déclarations de principe et la réalité de son système.

Voulant rendre compte à tout prix des observations anciennes, Copernic a introduit dans ses modèles cinématiques des épicycles – qui n'ont pas la même fonction que chez Ptolémée – dont le but était d'expliquer des variations non uniformes des mouvements. Dans le détail, la mécanique copernicienne se révèle donc au moins aussi complexe que celle de l'*Almageste*. Ainsi, l'idée que l'on a généralement du système de Copernic, avec un Soleil central et des

---

[27] Voir *supra*, pp. 229-230.

[28] Sur le système des orbes, voir *supra*, p. 234.

[29] Voir *supra*, pp. 221-222.

[30] Voir *supra*, p. 227.

planètes tournant autour sur des cercles à vitesse uniforme, est une vision purement esthétique. L'échafaudage copernicien est plus compliqué que celui de Ptolémée, preuve que l'héliocentrisme n'est pas un facteur d'amélioration par rapport au système géocentrique de l'Antiquité.

Cependant, l'auteur du *De revolutionibus* a apporté d'importantes améliorations. Citons en particulier la détermination de la constante de précession des équinoxes [31] avec l'adoption d'une valeur moyenne de 50" par an ; la théorie de la Lune où le satellite de la Terre ne subit plus une variation de distance du simple au double aux quadratures comme dans l'*Almageste* ; la bonne détermination de constantes fondamentales comme la durée de l'année tropique [32] et la durée du mois lunaire [33], qui seront utilisées en 1582 dans la réforme du calendrier grégorien.

Un des avantages majeurs du système de Copernic est la suppression des grands épicycles de Ptolémée. Désormais, le mouvement apparent des planètes dans le ciel se fait par la simple composition du mouvement de la Terre et de la planète autour du Soleil. Ainsi, les rétrogradations s'expliquent très simplement, et les planètes Mercure et Vénus prennent véritablement le statut de planètes inférieures. Le nouvel ordre des planètes à partir du Soleil, qui occupe une place centrale – sans être véritablement le centre des orbes planétaires –, permet d'obtenir en outre des informations sur les distances des planètes au Soleil, exprimées en fonction de la distance Terre-Soleil.

La diffusion des idées coperniciennes

Faute de fournir à ses utilisateurs les tables, pourtant annoncées sur la page de titre, l'ouvrage de Copernic, qui se voulait un « nouvel *Almageste* », reste en de nombreux points inférieur au chef-d'œuvre

---

[31] Voir *supra*, pp. 222-223.

[32] L'année tropique est l'intervalle moyen de temps qui sépare deux équinoxes successifs de printemps (365,2422 jours actuellement).

[33] Le mois lunaire, ou lunaison, est l'intervalle moyen de temps qui sépare deux nouvelles lunes ou deux pleines lunes consécutives (29,5 jours environ) ; cette durée intervient notamment dans le calcul de la date de Pâques.

de Ptolémée sur le plan du calcul astronomique. Ce sont les implications de sa cosmologie et de la physique qui en découle qui vont assurer son triomphe. Cependant, la liste des astronomes qui adhèrent au XVIe siècle à la cosmologie héliocentrique est bien mince ; on peut citer Christoph Rothmann (1550-1605), mathématicien du landgrave de Hesse, Michael Maestlin (1550-1631), professeur de Kepler, Thomas Digges (v. 1546-1595), astronome anglais qui sera l'un des premiers à défendre publiquement l'héliocentrisme, et Giordano Bruno (1548-1600). Ce dernier, condamné à mort en 1600 par l'Inquisition et brûlé vif à Rome, défend une conception très personnelle de l'héliocentrisme : chaque étoile est un soleil autour duquel tournent des planètes, l'Univers infini peuplé de mondes innombrables étant l'expression nécessaire de la puissance de Dieu.

Paradoxalement, c'est l'aspect « calcul prédictif » qui va assurer dans un premier temps la diffusion des idées coperniciennes. En 1551 paraissent les *Tables Pruténiques* de l'astronome allemand Érasme Reinhold (1511-1553), ainsi appelées en l'honneur du duc de Prusse. Reinhold n'est pas exactement un copernicien ; pour lui, l'hypothèse de Copernic n'est qu'un artifice de calcul. Ses tables astronomiques, qu'il est le premier à tirer des modèles coperniciens, comblent les lacunes du *De revolutionibus*. Elles permettent aux astronomes de calculer longtemps à l'avance la position du Soleil, de la Lune, des planètes, et de prévoir une éclipse ou une conjonction planétaire. Dans la seconde moitié du XVIe siècle, les *Tables Pruténiques* vont supplanter les autres tables alors en usage, notamment les *Tables Alphonsines*. Leur bonne prévision de phénomènes célestes majeurs, due en partie à l'utilisation d'observations plus récentes, mais aussi à la publicité dont elles bénéficient, vont progressivement les placer sur le devant de la scène astronomique, et contribuer ainsi à familiariser leurs utilisateurs avec le calcul copernicien. Les éphémérides établies pour plusieurs années à partir des *Tables Pruténiques* domineront ainsi pendant près de quatre-vingts ans toute l'astronomie, jusqu'à ce qu'elles soient à leur tour supplantées par des tables encore plus précises, les *Tables Rodolphines* de Kepler, parues en 1627.

Tycho Brahe

Pour certains astronomes, le système de Copernic reste un artifice de calcul, aucune preuve ne venant confirmer la cosmologie qui le sous-tend. Telle est notamment l'opinion de l'un des plus illustres astronomes du XVIe siècle, le Danois Tycho Brahe (1546-1601). Celui-ci, convaincu de l'insuffisance des tables astronomiques en usage, a pris rapidement conscience que l'amélioration de l'astronomie passe par l'accumulation d'observations précises du ciel.

Aristote à l'épreuve des faits

En 1572, Tycho Brahe observe l'apparition d'une étoile nouvelle, en fait une supernova[34], dans la constellation de Cassiopée. C'est à la suite de cet événement qu'il décide de consacrer sa vie à l'observation du ciel. L'astronomie du XVIe siècle reste encore fortement imprégnée du concept aristotélicien de l'immuabilité des cieux. Or, l'apparition de cette nouvelle étoile vient battre en brèche ce « dogme ». Dans son *De stella nova* (« L'étoile nouvelle »), paru en 1573, Brahe établit pour la première fois que l'absence de parallaxe[35] de la nouvelle étoile prouve qu'elle n'appartient pas au monde infralunaire, mais qu'elle est située dans le ciel des étoiles fixes.

Un coup plus sévère sera porté à la physique d'Aristote quelques années plus tard, à partir de 1577, lorsque Brahe et d'autres astronomes observeront une série de comètes et démontreront que ces objets ne sont pas comme on le pensait alors – et comme le croira par la suite Galilée – des phénomènes atmosphériques, mais bien des astres situés au-delà de l'orbe lunaire.

Ces découvertes, confirmées par d'autres observations cométaires les années suivantes, nourriront un vif débat sur l'existence des sphères corporelles des planètes et sur la liquidité des cieux. Sous la pression des faits accumulés par les astronomes, les philosophes et les théologiens abandonneront progressivement au XVIIe siècle, non sans réticence, cette pièce centrale de la cosmologie aristotélicienne. Mais la destruction des sphères porteuses, censées entraîner les astres dans le ciel, laissera sans réponse la façon dont ceux-ci se

---

[34] Une supernova est une étoile massive qui explose en fin d'évolution. Les Japonais et les Chinois avaient observé une supernova en 1054 (la nébuleuse du Crabe). Après Brahe, Kepler observe une supernova en 1604. Les astronomes modernes ont particulièrement étudié une supernova qui a explosé dans le Grand Nuage de Magellan en 1987.

[35] Voir *supra*, p. 225.

meuvent. La réponse sera finalement donnée par Newton avec la découverte de la gravitation.

Des observations d'une précision inégalée à l'époque

Tycho Brahe est le premier grand astronome observateur de son temps. À Uraniborg, dans l'île de Hveen, non loin de Copenhague, il observe dès 1576 les positions d'étoiles, de planètes, de la Lune et du Soleil. Il perfectionne de nombreux instruments qui, bien qu'encore en bois, sont revêtus d'une enveloppe métallique. Il augmente leurs dimensions et les gradue très précisément tout en améliorant le système de visée. La notion d'erreur personnelle prend alors une véritable importance ; Brahe et ses assistants refont la même mesure avec des instruments différents : triquetrum, quadrant azimutal, sextant astronomique, grande armille équatoriale. La précision atteinte dans les observations est voisine de deux minutes d'arc, soit une amélioration d'un facteur dix par rapport à ses prédécesseurs. Elle permettra par exemple à Tycho Brahe d'inscrire à son actif une importante contribution à la théorie du mouvement de la Lune, avec la découverte en 1595 de deux nouvelles inégalités.

Une cosmologie de compromis

Selon Brahe, le système géocentrique de Ptolémée est irrecevable pour trois raisons : violation du mouvement circulaire uniforme avec le point équant, disproportion des épicycles [36], mauvaise explication du comportement des planètes vis-à-vis du Soleil. Quant au système de Copernic, il n'est pas tenable pour des raisons théologiques, mais aussi astronomiques et physiques. Pour réfuter l'héliocentrisme, Brahe reprend ainsi l'argument d'Aristote : la Terre est un corps lourd, dense et opaque, donc inapte au mouvement. D'autre part, si la Terre tourne autour du Soleil, pourquoi n'observe-t-on pas de parallaxe des étoiles [37], auxquelles Tycho Brahe attribue un diamètre apparent ? Pour prévenir cet argument de poids, que Copernic

---

36 Voir *supra*, p. 227.
37 Voir *supra*, p. 225.

avait déjà tenté de réfuter, il fallait postuler que les étoiles sont rejetées à une distance considérable de l'observateur, mais c'était là un *a priori* qui ne pouvait pas être accordé sans preuve. La difficile quête de la parallaxe des étoiles, preuve du mouvement de révolution de la Terre, occupera des générations d'astronomes, et ne s'achèvera qu'en 1838. Mais une autre preuve de l'héliocentrisme aura été découverte un siècle auparavant, en 1727, par l'astronome anglais James Bradley (1693-1762), avec l'aberration stellaire[38].

Selon Tycho Brahe, la Terre reste immobile, tandis que les planètes sont en révolution autour du Soleil, lui-même tournant en un an autour de la Terre. À vrai dire, ce compromis géohéliocentrique n'est pas un véritable système. Adopté par les Jésuites au XVIIe siècle et par d'autres auteurs pour des raisons essentiellement philosophiques et théologiques, il ne survivra guère à la parution des *Principia* de Newton en 1687.

En 1597, suite à des événements politiques, Brahe quitte Uraniborg et trouve refuge à Prague, auprès de l'empereur Rodolphe II (1552-1612), qui lui confie la charge de mathématicien impérial. Le dernier ouvrage publié de son vivant, en 1598, les *Mechanica Astronomiae instauratae* (« Instruments de la restauration de l'astronomie »), tient à la fois du bilan et du programme de recherche. Il meurt en 1601, en laissant derrière lui une œuvre largement inachevée. Mais Johannes Kepler, venu travailler auprès de lui en 1600, saura tirer magnifiquement parti de la masse considérable d'observations qu'il a accumulées.

Kepler et les lois du mouvement des planètes

En 1600, Johannes Kepler (1571-1630), professeur de mathématiques à l'université calviniste de Graz, est contraint de quitter son poste pour cause de chasse aux protestants. Il gagne Prague où il travaille auprès de Tycho Brahe.

Kepler jouit déjà d'une certaine notoriété due à la publication, en 1596, du *Mysterium cosmographicum* (« Secret du monde »). C'est, de plus, un copernicien convaincu : son professeur à l'université de Tübingen, Michael Maestlin, lui a démontré les avantages du

---

38 Voir *infra*, p. 259

système héliocentrique. Le plan hétérogène du *Mysterium*, son effort pour concilier les orbites héliocentriques des planètes avec les propriétés des cinq solides platoniciens (ou polyèdres : tétraèdre, cube, octaèdre, dodécaèdre et icosaèdre [39]) expliquent qu'il n'ait pas rencontré le succès espéré par son auteur. Les astronomes de l'époque admettent que le monde est construit selon le nombre, le poids et la mesure, mais cela ne justifie pas à leurs yeux la mise en mouvement de la Terre. Le jugement auquel Kepler accorde le plus de prix est celui de Tycho Brahe. Or, dans sa réponse, en 1598, l'astronome danois, malgré des éloges, ruinait l'échafaudage de Kepler : non seulement celui-ci se fonde sur des valeurs (dérivées de Copernic) erronées, mais il s'attache à l'idée traditionnelle des orbes corporelles des planètes, qui n'ont aucune réalité physique. Tycho Brahe préconise évidemment que Kepler adopte son propre système et reprenne ses travaux en s'appuyant sur ses observations.

À son arrivée à Prague, Kepler est chargé par Tycho Brahe d'étudier la trajectoire de Mars. Nommé mathématicien impérial en 1601, après la mort de son maître, il va s'atteler pendant huit ans à ce difficile problème, qu'il pensait naïvement pouvoir résoudre en une semaine. À partir des observations accumulées par Brahe, il se rend compte assez vite qu'il faut rejeter la vieille théorie des mouvements circulaires uniformes. Après des années d'effort et de calcul, il découvre la trajectoire elliptique de Mars ; il publie ses découvertes en 1609 dans un ouvrage très difficile, l'*Astronomia nova,* « Astronomie nouvelle », où il raconte sa quête du mouvement de la planète.

Si la chance a favorisé Kepler dans ses recherches, on lui doit l'abandon du mouvement circulaire uniforme et un souci constant de vérifier que les hypothèses s'accordent avec les observations, en quoi il mêle intimement faits et théories, deux composantes fondamentales de la démarche scientifique.

Les lois de Kepler recevront un accueil mitigé ; Galilée par exemple, ne se ralliera jamais à l'ellipse. En fait, c'est la valeur prédictive des tables et des éphémérides képlériennes qui assureront indirectement leur succès dans un premier temps, avant que Newton montre que les découvertes de Kepler sont des conséquences de la loi de la gravitation.

---

[39] Voir *infra*, pp. 289-293.

Les lois de Kepler

Première loi *(loi des orbites)* : les orbites des planètes sont des ellipses dont l'un des foyers est le Soleil.

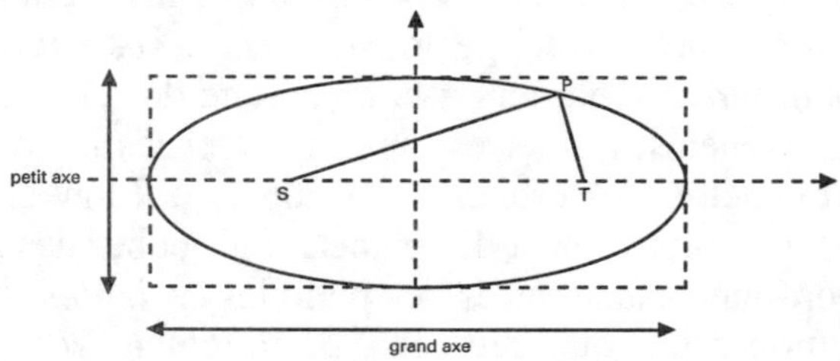

La planète P décrit une ellipse dont le Soleil (S) occupe l'un des foyers.

Fig. 39.

Deuxième loi *(loi des aires)* : une planète balaie des aires égales en des temps égaux. La planète a donc un mouvement plus rapide quand elle est proche du Soleil que quand elle en est éloignée.

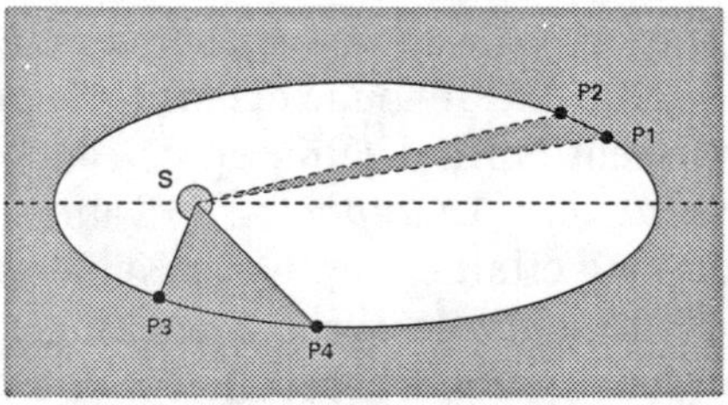

La planète P passe de P1 à P2 et de P3 à P4 dans le même temps. Les aires P1-S-P2 et P3-S-P4 sont égales.

Fig. 40.

Troisième loi *(loi des périodes)* : les cubes des grands axes (distances moyennes au Soleil) sont proportionnels aux carrés des périodes (temps de révolution autour du Soleil). Par exemple, pour Saturne, le grand axe est de 9,5 unités astronomiques (distance moyenne Terre-Soleil), soit au cube environ 857 ; la période est de 29,5 ans, soit au carré environ 870. En somme, les mouvements des planètes ne sont pas indépendants les uns des autres, puisque les dimensions des orbites sont liées aux durées de révolution.

Les années suivant la parution de l'*Astronomia nova* sont difficiles pour Kepler, ce qui ne l'empêche pas de publier de nombreux ouvrages. Mais l'astronome allemand travaille surtout à son *Harmonice mundi* (« Harmonie du monde ») et au couronnement de l'œuvre de Tycho Brahe, les *Tables Rodolphines*. Publiée en 1618, l'*Harmonice mundi* prolonge le *Mysterium cosmographicum* et l'*Astronomia nova*. Toujours à la recherche de relations entre les orbites des planètes, Kepler essaie d'associer les intervalles musicaux aux diamètres des orbites. C'est ainsi qu'il met en lumière la troisième loi du mouvement des planètes : les cubes des grands axes sont proportionnels aux carrés des périodes *(voir l'encadré* supra*)*. On sait aujourd'hui que cette loi, parfaitement correcte si l'on néglige les masses des planètes au regard de celle du Soleil, est une approximation de la loi de la gravitation [40].

À la même époque, Kepler publie son plus gros ouvrage, au titre trompeur, l'*Epitome Astronomiae copernicanae* (« Épitome de l'astronomie copernicienne »), impressionnante synthèse de toute l'astronomie. Kepler y étend ses trois lois à toutes les « planètes », y compris à la Lune et aux satellites de Jupiter. Il supprime les épicycles qui encombraient encore de nombreux modèles planétaires, rompant ainsi avec l'astronomie antique. L'*Epitome* constitue le plus important traité d'astronomie depuis l'*Almageste*.

En 1627 paraissent enfin à Ulm, après d'énormes difficultés matérielles, les *Tabulae Rudolphinae* (« Tables Rodolphines »), aboutissement du long effort entrepris par Kepler depuis 1600 pour mettre en ordre les résultats de Tycho Brahe. Ces tables, à l'époque les plus précises jamais publiées, bénéficient de l'invention récente des logarithmes par Neper [41].

Kepler meurt en 1630, mais livre encore, grâce à son fils, une œuvre posthume, le *Somnium, seu Opus posthumum de Astronomia Lunari* (« Songe ou Ouvrage posthume sur l'astronomie lunaire »). Il s'agit d'une rêverie sur la Lune, véritable roman de science-fiction anticipant sur l'astronautique moderne.

Ainsi s'achève, dans une Allemagne ravagée par la guerre de Trente Ans (1618-1648), la vie d'un des astronomes les plus illustres de l'histoire. Ce travailleur passionné et enthousiaste a bouleversé la

---

[40] Voir *supra*, pp. 130-131.
[41] Voir *supra*, pp. 58-59.

pensée de son époque, ouvrant la voie aux découvertes de Newton. Par son génie, son intuition et son obstination, il a laissé à ses successeurs un héritage qui donnera naissance à l'astronomie moderne.

GALILÉE ET LES PREMIÈRES OBSERVATIONS À LA LUNETTE

Au nombre des coperniciens de poids, Galileo Galilei, dit Galilée [42] (1564-1642), tient avec Kepler une place de premier plan. Professeur à l'université de Pise, Galilée se voit projeté sur le devant de la scène en 1610 avec la publication d'un petit livre, le *Sidereus nuncius* (« Messager céleste »). Il y rend compte de découvertes faites grâce à la lunette qu'il vient de pointer vers le ciel : les montagnes de la Lune, quatre satellites de Jupiter (Io, Europe, Ganymède, Callisto), les phases de Vénus, la résolution en étoiles de la Voie Lactée. En quelques nuits, l'astronomie subit une seconde révolution. La plus importante découverte tient aux satellites de Jupiter. Galilée a la preuve que la Terre n'est pas le centre unique de toutes les révolutions célestes : non seulement quatre satellites tournent autour de Jupiter, mais ils sont entraînés avec la planète dans son déplacement apparent.

Les phases de Vénus – similaires à celles de la Lune et découvert par Galilée quelques mois plus tard –, si elles ne peuvent à elles seules confirmer le système de Copernic, invalident du moins celui de Ptolémée : chez ce dernier, la planète devrait toujours conserver une forme de croissant. Or, Galilée observe un cycle complet de phases, preuve que Vénus tourne autour du Soleil. Il est à noter que ce cycle de phases est sauvé, aussi bien dans le système de Tycho Brahe que dans celui de Copernic, qui font tous deux tourner Vénus autour du Soleil.

Sur la Lune, corps réputé d'une sphéricité parfaite, comme tous les autres corps célestes depuis l'Antiquité, Galilée observe des montagnes, des vallées et des cratères. Enfin, la Voie lactée, considérée par la majorité des auteurs comme une exhalaison de l'atmosphère, se révèle constituée d'une multitude d'étoiles invisibles à l'œil nu.

---

[42] Voir *supra*, pp. 126-128.

Ces découvertes portent un coup mortel à deux mille ans de physique aristotélicienne.

Critiques et controverses

Le *Sidereus* a un retentissement considérable, mais soulève rapidement des critiques. Les détracteurs de Galilée, dont le plus notable est Giovanni Antonio Magini (1557-1617), professeur de mathématiques et calculateur d'éphémérides, rejettent en bloc ses découvertes : la lunette est un instrument trompeur, et Galilée un imposteur. Il faut préciser que sa lunette était loin d'être parfaite ; en regardant Saturne, Galilée n'y voyait qu'un amas, de sorte qu'il crut que la planète était composée de trois astres – c'est seulement en 1655 que Huygens discernera la nature des anneaux de Saturne.

En 1613, Galilée publie ses *Lettres concernant les taches solaires*; en observant par projection le Soleil, il découvre que l'astre du jour a des taches et il mesure leur période de rotation. Il prouve que ces taches sont situées à la surface ou du moins très près du Soleil, contrairement à l'opinion d'autres astronomes, notamment l'Allemand Christopher Scheiner (1573-1650), un astronome jésuite avec lequel Galilée aura d'autres polémiques. Mais l'ouvrage devient l'objet de querelles – dont Galilée sera coutumier – sur la priorité de la découverte des taches. On sait aujourd'hui que c'est Johannes Fabricius (1587-1615) qui les a observées le premier, dès 1611. Notons enfin que Galilée confirme dans ses *Lettres* ses convictions héliocentriques, déjà proclamées dans le *Sidereus*.

Les conflits de Galilée avec l'Église

Galilée est plus un physicien qu'un astronome, mais ses découvertes sapent les fondements de la cosmologie ancienne, et ses idées coperniciennes commencent à inquiéter certains théologiens. Les milieux ecclésiastiques comptent pourtant de fervents défenseurs de Galilée, soucieux de concilier la culture scientifique avec les découvertes les plus récentes de l'astronomie. Dans ce contexte, la Compagnie de Jésus paraît plus ouverte à l'innovation, tandis que les Dominicains constituent en 1616 le parti le plus conservateur de l'Église. Mais la situation sera inversée en 1633, certains jésuites poursuivant alors Galilée d'une haine tenace. L'extrême complexité de la question empêche d'exposer en détail la première affaire Galilée.

1616 : premier avertisssement

En réponse à des attaques sur l'orthodoxie de ses convictions coperniciennes, Galilée écrit en décembre 1613 au père bénédictin Benedetto Castelli (v. 1577-1643) une lettre dans laquelle il soutient que l'héliocentrisme n'est pas incompatible avec l'Écriture correctement interprétée. En mars 1615, Galilée est dénoncé, lettre de Castelli à l'appui, devant le Saint-Office à Rome, congrégation fondée en 1542 par le pape Paul III (1468-1549) pour coordonner les activités de l'Inquisition et veiller à la pureté de la doctrine des mœurs et de la foi. Le 24 février 1616, les théologiens qualificateurs du Saint-Office déclarent que la proposition selon laquelle *« le Soleil est le centre du monde et absolument immobile de mouvement local »* est stupide et absurde du point de vue de la philosophie. Pire, la proposition est tenue pour hérétique car en formelle contradiction avec l'Écriture sainte. Quant à la proposition affirmant *« que la Terre n'est pas le centre du monde ni immobile mais qu'elle se meut tout entière et aussi d'un mouvement diurne »*, elle est jugée erronée au regard de la foi.

Le 5 mars 1616, la Congrégation de l'Index publie un décret stipulant premièrement, que les livres de Copernic et de Diego de Zuñiga – un religieux espagnol de la fin du XVIe siècle qui a affirmé qu'il est plus conforme à l'Écriture d'affirmer le mouvement de la Terre que son immobilité – sont suspendus jusqu'à ce qu'ils soient corrigés. Deuxièmement, que le livre du père carme Paolo Antonio Foscarini, publié en 1615 et soutenant la compatibilité de l'héliocentrisme avec l'Écriture, est condamné sans restriction. Enfin, que tous les livres qui enseignent la doctrine copernicienne sont interdits dans leur ensemble. Le *De revolutionibus*, comme les autres livres traitant de la mobilité de la Terre, ne sortira de l'Index des livres prohibés qu'en 1835...

Galilée, dont aucune œuvre n'est condamnée en 1616, est convoqué par le cardinal Bellarmin, un des membres les plus importants du Saint-Office, pour l'avertir de renoncer à l'opinion censurée, de ne pas l'admettre, ni l'enseigner ni en faire objet de quelque exposé que ce soit, oral ou écrit.

Le « Dialogue sur les deux grands systèmes du monde »

Dans les années qui suivent, Galilée travaille à différentes publications ; l'apparition de trois comètes durant l'hiver 1618 suscite avec le jésuite Orazio Grassi (1590-1654), professeur au *Collegio Romano*, une longue dispute. Galilée, rappelons-le, pense que les comètes sont des phénomènes atmosphériques, bien que Tycho Brahe et d'autres aient prouvé le contraire. En 1628, il prépare le *Dialogue sur les deux grands systèmes du monde*, qui sera finalement imprimé, après de multiples ennuis et démêlés pour obtenir l'*imprimatur*, en avril 1632. Il s'est cru encouragé dans cette entreprise par le nouveau vent qui souffle à Rome, depuis que son ami et protecteur Maffeo Barberini est devenu pape, en 1623, sous le nom d'Urbain VIII. Mais en août 1632, Galilée est sommé de comparaître devant l'Inquisition à Rome ; il ne s'y rendra qu'en avril 1633. Cette convocation est évidemment liée à la parution du *Dialogue*, dans lequel trois personnages, Salviati, Sagredo et Simplicio s'affrontent pendant quatre jours. Salviati, penseur brillant, représente Galilée ; Sagredo figure l'honnête homme qui feint la neutralité ; quant à Simplicio, c'est un pur aristotélicien, défenseur de la doctrine du Stagirite. Le *Dialogue* n'est ni un livre d'astronomie ni un livre de physique ; c'est une véritable machine de guerre contre l'héritage aristotélicien, écrite non pas en latin, la langue savante, mais en italien. Résumer une œuvre aussi riche est impossible en quelques lignes. Disons seulement que Galilée affaiblit considérablement les objections traditionnelles contre le mouvement de la Terre, en réfutant les raisons en faveur du géocentrisme avancées par Aristote, par Ptolémée et par Tycho Brahe, les conceptions de ce dernier n'étant pas considérées par Galilée comme un véritable système. C'est d'ailleurs l'explication du titre de l'ouvrage : les « deux grands systèmes du monde » sont ceux de Ptolémée et de Copernic. Galilée montre ensuite que seul le système héliocentrique permet d'expliquer les découvertes effectuées avec sa lunette. Enfin, il reprend un argument déjà utilisé dans un texte composé en 1616, à savoir que les marées océaniques sont le résultat de la composition de la rotation de la Terre et de sa révolution autour du Soleil.

L'abjuration

Une fois le *Dialogue* paru, les inquisiteurs se trouvent devant une difficulté de taille : l'ouvrage a obtenu l'*imprimatur*, c'est-à-dire l'autorisation de paraître donnée par l'autorité ecclésiastique. On contourne l'obstacle, habilement mais perfidement, en invoquant la prescription de 1616, lorsque Galilée s'est vu intimer l'ordre par le cardinal Bellarmin de renoncer à la doctrine copernicienne. En d'autres termes, on s'emploie à prouver que Galilée a extorqué frauduleusement l'*imprimatur* en omettant de préciser l'avertissement de Bellarmin. La tactique réussit pleinement et, le 22 juin 1633, devant la congrégation du Saint-Office réunie à Rome, Galilée abjure à genoux, après avoir écouté la sentence qui porte sur l'interdiction du *Dialogue* et l'incarcération de son auteur. C'est à l'issue de l'abjuration qu'il se serait écrié, à propos de la Terre : *« Eppur si muove ! »* (« Et pourtant elle tourne ! »).

Galilée quitte Rome, théâtre de son humiliation ; deux ans plus tard, le *Dialogue* est traduit en latin et diffusé dans toute l'Europe. Assigné à résidence dans sa villa d'Arcetri, Galilée rédige son plus grand chef-d'œuvre, le *Discours concernant deux sciences nouvelles*, édité à Leyde à 1638. Il meurt en 1642.

Depuis le XVIIIe siècle, le « cas Galilée » n'a cessé de préoccuper les savants européens et de peser sur les relations entre l'Église catholique et le monde scientifique. Le débat a été relancé en 1979 avec la décision du pape Jean-Paul II de créer une commission chargée de travailler sur le célèbre astronome. Après treize ans d'enquête, la commission a rendu une conclusion jugée ambiguë par certains historiens des sciences, puisqu'elle considère qu'il y a un partage des torts entre Galilée et ses juges de l'Inquisition, et parle « d'une tragique et réciproque incompréhension ».

LE XVIIe SIÈCLE : UNE ÈRE NOUVELLE DANS LA CONNAISSANCE DU CIEL

Dès les premières observations réalisées à l'aide des lunettes, les préoccupations des astronomes évoluent. L'existence d'autres mondes permet toutes les spéculations et tous les espoirs. Il s'agit de les découvrir, de les comparer, d'imaginer les conditions de vie qu'ils offrent à leurs éventuels habitants... Il manque cependant une donnée importante pour la connaissance de ces mondes frères : on ne sait rien de leurs distances et de leurs tailles respectives. On ne connaît même pas encore bien le globe terrestre. La forme de la Terre reste incertaine, les techniques de mesures des longitudes n'ont pas progressé depuis l'Antiquité, la cartographie est imprécise. Alors que Galilée et certains de ses contemporains tentent de tirer des lois d'observations objectives des phénomènes de la nature, une autre approche de la quête de la connaissance apparaît, privilégiant l'explication des phénomènes observés à partir de causes simples susceptibles de généralisation.

René Descartes (1596-1650) propose une théorie tourbillonnaire de l'Univers, qui justifie l'héliocentrisme, mais repose sur des considérations plus philosophiques que scientifiques, essentiellement à cause du manque de connaissance des dimensions autres que la distance Terre-Lune. Pour Descartes, les planètes sont d'anciennes étoiles lentement recouvertes de matière lourde et absorbante, à l'instar des taches solaires. Les étoiles sont au centre de tourbillons entraînant les planètes et les comètes errent d'un tourbillon à l'autre. Il s'agit en fait d'élaborer un édifice intellectuellement cohérent, très platonicien, qui rende compte des phénomènes sensibles. Le défaut majeur de cette approche est son anthropomorphisme, l'Univers étant ramené à la perception et à la sensibilité de l'Homme.

Les besoins de quantification et de mesure deviennent criants pendant la première moitié du XVIIe siècle. Un vaste effort est alors entrepris pour enfin résoudre la question fondamentale des dimensions du Système solaire.

Des astronomes arpenteurs

La détermination de la distance du Soleil avait été tentée dans l'Antiquité, notamment par Aristarque [43], sans grand succès. On considérait volontiers que le Soleil devait se situer au moins vingt fois plus loin que la Lune. Le problème va trouver sa solution grâce à la troisième loi de Kepler, qui relie les demi-grands axes des orbites des planètes à leur période de révolution [44]. Cette loi permet

---

[43] Voir *supra*, pp. 221-222.
[44] Voir *supra*, p. 243.

notamment d'établir que la distance du Soleil à Saturne, la plus lointaine planète connue à l'époque, est dix fois plus grande que celle du Soleil à la Terre. Elle révèle aussi que la planète Mars est une fois et demie plus éloignée du Soleil que la Terre. Lors d'une opposition martienne – lorsque le Soleil, la Terre et Mars sont alignés dans cet ordre – la distance de la Terre à Mars est donc à peu près égale à la moitié de celle de la Terre au Soleil. Il suffit de déterminer la distance séparant alors la Terre de Mars pour en déduire la distance de la Terre au Soleil et, ensuite, l'ensemble des distances entre les astres du Système solaire.

Les premiers essais de détermination de dimension des planètes se révèlent décevants. Observée à la lunette, Vénus apparaît bien petite et, en 1631, lors du passage devant le Soleil (ou *transit*) de

Pierre Gassendi (1592-1655)

Issu d'une famille de paysans, Pierre Gassend, dit Gassendi, naît le 22 janvier 1592 à Champtercier, près de Digne. En 1608, il entre à l'université d'Aix où il étudie la philosophie, puis la théologie. Reçu docteur en théologie à Avignon en 1614, il est ordonné prêtre l'année suivante. Professeur de philosophie à l'université d'Aix de 1617 à 1623, il est nommé en 1640 professeur de mathématiques au Collège royal (ancêtre du Collège de France), à Paris, où il aura notamment comme élèves Cyrano de Bergerac, l'abbé Picard et Molière. Il s'éteint à Paris le 24 octobre 1655, des suites d'une inflammation pulmonaire.

Philosophe, savant et homme d'Église, Gassendi fut l'un des esprits les plus éclairés de son temps, apprécié pour sa rigueur scientifique, sa modestie, son désintéressement et l'amabilité de son caractère.

En philosophie, il critiqua Aristote et Descartes et chercha à concilier l'atomisme antique et la morale épicurienne avec le christianisme.

En astronomie, il s'illustra à partir de 1618 par de très nombreuses observations à la lunette (il disposait notamment d'une lunette offerte par Galilée) : taches solaires, relief lunaire, planètes, satellites de Jupiter, éclipses, comètes, etc. En 1631, il suivit, pour la première fois, un passage de la planète Mercure devant le Soleil. On lui doit aussi, en 1621, la première description scientifique d'une aurore boréale. Bien que prêtre, soumis à la hiérarchie catholique, il ne cacha jamais son adhésion au système héliocentrique et prit la défense de Galilée.

En physique, il étudia la chute des corps et les lois du choc, expliqua la hauteur des sons et mesura leur vitesse de propagation.

Mercure, prévu par Kepler, Pierre Gassendi (1592-1655) à Paris, et Johann Baptist Cysat (1586-1657) à Ingolstadt, en Allemagne, sont surpris de la très petite dimension de la planète par rapport au disque solaire. Remus Quietanus, à Rouffach, en Alsace, pense même que la tache qu'il voit passer devant le Soleil ne représente qu'une fraction de la planète. Gassendi *(voir l'encadré)*, habile observateur de taches solaires, suggère que le petit diamètre apparent de Mercure tient à sa taille réduite, mais surtout au fait que sa distance est beaucoup plus importante que celle envisagée depuis l'Antiquité.

En Angleterre, Jeremiah Horrocks (1619-1641), aidé de William Crabtree (1610-1644) et William Gascoigne (1612-1644), montre en 1637 que le mouvement de la Lune obéit aux lois de Kepler. Observant, en 1639, le transit de Vénus, il confirme l'éloignement considérable des mondes extraterrestres et imagine une force invisible maintenant le Système solaire en équilibre. La connaissance de la Terre et de son mouvement est encore incertaine. Depuis l'Antiquité, les hommes savent mesurer les latitudes, mais les différences de longitude sont encore mal connues et trop imprécises pour permettre une cartographie de qualité, sans parler de la navigation qui reste hasardeuse faute de moyens de localisation précis. Galilée a bien proposé d'utiliser les satellites de Jupiter comme une horloge extérieure, visible de tous, permettant d'observer des phénomènes objectifs depuis des lieux différents et d'en déduire les différences de longitude entre ces lieux. La méthode a fait ses preuves et a permis d'utiliser une autre découverte de Galilée, l'isochronisme des oscillations du pendule, pour évaluer précisément les intervalles de temps séparant deux mesures de positions des astres. Elle a même poussé des savants comme Jean Picard (1620-1682) à proposer pour étalon de longueur, 130 ans avant l'apparition du système métrique, la longueur du « pendule à seconde », dont la demi-période est d'une seconde, et qui mesure un peu plus de trois pieds, soit pratiquement un mètre. Toutefois, cette méthode, fondée sur l'observation des satellites de Jupiter, ne s'applique pas facilement à la navigation maritime, à cause des mouvements des navires qui rendent les mesures aléatoires.

La recherche s'institutionnalise

Ces préoccupations nouvelles s'accompagnent d'un changement dans la pratique de la science. En France, Louis XIV institutionnalise la recherche en créant d'abord l'Académie royale, qui regroupe plusieurs savants du pays – Adrien Auzout (1622-1691), Jean Picard, Gilles Personne de Roberval (1602-1675), Jean Richer (1630-1696), Philippe de La Hire (1640-1718) – bientôt rejoints par des étrangers célèbres, comme le Hollandais Christiaan Huygens (1629-1695), l'Italien Giovanni Domenico (Jean-Dominique) Cassini (1625-1712), le Danois Ole Römer (1644-1710). Cette institution deviendra l'Académie des sciences en 1666. L'année suivante, Louis XIV décide la construction de l'Observatoire de Paris, premier observatoire d'État. Celui-ci est orienté selon un méridien à partir duquel seront désormais mesurées, en France, les différences de longitudes. De même, en Angleterre, où la *Royal Society* encourage fortement l'astronomie dès 1660, est créé l'observatoire de Londres, à Greenwich, en 1675. Les astronomes sont officiellement chargés de déterminer précisément la forme de la Terre et de fournir les outils de navigation qui vont permettre de développer les échanges internationaux.

Pour déterminer l'éloignement du Soleil, Jean-Dominique Cassini tente de mesurer la distance extraterrestre qui paraît la plus accessible après celle de la Lune : celle de la planète Mars. Le problème n'est résolu qu'en 1672, grâce à l'une des toutes premières grandes expéditions scientifiques organisée aux confins des possessions françaises, en Guyane, sous la direction de Jean Richer (1630-1696). Plusieurs tentatives de mesure de la distance de Mars sont effectuées. Fondée sur une idée de Tycho Brahe, la méthode la plus simple consiste à utiliser le déplacement de l'observateur entraîné par la rotation de la Terre en visant la planète, avec un décalage de six heures, de deux sites assez éloignés l'un de l'autre, distants approximativement d'un rayon terrestre. Une autre méthode consiste à mesurer simultanément la position apparente de la planète depuis deux observatoires situés loin l'un de l'autre, en l'occurrence Paris et Cayenne. L'avantage de Cayenne est évident : sous les tropiques, les mesures de position de Mars et du Soleil sont de meilleure qualité, les deux astres s'élevant beaucoup plus haut au-dessus de l'horizon. Les résultats de l'expédition sont remarquables :

les observations de Mars, couplées à celles effectuées à Paris par Cassini, permettent à ce dernier de déterminer la parallaxe[45] de la planète et d'en déduire la valeur de la distance Soleil-Terre. Si le résultat s'avère étonnamment juste – 33 millions de lieues, soit environ 146 millions de kilomètres – on ne sait pas exactement comment il a été obtenu ! Il est probable que Cassini a fait preuve d'un grand sens de l'approximation et qu'il a su choisir la bonne valeur parmi toutes celles que les mesures, relativement grossières et extrêmement délicates, rendaient possibles. L'expédition de Richer en Guyane rapporte une autre information importante pour la physique : la longueur du pendule à seconde n'est pas la même près de l'équateur qu'à Paris.

Connaissant les dimensions et les distances des mondes célestes voisins, les astronomes tentent d'établir leurs caractéristiques en multipliant les observations. L'étude des satellites de Jupiter est menée avec soin dans le but de déterminer les longitudes. On ne dispose pas encore de théorie de leur mouvement, mais les observations précises de ces satellites sont consignées et plusieurs systèmes d'éphémérides publiés. Lors de ces travaux, Ole Römer constate des phénomènes réguliers d'avance et de retard des satellites de Jupiter par rapport aux éphémérides, et il en déduit fort justement que la lumière se déplace à une vitesse finie.

Ainsi le paysage scientifique est-il bouleversé en quelques années. Non seulement les distances dans le Système solaire se révèlent beaucoup plus importantes qu'on ne l'imaginait jusqu'alors, mais il s'avère que la lumière ne se déplace qu'à une vitesse somme toute relativement basse, puisqu'elle met plus de 8 minutes pour parcourir l'espace séparant le Soleil de la Terre.

À la même époque, le Système solaire se peuple, avec la découverte de nouveaux satellites autour de Saturne : Titan en 1655, par Huygens, Japet et Rhéa en 1672, puis Dioné et Thétys en 1684, par Cassini *(voir l'annexe 1)*.

C'est aussi à cette époque, en 1679, que commence à paraître, en France, à l'initiative de Joachim d'Alencé (1640-1707), la première publication régulière entièrement astronomique, la *Connaissance des temps*, recueil annuel d'éphémérides nécessaires aux obser-

[45] Voir *supra*, p. 225.

vateurs du ciel et aux navigateurs. Dans le même esprit, en Grande-Bretagne, l'astronome royal Nevil Maskelyne (1732-1811) lancera en 1766 le *Nautical Almanach and Astronomical Ephemeris*.

Les comètes rentrent dans l'ordre

Quelques comètes spectaculaires bouleversent le cours du ciel pendant la seconde partie du XVIIe siècle. Le mystère de leurs trajectoires, apparemment très différentes de celles des autres astres, ne sera résolu qu'en 1705, grâce aux travaux d'Isaac Newton (1642-1727) et de son compatriote Edmund Halley (1656-1742), qui montrent que les comètes obéissent aux mêmes lois que les planètes, en se déplaçant sur des trajectoires elliptiques. Les astronomes se querellent sur les trajectoires de ces astres étranges, qu'ils tentent de mesurer. Cassini suppose que les comètes tournent autour de certaines étoiles dans une région céleste qui leur est propre, une sorte de zodiaque cométaire. John Hevell, dit Hévélius (1611-1687), à Dantzig, recherche des trajectoires rectilignes qui démontreraient que les comètes ne font que traverser le ciel sans espoir de retour.

Une comète apparue en novembre 1680 envenime la controverse. Cassini prétend qu'il s'agit du retour de la comète de 1577, celle qui avait permis à Tycho Brahe de montrer qu'il s'agissait d'astres plus éloignés que la Lune. Une nouvelle comète visible de la fin décembre 1680 à février 1681 attise la querelle, Cassini affirmant qu'elle est différente de celle observée en novembre précédent, alors que Newton et Halley sont convaincus du contraire. Les Anglais élaborent même un moyen de calculer la trajectoire de l'astre en affirmant qu'il se déplace sur une parabole dont le Soleil est le foyer. Le lien entre comète et Soleil est ainsi mis en évidence.

LE XVIIIe SIÈCLE

La publication, en 1687, de la théorie de la gravitation universelle de Newton [46] donne à la mécanique céleste ses fondements théoriques. Les lois du mouvement des astres sont désormais connues,

---

[46] Sur l'œuvre de Newton en physique, voir *supra*, pp. 130-132.

maîtrisées. Les mystères semblent avoir disparu, une nouvelle ère commence. Toutefois, pour établir avec précision les mouvements des astres mobiles, il faut disposer de positions stellaires précises. En élaborant ses cartes de positions d'étoiles, Edmond Halley découvre, en 1718, que certaines étoiles se déplacent sur le fond du ciel, et qu'elles possèdent un *mouvement propre*. Une amélioration de la précision des catalogues et des cartes célestes devient indispensable pour les astronomes. L'Anglais John Flamsteed (1646-1719), premier directeur de l'observatoire de Greenwich, réalise le premier catalogue astrométrique de positions d'étoiles.

Les nouvelles possibilités de calcul et la précision des mesures de l'époque permettent de faire rapidement progresser la connaissance de l'environnement terrestre. Étudiant la Lune et les éclipses anciennes, Halley découvre le ralentissement de la Terre, confortant les tenants newtoniens d'une Terre aplatie aux pôles à cause de la fluidité du magma intérieur. Les éclipses commencent à être exploitées pour donner des résultats scientifiques concernant la taille de la Lune, sa position exacte et l'existence de son atmosphère.

Concernant les comètes, comme on ne connaît rien alors de leur nature, si ce n'est qu'elles sont massives et qu'elles subissent donc l'attraction du Soleil, les spéculations catastrophistes vont bon train. Le Suisse Jacques Bernoulli[47] (1654-1705) calcule avec une précision toute astronomique la fin du monde par collision cométaire pour le 17 mai 1719, annonçant au préalable que, dans les comètes, les queues doivent être plus dangereuses que les têtes ! Halley publie en 1705 la prévision du retour de la comète de 1682 pour 1759. Dès 1756, les astronomes scrutent le ciel à la recherche de l'astre attendu. Le Français Charles Messier (1730-1817) commence l'édification d'un catalogue des objets diffus, accessibles à ses instruments et susceptibles d'être confondus avec une comète. Ce catalogue, qui contient cent huit objets distincts et disparates (amas stellaires, nébuleuses et galaxies), reste utilisé aujourd'hui.

Développement de la mécanique céleste

Le calcul de la date du retour de la comète de Halley au plus près du Soleil va donner ses lettres de noblesse à la mécanique céleste. À Paris, Alexis Claude Clairaut (1713-1765), Jérôme Lalande

[47] Voir *supra*, p. 71.

(1732-1807) et Nicole-Reine Lepaute (1723-1788), au prix de calculs acharnés, mettent en évidence un léger retard pour le retour de la comète, qui est espéré pour le 15 avril 1759. Retrouvée par l'Allemand Johann Palitsch (1723-1788), près de Dresde, le 25 décembre 1758, la comète confirme la puissance de l'investigation scientifique et la maîtrise des calculs de mécanique céleste.

Ce domaine de la science astronomique va se développer sous l'impulsion de grands mathématiciens astronomes comme les Français Alexis Clairaut et Jean Le Rond d'Alembert (1717-1783), et le Suisse Leonhard Euler (1707-1783), qui résolvent, simultanément et indépendamment, le problème des trois corps – le mouvement relatif de deux petits corps en interaction gravitationnelle placés dans le champ de gravitation d'un gros corps (par exemple, la Terre et la Lune en interaction dans le champ gravitationnel du Soleil). Ils ouvrent ainsi la voie aux éphémérides de grande précision, en particulier dans le cas du système Terre-Lune.

Les astronomes utilisent leurs techniques d'observation et d'analyse pour améliorer la connaissance de la Terre. En 1735, l'Académie des sciences organise deux expéditions pour déterminer la forme du Globe: Pierre Bouguer (1698-1758), Charles de La Condamine (1701-1774), Joseph de Jussieu (1704-1779) et Louis Godin (1704-1760) partent mesurer avec la meilleure précision possible la longueur du degré de méridien près de l'équateur, tandis que Pierre Louis Moreau de Maupertuis (1698-1759), Alexis Clairaut et Pierre Charles Le Monnier (1715-1799) vont effectuer la même opération en Laponie. La confrontation des mesures des deux équipes montre que la Terre est aplatie aux pôles et renflée à l'équateur, comme le pensait Newton, et contrairement aux idées de Cassini. Entre 1792 et 1799, des mesures précises seront menées sur le méridien de Paris par Pierre Méchain (1744-1804) et Jean-Baptiste Delambre (1749-1822) pour en tirer la valeur de l'étalon de longueur, le mètre, dix-millionième partie du quart du méridien terrestre.

L'amélioration des modèles mathématiques décrivant les mouvements de la Lune est à porter au crédit de quelques grands noms de l'histoire de l'astronomie. Outre Edmund Halley, auteur d'une impressionnante quantité d'observations de très grande qualité, l'Allemand Tobias Mayer (1723-1762) donne une explication géométrique des librations, ces mouvements d'oscillation de la Lune qui permettent d'en scruter, depuis les observatoires terrestres, un peu plus de la moitié ; il publie aussi la carte lunaire la plus précise de son époque. En France, Joseph Louis Lagrange (1736-1813) reçoit en 1764 un prix de l'Académie des sciences pour son travail sur le problème de la libration de la Lune. Pierre Simon de Laplace (1749-1827), illustre mathématicien et astronome, donne une méthode générale permettant de traiter les problèmes de dynamique et publie une *Mécanique céleste* en cinq volumes entre 1799 et 1825, ainsi qu'un remarquable ouvrage de vulgarisation scientifique, *Exposition du système du monde*. Ses calculs montrent que la durée du mois lunaire doit diminuer de 0,077 seconde par siècle, ce qui correspond à l'accélération mise en évidence par Halley dans son étude des éclipses anciennes [48].

Quelques mathématiciens contribuent ensuite au progrès de la théorie de la Lune : les Français Siméon Denis Poisson (1781-1840), surtout connu pour ses travaux de statistique, et Philippe Gustave Doulcet de Pontécoulant (1795-1874), qui publie en 1846 une théorie analytique du monde, puis l'Allemand d'origine danoise Peter Andréas Hansen (1795-1874), et enfin Charles Delaunay (1816-1872) qui, reprenant une idée d'Emmanuel Kant, propose en 1865 d'expliquer l'accélération séculaire de la Lune par un ralentissement de la rotation de la Terre dû à des effets de marée.

Nouveaux moyens d'observation et nouveaux objets célestes

Les observations stellaires progressent grâce aux nouveaux moyens d'observation liés aux améliorations apportées aux lunettes. Celles-ci, suite aux travaux d'Auzout et de Huygens, sont désormais équipées d'oculaires munis d'un réticule (croisée de fils très fins permettant des visées plus précises) et d'un micromètre (appareil permettant de mesurer avec précision de petites distances angulaires). Dès les années 1660, l'Anglais James Gregory (1638-1675) a tenté d'améliorer la qualité des images obtenues en remplaçant, dans les instruments d'observation, les lentilles par des combinaisons de deux miroirs, respectivement parabolique et elliptique, autrement dit en substituant le télescope (ou *réflecteur*) à la lunette astronomique (ou *réfracteur*). C'est toutefois Newton qui est parvenu à fabriquer, en 1668, le premier télescope, composé d'un

[48] Voir *supra*, p. 256.

miroir plan et d'un miroir parabolique – mais la présentation n'en a été faite qu'en 1671. L'année suivante, le Français Laurent Cassegrain (1652-1712) proposait à son tour un télescope, fondé sur une autre combinaison de miroirs et dans lequel l'image se forme à l'arrière du miroir principal, à travers un trou percé au centre.

Au début du XVIIIe siècle, les télescopes ne sont pas encore réellement utilisables, mais suscitent de plus en plus d'intérêt de la part des observateurs. L'Anglais John Hadley (1682-1744) réussit à construire, à l'observatoire de Greenwich, le premier réflecteur égalant en puissance les meilleures lunettes de l'époque. Cependant, la lunette bénéficie d'une importante amélioration : en 1733, l'Anglais Chester Moor Hall (1703-1771) construit le premier objectif achromatique, associant deux lentilles en verres différents : l'une, convergente, en « verre de Venise » ou *crown*, l'autre, divergente, moins puissante que la précédente, de façon que l'ensemble reste convergent, mais taillée dans un verre plus dispersif, le *flint*. Largement diffusées à partir de 1758 par l'opticien britannique John Dollond (1706-1761), les lunettes achromatiques fournissent des images de bien meilleure qualité que celles à lentille simple utilisées jusqu'alors, tout en étant, à puissance égale, beaucoup moins encombrantes.

Avec ces instruments perfectionnés, les mesures se font plus précises. Edmund Halley avait proposé d'observer avec précision les étoiles à fort mouvement propre, cette particularité étant à ses yeux un indice de proximité. En cherchant à mesurer la parallaxe de l'étoile γ du Dragon, le Britannique James Bradley (1693-1762), troisième astronome royal, met en évidence l'aberration de la lumière des étoiles. Il s'agit d'une conséquence de la vitesse finie de la lumière qui, combinée à la vitesse orbitale de la Terre, provoque un déplacement annuel des étoiles. La preuve expérimentale du mouvement de la Terre est ainsi établie en 1728.

Forts de la découverte de mondes nouveaux et des progrès considérables de l'observation céleste, les astronomes commencent à élaborer des théories de l'Univers réellement nouvelles. De nombreuses nébuleuses sont découvertes et l'interrogation sur leur nature provoque des explications étonnantes. Pour le Britannique William Derham (1657-1735), il s'agit d'accrocs dans le firmament laissant voir la lumière du Paradis. Le Français Jean Henri Lambert (1728-1777) propose un univers fini et explique que la Voie lactée n'est qu'une observation des étoiles réparties dans une structure en forme de disque. Le Britannique Thomas Wright (1711-1786) tente de concilier science et religion en faisant tourner le Soleil et les étoiles autour du « divin centre ». L'Allemand Emmanuel Kant (1724-1804) imagine dès 1754 l'existence d'univers-îles : l'Univers serait peuplé de systèmes analogues à la Voie lactée, rassemblant chacun une énorme quantité d'étoiles.

En 1761 et 1769, les astronomes vont utiliser les deux passages de Vénus devant le Soleil pour tenter d'améliorer la connaissance de la distance Soleil-Terre. Des expéditions sont organisées dans l'océan Indien, en Sibérie, en Inde, à Sainte-Hélène, au cap de Bonne-Espérance, en Norvège pour le passage de 1761. Celui de 1769 occupe un nombre encore plus grand de savants, partis pour Saint-Domingue, Tahiti, la baie d'Hudson, la Sibérie et l'Inde. Les résultats ne seront malheureusement guère probants et ne modifieront pas sérieusement la valeur admise alors pour cette distance. Pour affiner sensiblement cette valeur, il faudra attendre le XXe siècle et les passages au plus près de la Terre de l'astéroïde 433 Éros, découvert en 1898.

Les débuts de l'astronomie stellaire

Parallèlement au développement spectaculaire de la mécanique céleste, on assiste au XVIIIe siècle aux débuts de l'astronomie stellaire. William Herschel (1738-1822), musicien d'origine allemande établi en Angleterre, très attiré par l'astronomie, se lance à partir de 1774 dans la construction de télescopes à l'aide desquels il effectue, en amateur, de très nombreuses observations astronomiques de grande qualité. Il entreprend les premières recherches systématiques d'étoiles doubles et de nébuleuses, et donne naissance à la statistique stellaire. Le 13 mars 1781, la qualité du télescope de 15 cm d'ouverture qu'il utilise alors lui permet de distinguer un astre d'aspect non stellaire qu'il prend d'abord pour une comète. Mais les calculs d'orbite montrent que cette « comète » est très éloignée et qu'elle tourne autour du Soleil sur une trajectoire presque circulaire, deux fois plus loin du Soleil que Saturne. Il s'agit en fait d'une nouvelle planète, qui sera nommée Uranus. Devenu célèbre et honoré par le roi d'Angleterre George III, Herschel se consacre totalement à l'astronomie. Il établit le premier modèle tridimensionnel de l'Univers en 1784, publie son premier catalogue de 1 000 nébuleuses en 1786, et découvre deux satellites autour de la nouvelle planète qu'il a identifiée, Titania et Obéron en 1787, puis deux satellites de Saturne, Encelade et Mimas, en 1789.

Les instruments deviennent de plus en plus gigantesques. Le record atteint par Herschel est un réflecteur de 1,2 m de diamètre et de 12 m de longueur focale, construit en 1786, qui restera le plus grand télescope du monde pendant un demi-siècle. Aidé dans ses observations pas sa sœur Caroline Lucretia Herschel (1750-1848), il publie deux nouveaux catalogues en 1789 et 1802, tandis que Caroline découvre huit comètes. À la même époque, le Britannique John Goodricke (1764-1786) explique la variation de la célèbre étoile Algol, la tête de Méduse, dans la constellation de Persée, par la présence d'une étoile compagnon qu'aucun instrument n'arrivera à séparer de la composante principale avant la fin du XXe siècle.

C'est aussi au cours du XVIIIe siècle que le problème de la mesure des différences de longitudes est résolu. Mais ce sont les horlogers qui viennent au secours des astronomes en réalisant des garde-temps fiables et précis. Le Britannique John Harrison (1693-1776) réussit à construire le premier chronomètre de marine en 1735. L'observatoire de Greenwich devient la référence temporelle mondiale, détrônant celui de Paris. L'officialisation de ce choix ne sera réalisée qu'en 1884, lors de la Conférence internationale sur le méridien ; la France attendra toutefois 1911 pour délaisser le méridien de Paris et se rallier au méridien de Greenwich, devenu le méridien origine.

LE XIXe SIÈCLE

Le Système solaire se peuple

À la fin du XVIIIe siècle, avec l'étude attentive des orbites planétaires et la connaissance accrue des caractéristiques des corps tournant autour du Soleil, revient à l'esprit des astronomes une remarque de Kepler : il semble y avoir une rupture entre les planètes proches du Soleil, jusqu'à Mars, et les deux planètes les plus extérieures connues à l'époque, Jupiter et Saturne. Non seulement les deux dernières sont beaucoup plus volumineuses que les autres, mais elles sont beaucoup plus éloignées du Soleil, comme si un fossé séparait deux zones très différentes du Système solaire. Dès 1766, l'Allemand Johann Daniel Tietz, dit Titius (1729-1796), propose une loi empirique reliant l'éloignement des planètes par rapport au Soleil à leur rang. Son compatriote Johann Elert Bode (1747-1826) la reformule et la publie en 1772. La découverte d'Uranus, en 1781, vient la conforter : la nouvelle planète, de rang 8, décrit une orbite dont le demi-grand axe est proche de ce que prévoit la loi de Titius-Bode. Or, celle-ci suggère la présence d'une planète entre Mars et Jupiter.

Les astronomes s'organisent donc pour trouver cette planète inconnue. Sous l'impulsion d'un astronome autrichien, le baron Franz Xaver von Zach (1754-1832), les Allemands créent la *Vereinigte Astronomische Gesellschaft* à l'automne 1800 et commencent à publier le premier périodique scientifique professionnel, *Monatliche Correspondenz*. Celui-ci sera suivi, à partir de 1823, par le premier périodique entièrement astronomique *Astronomische Nachrichten*. Zach met en place une réelle collaboration internationale pour l'élaboration de cartes précises du zodiaque, outils indispensables permettant de débusquer un astre mobile se déplaçant lentement dans cette zone du ciel.

La planète manquante est finalement découverte à l'observatoire de Palerme, le 1er janvier 1801, par son directeur, le père Giuseppe Piazzi (1746-1826), dans le cadre d'une surveillance systématique de l'écliptique [49] qu'il avait entreprise au début des années 1790. Suivie jusqu'au 11 février, la planète disparaît dans la direction du Soleil sans que sa trajectoire ait pu être correctement calculée. C'est en Allemagne, grâce au génie de Karl Friedrich Gauss [50] (1777-1855), que son orbite sera calculée et l'astre retrouvé, le 1er janvier 1802, par Heinrich Wilhelm Olbers (1758-1840). La méthode mise au point par Gauss à cette occasion continue à être utilisée pour déterminer les trajectoires des astres pour lesquels on dispose de peu d'observations : trois observations suffisent pour déterminer les éléments décrivant la trajectoire d'un astre soumis à l'attraction du Soleil. Piazzi dénomme la nouvelle planète Cérès, en hommage à la déesse protectrice de son pays, la Sicile. La même année, Olbers découvre Pallas, une deuxième petite

---

[49] Voir *supra*, p. 224.
[50] Voir *supra*, pp. 84-86.

planète circulant entre Mars et Jupiter. Puis, en 1804, un autre Allemand, Karl Ludwig Harding (1765-1834) découvre Junon, Olbers identifiant Vesta en 1807. La découverte suivante, celle d'Astrée par Karl Ludwig Hencke (1793-1866), n'aura lieu qu'en 1845. Depuis, la moisson continue et le flux des découvertes s'accélère avec le progrès des techniques : au début de 2003, plus de trente mille astéroïdes étaient déjà numérotés, leur orbite ayant pu être calculée, tandis que plus de cent mille autres ne bénéficiaient encore que d'une désignation provisoire, dans l'attente d'une détermination plus précise de leur trajectoire.

La mécanique céleste triomphe

Après la découverte d'Uranus, des observations précises de la planète montrent qu'elle ne suit pas exactement la trajectoire que permet de lui assigner la loi de la gravitation universelle. À l'Observatoire de Paris, Alexis Bouvard (1767-1843) et François Arago (1786-1853) imaginent l'existence d'un astre perturbateur dont ils pensent que la mécanique céleste livrera la position.

John Cough Adams (1819-1892), en Grande-Bretagne, et Urbain Jean Joseph Le Verrier (1811-1877), à Paris, entreprennent indépendamment les calculs qui permettront de localiser l'astre perturbateur. Malheureusement, l'astronome royal, George Biddell Airy (1801-1892), empêche Adams de publier ses travaux, alors que François Arago, qui a poussé Le Verrier à effectuer ses calculs, fait diffuser les résultats de l'astronome français dans les observatoires susceptibles de découvrir la planète perturbatrice. Celle-ci est identifiée le 23 septembre 1846 par l'Allemand Johann Gottfried Galle (1812-1855), assisté de Heinrich d'Arrest (1822-1875), à l'observatoire de Berlin. Elle est baptisée Neptune par le Bureau des longitudes de Paris. Adams avait remis son manuscrit à James Challis (1803-1882) et Airy un an auparavant, jour pour jour !

En 1849, Benjamin Apthorp Gould (1824-1896) lance le premier périodique astronomique américain, l'*Astronomical Journal.* Celui-ci suit de quelques années les débuts de la publication des *Monthly Notices*, que la *Royal Society* de Londres édite à partir de 1827.

Les observatoires prolifèrent

L'étude précise des mouvements permet donc de découvrir des astres invisibles. Après la mise en évidence d'Uranus, le cas se reproduit avec Sirius, la plus brillante des étoiles visibles de la Terre. Dès 1844, sa trajectoire a intrigué l'Allemand Friedrich Bessel (1784-1846), qui a soupçonné la présence, autour de cette étoile, d'un compagnon invisible. L'astre est finalement découvert en 1862 par l'Américain Alvan Graham Clark (1832-1897), en expérimentant la lunette dotée d'un objectif de 18,5 pouces, le plus grand jamais réalisé à l'époque, initialement destinée à l'observatoire de l'université du Mississippi mais finalement installée à l'observatoire du Harvard College, à Cambridge (Massachussetts). Le compagnon de Sirius, de très faible luminosité, intrigue les spécialistes. Sa température de surface, très élevée, sera mesurée en 1914 par Walter Adams. Il s'agit d'une naine blanche, un spécimen d'étoile extrêmement dense, de la taille de la Terre et de la masse du Soleil.

Cette période voit la construction d'un très grand nombre d'observatoires. Aux États-Unis, ceux du Harvard College en 1839, de Cincinnati (Ohio) en 1845, de Washington *(US Naval Observatory)* en 1843. En France, l'observatoire des jésuites de Marseille, créé en 1702, devient une antenne de l'Observatoire de Paris (1862) ; l'observatoire de Toulouse, datant de 1775, est rénové en 1873 ; puis sont fondés les observatoires de Lyon (1878), du Pic du Midi (1878), de Strasbourg (1879), de Bordeaux (1879), de Besançon (1882) et de Nice (1881). En Europe, après les observatoires de Berlin (1705), de Varsovie et de Vilnius (1714) et de Moscou (1750), tandis que des observatoires italiens sont construits. En 1880, 118 observatoires publics existent dans le monde : 84 en Europe, 27 en Amérique, 2 en Afrique, 2 en Asie et 3 en Océanie.

Les étoiles révèlent leurs secrets

La mécanique céleste triomphe, le Système solaire se peuple de petites planètes mais les étoiles restent une énigme pour les astronomes. Les divers catalogues dont l'élaboration est poursuivie par John Herschel (1792-1871), le fils de William[51], mettent en

[51] Voir *supra*, p. 260.

évidence des étoiles à relativement fort mouvement propre. C'est parmi elles que Bessel choisit 61 Cygni, une étoile invisible à l'œil nu, et réussit à en mesurer la parallaxe, c'est à dire l'éloignement, en 1838, un an après que le Russe Friedrich Georg Wilhelm von Struve (1793-1864) eut montré que Véga, l'étoile la plus lumineuse de l'hémisphère Nord, a une parallaxe de 0,125". Les distances de certaines étoiles deviennent accessibles aux mesures réalisées par des observateurs très expérimentés, à l'aide d'instruments d'extrême qualité.

Parallèlement aux mesures de distances, les astronomes, sous l'impulsion de pionniers comme William Huggins (1824-1910) en Angleterre, Lewis Morris Rutherfurd (1816-1883) aux États-Unis, Hermann Carl Vogel (1841-1907) en Allemagne, Angelo Secchi (1818-1878) et Giovanni Battista Donati (1826-1873) en Italie, entreprennent des mesures spectroscopiques (c'est-à-dire d'analyse de la lumière). Ils utilisent les travaux des Allemands Gustav Robert Kirchhoff (1824-1887) et Robert Wilhelm Bunsen (1811-1899) qui ont mis au point l'analyse spectrale en 1859. La composition chimique des astres devient accessible, la preuve est apportée que le Soleil est une étoile. En 1864, William Huggins découvre des raies d'émission dans des spectres de nébuleuses planétaires ; en 1868, il réussit à mesurer la vitesse radiale de Sirius, exploitant la découverte, faite en 1842 par le physicien autrichien Christian Doppler (1803-1853) et expliquée en 1848 par le Français Hippolyte Armand Fizeau (1819-1896), du décalage des raies spectrales en fonction de la vitesse de la source[52]. En 1879, Edward Pickering (1845-1919) découvre le dédoublement des raies du spectre d'une étoile brillante de la Grande Ourse, Mizar, et en déduit que cette dernière est en réalité double : c'est la première découverte d'une étoile binaire spectroscopique.

Les qualités mécaniques et optiques des nouveaux instruments permettent de développer l'étude des étoiles doubles, qui associe la mécanique céleste à l'astronomie stellaire en tentant de déterminer les trajectoires de systèmes binaires, ce qui permet ensuite de calculer la masse des étoiles. Les pionniers dans ce domaine sont Friedrich Georg Wilhelm von Struve, équipé de l'excellente

---

52 Vers le violet quand l'astre se rapproche de l'observateur, vers le rouge quand il s'éloigne. La mesure de la vitesse radiale d'un astre n'implique pas la connaissance de sa distance.

lunette de 24,4 cm de diamètre de l'observatoire de Dorpat (Estonie), et Sherburne Wesley Burnham (1838-1921) aux États-Unis, d'abord à l'observatoire de Lick (Californie), puis à l'observatoire Yerkes (Wisconsin), où il utilise le plus grand réfracteur du monde (1,02 m de diamètre). Ces observateurs établissent les premiers catalogues d'étoiles doubles et découvrent plusieurs milliers de couples stellaires.

La photographie astronomique prend son essor

Après les premiers enregistrements sur plaque daguerréotype de la Lune par l'Américain John Draper (1811-1882) en 1840 et du Soleil par le Français Léon Foucault (1819-1868) en 1845, il faut attendre l'invention des procédés au gélatino-bromure (1871) pour que les techniques photographiques commencent à être utilisées avec grand succès à partir des années 1880. L'Américain Henry Draper (1837-1882), qui a réussi à photographier les premières raies d'absorption sur le spectre de Véga en 1872, suit les traces de William Huggins qui utilise la photographie pour enregistrer les spectres stellaires depuis 1863, et qui met en évidence les raies d'émission dans la nébuleuse d'Orion en 1882. En 1880, Draper et Ainslee Common (1841-1903) obtiennent de remarquables photographies de la nébuleuse d'Orion, révélant des détails invisibles à l'œil nu. Le Britannique David Gill (1843-1914) et le Hollandais Jacobus Kapteyn (1851-1922) entreprennent le *Cape Photographic Durchmusterung* en 1885, couverture du ciel austral qui sera achevée en 1900. À l'Observatoire de Paris, les frères Henry, Paul (1848-1905) et Prosper (1849-1903), réalisent le premier objectif photographique réellement destiné à l'astronomie et enregistrent les nébulosités des Pléiades en 1885. Pour la première fois, sont ainsi obtenues des images d'astres totalement invisibles. Sous l'impulsion de l'amiral Ernest Mouchez (1821-1892), directeur de l'Observatoire de Paris, le projet de *Carte du Ciel* est lancé en 1887. L'opération met en œuvre une vingtaine d'observatoires, disposant d'instruments identiques, qui doivent réaliser la couverture photographique complète du ciel en 22 000 champs. Trop ambitieux pour l'époque, le projet ne sera terminé qu'en 1964 et publié sous la forme du *Catalogue astrographique*.

La photographie imprime une nouvelle impulsion à la découverte des astéroïdes. Première petite planète identifiée photographiquement, par l'Allemand Max Wolf (1863-1932), à Heidelberg, en 1891, Brucia est le 323e astéroïde découvert. À la fin du XIXe siècle, 450 astéroïdes sont connus, alors que dix seulement avaient été trouvés entre 1801 et 1850. Les études statistiques concernant ces astres commencent à être menées dès les années 1860, essentiellement sous l'impulsion de l'Américain Daniel Kirkwood (1814-1895) qui rejette l'hypothèse initiale, émise par William Herschel, selon laquelle les petites planètes seraient des fragments d'un corps plus important. Kirkwood introduit l'hypothèse nébulaire, qui stipule que les astéroïdes sont des restes de l'origine du Système solaire qui n'ont pas été accrétés et dont la répartition est présidée par les effets gravitationnels induits par les grosses planètes, essentiellement Jupiter. En 1873 est découvert un premier astéroïde croisant l'orbite de Mars, Æthra, puis, en 1898, Éros, qui peut s'approcher à moins de 0,2 unité astronomique de la Terre et dont l'observation permet d'améliorer la connaissance de la distance Soleil-Terre.

Dans l'étude des mondes extérieurs, la planète Mars joue un rôle particulier. Depuis Cassini et Huygens, des calottes blanches ont été observées à ses pôles. William Herschel a proposé de les assimiler aux calottes glaciaires couvrant les pôles terrestres et de regarder Mars comme une planète sœur de la nôtre : période de rotation pratiquement identique, taille un peu plus petite, variations saisonnières, présence de glace... Il est évidemment facile d'imaginer que l'analogie se poursuit avec la présence d'une vie sur Mars. En 1877, l'Américain Asaph Hall (1829-1907) découvre que Mars est accompagnée de deux petits satellites, Phobos et Deimos, et l'Italien Giovanni Schiaparelli (1835-1910) détecte sur la planète un système de canaux qu'il assimile aux grands travaux terrestres de l'époque où se creusaient le canal de Suez et le canal de Panama. Il n'en faut guère plus pour entretenir la croyance d'une vie martienne et motiver les recherches à mener sur la planète la plus proche de la Terre. Sa passion pour Mars décide Percival Lowell (1855-1916), un riche astronome amateur américain, à construire à Flagstaff (Arizona) un observatoire dédié aux études planétaires, à une époque où la communauté astronomique est essentiellement concernée par l'astronomie stellaire et solaire en plein essor.

Nouveaux instruments, nouvelles découvertes

Le milieu du XIXe siècle est marqué par un nouveau progrès des techniques instrumentales. Un riche astronome amateur irlandais, William Parsons, 3e comte de Ross (1800-1867), entreprend la construction de télescopes géants et inaugure en 1845 le plus grand télescope à miroir métallique jamais construit, avec 1,83 m de diamètre. Mais, surtout, la qualité des télescopes s'améliore beaucoup avec l'utilisation dans ces instruments, comme pièces optiques, de miroirs de verre au lieu de miroirs métalliques : après que l'Allemand Justus von Liebig [53] (1803-1873) eut trouvé le moyen d'argenter les miroirs, son compatriote Karl August Steinbell (1801-1870) et Léon Foucault réalisent, en 1857, les premiers télescopes à miroir de verre argenté.

Les nouvelles techniques d'observation sont largement utilisées pour l'étude du Soleil, en particulier lors des éclipses qui font l'objet de véritables expéditions depuis le début du XIXe siècle. Foucault réussit à enregistrer sur plaque daguerréotype l'éclipse de 1851. À l'occasion de l'éclipse du 18 août 1868, étudiée particulièrement par le Britannique Joseph Norman Lockyer (1836-1920) et le Français Pierre Jules César Janssen (1824-1907), ces deux astronomes trouvent indépendamment le moyen d'observer les protubérances solaires en dehors des éclipses. L'étude des spectres de la couronne solaire met en évidence des raies spectrales inconnues sur la Terre. Celles-ci sont attribuées à un élément nouveau, existant dans le Soleil, l'hélium, qui ne sera détecté sur notre planète qu'en 1895, par le chimiste britannique William Ramsay (1852-1916). En 1876, à la création de l'observatoire de Meudon, initialement dédié à l'étude de l'astre du jour, son fondateur, Janssen, réussit à photographier la granulation solaire.

Une autre technique d'analyse de la lumière est développée grâce aux travaux du physicien allemand Johann Carl Friedrich Zöllner (1834-1882), qui pose les fondements de la photométrie, établissant en 1861 le premier catalogue des éclats des étoiles. C'est d'ailleurs lui qui utilise le mot « astrophysique » pour la première fois, en 1865. La lumière des étoiles est désormais analysée, découpée,

---

[53] Voir *infra*, pp. 350-351.

mesurée. Les méthodes de classification voient le jour et vont ouvrir des champs nouveaux à la théorie astronomique. C'est essentiellement à l'observatoire de l'université Harvard, aux États-Unis, que sont effectuées les premières classifications, sous l'impulsion d'Edward Pickering, d'Annie Cannon (1863-1941) et d'Antonia Maury (1866-1952). En 1905, le Danois Ejnar Hertzsprung (1873-1967) découvre qu'il existe une relation entre la luminosité intrinsèque des étoiles et leur type spectral. Redécouverte indépendamment par l'Américain Henry Russell (1877-1957) en 1913, cette relation est à la base de l'outil majeur de l'astrophysique stellaire connu aujourd'hui sous le nom de diagramme HR (pour Hertzsprung-Russell). Depuis cette époque, les astronomes affinent le diagramme HR, avec lequel ils mettent en évidence les différents schémas d'évolution suivis par les étoiles en fonction de leur masse.

Les techniques d'analyse spectrale et la photométrie sont remarquablement puissantes, mais elles nécessitent une grande quantité de lumière et elles ouvrent la course au gigantisme des collecteurs de lumière. La fin du XIXe siècle voit la construction des plus grands réfracteurs : lunettes de 76 cm de diamètre à Nice et Poulkovo (Russie) en 1887, de 91,4 cm à l'observatoire Lick (Californie) en 1888, de 83 cm à Meudon en 1896, de 102 cm à l'observatoire Yerkes (Wisconsin) en 1897 et de 80 cm à Potsdam en 1899. Cependant, difficilement utilisables en photographie et spectrographie, ces instruments ne seront jamais dépassés. Dès le début du XXe siècle, de grands réflecteurs vont faire leur apparition, et changer radicalement la vision des astronomes. En 1908, un télescope de 152 cm est installé à l'observatoire du mont Wilson, en Californie, puis, en 1917, un télescope de 2,54 m, sur le même site, et un autre de 2,11 m à Ann Arbor, dans le Michigan. Ces instruments seront suivis par des télescopes de la classe des 2 mètres : 1,88 m à Toronto en 1933, 1,80 m à Bologne, 1,83 m à Greenwich, 1,85 m à Victoria et 2,10 m à Mc Donald en 1939. Une étape décisive sera franchie en 1948 avec la mise en service du télescope de 5 m de l'observatoire du mont Palomar, en Californie.

L'un des artisans de cette rapide évolution du diamètre des collecteurs de lumière sera l'Américain George Ellery Hale (1868-1938), l'un des meilleurs spécialistes du Soleil de son époque. Il réussit l'exceptionnel exploit de faire financer la construction de quatre instruments qui seront successivement les plus importants du monde :

la lunette de 1,02 m de l'observatoire Yerkes (1897), les télescopes de 1 m (1908) et 2,54 m (1917) de l'observatoire du mont Wilson, et enfin le télescope de 5,08 m de l'observatoire du mont Palomar (Californie), réalisé en 1948, après sa mort, mais qui lui est dédié.

LE XXe SIÈCLE

Des étoiles aux galaxies

Les observations menées par les équipes de l'université d'Harvard sur deux grandes nébulosités du ciel austral, le Grand et le Petit Nuage de Magellan, permettent de comprendre la vraie nature de ces objets. Sur des plaques photographiques du Petit Nuage de Magellan prises à la station de l'observatoire du Harvard College située au Pérou, Henrietta Leavitt (1868-1921) identifie plusieurs céphéides, étoiles variables[54] du même type que l'étoile δ Céphée. Après avoir identifié plus de 1 700 étoiles variables dans le Petit Nuage, elle réussit, en 1912, à déterminer la période de variation d'éclat de vingt-cinq d'entre elles et remarque que celle-ci est liée à leur luminosité. Elle découvre ainsi un moyen de mesurer les distances de groupes d'étoiles contenant des céphéides après avoir étalonné la relation sur quelques étoiles proches, ce que réalise en 1916 son compatriote Harlow Shapley (1885-1972).

La mise en service des grands télescopes révèle un univers nouveau. À l'aide du télescope de 1 m du mont Wilson, Shapley mesure les distances de nombreux amas globulaires[55] dans lesquels il analyse les périodes des céphéides, et parvient ainsi à situer le Système solaire dans la Galaxie dès 1917. Quelques années plus tard, la puissance et le pouvoir séparateur du télescope de 2,54 m du mont Wilson permettent à l'Américain Edwin Powell Hubble (1889-1953) d'identifier des étoiles individuelles dans ce que l'on appelle alors la « nébuleuse d'Andromède ». La preuve est ainsi apportée que l'Univers ne se réduit pas à la galaxie qui abrite le Système

[54] C'est-à-dire dont l'éclat varie.

[55] Amas stellaire approximativement sphérique rassemblant jusqu'à plusieurs centaines de milliers d'étoiles très âgées.

solaire, mais qu'il existe au-delà de notre galaxie d'autres systèmes analogues peuplés d'étoiles et que les univers-îles chers à Emmanuel Kant[56] existent bien. L'éloignement de ces objets est considérable. Hubble réussit à déterminer la distance de la galaxie d'Andromède, grâce à certaines étoiles variables qu'il y observe. Il l'évalue, en 1923, à 1 million d'années-lumière. Cette valeur sera corrigée par la suite, pour être plus que doublée.

L'expansion de l'Univers

Grâce au même instrument, aux spectres obtenus sur les galaxies, ainsi qu'aux travaux menés dès les années 1910 à l'observatoire Lowell par Vesto Slipher (1875-1969), Edwin Hubble et Milton Humason (1891-1972) découvrent que plus les galaxies sont lointaines, plus les raies de leur spectre apparaissent décalées vers le rouge. Autrement dit, plus les galaxies sont distantes, plus elles semblent s'éloigner rapidement de la nôtre. Ce phénomène s'interprète comme un effet de l'expansion de l'Univers. Au cours du temps, la densité de l'Univers baisse donc. Cette découverte bouleverse les idées des astronomes. Au début des années 1920, les observations montrent que le Système solaire est loin du centre de notre galaxie et révèle l'existence d'autres galaxies.

L'Allemand Albert Einstein (1879-1955) publie sa théorie de la relativité générale en 1915. Deux ans plus tard, avec le Hollandais Willem De Sitter (1872-1934), il propose des modèles d'univers soumis aux lois de la relativité générale[57]. La théorie d'Einstein est alors peu comprise et semble bien éloignée des possibilités des observations. Pourtant, quelques-unes de ses conséquences spectaculaires vont pousser les astronomes à rechercher les effets de la relativité au fond des télescopes.

Dès 1913, Einstein a affirmé que la lumière doit être déviée par les masses, et qu'il convient d'utiliser les éclipses totales de Soleil pour mesurer la déviation des rayons lumineux provenant d'étoiles situées dans le champ du Soleil éclipsé. L'expérience est menée avec succès par le Britannique Arthur Stanley Eddington (1882-1944) lors de

---

[56] Voir *supra*, p. 259.
[57] Voir *supra*, pp. 179-180.

l'éclipse du 29 mai 1919. La nouvelle théorie permet par ailleurs de résoudre une autre énigme : l'avance séculaire du périhélie de Mercure [58]. Mesurée par les astrométristes et les mécaniciens célestes depuis Le Verrier, elle est expliquée par les effets relativistes induits par la proximité du Soleil. Enfin, au début des années 1920, le Russe Alexandre Friedmann (1888-1925), puis en 1927 le chanoine belge Georges Lemaître (1894-1966), montrent que des modèles d'univers non statiques satisfont aux équations d'Einstein : ainsi l'expansion de l'Univers est-elle prévue par la théorie de la relativité avant même sa découverte par l'observation.

L'étude de la Galaxie occupe de nombreuses équipes qui prolongent les travaux de Shapley [59]. Le Suédois Bertil Lindblad (1895-1965) en élabore en 1925 un modèle mathématique complexe, tandis qu'en 1927, le Hollandais Jan Hendrick Oort (1900-1992) met en évidence sa rotation différentielle (dont la vitesse change avec la distance à l'axe).

Hubble a ouvert aux observateurs et aux théoriciens un nouveau champ d'investigation : celui de l'astronomie extragalactique. L'un des premiers à étudier la population des galaxies est le Suisse Fritz Zwicky (1898-1974) : dès 1933, ses observations sur la dynamique de plusieurs amas de galaxies l'amènent à postuler l'existence, dans ces amas, d'une grande quantité de matière invisible. Les développements ultérieurs de l'astrophysique conforteront cette hypothèse, incitant à regarder la matière noire comme une composante majeure de l'Univers, mais dont la nature reste mystérieuse [60].

L'essor de la radioastronomie

À l'époque où le télescope géant du mont Palomar entre en service, la radioastronomie ouvre une nouvelle fenêtre pour l'étude de

---

[58] Le périhélie est le point de l'orbite d'une planète le plus proche du Soleil. L'avance séculaire du périhélie de Mercure est dû à une lente rotation du grand axe de son orbite (sur les orbites elliptiques, voir la figure 40, p. 243).

[59] Voir *supra*, p. 270.

[60] Selon les modèles théoriques et les observations les plus récentes (2003), l'Univers renfermerait 4 % seulement de matière ordinaire, 23 % de matière noire, de nature inconnue, et 73 % d'énergie sombre, de nature également mystérieuse, qui serait responsable de l'accélération de l'expansion cosmique.

l'Univers. Dès 1931, l'Américain Karl Guthe Jansky (1905-1950) a mis en évidence des émissions à haute fréquence d'origine extraterrestre. Pendant la Seconde Guerre mondiale, le perfectionnement et l'utilisation intensive des radars révèlent que le Soleil est une puissante source de rayonnement radioélectrique. Parallèlement, la théorie progresse. En 1944, le Hollandais Hendrick Christopher Van de Hulst (1918-2000) découvre l'émission de l'hydrogène neutre (H I) à la longueur d'onde de 21 cm, qui ne sera détectée expérimentalement qu'en 1951, après la mise au point de récepteurs spécifiques. L'expérience est menée pratiquement simultanément par plusieurs équipes : les Américains Edward Mills Purcell (1912-1997) et Harold Irving Ewen (né en 1922), les Australiens Wilbur Norman Christiansen (né en 1913) et Jim Hindman, les Hollandais Oort [61] et C.A. Muller. Des radiosources de très petites dimensions sont découvertes par les Britanniques J. S. Hey, S. J. Parsons et J. W. Phillips, confirmées vers 1948 par les Australiens John Gatenby Bolton (1922-1993) et Gorden James Stanley (né en 1922), puis identifiées à des objets célestes « visibles » grâce au télescope de 5 m du mont Palomar, par les Américains d'origine allemande Walter Baade (1893-1960) et Rudolf Minkowski (1895-1976).

Les installations de radioastronomie gagnent en gigantisme en quelques années. En 1953, une « croix de Mills [62] », constituée de 32 antennes de 1,1 m de diamètre disposées selon deux lignes perpendiculaires, est installée en Australie et devient le plus grand télescope du monde. La course au grand diamètre des radiotélescopes s'avère particulièrement impressionnante dans les années 1950. Une première parabole mobile de 25 m de diamètre est installée à Dwingeloo, aux Pays Bas, en 1955. Deux ans plus tard, la première antenne géante (76 m de diamètre) entre en service à Jodrell Bank, en Angleterre. Une autre parabole géante, de 64 m de diamètre est montée à Parkes, en Australie, en 1961. En France, le grand radiotélescope de Nançay (Cher) est inauguré en 1965. Son système de miroirs méridiens lui donne une surface collectrice équivalente à celle d'une parabole de 94 m de diamètre. En 1971, une parabole de 100 m est installée à Effelsberg, en Allemagne. Le plus

---

[61] Voir *supra*, p. 272.
[62] Du nom de son inventeur, Bernard Yarnton Mills (né en 1920).

grand radiotélescope du monde à antenne unique est implanté en 1963 à Arecibo (Porto Rico), dans une dépression naturelle du sol : fixe, il atteint le diamètre record de 305 m.

Depuis les années 1980, le recours à l'interférométrie[63] a conduit à la mise en place de vastes réseaux de radiotélescopes. Aux États-Unis, le VLA *(Very Large Array)* à Socorro (Nouveau- Mexique), est constitué de 27 antennes de 25 m de diamètre réparties sur 36 km. Le VLBI *(Very Long Base Interferometer)* ajoute au VLA dix antennes réparties sur le territoire américain, qui portent la longueur de base à plusieurs milliers de kilomètres (jusqu'à 8 000). Dans le domaine des ondes millimétriques, les instruments se sont développés à la fin des années 1970, avec notamment la création de l'Institut de radioastronomie millimétrique (IRAM), fruit d'une coopération entre la France, l'Allemagne et l'Espagne, doté de deux observatoires, l'un sur le plateau de Bure, dans le Dauphiné, l'autre sur le Pico Veleta, dans la Sierra Nevada.

L'espace ouvre de nouvelles fenêtres d'observation de l'Univers

Vers les courtes longueurs d'onde, les progrès sont très rapides. Dès le début du XXe siècle, des observations sont réalisées en altitude par l'Américain Theodor Lyman (1874-1954), mais c'est l'utilisation, par son compatriote Richard Tousey (1908-1997), d'une fusée V2 capturée pendant la Seconde Guerre mondiale qui permet d'obtenir, en octobre 1946, le premier spectre ultraviolet du Soleil. Il faudra attendre 1957 pour enregistrer le premier spectre ultraviolet d'une autre étoile.

Dans le domaine des rayons X, les premières détections, relatives au Soleil, sont effectuées en 1948, à la suite d'un vol de fusée, par l'Américain Herbert Friedman (1916-2000) ; la première source non solaire sera détectée en 1962, dans la constellation du Scorpion, grâce à un équipement embarqué mis au point par l'Américain d'origine italienne Riccardo Giacconi (né en 1931).

---

[63] Technique consistant à braquer simultanément sur la même source de rayonnement plusieurs instruments, reliés de telle sorte que les signaux qu'ils captent subissent le phénomène d'interférence ; on accroît ainsi le pouvoir de résolution des instruments utilisés.

La nécessité de sortir de l'atmosphère pour mener les observations dans des domaines de longueurs d'onde invisibles comme l'ultraviolet, l'infrarouge, les rayons X ou gamma, va stimuler la recherche spatiale. Les quelques résultats obtenus avec les ballons et les fusées de récupération sont tellement prometteurs qu'ils laissent présager le développement d'un énorme pan de la recherche. La radioastronomie a montré les bouleversements qu'elle pouvait apporter à l'astrophysique, permettant d'étudier le milieu interstellaire et de découvrir une impressionnante variété de molécules dont la présence extraterrestre ne paraissait même pas vraisemblable.

L'astronomie spatiale se déploie sur trois domaines distincts. Le plus connu et le plus spectaculaire est celui de l'exploration. Il s'agit d'aller étudier sur place les mondes découverts, de réaliser en quelque sorte le rêve du XVIIe siècle. Le second volet est l'amélioration des possibilités d'observation. L'atmosphère terrestre dégradant considérablement les images des astres, l'observation extra-atmosphérique restitue aux instruments leur réel pouvoir séparateur et leur véritable puissance d'investigation. Le troisième domaine est celui de l'accès aux longueurs d'onde qui ne peuvent pas parvenir jusqu'au sol. Les courtes longueurs d'onde présentent l'intérêt d'être liées aux hautes énergies et permettent donc d'étudier les cataclysmes cosmiques. Les grandes longueurs d'onde permettent d'accéder aux molécules complexes non dissociées, aux basses températures régnant dans le milieu intersidéral et de traverser les couches de poussières, de nuages et de gaz qui, dans le domaine visible, limitent les possibilités d'observation depuis le système solaire.

Les premiers observatoires spatiaux, les satellites américains OAO *(Orbiting Astronomical Observatory)*, sont lancées en 1968 et 1972. Les satellites SAS *(Small Astronomical Satellite)*, lancés dans les années 1970, autorisent la détection de nombreuses sources célestes de rayonnement X et gamma. Explorateur du ciel dans l'ultraviolet, le satellite européen IUE *(International Ultraviolet Explorer)* fonctionne pendant plus de vingt ans à partir de 1978. Avec le satellite américain HEAO-2 *(High Energy Astrophysical Observatory)*, rebaptisé Observatoire Einstein après son lancement, en 1978, l'astronomie X prend son essor. Dans le domaine infrarouge, le satellite international IRAS, en 1983, et le satellite européen ISO *(Infrared Space Observatory)*, de 1995 à 1998, ont permis de localiser des milliers de sources rayonnant dans ces domaines de longueurs d'onde. ISO a, de plus, trouvé de l'eau partout dans l'Univers : dans les atmosphères planétaires et dans le milieu interstellaire. Cette découverte confirme les hypothèses de nucléosynthèse qui expliquent qu'après l'hélium, les éléments les plus fabriqués dans les étoiles sont le carbone et l'oxygène. Ce dernier, jusqu'alors pratiquement invisible excepté dans les nébuleuses planétaires, se combine à l'hydrogène et apparaît sous forme de molécules d'eau, quasi indécelables aux longueurs d'ondes de la lumière visible.

Le recours aux techniques spatiales a permis aussi une amélioration spectaculaire de la qualité des observations en astrométrie. Premier instrument spatial entièrement dédié à l'astrométrie, le satellite européen Hipparcos, lancé en 1989 et qui a fonctionné jusqu'en 1993, a permis de mesurer avec une précision jamais atteinte les positions et magnitudes de plus d'un million d'étoiles et de déterminer la parallaxe [64] de plus de 100 000 étoiles, augmentant considérablement le volume de l'Univers connu avec précision et améliorant donc de la même manière les données du diagramme de Hertzsprung-Russell [65]. Les résultats sont si bons et si importants qu'une suite sera donnée à l'expérience avec le lancement, vers 2015, d'un satellite astrométrique de nouvelle génération, Gaia, qui déterminera les positions et distances de plus d'un million d'étoiles.

Les liens entre la radioastronomie et l'astronomie optique se resserrent grâce à la mise en service de télescopes photographiques à grand champ, utilisant une combinaison optique mise au point en 1930 par l'Allemand Bernhard Schmidt (1875-1935). Il devient possible d'identifier les éventuelles contreparties optiques des radiosources et de les observer à l'aide des télescopes géants. C'est ainsi que l'Américain Allan Rex Sandage (né en 1926) et l'Australien John Bolton identifient en 1960 le premier quasar, une source radio intense présentant un aspect stellaire. En 1963, un Américain d'origine néerlandaise, Marteen Schmidt (né en 1929), montre que le quasar 3C 273 se trouve à 2 milliards d'années-lumière, si l'on admet que le décalage vers le rouge des raies de son spectre obéit à la loi de Hubble [66]. De nombreux autres quasars, encore plus lointains, seront découverts. Ces objets passionnent les astronomes et

---

[64] Voir *supra*, p. 225.
[65] Voir *supra*, pp. 268-269.
[66] Voir *supra*, pp. 270-272

jouent un rôle primordial dans l'histoire de l'Univers. Ils rayonnent plus d'énergie qu'une galaxie contenant des centaines de milliards d'étoiles et révèlent un état ancien de l'Univers.

Deux autres avancées de la radioastronomie se produisent dans les années 1960. En 1965, les Américains Arno Penzias (né en 1933) et Robert Wilson (né en 1936) découvrent le rayonnement isotrope (réparti dans toutes les directions) du fond de ciel. Celui-ci avait été imaginé dès 1948 par leur compatriote d'origine russe George Anthony Gamow (1904-1968) comme une conséquence des équations d'Einstein. Non seulement cette découverte apporte une confirmation supplémentaire à la relativité générale, mais elle vient étayer la théorie de l'Univers en expansion passé par une phase d'extrême densité et de colossale température – le fameux Big Bang – théorie dont les bases ont été jetées dès 1931 par l'abbé Georges Lemaître. En 1968, la Britannique Jocelyne Bell Burnell (née en 1943), élève d'Antony Hewish (né en 1924) découvre le rayonnement régulier des pulsars, petites étoiles superdenses en rotation rapide dont l'existence a été postulée dès 1934 par le Suisse Fritz Zwicky (1898-1974) et l'Américain d'origine allemande Walter Baade (1893-1960).

Des instruments géants sur Terre et dans l'espace

Avec les années 1970 s'ouvre l'ère des très grands télescopes. Plusieurs instruments de la classe des 4 m de diamètre sont mis en service sur des sites soigneusement choisis comme Kitt Peak (Arizona), Cerro Tololo puis La Silla au Chili, et le Mauna Kea, à Hawaii, qui devient le principal site astronomique de l'hémisphère Nord, à 4 200 m d'altitude, au milieu de l'océan Pacifique. En Géorgie, l'URSS installe un télescope de 6 m de diamètre. L'Europe s'organise en créant l'observatoire austral au Chili, tandis que la Grande-Bretagne développe une collaboration importante avec l'Australie en installant un télescope de 4 m et un télescope de Schmidt de 1,2 m à Siding Spring. Le Japon installe un télescope de Schmidt important à Kiso. Tous ces instruments sont utilisés pour améliorer les observations modernes et équipés d'une instrumentation importante dans les domaines photométrique et spectroscopique. Ils ouvrent la voie aux télescopes géants de la fin du XXe siècle : les deux télescopes américains Keck, dotés de miroirs de 10 m de diamètre, installés sur le Mauna Kea, et plusieurs télescopes de la classe des 8 m, en particulier les quatre instruments de 8,2 m de diamètre du VLT *(Very Large Telescope)* équipant un nouvel observatoire européen, sur le Cerro Paranal, au Chili. Bien plus performants que leurs prédécesseurs, non seulement en raison de leur plus grand diamètre, mais aussi parce que les techniques de traitement des images et d'acquisition de l'information ont considérablement progressé depuis les années 1970, ces télescopes de nouvelle génération ouvrent de nouvelles perspectives à l'astronomie au sol. Ils peuvent rivaliser avec le télescope spatial Hubble, de 2,4 m seulement de diamètre, lancé en 1990, mais conçu au début des années 1980 et, donc, d'une technologie déjà ancienne.

L'exploration du Système solaire

En découvrant l'existence de ceintures de rayonnement autour de la Terre – les ceintures de Van Allen – le tout premier satellite artificiel américain, Explorer 1, lancé le 31 janvier 1958, a ouvert un nouveau champ de recherche, celui de l'exploration des relations Soleil-Terre, qui n'a cessé de se développer depuis. L'exploration spatiale a également permis de visiter toutes les grosses planètes du Système solaire. Certaines ont cependant fait l'objet de missions particulièrement élaborées, comme Vénus et Mars, non seulement étudiées par des orbiteurs, mais à la surface desquelles ont été déposés des mini-laboratoires automatiques et qui ont fait l'objet de mesures d'une étonnante précision : Mariner 2 au-dessus de Vénus (1962) et Venera 5 dans son atmosphère (1969) ; Mariner 4 au-dessus de Mars (1965), les missions automatisées Viking 1 et 2 (1976), Mars Pathfinder (1997), *Mars Exploration Rover 1 (Spirit) et 2 (Opportunity)* [2004] sur le sol de la « planète rouge », etc. Vers les planètes extérieures, les missions ont été menées successivement, depuis les années 1970, par les sondes américaines Pioneer 10 et 11 (lancées en 1972 et 1973), Voyager 1 et 2 (lancées en 1977), et Galileo (lancée en 1989). L'exploration se poursuit avec la sonde américano-européenne Cassini, dont l'arrivée dans la « banlieue » de Saturne est attendue en 2004. Depuis 1985, le survol de plusieurs comètes par des sondes spatiales a largement fait progresser la recherche cométaire. La sonde européenne Giotto a notamment fourni en 1986 les premières images rapprochées du noyau d'une comète, celle de Halley. La connaissance des astéroïdes a bénéficié elle aussi du passage de sondes à proximité de plusieurs de ces petits corps, mission inaugurée par la sonde américaine Galileo avec le survol des astéroïdes 951 Gaspra en 1991 et 243 Ida en 1993.

Certains programmes ont été menés pour étudier le Soleil lors de ses maximums d'activité. Pionnier en ce domaine, le satellite américain SMS *(Solar Maximum Mission)* a été lancé en 1980. Réparé dans l'espace en 1984, il a fonctionné jusqu'à la fin de 1989, observant quelque 12 500 éruptions solaires. Des données sur le stockage et la libération de l'énergie dans les protubérances, l'accélération des particules, la formation de plasma chaud et les mécanismes d'éjection de masse ont été enregistrées.

L'espace permet aussi d'accéder aux régions du Soleil inobservables depuis la Terre. Tel fut l'objectif de la sonde américano-européenne Ulysse, lancée le 6 octobre 1990. Après un long voyage vers Jupiter qui lui a permis de sortir du plan de l'écliptique (plan de l'orbite terrestre), elle a exploré les régions polaires du Soleil, survolant son pôle Sud en 1994 puis en 2000 et son pôle Nord en 1995 et en 2001. Ulysse a fait considérablement progresser notre connaissance du vent solaire (un flux de particules chargées qui s'échappent en permanence de la couronne solaire dans le milieu interplanétaire), découvrant en particulier que sa vitesse est beaucoup plus grande qu'on ne le pensait aux latitudes élevées du Soleil.

Quant au satellite européen SOHO *(Solar and Heliospheric Observatory)*, lancé par une fusée américaine à la fin de 1995, il a fait progresser la physique solaire, la physique des hautes énergies et ouvert la voie à de nouvelles missions. Il a permis notamment des avancées importantes pour la compréhension du mécanisme de chauffage de la couronne solaire.

L'étude des relations Soleil-Terre suscite également une grande variété de missions spatiales. Parmi celles-ci, la mission européenne Cluster II comporte un ensemble de quatre satellites identiques – Rumba, Salsa, Tango et Samba – lancés par paires en 2000, à l'aide de lanceurs russes. Le quatuor explore le vent solaire et la magnétosphère en configuration tétraédrique ou pyramidale, pour établir la première représentation tridimensionnelle des relations Soleil-Terre.

PERSPECTIVES POUR LE XXIe SIÈCLE

Sans nul doute, la connaissance de l'Univers va encore progresser de manière spectaculaire au cours du XXIe siècle. Le nombre des chercheurs travaillant aujourd'hui dans le monde dans le domaine de l'astronomie, de l'ordre de dix mille, est plus important que le nombre cumulé de tous les scientifiques ayant pratiqué cette discipline depuis 2 500 ans ! La surface collectrice des miroirs de télescopes a été multipliée par plus de 100 en quelques années et la course au gigantisme continue. Dans la seconde moitié du XXe siècle, de nouveaux domaines de longueurs d'onde ont été explorés. Le siècle qui commence verra le développement de ces astronomies « exotiques », fondées sur l'étude de rayonnements invisibles. On en attend de nouveaux progrès dans la compréhension des processus de formation et d'évolution des étoiles et des galaxies. Déjà une moisson de données nouvelles ont par exemple été obtenues en astronomie des rayons X à l'aide des satellites XMM-Newton (européen) et Chandra (américain), tous deux lancés en 1999, et en astronomie des rayons γ grâce au satellite européen Intégral, lancé en 2002. En astronomie infrarouge, on fonde de grands espoirs sur l'observatoire spatial américain SIRTF *(Space Infra Red Telescope Facility)*, lancé en 2003, et surtout sur le successeur du télescope spatial Hubble, le télescope spatial James Webb (du nom d'un ancien administrateur de la NASA [1906-1992]), d'un diamètre de 6 m environ, dont la mise en orbite est prévue en 2011. L'instrumentation spatiale devrait aussi bénéficier à la cosmologie, en autorisant une étude plus précise du rayonnement du fond de ciel, du rythme d'expansion de l'Univers, de la densité de matière qu'il renferme, etc. Peut-être aidera-t-elle à résoudre enfin l'énigme de la matière noire... Après les premiers résultats obtenus au début des années 1990 par le satellite américain COBE *(Cosmic Background Explorer)*, son successeur, le satellite WMAP *(Wilkinson Microwawe Anisotropy Probe)*, mis en orbite en 2001, a pu mesurer les infimes fluctuations du rayonnement fossile du Big Bang, mais des observations encore plus fines sont attendues, après 2007, du futur satellite européen Planck. Enfin, la poursuite de l'exploration du système solaire (la Lune ; Mars ; Saturne et son principal satellite, Titan ; Mercure ; Vénus ; plusieurs comètes et astéroïdes...) par des engins spatiaux est appelée sans aucun doute à améliorer encore sensiblement notre connaissance des mondes voisins et de l'origine de la vie.

Voici quelque vingt-cinq siècles, en Grèce, les hommes prenaient conscience de ce que la Terre est isolée dans l'espace. Il y a 400 ans environ, les planètes quittaient, aux yeux des hommes, leur rang de divinités pour devenir des mondes comme le nôtre, tournant autour du Soleil. Deux siècles plus tard, il était acquis que le Soleil n'est qu'une étoile comme les autres. La dernière décennie du XXe siècle a vu la découverte de planètes extrasolaires [67], ravalant le Système solaire au rang de banal système planétaire. On peut présager qu'une prochaine étape capitale dans la connaissance de l'Univers sera la découverte de la vie sur une planète tournant autour d'une autre étoile que la nôtre.

L'amélioration constante des techniques d'observation et de traitement de l'information va permettre, dans un avenir proche, de faire sensiblement progresser la compréhension de l'évolution des étoiles et des galaxies. Le Soleil, désormais sous surveillance constante, se dévoile à un rythme impressionnant et apporte son tribut aux progrès de la physique fondamentale. La mise en service de nouveaux accélérateurs de particules devrait ouvrir la voie à l'unification des grandes lois de la physique [68], faisant ainsi progresser la connaissance de l'histoire et de l'évolution de l'Univers. Avec l'astronomie des particules, celle des ondes gravitationnelles et celle des rayons cosmiques s'ouvrent de nouveaux champs d'investigation pour la compréhension du cosmos.

Denis Savoie (jusqu'au XVIIe siècle, Galilée inclus)
Jean-Louis Heudier (depuis Galilée)

---

[67] La première planète extrasolaire est découverte en 1992 ; elle gravite (avec deux autres planètes) autour du pulsar PSR1257+12. Il faut attendre 1995 pour voir la découverte d'une planète en révolution autour d'une étoile semblable au Soleil, Pégase 51.

[68] Voir *supra*, pp. 179-180.

ANNEXE I

La découverte du Système solaire

Objets	**Année de découverte (découvreurs)**
Mercure	–
Vénus	–
Mars	–
2 satellites :	
Phobos	1877 (Hall)
Deimos	1877 (Hall)
Jupiter	–
Grande tache rouge	1665 (Cassini)
Anneaux	1979 (Voyager 1)
60 satellites :	
Métis	1980 (Synnott)
Adrastée	1979 (Jewitt et Danielson)
Amalthée	1892 (Barnard)
Thébé	1980 (Synnott)
Io	1610 (Galilée)
Europe	1610 (Galilée)
Ganymède	1610 (Galilée)
Callisto	1610 (Galilée)
Thémisto	2000 (Jewitt, Sheppard *et alii*)
Léda	1974 (Kowal)
Himalia	1904 (Perrine)
Lysithéa	1938 (Nicholson)
Élara	1905 (Perrine)
S/2000 J11	2000 (Jewitt, Sheppard *et alii*)
Harpalyké	2000 (Jewitt, Sheppard *et alii*)
Praxidiké	2000 (Jewitt, Sheppard *et alii*)
Jocaste	2000 (Jewitt, Sheppard *et alii*)
Ananké	1951 (Nicholson)
Chaldène	2000 (Jewitt, Sheppard *et alii*)
Isonoé	2000 (Jewitt, Sheppard *et alii*)
Érinomé	2000 (Jewitt, Sheppard *et alii*)
Taygété	2000 (Jewitt, Sheppard *et alii*)
Carmé	1938 (Nicholson)
Kalyké	2000 (Jewitt, Sheppard *et alii*)
Pasiphaé	1908 (Melotte)
Mégaclite	2000 (Jewitt, Sheppard *et alii*)
Sinope	1914 (Nicholson)
Callirrhoé	1999 (Scotti *et alii*)
Autonoé	2001 (Sheppard, Jewitt, Fernandez et Magnier)

Thyoné	2001 (Sheppard, Jewitt, Fernandez et Magnier)
Hermippe	2001 (Sheppard, Jewitt, Fernandez et Magnier)
Aitne	2001 (Sheppard, Jewitt, Fernandez et Magnier)
Eurydome	2001 (Sheppard, Jewitt, Fernandez et Magnier)
Euanthe	2001 (Sheppard, Jewitt, Fernandez et Magnier)
Euporie	2001 (Sheppard, Jewitt, Fernandez et Magnier)
Orthosie	2001 (Sheppard, Jewitt, Fernandez et Magnier)
Sponde	2001 (Sheppard, Jewitt, Fernandez et Magnier)
Kale	2001 (Sheppard, Jewitt, Fernandez et Magnier)
Pasithee	2001 (Sheppard, Jewitt, Fernandez et Magnier)

21 satellites mineurs, découverts en 2002 (S/2002 J1) et 2003 (S/2003 J1 À J20), par Sheppard, Gladman *et alii*

Saturne	–
Anneaux	1610 (Galilée, observation)
	1655 (Huygens, nature)
	1675 (Cassini, division principale)
31 satellites :	
Pan	1990 (Showalter)
Atlas	1980 (Terrile)
Prométhée	1980 (Collins)
Pandore	1980 (Collins)
Épiméthée	1980 (Walker)
Janus	1966 (Dollfus)
Mimas	1789 (Herschel)
Encelade	1789 (Herschel)
Téthys	1684 (Cassini)
Télesto	1980 (Reitsema)
Calypso	1980 (Pascu)
Dioné	1684 (Cassini)
Hélène	1980 (Laques)
Rhéa	1672 (Cassini)
Titan	1655 (Huygens)
Hypérion	1848 (Bond)
Japet	1671 (Cassini)
Phœbé	1898 (Pickering)
Ymir	2000 (Gladman, Nicholson, Burns, Holman *et alii*)
Paaliaq	2000 (Gladman, Nicholson, Burns, Holman *et alii*)
Tarvos	2000 (Gladman, Nicholson, Burns, Holman *et alii*)
Ijiraq	2000 (Gladman, Nicholson, Burns, Holman *et alii*)
Suttung	2000 (Gladman, Nicholson, Burns, Holman *et alii*)
Kiviuq	2000 (Gladman, Nicholson, Burns, Holman *et alii*)
Mundilfari	2000 (Gladman, Nicholson, Burns, Holman *et alii*)
Albiorix	2000 (Gladman, Nicholson, Burns, Holman *et alii*)
Skadi	2000 (Gladman, Nicholson, Burns, Holman *et alii*)
Erriapo	2000 (Gladman, Nicholson, Burns, Holman *et alii*)
Siarnaq	2000 (Gladman, Nicholson, Burns, Holman *et alii*)
Thrym	2000 (Gladman, Nicholson, Burns, Holman *et alii*)

1 satellite mineur découvert en 2003 (S 2003 S1) par Sheppard *et alii*.

Uranus	1781 (Herschel)
Anneaux	1977 (Kuiper Airborne Observatory)
21 satellites :	
Cordelia	1986 (Terrile, Voyager 2)
Ophelia	1986 (Terrile, Voyager 2)
Bianca	1986 (Voyager 2)
Cressida	1986 (Terrile, Voyager 2)
Desdemona	1986 (Synnott, Voyager 2)
Juliet	1986 (Synnott, Voyager 2)
Portia	1986 (Synnott, Voyager 2)
Rosalind	1986 (Synnott, Voyager 2)
Belinda	1986 (Synnott, Voyager 2)
Puck	1986 (Synnott, Voyager 2)
Miranda	1948 (Kuiper)
Ariel	1851 (Lassell)
Umbriel	1851 (Lassell)
Titania	1787 (Herschel)
Obéron	1787 (Herschel)
Caliban	1997 (Gladman, Nicholson, Burns, Kavelaars)
Stephano	1999 (Gladman, Nicholson, Burns, Kavelaars)
Trinculo	2001 (Holman, Kavelaars, Milisavlijevic)
Sycorax	1997 (Gladman, Nicholson, Burns, Kavelaars)
Prospero	1999 (Holman)
Setebos	1997 (Gladman, Nicholson, Burns, Kavelaars)

Neptune	1846 (Adams, Le Verrier, Galle et d'Arrest)
Anneaux	1984 (Observatoire de Cerro Tolo)
11 satellites :	
Naïade	1989 (Voyager 2)
Thalassa	1989 (Terrile, Voyager 2)
Despina	1989 (Synnott, Voyager 2)
Galatée	1989 (Synnott, Voyager 2)
Larissa	1982 (Reitsema, Hubbard, Lebofsky, Tholen)
Protée	1989 (Synnott, Voyager 2)
Triton	1846 (Lassell)
Néréide	1949 (Kuiper)

4 satellites mineurs découverts en 2002 (S/2002 N1 à N4) par Holman, Kavelaars, Grav *et alii.*

Pluton	1930 (Tombaugh)
1 satellite :	
Charon	1978 (Christy)

Quelques astéroïdes (avec le nom de leur découvreur) :

Cérès 1801 (Piazzi) ; Pallas 1802 (Olbers) ; Junon 1804 (Harding) ; Vesta 1807 (Olbers) ; Astrée 1845 (Hencke) ; Hygiea 1849 (De Gasparis) ; Eunomia 1851 (De Gasparis) ; Euphrosyne 1854 (Ferguson) ; Europa 1858 (Goldschmidt) ; Æthra 1873 (Watson) ; 1da 1884 (Palisa) ; Mathilde 1885 (Palissa) ; Brucia 1891 (Wolf) ; Éros 1898 (Witt et Charlois) ; Achille 1906 (Wolf) ; Hector 1907 (Kopff)..

Chapitre IV

LA CHIMIE

Qu'est-ce que la chimie ? À partir de quelle époque peut-on parler de chimie ? Difficile de donner une réponse simple à ces questions...

Contrairement aux mathématiques ou à l'anatomie, sciences établies de très longue date, la chimie est apparue progressivement. Il faut donc détecter, parmi les spéculations des philosophes de l'Antiquité concernant la constitution de la matière, ce qui, de près ou de loin, annonce la discipline. Même après la naissance de l'alchimie, on ne peut pas encore parler véritablement de chimie, mais de théories, de manipulations et de réflexions, d'ébauches, qui peu à peu la constitueront. À la Renaissance, les bases commencent à s'élaborer, mais on reste encore loin d'une approche vraiment scientifique. C'est à partir du XVIIe siècle que ceux qui se préoccupent de la constitution des corps, de leurs propriétés et des possibilités de les transformer, se définissent comme chimistes. La quête spirituelle alchimiste est abandonnée, la raison seule motive les travaux. À la fin du XVIIIe siècle, avec Lavoisier, la chimie prend sa forme définitive. Les siècles passés auront pourtant été indispensables à l'épanouissement de la discipline comme science identifiée.

AUX ORIGINES DE LA CHIMIE

La domestication du feu et ses conséquences

Avec la maîtrise du feu, l'homme va découvrir la transformation de la matière. Des foyers organisés retrouvés, entre autres, à Terra

Amata, près de Nice, à Menez Dregan, en Bretagne, à Vertessaölös, en Hongrie, ou à Choukoutien, en Chine, témoignent de la domestication du feu vers 400 000 avant J.-C., en Europe comme en Asie.

Métallurgie et travail du verre

Le chalcolithique et l'âge de bronze se succèdent au cours de la période historique, de 2500 à 700 avant J.-C. À partir de 700 avant J.-C., c'est le travail du minerai de fer qui témoigne des connaissances métallurgiques des forgerons.

Grâce au feu, le sable et la cendre donnent naissance au verre en Égypte et en Mésopotamie. On connaît ainsi une petite tête de lion de verre bleu, qui remonte au Moyen Empire (vers 2200 avant J.-C.). C'est également en Égypte que les plus anciens ateliers de verrerie, datant de la XVIIIe dynastie, ont été retrouvés, près de Thèbes (époque d'Aménophis III, 1391-1353 avant J.-C.) ou à Tell el-Amarna (époque d'Aménophis IV/Akhenaton, le pharaon hérétique, 1353-1333 avant J.-C.)

Parfums et médicaments

D'autres activités annoncent la chimie. Le grand nombre de brûle-parfums retrouvés dans les fouilles archéologiques témoigne de l'intérêt de la plupart des civilisations pour la fabrication de substances odoriférantes, destinées d'abord à honorer les dieux, puis, plus prosaïquement, à séduire.

Parallèlement, le souci de soigner le corps humain amènera les hommes à se tourner vers les plantes, les animaux et les minéraux, afin de les utiliser pour la préparation de remèdes plus ou moins complexes. On s'accorde à reconnaître que la plus ancienne pharmacopée est représentée par une tablette découverte à Nippur, principal centre religieux sumérien (aujourd'hui en Irak), qui date du IIIe millénaire avant notre ère.

Le caractère technique dominant de ces activités exclut toutefois toute réflexion globale sur la constitution de la matière ; c'est aux philosophes grecs qu'il reviendra d'avoir une approche plus spéculative dans ce domaine.

L'ÈRE DES SPÉCULATIONS INTELLECTUELLES

La pensée grecque et la matière

La pensée scientifique est née dans la Grèce antique, avec la philosophie : cherchant à comprendre le sens et le fonctionnement de l'Univers, les Grecs ont été amenés à s'intéresser, d'une façon purement spéculative, à la constitution de la matière.

Les multiples hypothèses qu'ils forment seront largement développées ; les alchimistes, en particulier, s'y référeront constamment, et certaines de leurs théories domineront la chimie jusqu'à Lavoisier.

Les différentes réflexions sur la matière sont ici exposées par famille de pensée, et non selon un ordre chronologique qui aurait conduit à des retours et à des répétitions.

Les philosophes monistes

Les philosophes monistes (du grec *monos* : « seul ») ne se sont pas contentés des premières interprétations théogoniques de la formation de l'Univers formulées par des poètes comme Hésiode (VIIIe siècle avant J.-C.). Pour eux, l'harmonie de la nature repose sur un élément primordial, qui occupe une place essentielle dans la constitution de la matière.

Thalès de Milet

Le premier de ces monistes est Thalès (v. 625-v. 547 avant J.-C.), l'un des Sept Sages de la Grèce. Plus connu pour sa contribution aux mathématiques, le fondateur de l'école de Milet accorde à l'eau le rôle essentiel. Pour lui, elle est à l'origine de tous les êtres et de tous les éléments : « Rien ne vient de rien, tout vient et retourne à l'eau. »

Nous ne disposons malheureusement d'aucun écrit de Thalès permettant de connaître plus précisément ses théories. Sa place dans l'histoire de la pensée est toutefois attestée par les nombreuses références que les philosophes ultérieurs feront à son œuvre, ainsi que par les écrits de Diogène Laërce ou d'Apollodore.

Anaximandre de Milet

Le successeur de Thalès à la tête de l'école de Milet est Anaximandre (v. 610-v. 547 avant J.-C.). Diogène Laërce résume ainsi sa théorie : « Il pensait que le premier principe était l'Illimité, sans toutefois définir si c'était l'air, l'eau ou autre chose ; qu'il changeait en ses parties et restait pourtant immuable en son tout. » Anaximandre abandonne la primauté de l'eau au profit de l'affirmation du caractère illimité du premier principe et de sa capacité à se transformer.

Anaximène de Milet

Dernier représentant de l'école de Milet, Anaximène (v. 585-v. 525 avant J.-C.) redonne une identité à l'élément primordial ; il ne s'agit plus de l'eau, comme l'enseignait Thalès, mais de l'air : « Notre âme, parce qu'elle est de l'air, est en chacun de nous un principe d'union ; de même, le souffle ou l'air contient le monde dans son ensemble. » En revanche Anaximène partage l'opinion d'Anaximandre en ce qui concerne le caractère illimité du « premier principe des choses ».

Héraclite d'Éphèse

Représentant de l'école ionienne, Héraclite (v. 550-v. 480 avant J.-C.) est originaire d'Éphèse, riche cité d'Asie Mineure. C'est un misanthrope à qui l'on attribue un livre sur la nature, écrit, selon Diogène Laërce, « en termes obscurs [...] afin que seul des gens capables puissent le lire, et qu'il ne devienne pas méprisable pour avoir été vulgarisé ».

Selon Héraclite, c'est le feu qui est l'élément primordial : « De toutes choses il y a échange contre le feu, et, du feu contre toutes choses. » Le caractère éternel du monde est affirmé : « Ce monde-ci, le même pour tous les êtres, aucun des dieux ni des hommes ne l'a créé : il a toujours été, il est et il sera un feu toujours vivant, s'allumant et s'éteignant avec mesure. »

Le système philosophique d'Héraclite repose sur l'opposition et l'identité des contraires : « C'est le même entre nous d'être ce qui est vivant et d'être ce qui est mort. » Il accorde une place particulière à l'attraction et la répulsion, et conclut que « le conflit est père de toutes choses, roi de toutes choses ».

Phérécyde de Syros

On clôt généralement l'énumération des monistes avec Phérécyde de Syros (VIe siècle avant J.-C.), censé désigner comme élément primordial la terre. On a ainsi un tableau comprenant les quatre éléments. Pourtant, si les quelques travaux de Phérécyde qui nous sont parvenus évoquent en effet la terre, on ne peut affirmer avec certitude qu'il en ait fait l'élément primordial.

Les nombres et le triangle

Un autre mouvement va privilégier les nombres, puis le triangle, ce qui, appliqué à la constitution de la matière, se traduit par des conceptions purement spéculatives, plus proches des mathématiques que de la nature.

L'école pythagoricienne

C'est à Crotone, en Italie du Sud, dans cette partie de la péninsule que les Romains nommeront la Grande Grèce, que Pythagore, originaire de Samos, fonde au VIe siècle avant notre ère l'école pythagoricienne, à la fois société secrète et courant philosophique, qui perdurera plusieurs siècles [1].

On ne peut aujourd'hui déterminer avec certitude ce qui doit être attribué à Pythagore, et ce qui est l'œuvre de ses héritiers – Aristote lui même ne cite « les pythagoriciens » que globalement. Il faut donc se résoudre à considérer les théories pythagoriciennes au travers de textes tardifs qui ne rendent compte qu'imparfaitement des idées du maître.

Deux notions complémentaires se dégagent : le nombre et l'harmonie. Le nombre est une harmonie d'opposés, mais les choses sont une harmonie de nombres.

---

[1] Voir *supra*, pp. 29-33, 108.

La doctrine pythagoricienne vue par Plutarque

« Dautre part Pythagoras fils de Mnesarchus natif de l'isle de Samos, le premier qui a donné le nom à la philosophie, a tenu que les principes des choses estoient les nombres, & les Symmetries, c'est à dire, convenances & proportions qu'ils ont entre eux ; lesquelles il appelle autrement harmonies : & puis les composez de ces deux elements que lon dit geometriques. »

Plutarque, *Les Opinions des Philosophes*, traduction Amyot (1572).

On comprend dès lors que Pythagore soit surtout connu pour ses contributions aux mathématiques. Il ne faut pas oublier pour autant que les pythagoriciens sont réputés avoir associé une forme géométrique à chacun des éléments, ce qui inspirera Platon. Le feu est ainsi représenté par un tétraèdre, l'air par un octaèdre, l'eau par un icosaèdre et la terre par un cube *(voir les figures infra)*. Un apport capital des pythagoriciens au langage scientifique réside dans la première utilisation du mot *molécule* pour désigner des éléments infiniment petits.

Platon et l'obsession du triangle

Pour l'Athénien Platon (v. 427-348/7 avant J.-C.), fondateur de l'Académie [2], les documents et les textes originaux ne manquent pas. C'est dans un dialogue intitulé *Timée* que Platon donne son opinion sur la constitution de la matière. Timée y raconte la formation de l'Univers et de l'homme. Il pose le principe que le démiurge, « qui a formé le devenir et l'Univers », « était bon », et « a voulu que toutes choses fussent, autant que possible, semblables à lui-même » (résonnent ici des éléments pré-chrétiens). Le Créateur utilise d'abord le feu et la terre, puis l'eau et l'air (référence aux quatre éléments d'Empédocle [3]). Dans un souci de perfection, il donne au monde la forme sphérique « dont les extrémités sont partout à égale distance du centre, cette forme circulaire étant la plus parfaite de toutes et la plus semblable à elle-même ».

---

[2] Voir *supra*, pp. 35-36.
[3] Voir *infra*, pp. 293-294.

La question de la forme va se reposer à propos des quatre éléments, et c'est en s'inscrivant dans la ligne des pythagoriciens, par un recours systématique au triangle, que Platon va la résoudre. « Chacun sait que le feu, la terre, l'eau et l'air sont des corps. Or, le genre corporel a toujours de la profondeur, et la profondeur est, de toute nécessité, enclose par la nature de la surface, et toute surface de formation rectiligne est composée de triangles. »

Une fois énoncé ce principe, Platon définit des triangles de référence : il s'agit de triangles rectangles, dont l'hypoténuse vaut deux fois le petit côté de l'angle droit. En les assemblant par six, on obtient un triangle équilatéral *(voir la figure 41)*.

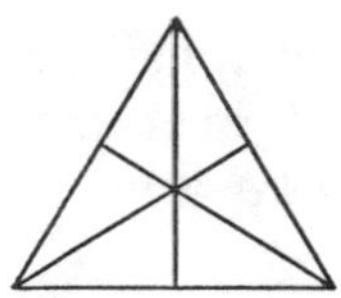

Fig. 41. – Triangle équilatéral

Quatre de ces triangles équilatéraux formeront un tétraèdre, figure simple et légère, qui sera « le germe du feu », l'élément le plus mobile. La disposition de huit de ces triangles en octaèdre constituera l'élément de l'air. A partir de vingt de ces triangles, on obtiendra un icosaèdre, élément de l'eau, moins mobile que les deux autres *(voir la figure 42)*.

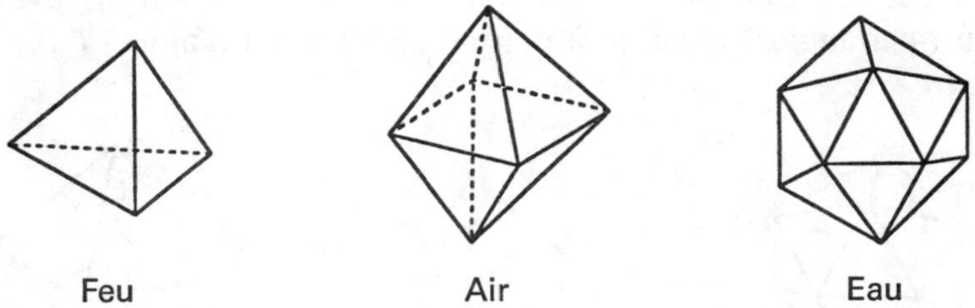

Fig. 42. – Tétraèdre, octaèdre, icosaèdre

C'est un autre triangle, à la fois rectangle et isocèle, qui servira, assemblé vingt-quatre fois, à constituer un cube *(voir la figure 43)*. La forme cubique est attribuée à la terre, le carré constituant une base plus stable que le triangle équilatéral, et convenant donc mieux à l'élément « le plus difficile à mouvoir et le plus tenace »

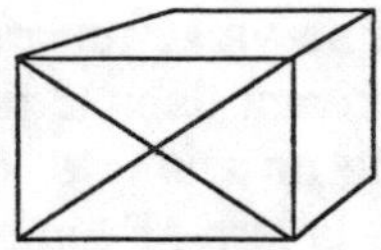

Fig. 43.

Platon conclut cette énumération en indiquant, sans la décrire, une cinquième combinaison (le dodécaèdre) dont Dieu « s'est servi pour achever le dessin de l'Univers ».

Naturellement, ces formes sont minuscules : on n'en peut percevoir que les assemblages.

Platon a par ailleurs prévu une transélémentation, l'air (8 triangles) pouvant se transformer en deux corpuscules de feu (2 × 4 triangles) *(voir la figure 44)*.

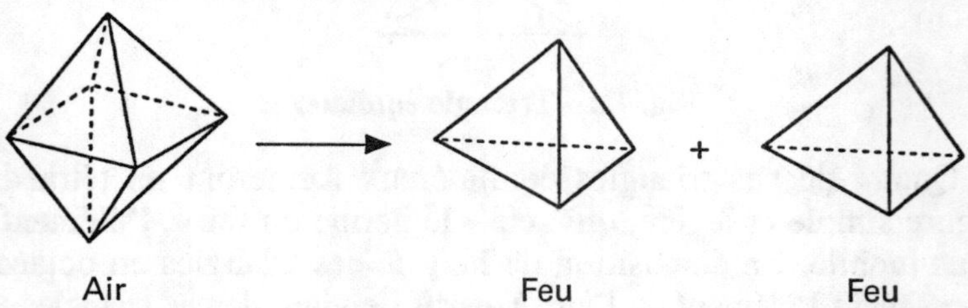

Fig. 44. – Transélémentation de l'air en feu chez Platon

L'eau (20 triangles) peut donner naissance à un corpuscule de feu (4 triangles) ainsi qu'à deux d'air (2 × 8 triangles) *(voir la figure 45)*.

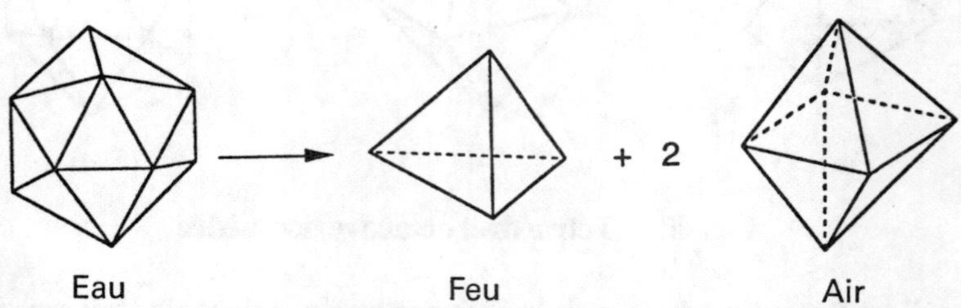

Fig. 45. – Transélémentation de l'eau en feu et en air chez Platon

Dans tous ces échanges, évidemment réversibles, on conserve le même nombre de triangles.

Un cas particulier cependant : la terre, qui n'est pas formée des mêmes triangles que les autres éléments, et ne peut se transformer.

Platon explique la diversité de la nature en restant fidèle à son système de triangles : « Les deux triangles [rectangle-isocèle et équilatéral] construits au début ne furent pas d'une grandeur unique : il y en eut de grands et de petits, en aussi grand nombre qu'il y a d'espèces dans chaque genre. C'est pourquoi, lorsque ces triangles se mêlent entre eux et les uns avec les autres, il en résulte une variété infinie, qu'il faut étudier si l'on veut discourir de la nature avec vraisemblance. »

Ce système exclusivement intellectuel doit plus aux théories pythagoriciennes qu'à une observation scrupuleuse de la nature. Bien qu'il n'en reste rien aujourd'hui, il a impressionné les siècles suivants. Les alchimistes en ont notamment retenu le principe d'une matière première unique, commune à tous les corps, pouvant prendre provisoirement la forme du feu, ou de l'eau, mais pouvant également revenir à l'état initial, pour se transformer en un nouvel élément en s'assemblant différemment.

La théorie des quatre éléments

La théorie dominante de la chimie d'avant Lavoisier est antérieure à Platon, puisqu'elle fut formulée pour la première fois au Ve siècle par Empédocle *(voir l'encadré)*. Elle doit à Aristote, qui la reprend et la diffuse, sa remarquable longévité.

Empédocle

Dans *De la Nature de l'Univers*, poème en hexamètres épiques dont nous sont parvenus des fragments, Empédocle présente les « quatre racines de toutes choses » : le feu, l'air (ou « éther »), l'eau, et la terre, qui existent de toute éternité. C'est à partir de ces quatre éléments que sont formés et détruits les êtres et les choses, par le jeu de deux forces cosmiques opposées, l'Amour, qui unit, et la Haine, qui divise. Rien de statique dans cette conception de la nature ; les combinaisons des quatre éléments se font et se défont perpétuellement : « Rien de ce qui est mortel n'a de naissance ni de

La légende d'Empédocle (v. 490-v. 435 avant J.-C.)

Philosophe, mais aussi homme politique, poète, médecin et prophète, Empédocle est né à Agrigente, en Sicile, au début du Ve siècle avant notre ère. Démocrate intransigeant malgré ses origines aristocratiques, il se présente dans son poème *Les Purifications* comme un personnage surnaturel : « Je suis venu près de vous comme un dieu immortel, honoré parmi tous, comme il convient à la nature, le front ceint de bandelettes et de couronnes fleuries. » Sa philosophie est influencée par le pythagorisme, l'éléatisme et la pensée d'Héraclite.

Les légendes autour de sa mort témoignent du caractère semi-divin dont la tradition l'a revêtu. Pour certains, il disparut à la fin d'un repas, appelé par une voix très forte, dans une lumière céleste. Pour d'autres, il se jeta dans l'Etna, qui rejeta sa sandale de bronze intacte.

fin par la mort qui emporte, mais les éléments se rassemblent seulement puis, une fois mêlés se dissocient. » On trouve là une première expression de la conservation de la matière.

La théorie d'Empédocle vue par Plutarque

« Empédocle fils de Meton natif d'Agrigente dit qu'il y a quatre elements, le feu, l'air, l'eau & la terre, & deux principes ou facultez & puissances principales, accord & discord, dont l'une a force & puissance d'assembler & unir, & l'autre de desassembler & desunir. »

Plutarque, *Les Opinions des Philosophes*, traduction Amyot (1572).

Aristote

Originaire de Stagire en Macédoine, Aristote[4] (384-322 avant J.-C.) avait été élevé dans l'entourage du roi Philippe II et fut le précepteur de son fils, le futur Alexandre le Grand. C'est à Athènes qu'Aristote, ancien assistant de Platon, fonda une école philosophique, le Lycée. Ses élèves étaient appelés péripatéticiens en raison de leur habitude de marcher de long en large *(peripatein)* dans ce gymnase en échangeant des idées.

---

[4] Voir *supra*, pp. 218-219.

Les connaissances encyclopédiques d'Aristote vont lui permettre de se livrer à une étude critique des travaux de ses prédécesseurs. Il va collectionner les connaissances de son temps et s'efforcer de les classer. Son approche des questions, à base d'investigation et d'observation, sera à l'origine de la méthode scientifique. L'essentiel de ses réflexions sur la constitution de la matière se trouvent dans deux ouvrages : *Du Ciel*, et surtout *De la génération et de la corruption*.

Aristote reprend les quatre éléments d'Empédocle et en ajoute un cinquième, l'éther, dont on fera ultérieurement la quintessence. Son originalité réside dans le fait qu'il associe à chacun des éléments deux propriétés fondamentales, choisies parmi deux couples de qualités opposées, le chaud et le froid, puis le sec et l'humide. Le Feu est ainsi chaud et sec, alors que l'Air est chaud et humide ; quant à l'Eau, ele est froide et humide, tandis que la Terre est froide et sèche. On constate que chaque élément possède une qualité en commun avec deux autres. C'est cette observation qui va conduire Aristote à envisager la transélémentation, puisqu'il suffit d'inverser une propriété pour obtenir un élément nouveau.

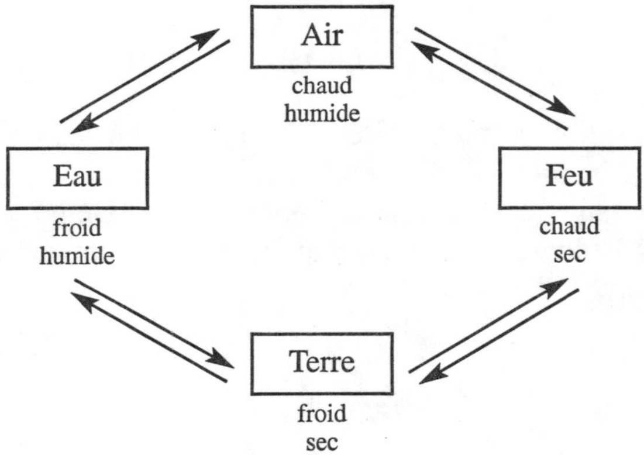

Fig. 46. – La transélémentation chez Aristote

Même si les deux opérations sont très différentes dans leur principe, les alchimistes se souviendront de cette transélémentation lorsqu'ils concevront la transmutation[5]. Par ailleurs, la distinction des trois états de la matière – l'eau devient glace, liquide ou vapeur, sans changer d'identité – sera également exploitée.

---

5 Voir *infra*, p. 309.

Jusqu'au XVIIIe siècle, la pensée d'Aristote sur la matière domine ; ce n'est qu'avec Lavoisier qu'elle sera définitivement abandonnée.

Théophraste

Du point de vue de la chimie, Théophraste (v. 372-287 avant J.-C.) est le plus important disciple d'Aristote. Originaire d'Érésos, dans l'île de Lesbos, il a laissé plusieurs ouvrages, dont le *Traité du feu* et une *Histoire des plantes*. Dans son *Traité des pierres*, il étudie notamment le rôle du charbon de terre comme combustible. Dans un autre traité, intitulé *Des Sens*, où il commente les conceptions de Démocrite sur la notion de saveur acide, il donne une première définition des acides dont se souviendra Libavius au XVIe siècle, et que développera Nicolas Lémery au XVIIe [6] : « L'acide est dû à une forme anguleuse, qui a des inflexions multiples et qui est petite et mobile. »

Les théories particulaires

La conception corpusculaire de la matière fait naître un courant de pensée très original : le monde serait constitué de particules. Se développent ainsi l'atomisme de Leucippe et de Démocrite, qui sera repris par Épicure et Lucrèce, et, indépendamment, la doctrine d'Anaxagore.

Leucippe, Démocrite et l'atomisme

L'atomisme naît au Ve siècle avant notre ère, à Abdère, en Thrace. Il ne reste malheureusement aucun écrit de ses fondateurs, et l'on ne peut distinguer la contribution de Leucippe (v. 460-370 avant J.-C.) de celle de Démocrite (v. 460-v. 370 avant J.-C.). La plupart des auteurs anciens considèrent que Leucippe fut le maître de Démocrite, qui aurait diffusé ses théories, et Aristote ne les sépare généralement pas lorsqu'il les cite.

---

6 Voir *infra*, pp. 322-324.

Sans doute Démocrite connaissait-il les doctrines des Éléates ou des philosophes ioniens, celles d'Empédocle ou d'Anaxagore, ses aînés de trente ou quarante ans, et celles de Socrate, dont il est contemporain.

Sa pensée est pourtant tout à fait originale : tout repose sur la notion d'*atome* (dont le sens n'est évidemment pas celui qu'on lui attribue aujourd'hui). Étymologiquement, ce terme désigne une particule insécable, résultat ultime de la division des éléments, qui ne sont que des corps composés. Une fois le stade atomique atteint, la division n'est donc plus possible. L'univers est constitué d'atomes qui se heurtent, s'agrègent et se dissocient au sein d'un espace vide. Pour les atomistes, même les dieux sont formés d'atomes. Les sensations ne sont que des courants d'atomes, qui vont des objets aux organes des sens, permettant la perception de ce que Démocrite appelle des *simulacres*.

Démocrite vu à travers une anecdote

« [Démocrite] un jour mangeant d'une figue, trouva qu'elle avoit le goust de miel. Si demanda à sa servante ; où elle l'avoit achettée. Elle luy nomma un certain verger. Et luy se levant, luy commanda de le mener tout de ce pas sur le lieu. De quoy la servante s'esbahissant, luy demanda pourquoi il y vouloit ainsi chaudement aller. Il faut, dit-il, que je trouve la cause de cette douceur : & je la trouveray, quand j'auray veu & bien considéré le lieu. Dequoy la servante se prenant à rire, Rasseiez-vous, dit-elle, hardiement quant à cela, car n'y pensant pas j'avois mis ces figues en un vaisseau où il y avoit eu du miel. Et luy, comme en estant marry, Tu me fasches, dit-il, de me dire cela : car nonobstant je suivray ma deliberation, & chercheray la cause, comme si ceste douceur venoit de la figue mesme. »

Plutarque, *Propos de table*, I, 10, traduction Amyot (1572).

Cette anecdote caricaturale, malicieusement contée par Plutarque, critique, en forçant le trait, la méthode de Démocrite, pour qui la recherche des causes est à ce point essentielle qu'il lui attache plus d'importance qu'à la matérialité des faits. Le style inimitable de la traduction d'Amyot ne fait qu'en augmenter la saveur.

Anaxagore de Clazomènes

Les conceptions de celui qui est considéré comme le premier des philosophes athéniens, appartiennent au courant particulaire, mais se distinguent radicalement de celles des atomistes. Né à Clazomènes, en Asie Mineure, Anaxagore (v. 500-v. 428 avant J.-C.) a exposé sa pensée dans son œuvre *Sur la Nature*, dont quelques fragments nous sont parvenus. Pour lui, les parcelles minuscules qui constituent les quatre éléments sont divisibles à l'infini, « car il y a du plus petit sans fin attendu qu'il est impossible que l'être cesse d'être ». C'est là une opposition fondamentale avec les atomistes, pour qui les atomes sont insécables. Autre différence, les particules d'Anaxagore flottent dans l'air, alors que celles de Démocrite évoluent dans le vide ; de plus, c'est l'Esprit qui ordonne le monde et non l'Amour et la Haine, comme le voulait Empédocle. En revanche, Anaxagore se rapproche de ce dernier lorsqu'il déclare : « Rien ne naît, rien ne meurt, mais des choses déjà existantes se combinent, puis se séparent à nouveau. » L'affirmation d'Anaxagore reste cependant purement spéculative. Il faudra attendre Lavoisier pour en obtenir la confirmation expérimentale.

Épicure

Originaire de Samos, Épicure (341-270 avant J.-C.) établit son école à Athènes, dans un lieu appelé le Jardin, d'où le nom de « philosophie du Jardin » donné à sa doctrine. L'épicurisme s'est répandu ensuite dans le monde antique et a retenu l'intérêt des Romains. Bien que certains textes d'Épicure nous soient parvenus, notamment par l'intermédiaire de Diogène Laërce, c'est surtout à travers le poème de Lucrèce (v. 98-55 avant J.-C.) *De natura rerum* que sa pensée nous a été transmise, avec les risques d'altération que cela comporte.

Globalement, les conceptions scientifiques d'Épicure ne s'éloignent guère de l'atomisme originel. Il considère cependant les atomes possèdent une pesanteur essentielle, ce qui explique leur mouvement. L'absence de justification de la mobilité des atomes était en effet la grande objection d'Aristote à la théorie de Démocrite (« Il incombe à Leucippe et Démocrite, qui affirment que les corps primordiaux, se meuvent éternellement dans le vide infini de dire ce qu'est ce mouvement et quel est leur mouvement naturel» *Traité du Ciel*, II, 2). Enfin, Épicure considère que les atomes se trouvent en nombre fini.

L'explication des relations entre atomes repose sur leur forme. Cette théorie inspire Lucrèce, qui indique que les atomes crochus s'associent pour former des solides. En revanche, les atomes qui constituent les liquides sont dépourvus d'aspérité.

Les commentaires d'auteurs tardifs comme Simplicius (VIe siècle de notre ère) tendront à ne pas séparer distinctement les fondateurs de l'atomisme et Épicure, rendant encore plus difficile l'identification de la contribution respective de ces philosophes.

Parallèlement à l'aristotélisme dominant, un courant de pensée reposant sur l'existence de particules constitutives de la matière persistera, avant d'être repris, sur d'autres bases, au XIXe siècle.

Les Éléates, ou le retour à l'unicité de la matière

Au VIe siècle avant J.-C., à Élée en Italie, Parménide formule sa complexe théorie de l'Être-Un, dont son successeur Zénon d'Elée (v. 490-v. 430 avant J.-C.) développera les subtilités en maniant avec art le paradoxe. Les alchimistes ne retiendront de sa réflexion que le principe de l'unité de la matière, mais ils lui accorderont une importance primordiale, ne manquant pas de faire référence à Parménide dans leurs écrits.

Des théories à l'écart de la pratique

Les théories brillantes et riches des philosophes grecs se sont développées indépendamment des réalisations techniques contemporaines ; les activités métallurgiques permettent alors le fonctionnement d'une production agricole classique et d'un art militaire peu exigeant au plan technologique. L'art de la céramique progresse certes – on passe notamment des figures noires aux figures rouges –, mais cela concerne plus le domaine de l'esthétique que celui de la chimie. L'art des parfums, des médicaments, ne subit pas de réel bouleversement. Celui de la teinturerie est dominé par la découverte de l'utilisation d'un coquillage, le murex, grâce auquel on obtient la fameuse pourpre antique. Mais ni le quotidien ni l'expérience n'inspirent ou n'étayent encore les réflexions des grands esprits.

RÊVES ET EXPÉRIENCES DE L'ALCHIMIE

Le creuset alexandrin et la naissance de l'alchimie

L'Alexandrie antique et les courants de pensée dans l'Alexandrie du IIe et du IIIe siècles

L'Alexandrie de l'époque ptolémaïque (323-31 avant J.-C.), puis de la période de domination romaine (31 avant J.-C.-395 après J.-C.) est extrêmement riche au plan culturel : dans cette cité portuaire très active se confrontent les civilisations grecque et égyptienne, soumises aux influences orientales des mages chaldéens, mèdes ou perses ; une importante colonie juive et le développement, à partir du Ier siècle, du christianisme naissant, renforcent les échanges.

La grande Bibliothèque, fondée, en même temps que le Musée, à la demande de Ptolémée Ier Sôter (v. 360-283 avant J.-C.) par un disciple de Théophraste, Démétrios de Phalère (v. 350-v. 283 avant J.-C.), constitue une sorte de conservatoire du savoir hellénistique. Les Romains de César, en l'incendiant, ne parviendront pas à éliminer absolument son influence ; la philosophie grecque constitue le fonds de la Bibliothèque d'Alexandrie et tient naturellement une place prépondérante parmi les théories qui ont influencé l'alchimie.

Les grands courants de pensée de l'époque sont le néoplatonisme, l'enseignement des mages chaldéens, le gnosticisme chrétien et la gnose hérétique. Le néoplatonisme, fondé au IIe siècle par Ammonios Saccas (v. 175-v. 242), puis développé par Plotin (v. 205-270) au siècle suivant, tend à concilier le caractère rationnel de la philosophie grecque avec des aspirations mystiques d'origine orientale. Les alchimistes sauront s'en souvenir. L'enseignement, plus ou moins occulte, des mages chaldéens et persans, à base de science astronomique et astrologique, se retrouve également dans les relations de l'homme avec les planètes évoquées par de nombreux alchimistes.

Le gnosticisme chrétien de Clément d'Alexandrie (v. 150-v. 215) et d'Origène (v. 185-v. 253), ou la gnose hérétique de Simon le Magicien, Basilide, Valentin, Carpocrate ou Marcion (v. 85-v. 160), ont, entre autres, apporté aux alchimistes la notion d'initiation par degrés. L'accès à l'illumination finale des gnostiques peut se comparer, au plan spirituel, à réalisation du Grand-Œuvre [7]. Dans le « creuset mystique » alexandrin se sont donc trouvées rassemblées les conditions favorables à l'émergence d'une doctrine alliant la spiritualité orientale et l'approche hellénistique de la matière. Associant philosophie et technique à la recherche du « bon », la quête spirituelle de l'alchimiste l'amène à se confronter à la matière.

La naissance de l'alchimie

C'est, semble-t-il; dans cette Égypte multiculturelle du IIe et du IIIe siècles après J.-C. que l'alchimie méditerranéenne est née, auprès des temples dédiés à Hermès Trismégiste. Résultant de l'assimilation à l'Hermès grec du dieu égyptien Thot, divinité de l'écriture et du savoir, Hermès Trismégiste (Trois fois grand) était particulièrement honoré dans la ville d'Hermopolis. Ses prêtres se seraient trouvés à l'origine de l'alchimie.

L'un des premiers alchimistes authentiques, Zosime de Panopolis (IVe siècle) relate ainsi cette naissance: « Les anciennes et saintes Écritures disent que certains anges, épris d'amour pour les femmes, descendirent sur la terre, leur enseignèrent les œuvres de la nature; et à cause de cela ils furent chassés du ciel et condamnés à un exil perpétuel. De ce commerce naquit la race des géants. Le livre dans lequel ils enseignaient les arts est appelé Chêma: de là le nom de Chêma appliqué à l'art de l'excellence. » Origine divine, révélations frauduleuses, transmission par les femmes, tout est réuni pour faire de l'alchimie un art équivoque, mystérieux et secret...

L'explication de Zosime quant au terme même d'alchimie n'a pas été retenue. L'étymologie la plus communément admise est liée au grec *chèmia*, qui désigne l'Égypte ou Terre noire, l'article *al* ayant été ajouté ultérieurement par les Arabes. Certains préfèrent, rendant ainsi justice à l'importance de la métallurgie, remonter au grec *chumeia*, qui peut signifier « fusion », alors que d'autres évoquent le terme *chumos*, « suc », qui fait référence à la digestion. Ces deux dernières interprétations justifient l'orthographe *alchymie*, courante à l'époque classique.

---

[7] Voir *infra*, pp. 309-310.

Les alchimistes pseudonymes

Marcellin Berthelot (1827-1907) qui, le premier, étudia les documents alchimiques grecs, appela « alchimistes pseudonymes » les signataires involontaires d'ouvrages apocryphes. En effet, l'engouement pour la pensée grecque s'est traduit par des attributions frauduleuses aux principaux philosophes de l'Antiquité, de Thalès à Aristote, en passant par Héraclite, Pythagore, Platon, Empédocle ou Parménide. Une place particulière doit être réservée à Démocrite, qui, en dépit de son profond matérialisme, passa pour un des fondateurs de l'alchimie. On vit également des noms célèbres comme Alexandre le Grand, le pharaon Chéops, ou l'empereur Héraclius, signer après leur mort de savants ouvrages... Même Moïse fut mis à contribution ! D'autres jugèrent plus gratifiant encore de se placer sous le patronage de divinités, comme Agathodémon, Isis, ou surtout Hermès Trismégiste, considéré au Moyen Âge comme le premier des alchimistes. Les principaux textes dont il est censé être l'auteur furent traduits en latin, en 1463, par Marsile Ficin (1433-1499) et regroupés sous le titre de *Corpus Hermeticum.*

Le développement de l'alchimie alexandrine

On ne peut véritablement parler d'alchimie que lorsque ses deux composantes, la quête spirituelle et la recherche expérimentale, sont réunies. On considère que l'auteur des premiers textes alchimiques est Bolos de Mendès (IIe siècle avant J.-C.). Sa doctrine domine l'ouvrage *Physique et Mystique (Physika kai mystika)* faussement attribué à Démocrite. Mais le plus célèbre et le mieux documenté des alchimistes grecs est Zosime de Panopolis (IVe siècle), déjà cité, dont les œuvres sont qualifiées par Marcellin Berthelot de « sorte d'encyclopédie chimique », et qui est également un tenant de la composante mystique de l'alchimie.

Parmi les alchimistes grecs authentiques, citons Synésius de Cyrène (v. 370-v. 413), professeur, historien, philosophe et peut-être évêque, et Olympiodore (Ve siècle), dont nous sont parvenus des écrits sur l'art sacré.

L'importance que les femmes ont prise dans cette première alchimie est attestée par Marie la Juive (IVe siècle), à qui l'on attribue l'invention du bain-marie, Théosébie, la sœur en philosophie de Zosime, ou Cléopâtre la Copte.

Les premiers textes grecs évoquent la teinture des métaux, avec l'*argyropée* (transformation en argent) et la *chrysopée* (transformation en or). Une certaine ambiguïté apparaît toutefois entre cette teinture superficielle, permettant d'imiter les métaux précieux, et une teinture en profondeur, induisant une transformation réelle. Les références au soufre et au mercure sont déjà présentes, et la distillation fait partie des techniques utilisées.

L'alchimie byzantine

D'Alexandrie, la doctrine alchimique se répandra dans l'Empire d'Orient, gagnant d'abord des contrées voisines de l'Égypte et fortement hellénisées, comme la Syrie, avant d'atteindre la capitale, Constantinople. Stéphanus d'Alexandrie (VIe-VIIe siècles) écrira ainsi, hors de sa ville éponyme, des commentaires sur le Pseudo-Démocrite et dédiera les leçons à l'empereur Héraclius. Le plus important des auteurs byzantins reste le moine Michel Psellos (1018-1078) qui, rejetant les conceptions mystérieuses et occultes, tentera de donner une interprétation rationnelle de l'alchimie et d'expliquer le transformation de la matière à la lumière de la théorie des quatre éléments [8].

L'alchimie arabe

Lorsque Amr ibn al-As († v. 664) s'empare d'Alexandrie en 642, la doctrine alchimique pénètre le monde arabe. Des savants coptes, ces conceptions originales passent à des sectes mystiques islamiques et à des chrétiens nestoriens réfugiés à Édesse, en Syrie (auj. Turquie). Mais la légende a préféré retenir l'intervention d'un prince omeyyade, Khalid ibn Yazid, initié au VIIe siècle par le moine damascène Marianos (ou Morien), élève de l'alchimiste Stephanus.

Le plus célèbre des alchimistes « arabes » est un Persan du VIIIe siècle, Abu Musu Djabir ibn Hayyan, dont le nom a été latinisé en Geber. Il s'est notamment attaché à développer les aspects pratiques de l'alchimie, comme la distillation, la sublimation, etc. Mais

---

8 Voir *supra*, p. 307.

un très grand nombre d'ouvrages circulent au Moyen Âge sous ce nom, dont beaucoup ont été directement rédigés en latin au XIIIe ou au XIVe siècle par des Occidentaux, aujourd'hui connus sous le nom de Pseudo-Geber. Les textes reflétant le mieux la pensée de Geber ont été rédigés au IXe siècle par plusieurs membres de la secte des Ismaéliens. Le *Corpus jabirien*, qui repose sur la théorie soufre-mercure[9], fait référence à la théorie des quatre éléments et aux qualités d'Aristote. Les alchimistes occidentaux s'en inspireront.

Rhazès, en arabe Abu Bakr Muhammad ibn Zakariya al-Razi (v. 860-v. 925), est plus connu comme médecin[10], mais consacra une part importante de ses travaux à l'alchimie. À la fois, compilateur et homme de laboratoire, cet encyclopédiste persan s'attacha à décrire le matériel et les opérations alchimiques et à classer les produits. Il distingua ainsi les substances terrestres ou minérales des substances végétales et animales.

Né à Afchana, près de Boukhara, dans l'actuel Ouzbékistan, Abu Ali al-Husayn ibn Abdallah ibn Sina, n'est autre qu'Avicenne (980-1037), philosophe fortement influencé par Aristote, médecin auteur du célèbre *Canon de la Médecine*[11], et accessoirement alchimiste. En ce domaine, son originalité réside essentiellement dans sa négation de la transmutation des métaux ; il admettait seulement la possibilité d'une teinture superficielle.

Les auteurs arabes postérieurs au XIIe siècle n'ont pas été traduits en latin et n'ont donc pas influencé le développement de l'alchimie occidentale. Ils ne manifestaient d'ailleurs pas le caractère novateur d'un Geber.

L'alchimie occidentale

La traduction d'ouvrages arabes

C'est par l'intermédiaire du califat de Cordoue, puis des royaumes andalous qui lui succédèrent que la science arabe est passée en Occident. Après la *Reconquista,* Tolède devient un grand centre de traduction.

---

[9] Sur les principes de la « doctrine alchimique », voir *infra*, p. 307.
[10] Voir *infra*, p. 506
[11] Voir *infra*, p. 506

Au XIIe siècle, Robert de Chester, Gérard de Crémone (1114-1187) ou Raymond de Marseille traduisent en latin des textes alchimiques d'origine arabe. De nombreuses traductions demeurent toutefois anonymes. La Sicile de l'empereur Frédéric II de Hohenstaufen (1194-1250) constitue également, sous l'impulsion de Michel Scot († 1235), un lieu de pénétration de la culture alchimique. Au moment où la créativité de l'alchimie arabe commence à décliner, le flambeau est repris par l'Occident chrétien. Une sorte de poème, hermétique dans tous les sens du mot, va jouer un rôle essentiel dans la diffusion de l'alchimie en Occident : c'est la *Table d'émeraude,* qui aurait été écrite par Hermès Trismégiste lui-même et gravée sur une émeraude retrouvée dans sa tombe, d'où son nom. Ce condensé de la doctrine alchimique est rédigé dans un style délibérément obscur, incompréhensible aux non-initiés. Il jouit pourtant au Moyen Âge d'une extraordinaire popularité. Un autre texte, traduit de l'arabe, connaît dès le XIIe siècle une diffusion importante, la *Turba philosophorum*, conçue comme une assemblée de philosophes discourant sur l'alchimie, l'islam et la philosophie grecque. Là encore, les aspects purement philosophiques dominent largement.

L'essor de l'alchimie en Occident

La production alchimiste du XIIe au XVe siècles est très importante ; certains auteurs l'ont particulièrement marquée. Albert le Grand (1200-1280), professeur de théologie allemand, a concilié les théories d'Aristote et la doctrine chrétienne – comme plus tard son disciple Thomas d'Aquin (1225-1274) –, mais il doutait de la qualité de l'or « fabriqué » par les alchimistes [12]. Le franciscain Roger Bacon (v. 1214-1294), s'est particulièrement intéressé à la transmutation des métaux, processus imitant selon lui des phénomènes naturels ; au plan expérimental, il est considéré comme l'inventeur de la poudre à canon en Occident. Sa curiosité scientifique l'amène à observer que « l'air est l'aliment du feu », remarque qui annonce les controverses du XVIIIe siècle.

[12] Sur les principes de la « doctrine alchimique », voir *infra*, p. 307.

L'énigme Basile Valentin

En 1599 ont été révélés de savants ouvrages, signés du nom de Basile Valentin et datés de 1413. La foudre frappant une colonne de l'église d'Erfurt, en Allemagne, aurait fait apparaître l'œuvre de ce docte bénédictin de l'abbaye Saint-Pierre. Les registres du monastère ne font pourtant mention d'aucun moine de ce nom. S'agit-il d'un pseudonyme, ou faut-il considérer, comme certains érudits, que ces œuvres seraient apocryphes et dateraient de la fin du XVIe siècle ? C'est une question essentielle, car Basile Valentin est considéré comme le premier à avoir introduit un troisième principe, le Sel, aux côtés du Mercure et du Soufre [13], pensée incroyablement novatrice au début du XIVe siècle, mais absolument banale pour la fin du XVIe ! Même si la question de leur auteur n'est pas tranchée, les œuvres signées du nom de Basile Valentin restent cependant du plus haut intérêt au plan alchimique. Elles signalent notamment l'utilité de l'antimoine en thérapeutique, ce qui donnera lieu, au XVIIe siècle, à une querelle médico-scientifique mémorable : se situant dans le cadre de la théorie des humeurs énoncée par Hippocrate et développée par Galien [14], elles indiquent par exemple que l'antimoine est capable de *« consumer toutes les mauvaises humeurs et purger le sang au dernier degré »* ou, plus concrètement, qu'il *« purge assez violemment par le bas et parfois excite le vomissement »*.

Le médecin catalan Arnaud de Villeneuve (v. 1240/1250-av. 1312) accorde quant à lui une importance particulière au mercure, « sperme cuit de tous les métaux » et, annonçant Paracelse [15], invoque une correspondance entre le macrocosme, les astres et le microcosme de l'homme, chaque planète correspondant à un organe particulier. Pour lui, l'alchimie doit parvenir à fabriquer « l'élixir », médicament universel. Raymond Lulle (v. 1235-1315), lui aussi médecin et Catalan, fut tellement célèbre que bien des auteurs préférèrent lui attribuer leurs œuvres plutôt que d'en revendiquer la paternité. Son œuvre est fondée sur la logique : il a établi des tables de correspondance entre les étoiles, les éléments et les complexions des métaux, des plantes, des animaux et enfin de l'homme. Chaque

---

[13] Sur les principes de la « doctrine alchimique », voir *infra*, p. 307.
[14] Voir *infra*, pp. 501-502.
[15] Voir *infra*, pp. 312-313.

complexion est figurée par une lettre. Le but de cette combinatoire logique était d'aboutir à un traitement adapté à chaque cas et prenant en compte aussi bien la nature du patient que celle de la maladie et des médicaments. Citons également, parmi les alchimistes médiévaux réputés, Nicolas Flamel (v. 1330-1418), Nicolas Grosparmy (XVe siècle) ou le chanoine anglais George Ripley (1415 ?-1490).

La doctrine alchimique

Malgré un millénaire d'évolution, la doctrine alchimiste répond à certains principes, définis par les textes hermétiques des XIIIe, XIVe et XVe siècles.

La composante mystique est indissociable des développements pré-scientifiques : aux yeux des adeptes, c'est la quête spirituelle qui primait. Les progrès vers la réalisation du Grand-Œuvre devaient s'accompagner d'une purification de l'âme ; ainsi, l'oratoire de l'alchimiste devait-il se trouver près du laboratoire pour lui permettre d'obéir à sa devise, *« Ora et labora »* (« Prie et travaille »). On s'attachera évidemment ici essentiellement aux aspects matériels de l'alchimie, qui ont influencé les développements de la chimie.

L'unité de la matière

Les manuscrits hermétiques sont fréquemment illustrés par le dragon Ouroboros qui se mord la queue, accompagné de la devise « Un est le tout ». L'unité de la matière ainsi symbolisée est l'une des bases de la doctrine alchimique. Elle est née de la notion d'être unique de Parménide, et surtout de l'idée de matière première de Platon, matière susceptible d'adopter réversiblement différentes formes.

Les quatre éléments

Directement issue d'Aristote, la théorie des quatre éléments [16] est admise par les alchimistes, qui, comme le Byzantin Michel Psellos, tentent de l'utiliser pour interpréter leurs observations.

---

[16] Voir *supra*, p. 303.

Les principes

L'originalité la plus grande de la doctrine alchimique réside dans les trois principes constitutifs de la matière : le Soufre, le Mercure et le Sel.

La théorie Soufre-Mercure se trouve à la base de l'alchimie depuis Bolos de Mendès [17], et perdurera jusqu'aux adeptes les plus tardifs. En revanche, le Sel n'est introduit qu'au XVe ou au XVIe siècle [18]. L'importance du soufre et du mercure repose initialement sur des observations de métallurgistes. En effet, les minerais rencontrés dans la nature sont souvent des sulfures. Chauffés jusqu'à la fusion, ces matériaux impurs laissent, après la combustion du soufre, un résidu liquide semblable au mercure. De là naquit l'idée que la matière était constituée de soufre et de mercure, et que lorsqu'on la purifiait, on diminuait la quantité de soufre au profit de la quantité de mercure.

Le raisonnement pouvait être poussé plus loin. On avait attribué au soufre un principe mâle, actif, chaud et fixe, et au mercure un principe féminin, passif, froid et volatil. Les métaux étaient censés se former au centre de la Terre, par la combustion de ces deux principes, qui se combinaient alors en proportions variables et dans des états de pureté plus ou moins accomplis. La nature du métal formé découlait des proportions de soufre et de mercure, et de leur degré de pureté et de fixité. Le fer, par exemple, métal vil, était plus riche en soufre que l'or (métal parfait, puisqu'il ne brûlait pas), plus riche en mercure.

Les sept métaux connus au Moyen Âge obéissent donc à une hiérarchie :

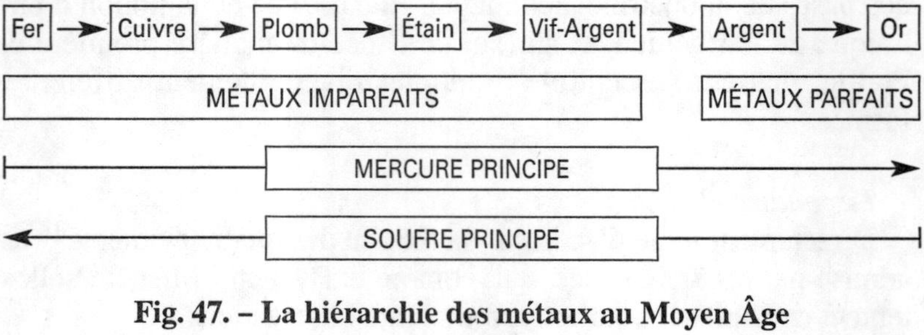

Fig. 47. – La hiérarchie des métaux au Moyen Âge

17 Voir *supra*, p. 302.
18 Voir *supra*, p. 306.

Précisons ici qu'il ne faut pas se laisser abuser par les homonymies : le Mercure principe, ou Mercure des philosophes, n'est pas le vif-argent ; de même le Soufre principe, ou Soufre des philosophes, n'est pas le soufre naturel. En langage alchimique, des termes identiques recouvrent en effet des sens différents, et c'est aux initiés de saisir le sens de chacun d'eux : les deux principaux principes ont donc reçu le noms de substances proches, mais néanmoins différentes d'eux. Le Sel, troisième principe, est censé favoriser le mariage philosophique du Soufre et du Mercure dans les entrailles de la Terre, comme dans l'œuf philosophique des alchimistes.

La correspondance entre les métaux et les planètes

Sept métaux et sept planètes (au Moyen Âge, le Soleil et la Lune étaient comptés au nombre des planètes) sont recensés, ce qui donne l'idée d'établir entre eux une correspondance. L'or, le plus précieux des métaux, ne pouvait qu'être associé au Soleil, et l'argent à la Lune. Le vif-argent correspond naturellement à Mercure, l'étain à Jupiter, le plomb à Saturne, le cuivre à Vénus, le fer à Mars.

La transmutation des métaux : les leçons de l'expérience

Les conceptions alchimiques sur la constitution des métaux permettent d'envisager le passage d'un métal à un autre en agissant sur les proportions relatives de soufre et de mercure : c'est la transmutation. On purifie la matière impure pour l'amener progressivement à la pureté ultime : l'or. Un tel objectif justifie la mise en œuvre de manipulations pratiques. Contrairement au philosophe grec, l'alchimiste ne se satisfait pas de la pure spéculation intellectuelle, il recourt à l'expérience, ce qui constitue une réelle rupture, qui renouvellera la pensée scientifique.

Le rêve du Grand-Œuvre

L'accomplissement de cette transmutation peut se limiter au Petit-Œuvre, ou Petit Magistère, qui mène à la pierre blanche, changeant les métaux imparfaits en argent. Mais le but ultime de l'alchimie ne peut être obtenu que par le Grand-Œuvre, ou Grand Magistère, menant à la pierre rouge, c'est-à-dire la fameuse pierre philosophale, capable de transformer par simple contact les métaux en or. (La réalisation du Grand-Œuvre aboutit simultanément à la pierre philosophale et à l'illumination spirituelle.) Avec la notion de pierre philosophale, sorte de catalyseur de la transmutation, se complique la progression du fer à l'or telle que l'explique la théorie Soufre-Mercure. Parallèlement, la pierre philosophale est aussi un médicament : elle « soigne » en les purifiant les métaux impurs, et doit être pour l'homme l'élixir de longue vie, le remède à toutes les maladies.

Réalisation pratique du Grand-Œuvre

De nombreux auteurs ont décrit le déroulement du Grand-Œuvre, sans toutefois préciser la nature de la matière première, qui doit rester secrète. Cette matière première est placée dans l'œuf philosophique, introduit dans l'*athanor*, ou four des alchimistes. Trois stades importants sont distingués, définis chacun par leur couleur. La *nigredo*, ou œuvre au noir, correspond à la décomposition de la matière, qui se colore en noir corbeau. L'*albedo*, ou œuvre au blanc, est la phase de purification. La *rubedo* est la phase ultime, aboutissant à la pierre rouge ; on atteint alors la perfection.

Plusieurs colorations intermédiaires pouvaient être observées : le vert (on parlait alors de lion vert), le citrin, et surtout l'iris, ou queue de paon, ou arc-en-ciel, qui correspondait à une profusion de couleurs.

Les opérations et le matériel de l'alchimie

Les alchimistes ont peu à peu mis au point des opérations pratiques que reprendront les chimistes. Certaines sont aujourd'hui courantes. Citons parmi elles la calcination, pratiquée alors dans des creusets chauffés, donnait lieu à la formation de chaux, que nous appelons oxydes ; la distillation, réalisée dans des alambics ; la sublimation, sorte de distillation sèche qui se pratiquait à l'aide de vases de terre emboîtés constituant une espèce de colonne ; la décantation, qui consistait à attendre que les corps les plus lourds se déposent au fond d'un vaisseau... La solution se pratiquait le plus souvent à chaud, avec un bain-marie, ou au sein de fumier en décomposition dont la température demeurait constante. Le solvant était appelé *menstrue*. Certains auteurs parlent d'un *alkaëst*, capable de dissoudre toutes les substances.

Le terme de *coagulation* avait un sens plus large qu'aujourd'hui ; s'il désignait la prise d'une substance en masse, il incluait aussi la précipitation et la cristallisation.

La *fixation* ne peut se comprendre que dans le cadre de la théorie alchimique. Cette opération était censée rendre le Soufre et le

Mercure plus résistants à l'action du feu. La *procréation* désignait l'opération donnant naissance à un nouveau produit.

Certaines manipulations, nécessitant un chauffage de longue durée, étaient réalisées dans des appareils singuliers, tels les pélicans, sortes de cornues dont le col recourbé reconduisait le liquide condensé dans le corps de chauffe afin qu'il soit redistillé, ou les jumeaux, formés par deux alambics communicants, le distillat de l'un passant dans l'autre, pour être à nouveau distillé. Le vaisseau le plus emblématique des alchimistes est cependant l'œuf philosophique, sorte de ballon ovoïde, de verre ou de cristal, parfois de terre, destiné à être placé dans l'*athanor*, et qui constituait la chambre nuptiale où le Mercure et le Soufre devaient s'accoupler.

Les alchimies non méditerranéennes

Les sinologues attribuent une origine très ancienne à l'alchimie chinoise, dont Tsou Yen, au IVe siècle avant J.-C., serait le fondateur. Une certaine parenté se retrouve entre les alchimies chinoises et méditerranéennes ; on peut notamment noter que les Chinois envisagent la transmutation du cinabre (sulfure de mercure), en or, ce qui se rapproche de l'argyropée des Grecs.

La route de la soie a peut-être permis des contacts entre ces deux civilisations, et il faut souligner qu'au plan philosophique, des analogies existent entre pythagorisme et taoïsme : l'opposition, fondamentale dans la philosophie chinoise, entre le *yin*, principe mâle, et le *yang*, principe femelle, n'est par exemple pas sans évoquer les opposés dont l'harmonie constituait les nombres pour les pythagoriciens. Mais l'alchimie chinoise s'est orientée dans une voie plus mystique que la méditerranéenne, dont le caractère pré-scientifique était plus accentué.

La date d'apparition de l'alchimie indienne est encore controversée Elle s'est particulièrement répandue dans les milieux tantriques – une école du bouddhisme –, n'atteignant son apogée qu'au XIVe siècle. L'importance donnée au Mercure, ou prince des sucs, n'empêcha pas la magie et l'ascèse de prendre le pas sur l'expérimentation pré-scientifique.

Paracelse (1493-1541)

Né en Suisse en 1493, Philippus Aureolus Theophrast Bombast von Hohenheim, dit Paracelse, reçoit une éducation classique et fréquente de nombreuses universités européennes ; il suit en particulier les cours de la faculté de médecine de Ferrare. De 1517 à 1527, il parcourt l'Europe : chirurgien en 1522 sur les galères de la république de Venise, on le retrouve à Salzbourg en 1524, puis à Strasbourg en 1526. En 1527, il rejoint à Bâle le célèbre éditeur Johann Froben, qu'il a guéri ; il rencontrera là Érasme et y obtiendra le poste prestigieux de médecin de la ville. Mais Paracelse s'ingénie à défier les autorités médicales, les apothicaires, ou même ses étudiants. Il brûle en public le *Canon* d'Avicenne, refuse de se soumettre aux formalités administratives et, comble de la provocation, fait ses cours en langue vulgaire et non en latin !

C'est après la mort de son fidèle protecteur Froben qu'a lieu l'affaire Cornelius von Lichtenfels : avec quelques pilules de laudanum, Paracelse soulage ce chanoine, qui avait promis 100 florins à qui le guérirait de ses douleurs abdominales. Mais devant la simplicité du traitement, l'ecclésiastique ne consent à débourser que 6 florins. Indigné, Paracelse le traîne en justice ; débouté par le tribunal, il insulte les magistrats, et ne doit son salut qu'à la fuite. Son errance à travers l'Europe reprend. Il meurt à Salzbourg en 1541.

Paracelse : l'alchimie au service de la médecine

Avec la Renaissance, l'alchimie entre dans une autre phase, marquée par l'effervescence intellectuelle de l'époque. L'alchimie du XVIe siècle est dominée par la fascinante personnalité de Paracelse *(voir l'encadré)*. Le « prince des alchimistes », selon ses propres termes, a donné à l'alchimie une orientation thérapeutique ; il marquait ainsi le point de départ d'une évolution qui aboutirait à une rupture entre l'art hermétique et la chimie scientifique.

La pensée de Paracelse est difficile à appréhender : ses écrits sont très nombreux, contradictoires, allégoriques. Violemment opposé à la théorie hippocratico-galénique des humeurs [19] telle qu'elle était enseignée au XVIe siècle dans les universités européennes, ses

---

[19] Voir *infra*, pp. 500-502.

conceptions relient astrologie, médecine et alchimie, bouleversant toutes les convictions de la science officielle.

Il reconnaît les trois principes alchimiques, Mercure, Soufre et Sel, revendiquant d'ailleurs la découverte du Sel. Selon lui, toute la matière est une combinaison de ces trois principes, l'homme n'échappant pas à la règle : une bonne santé reflète les proportions idéales de ces principes, et la maladie, un déséquilibre. La guérison, restauration de l'équilibre, s'obtient donc en administrant une substance chimique riche en principe manquant, ou pauvre en principe excessivement présent. Cette conception nouvelle oriente l'alchimie vers la préparation de remèdes chimiques, fondant ainsi l'iatrochimie (du grec *iatros*, « médecin »), chimie au service de la thérapeutique et ultime aboutissement, aux yeux de Paracelse, de l'alchimie. Ainsi se donne-t-il pour but d'obtenir des corps de plus en plus purs, utilisables en thérapeutique – d'où l'autre nom donné à la chimie issue des travaux de Paracelse : la chimie *spagyrique* (du grec *spaein*, « séparer » et *ageirein*, « assembler »). Désormais, c'est la quintessence de matières premières qu'il faut extraire : on peut donc considérer Paracelse comme le précurseur de la recherche du principe actif, qui connaîtra un grand succès au début du XIXe siècle [20].

C'est aussi en précurseur qu'il aborde le caractère chimique de la digestion : il imagine qu'un alchimiste protège l'organisme des toxiques et retire des aliments les substances nutritives. Cet alchimiste interne pratiquerait les opérations alchimiques traditionnelles dans son laboratoire situé dans l'estomac. Approfondissant l'analyse, il finit par doter chaque organe de son alchimiste, triant à nouveau substances séparées dans l'estomac, retenant celles qui sont utiles, rejetant les autres dans les excréments. Même si le ton allégorique surprend et déconcerte le lecteur moderne, on ne peut nier le caractère visionnaire de ces remarques.

Libavius, iatrochimiste et alchimiste

Andreas Libavius (1550-1615) est l'un des plus importants « spagyristes », successeurs de Paracelse. Curieusement, c'est l'un de ses ouvrages, pourtant intitulé *Alchemia*, paru à Francfort en 1597, qui est considéré comme le premier livre de chimie jamais publié.

---

[20] Voir *infra*, p. 347.

Libavius concilie alchimie et chimie : il décrit des méthodes purement préparatives. Au plan théorique, il établit une distinction entre les métaux traditionnels, qu'il qualifie de vrais, et ceux qui viennent d'être découverts, comme le zinc, l'arsenic, l'antimoine ou le bismuth, qu'il définit comme des demi-métaux. A la suite de Théophraste d'Érésos [21], il considère que les acides doivent leur caractère agressif à de petites pointes, capables à la fois de piquer la langue et d'user les métaux. Nicolas Lémery saura s'en souvenir au siècle suivant [22].

Agricola et la chimie métallurgique

Spécialiste des mines et de la métallurgie, le Saxon Georg Bauer, dit Agricola (1494-1555), est bien loin des alchimistes dont il raille les prétentions. Son *De re metallica*, paru à Bâle en 1556, est à la fois un traité de minéralogie et un manuel pratique portant sur la technique d'exploitation des mines. L'ouvrage est divisé en douze livres. Cette référence suprême des métallurgistes évoque, du livre II au livre XI, les différents aspects chimiques du traitement des minerais. Sont ainsi abordés successivement la coupellation [23], les méthodes d'affinage avec, en particulier, la séparation de l'or et de l'argent à l'aide d'eau forte (acide nitrique) ou d'huile de vitriol (acide sulfurique), le grillage, qui consiste à jeter le minerai dans un feu de bois pour en éliminer le soufre, ou bien la combustion dans des fourneaux. La fabrication du verre, que l'auteur a étudiée lors d'un séjour à Venise, clôt ce travail. Dans *De l'origine et des causes des substances souterraines*, Agricola rapporte que les éléments de plomb des toitures augmentent de poids lorsqu'ils sont soumis à l'influence de l'air humide. Cette observation, qui aurait déchaîné les passions deux siècles plus tard, reste, pour lui comme pour ses contemporains, un simple détail technique dont il faut éventuellement tenir compte lors de la construction des charpentes.

---

[21] Voir *supra*, p. 296.

[22] Voir *infra*, p. 322-324.

[23] Opération consistant à séparer dans les alliages le platine, l'or ou l'argent, métaux inoxydables aux hautes températures, du cuivre, du plomb ou des autres métaux oxydables qui leur sont associés. Pour ce faire, on chauffe l'alliage dans une coupelle, creuset poreux formé de cendre d'os : cette dernière absorbe les oxydes, tandis que l'or, l'argent ou le platine restent au fond du récipient.

Bernard Palissy « ouvrier de terre, inventeur de rustiques figulines »

Les émaux de Bernard Palissy (v. 1510-1589/90), potier royal au service de Catherine de Médicis, sont dans les plus grands musées du monde. Et c'est précisément à la fabrication de cet émail qu'est consacré son *Traité de l'art de la terre, de son utilité, des émaux et du feu*, dialogue entre la « Théorique » et la « Practique », qui a le dernier mot. Y est donnée la première description de la méthode expérimentale scientifique, faite d'échecs successifs qui, tous, offrent des leçons et permettent de bâtir un nouveau plan d'expériences, jusqu'à ce que, d'échec en échec, soit gagnée la réussite finale.

Les apports de l'alchimie

L'introduction de l'expérience constitue, sans conteste, l'apport le plus enrichissant de l'alchimie à l'histoire des sciences. Il ne faut toutefois pas négliger de créditer les alchimistes de l'invention d'une grande quantité d'appareils, dont un bon nombre ont été récupérés, puis transformés par les chimistes. Quant aux opérations, la plupart sont encore pratiquées quotidiennement dans les laboratoires de chimie : distillation, dissolution, décantation, sublimation, etc Les objectifs, seuls, diffèrent. Le versant théorique de l'alchimie est, en revanche, fort loin d'avoir reçu de la postérité un accueil comparable à celui qu'ont connu ses aspects pratiques. Mais il n'est pas interdit de voir dans l'or qu'obtient la physique nucléaire la réalisation des ambitions des alchimistes...

S'éloignant peu à peu de l'idéal alchimique, sans en avoir d'ailleurs toujours conscience, le XVIe siècle a trouvé pour l'expérimentation chimique de nouveaux domaines d'application. la médecine avec Paracelse, les préparations avec Libavius, la métallurgie avec Agricola ou la céramique avec Palissy. Ces finalités nouvelles marqueront l'évolution de la chimie au XVIIe siècle.

NAISSANCE D'UNE CHIMIE SCIENTIFIQUE AU XVIIe SIÈCLE

Le XVIIe siècle est pour la chimie une époque charnière : la philosophie hermétique et la chimie scientifique se séparent, lentement et confusément d'abord, puis de plus en plus nettement.

Le milieu intellectuel a changé : au bouillonnement de la Renaissance a succédé le règne de la raison. Achèvement de la réforme tridentine, classicisme des arts et lettres, publication, en 1637, du *Discours de la méthode* de Descartes... Les chimistes s'inscrivent dans cette pensée nouvelle, et abandonnent progressivement toute référence non seulement à l'alchimie, mais même à l'iatrochimie [24]. Le sens du concret l'emporte désormais sur les spéculations intellectuelles.

Vers la rupture avec l'alchimie

Jean Béguin (XVIIe siècle), « Aumosnier du Roy », se revendique clairement chimiste, choisissant pour titres de ses ouvrages *Tyrocinium chymicum* (1610) ou *Élémens de Chymie* (1615). Iatrochimiste [25] convaincu, il ajoute à la triade paracelsienne – Mercure, Soufre, Sel – la terre, ou « tête morte », et le phlegme [26], qui ne servent, dans son système, « que de vestement ou d'escorce » aux principes. La diffusion de ses ouvrages (six éditions en latin, autant en français et une en anglais, de 1610 à 1699) témoigne de la popularité dont jouit, à l'époque, la chimie spagyrique [27].

Dans cette même sphère pré-scientifique, citons l'Anglais Oswald Croll (v. 1608-1660), dont la *Royalle Chymie* paraît en 1627 en France, et l'Écossais établi à Paris William Davisson (1593-1673), ardent partisan de l'antimoine, premier démonstrateur de

---

[24] Voir *supra*, pp. 313-314.

[25] Voir *supra*, pp. 313-314.

[26] Ce phlegme – dont parlent d'autres chimistes du XVIIe siècle – ne doit pas être confondu avec l'humeur homonyme évoquée par Hippocrate et Galien *(voir* infra, pp. 320-321*)*. Il s'agit plutôt d'une des phases obtenues en cours de distillation, à consistance de liquide plus ou moins visqueux et parfois assimilée à l'eau.

[27] Voir *supra*, p. 313.

chimie au Jardin royal des plantes médicinales [28], et sa *Philosophia pyrotechnica* en 1635.

Michael Maier (v. 1568-1622), médecin de l'empereur Rodolphe II, choisit résolument une autre sphère : dans l'*Atalanta fugiens* (1617), son œuvre la plus importante, le merveilleux le dispute au symbolisme alchimique, tandis que son *Viatorium* (1618) insiste sur les correspondances entre métaux et planètes.

Même si quelques esprits garderont encore un pied dans chaque monde, la rupture entre chimie et alchimie semble accomplie.

Van Helmont, découvreur des gaz

Le Brabançon Jan Baptista Van Helmont (v. 1577-1644) est proche des alchimistes dans la mesure où il ne dissocie pas travail de laboratoire et recherche spirituelle. C'est aussi un continuateur de Paracelse, qui accorde une importance particulière au rôle de la chimie dans le fonctionnement du corps humain ; il décrit ainsi la présence d'un acide dans l'estomac et lui attribue un rôle essentiel dans la digestion. Son apport principal à la chimie scientifique reste incontestablement la découverte des gaz, qu'il identifie grâce à une utilisation systématique de la balance.

L'expérience princeps selon Van Helmont

« Soixante-deux livres de charbon de chêne donnent une livre de cendre. Les soixante et une livres qui restent ont servi à former l'esprit sylvestre. Cet esprit, inconnu jusqu'ici, qui ne peut être contenu dans des vaisseaux ni être réduit en un corps visible, je l'appelle d'un nouveau nom : gaz. »

Jan Baptista Van Helmont, *Ortus medicinae*, Amsterdam, 1648.

L'expression « esprit sylvestre » est utilisée par Van Helmont pour désigner le gaz produit au cours de la fermentation (dioxyde de carbone) ou celui qui se forme par action du vinaigre sur des yeux d'écrevisse (carbonate de calcium). Mais il qualifie également de

---

[28] Voir *infra*, pp. 347-348.

« sylvestres » toutes sortes de gaz « sauvages » ou « incoercibles ». Il sait pourtant faire la différence entre l'air et les autres gaz, et distinguer différents gaz entre eux. D'un point de vue plus théorique, Van Helmont paraît n'admettre que deux éléments, l'air et l'eau. Ses travaux ne seront publiés qu'en 1648, après sa mort, grâce à son fils.

Jean Rey, un précurseur de Lavoisier

Loin des prestigieux cénacles scientifiques des grandes capitales européennes, Jean Rey (v. 1582-v. 1645), un modeste médecin périgourdin donne une interprétation raisonnée de la prise de poids des métaux au cours de leur calcination. Il publie en 1630, à Bazas, en Gironde, un ouvrage intitulé, *Essays de Jean Rey, docteur en médecine, sur la recherche de la cause pour laquelle l'Estain & le Plomb augmentent de poids quand on les calcine.*

Diplômé de l'université de Montpellier, passionné de chimie élevé dans le milieu des maîtres de forges, Jean Rey est particulièrement bien placé pour étudier le problème. Sa conclusion est révolutionnaire : *« Je responds et soustiens glorieusement que ce surcroît de poids vient de l'air, qui dans le vase a esté espessi, appesanti, et rendu aucunement adhesif par la véhémente et longuement continue chaleur du fourneau ; lequel air se mesle avec la chaux et s'attache à ses plus menues parties. »*

Même si Jean Rey donne de la fixation d'air par le métal une interprétation plus physique que chimique, il se montre un véritable précurseur de Lavoisier [29]. Mais le monde scientifique d'alors n'est guère préoccupé par ces questions, et cette extraordinaire découverte ne provoque pas l'intérêt qu'elle mérite. Malgré sa correspondance avec le père Marin Mersenne (1588-1648), important diffuseur des progrès scientifiques, Rey reste isolé : d'abord convaincu, Mersenne, qui commet une erreur de manipulation, ne parvient pas à reproduire les expériences de Rey, et lui retire son soutien. Ainsi les travaux de Jean Rey sombreront-ils dans l'oubli, d'où ils ne seront tirés que par Pierre Bayen au XVIIIe siècle [30].

---

[29] Voir *infra*, pp. 336-340.

[30] Voir *infra*, p. 339.

Robert Boyle, aristocrate et chimiste

Robert Boyle (1627-1691) naît en Irlande, à Lismore-Castle. Aristocrate – il est le fils du comte de Cork –, il réussit cependant à se tenir à l'écart des troubles politiques qui agitent la Grande-Bretagne au XVIIe siècle, et peut se consacrer à des travaux scientifiques. Il participe ainsi à la fondation du Collège philosophique, qui devient en 1662, après la Restauration de Charles II, la *Royal Society* de Londres. Se considérant comme un philosophe, Boyle renvoie dos à dos alchimistes et spagyristes [31] dans son *Discours Préliminaire* : *« Les chimistes se sont laissé jusqu'ici guider par des principes étroits et sans aucune portée élevée. La préparation des médicaments, l'extraction ou la transmutation des métaux voilà leur terrain. Quant à moi, j'ai essayé de partir d'un tout autre point de vue : j'ai considéré la chimie, non pas comme le ferait un médecin ou un alchimiste, mais comme un philosophe doit le faire. »*

Boyle récuse toute référence aux trois principes de Paracelse [32] – la transmutation des métaux suscite en particulier son ironie. Il admet en revanche une sorte de matière première universelle, de type platonicien, ayant donné naissance à une multiplicité de corpuscules. Il admet également l'existence d'éléments, *« consistant d'abord en de petits agrégats primaires des minuscules particules de matière, en des corpuscules très nombreux et très semblables les uns aux autres »*, et souligne qu'*« il ne paraît pas absurde de concevoir que de tels assemblages primaires soient d'un nombre de sortes plus élevé que trois ou cinq... »*.

Visionnaire, il prévoit que : « Quel que soit le nombre des éléments, on démontrera peut-être un jour qu'ils consistent dans des corpuscules insaisissables, mais de forme et de grandeur déterminées, et que c'est de l'arrangement et de la combinaison de ces corpuscules que résulte une multitude de composés complexes. »

Au plan théorique, Boyle établit une distinction fondamentale entre les différentes actions du feu sur la matière. Il oppose ainsi la combustion, qui réduit les substances en cendres, et la distillation, qui les résout en huiles, esprits, etc. Il distingue également les simples mélanges des produits obtenus par « composition » : *« Vous composez*

---

[31] Voir *supra*, p. 313.
[32] Voir *supra*, pp. 312-313.

du savon avec de la graisse et de l'alkali, et pourtant ce savon, chauffé dans une cornue fournit des produits nouveaux également composés, qui ne ressemblent ni à la graisse ni à l'alkali employés. »

D'un point de vue technique, Boyle, poursuivant l'œuvre de Van Helmont [33], met au point une méthode de recueil des gaz dans des cloches, méthode qu'utilise son disciple John Mayow (1640-1679) et que perfectionnera Stephen Hales (1677-1761) en inventant la cuve à eau, sans laquelle la chimie pneumatique n'aurait pu prendre son essor au XVIIIe siècle.

Boyle restera cependant plus estimé par les historiens des sciences pour ses découvertes en physique [34], que pour le regard nouveau qu'il apporte en chimie.

Le milieu des apothicaires parisiens : Nicaise Le Febvre, Christophle Glaser et Nicolas Lémery

Trois apothicaires parisiens vont marquer avec leurs livres de chimie les décennies 1660 et 1670. Pendant des années, leurs travaux vont connaître un succès international.

Nicaise Le Febvre

Avant de rejoindre la cour du roi Charles II à Londres, l'apothicaire protestant Nicaise Le Febvre (v. 1610-1669) est démonstrateur de chimie au Jardin royal des plantes médicinales [35] de 1652 à 1660. Dans son *Traicté de la chymie* (1660), il distingue trois sortes de chimies : la *chymie philosophique*, consacrée à l'étude de la nature, l'*iatrochimie* ou *médecine chimique*, et la *chimie pharmaceutique*, qui concerne la préparation des médicaments.

Renouvelant les trois principes des premiers spagyristes [36], l'auteur reconnaît un esprit universel, «*la première et l'unique semence de toutes choses*», illustré par trois manifestations distinctes : le soufre, le mercure et le sel. On peut retrouver dans cet esprit universel la matière première de Platon ou le *Mysterium magnum* de

---

[33] Voir *supra*, pp. 317-318.
[34] Voir *supra*, p. 133.
[35] Voir *infra*, p. 521.
[36] Voir *supra*, p. 313.

Paracelse. Faisant référence aux différentes fractions recueillies au cours de la distillation d'un corps, Le Febvre distingue ensuite cinq principes : le *phlegme* ou eau, l'*esprit* ou mercure, l'*huile* ou soufre, le *sel*, et la *terre*. La distillation est en effet considérée comme une méthode capable de résoudre un corps en ses éléments, chaque étape permettant d'isoler un principe. En regroupant ainsi les trois principes de Paracelse et deux des éléments d'Aristote, Le Febvre leur confère une sorte de légitimité expérimentale, sans rompre avec les théories antérieures.

Outre ces considérations théoriques, son ouvrage comporte une partie pratique présentant avec rigueur des méthodes préparatives à la fois claires et reproductibles.

Christophle Glaser

Successeur de Nicaise Le Febvre au Jardin du Roy [37], l'apothicaire suisse Christophle Glaser ou Glazer (v. 1628-1678) fait paraître en 1663 la première édition de son *Traité de la Chymie enseignant par une briève et facile méthode toutes ses plus nécessaires préparations*. La rigueur y est d'emblée annoncée : *« Je fais profession de ne rien dire que ce que je sçay et de n'écrire rien que ce que j'ay fait. »*

Les ambiguïtés de la biographie de Glaser

Glaser a-t-il fourni à la marquise de Brinvilliers les fameuses « poudres de successions » grâce auxquelles elle avait empoisonné son père et ses frères, puis tenté d'éliminer un mari gênant ? Ou faut-il voir là une attaque contre le surintendant Fouquet, arrêté sur ordre de Louis XIV en 1661, et dont il avait été le protégé ? Malgré sa mise en cause dans le procès de la Brinvilliers en 1676, la culpabilité de Glaser n'a pu être prouvée...

Parallèlement, l'apothicaire Moyse Charas (1619-1698), qui succède à Glaser au Jardin royal des plantes médicinales [38], lui conteste la paternité du traité publié sous son nom, affirmant en être l'auteur, et prétendant que ce Suisse germanophone était incapable d'écrire correctement en français...

---

[37] Voir *infra*, p. 521.
[38] Voir *infra*, p. 521

Avant tout praticien, Glaser n'ignore pas pour autant les aspects théoriques. Comme Le Febvre, il reconnaît cinq principes. Les trois premiers, « l'esprit ou Mercure », l'huile ou « Soulfre », et le sel, sont qualifiés d'actifs. Les deux autres, le phlegme ou eau, et la terre, sont considérés comme passifs. La sobre description de ces principes constitue une sorte de résumé didactique des théories qui ont cours à l'époque ; l'auteur s'est principalement intéressé aux aspects préparatifs, abordés avec une grande clarté.

Nicolas Lémery

Fervent adepte de la balance, Nicolas Lémery (1645-1715) est considéré comme le chimiste cartésien par excellence. Pourtant, s'il applique la méthode de Descartes à la chimie, il ne fait jamais référence à la pensée du philosophe sur la matière, pas plus qu'il ne se rallie aux idées atomistes de Gassendi (1592-1655) [39]. C'est avant tout un pragmatiste.

D'origine rouennaise, il est l'élève de Christophe Glaser avant d'aller étudier la pharmacie à Montpellier, où la faculté de médecine est acquise à l'iatrochimie (médecine chimique), contrairement à son homologue parisienne. Lémery s'y initie à l'enseignement. De retour à Paris en 1672, il devient deux ans plus tard apothicaire privilégié suivant la Cour. Rue Galande, il ouvre un cours public de renom. La première édition de son *Cours de Chymie* paraîtra en 1675.

Après un bref exil en Angleterre suite aux mesures antiprotestantes, Lémery revient en France et, en 1684, obtient le titre de docteur en médecine. Après la révocation de l'Édit de Nantes, en 1685, il abjure la religion réformée et obtient le privilège exceptionnel d'exercer à la fois les fonctions d'apothicaire et celles de médecin. Sa *Pharmacopée Universelle* paraît en 1697, et l'année suivante, son *Traité des Drogues Simples*. En 1699, il est nommé associé-chymiste à l'Académie royale des sciences, dont il devient pensionnaire. Le *Traité de l'Antimoine* est publié en 1707. Lémery mourra en 1715, comme Louis XIV.

---

[39] Voir *supra*, p. 251.

Son souci de clarté est évident. Il s'appuie sur l'expérience, et se méfie de la théorie. Mais son cartésianisme le gêne lorsqu'il doit aborder l'énoncé des principes de chimie. Il admet, comme à regret, l'existence d'un « principe universel » : *« Le premier principe qu'on peut admettre pour la composition des Mixtes, est un esprit universel, qui étant répandu par tout, produit diverses choses selon les diverses Matrices ou Pores de la terre dans lesquels il se trouve embarrassé. »* Ce qu'il nuance aussitôt : *« Mais comme ce Principe est un peu Métaphysique, & qu'il ne tombe point sous le sens, il est bon d'en établir de sensibles c'est pourquoy je rapporteray ceux dont on se sert communément. »*

Il énumère alors, sans enthousiasme, les cinq principes que l'on trouve déjà chez Le Febvre ou Glaser, principes néanmoins susceptibles selon lui d'être remis en cause par l'évolution des connaissances : *« Comme les Chymistes en faisant l'Analyse de divers Mixtes, ont trouvé cinq sortes de substances, ils ont conclu qu'il y avoit cinq Principes des choses naturelles, l'Eau, l'Esprit, l'Huile, le Sel & la Terre. De ces cinq, il y en a trois Actifs, l'Esprit, l'Huile & le Sel, & deux Passifs, l'Eau & la Terre. Il les ont appelez Actifs, parce qu'estant dans un grand mouvement, ils font toute l'action du Mixte, ils ont nommé les autres Passifs, parcequ'estant en repos, ils ne servent qu'à arrêter la vivacité des Actifs. »*

Mais le ton change lorsque Lémery aborde la distinction, essentielle, entre les acides, pourvus de pointes, et les alcalis, caractérisés par la présence de pores. La réaction de neutralisation se produit à ses yeux lorsque les pointes des acides pénètrent dans les pores des alcalis. C'est la conception mécaniste de la réaction chimique qui est véritablement originale, puisque Libavius évoquait déjà les pointes des acides [40] et que Descartes considérait que *« tous les corps terrestres ont bien des pores »*.

Ce modèle d'accouplement entre les acides et les alcalis lui permet de comprendre l'aspect quantitatif de la neutralisation, la différence entre le « sel salé », produit par la réaction, et un simple mélange d'acide et d'alcali, et même de pressentir l'existence de substances amphotères – ayant le comportement des acides ou des bases selon le milieu dans lequel elles se trouvent.

---

[40] Voir *supra*, pp. 313-314.

Découvertes parallèles

Johann Rudolf Glauber (1604-1670) a donné son nom au sulfate de sodium, qu'il préparait en versant de l'esprit de vitriol (acide sulfurique) sur du sel marin (chlorure de sodium), ce qui libérait de l'esprit de sel (acide chlorhydrique) ainsi qu'un résidu de sel de Glauber (sulfate disodique). Ce chimiste allemand fut également un des premiers à se préoccuper du passage de la chimie du laboratoire à l'atelier de fabrication, se montrant ainsi un précurseur de la chimie industrielle.

Le sel de Homberg, qui était utilisé par les apothicaires, n'est autre que l'acide borique. Cette substance doit son nom à Guillaume Homberg (1652-1715), médecin et chimiste hollandais, au service de Philippe d'Orléans, le futur Régent. L'essentiel des travaux de Homberg a toutefois porté sur les phosphores, substances capables de diffuser de la lumière, dont l'étude avait été initiée par Joannès Kunckel (1638-1703), ainsi que sur la saturation des acides par les alcalis.

Dans un tout autre domaine – la définition de *« l'esprit qu'on appelle mercure »* –, Lémery est le premier à opposer la chimie des minéraux, imputrescibles, à celle des végétaux et des animaux, soumis à la corruption. On peut lire ici une première distinction entre chimie minérale et chimie organique.

La persistance d'une philosophie atomiste

En dépit du caractère dominant des références aristotéliciennes un courant de pensée reposant sur l'existence de particules persiste, courant qu'illustre Robert Boyle et auquel se rattache plus ou moins Nicolas Lémery, dont l'interprétation de la réaction acide-base [41] présente, on l'a vu, des aspects mécanistes et corpusculaires.

L'atomisme [42] lui-même n'a pas absolument disparu. En 1624, quatorze thèses de Jean Bitaud, Antoine de Villon et Étienne de Clave, contestant les doctrines d'Aristote, de Paracelse et de la Kabbale, sont condamnées par le Parlement. On peut également

---

41 Voir *supra*, p. 323.
42 Voir *supra*, pp. 296-297.

retenir la théorie de la matière de Descartes, qui, si il refuse l'atomisme et le vide, admet des « parties » de matière (*Les Principes de la philosophie*, 1647), et surtout les conceptions physiques de Pierre Gassendi, très proches du modèle épicurien (*Animadversiones*, 1649). Le professeur de médecine Daniel Sennert (1572-1637) est quant à lui tellement convaincu de l'existence des atomes qu'il tente de déterminer la taille des atomes d'alcool en faisant passer des vapeurs de ce corps à travers les pores d'une feuille de papier pliée en quatre. Joachim Junge (1587-1657) se réfère également à l'atomisme et parle de l'appétit des corps les uns pour les autres, ce qui aboutira à la notion d'affinité. Mais il faudra toutefois attendre Newton pour que des bases plus modernes soient données à l'atomisme.

Le cas de Newton, (1642-1727), est particulier : il pratique secrètement l'alchimie, tout en faisant référence à l'atomisme. Il remplace l'interprétation des atomes crochus de Lucrèce par la notion d'attraction : *« Pour moi, j'aime mieux conclurre (sic) de la cohesion des Corps, que leurs particules s'attirent mutuellement par une Force qui dans le contact immediat est extremement puissante ; qui à de petites distances produit les Operations chimiques [...] ; & qui à de fort grandes distances des particules des corps n'agit point, du moins par des effets sensibles »* (*Traité d'optique*, Amsterdam, 1720).

Malgré tout, l'atomisme demeure au XVIIe siècle un courant secondaire, et n'inspire pas les grandes réflexions qui vont agiter le monde de la chimie au siècle suivant.

AU XVIIIe SIÈCLE : RETOUR À LA THÉORIE

Le pragmatisme du siècle de Descartes s'est avéré nécessaire : après la Renaissance, la chimie devait se recentrer sur l'expérience, entraînant un certain recul des spéculations théoriques.

Le XVIIIe siècle va en revanche se montrer riche de théories. À la hiérarchie des affinités, établie par Geoffroy, succèdera le phlogistique de Stahl et de ses continuateurs. Le siècle se termine en apothéose avec la révolution chimique provoquée par la théorie de l'oxydation de Lavoisier.

Geoffroy et la table des affinités

Avant d'être médecin, Étienne-François Geoffroy (1672-1731) est maître apothicaire, ce qui l'amène à s'intéresser à la chimie. En 1718, il publie une *Table des affinités* permettant de prévoir les combinaisons entre les corps chimiques et de déterminer le sens du déplacement d'une substance par une autre au sein de combinaisons.

L'aversion de la science officielle pour les affinités contraint Geoffroy à préférer au terme d'affinités celui de rapports : « On observe en chimie certains rapports entre différents corps, qui font qu'ils s'unissent aisément les uns aux autres (...) parmi plusieurs matières confondues et qui ont quelque disposition à s'unir ensemble, on s'aperçoit qu'une de ces substances s'unit toujours constamment avec une certaine autre, préférablement à toutes. »

Approfondissant son raisonnement, Geoffroy établit une loi fondamentale de la chimie : « Toutes les fois que deux substances qui ont quelque disposition à se joindre l'une avec l'autre se trouvent unies ensemble, s'il en survient une troisième qui ait plus de rapport avec l'une des deux, elle s'y unit en faisant lâcher prise à l'autre. »

Une éducation scientifique idéale, vue par Fontenelle

« Quant il fut en Phisique, il se tenoit chez son Père des Conférences réglées où M. Cassini apportoit ses Planisphères, le P. Sébastien ses Machines, M. Joblot ses Pierres d'Aiman, où M. du Verney faisoit ses dissections, & M. Homberg des opérations de Chimie, où se rendoient du moins par curiosité plusieurs autres Sçavants fameux, & de jeunes gens qui portoient de beaux noms.

« Tout cela fut fait pour le jeune Geoffroy, que son Père ne destinoit qu'à lui succéder dans sa profession. Mais il sçavoit combien demande la pharmacie embrassée dans toute son étenduë, il l'aimoit, & par goûyt, & parcequ'elle lui réussisoit fort, & il croyoit ne pouvoir mieux faire que de fournir à son fils les moyens de poursuivre avec plus d'avantage la carrière ou lui-même auroit vieilli. »

Bernard Le Bovier de Fontenelle, « Éloge de M. Geoffroy », in *Histoire de l'Académie royale des Sciences*, année 1731, Histoire, p. 31.

C'est sur ces principes que repose sa fameuse table. Dans les colonnes verticales sont rangés, par ordre d'affinité décroissante, des corps susceptibles de se lier à celui représenté sur la ligne horizontale supérieure du tableau. On peut par exemple observer que les esprits acides ont en général plus d'affinités pour un sel alcali fixe que pour le sel alcali volatil, ce qui signifie en langage moderne qu'un acide réagit mieux avec une base forte qu'avec l'ammoniaque : on peut donc déplacer l'ammoniaque de ses sels par des bases fortes.

Cette table, fondée sur un principe rigoureux et sur une compilation d'expériences, constitue la première tentative rationnelle pour prévoir l'évolution d'une réaction chimique et classer des réactifs par leur capacité réactionnelle. Ses contemporains reconnaissent rapidement sa valeur : elle marque en effet une étape cruciale de l'histoire de la chimie.

La théorie du phlogistique

Les trois premiers quarts du XVIIIe siècle sont dominés par la théorie du phlogistique, que Pierre Joseph Macquer qualifie de « sublime » dans son *Dictionnaire de Chymie* (1776).

À l'origine se trouve Johann Joachim Becher (1635-1682), médecin allemand proche des alchimistes, qui considère la terre comme l'un des éléments aristotéliciens. Dans sa *Physique souterraine* (*Physica subterranea*, 1669), il distingue trois sortes de terres : la *terre vitrifiable*, que l'on trouve dans le cristal de roche, la *terre mercurielle*, censée entrer dans la composition des métaux, et la *terre inflammable*, dont son compatriote Stahl fera le phlogistique.

Georg Ernst Stahl (1660-1734), lui aussi médecin, reprend la *Physica Subterranea* de Becher en lui adjoignant ses propres réflexions sous le titre de *Specimen Beccherianum*, en 1702. Son œuvre la plus importante, le *Traité du soufre*, est publiée en allemand en 1717, et en français en 1766.

Dans sa théorie, les corps inflammables sont caractérisés par la présence d'un principe inflammable, le phlogistique, du grec φλοξ (« flamme »). En brûlant, le corps inflammable est censé perdre ce « principe igné », qui se dégage sous forme de flamme, ne laissant plus qu'un « corps déphlogistiqué », qui n'est plus combustible.

Métaux et phlogistique

Un métal brûle en laissant un résidu que l'on appelle au XVIIIe siècle une chaux (un oxyde, selon la terminologie moderne).

Si l'on considère la combustion du zinc (Zn), nous l'exprimons de nos jours par l'équation suivante, qui rend compte de la fixation d'oxygène (O) par le métal et de l'obtention d'oxyde de zinc (ZnO) :

$$\underset{\text{(métal)}}{Zn} + 1/2\, O_2 \text{ -----> } \underset{\text{(oxyde)}}{ZnO}$$

L'interprétation du phlogistien est tout autre : la chaux obtenue est considérée comme du zinc « déphlogistiqué ». Puisque la combustion du métal est censée avoir également libéré du phlogistique, le métal ne peut qu'être constitué de chaux et de phlogistique. On peut schématiser la réaction de la façon suivante :

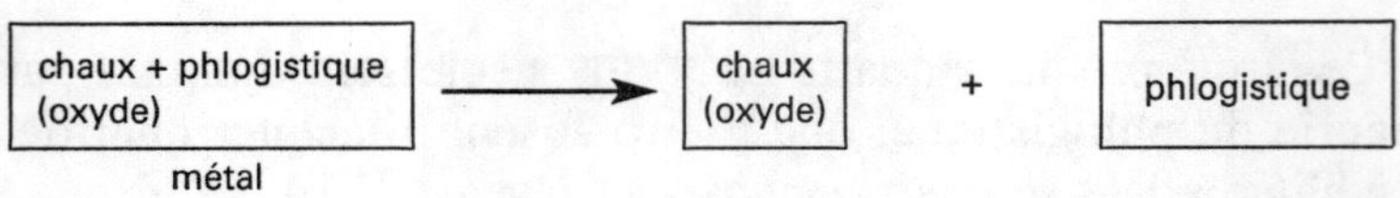

Le fait que la chaux (ZnO, pour nous) soit plus lourde que le métal (Zn) s'expliquait simplement en attribuant au phlogistique un poids négatif.

Ce système cohérent permet d'interpréter de façon logique de nombreux types de réactions : la transformation inverse d'une chaux en métal s'explique par exemple par la fixation de phlogistique par la chaux.

Cette théorie, qui embrassait toute la chimie, connut dans toute l'Europe un succès extraordinaire.

En Allemagne, cette pensée est notamment diffusée par Caspar Neumann (1683-1737) et Johann Heinrich Pott (1692-1777), qui enseignaient à Berlin. En France, elle est surtout diffusée Guillaume François Rouelle (1703-1770), apothicaire du Roi et démonstrateur de chimie au Jardin du Roi [43], qui y introduit

[43] Voir *infra*, p. 521.

Passage d'une chaux à un métal

Le chauffage de la litharge (PbO, pour nous), en présence de charbon (C), donne ainsi naissance à du plomb (Pb), ce qui se résume de nos jours à l'équation suivante :

$$2\ PbO + C \dashrightarrow CO_2 + 2\ Pb$$

L'interprétation de cette transformation selon la théorie du phlogistique, est fort simple : la litharge, qui est une chaux, fixe du phlogistique, apporté par le charbon, pour devenir du plomb métallique.

chaux +	phlogistique	⟶	chaux + phlogistique
litharge	charbon		plomb métal

une nuance importante, et non dénuée de pertinence : pour lui, le phlogistique est le « feu élémentaire », et non plus une « terre inflammable ». Des philosophes tels que Diderot vinrent écouter ce conférencier remarquable, ainsi que de nombreux chimistes – Lavoisier, Bayen, ou Bucquet –, qui s'illustrèrent plus tard dans la lutte contre le phlogistique. Son élève Pierre Joseph Macquer (1718-1784) resta quant à lui fidèle à cette théorie, dont son célèbre *Dictionnaire de chymie*, publié en 1766, est la meilleure présentation.

Jacques François Demachy (1728-1803), ancien apothicaire gagnant-maîtrise de l'Hôtel-Dieu de Paris, contribua à la diffusion des idées de Stahl en publiant, en 1758, les *Élémens de chymie suivant les principes de Becker (sic) et de Stahl*, traduction d'un volumineux ouvrage de Johann Junker paru en latin en 1730.

Souvent présenté comme un tenant de la théorie du phlogistique, le Hollandais Herman Boerhaave (1668-1738) publie en 1732 les *Elementa Chemia*, où il recense les connaissances de son temps et exprime quelques réserves quant à certains aspects de la théorie du phlogistique. Il doute notamment que les combustibles puissent se changer en « feu élémentaire » en brûlant, car « si cela étoit ainsi, il faudroit enfin que l'élément du feu s'augmentât à l'infini ».

Et si la théorie du phlogistique, logique et générale, stimula la recherche chimique, elle permit également le développement d'une autre zone de recherche : la chimie pneumatique.

La chimie pneumatique

Les conditions sont enfin réunies pour le développement de la chimie pneumatique : Van Helmont a découvert les gaz, Robert Boyle les a étudiés, et Stephen Hales a inventé la fameuse cuve à eau, permettant des études quantitatives [44]. A cause des lenteurs de publication, il n'est pas toujours facile d'identifier les auteurs des découvertes. Une vraie rivalité oppose alors chimistes britanniques, suédois et français.

Joseph Black et l'air fixe

Né à Bordeaux, c'est en Écosse que Joseph Black (1728-1799) fait sa carrière. Savant et homme du monde, excellent enseignant, il consacre toute sa vie à l'étude.

À côté de ses découvertes importantes dans le domaine de la physique, comme la chaleur latente et la chaleur spécifique [45], Black marque l'histoire de la chimie en identifiant de façon rigoureuse l'« air fixe » (notre gaz carbonique), déjà observé par Van Helmont. Il montre que ce gaz est différent de l'air atmosphérique, et qu'il est produit aussi bien par la respiration que par la calcination de substances minérales, qu'il appelait des « terres alcalines » (nos carbonates). Il prouve également qu'une atmosphère d'« air fixe » ne permet pas aux êtres vivants de respirer.

Malgré la rigueur de sa démonstration, les travaux de Black provoquent des réactions contrastées dans les milieux scientifiques. Une polémique oppose ainsi ses partisans à ceux de Frédéric Meyer. Cet apothicaire d'Osnabrück a en effet publié en 1764 un ouvrage traduit en français deux ans plus tard, sous le titre d'*Essais sur la chimie de la chaux vive, la matière élastique et électrique, le feu, et l'acide universel*. Il y développe une étrange théorie fondée sur la notion *d'acidum pingue*.

Pour Meyer, lors de la combustion d'une pierre calcaire ($CaCO_3$) il y a gain d'un acide, ce fameux *acidum pingue*, responsable de l'apparition de la causticité du produit obtenu (la chaux vive, CaO).

---

44 Voir *supra*, p. 320.
45 Voir *supra*, pp. 134-135.

Travaux de Black sur l'air fixe

Black s'intéresse particulièrement à une « terre alcaline », qu'il nomme « magnésie » – notre carbonate de magnésium (Mg CO_3). Il constate d'abord que l'action d'un acide sur cette « magnésie » provoque le dégagement d'un gaz. La calcination de la « magnésie » donne naissance à de la « magnésie calcinée » (notre oxyde de magnésium, MgO), et à ce même gaz.

Il en conclut que le gaz ainsi dégagé (notre dioxyde de carbone, CO_2) se trouve au départ fixé au sein de la « magnésie ». C'est pourquoi il lui donne le nom d'« air fixe ». Il montre également que ce gaz est pesant, puisque la « magnésie » a perdu du poids au cours de la calcination.

Il a alors l'idée d'une contre-expérience, annonçant ainsi la méthode de travail de Lavoisier. Il traite la « magnésie calcinée » par de l'acide vitriolique (notre acide sulfurique, H_2SO_4), puis ajoute à chaud une solution d'alcali fixe (un carbonate alcalin). Il constate ainsi la formation de « magnésie » (Mg CO_3).

Cet ensemble d'expériences permettent à Black de démontrer que c'est bien l'« air fixe », apporté par l'« alcali fixe », qui a été absorbé par la « magnésie calcinée » pour engendrer la « magnésie ». Il peut donc conclure que la « magnésie » est constituée de « magnésie calcinée » et d'« air fixe ».

En écriture moderne, cette importante découverte se traduirait comme suit :

$MgCO_3$	$\longrightarrow$	MgO	+	CO_2
magnésie		magnésie calcinée		air fixe
carbonate de magnésie		oxyde de magnésium		dioxyde de carbone

MgO	+	H_2SO_4	$\longrightarrow$	$MgSO_4$	+	H_2O
magnésie calcinée		acide vitriolique		substance non-isolée		substance non-isolée
oxyde de magnésium		acide sulfurique		sulfate de magnésium		eau

$MgSO_4$	+	K_2CO_3	$\longrightarrow$	$MgCO_3$	+	K_2SO_4
substance non-isolée		alcali fixe		magnésie		substance non-isolée
sulfate de magnésium		carbonate de potassium		carbonate de magnésium		sulfate de potassium

Fig. 48.

En revanche, lorsque la chaux vive réagit avec un alcali fixe (comme le carbonate de potassium, K_2CO_3), elle se trouble et cède *son acidum pingue* à l'alcali, ce qui est censé faire cesser la causticité, mais aussi pouvoir provoquer l'effervescence. Comme le phlogistique, *l'acidum pingue* doit avoir un poids négatif !

Malgré son caractère ambigu, cette théorie trouve rapidement d'ardents défenseurs : Lavoisier lui-même écrit qu'« il est peu de livres de chimie moderne qui annoncent plus de génie que celui de Meyer ».

Mais la supériorité de la théorie de Black finir par triompher. Longtemps partisan de la théorie du phlogistique, malgré sa correspondance avec Lavoisier, Black se convertit à la doctrine de l'oxydation avant sa mort.

Henry Cavendish et la constitution de l'eau

Appartenant à l'aristocratie britannique, Henry Cavendish (1731-1810) put consacrer sa vie à l'étude ; ses travaux se situent résolument dans le domaine de la chimie pneumatique.

En traitant le fer ou le zinc par un acide, il obtient de l'« air inflammable » (notre hydrogène). Il s'intéresse à l'« air fixe » de Black (notre gaz carbonique), dont il étudie la capacité à se fixer sur les alcalis. À l'aide d'un appareil dans lequel les gaz sont contenus par un joint de mercure, il évalue la composition de l'air. Son œuvre essentielle reste toutefois la réalisation de la synthèse de l'eau, que Lavoisier saura interpréter.

Joseph Priestley et l'oxygène

Né à Fieldhead, dans le Yorkshire, Joseph Priestley (1733-1804) devient pasteur, fonde une école, et est amené à s'intéresser à la physique. Encouragé par Franklin et Price, il publie en 1767 une *Histoire et état présent de l'électricité*, qui lui permet d'accéder à la *Royal Society* de Londres. Son activité se partage dès lors entre recherche scientifique et quête théologique. Ses sympathies pour la Révolution française lui vaudront la vive hostilité de la population britannique : sa maison est brûlée par des manifestants. Il se réfugiera en Amérique en 1794, où il mourra dix ans plus tard.

La synthèse de l'eau

Plusieurs chimistes ont déjà synthétisé de l'eau sans véritablement en être conscients. Ainsi, Pierre Joseph Macquer (1718-1784) a, dès 1776, observé l'apparition de gouttelettes lorsqu'il approchait une soucoupe de la flamme résultant de la combustion d'« air inflammable » (notre hydrogène), et l'Anglais John Warltire (XVIIIe siècle) a observé la présence d'eau après avoir enflammé à l'aide d'une étincelle un mélange d'air commun et d'« air inflammable ».

Mais nul ne comprend l'importance du phénomène. Macquer l'attribue à une condensation de l'humidité ambiante, et Priestley conclut des expériences de Warltire que l'« air inflammable » ne peut être que du phlogistique[46].

Cette dernière hypothèse ne résiste pas aux méticuleuses manipulations de Cavendish, qui démontre en 1783 que la quantité d'eau formée au cours de la combustion d'« air déphlogistiqué » (notre oxygène) et d'« air inflammable » (notre hydrogène) correspond exactement à la somme des poids des deux gaz consommés au cours de l'opération.

Ainsi est formellement interdite l'assimilation de l'« air inflammable » au phlogistique, en raison du poids négatif attribué à ce dernier par la théorie.

Cavendish a conscience d'avoir synthétisé de l'eau à partir de deux gaz différents, mais son interprétation reste dans les strictes limites de la théorie de Stahl : pour lui, l'« air inflammable » est formé d'eau et de phlogistique. L'excès de phlogistique de l'un compensant exactement le défaut de l'autre, au cours de la combustion, il ne reste finalement plus que de l'eau.

Priestley est toujours resté convaincu du bien-fondé de la théorie du phlogistique, que l'ensemble de ses travaux tentent de démontrer. Publiées en 1772, ses *Observations on different kinds of air* marquent son entrée dans la chimie pneumatique.

Si ses premiers travaux sur l'« air fixe » (notre gaz carbonique) n'apportent guère plus que ceux de Black, il découvre un point important : le comportement des plantes vis-à-vis de l'« air fixe » est différent de celui des animaux. Fondant la physiologie végétale, il montre que les plantes prospèrent au sein d'une atmosphère d'« air fixe » et qu'à la lumière, elles sont capables de transformer cette atmosphère en un milieu propice à la vie des animaux.

---

46 Voir *supra*, pp. 327-329.

Il ne peut cependant pas interpréter plus avant le mécanisme de la photosynthèse.

Pour réaliser ses travaux de chimie pneumatique, Priestley est amené à apporter une modification importante à la cuve de Hales[47], dont il remplace l'eau par du mercure. L'intérêt de cette cuve à mercure, c'est que les gaz, susceptibles de se dissoudre dans l'eau, sont beaucoup moins solubles dans le mercure, ce qui permet des mesures de volume beaucoup plus précises. Dans ces conditions, Priestley parvient à faire des découvertes intéressantes dans le domaine de ce que nous appelons les « oxydes d'azote ». En traitant du cuivre par de l'eau forte (HNO_3), il obtient un gaz qu'il nomme l'« air nitreux » (pour nous, oxyde nitrique, NO). Ils constate également que ce gaz prend une teinte rougeâtre intense au contact de l'air atmosphérique (pour nous : $NO + 1/2\ O_2$ -----> NO_2). Il remarque également qu'au cours de cette transformation, un cinquième de l'« air ordinaire » est consommé : ainsi se trouve-t-il déjà sur la voie de la découverte de l'oxygène, d'autant qu'il a observé qu'un air dans lequel on a respiré réagit avec une quantité d'« air nitreux » plus faible que l'air frais.

Priestley passe à nouveau très près de l'identification de l'oxygène en 1772, lorsqu'il constate que la combustion du charbon consomme également un cinquième de l'air et produit de l'« air fixe » (gaz carbonique), qui peut être piégé sur de la chaux. Il remarque même alors que cette opération laisse un gaz inerte, qu'il nommera plus tard « air phlogistiqué » (notre azote).

En 1774, Priestley chauffe à l'aide d'une lentille du « mercure calciné *per se* » (ou oxyde rouge de mercure) et isole un gaz capable d'entretenir la combustion avec une vigueur remarquable. Méfiant quant à la qualité de son « mercure calciné », il attend de se rendre à Paris pour faire l'acquisition d'une matière première d'excellente qualité. À l'occasion de ce voyage, il rencontre Lavoisier et lui fait part de l'avancement de ses travaux. Dès son retour en Angleterre, il réitère son expérience avec le « mercure calciné » parisien : il a identifié un nouveau gaz, constituant de l'air, qu'il nomme « air déphlogistiqué » et dont il décrit les propriétés.

Priestley a découvert l'oxygène. Il a aussi su fabriquer et décrire l'« air de l'esprit de sel » (notre acide chlorhydrique) l'« air alcalin », (notre ammoniac), et l'« air vitriolique » (notre dioxyde de soufre).

---

[47] Voir *supra*, p. 320.

Malheureusement, l'exploitation des résultats nés de ce travail remarquable a été entravée par son attachement à la théorie du phlogistique, et c'est Lavoisier qui donnera à ses découvertes une interprétation théorique [48].

Carl Wilhelm Scheele, chercheur brillant et inconnu

Il est rare de rencontrer des chercheurs discrets au point de ne pas se soucier de diffuser leurs résultats, surtout s'ils sont fondamentaux ; tel est pourtant le cas du chimiste suédois Carl Wilhelm Scheele (1742-1786). Né à Straslund, il se passionne très tôt pour la chimie. *Les Praelectiones chymicae* de Caspar Neumann [49] deviennent son livre de chevet. A Uppsala, il rencontre le chimiste Torbern Bergmann (1735-1784), théoricien des affinités qui l'encourage, sans parvenir à le convaincre, à accepter un poste officiel. Scheele choisit au contraire de se rendre à Kjoping, petite ville suédoise, où il s'occupe, à la demande de la veuve, d'une officine dont le titulaire vient de mourir, consacrant à ses recherches chimiques la plus grande partie de ses maigres gains. Sentant la mort venir, il aurait, dit-on, épousé la veuve pour la mettre à l'abri du besoin. Il meurt deux jours après la cérémonie, le 21 mai 1786.

Scheele travaille toujours seul, avec un matériel peu coûteux : les gaz sont par exemple recueillis dans de simples vessies de porc. Il effectue néanmoins des découvertes de très grande qualité, justifiant cette appréciation élogieuse de Jean-Baptiste Dumas : *« Il a dépassé Priestley et ... il s'est quelquefois approché de Lavoisier. »*

C'est dans un mémoire paru en 1774 qu'il révèle la découverte de l'« acide muriatique déphlogistiqué », rebaptisé chlore par Gay-Lussac en 1815, en raison de sa couleur verdâtre (*chlôros* : « vert »). La matière première utilisée est la « magnésie noire », dont le nom, trompeur, désigne le dioxyde de manganèse ($Mn\ O_2$). Sous l'action de l'acide muriatique (autre nom de l'acide chlorhydrique, HCl), cette « magnésie noire » donne naissance à un nouveau gaz qui teint en jaune la vessie de porc dans laquelle il a été recueilli, et a la même odeur que l'eau régale. La réaction de synthèse du chlore ainsi réalisée peut se résumer par l'équation chimique moderne :

---

[48] Voir *infra*, pp. 336-340.

[49] Voir *supra*, p. 328.

$$Mn\,O_2 + 4\,HCl \dashrightarrow Mn\,Cl_2 + 2H_2O + Cl_2,$$

où $Mn\,Cl_2$ est le chloryde de manganèse, H_2O, l'oxygène, et Cl_2, le chlore.

Cette découverte n'a jamais été contestée à Scheele. En revanche, la publication tardive de son fameux *Traité chimique de l'air et du feu* (1777), rapportant des travaux réalisés en 1771-1772, n'a pas permis d'homologuer officiellement sa découverte de l'oxygène (sous le nom d'« air du feu »), pourtant effectuée avant les recherches de Priestley, de Bayen et de Lavoisier : en effet, en chauffant cette fameuse « magnésie noire », Scheele isole un gaz capable de provoquer la combustion du charbon. Il obtient également cet *air de feu* par chauffage du précipité *per se*. Mais cette découverte essentielle reste confidentielle, et c'est Priestley qui sera le premier à rendre public l'*air déphlogistiqué*.

L'attachement de Scheele à la théorie du phlogistique l'a, comme Priestley, empêché de tirer les conclusions définitives auxquelles seul Lavoisier sut aboutir.

On oublie trop souvent de mettre au crédit de Scheele la découverte d'un nombre important de produits organiques que ses procédés de chauffage, moins brutaux que ceux de ses contemporains, lui permirent d'identifier et d'isoler (nombreux acides organiques, glycérol sous le nom de « principe doux des huiles », etc.). La modestie de leur auteur a cependant interdit à ses travaux de recevoir l'accueil qu'ils méritaient.

Lavoisier et la révolution chimique

Avec les travaux du Français Antoine Laurent de Lavoisier *(voir l'encadré)*, et particulièrement sa théorie de l'oxydation, la chimie connaît, dans la seconde moitié du XVIIIe siècle une véritable révolution, qui marque l'avènement de la chimie moderne.

La théorie de l'oxydation

Le pli cacheté de 1772

On considère généralement que c'est le 1er novembre 1772 qu'est née la grande révolution chimique. C'est en effet ce jour-là que Lavoisier remet au secrétaire de l'Académie des sciences un pli cacheté dans lequel il revendique la découverte de la prise de poids du soufre et du phosphore lors de leur combustion, qu'il compare à la prise de poids observée lors de la formation des chaux métalliques[50]. L'originalité de ce texte, c'est qu'il comporte une contre-expérience où l'on constate, lors du passage d'une chaux à un métal, une production d' « air ». On trouve déjà là la méthode de travail de Lavoisier : une affirmation reposant sur une expérience et confirmée par une contre-expérience. La vraie nouveauté consiste, en fait, en la généralisation au soufre, puis à l'ensemble des corps d'observations – par Guyton de Morveau sur les métaux et par Mitouard sur le phosphore –, afin de constituer une théorie générale de la combustion.

Du programme de recherche à la découverte de l'oxygène

Lavoisier ne fait alors pas encore vraiment la différence entre l'air atmosphérique – l'« air » produit par la décomposition des chaux – et l'« air fixe » (gaz carbonique) de Black. C'est pourquoi, le 20 février 1773, il place en tête de son cahier de laboratoire un programme de recherche. Son premier ouvrage, le premier tome des *Opuscules physiques et chimiques*, paraît en 1774 ; il peut être considéré comme la démonstration expérimentale des affirmations contenues dans le pli cacheté de 1772.

Depuis longtemps, Rouelle et Macquer ont observé que le précipité *per se* (l'oxyde mercurique, HgO) donne naissance par chauffage à du mercure. L'apothicaire des armées Pierre Bayen (1725-1798) a montré en 1774 que cette formation de mercure s'accompagne d'un dégagement gazeux. En Angleterre, on l'a vu, Priestley a constaté que ce gaz a la propriété de raviver la flamme d'une chandelle[51]. Rappelons qu'après avoir communiqué ses observations à Lavoisier, il est le premier à publier sa découverte de l'oxygène sous le nom d'*air déphlogistiqué*. Dans le même temps, Lavoisier se met au travail et isole également l'oxygène, sous le nom d'*air vital*.

Tous deux identifient également l'azote, qui n'est pour Priestley que de l'« air phlogistiqué », alors que pour Lavoisier, il s'agit d'un gaz d'une nature différente de celle de l'air vital. Dans la foulée,

---

50 Voir *supra*, p. 329.
51 Voir *supra*, pp. 332-335.

Antoine Laurent de Lavoisier (1743-1794)

Fils d'un procureur au Parlement récemment anobli, Lavoisier naît à Paris le 26 août 1743. Il fait ses études au collège Mazarin, puis, sur les conseils de son père, fréquente la faculté de droit et, en 1764, se fait inscrire au barreau de Paris. Mais ce sont plutôt les sciences qui l'attirent. Il s'intéresse particulièrement à la chimie, mais suit aussi des cours de mathématiques, d'astronomie et de botanique, et accompagne le naturaliste Jean Guettard (1715-1786), chargé de dresser l'atlas minéralogique de la France. Avec un projet d'éclairage urbain, il remporte, à vingt-trois ans, une médaille d'or de l'Académie des sciences, qui l'admet en son sein en 1768, comme adjoint chimiste, et dont il deviendra directeur en 1785.

Nommé régisseur des poudres et salpêtres en 1776, il occupe aussi des postes de responsabilité croissante à la Ferme générale à partir de 1778, et se distingue comme administrateur et comme économiste, tout en consacrant son temps libre à des recherches de chimie qu'il finance lui-même. En dépit de ses efforts, il ne réussit pas à être élu député aux États généraux de 1789 et doit se contenter d'une place de suppléant. En 1790, il est membre de la commission pour l'établissement du nouveau système de poids et mesures. Cependant, après avoir supprimé l'Académie, la Convention décrète, en novembre 1793, l'arrestation de tous les fermiers généraux, et Lavoisier vient lui-même se constituer prisonnier. Déféré le 8 mai 1794 devant le Tribunal révolutionnaire, il est condamné à mort et guillotiné le jour même.

Outre ses travaux de chimie, Lavoisier a fait d'importantes expériences en biologie, particulièrement dans le domaine de la physiologie de la respiration. Il a montré, le premier, que la chaleur animale résulte de combustions organiques portant sur le carbone et l'hydrogène, ce qui constitue un début d'explication des processus métaboliques. En physique, il est, avec Laplace, l'auteur d'une étude de la dilatation des solides ainsi que des premières mesures calorimétriques.

Lavoisier étudie la composition de l'air, ainsi que le rôle de l'oxygène dans la respiration et la combustion. Se fondant sur l'exemple du soufre qui, en fixant l'« air vital », conduit à l'« acide vitriolique », il pense que l'oxygène est un constituant indispensable des acides ; c'est pourquoi il lui donne en 1779 le nom de *principe oxigine*, puis de *principe oxigène*, notre *oxygène* – du grec *oxus*, « acide » et *gennaein*, « engendrer ».

La compréhension de la nature de l'eau

En dépit de l'antériorité de Cavendish [52], l'expérience publique, menée en 1783, de décomposition et de recomposition de l'eau est d'une grande importance. Lavoisier parvient en effet à décomposer l'eau en « air vital » (oxygène) et en « air inflammable » (hydrogène), puis à la recomposer à partir de ces deux gaz. Il démontre ainsi que l'eau n'est pas un élément, mais qu'elle est composée d'oxygène et d'hydrogène.

La fin du phlogistique

Les découvertes de la chimie pneumatique finissent par jeter le discrédit sur la théorie du phlogistique. Dès 1774, Bayen a porté la première attaque [53]. Lavoisier prend le relais en 1777, mais c'est en 1785 qu'il lit devant l'Académie ses *Réflexions sur le phlogistique*, où il conclut que le phlogistique n'existe pas, puisque tout peut s'expliquer sans lui. Petit à petit, à l'exception de Priestley qui demeurera phlogisticien, les chimistes abandonneront la « sublime théorie » pour rallier la théorie de l'oxydation de Lavoisier.

La nouvelle nomenclature chimique

Les conceptions de Lavoisier ne peuvent s'accommoder de la nomenclature fantaisiste léguée par les alchimistes. Déjà, Guyton de Morveau (1737-1816) a cherché à rationaliser le système et a publié en 1782 un *Tableau de nomenclature chimique*. En 1787, il fait paraître, avec Lavoisier, Claude Louis Berthollet (1748-1822) et Antoine de Fourcroy (1755-1809) la *Méthode de nomenclature chimique*, qui fixe les grands principes encore en usage : la méthode utilisée pour décrire le nom d'une substance composée doit exprimer sa constitution. Le vitriol de vénus, au nom si évocateur, s'appellera désormais sulfate d'oxyde de cuivre, ou, plus simplement, sulfate de cuivre. La poésie s'efface devant les exigences de la science...

En 1789 Lavoisier publie son *Traité élémentaire de chimie*, manuel pédagogique qui est aussi une sorte de propagande pour la

---

[52] Voir *supra*, pp. 332-333.
[53] Voir *supra*, p. 336.

théorie de l'oxydation, grâce auquel la révolution chimique va se diffuser dans le monde entier.

Les successeurs immédiats de Lavoisier et les lois fondamentales de la chimie

La théorie de Lavoisier a le mérite de stimuler la recherche, en particulier dans le domaine quantitatif. Joseph Louis Proust (1754-1826) énonce la loi des proportions définies, montrant que les composants d'un corps se trouvent dans des proportions constantes. Une polémique l'oppose à Berthollet, qui n'admet pas que les produits aient une composition définie, mais Proust garde le dernier mot. Parallèlement, Jérémie Benjamin Richter (1726-1807) établit la loi de proportionnalité. Tout cela contribue à l'établissement de la notion de *stœchiométrie*, qui régit les proportions des corps réagissant au cours d'une réaction chimique.

L'EXPLOSION SCIENTIFIQUE DU XIXe SIÈCLE

La théorie atomique

Après un long oubli plus ou moins traversé de réminiscences, la théorie atomique va occuper de nouveau le devant de la scène. Si le nouvel atomisme emprunte le vocabulaire de Leucippe et de Démocrite, ses fondements sont tout autres : ils reposent sur les travaux de Lavoisier, complétés par les nouvelles lois de la chimie dues à ses successeurs – la loi des proportions définies de Proust, la loi de proportionnalité de Richter, ainsi que la loi des proportions multiples de Dalton.

Dalton et le renouveau de la théorie atomique

Né dans une famille de quakers, John Dalton (1766-1844) en gardera les coutumes et le costume sévère. Principal d'un internat à Kendal, il profite de ses loisirs pour apprendre le latin, le grec, le français, les mathématiques... À Manchester, professeur de mathématiques, de philosophie naturelle, de chimie, il mène une existence simple, loin des mondanités. Curieusement, ce théoricien de la chimie lit peu : *« Je pourrais porter toute ma bibliothèque sur mon dos, et cependant je n'ai même pas lu la moitié des livres qui la composent. »*

C'est dans son *Nouveau système de philosophie chimique* (1808), que Dalton jette les bases d'une nouvelle théorie atomique. Il est convaincu que la matière est constituée de petites particules, les atomes, et que les différents atomes se distinguent par leur poids (nous dirions aujourd'hui leur masse) respectif. L'insécabilité des atomes impose que les combinaisons se fassent à partir d'un nombre entier d'atomes entiers. Dalton envisage alors les possibilités de combiner les atomes simples, élémentaires, pour donner des particules composées, qu'il nomme malheureusement « atomes composés », et que nous appellerions « molécules ». Cette source de confusion nuira grandement à l'acceptation de ses idées par le milieu scientifique.

> « Soient deux corps, A et B, disposés à se combiner, voici l'ordre dans lequel les combinaisons peuvent avoir lieu, en commençant par la plus simple, à savoir :
> « 1 atome de A + 1 atome de B = 1 atome de C, binaire.
> « 1 atome de A + 2 atomes de B = 1 atome de D, ternaire.
> « 2 atomes de A + 1 atomes de B = 1 atome de E, ternaire.
> « 1 atome de A + 3 atomes de B = 1 atome de F, quaternaire.
> « 3 atomes de A + 1 atome de B = 1 atome de G, quaternaire.
> « etc. »
> John Dalton, *Nouveau Système de philosophie chimique*, 1808.

Ses suppositions rigoureuses négligent toutefois la possibilité d'existence de particules formées de deux atomes identiques, et cela le conduit à évaluer des valeurs de « poids » atomique erronées, c'est-à-dire divisées par 2 (oxygène) ou par 3 (azote) par rapport aux valeurs réelles. C'est ainsi que, pour Dalton, l'eau est *« un composé binaire d'hydrogène et d'oxygène »*, soit en écriture actuelle OH, au lieu de H_2O. En attribuant le poids 1 à l'hydrogène, il trouve une masse de 7 pour l'oxygène (au lieu de 16). De même, l'ammoniac est, selon lui, un composé binaire d'azote et d'hydrogène, (en écriture moderne NH, au lieu de NH_3), ce qui l'amène à attribuer une masse de 5 à l'azote (au lieu de 14).

Ces valeurs approximatives ne doivent pas surprendre : elles reposent, en effet, sur des travaux analytiques imprécis. En dehors de sa supposition de départ erronée, le calcul de Dalton aurait dû, en effet, lui donner pour l'oxygène la valeur de 8 (16 ÷ 2) et, après tout, une erreur de 1 sur 8 est acceptable. Pour l'azote, l'approximation est encore meilleure ($14 \div 3 = 4{,}66 \cong 5$).

Pour représenter ses atomes, Dalton utilise des cercles rendus identifiables par des marques internes. Ces figures ne sont pas sans rappeler les symboles des alchimistes ou la tentative des élèves de Lavoisier, Hassenfratz et Adet *(voir la figure 49)*.

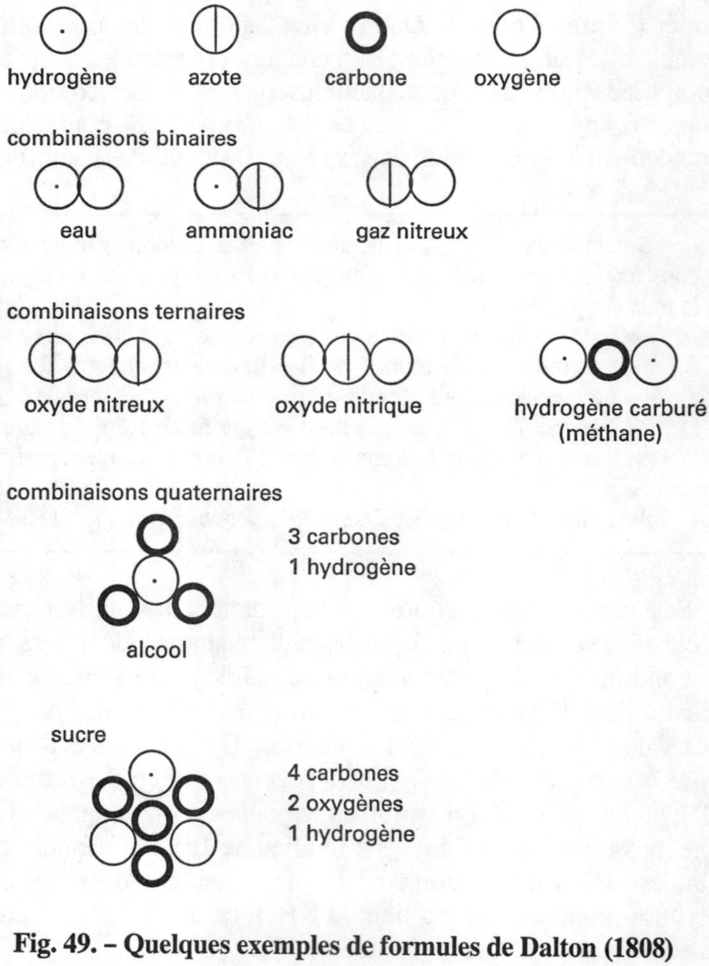

Fig. 49. – Quelques exemples de formules de Dalton (1808)

C'est le Suédois Jöns Jacob Berzelius (1779-1848) qui imaginera à partir de 1811 de remplacer ces signes par une lettre majuscule, initiale du nom de l'élément (C, H, O...), ou une majuscule suivie d'une minuscule (Pb, Cl...), lorsque plusieurs éléments ont la même initiale, notation qui est encore la nôtre.

Les lois volumiques

Les rapports simples de Gay-Lussac

La même année, en 1808, le polytechnicien Louis Joseph Gay-Lussac (1778-1850) publie dans les *Mémoires de la Société d'Arcueil*, la loi des rapports simples : « *Les combinaisons des substances gazeuses les unes avec les autres se font toujours dans les rapports les plus simples et tels qu'en représentant l'un des termes par l'unité, l'autre est un ou deux ou au plus trois.* » Ainsi, 2 volumes d'hydrogène réagissent toujours avec 1 volume d'oxygène ; 3 volumes d'hydrogène avec 1 volume d'azote...

Cette publication aurait pu permettre une évolution favorable de la théorie atomique, mais elle est perçue comme une contradiction par Dalton, qui n'hésite pas à conclure que Gay-Lussac s'est trompé. En effet, ce dernier, faisant réagir un volume d'azote et un volume d'oxygène, obtient deux volumes d'oxyde d'azote (NO), alors que, selon la théorie de Dalton, un atome d'azote et un atome d'oxygène doivent donner un seul « atome » d'oxyde[54].

Gay-Lussac n'a pas su tirer les conclusions, qu'il revint à l'Italien Avogadro de dégager, sur le diatomisme de certains éléments !

L'hypothèse d'Avogadro, partagée par Ampère

S'inspirant de la théorie atomique de Dalton, des lois de Gay-Lussac et de ses propres travaux, Amedeo Avogadro (1776-1856) énonce en 1811 sa fameuse hypothèse : « *Des volumes égaux de substances gazeuses, à pression et température égales, contiennent des nombres égaux de molécules. Par suite le rapport des densités est le même que le rapport des masses des molécules.* » Le physicien français André Marie-Ampère (1775-1836) parvient indépendamment aux mêmes conclusions en 1814.

Le langage scientifique n'étant pas encore fixé, alors que Dalton ne parlait que d'*atomes*, Avogadro n'utilise que le terme de *molécules*.

---

54 Voir *supra*, p. 341.

Il distingue toutefois la *molécule constituante* (ce que nous appelons atome) de la *molécule intégrante* (ce que nous appelons molécule).

Avogadro attribue une masse de 17 à la molécule intégrante d'eau (H_2O), constituée d'une molécule constituante (atome) d'oxygène (15) et de deux molécules constituantes (atomes) d'hydrogène (2 × 1). On se rapproche ainsi beaucoup des valeurs actuelles (18 pour la molécule d'eau et 16 pour l'atome d'oxygène). De nombreux exemples montrent la généralité de ces observations.

Le calcul des « poids » atomiques

Berzelius, qui a adhéré très tôt à la théorie atomique, entreprend une détermination systématique et rigoureuse des « poids » atomiques. Il peut ainsi proposer en 1818, puis en 1820, des tables des « poids » atomiques, fondement indispensable de la théorie.

La clarification de Gaudin

L'ambiguïté entre *atomes simples* et *atomes composés* dans la terminologie de Dalton, entre *molécule constituante* et *molécule intégrante* dans celle d'Avogadro, nécessitait une clarification. C'est le chimiste français Marc Gaudin (1804-1880) qui, en 1833, fixe clairement la terminologie, en distinguant *atomes* et *molécules*, et en établissant rigoureusement l'existence de molécules constituées de deux atomes identiques. Si cette publication est reçue dans une relative indifférence, elle constituera plus tard l'une des bases de discussion au congrès de Karlsruhe[55].

Le triomphe (provisoire) des équivalents

Les défauts de jeunesse de la version de la théorie atomique du début du XIXe siècle vont d'abord malheureusement cacher l'intérêt de cette théorie aux yeux des chimistes, attachés à la primauté des faits matériels sur la théorie. Cette attitude sera particulièrement sensible en France où, de 1830 à 1850, on préférera généralement se référer aux équivalents plutôt qu'aux conceptions atomistes, jugées trop spéculatives *(voir l'encadré)*.

---

[55] Voir *infra*, p. 346.

Les *équivalents* découlent directement des lois pondérales ; ils rendent compte des proportions relatives d'éléments constituant les corps, sans faire aucunement référence aux atomes ni aux molécules. Ils représentent le poids d'un élément équivalent au poids d'un autre élément pour se combiner à un troisième. La référence habituellement choisie est l'hydrogène. Pour obtenir l'eau, 1 g d'hydrogène (H) se combine à 8 g d'oxygène (O), on aura donc H = 1 et O = 8, et l'on notera l'eau HO (au lieu de H_2O, en notation atomique moderne). Si l'on compare l'eau au sulfure d'hydrogène, il y a, entre l'oxygène (O) et le soufre (S), équivalence des possibilités de combinaison avec l'hydrogène. À 1 g d'hydrogène correspondent 16 g de soufre ; on écrira donc S = 16 et l'on notera le sulfure d'hydrogène HS (au lieu de H_2S en notation atomique moderne).

Avec ce système, les équivalents sont en fait dans un rapport simple avec les masses atomiques. La masse de l'oxygène est ainsi 8, en équivalents, et 16, deux fois plus, en atomes.

Les opinions successives de Dumas sur les atomes

L'accueil réservé à l'atomisme par la chimie officielle dans la France du début du XIXe siècle est bien illustré par l'attitude de Jean-Baptiste Dumas (1800-1884). D'abord séduit par la théorie atomique, ce prestigieux savant tente de concilier ses propres résultats expérimentaux avec les lois de Gay-Lussac et de Dalton. Il envisage ainsi « des atomes chimiques » d'hydrogène ou de chlore, sécables en deux, ce qui rend compte, au moins implicitement, du biatomisme des molécules correspondantes. Il oppose ces atomes « chimiques » aux atomes « physiques », insécables. (*Mémoire sur quelques points de la théorie atomistique*, 1826.)

Mais après dix ans de travaux, Dumas change d'avis, et conclut à l'inutilité des atomes pour l'interprétation des phénomènes chimiques. Il considère les atomes comme des rêves nés de l'imagination, opposant leur caractère spéculatif à la réalité des équivalents. Ainsi déclare-t-il en 1837, à la fin de ses conférences : *« Si j'en étais le maître, j'effacerais le mot atome de la science, persuadé qu'il va plus loin que l'expérience ; et jamais en chimie nous ne devons aller plus loin que l'expérience. »*

On comprend dès lors les difficultés que rencontra la théorie atomique pour pénétrer en France...

Il faut remarquer que la masse en équivalents de l'oxygène (8) est proche de celle trouvée par Dalton dans la première version de la théorie atomique (7)[56] – ce qui a ajouté à la confusion qui régnait dans la première moitié du XIXe siècle.

L'impulsion de Cannizzaro et le congrès de Karlsruhe

L'Italien Stanislao Cannizzaro (1826-1910) va relancer le débat en prenant résolument position pour la théorie atomique dans son *Sunto di un corso di filosofia chimica,* publié en 1858. Entre-temps, les travaux de Laurent et de Gerhardt[57] se sont inscrits implicitement dans le cadre de l'atomisme. Les équivalentistes ne sont plus seuls. Les conditions sont réunies pour qu'une tentative d'harmonisation soit recherchée entre les chimistes.

C'est l'objet du congrès de Karlsruhe, sorte de conclave de chimistes, chargé de trancher entre atomes et équivalents. Du 3 au 5 septembre 1860, cent quarante chimistes se réunissent dans la capitale du grand-duché de Bade, à l'initiative de l'Allemand August Kekulé von Stradonitz (1829-1896), assisté de Weltzien (1813-1870) et d'Adolphe Wurtz (1817-1884). Cannizzaro prend une grande part aux débats. Dumas également, qui préside plusieurs séances. Même si cette docte assemblée ne tranche pas la question et si le congrès se termine par une sorte de motion mi-chèvre mi-chou, cette première rencontre internationale de chimistes débouche finalement sur un renforcement de la position de la théorie atomique. Adolphe Wurtz se montre l'un des plus fervents propagateurs de l'atomisme au cours de la seconde moitié du siècle, en dépit de l'opposition du positiviste Marcellin Berthelot (1827-1907).

La naissance de la chimie organique

Le retard de la chimie organique

Au début du XIXe siècle, le développement de la chimie minérale est incontestablement beaucoup plus avancé que celui de la chimie

---

[56] Voir *supra*, pp. 340-342.
[57] Voir *infra*, p. 351

organique (chimie des composés du carbone associé à l'hydrogène et, éventuellement, à d'autres éléments : oxygène, azote, soufre, phosphore, etc.). Les causes de ce retard sont multiples, de nature technique autant que théorique.

La chimie pneumatique concerne essentiellement les gaz minéraux. La chimie de l'oxydation fait appel à des techniques de chauffage relevant le plus souvent de la calcination. Cette méthode brutale laisse peu de chance aux molécules organiques, plus fragiles que les minéraux. Le cas de Scheele [58], qui a pu isoler un bon nombre d'acides organiques à partir de substances d'origine animale ou végétale, reste donc isolé. Par ailleurs, l'idée, fort répandue, de la nécessité d'une force vitale pour l'élaboration de molécules organiques, retarde beaucoup les expérimentations dans le domaine de la synthèse [59].

La chimie végétale

L'école française

Nicolas Louis Vauquelin, (1763-1829), découvreur du chrome en 1797, dirige de 1804 à 1829 l'École de pharmacie de Paris, où il forme une pléiade de pharmaciens-chimistes qui se consacrent à l'isolement des principes actifs de drogues végétales, d'activité thérapeutique reconnue.

Les alcaloïdes

Le mot alcaloïde a, semble-t-il, été forgé par l'anglais William Thomas Brande (1788-1866) pour désigner des espèces d'alcalis organiques, issus des végétaux. Wilhelm Meissner (1792-1853) utilise déjà ce terme en 1818. La terminaison -oïde s'efforce alors de montrer que ces substances sont différentes des alcalis traditionnels, comme la soude ou la potasse, tout en leur ressemblant.

Aujourd'hui, le terme désigne des substances azotées d'origine végétale ou plus rarement animale et souvent douées de propriétés pharmacologiques.

---

58 Voir *supra*, pp. 335-336.

59 Voir *infra*, pp. 381-385.

Le plus grand succès de cette école est l'isolement de la quinine, en 1820, par Pierre Joseph Pelletier (1788-1842) et Joseph Bienaimé Caventou (1795-1877). Cet alcaloïde *(voir l'encadré)*, disponible pur, dans un petit volume, va permettre un progrès thérapeutique considérable (et il n'est pas excessif d'affirmer que l'expansion coloniale n'aurait pu avoir lieu sans ce moyen efficace de lutte contre « les fièvres »). Il faut également souligner les découvertes de la narcotine (1807) et de la codéine (1832) par Pierre Jean Robiquet (1780-1840), autre élève de Vauquelin.

En étudiant l'activité de ces produits, le médecin François Magendie (1783-1855) crée une nouvelle science, la pharmacologie.

Les principaux alcaloïdes découverts par l'école française

Date	**Nom**	**Découvreur**
1807	Narcotine	Robiquet
–	Émétine	Pelletier, Magendie
1818	Strychnine	Pelletier, Caventou
1819	Brucine	Pelletier, Caventou
1820	Quinine	Pelletier, Caventou
–	Cinchonine	–
1826	Berbérine	Chevallier, Pelletan
1829	Aricine	Pelletier, Corriol
1830	Curarine	Roulin, Boussingault
1832	Codéine	Robiquet
–	Narcéine	Pelletier
1833	Quinidine	Henry, Delondre
1835	Thébaïne	Pelletier, Thiboumery

L'école allemande

En Allemagne, l'isolement de la morphine, en 1804, par le pharmacien Friedrich Wilhelm Sertürner (1783-1841) inaugure une longue série de découvertes. Le parallélisme avec l'école française est remarquable, puisque la plupart des découvreurs allemands d'alcaloïdes sont, comme leurs homologues français, des pharmaciens-chimistes.

Les principaux alcaloïdes découverts par l'école allemande

Date	Nom	Découvreur
1804	Morphine	Sertürner
1818	Veratrine	Meissner
1819	Delphinine	Brandes
–	Caféine	Runge
1824	Berbérine	Brandes, Buchner, Herberger
1827	Corydaline	Wackenroder
1828	Nicotine	Reimann, Posselt
1831	Atropine	Mein
–	Conicine	Geiger
1833	Colchicine	Geiger, Hesse
–	Aconitine	–
–	Hyoscyamine	–

Tentatives de rationalisation

Un effort de mise en ordre des connaissances, alors que les découvertes s'additionnent, est alors entrepris. Il va s'étaler sur une vingtaine d'années.

La notation dualistique

Influencé par les travaux de l'Italien Alessandro Volta (1745-1827) sur l'électricité [60], Berzelius classe les éléments par ordre d'électronégativité, ce qui le conduit à proposer une notation dualistique respectant les polarités des éléments.

Par exemple, l'oxyde de potassium KO (pour nous, K_2O), basique, unit un élément électropositif, le potassium (K), et un élément électronégatif, l'oxygène (O). L'oxyde de soufre (pour nous, SO_3), acide, unit un élément moins électronégatif, le soufre (S), et un élément plus électronégatif, l'oxygène (O). Leur combinaison, le sulfate de potassium (pour nous, K_2 SO_4) est considérée comme l'union des deux oxydes KO, SO_3, en notation dualistique.

---

[60] Voir *supra*, pp. 159-160.

Les difficultés causées par cette notation en chimie organique ne découragent pas Berzelius, qui s'oppose à toutes les initiatives admettant l'éventuel remplacement d'un atome électropositif par un atome électronégatif. C'est l'origine de sa violente opposition à la théorie de la substitution de Dumas [61].

Les radicaux, de Lavoisier à Liebig

Le terme *radical* figure déjà dans le *Traité de chimie* de Lavoisier, qui explique la constitution des acides par la combinaison d'un radical avec l'oxygène [62].

Le cyanogène – $(CN)_2$ –, identifié par Gay-Lussac en 1815, se comportait comme une « substance simple » dans les combinaisons chimiques (bien qu'il fût formé de carbone et d'azote) : on parla à son sujet de radical cyanogène. Peu à peu, le terme *radical* désigna un groupe d'atomes (ou d'équivalents) qui demeuraient associés au cours de réactions chimiques, et se comportaient comme une entité chimique définie.

Le nom de Justus von Liebig (1803-1873) est associé à la théorie des radicaux ; il distinguait les *radicaux simples* de la chimie minérale et les *radicaux composés* de la chimie organique.

Le radical benzoyle (C_6H_5CO) fut ainsi reconnu par Wöhler et Liebig en 1832, et le radical éthyle (C_2H_5) en 1834, par Liebig.

Depuis 1830, le terme *radical* a évolué. À présent, il désigne *exclusivement* des intermédiaires de réaction caractérisés par la présence d'un électron célibataire et que l'on appelait autrefois des *radicaux libres*. L'expression *reste carboné* a remplacé le mot *radical* pour désigner les groupes méthyle, éthyle, propyle, etc.

La théorie de la substitution

Élève de Jean-Baptiste Dumas, Auguste Laurent (1807-1853) est le premier à constater que l'on peut substituer [63] des chlores aux hydrogènes de l'acide acétique. Substituer un élément électropositif, comme l'hydrogène, à un élément électronégatif, comme le chlore, était en contradiction avec les idées de Berzelius [64], mais l'acide trichloracétique existait bel et bien. Dumas n'hésite pas à généraliser

---

61 Voir *infra*, pp. 350-351.

62 Voir *supra*, p. 339.

63 La substitution consiste à remplacer un atome ou un radical dans une molécule par un autre atome ou un autre radical, sans modification du reste de la molécule.

64 Voir *supra*, pp. 343-344.

l'observation de son élève : les hydrogènes organiques peuvent être substitués par un chlore, un brome, un iode ou la moitié d'un oxygène. En 1834, la théorie de la substitution est née.

Les séries homologues, hétérologues et isologues

Élèves de Dumas, l'ingénieur de l'École des Mines Auguste Laurent et le pharmacien Charles Gerhardt (1816-1856) sont liés par une solide amitié et le désir de faire évoluer les aspects théoriques de la chimie organique.

Pour Gerhardt, un corps organique est défini par son appartenance simultanée à deux séries, la série homologue, constituée par des substances ayant la même fonction chimique mais possédant un nombre de carbones croissant, et la série hétérologue, qui regroupe des substances (hydrocarbure, alcool, éther, acide, etc.) partageant le même « radical »[65].

Par exemple, dans la série homologue des acides, l'acide acétique se trouve situé entre l'acide formique et l'acide propionique, et dans la série hétérologue, il possède le « radical » méthyle (CH_3) comme le méthane ou le méthanol.

L'acide benzoïque ne pouvant entrer dans la série homologue des acides, Gerhardt est amené à créer pour lui et pour ses dérivés[66] la notion de série isologue.

La filiation des idées de Liebig à Gerhardt †

« Depuis que la chimie organique s'est scientifiquement constituée, trois hommes éminents ont surtout dirigé le mouvement des esprits dans la recherche des vérités nouvelles : M. Liebig, par sa théorie des radicaux composés ; M. Dumas, par sa théorie des types chimiques et mécaniques, et M. Laurent, dont la science déplore la perte récente, par sa théorie des noyaux. [...]. En subordonnant ces théories à la notion de série, je les ai fondues ensemble pour n'en faire qu'une qui les résume toutes et qui précise le sens de chacune. »

Charles Gerhardt, *Traité de chimie organique,* Paris, Firmin Didot, 1853.

---

65 Voir *supra*, p. 350.

66 Dérivé : corps obtenu par la transformation d'un autre.

La théorie des types

Dans son *Traité de chimie organique,* publié en 1853, Gerhardt expose la théorie des types, intégrant les travaux de Dumas, d'August Wilhelm von Hofmann (1818-1892) sur les amines, d'Alexander Williamson (1824-1904) sur l'eau, les alcools, les éthers et l'acide acétique.

Il définit quatre types auxquels il rattache tous les corps.

H	H	Cl	H	O	H	N	H
					H		H
							H

Ces différents hydrogènes peuvent être remplacés par des « radicaux » différents. Au type hydrogène sont ainsi rattachés les hydrocarbures, en remplaçant H par un « radical » carboné. Au type oxyde sont rattachés l'eau, les alcools et les éthers-oxydes.

type hydrogène				type oxyde					
H	H	H	R	O	H	O	R	O	R
					H		H		R
hydrogène		hydrocarbure		eau		alcool		éther	

La valence

La *valence* d'un atome est le nombre d'atomes d'hydrogène auquel il peut se lier : le chlore, lié à un atome d'hydrogène dans l'acide chlorhydrique HCl, a une valence de 1 ; l'oxygène, lié à 2 atomes d'hydrogène dans l'eau H_2O, a une valence de 2 ; l'azote, lié à 3 atomes d'hydrogène dans l'ammoniac NH_3, a une valence de 3 ; le carbone, lié à 4 atomes d'hydrogène, dans le méthane CH_4, a une valence de 4.

Un atome ne peut se lier à des substituants [67] que si la somme de leurs valences est égale à la sienne. Le carbone peut ainsi se lier, pour constituer le chloroforme ($CHCl_3$), à 1 atome d'hydrogène (valence 1) et à 3 atomes de chlore (valence 1 × 3) ce qui correspond à sa valence de 4 (ou *tétravalence*).

---

67 Sur la substitution, voir *supra*, p. 350.

La théorie de la valence

En 1858, August Kekulé von Stradonitz (1829-1896) énonce la théorie de la *valence (voir l'encadré)*. Celle-ci débouche sur la tétravalence de l'atome de carbone, le principe le plus important de la chimie organique.

Kekulé reconnaît également les capacités d'auto-association du carbone et l'existence de liaisons multiples. Cela permet d'envisager une représentation des molécules qui va favoriser l'émergence de la chimie structurale[68].

La fin du mythe de la force vitale

Un obstacle de taille s'oppose encore au développement de la chimie organique : le vitalisme. Une opinion largement répandue dans les milieux scientifiques veut que des êtres organisés soient à l'origine des molécules organiques, ces dernières ne pouvant être synthétisées qu'avec le concours d'une mystérieuse « force vitale ». Berzelius et le Montpelliérain Jacques Lordat (1773-1862) sont, en particulier, de vigoureux partisans de cette théorie. Friedrich Wöhler (1800-1882) porte le premier coup au vitalisme, en 1828, lorsqu'il synthétise l'urée, composé organique, à partir de l'isocyanate d'ammonium, substance minérale, sans le secours du moindre être vivant.

L'estocade est portée par Berthelot, en 1860, avec la synthèse d'un composé organique, l'acétylène (C_2H_2), à partir de ses éléments, le carbone et l'hydrogène.

L'œuf de Berthelot

Les conditions de l'expérience fondamentale de Berthelot méritent d'être soulignées, puisque celui qui consacra une partie de son énergie à l'étude critique de l'œuvre des alchimistes réalisa la synthèse, résolument novatrice, de l'acétylène au sein d'un appareil de verre ovoïde dont l'aspect n'était pas sans rappeler l'œuf philosophique des disciples d'Hermès. Le moteur de la réaction était toutefois l'électricité : deux électrodes de graphite constituaient un arc électrique et apportaient le carbone nécessaire à la réaction, alors qu'un petit tube introduisait de l'hydrogène à l'intérieur de l'œuf. L'acétylène se formait au sein même de l'enceinte, dès que l'étincelle se produisait.

[68] Voir *infra*, p. 354 *sq*.

Berthelot achève la destruction du vitalisme en réalisant la trimérisation de l'acétylène (C_2H_2) en benzène (C_6H_6), mettant ainsi au point, en deux étapes, la synthèse totale d'un autre composé, incontestablement organique. On entre désormais dans l'ère des synthèses.

L'essor de la chimie structurale

Le benzène de Kekulé

Le benzène, dont la molécule est constituée seulement de six atomes de carbone et de six atomes d'hydrogène (C_6H_6), pose une question très stimulante aux chimistes du dernier tiers du XIXe siècle. Kekulé vient tout juste d'énoncer le principe de la tétravalence de l'atome de carbone [69], ce qui complique encore le problème. Comment imaginer une structure tenant compte de ces données, sans négliger l'équivalence des six atomes d'hydrogène, que démontre la réactivité de cet hydrocarbure ?

Kekulé a déjà apporté une contribution à la rationalisation de la chimie en définissant aux côtés des quatre types de Gerhardt [70], un cinquième, le méthane, qui ouvre bien des perspectives en chimie organique. En 1865, il propose une structure pour le benzène, dont la première représentation, un peu maladroite, sera améliorée dès 1866, avec la formule hexagonale, plane, à trois doubles liaisons alternées, c'est-à-dire séparées par des liaisons simples *(voir la figure 50)*.

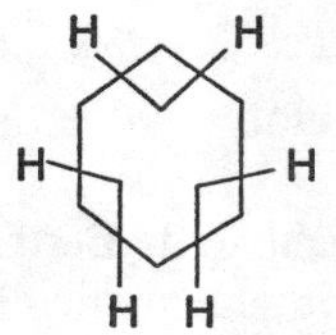

Première formule proposée par Kekulé en 1865

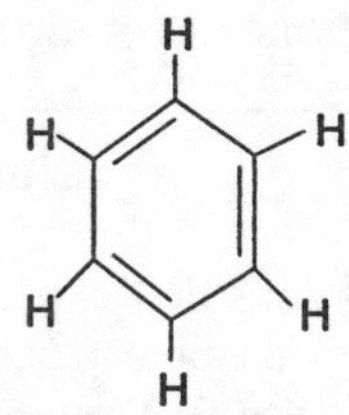

Formule à doubles liaisons alternées proposée Kekulé en 1866

Fig. 50. – La structure du benzène : les deux premières formules de Kekulé (1865-1866)
(Pour simplifier, les atomes de carbone ne sont pas figurés.)

---

69 Sur la valence, voir *supra*, pp. 352-353.
70 Voir *supra*, p. 351.

Plusieurs des collègues de Kekulé envisagent d'autres représentations *(voir la figure 51)*. En 1865, Julius Lothar Meyer (1830-1895) imagine de respecter la tétravalence du carbone au moyen de liaisons dirigées vers le centre. Adolf von Baeyer (1837-1917) adopte la même solution. Adolf Claus (1840-1900), en 1867, a recours à des liaisons entre deux atomes de carbone opposés de l'hexagone. La structure la plus originale, un prisme, est proposée en 1869 par Albert Ladenburg (1842-1911). Quant au Britannique sir John Dewar (1842-1923), il imagine deux doubles liaisons parallèles et une liaison reliant deux atomes de carbone opposés de l'hexagone.

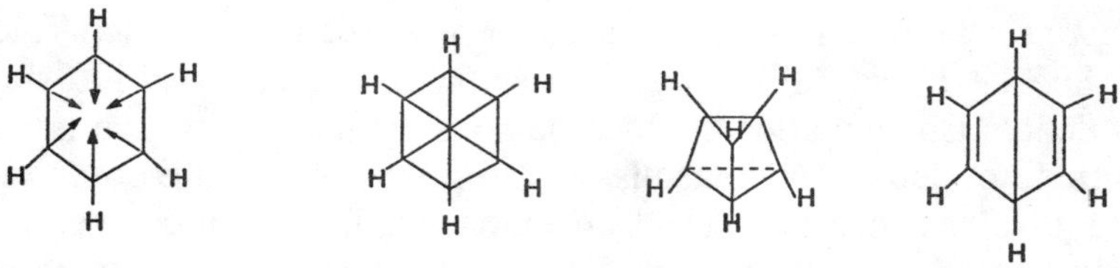

Formule de Meyer 1865, puis de Baeyer — Formule de Claus 1867 — Formule de Ladenburg 1869 — Formule de Dewar

Fig. 51. – La structure du benzène :
les formules de Meyer, Baeyer, Claus, Ladenburg et Dewar
(Pour simplifier, les atomes de carbone ne sont pas figurés.)

La formule de Kekulé respecte la tétravalence du carbone de façon satisfaisante : chaque atome de carbone présente quatre liaisons vers les atomes voisins (une double vers un atome de carbone, une simple vers un atome de carbone, une simple vers un atome d'hydrogène). Elle présente cependant le défaut de laisser présager l'existence de deux isomères orthodisubstitués [71] (c'est-à-dire disubstitués sur deux carbones voisins : *voir la figure 52*), ce qui n'est pas démontré par les faits. En 1872, Kekulé résout le problème en expliquant que sa formule de 1866 ne suffit pas, et qu'il faut envisager deux formules opposées, entre lesquelles les liaisons doubles et simples pourraient « osciller » *(voir la figure 52)*. Notons que cette solution de 1872 n'est pas sans évoquer les notions modernes de délocalisation électronique et de mésomérie [72].

---

[71] Sur la substitution, voir *supra*, p. 350.
[72] Voir *infra*, pp. 371-372.

Les deux formules de Kekulé pour un dérivé disubstitué unique — L'ensemble de deux formules proposé par Kekulé en 1872

Fig. 52. – La structure du benzène : les deux formules de Kekulé (1872)
(Pour simplifier, les atomes de carbone et d'hydrogène sont pas figurés.)

Une représentation intéressante est proposée par Friedrich Thiele (1865-1918), en 1899, à partir de sa théorie de la divisibilité de la valence. Chacune des doubles liaisons est divisée en une liaison simple et deux demi-liaisons, ce qui permet de rendre compte de l'équivalence des sommets. Elle annonce la formule moderne, où le cercle situé à l'intérieur de l'hexagone symbolise le nuage des six électrons du système.

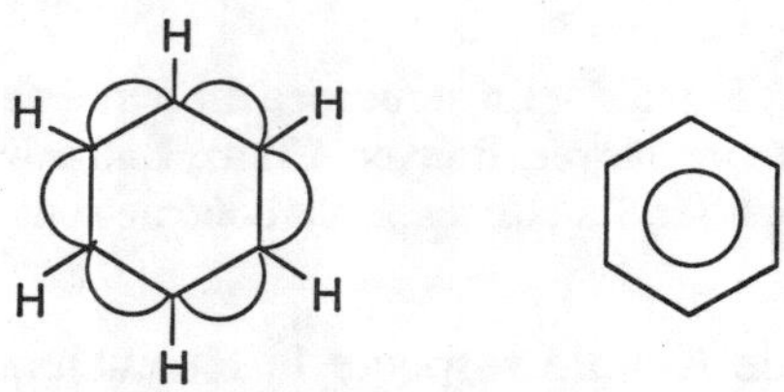

Formule de Thiele 1899 adaptée — Écriture moderne

Fig. 53. – La structure du benzène : formule de Thiele (1899) et écriture moderne

Pasteur et l'asymétrie

Les premières observations de Biot

La découverte de la polarisation de la lumière par Étienne Louis Malus (1775-1812), en 1809[73], est rapidement mise à profit par Jean-Baptiste Biot (1774-1862), qui démontre, en 1812, qu'un cristal de quartz habilement découpé à angles droits par rapport à son axe,

---

[73] Voir *supra*, pp. 128-130.

peut provoquer une rotation du plan de polarisation de la lumière. Dès 1815, Biot étend cette observation à des substances organiques se présentant sous forme de « fluides homogènes », comme les huiles essentielles (essences) de térébenthine, de laurier ou de citron. Il trouve même une déviation du plan de polarisation de la lumière vers la droite pour une solution d'un solide, le camphre, dans un solvant inactif, l'alcool. Dans ces derniers cas, le phénomène n'est naturellement pas dû à une structure cristalline, mais paraît « tenir uniquement à l'action individuelle des particules des corps sur la lumière ».

Biot démontre également la possibilité de neutraliser l'activité optique d'une substance par celle, opposée, d'une autre : la déviation vers la droite, provoquée par la substance dextrogyre, neutralise exactement la déviation vers la gauche, provoquée par la substance lévogyre. Le mélange est alors inactif (sur la lumière polarisée) par compensation.

Structure cristalline et activité optique

Des observations précieuses permettent par ailleurs de relier la structure cristalline et l'activité optique. Dès 1801, un minéralogiste, l'abbé René-Just Haüy (1743-1822), a montré que les cristaux de quartz sont hémihédriques, c'est-à-dire qu'ils présentent des facettes disposées de telle façon que les cristaux ne sont pas superposables à leur image dans un miroir. En 1822, l'astronome anglais sir John Herschel (1792-1871) établit que l'activité des cristaux de quartz sur la lumière polarisée est liée à leur hémihédrisme.

L'aventure des acides tartriques

Le tartre est connu depuis l'Antiquité : c'est un dépôt produit lors de la fermentation des jus de raisin. L'apothicaire suédois Scheele [74] en a isolé l'acide tartrique, dont Biot démontre en 1835 qu'il est dextrogyre (optiquement actif) [75].

Par ailleurs, un isomère *(voir l'encadré)* de cet acide est isolé vers 1819. D'abord confondu avec l'acide oxalique, il est identifié par Gay-Lussac, qui l'appelle *acide racémique* [76], alors que Berzelius lui donne le nom d'*acide paratartrique*.

---

[74] Voir *supra*, pp. 335-336.

[75] Voir *supra*, p. 357.

[76] Du latin *racemus*: « grappe de raisins ».

Contrairement à l'acide tartrique, l'acide paratartrique se révèle inactif sur la lumière polarisée. En 1844, le Berlinois Eilhard Mitscherlich (1794-1863) a l'idée de comparer les cristaux de deux dérivés [77] de l'acide tartrique et de l'acide paratartrique : le tartrate double de sodium et d'ammonium, et le « paratartrate » de sodium et d'ammonium. Il constate qu'ils sont identiques tout en ayant des activités optiques différentes, puisque le premier est actif et le second, inactif. Cette observation, confirmée par Biot, remet en cause la liaison supposée entre structure moléculaire et cristalline d'une part, et activité optique d'autre part.

Isomérie

Deux isomères sont des corps ayant la même composition chimique, mais des propriétés différentes. C'est notamment à propos de l'acide tartrique et de l'acide paratartrique (ou acide racémique) que Berzelius est amené à créer en 1830 le terme d'*isomérie*, du grec *isomérès* (« constitué de parties égales »).

Pasteur et la séparation des constituants de l'acide racémique

En 1848, Louis Pasteur (1822-1895) reprend ces travaux et démontre, dans son *Mémoire sur la relation qui peut exister entre la forme cristalline et la composition chimique, et sur la cause de la polarisation rotatoire*, que Mitscherlich s'est trompé. En réalité, le paratartrate de sodium et d'ammonium est constitué de deux sortes de cristaux hémiédriques [78] en quantités égales. Les uns sont identiques à ceux du sel de sodium et d'ammonium de l'acide tartrique dextrogyre, alors que les autres sont constitués d'un sel de l'acide tartrique lévogyre [79], jusqu'alors inconnu. Pasteur parvient à les séparer à l'aide de pinces de minéralogiste et à étudier leur action sur la lumière polarisée, séparément ou en mélange. En 1848, sa conclusion est déjà extrêmement claire : *« N'est-il pas évident maintenant que la propriété que possèdent certaines molécules de dévier le plan de polarisation de la lumière a pour cause immédiate, ou du moins est liée de la manière la plus étroite, à la dissymétrie de ces molécules ? »*

---

[77] Dérivé : corps obtenu par la transformation d'un autre.
[78] Voir *supra*, p. 357.
[79] Voir *supra*, p. 357.

Cette publication marque la véritable naissance de la stéréochimie, qui étudie l'arrangement tridimensionnel des atomes dans les molécules. Elle relate la première séparation des constituants d'un mélange de molécules, qui ne diffèrent *« que par l'impossibilité de superposer leurs formes »*. Dans la terminologie moderne, Pasteur a démontré la possibilité de séparer deux énantiomères *(voir l'encadré)* d'un mélange racémique, où ils sont associés en quantités égales et compensent l'un l'autre leur activité sur la lumière polarisée.

La chiralité

Le terme *énantiomère*, formé d'après le grec *evantios*, « opposé », désigne une molécule qui n'est pas superposable à son image dans un miroir. On appelle *chiralité* cette propriété (qui est aussi celle de la main, *cheir*, en grec) ; les molécules qui en sont douées sont dites *chirales*, et celles qui en en sont dépourvues, *achirales*.

Pendant quelques années encore, Pasteur s'attache à trouver de nouveaux procédés permettant de résoudre l'acide racémique (paratartrique) en ses constituants. Il met ainsi au point ce que l'on appelle aujourd'hui la méthode de séparation des énantiomères par transformation en diastéréoisomères (1852), et la méthode permettant d'isoler un énantiomère pur, en provoquant la destruction biologique sélective de l'autre (1858).

On appelle diastéréoisomères des isomères optiques qui ne sont pas des énantiomères. Lorsque l'on soumet un mélange racémique, constitué de deux acides énantiomères en quantités égales, à l'action d'un seul énantiomère d'une base, lévogyre par exemple, il se forme deux sels différents, l'un obtenu à partir de l'acide dextrogyre et de la base lévogyre, et l'autre formé à partir de l'acide lévogyre et de la base lévogyre. Ce ne sont pas des énantiomères, car ils ne sont pas l'image l'un de l'autre dans un miroir, et ils sont pourtant des isomères optiques ne différant que par leur structure : ce sont des diastéréoisomères. Alors qu'il est très difficile de séparer des énantiomères, la séparation des diastéréoisomères est facile. D'où l'intérêt de transformer des énantiomères en diastéréoisomères.

Ces résultats suffisent à faire de Pasteur un personnage clef de l'histoire des sciences : sa contribution à la naissance de la stéréochimie a été aussi déterminante que sa brillante reconversion vers la microbiologie [80]. Avant de se tourner vers d'autres recherches, il propose même plusieurs voies pour interpréter la dissymétrie moléculaire : « *Les atomes de l'acide tartrique droit sont-il regroupés suivant une hélice dextrogyre ou placés au sommet d'un tétraèdre irrégulier, ou disposés suivant tel ou tel assemblage dissymétrique déterminé ? Nous ne saurions répondre à ces questions.* »

Il est intéressant de remarquer que Pasteur a pensé au tétraèdre comme support de la dissymétrie moléculaire, et que la chiralité hélicoïdale existe bel et bien pour des macromolécules [81].

Le tétraèdre de Le Bel et Van't Hoff

En 1874, deux chimistes travaillant indépendamment, le Français Jules Achille Le Bel (1847-1930) et le Néerlandais Jacobus Henricus Van't Hoff (1852-1911) résolvent simultanément, par le raisonnement, la question des relations entre la structure des molécules et une éventuelle activité optique.

Pour expliquer et comprendre l'isomérie optique, il faut que deux conditions soient réunies. La molécule active sur la lumière polarisée doit posséder un atome de carbone asymétrique, c'est-à-dire un atome porteur de quatre substituants [82] différents (R_1, R_2, R_3, R_4 sur la figure ci-dessous), et ces substituants doivent être placés au sommet d'un tétraèdre contenant au centre le carbone.

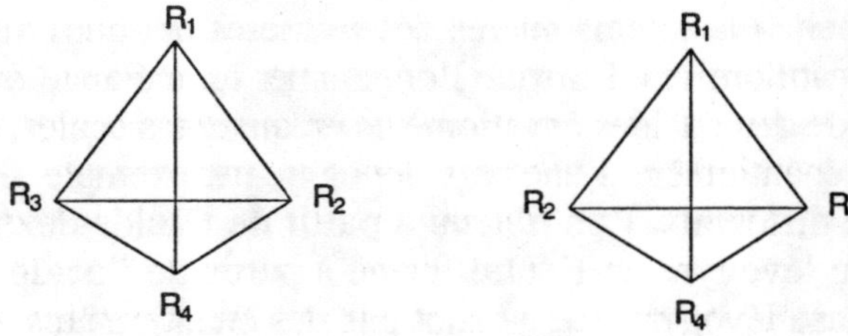

Fig. 54. – Deux tétraèdres images l'un de l'autre dans un miroir

(Le carbone situé au centre du tétraèdre n'est pas représenté.)

---

80 Voir *infra*, p. 589 *sq*.

81 Voir *infra*, pp. 560-564.

82 Sur la substitution, voir *supra*, p. 350.

Le mémoire de Le Bel est plus général que celui de Van't Hoff ; il peut s'appliquer à des cas plus variés. Si les deux auteurs sont à l'origine du concept de « carbone asymétrique », c'est à Van't Hoff qu'on doit ce terme – mais les noms des deux chimistes sont véritablement indissociables.

Fischer et les sucres

Le domaine des sucres offre un vaste terrain d'expérience pour mettre en application les acquisitions de la chimie structurale. C'est ainsi que l'Allemand Emil Fischer (1852-1919) réussit à établir la structure de nombreux glucides ne comportant qu'une seule chaîne carbonée sans ramification et désignés sous le nom générique d'*oses*. Il met en œuvre des méthodes de synthèse qu'il a contribué à mettre au point avec Killiani, ou des méthodes de dégradation dues à Wöhl ou à Ruff. Il utilise également les multiples possibilités offertes par la phénylhydrazine, « petite base adorable », comme il dit. Ses travaux l'amènent à inventer une méthode permettant de représenter la structure tridimensionnelle des molécules sur une feuille de papier : c'est la fameuse projection de Fischer *(voir l'encadré)*, qui rendra de très précieux services aux biochimistes.

La représentation de Fischer

Cette représentation à deux dimensions d'une structure tridimensionnelle consiste à placer la chaîne carbonée verticalement, la fonction la plus oxygénée en haut. Les liaisons verticales sont en dessous du plan, les liaisons horizontales, au dessus.

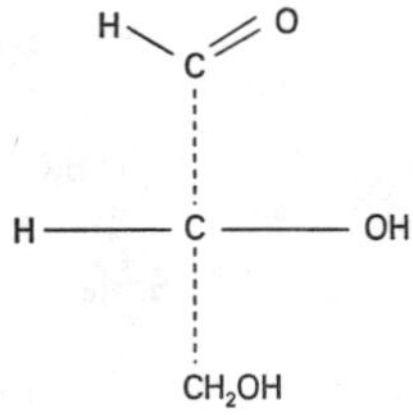

Glycéraldéhyde dextrogyre

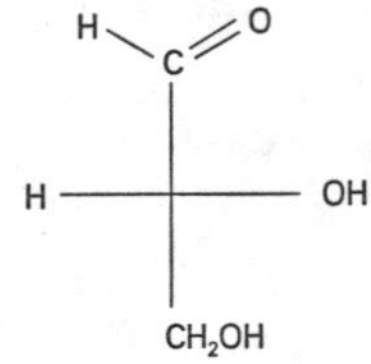

Représentation de Fisher correspondante

Fig. 55

C'est ce même Fischer qui, le premier, divisa les substances optiquement actives en deux familles stéréochimiques, qu'il identifia par les lettres d et l. Son système souffrait toutefois de nombreuses imperfections, génératrices d'ambiguïtés. C'est alors que Martin André Rosanoff, en 1905, proposa une méthode de classification plus rigoureuse, reposant sur les deux glycéraldéhydes énantiomères [83].

La famille δ était formée par l'ensemble des oses qui pouvaient théoriquement être synthétisés à partir du glycéraldéhyde dextrogyre, par une succession de synthèses de Killiani– Fischer. Quant à la famille λ, elle était élaborée de la même façon à partir du glycéraldéhyde lévogyre. Dans le tableau accompagnant la publication de 1906, la série δ était notée D, et la série λ, L. Les séries L et D étaient nées.

Les séries D et L

Le fait d'appartenir à la série D, ou à la série L, ne préjuge en rien du sens de la déviation que la molécule imprime à la lumière polarisée. Ces lettres expriment seulement une filiation chimique à partir de l'un ou l'autre des glycéradéhydes énantiomètres. En représentation de Fischer, les oses appartenant à la série D ont le premier OH à la base de la représentation vers la droite, et ceux de la série L vers la gauche.

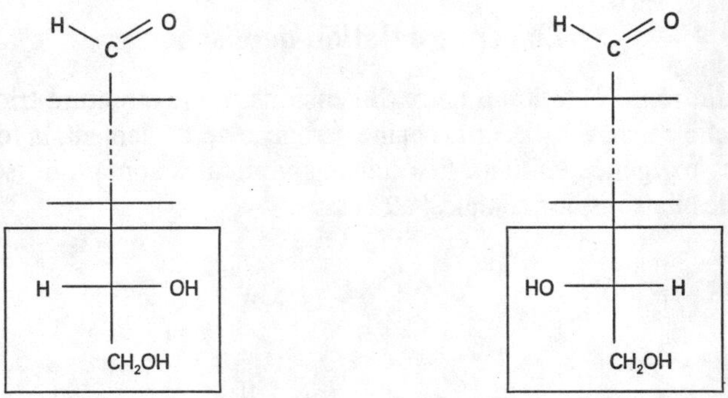

Série D Série L

Fig. 56

[83] Voir *supra*, p. 359 *sq*.

Classer les éléments : un objectif difficile

Les premières listes d'éléments utilisaient l'ordre alphabétique comme moyen de classement ; mais rapidement, la nécessité d'adopter des méthodes plus scientifiques se fit sentir. Certains éléments furent regroupés par parenté chimique, à l'instigation de Johann Döbereiner (1780-1849), puis de Jean-Baptiste Dumas ; avec Julius Lothar Meyer (1830-1895) apparut le critère du « poids » atomique.

Le premier à élaborer un système d'ensemble fut Alexandre Émile Béguyer de Chancourtois (1820-1886), qui disposa les éléments, par ordre de « poids » atomique croissant, sur une hélice tracée sur un cylindre. Ce procédé astucieux, mais peu maniable, permit de mettre en évidence une certaine périodicité de propriétés pour des éléments situés sur une même verticale.

C'est John Alexander Reina Newlands (1837-1898) qui découvrit la « loi des octaves » en montrant que, dans l'ordre des « poids » croissants, se suivaient sept éléments différents, et que le huitième avait des propriétés analogues à celles du premier. Par des méthodes plus complexes, reposant sur le rapport entre « poids » atomique et densité, Julius Lothar Meyer confirma, en 1868, le caractère périodique des propriétés.

En 1869, le Russe Dimitri Ivanovitch Mendeleïev (1834-1907) présente sa première classification périodique, reposant sur les 63 éléments connus à l'époque. Ce tableau comporte six colonnes verticales, regroupant les éléments par famille. Les périodes horizontales correspondent à des éléments de « poids » atomiques croissants, mais de propriétés différentes. Le remplissage harmonieux du tableau fait apparaître des espaces vides *(voir la figure 56)*. Mendeleïev est suffisamment assuré du bien-fondé de sa classification pour prévoir, afin de combler ces lacunes, l'existence d'éléments alors inconnus, dont il va jusqu'à décrire les propriétés. C'est ainsi que l'« éka-silicium » virtuel de Mendeleïev se concrétise, en 1886, avec la découverte du germanium par Clemens Winckler (1838-1904). Quelques anomalies, d'abord attribuées à des erreurs dans l'évaluation des « poids » atomiques, s'expliquent lorsqu'il apparaît que le numéro atomique doit reposer sur le nombre d'électrons (ou de protons) de l'élément [84].

---

[84] Voir *supra*, pp. 340-346.

			Ti = 50	Zr = 90	? = 180
			V = 51	Nb = 94	Ta = 182
			Cr = 52	Mo = 96	W = 186
			Mn = 55	Rh = 104,4	Pt = 197,4
			Fe = 56	Ru = 104,4	Ir = 198
			Ni = Co = 59	Pd = 106,6	Os = 199
H = 1	? = 8	? = 22	Cu = 63,4	Ag = 108	Hg = 200
	Be = 9,4	Mg = 24	Zn = 65,2	Cd = 112	
	B = 11	Al = 27,4	? = 68	Ur = 116	Au = 197 ?
	C = 12	Si = 28	? = 70	Sn = 118	
	N = 14	P = 31	As = 75	Sb = 122	Bi = 210 ?
	O = 16	S = 32	Se = 79,4	Te = 128 ?	
	F = 19	Cl = 35,5	Br = 80	J = 127	
Li = 7	Na = 23	K = 39	Rb = 85,4	Cs = 133	Tl = 204
		Ca = 40	Sr = 87,6	Ba = 137	Pb = 207
		? = 45	Ce = 92		
		? Er = 56	La = 94		
		? Yt = 60	Di = 95		
		? In = 75,6	Th = 118 ?		

Fig. 57. – Le premier tableau de Mendeleïev (1869)

La chimie physique

Électricité et chimie : la révélation des ions

En 1800, l'invention de la pile électrique par Alessandro Volta [85] met un nouvel outil à la disposition des chimistes. La même année, les Britanniques William Nicholson (1735-1815) et sir Anthony Carlisle (1768-1840) découvrent l'électrolyse, en décomposant l'eau sous l'influence du courant électrique. En 1807, Sir Humphrey Davy (1778-1829) réalise l'électrolyse de sels fondus, ce qui lui permet d'isoler des métaux alcalins (sodium, potassium). Il montre également que l'acide chlorhydrique, contrairement aux hypothèses de Lavoisier [86], ne contient pas d'oxygène. Berzelius, dès 1811, a

[85] Voir *supra*, pp. 159-160.
[86] Voir *supra*, p. 338.

fait reposer sur l'électrochimie sa théorie dualiste [87], qui s'est avérée très utile en chimie minérale mais a freiné le développement de la chimie organique.

Après une première tentative d'interprétation de l'électrolyse de l'eau par l'Allemand Theodor von Grotthus (1785-1822), le Britannique Michael Faraday (1791-1867) élabore, en 1833-1834, une théorie cohérente. La rupture entre les éléments constitutifs de l'eau serait causée par le passage du courant électrique, ce qui provoquerait un ensemble de décompositions en particules pesantes. Faraday nomme ces particules *ions* (du grec *ienai*, « aller ») pour rendre l'idée de mouvement *(voir l'encadré)*. Ces décompositions seraient en effet suivies de recompositions effectuées de proche en proche, avec mise en liberté de chaque élément au contact de l'électrode correspondante. Faraday énonce les lois quantitatives de l'électrolyse, montrant que les masses de substances décomposées au cours de l'électrolyse, comme celles des produits recueillis aux électrodes, sont proportionnelles à la quantité d'électricité ayant traversé la cuve.

Les travaux de Wilhelm Hittorf (1824-1914), Rudolf Clausius (1822-1888), Friedrich Kohlrausch (1840-1910) et Jacobus Henricus Vant'Hoff ouvrent la voie à ceux du Suédois Svante Arrhenius (1859-1927), qui formule en 1887 sa théorie de la dissociation électrolytique, radicalement opposée à celle de Faraday, bien qu'elle conserve le terme d'ion. De nombreux chercheurs – Walther Nernst (1864-1941), Wilhelm Ostwald (1853-1932), Peter Sörensen (1868-1939), Petrus Debye (1884-1968) et Erich Hückel (1896-1980), Lars Onsager (1903-1976) – apporteront leur contribution à la définition des ions.

Les ions

Les ions sont des particules chargées électriquement. On distingue les *anions*, chargés négativement (comme l'ion chlorure, Cl^-), et attirés par l'anode, électrode positive, et les *cations*, chargés positivement (comme l'ion sodium, Na^+) et attirés par la cathode, électrode négative.

[87] Voir *supra*, pp. 349-350.

Les débuts de la cinétique

La cinétique chimique est l'étude de la vitesse des réactions. Marcellin Berthelot[88] et son collaborateur Léon Péan de Saint-Gilles (1832-1863), étudiant la réaction d'estérification des acides organiques par un alcool, montrent en 1862-1863 que cette réaction n'est jamais totale. Ils mettent en évidence une limite d'estérification, obtenue pour des proportions fixes des réactants et des produits.

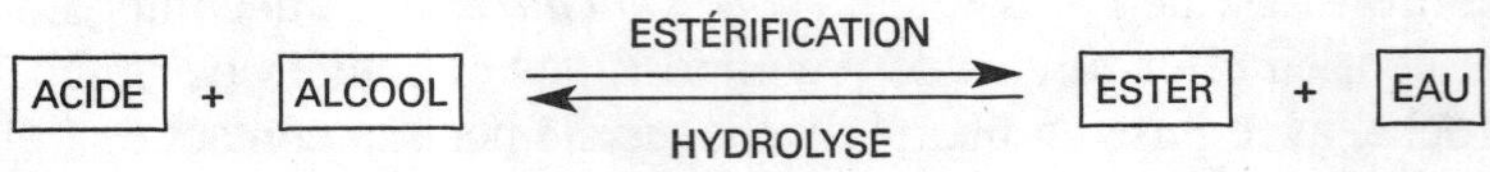

Fig. 58

En réalité, l'estérification est concurrencée par la réaction inverse d'hydrolyse de l'ester formé et l'équilibre est atteint lorsque les deux réactions opposées se compensent exactement. L'importance de la quantité de réactants mise en œuvre sur le déroulement d'une réaction est ainsi démontrée.

Deux Norvégiens, Cato Max Guldberg (1836-1902) et Peter Waage (1833-1900), établissent en 1867 la loi d'action de masse qui porte leur nom et rend compte, de façon quantitative, de l'influence de la concentration des substances en présence, réactifs et produits, sur l'évolution d'une réaction jusqu'à un équilibre. Cet équilibre est atteint pour des concentrations données, qui permettent de définir une constante d'équilibre, caractéristique de la réaction.

La thermochimie

Selon le principe de l'équivalence calorifique des transformations chimiques, la quantité de chaleur dégagée ou absorbée au cours d'une réaction chimique ne dépend que de l'état initial et de l'état final, et en aucune façon des étapes intermédiaires. Il est établi, vers 1840, suite aux travaux de Germain Henri Hess (1802-1850).

---

[88] Voir *supra*, p. 302.

Julius Thomsen (1826-1909) s'intéresse quant à lui aux chaleurs de réactions.

Marcellin Berthelot met au point le calorimètre qui porte son nom puis publie, en 1879, son *Essai de mécanique chimique fondée sur la thermochimie*. Il y énonce le « principe du travail maximum » : « *Tout changement chimique accompli sans l'intervention d'une énergie étrangère tend vers la production du corps ou du système de corps qui dégage le plus de chaleur.* »

La catalyse

C'est encore Berzelius qui forge le terme *catalyse*, en 1835, pour désigner un processus au cours duquel une substance ajoutée en petites quantités permet d'améliorer le déroulement d'une réaction, sans pourtant participer à son bilan. Le catalyseur se retrouve intact en fin de réaction. La connaissance de ce phénomène permet rapidement de fructueuses applications industrielles.

LE XXᵉ SIÈCLE : L'ÂGE DES APPROFONDISSEMENTS

L'immense production scientifique du XXᵉ siècle ne peut être décrite en détail : seules quelques acquisitions fondamentales sont donc évoquées ici.

La constitution de l'atome

Les progrès dans la connaissance de la constitution de l'atome, sous l'influence de physiciens comme Ernest Rutherford, Niels Bohr, Arnold Sommerfeld, Frederick Soddy, Louis de Broglie ou Erwin Schrödinger [89], offrent une nouvelle approche de la chimie, tenant compte en particulier du rôle essentiel des électrons.

---

[89] Voir *supra*, pp. 183-184.

Réflexions sur la liaison chimique

C'est Walther Kossel (1888-1956) qui reconnaît l'importance des électrons, situés à la périphérie de l'atome. Il établit que les ions [90] ont une structure électronique externe identique à celle du gaz rare [91] le plus proche dans la classification des éléments – ces derniers étant caractérisés par la grande stabilité *(saturation)* de leur couche électronique externe (à 2 ou à 8 électrons). On parle de règle de l'octet [92] dans le cas des atomes évoluant pour acquérir une couche externe à 8 électrons. La charge positive ou négative de l'ion s'explique par les électrons perdus ou gagnés par l'atome pour devenir un ion.

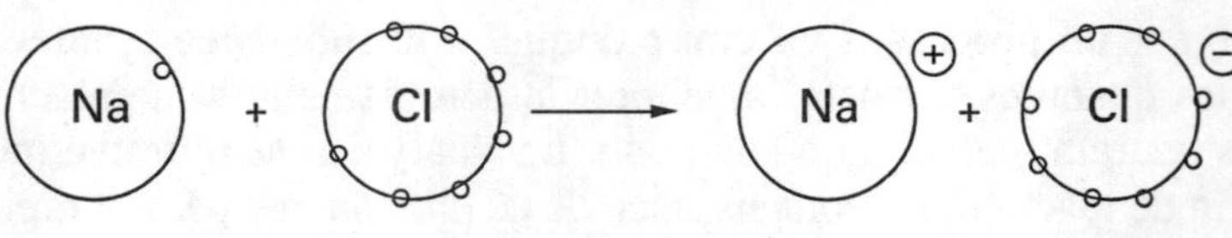

Fig. 59. – L'ionisation : combinaison d'un atome de sodium et d'un atome de chlore

Ainsi peut-on exprimer les liaisons ioniques ; mais il faut adapter cette réflexion pour rendre compte des liaisons non ioniques. L'Américain Gilbert Newton Lewis (1875-1946) va proposer la mise en commun d'électrons entre deux atomes, afin de permettre à chacun d'avoir une structure électronique analogue à celle d'un gaz rare : la règle de l'octet est ainsi satisfaite. La constitution d'un doublet d'électrons, partagés par les deux atomes, assure une liaison *covalente* entre eux.

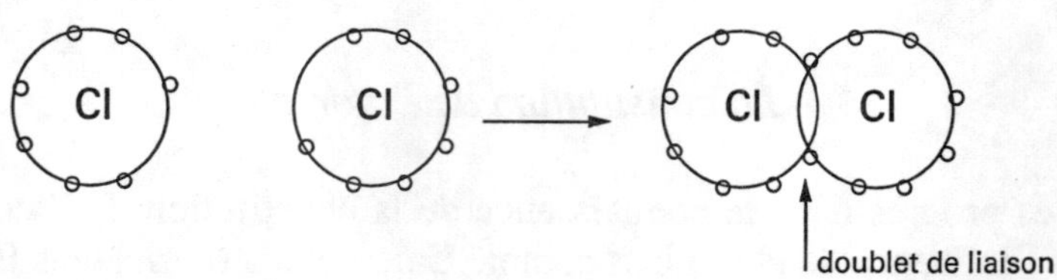

Fig. 60. – Une liaison covalente entre deux atomes de chlore

---

90 Voir *supra*, p. 365.

91 Ces six gaz (hélium, néon, argon, krypton, xénon et radon), classés dans la famille 0 du tableau des éléments.

92 Formulée par Irving Langmuir (1881-1957). Elle comporte des exceptions.

1923, l'année de l'acidité : Brönsted ou Lewis ?

Depuis les pointes et les trous de Lémery, l'interprétation de l'acidité a évolué. Lavoisier pensait indispensable la présence d'oxygène, et Davy et Gay-Lussac ont reconnu l'importance de l'hydrogène dans l'acidité [93]. La découverte de l'ionisation a permis de mettre en évidence le rôle des ions hydrogène (H^+) et hydroxyde (HO^-). En 1923 apparaissent deux nouvelles conceptions de l'acidité, concurrentes mais non opposées : celle de Brönsted et celle de Lewis.

La théorie de Brönsted

Déjà, en 1908, l'Anglais Arthur Lapworth (1872-1941) a considéré qu'un acide était un donneur d'ions hydrogène (protons), et qu'une base était un accepteur de protons. Mais c'est le Danois Johannes Nicolaus Brönsted (1879-1947) qui, avec l'Anglais Thomas Martin Lowry, (1874-1936), fixe la théorie qui porte son nom et lui donne de l'ampleur.

Un acide AH s'ionise pour libérer un proton et un ion A-, qui est la base conjuguée de l'acide. En revanche, une base fixe un proton pour donner naissance à l'acide conjugué de la base *(voir la figure 61).*

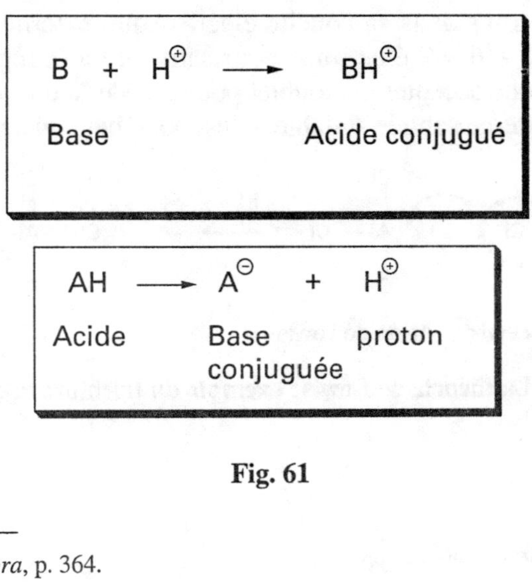

Fig. 61

---

[93] Voir *supra*, p. 364.

Très facile à utiliser dans un but analytique, et convenant particulièrement bien à l'interprétation des dosages acidi-alcalimétriques en solution aqueuse, cette théorie est aussitôt adoptée par les analystes.

La théorie de Lewis

Plus générale, la théorie de Gilbert Newton Lewis (1875-1946) considère qu'un acide est une espèce chimique qui possède une couche électronique externe incomplète [94] et qui se trouve donc capable d'« accepter » un doublet d'électrons provenant d'une autre molécule. En revanche, une base est une substance capable de céder un doublet d'électrons à un acide *(voir la figure 62).*

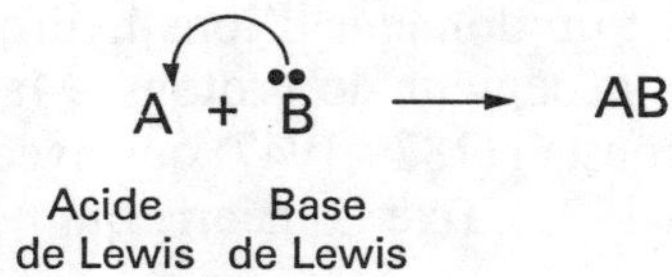

Fig. 62. – La théorie de Lewis

Le trichlorure d'aluminium, dans lequel l'aluminium ne possède que 6 électrons dans sa couche électronique externe, présente un défaut de 8 – 6 = 2 électrons, pour satisfaire à la règle de l'octet. Il pourra donc accepter un doublet pour accéder à une structure électronique externe saturée – stable. C'est donc bien un acide de Lewis.

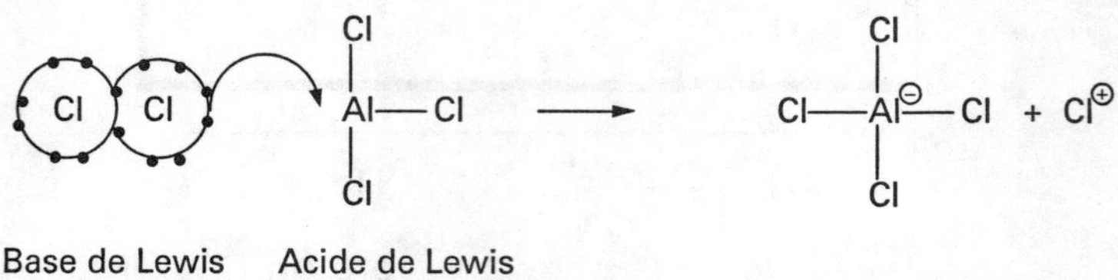

Fig. 63. – La théorie de Lewis : exemple du trichlorure d'aluminium

[94] Voir *supra*, p. 368.

L'ion hydrogène H^+, lui-même, se comporte également comme un acide selon Lewis, puisqu'il est capable d'accepter un doublet provenant, par exemple, de l'oxygène d'une molécule d'eau.

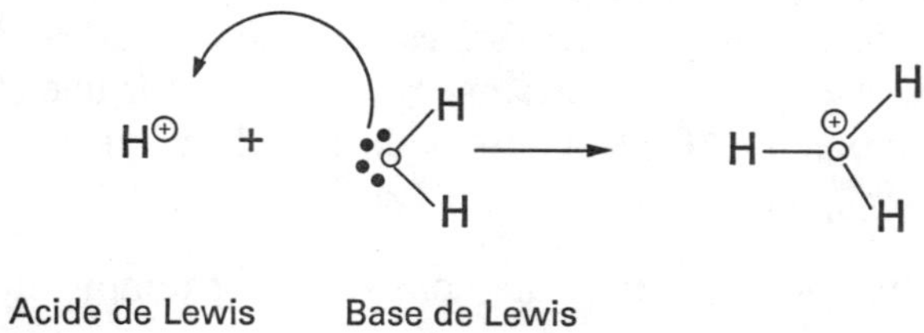

Fig. 64. – La théorie de Lewis : exemple de l'ion hydrogène H^+

L'ammoniac, capable de céder son doublet est une base, au sens de Lewis, comme il est également une base au sens de Brönsted[95].

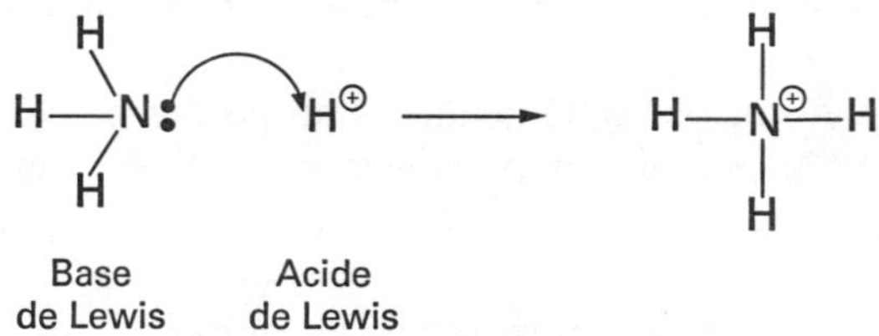

Fig. 65. – La théorie de Lewis : exemple de l'ammoniac

Mieux adaptée aux milieux non aqueux que celle de Brönsted, cette conception plus générale de l'acidité est volontiers adoptée par les organiciens. Les deux théories coexistent toutefois sans conflit, chacune permettant de résoudre des questions différentes.

Mésomérie et résonance

La structure de certaines molécules ne peut être pleinement décrite par une seule formule traditionnelle : c'est ce que Kekulé avait pressenti pour le benzène. Cette ambiguïté est levée grâce à la notion de *mésomérie*, que Linus Carl Pauling (1901-1994) a développée dans son ouvrage *Théorie de la liaison covalente et de la*

---

[95] Voir *supra*, p. 369.

résonance (1931). Ces molécules peuvent être représentées par plusieurs formules, dites mésomères, qui n'existent pas, mais constituent des limites entre lesquelles se situe la molécule réelle. On parle alors de *formes mésomères limites* ou de *formes canoniques.* Il y a *résonance* entre ces formes mésomères. La délocalisation électronique [96] associée à la mésomérie se traduit par une stabilisation de la molécule. Cette énergie de stabilisation est appelée *énergie de résonance.*

Le cas d'un anion carboxylate constitue un exemple simple de mésomérie.

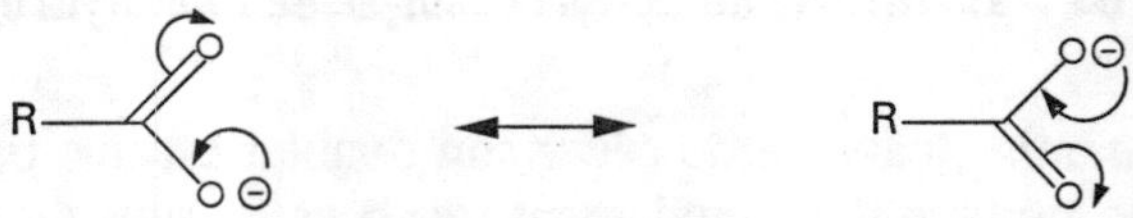

Fig. 66. – Mésomérie et résonance : le cas de l'anion carboxylate

Les deux formes complémentaires proposées par Kékulé pour le benzène [97] n'étaient, en fait, que deux formes mésomères limites.

Mécanismes réactionnels

Cette meilleure connaissance de la liaison chimique permet d'accéder plus précisément au mécanisme intime des réactions organiques. Les travaux sur les transpositions de Marc Tiffeneau (1873-1945) ont préparé le terrain : au début du siècle, il introduit la notion de *structures instables intermédiaires*, annonciatrice de celle d'*état de transition (voir l'encadré p. 373)*, mais n'adopte jamais la théorie électronique, contrairement à son élève Bianca Tchoubar (1910-1990). En France, Charles Prévost (1899-1983) et Albert Kirrmann (1900-1974) développent une certaine approche des mécanismes. Michael Polanyi (1891-1976) se penche sur les aspects énergétiques du déroulement des réactions. En Allemagne, Hans Meerwein (1879-1965) étudie notamment le mécanisme des transpositions *(voir l'encadré)*... Mais c'est grâce

---

[96] Voir *supra*, p. 355.
[97] Voir *supra*, pp. 354-356.

aux recherches d'Edward David Hughes (1906-1963), et surtout à celles de sir Christopher Kelk Ingold (1893-1970), que l'on peut envisager systématiquement les réactions organiques du point de vue électronique et dégager les grands types de mécanismes réactionnels.

Glossaire concernant les mécanismes réactionnels

Addition : réaction au cours de laquelle une double ou une triple liaison fixe une molécule ; elle s'accompagne de la disparition de l'insaturation – double liaison entre deux carbones.

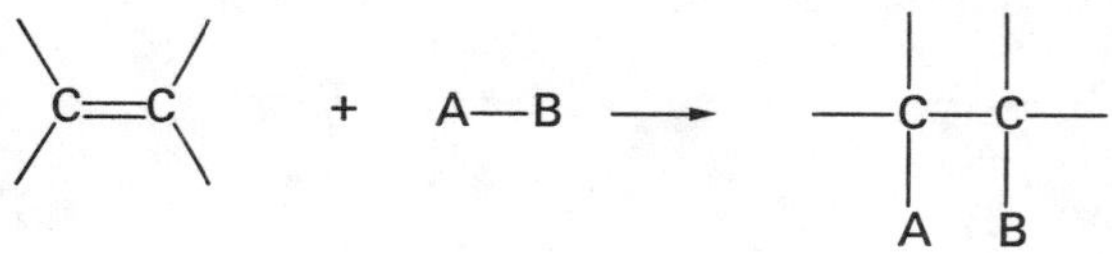

Fig. 67.

Carbanion : anion (ion négatif) dont la charge négative est portée par un atome de carbone.

Carbocation (ou ion carbonium) : cation (ion positif) dont la charge positive est portée par un atome de carbone.

Électrophile : se dit d'une particule qui a tendance à rechercher des sites riches en électrons.

Élimination : réaction au cours de laquelle se crée une insaturation – double liaison entre deux carbones – par élimination de deux substituants situés sur deux carbones voisins.

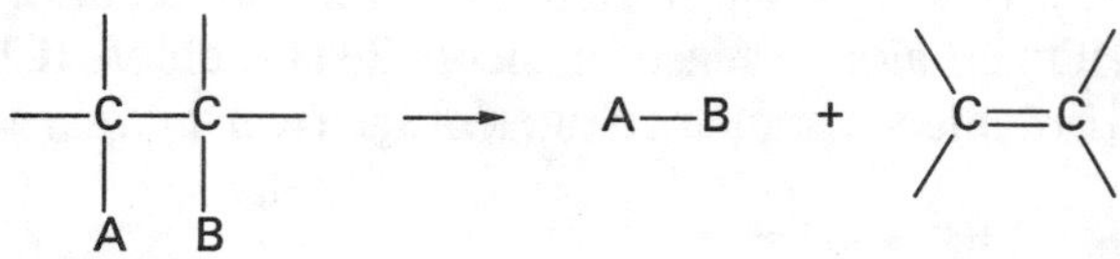

Fig. 68.

État de transition : passage de haut niveau énergétique au cours d'une réaction, nécessaire au déroulement de la réaction et où les liaisons à rompre sont à demi rompues et les liaisons à former sont à demi formées.

Ionique : se dit d'une réaction dont le déroulement met en jeu des ions.

Nucléophile : se dit d'une particule qui a tendance à rechercher des sites pauvres en électrons, portant souvent une charge positive, comme les noyaux des atomes, *nuclei* en latin.

Radical : intermédiaire de réaction comportant un électron célibataire.

Radicalaire : se dit d'une réaction qui met en jeu des radicaux.

Substitution : réaction au cours de laquelle un substituant d'une molécule est remplacé par un autre.

$$A{-}B + C \longrightarrow A{-}C + B$$

Fig. 69.

Transposition ou réarrangement : réaction au cours de laquelle des substituants vont migrer d'un carbone à un autre.

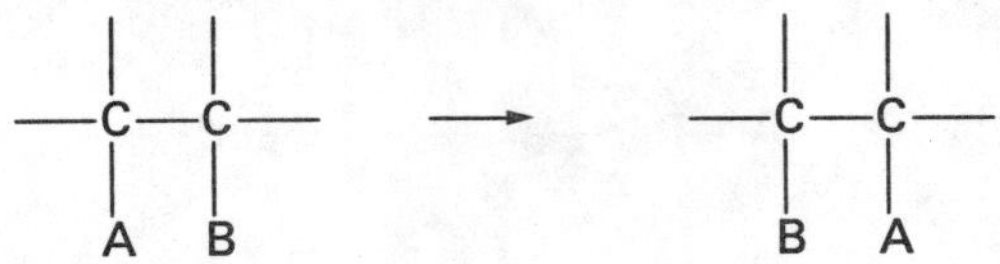

Fig. 70.

Les substitutions nucléophiles

La substitution [98] nucléophile se définit comme une réaction au cours de laquelle un réactif nucléophile substitue un reste nucléofuge. Ingold distingua ainsi, vers 1933-1935, deux sortes de substitutions nucléophiles, la. SN_2 et la SN_1.

La substitution nucléophile bimoléculaire, (SN_2) permet par exemple le passage, en une seule étape, d'un dérivé halogéné [99] à l'alcool correspondant. La réaction passe par un état de transition chargé négativement. C'est ce qui se produit lorsque le chlorure de méthyle (CH_3Cl) réagit en milieu modérément alcalin. L'ion hydroxyde (HO^-) est alors le réactif nucléophile et le chlore (Cl^-) joue le rôle de la particule substituée ou nucléofuge *(voir la figure 71)*.

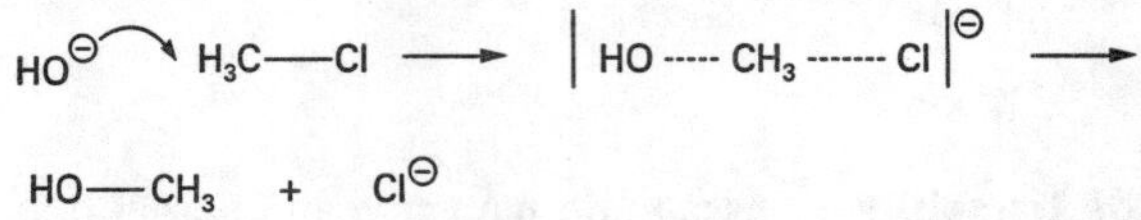

Fig. 71. – Mécanisme de la SN_2

[98] Sur la substitution, voir *supra*, p. 350.

[99] Dérivé : corps obtenu par la transformation d'un autre. Le terme *halogène* désigne le chlore et les éléments de la même famille.

En revanche, la substitution nucléophile monomoléculaire (SN_1) se déroule en deux étapes. L'une, lente, consiste en l'ionisation du dérivé halogéné en un carbocation et un anion halogénure[100]. L'autre, rapide, correspond à la fixation de l'anion (réactif nucléophile) sur le carbocation. C'est le cas de la réaction qui transforme le chlorure de tertiobutyle [$(CH_3)_3$ C-Cl] en alcool tertiobutylique [$(CH_3)_3$ C-OH] *(voir la figure 72).*

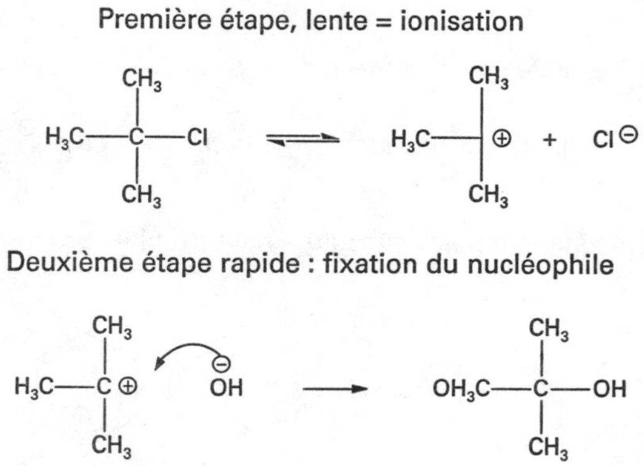

Fig. 72. – Mécanisme de la SN_1

Ces deux réactions ont un bilan de même nature : le passage d'un chlorure à un alcool, mais elles diffèrent par leur mécanisme intime. La SN_2 se déroule en une seule étape, sans apparition d'ion, alors que la SN_1 qui comporte deux étapes, s'accompagne de l'apparition d'un ion carboné. La connaissance de ces premiers types de substitutions sera suivie par la découverte d'autres sortes de mécanismes.

La substitution électrophile aromatique

Sir Robert Robinson (1886-1975) s'est particulièrement intéressé à la substitution électrophile aromatique (SE_A). Celle-ci met en œuvre un réactif électrophile et un noyau aromatique (benzénique), qui constitue le site riche en électrons.

---

[100] Voir *supra*, p. 365, sur les anions et les carbonatations. Un halogénure combine un halogène avec un autre élément ou un radical.

La réaction de Friedel et Crafts se déroule ainsi comme une SE_A *(voir la figure 72)*. Elle consiste en l'alkylation [101] d'un noyau benzénique à l'aide d'un dérivé halogéné [102], par exemple le chlorure d'éthyle (C_2H_5Cl), en présence d'un acide de Lewis [103], souvent le trichlorure d'aluminium ($AlCl_3$). Il se forme transitoirement un carbocation [104] éthyle ($C_2H_5^+$), qui joue le rôle de réactif électrophile, et qui va substituer un des hydrogènes du noyau.

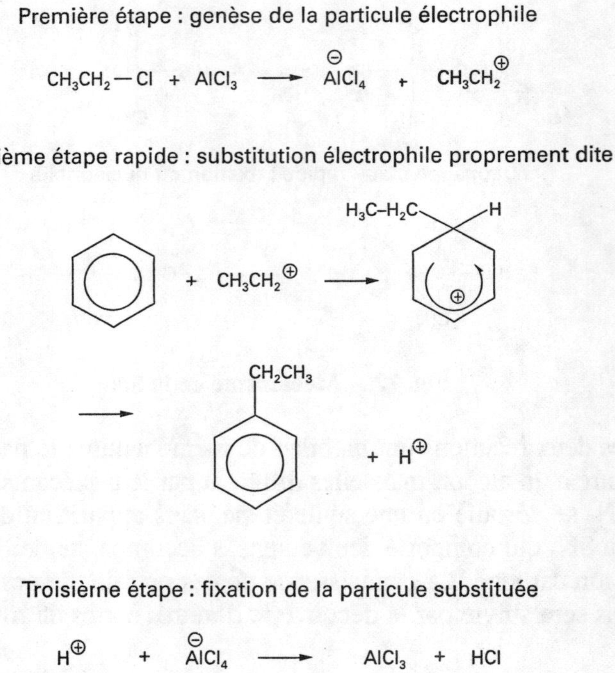

Fig. 73. – Mécanisme de la SE_A

---

[101] Alkylation : introduction d'un reste carboné (alKyle) sur une molécule. Ici, il s'agıt de la fixation d'un reste éthyle sur un noyau benzénique.

[102] Dérivé : corps obtenu par la transformation d'un autre. Le terme *halogène* désigne le chlore et les éléments de la même famille.

[103] Voir *supra*, p. 370.

[104] Voir *supra*, p. 373.

Les additions ioniques ou radicalaires

L'addition d'un hydracide [105] sur une double liaison conduit à des dérivés halogénés saturés [106]. Cependant, en fonction des conditions de la réaction, deux cas peuvent se présenter *(voir la figure 74)*.

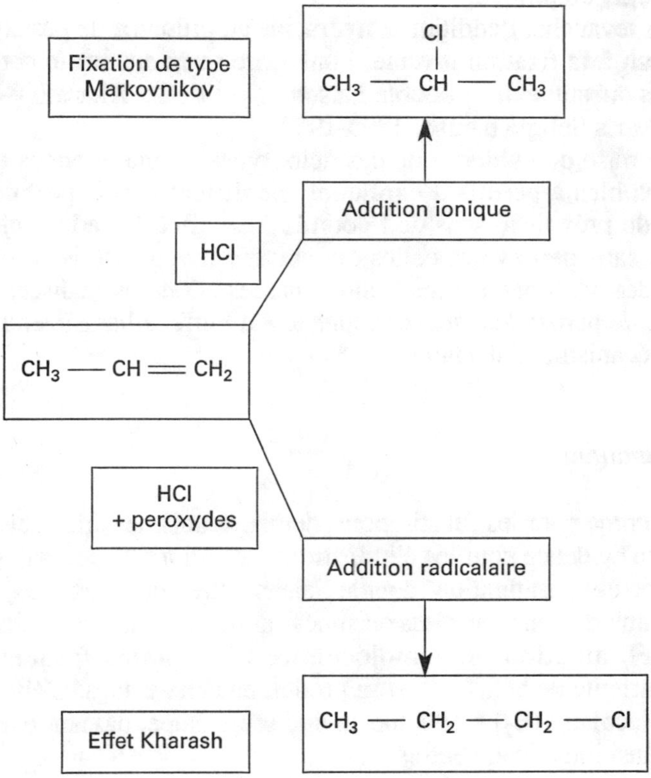

Fig. 74. – Les fixations ioniques ou radicalaires

105 Hydracide : acide dérivant de la combinaison de l'hydrogène avec un métalloïde, sans oxygène. Par exemple, le chlorure d'hydrogène ou acide chlorhydrique (HCl), le bromure d'hydrogène ou acide bromhydrique (HBr).

106 Dérivé : corps obtenu par la transformation d'un autre. Le terme *halogène* désigne le chlore et les éléments de la même famille. Sur la saturation, voir *supra*, p. 368.

Lorsque l'hydracide est utilisé seul, l'atome d'halogène se fixe sur l'atome de carbone le plus substitué de la double liaison. C'est par exemple le cas pour le propylène et l'acide chlorhydrique : l'atome de carbone le plus substitué de la double liaison. C'est ce que Vladimir Vassilievitch Markovnikov (1838-1904) a exprimé par une règle empirique.

En revanche, l'addition d'hydracide en présence de peroxydes [107] conduit à la fixation inverse, l'halogène se fixant sur le carbone le moins substitué de la double liaison : c'est l'effet Kharash – du nom de Morris Selig Kharash (1895-1957).

La mise en évidence de ces deux types de mécanismes très dissemblables a permis d'expliquer ces différences expérimentales, puis de prévoir le sens de l'addition. En effet, les additions effectuées sans peroxydes, celles qui suivent la règle de Markovnikov, sont des additions ioniques, alors que les additions réalisées en présence de peroxydes, qui correspondent à l'effet Kharash, empruntent un mécanisme radicalaire.

Éliminations

Comme pour les substitutions, deux mécanismes différents ont été mis en évidence pour les éliminations – réactions au cours desquelles se crée une insaturation (double liaison entre deux carbones) par élimination de deux substituants situés sur deux carbones voisins [108].

L'élimination monomoléculaire (E_1), moins fréquente, est concurrente de la SN_1 [109] et se produit en deux étapes. L'élimination bimoléculaire (E_2) s'effectue en une seule étape, passant par un état de transition à cinq centres.

---

[107] Peroxydes : oxyde contenant plus d'oxygène que l'oxyde normal. Par exemple, le peroxyde d'hydrogène ou eau oxygénée (H_2O_2) par rapport à l'oxyde d'hydrogène ou eau (H_2O).

[108] Voir *supra*, p. 373.

[109] Voir *supra*, p. 375.

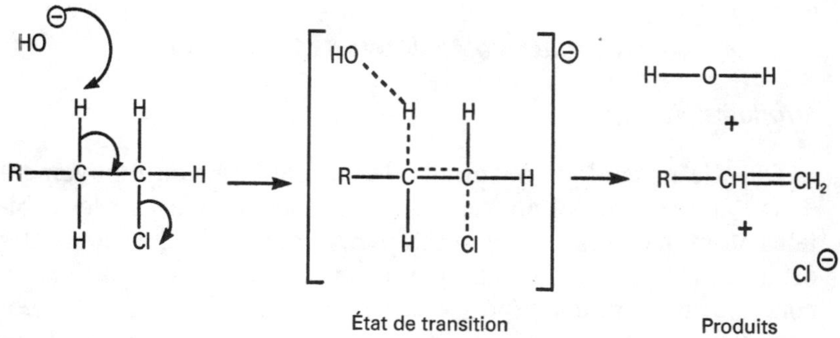

Fig. 75. – Élimination bimoléculaire (E_2)

La découverte des mécanismes électroniques a bouleversé les connaissances sur les réactions chimiques. Les mécanismes ont permis d'expliquer le déroulement de certaines transpositions déconcertantes. Il est devenu possible de modifier l'évolution d'une réaction, de façon consciente et raisonnée, en jouant sur les conditions de concentration, de chauffage ou de pH du milieu. On a ainsi pu orienter le comportement d'un dérivé halogéné [110], en milieu alcalin, soit vers une substitution nucléophile en alcool [111], soit vers une élimination d'hydracide avec production d'alcène [112]. Perdant son caractère aléatoire, la prévision du déroulement d'une réaction est devenue une simple opération scientifique. Enfin, conséquence imprévue mais capitale, en particulier pour les étudiants, la connaissance des mécanismes a rendu la chimie bien plus facile à retenir : c'est le raisonnement qui prévaut, au lieu de la mémorisation passive des propriétés des corps.

---

[110] Voir *supra*, p. 374.

[111] Sur la substitution, voir *supra*, p. 350.

[112] Sur les hydracides, voir *supra*, p. 377 ; sur les alcènes ou oléfines, voir *supra*, p. 376.

Orbitales moléculaires : LCAO-MO

Orbitales atomiques

Dans la mécanique quantique [113], les électrons en mouvement dans l'atome sont définis par des « fonctions d'onde », et les orbitales atomiques sont déterminées par ces fonctions. La nature des orbitales est donc mathématique, mais elles ont une signification concrète : une orbitale représente la région de l'espace où un électron d'un niveau énergétique donné a une forte probabilité de se trouver. On les représente couramment par des volumes géométriques, sortes de nuages diffus, où la probabilité de présence d'électron est grande. Chaque orbitale ne peut contenir plus de deux électrons – encore doivent-ils être de spin opposé [114].

Orbitales moléculaires

Robert Sanderson Mulliken (1896-1986) et Erich Hückel (1896-1980) sont à l'origine de la théorie des *orbitales moléculaires* (MO), qui peuvent être considérées comme des combinaisons linéaires des orbitales atomiques des atomes constituant la molécule (*Linear Combination of Atomic Orbitals* : LCAO). Il existe autant d'orbitales moléculaires qu'il y avait d'orbitales atomiques à combiner.

Ces orbitales moléculaires permettent de visualiser le domaine de *délocalisation électronique*. L'orbitale moléculaire du plus bas niveau énergétique du benzène (C_6H_6) est ainsi constituée de deux lobes circulaires qui prennent en sandwich le squelette à six carbones de la molécule, ce qui exprime bien la délocalisation électronique sur les six sommets de l'hexagone.

Hybridation des orbitales

Afin de rendre compte des directions des liaisons dans les molécules organiques, Linus Carl Pauling est amené à envisager une hybridation des orbitales atomiques du carbone, pour former des

---

[113] Voir *supra*, p. 183 *sq*.
[114] Sur la notion de spin, voir *supra*, pp. 183-184.

orbitales faisant entre elles des angles de 109°28' et susceptibles de se combiner pour donner des orbitales moléculaires respectant la disposition tétraédrique des liaisons autour du carbone.

Réactions péricycliques

Ces orbitales n'ont pas seulement un intérêt théorique, puisque c'est en étudiant la conservation de leur symétrie que Robert Burns Woodward (1917-1979) et Roald Hoffmann (né en 1937) ont pu établir des règles permettant de prévoir la stéréochimie et le caractère thermochimique ou photochimique de réactions péricyliques. Une réaction thermochimique se produit sous l'influence d'énergie thermique, alors qu'un processus photochimique met en jeu l'énergie lumineuse. Le terme péricyclique désigne des réactions qui évoluent par un transfert électronique concerté cyclique. L'exemple le plus classique de réaction péricyclique est la cycloaddition (4+2), qui met en jeu simultanément un système à quatre électrons conjugués (par exemple un diène conjugué) et un système à deux électrons (double liaison). Cette cycloaddition est également connue sous le nom de réaction de Diels et Alder, et conduit à une structure cyclique (cyclohexénique), par un transfert cyclique d'électrons, à partir des deux précurseurs acycliques (le diène conjugué et la double liaison activée).

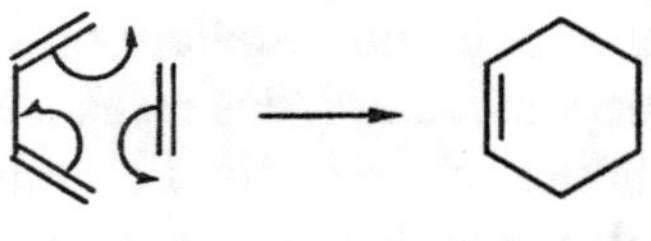

Fig. 76. – Cycloaddition (réaction de Diels [1876-1954] et Alder [1902-1958])

Progrès de la synthèse

L'utilisation de dérivés[115] organiques du magnésium (Victor Grignard, 1871-1935), du bore (Herbert Charles Brown, né en 1912), ou du phosphore (Georg Wittig, 1897-1987), fournit aux chimistes de nouveaux outils, qui vont offrir en synthèse bien des succès.

---

[115] Dérivé : corps obtenu par la transformation d'un autre.

Les organomagnésiens

C'est le pharmacien Philippe Barbier (1848-1922) qui a l'idée d'obtenir un alcool tertiaire en mélangeant un dérivé halogéné [116], comme l'iodure de méthyle, du magnésium métallique et une cétone. Mais c'est Victor Grignard, son élève, qui développe les organomagnésiens, préparés par action d'un dérivé halogéné sur des copeaux de magnésium, au sein de l'éther éthylique anhydre.

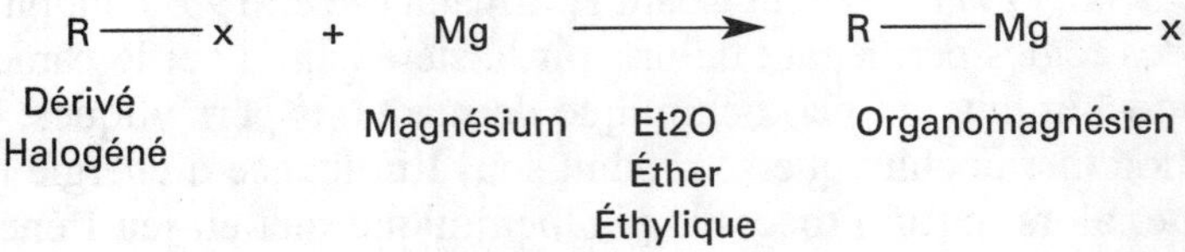

Fig. 77. – Les organomagnésiens : l'expérience de Grignard (1871-1935)

Il fait ensuite réagir ces « réactifs de Grignard » avec des cétones, des aldéhydes, du formaldéhyde, du dioxyde de carbone, des esters, des nitriles, des dérivés halogénés réactifs, etc., inventant l'un des outils les plus efficaces de la chimie organique permettant d'obtenir, suivant les cas, des alcools, des acides, des imines ou des cétones.

Les métaux alcalins, Lithium, Sodium ou Potassium, sont également susceptibles de s'associer à des restes carbonés pour conduire à des organométalliques très réactifs. Le nom de Wittig reste ainsi attaché aux organolithiens dont il sut faire de précieux agents de synthèse organique.

---

116 Le terme *halogène* désigne le chlore et les éléments de la même famille.

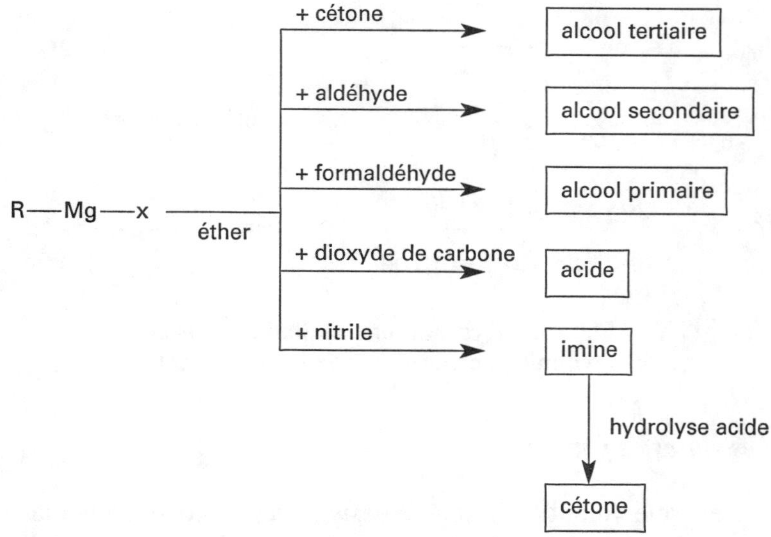

Fig. 78. – Produits obtenus par action d'organomagnésiens après hydrolyse

Hydroboration

H. C. Brown raconte lui-même que son goût pour la chimie du bore lui vint par hasard. Sa *girl Friend*, désirant lui faire un cadeau, susceptible de plaire à un chimiste et en rapport avec ses moyens limités d'étudiante, avait acheté à la librairie du campus le livre le moins cher. Il se trouve que cet ouvrage portait sur le bore : la route du prix Nobel était ainsi ouverte ! Que cette anecdote soit totalement vraie ou quelque peu améliorée, Brown introduisit l'usage du borane et des borohydrures en synthèse organique. L'hydroboration permet de réaliser des hydratations d'alcènes dissymétriques, en sens inverse de ce qui se produit lorsqu'un alcène est hydraté traditionnellement, par action de l'eau en milieu acide, selon la méthode préconisée par Berthelot. On fixe d'abord le borane, puis on fait agir l'eau oxygénée et la soude. L'OH se fixe alors sur le carbone le moins substitué [117], alors qu'en milieu acide l'OH se fixait sur le carbone le plus substitué. Il y a inversion de la régiosélectivité.

---

[117] Sur la substitution, voir *supra*, p. 350.

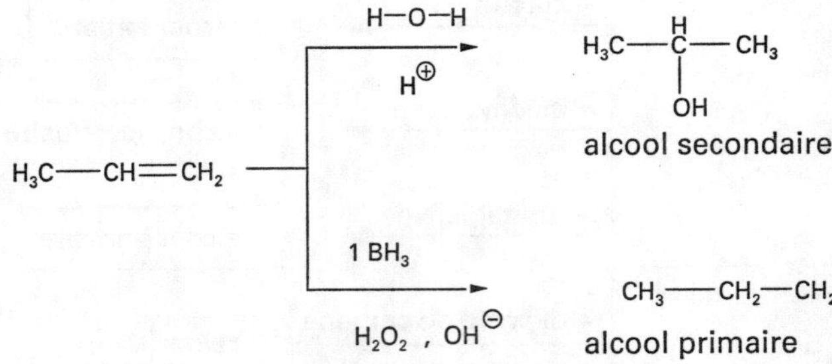

Fig. 79. – Hydratations de doubles liaisons, en milieu acide et par hydrotraitement

Les ylures de phosphore

Le terme ylure de phosphore désigne des réactifs comportant un atome de phosphore chargé positivement, adjacent à un carbone porteur lui-même d'une charge négative.

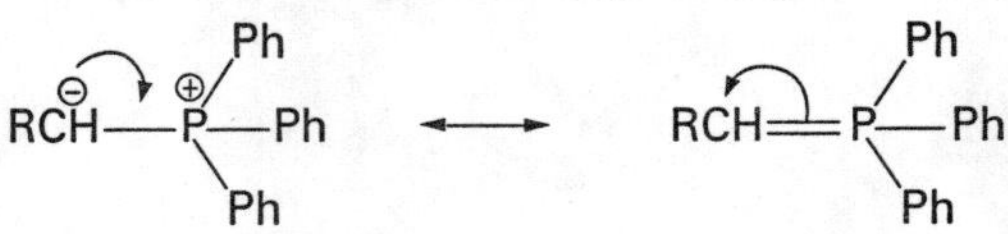

Fig. 80. – Ylure de phosphore

C'est G. Wittig qui a l'idée de faire réagir ces ylures avec des aldéhydes ou des cétones, pour conduire à des éthyléniques. La réaction de Wittig est donc un moyen d'accéder à des alcènes, à partir de carbonylés. En faisant varier les substituants R, on peut ainsi synthétiser toutes sortes d'hydrocarbures éthyléniques diversement substitués.

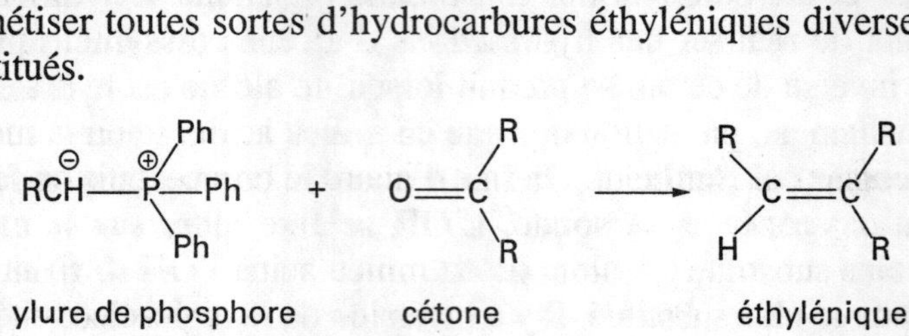

Fig. 81. – Réaction de Wittig

Ces quelques exemples de l'enrichissement de l'arsenal synthétique, mis à la disposition des chimistes du XXe siècle, permettent de comprendre la croissance extraordinaire du nombre de publications scientifiques à laquelle on assiste alors.

Progrès de la stéréochimie

Les recherches sur la stéréochimie sont l'une des caractéristiques du XXe siècle. Vladimir Prelog (1906-1998) et Donald Cram (1919-2001) étudient ainsi l'induction chirale, montrant comment la présence d'un premier atome de carbone asymétrique peut déterminer la stéréochimie d'un nouvel atome asymétrique créé au cours d'une réaction. La nécessité de décrire rigoureusement la structure des molécules chirales conduit Cahn, Ingold et Prelog à établir des règles de nomenclature extrêmement précises, fondées sur une hiérarchie arbitraire entre les substituants et permettant de distinguer les molécules de configuration R, de celles de configuration S, énantiomères des précédentes. La catalyse chirale, induction asymétrique provoquée par le catalyseur, est développée par William S. Knowles (né en 1917), Ryoji Noyori (né en 1938), Barry Sharpless (né en 1945) et Henri Kagan (né en 1930).

Évolution de l'analyse

Des méthodes d'analyse de plus en plus fines donnent lieu à des progrès considérables tant sur le plan de l'identification structurale des produits, que sur celui de leur séparation.

Méthodes spectrales

Les méthodes spectrales : ultra-violet, infra-rouge, résonance magnétique nucléaire, spectrométrie de masse, diffraction des rayons X, apportent des moyens rapides et efficaces de détermination de la structure des molécules. C'est ainsi que Dorothy Hodgkin (1910-1994), qui avait déjà déterminé, en 1946, la structure de la pénicilline, peut en 1955 résoudre à l'aide de la diffraction des rayons X la structure fort complexe de la vitamine B12. En 1969, elle élucide la structure l'insuline. Cette hormone polypeptidique est secrétée par les cellules β des îlots de Langerhans du pancréas, et son défaut provoque un type de diabète dit insulinodépendant. La chimie structurale courante ne fait toutefois pas appel à la technique lourde de l'étude par les rayons X, réservée aux cas délicats. La pratique de la RMN, encore peu fréquente dans les années 1960, est devenue quotidienne dans les laboratoires, où elle est souvent réalisée en parallèle avec la spectrométrie de masse, la détermination d'une structure reposant le plus souvent sur la confrontation des résultats de plusieurs techniques analytiques.

Chromatographie

La chromatographie est une méthode analytique qui vise à séparer les constituants d'un mélange à la suite d'échanges entre deux phases, une phase stationnaire et une phase mobile. Les molécules auront selon leurs caractéristiques physico-chimiques plus ou moins d'affinité pour l'une ou l'autre de ces phases, et seront ainsi entraînées à des vitesses différentes par la phase mobile, ce qui permet leur séparation. Le terme vient du grec *chrôma*, couleur et de *graphein*, écrire ; on le doit au botaniste Mikhail Tsvett (1872-1919), qui réalise en 1903 une manipulation très colorée, puisqu'il a séparé les constituants du jus de carotte : chlorophylles vertes, carotène rouge orangé et xanthophylles jaunes. Pour ce faire, il a utilisé un solvant organique (phase mobile) et des substances adsorbantes (phase stationnaire) placées dans une colonne. La plupart des chromatographies utilisent des produits incolores, mais le nom est resté. En 1930, cette technique oubliée suscite un regain d'intérêt. En 1941, Archer J. P. Martin et Richard L. M. Synge posent les principes de la chromatographie de partage, par opposition avec la chromatographie d'adsorption. Vient ensuite une chromatographie où la phase mobile est un gaz ; ses découvreurs, A. T. James et Martin, la nomment chromatographie « en phase vapeur ». Commercialisée en 1955, elle est aujourd'hui nommée chromatographie en phase gazeuse (CPG). La chromatographie liquide reprend de l'intérêt dans les années 1960, avec le lancement de la chromatographie liquide haute pression (CLHP), devenue chromatographie liquide haute performance, qui permet des séparations très efficaces de molécules non-volatiles, avantage déterminant sur la CPG. L'utilisation de dioxyde de carbone dans un état physique dit « supercritique », comme phase mobile, donne naissance à la chromatographie supercritique. La possibilité de coupler ces méthodes avec un spectromètre de masse permet d'assurer une meilleure détection, ainsi qu'une identification des substances correspondant aux pics.

Le développement ces méthodes chromatographiques de plus en plus performantes renouvelle la notion de pureté, en offrant la possibilité de détecter d'infimes traces d'impuretés.

Notion de conformation

La structure des molécules comporte une partie fixe, qui ne peut être modifiée sans changer leur identité, la configuration. En revanche, la conformation de la molécule peut changer, par le jeu de rotations autour des liaisons, sans que l'identité de la molécule soit concernée. Une molécule peut donc adopter plusieurs conformations successives, tout en conservant la même configuration. Les travaux d' Odd. Hassel (1897-1981) et de sir Derek Barton (1918-1998) développent la notion de conformation, montrent l'intérêt de son application en chimie et posent les bases de l'analyse conformationnelle, c'est-à-dire de la recherche des conformations réellement adoptées par les molécules.

La molécule de cyclohexane, représentée autrefois par un simple hexagone plan, possède en réalité une structure spatiale et peut adopter plusieurs conformations remarquables, respectant au mieux la structure tétraédrique de l'atome de carbone. La conformation chaise est plus stable, car moins encombrée que la conformation bateau. Elle est donc prépondérante dans les équilibres conformationnels.

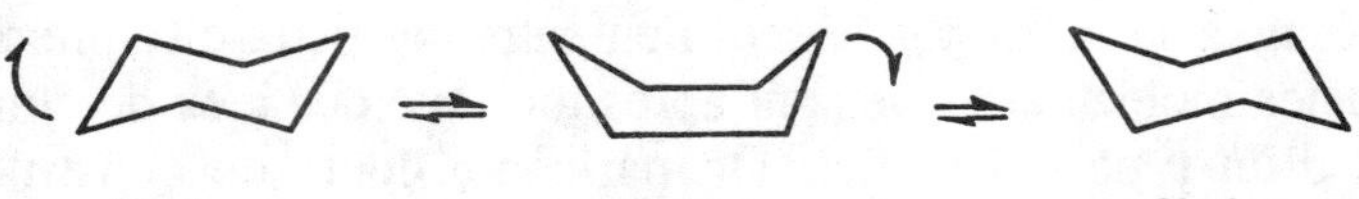

Fig. 82. – Équilibre conformationnel (I)

Lorsque le cyclohexane porte un substituant [118], les deux chaises deviennent différentes. Dans la première, le substituant occupe une

[118] Sur la substitution, voir *supra*, p. 350.

position axiale, c'est à dire qu'il est perpendiculaire au plan moyen du cycle. L'encombrement stérique est alors élevé, ce qui augmente l'énergie interne de cette conformation, qui est la moins stable. En revanche, dans l'autre chaise, le substituant se trouve en position équatoriale, proche du plan moyen du cycle. Cette chaise est beaucoup moins encombrée, donc moins énergétique que la première et plus stable. L'équilibre entre les deux conformations s'établit en faveur de la plus stable à substituant équatorial.

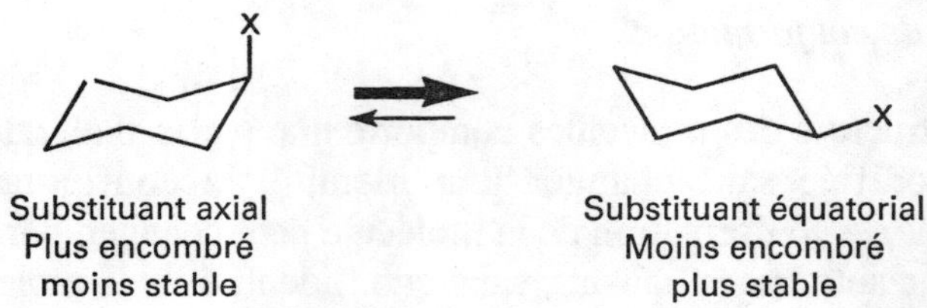

Fig. 83. – Équilibre conformationnel (II)

Avec le développement des ordinateurs, il devint possible d'établir *« in silico »* les conformations les plus stables de molécules complexes. Grâce à cette « modélisation moléculaire » des comparaisons de structures purent être effectuées, afin de prévoir si une molécule pourrait ou non s'introduire dans la cavité d'une enzyme ou se lier à un récepteur biologique.

Chimie ou architecture ?

Avant de se consacrer à la chimie, Kékulé a étudié l'architecture... mais ce n'est pas le seul lien entre ces deux disciplines. Les modèles moléculaires ne sont après tout que des jeux de construction d'un type particulier. On parle d'ailleurs de constructions moléculaires.

Grâce à Jean-Marie Lehn (né en 1939), le caractère tridimensionnel de la chimie a reçu une consécration avec la synthèse de sortes de cavernes moléculaires, les cryptandes, capables de servir de cage à des ions de façon sélective. La partie de la chimie initiée par J.M. Lehn, qui étudie les assemblages moléculaires dans l'espace, a reçu le nom de chimie supramoléculaire. Par ailleurs, en 1985, Harold W. Kroto (né en 1939), Richard E. Smalley (né en 1943) et

Robert F. Curl (né en 1933) ont montré l'aptitude du carbone à former des édifices moléculaires à 60 atomes, en forme de ballon de football, nommés fullerènes, en raison de l'analogie de leur structure avec celle du pavillon américain de l'Exposition Universelle de Montréal de 1967, conçu par Buckminster Fuller.

Des applications fructueuses

Le XXe siècle est aussi le siècle de l'application de la chimie à des domaines qui lui étaient restés étrangers (ainsi, les hydrocarbures ont par exemple peu à peu remplacé le charbon comme source d'énergie).

Macromolécules de synthèse

Les macromolécules de synthèse ont pris une place considérable dans la vie courante, qu'il s'agisse des matières plastiques, des fibres synthétiques ou des caoutchoucs synthétiques. C'est Hermann Staudinger (1881-1965) qui introduit en 1925 la notion de macromolécule. La capacité d'enchaînement des atomes par des liaisons covalentes ne connaissant pas de limite, des molécules de masse moléculaire très élevée, et comportant de très longues chaînes, peuvent se former : ce sont les macromolécules.

A côté des macromolécules biologiques – peptides et protéines, résultant de l'enchaînement d'aminoacides, et osides (ou polysaccharides) provenant de l'association d'un grand nombre de molécules d'oses (sucres) – les macromolécules de synthèse résultent de la polymérisation de monomères ou de la polycondensation de molécules plurifonctionnelles.

Polymérisation

Une petite molécule, le monomère, subit une condensation sur elle-même, qui conduit à une macromolécule, le polymère.

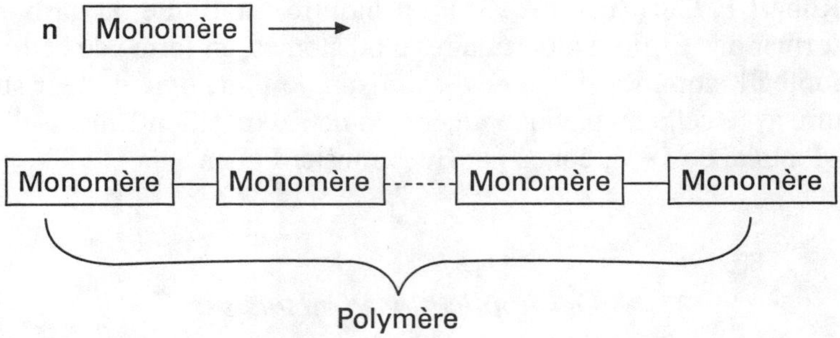

Fig. 84.

Les monomères sont souvent des molécules éthyléniques où la double liaison occupe une position terminale : les composés vinyliques.

$$X - CH = CH2 \quad \text{Dérivé vinylique}$$

Fig. 85.

La polymérisation de ces composés doit être provoquée par de petites quantités d'un initiateur, qui peut être radicalaire, cationique ou anionique.

En fonction de la nature du substituant X du groupe vinyle, on obtient des polymères différents.

X	**Monomère**	**Polymère**
H	Éthylène	Polyéthylène
Cl	Chlorure de vinyle	PVC
Phényle	Styrène	Polystyrène
Méthyle	Propène ou Propylène	Polypropylène

Fig. 86. – Monomères et polymères

Vers 1953-1955, Karl Waldemar Ziegler (1898-1973) met au point une méthode véritablement efficace de polymérisarion de l'éthylène. Jusqu'alors, la polymérisation radicalaire de l'éthylène nécessitait des températures et des pressions très élevées, pour ne conduire finalement qu'à des polymères de relativement faible masse moléculaire (100 000 daltons) et de consistance plutôt cireuse. En utilisant un catalyseur à base de triéthylaluminium et de tétrachlorure de titane, à basse pression et à relativement basse température, Ziegler et son équipe obtiennent un polyéthylène de haute densité dit « basse pression », de masse 10^5 à 10^6 daltons, aux qualités plastiques remarquables.

En 1954, Giulio Natta (1903-1979) applique le catalyseur de Ziegler à la polymérisation du propène et, remplaçant le tétrachlorure par le trichlorure de titane, obtient dans d'excellentes conditions le polypropylène. Il peut alors étudier en détail la structure des polymères.

Polycondensation

La théorie de la polycondensation est proposée par Paul John Flory (1910-1985). Deux petites molécules A et B portant chacune au moins deux groupements fonctionnels (acide, alcool ou amine), peuvent donner naissance, par une suite de réactions chimiques intervenant entre ces fonctions, à une macromolécule que l'on nommera copolymère de A et B. Cette polycondensation peut être par exemple une polyestérification intervenant entre des fonctions alcool et des fonctions acide carboxylique, ou une polyamidification entre des fonctions amine et des fonctions acide carboxylique.

La polyesterification entre un diacide carboxylique, l'acide téréphtalique, et un dialcool, l'éthylèneglycol, conduit ainsi à un polyester, le tergal, qui est une fibre textile. De même la polyamidification entre un diacide carboxylique, l'acide hexanedioïque, et une diamine, le diaminohexane, conduit à un polyamide, le nylon 66, également une fibre textile.

Les deux fonctions réactives peuvent également être situées à l'intérieur d'une même molécule. C'est le cas de l'acide ε-aminocaproïque, qui comporte simultanément une fonction acide carboxylique et une fonction amine. La polycondensation se produit alors par réaction d'une fonction acide d'une molécule d'acide ε-amino-caproïque, avec la fonction amine d'une autre molécule du même composé. Le polyamide ainsi obtenu est le nylon 6, autre fibre synthétique.

Identification des biomolécules

Grâce aux nouvelles méthodes analytiques, on peut déterminer la structure des molécules de la vie comme les acides nucléiques (ADN, ARN), de nombreuses hormones et des protéines variées, et ainsi mieux comprendre les mécanismes biologiques.

Chimie thérapeutique

Substances naturelles

L'isolement des produits naturels, commencé au XIXe siècle, est poursuivi : il bénéficie des progrès de l'analyse structurale, qui permettent de résoudre la structure, souvent complexe, de nombreux alcaloïdes et d'hétérosides variés. Un nouveau procédé d'exploitation des substances naturelles est largement employé : l'hémisynthèse. Cette méthode consiste à laisser la nature faire le plus gros du travail, l'élaboration de squelettes chimiques complexes, pour n'effectuer que les manipulations finales. On utilise donc comme matières premières des substances isolées du « magasin du père Bon Dieu », comme l'appelle spirituellement Pierre Potier (né en 1934), pour les transformer chimiquement en molécules que l'on espère plus actives.

Barbituriques

Au début du XXe siècle naît l'idée de concevoir une molécule présentant une activité thérapeutique définie en s'inspirant de la structure des molécules actives déjà connues. La synthèse du premier barbiturique commercialisé, le véronal, est entreprise en 1903 dans un but thérapeutique. Emil Fischer et Joseph von Mering

(1849-1908) remarquent un atome de carbone quaternaire chez les hypnotiques connus et en concluent, à tort, que ce carbone tétrasubstitué [119] est indispensable à l'activité. Si le véronal est essayé avec succès sur un chien, c'est parce qu'il comportait en position 5 un carbone quaternaire. Cette hypothèse erronée leur permet de créer une nouvelle classe thérapeutique. On est déjà dans une démarche de chimie thérapeutique.

L'origine du terme barbiturique, qui désigne cette famille de médicaments, est controversée. Pour certains, il vient de Barbara : lorsque Baeyer a synthétisé le squelette de base, la malonylurée, il l'a appelé acide barbiturique en hommage à sa fiancée. Pour d'autres, la synthèse eut lieu le jour de la Sainte Barbe. Pour d'autres encore, les cristaux obtenus par Baeyer avaient une forme de lyre, *barbitos*, en grec. Quant au véronal, il serait lié à la cité de Roméo et Juliette, parce que Joseph von Méring était à Vérone lorsqu'il apprit l'activité du produit.

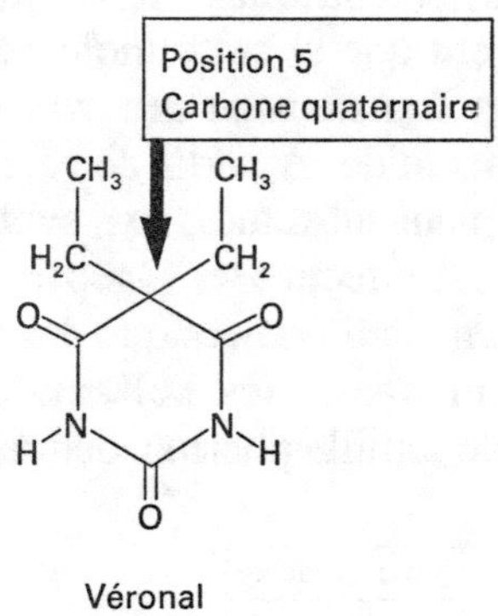

Fig. 87. – Un barbiturique : le véronal

Ehrlich et Fourneau

On considère que les véritables fondateurs de la chimie thérapeutique sont le médecin allemand Paul Ehrlich (1854-1915) et le pharmacien français, Ernest Fourneau (1872-1949). Paul Ehrlich s'illustre en particulier en 1909 avec la synthèse du salvarsan,

---

[119] Sur la substitution, voir *supra*, p. 350.

médicament organoarsenical, actif contre la syphilis. Les travaux d'Ernest Fourneau dans le domaine des anesthésiques locaux (avec en 1904 la synthèse de la stovaïne), ainsi que dans la série des organoarsenicaux, sont universellement connus. Le nom de stovaïne est issu d'un jeu de mots multilingue, puisque « fourneau » se dit « *stove* », en anglais.

Sulfamides

La découverte des sulfamides repose d'abord sur une observation expérimentale, suivie d'une exploitation scientifique rationnelle. En 1932, alors qu'il participe à un programme de synthèse de colorants azoïques à visée anti-infectieuse pour l'I.G. Farben, Gerhard Domagk (1895-1964) remarque que l'un d'eux, qui comporte une fonction sulfonamide, manifeste une activité antibactérienne. On le commercialise alors sous le nom de Prontosil. Parallèlement, en 1935 à l'Institut Pasteur, Jacques Tréfouël (1897-1977) et ses collaborateurs démontrent que si cette molécule était active, ce n'était que parce qu'elle se transformait *in vivo* en sulfanilamide, ou para-aminobenzènesulfonamide. A partir de ce chef de file, de nombreux sulfamides, diversement substitués, sont synthétisés et commercialisés pour leur activité anti-infectieuse. L'apparition de ces antibactériens efficaces révolutionne la thérapeutique des infections. Puis les sulfamides hypoglycémiants et les sulfamides diurétiques viennent enrichir cette grande famille pharmacochimique.

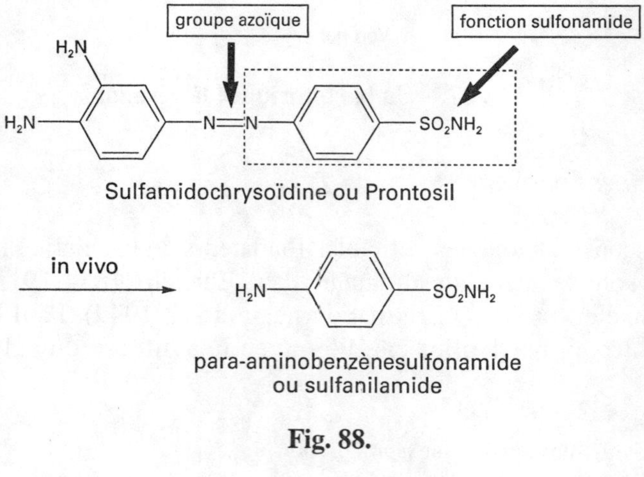

Fig. 88.

Benzodiazépines

L'importante famille des benzodiazépines, qui comporte des tranquillisants, doués de propriétés anxiolytiques, sédatives, anti-convulsivantes et myorelaxantes, est née suite à une cascade d'erreurs structurales.

Au milieu des années 1950, un chimiste des laboratoires Hoffman La Roche, Leo H. Sternbach, entreprend de réétudier dans le New Jersey des molécules qu'il avait synthétisées 20 ans auparavant en Pologne, au cours de ses études. Il pense alors avoir obtenu des molécules dont le cycle heptagonal comporte deux azotes et un oxygène (benzo-3-oxa-1,4-diazépines). En fait, il s'aperçoit qu'il a commis une erreur d'interprétation et qu'au lieu des composés heptagonaux attendus, il a synthétisé des N-oxydes de la quinazoline, dont l'hétérocycle ne comporte que six chaînons et deux atomes d'azote. Il prépare ainsi une série de composés aminométhylés, en traitant le N-oxyde de la chlorométhylquinazoline par des amines secondaires. La quarantaine de produits synthétisés se révèlent sans intérêt pharmacologique. Dans un cas, Sternbach avait également utilisé une amine primaire, mais ce composé n'avait pas été essayé. En 1957, deux ans plus tard, à l'occasion d'un rangement du laboratoire, le produit est soumis à des essais pharmacologiques et, ô surprise, se montre actif. Une étude structurale rigoureuse démontre que, dans ce cas, l'utilisation d'une amine primaire à la place d'une amine secondaire a conduit à un hétérocycle heptagonal, comportant deux azotes. Cette extension de cycle a donné naissance à une benzodiazépine, le chordiazépoxyde, commercialisée sous le nom de Librium® en 1960. Ensuite vint le Valium®, cinq fois plus actif, synthétisé en 1959 et mis sur le marché en 1963. Des dizaines de benzodiazépines sont alors conçues et commercialisées. Trouverait-on meilleur exemple de l'importance du hasard dans la recherche scientifique ?

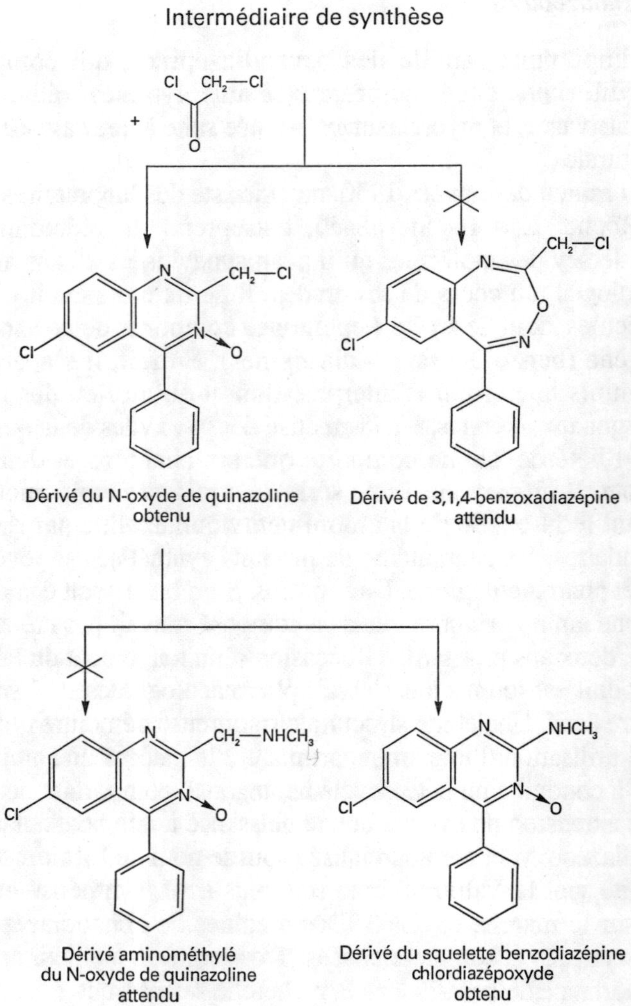

Fig. 89.

Ces exemples de familles pharmacochimiques témoignent du bouillonnement de la recherche en chimie pharmaceutique. Ils ne sont pas exhaustifs : on aurait tout aussi bien pu citer les phénothiazines, les antibiotiques, les β-bloquants, etc.

Tendances actuelles

Le rôle du hasard dans toutes ces découvertes fait naître un désir de rationalisation dans la conception de nouvelles molécules actives. Corwin Hansch (né en 1918) met au point les premières méthodes quantitatives de prévision d'activité thérapeutique (*Quantitative Structure Activity Relationships* = QSAR), fondée sur la prise en compte de la lipophilie, propriété physicochimique des molécules déterminante dans leur aptitude à passer à travers les membranes biologiques. D'autres paramètres sont ensuite envisagés : descripteurs structuraux rendant compte de la géométrie, de la forme, de l'encombrement stérique de la molécule, descripteurs quantiques reliés à la fonction d'onde, descripteurs topologiques développés dans le cadre de la complexe théorie des graphes... La recherche est très active dans ce domaine.

Simultanément, l'identification de récepteurs biologiques, cibles des médicaments, oriente la recherche vers la synthèse de molécules capables de s'unir *in vitro* avec ces récepteurs. Les composés ayant manifesté une activité *in vitro*, sont alors essayés seuls *in vivo.* C'est une source d'économie importante, mais qui n'évacue pas le risque de passer à côté de composés ne devenant actifs qu'après une transformation chimique intervenue dans l'organisme, les prodrogues.

Dans certains cas, le processus de la recherche est considérablement accéléré grâce au développement de méthodes automatisées de synthèse. L'automatisation de la synthèse peptidique, condensation d'acides aminés par polyamidification, est ainsi mise au point en phase solide par Robert Bruce Merrifield (né en 1921). Cette robotisation permet la constitution de librairies de molécules et l'essor de la synthèse combinatoire, qui, associée au triage pharmacologique à haut débit, offre un gain de temps significatif.

La richesse de l'évolution de la chimie au XXe siècle ne constitue nullement une fin en soi et, dans tous les domaines évoqués ci-dessus, les recherches se poursuivent activement, chaque avancée ouvrant un champ nouveau pour les recherches du siècle suivant.

CONCLUSION

L'émergence de la chimie en tant que science fut relativement tardive. Les premiers balbutiements des forgerons, parfumeurs et autres verriers des débuts de la période historique ne sauraient, en effet, être pris en compte, faute d'une conscience intellectuelle réelle. Les brillantes spéculations intuitives des philosophes grecs, pour être géniales, ne demeuraient pas moins fort éloignées du concret. L'apparition de l'expérience, due aux alchimistes tant décriés, constitua un progrès certain et permit de mettre au point toute une méthodologie, ainsi qu'un appareillage performant, qui constituèrent un acquis précieux sur lequel les premiers chimistes purent s'appuyer. La démarche demeurait toutefois empreinte de mysticisme et n'avait pas encore acquis un authentique caractère scientifique. C'est à la Renaissance, que, dans le sillage de Paracelse, l'iatrochimie, premier avatar de la chimie, prit naissance à partir de l'alchimi. Le but des manipulations devenait plus préparatif que mystique et leur orientation thérapeutique s'affirmait. Il restait encore un pas à franchir pour que la chimie devînt une science identifiée, résidant dans l'étude de la constitution de la matière et surtout des moyens d'agir sur cette matière pour créer des produits nouveaux. Ce sont les praticiens du XVIIe siècle, que l'on appelle parfois, improprement, préscientifiques, qui accédèrent à ce niveau de conscience de l'identité de la chimie. Leur volonté de se distinguer de l'alchimie et de ses aspects quelque peu ésotériques les amena à se méfier des conceptions théoriques, et ils mirent l'accent sur la collection et la classification d'observations rigoureuses.

Le renouveau des théories se produisit au XVIIIe siècle. Le premier, Geoffroy élabora un système permettant de prévoir la réactivité et reposant sur la notion d'affinité, ce qui constitua une étape importante dans la rationalisation de la chimie. Vint ensuite la fameuse théorie du phlogistique, qu'il est de bon ton actuellement de mépriser, forts que nous sommes de connaître la fin de l'histoire et la victoire des conceptions de Lavoisier. Cette « sublime théorie » constitua pourtant, durant des décennies, un merveilleux outil, permettant d'englober toute la chimie de l'époque dans un ensemble cohérent et rationnel. Les nombreuses découvertes de la chimie pneumatique s'inscrivirent même au début très confortablement dans le cadre défini par Stahl. Ce n'est que lorsque les connaissances se développèrent, que cette théorie fut mise en défaut et que l'élaboration de la théorie de l'oxydation, par Lavoisier, permit de rebâtir un champ de réflexion nouveau sur les débris du phlogistique. Les conceptions aristotéliciennes, dérivées des quatre éléments d'Empédocle, s'effondraient définitivement, après avoir dominé la science pendant près de deux millénaires. Le terme élément lui-même prenait une signification nouvelle, en rapport avec la distinction entre corps simples et composés. Les lois fondamentales de la chimie purent alors être établies, non sans susciter quelques controverses fécondes.

Le XIXe siècle fut dominé par la querelle des équivalentistes et des atomistes. La théorie atomique, renouvelée par Dalton, eut bien du mal à triompher. La notion de valence, les efforts de rationalisation de Liebig, Laurent et Gerhardt, la prise en compte de la structure tétraédrique du carbone par Le Bel et Van t'Hoff, la classification de Mendeleiev, la mise en évidence de la stéréochimie par Pasteur, autant de découvertes qui permirent à la chimie organique de rattraper son retard et de se développer rapidement. L'ère des synthèses, initiée par Berthelot, mit un terme à la théorie de la force vitale.

Le XXe siècle permit de nombreuses avancées théoriques vers toujours plus de rationalisation. La constitution de l'atome, la connaissance de la nature de la liaison chimique, l'approche du mécanisme intime des réactions chimiques, la mise au point de la synthèse asymétrique, inconcevable naguère, plantèrent un décor favorable à l'éclosion de méthodes de synthèse de plus en plus variées et performantes. La robotisation, avec notamment la synthèse peptidique sur support solide, ainsi que l'utilisation des méthodes analytiques spectrales, hautement efficaces en routine, apportèrent leur concours à l'amélioration de l'efficacité. Des applications fructueuses se multiplièrent, tant dans le domaine industriel, avec le succès des polymères, que dans le domaine thérapeutique, avec le développement de nouvelles séries pharmacochimiques.

La fin du XXe siècle fut caractérisée par une évolution visant à mettre la chimie, science dure reconnue, au service des autres disciplines plus appliquées, comme, en particulier, la biologie. Cette tendance, qui prend une importance croissante, perdurera certainement au XXIe siècle.

En dépit de sa naissance difficile, la chimie a progressé vers une rationalisation de plus en plus poussée, qui lui a permis de se développer et d'apporter son aide déterminante aux sciences voisines, ce qui eût été inconcevable, il y a seulement deux siècles.

Une contestation irrationnelle s'est toutefois développée à l'aube du XXIe siècle. Longtemps, la chimie a symbolisé le progrès, mais la tendance s'est inversée au cours du siècle qui vient de s'écouler. Au fur et à mesure que l'importance, dans la vie courante, des produits issus de l'industrie chimique se faisait plus apparente, une sorte de méfiance à son égard, faite de crainte de la toxicité, de peur de la pollution, s'emparait d'une partie de la population. Certains allèrent même jusqu'à prôner un retour au « naturel » à tout prix, sans prendre vraiment conscience des risques que pouvait faire courir une telle attitude. Quelques accidents industriels récents sont venus nourrir cette phobie.

En ce début du XXIe siècle, il est redevenu nécessaire d'expliquer, sans relâche, que la chimie reste l'une des activités humaines les plus fructueuses, à condition de savoir en maîtriser les excès. Ne pourrait-on d'ailleurs dire cela de la science en général ?

Olivier Lafont.

Chapitre V

LES SCIENCES DE LA TERRE

Comment dater la prise de conscience de la place de l'homme sur la Terre, et apprécier le moment où il a commencé à chercher à comprendre son environnement ?

Nous aurions pu fixer le début de cet exposé en 1681, lorsque l'écrivain anglais Thomas Burnet (1635-1715), auteur de spéculations cosmologiques et eschatologiques, utilise pour la première fois l'expression « théorie de la Terre », pour nommer son discours sur la formation et le fonctionnement de la Terre, et achever cette contribution avec la formalisation de la théorie de la tectonique des plaques, en 1967-1968.

Nous avons fait un autre choix : soucieux de donner à lire ici une véritable histoire des sciences de la Terre, nous avons voulu inclure, outre la géologie, l'océanographie, la climatologie, la météorologie, la géophysique (en particulier pour les processus terrestres internes et donc non visibles), l'étude de l'atmosphère, et enfin celle des interactions entre les différentes composantes de la planète et le cosmos. De sorte que ces différentes disciplines, s'interrogeant et se répondant mutuellement, finissent par constituer l'Histoire du Globe, envisagé comme une gigantesque machine, dont nous n'avons pas encore percé tous les secrets.

LA PRÉHISTOIRE ET L'ANTIQUITÉ

Des outils beaux et utiles

Il serait abusif de situer les prémices de la minéralogie et de la pétrologie au début de l'hominisation. Cependant, si l'on fait coïncider le début de l'hominisation avec l'appropriation intentionnelle d'outils pour des utilisations préméditées, il apparaît clairement que les hommes du paléolithique maîtrisaient parfaitement au moins trois des caractéristiques qui servent, aujourd'hui encore, à la description des minéraux : la dureté, le clivage et le type de cassure (conchoïdale, esquilleuse, etc.).

Le silex devient rapidement la pierre de prédilection : dure, elle se débite en esquilles qui se diversifient en pointes, racloirs, couteaux... À défaut du silex, on utilise le quartz ou le jaspe (autres variétés siliceuses), ou encore, en région volcanique, l'obsidienne (une lave vitreuse). Peu à peu, les techniques de la taille s'affinent avec la connaissance de la roche : les galets à un ou deux tranchants du paléolithique inférieur sont modelés en bifaces, grossiers au début, puis de plus en plus travaillés, en couteaux, sagaies, pointes de flèches... L'industrie lithique est riche en objets d'une grande perfection. Aujourd'hui encore, on ne peut qu'admirer la finesse des lignes et la symétrie d'une « limande » ou d'une « feuille » du néolithique. Une telle pureté de forme n'était pas nécessaire pour trancher le cuir et la viande, mais pouvait correspondre à un désir de maîtrise de la matière, et annonce un sens esthétique.

C'est encore dans les richesses minérales que l'homme découvre, extrait et purifie l'ocre rouge, tirée des argiles à hématite, l'ocre jaune, issue des terres argileuses à goethite et à limonite, et l'oxyde de manganèse pour les tons violacés provenant de différents minéraux filoniens comme la manganite et la pyrolusite. Il les utilise pour orner les parois des abris sous roche et des grottes. Cet art n'est pas seulement décoratif : symbolique et religieux, il traduit aussi un réel sens de l'observation, et la volonté de comprendre le monde environnant.

Hameçons et harpons en os, récipients de cuir ou de pierre, aiguilles à chas, lampe de pierre, colliers de coquilles de dentales fossiles ou de perle d'ambre... tous ces objets ont été utilisés au paléolithique, qui s'achève avec la fin de la dernière époque glaciaire, 8 000 ou 9 000 ans avant notre ère.

La Terre exploitée

Le néolithique, qui succède au paléolithique, voit de grands changements se produire : le climat se réchauffe, les grands glaciers fondent, les territoires habitables évoluent. L'homme s'installe et se sédentarise dans les régions propices à son développement. Il sait reconnaître les terres les plus fertiles : celles des limons déposés par les crues des fleuves dans les vallées ou celles des cendres déposées par la fureur des volcans. De chasseur et cueilleur, il devient paysan. Il apprivoise le chien, domestique le mouton, puis la chèvre, le porc, le bœuf.

Les découvertes se succèdent. Au plan géologique, l'agriculteur du néolithique s'aperçoit que la terre argileuse durcit au feu : il invente la poterie. Il récolte les graminées sauvages et hybridées qu'il écrase à l'aide de broyeurs en pierre (ancêtres de nos pierres de moulin) ; il observe que le frottement use la pierre et la polit. Tire-t-il une application de cet enseignement ? Toujours est-il qu'il imagine de polir ces outils, haches et houes : le néolithique est l'âge de la pierre polie. Sédentarisé, l'homme doit aller chercher ses silex plus en profondeur : les mines de silex de Krzemionki, en Pologne, présentent un puits de 13 m de profondeur que prolongent 4 km de galeries. À Spiennes, en Belgique, les galeries latérales destinées à l'extraction des rognons de silex couvrent une superficie de 50 ha ; on y a retrouvé le squelette d'un homme enseveli par un éboulement, avec son pic. En creusant le sol, l'homme découvre des matières qui remplacent peu à peu la pierre taillée ou polie : les métaux.

L'or et le cuivre natifs sont connus dès l'âge de pierre, mais sont utilisés bruts, ou grossièrement martelés. La première métallurgie, et la plus simple, est celle du cuivre : le cuivre fondu apparaît de façon certaine vers 4500 avant J.-C., en Méditerranée orientale, en Mésopotamie, en Asie centrale et en Iran. L'Europe n'acquiert cette technologie que de 2 000 à 2 500 ans plus tard, selon les régions. Le cuivre contient souvent des traces plus ou moins importantes d'arsenic, alliage plus dur que le seul cuivre.

Le bronze, alliage de cuivre et d'étain, apparaît vers 2700 avant J.-C. dans le pourtour Méditerranéen et au Moyen-Orient (ces régions ne recelant pas de gros gisements d'étain, on suppose des échanges commerciaux). L'âge du bronze correspond dans l'Ancien Monde à l'épanouissement des premiers grands empires, en Égypte, en Assyrie, en Inde, en Chine.

L'obtention du fer, à la métallurgie plus difficile, marque une nouvelle étape décisive qui ouvrira vers les débuts de l'Histoire, c'est-à-dire l'époque pour laquelle nous disposons, entre autres, de documents écrits. Les conditions techniques – fusion, addition de carbone par cémentation, etc. – de cette nouvelle technologie apparaissent entre 1500 et 1000 avant J.-C. dans une région qui va de l'Anatolie (avec des progrès décisifs chez les Hittites) à l'Iran.

En Europe, le bronze sera maîtrisé entre 2000 et 1500 avant J.-C., et le fer environ 1 000 ans plus tard. En Afrique tropicale et équatoriale, le bronze et le fer sont connus à partir de l'Égypte et le Soudan vers 200 avant J.-C., vers l'an 500 de notre ère au Nigeria, puis, peu à peu, jusqu'en Afrique du Sud. En Amérique, le bronze et le fer sont arrivés avec les Européens.

Le berceau méditerranéen de toutes ces technologies continue à inventer et à innover. En Égypte, le verre est obtenu par fusion du sable vers 3000 avant J.-C. ; la céramique suit avec la réalisation de fours de plus en plus performants ; les premiers canaux d'irrigation sont aménagés en Babylonie en 2000 avant J.-C. ; le premier canal navigable est creusé en Égypte sous Ramsès II, en 1250 avant J.-C. Pour la petite histoire, notons que le peuple minoen sait griller la pyrite (sulfure de fer de formule FeS_2) pour l'utiliser comme minerai de fer, et que les agriculteurs se plaignent déjà de la pollution de l'air due à cette technique !

Mythes et croyances

Deux grands thèmes dominent et perdureront pendant des siècles : le mythe du déluge et celui des cycles, où les événements se répètent.

Le mythe du déluge dans le récit de la Bible doit beaucoup à la version sumérienne et à une version akkadienne ; il s'inscrit dans la croyance du salut de l'humanité. Toutefois, pour les Hébreux, le Déluge est un événement unique, qui scelle le commencement d'une histoire linéaire. En revanche, pour les Égyptiens, qui observent régulièrement des inondations majeures dans le delta du Nil et au-delà, le déluge est un phénomène cyclique, commandé par les astres.

Les Chinois ont également leur tradition du déluge – les fléaux de la Chine ont pour nom ceux de deux grands fleuves. Le fleuve Jaune

(Huang He) détient le record des inondations et du nombre de victimes : au cours des 3 500 dernières années, il a débordé 1 500 fois et changé 26 fois de cours et d'embouchure. Le Yangste (ou Yangzi Jiang) est moins sujet aux débordements que le fleuve Jaune ; toutefois, avec un débit de vingt fois supérieur à ce dernier, ses crues sont redoutables.

Chez les Hindous, selon le livre des *Védas* (rédigé au XIIIe siècle avant notre ère), le déluge est l'œuvre du dieu créateur : le monde est détruit, un autre lui succède ; des mondes innombrables se suivent ainsi. La Terre actuelle aurait été créée en l'an 1 972 947 101 avant J.-C. ! On peut s'étonner d'une telle précision... pas si éloignée des estimations actuelles (4,5 milliards d'années), alors que la Bible fixera l'âge de la Terre de six à huit mille ans.

Le mythe des cycles apparaît très tôt : l'homme observe des phénomènes naturels périodiques (le jour, la nuit, les lunaisons, les marées, les saisons, etc.) et tente d'en tirer une règle générale pour tous les processus naturels (montées des eaux, tremblements de terre, élévation des montagnes, variations climatiques, etc.).

Le mythe de l'inondation universelle subsistera jusqu'au XVIIIe siècle ; la recherche des cycles dans les phénomènes naturels, plus justifiée au plan scientifique, est encore présente aujourd'hui.

L'apport grec

La Grèce antique a bénéficié d'une position géographique et climatique exceptionnelle. Aujourd'hui, la Grèce est dénudée et érodée, après trois millénaires de défrichements ; au temps d'Homère, elle était couverte de forêts, de plaines et de vallées verdoyantes. Compromis idéal entre les terres et les mers, avec les îles ioniennes, la Crête, les Cyclades, les Sporades, etc., la Grèce, par son articulation maritime, a permis les échanges et les voyages, et l'épanouissement d'une pensée ouverte et libre. L'apport littéraire, artistique et philosophique de la Grèce antique est bien connu. Mais qu'en est-il des connaissances scientifiques de cette époque, notamment en sciences de la Terre ?

Thalès (v. 625-v. 547 avant J.-C.), fondateur de l'école ionienne, connaît les propriétés de l'ambre ou succin (en grec *elektron*, d'où vient le mot *électricité*), qui attirent les corps légers grâce à une « âme vivante ».

Les observations de Pythagore (v. 569-v. 500 avant J.-C.) sont très avancées : la Terre est sphérique ; les vallées ont été creusées par les eaux de ruissellement, lesquelles érodent les montagnes et transportent leurs éléments vers la mer... Nous savons aujourd'hui que la Grèce se situe dans un fort contexte géotectonique – la plaque africaine s'enfonce sous l'Europe, notamment la Grèce – ; Pythagore ne peut bien sûr en analyser les causes, mais il en observe les effets : il constate que les tremblements de terre tarissent certaines sources, et en font jaillir d'autres, que des évents volcaniques se forment et varient en intensité, que des îles (volcaniques) émergent des eaux, etc.

Anaxagore (v. 500-v. 428 avant J.-C.), philosophe grec qui eut pour disciples Périclès, Euripide et Socrate, est connu pour sa théorie du *Noûs* : tout est en tout. Cette théorie se retrouve dans son traité *Sur la nature*, où il décrit, le premier, le cycle de l'eau : « l'eau est élevée par le Soleil, puis tombe en pluie et se rassemble sous la terre ». Après lui, Aristote (384-322 avant J.-C.), autre philosophe grec de renom, précisera ce cycle : « De même qu'au-dessus de la terre, de petites gouttes d'eau se forment et se réunissent les unes aux autres, jusqu'à ce que finalement l'eau tombe en un corps, qui est la pluie ; ainsi, nous devons supposer que dans la terre l'eau descend d'abord en gouttes qui se réunissent peu à peu, et que les sources des rivières s'écoulent en quelque sorte hors de la terre et alors s'unissent. » De nos jours, on ne saurait mieux dire. Le mérite d'Anaxagore et d'Aristote est d'autant plus grand qu'à leur époque, les notions de vaporisation et de condensation étaient inconnues et qu'on s'en tenait à la théorie des quatre éléments : terre, eau, air et feu.

Empédocle (v. 490-v. 435 avant J.-C.) comprend que les eaux thermales sont dues au feu souterrain qui chauffe les eaux en profondeur, et que les roches dures des montagnes (le granite) résultent du refroidissement du liquide en fusion interne et leur émersion de l'érosion.

Ératosthène (v. 276-v. 194 avant J.-C.), contemporain d'Archimède, établit la première carte avec coordonnées, où sont distinguées les différentes zones climatiques (glaciales, tempérées et torrides). Il fournit aussi la première étude des marées, les premières interrogations sur la disposition relative des terres et des mers, l'étendue des continents, etc.

Le philosophe Philon d'Alexandrie (entre 13 et 20 avant J.-C.-v. 50 après J.-C.) s'interroge sur les montagnes : constatant que certains facteurs météorologiques les érodent, il se demande ce qui leur permet de subsister, et imagine une cause interne, une force qui leur permettrait de se soulever, et compenserait leur dégradation. Vingt siècles plus tard, la théorie de l'isostasie apportera une réponse à cette interrogation, pas très éloignée de cette interprétation [1].

L'apport romain

Les Romains excellent dans l'art des constructions en pierre : temples, arches, thermes, cirques pour les jeux des gladiateurs, routes, etc. Le premier pont de pierre du monde est construit à Rome en 600 avant J.-C.

Ce sont des techniciens, des ingénieurs, mais pas des savants. Pour les sciences, ils ont presque tout emprunté aux Grecs.

L'œuvre de Lucrèce (v. 98-55 avant J.-C.) constitue cependant une exception notable. Sa vie nous est pratiquement inconnue, mais il a laissé un poème en six chants, *De rerum novarum (Sur la nature),* important pour l'histoire des sciences. Il y expose notamment la doctrine d'Épicure, avec sa conception de la matière, fondée sur l'atomisme [2]. Et, dans les deux derniers chants, il traite des mystères de la nature en témoignant d'un véritable esprit scientifique. En particulier, il donne une description complète du cycle de l'eau (évaporation, formation des nuages et de la pluie, précipitations, infiltrations dans le sous-sol). Il évoque aussi la structure de la Terre, convaincu que l'intérieur du Globe n'est pas différent de sa surface. Par ailleurs, il met en lumière des idées modernes comme celles de l'évolutionnisme ou du progrès humain, en distinguant déjà dans l'histoire de l'homme les âges successifs de la pierre, du cuivre et du fer.

Au siècle suivant, Sénèque (v. 4 avant J.-C.- 65 après J.-C.), écrivain latin né à Cordoue, signale le premier que les pierres précieuses (et fines) peuvent se concentrer dans les graviers de rivière (les alluvions). Il distingue les séismes qui sont associés aux éruptions volcaniques et ceux qui en sont indépendants, mais il n'interprète pas cette différence.

---

[1] Voir *infra*, p. 461.
[2] Voir *supra*, pp. 296-297.

Pline l'Ancien (23-79 après J.-C.) est l'auteur d'une encyclopédie en trente-sept volumes, *Histoire naturelle (Naturalis Historia)*, publiée en 77 avec une longue dédicace à l'empereur Titus. Il s'agit d'une vaste compilation, principalement des auteurs grecs, mais qui n'apporte rien de nouveau, et ne fait guère preuve d'esprit critique. Toutefois, l'*Histoire naturelle* constitue un bilan et, longtemps, elle symbolisera tout le savoir humain. Pline l'Ancien meurt le 24 août 79 lors de l'éruption du Vésuve qui, après un long sommeil, engloutit Pompéi, Herculanum et Stabies. Son neveu, Pline le Jeune (61 ou 62-v. 114), assiste à cette éruption ; en 104, il écrit deux lettres à Tacite où il raconte dans quelles circonstances son oncle est mort, et décrit avec une étonnante précision les phénomènes dont il est le témoin : les secousses telluriques précédant le réveil du volcan, l'énorme panache de cendres et de gaz qui s'élève haut dans le ciel (appelé plus tard « panache plinien »), les chutes de poussières et de ponces qui enfouissent les bâtiments, les gaz sulfureux qui asphyxient les hommes, l'obscurité totale, les nuées ardentes, les raz-de-marée (tsunamis) consécutifs aux séismes, etc. Les lettres de Pline à Tacite constituent un document essentiel de la volcanologie, probablement la première description attentive et scientifique d'une éruption explosive majeure.

Aux siècles suivants, les Romains étouffent peu à peu la science grecque. Dans leur empire, où les conquêtes militaires, les divertissements et les intérêts commerciaux sont restés la priorité, les sciences de l'ingénieur ont un peu progressé, mais les sciences pures ont périclité.

Des coquillages sur les montagnes

L'interprétation de la présence des fossiles mérite un développement particulier. Nous savons aujourd'hui que le sol que nous foulons est souvent un ancien fond sous-marin, et ne nous étonnons guère d'y trouver des fossiles d'espèces biologiques marines. Mais les Anciens se sont interrogés sur la présence des coquilles marines de pierre, qu'ils pouvaient observer bien loin des rivages, et même parfois dans les montagnes.

Hérodote (v. 484-v. 420 avant J.-C.) reprend sur ces fossiles les observations des prêtes égyptiens, qui avaient remarqué les coquilles marines dans les coteaux bordant le Nil, et qui pensaient, à juste titre, que la mer s'y étendait jadis. Il en conclut que la basse Égypte est un ancien golfe. Aristote explique dans ses *Météorologiques* (IVe siècle avant J.-C.) que, selon un rythme extrêmement lent à l'échelle humaine, la mer prend la place de la terre et vice-versa, au long d'une durée infinie. Il en cite des exemples : l'accroissement du delta du Nil depuis le temps d'Homère, et l'envahissement du Palus-Méotide. Le poète latin Ovide (43 avant J.-C.-17 ou 18 après J.-C.) reprend les idées d'Aristote dans des vers célèbres de ses *Métamorphoses* : « J'ai vu [...] des terres faites à la place de la mer, et loin de la haute mer des coquilles gisantes. »

Les Anciens ont ainsi eu conscience très tôt que la place relative des continents et des mers n'est pas immuable. Mais quelle interprétation donnaient-ils aux avancées et aux retraits des eaux, que nous appelons aujourd'hui transgressions et régressions marines ? Deux géographes de l'époque tentent d'y répondre en proposant des thèses différentes.

Ératosthène le catastrophiste, Strabon l'actualiste

Ératosthène explique ainsi la présence des coquilles du pourtour méditerranéen : la mer était plus haute, elle a déposé les coquillages sur des terres émergées depuis, puis elle s'est vidée partiellement par ouverture des « colonnes d'Hercule » (détroit de Gibraltar).

Strabon (v. 58 avant J.-C.-entre 21 et 25 après J.-C.), géographe et géologue né en Cappadoce, est connu pour sa *Géographie* en sept volumes. Il explique quant à lui la présence des fossiles par un mouvement du sol, qui s'élèverait avant de s'affaisser : la mer tantôt déborderait, tantôt se retirerait. Pour appuyer sa thèse, il prend l'exemple des rochers ou des îles qui émergent soudainement des flots, telle l'île volcanique nouvelle de Théra dans l'archipel de Santorin (on sait aujourd'hui que cette interprétation est fausse, ces émergences étant dues à des montées magmatiques). Il étend la possibilité de ces soulèvements à des continents entiers. Méditerranéen, il est confronté à l'activité des séismes et des volcans qui engendrent des raz-de-marée. Les effets conjugués des soulèvements et des affaissements, ainsi que ceux des raz-de-marée, expliquent selon lui la présence des coquilles loin de la mer.

Strabon observe les phénomènes de son temps pour interpréter les plus anciens : « Il convient de déduire nos explications de choses qui tombent sous nos sens et qui, dans une certaine mesure, se posent tous les jours sous nos yeux. » C'est le premier énoncé du « principe des causes actuelles », ou actualisme, qui triomphera en 1790 (!) avec Jean-André Deluc [3].

À l'opposé, Ératosthène évoque un événement catastrophique ancien, unique, qui aurait ouvert les colonnes d'Hercule permettant à la Méditerranée de déverser ses eaux dans l'Atlantique. Il ne semble pas donner d'explication à ce processus, mais il est vrai que ses propos nous sont rapportés par Strabon qui ne cherche peut-être pas à accréditer une thèse contraire à la sienne. Ératosthène formule toutefois les bribes de la théorie du catastrophisme, qui ne sera développée qu'après 1830 par le Britannique William Whewell [4].

Une succession de catastrophes ou un équilibre permanent ?

L'opposition entre Ératosthène et Strabon est au cœur des discussions entre les savants et les philosophes de l'Antiquité.

Les Anciens ne croient pas plus à la fin prochaine du monde qu'à sa création récente. Ainsi Aristote, qui suppose le monde éternel, pense que si des montagnes s'écroulent, d'autres se constituent. Les stoïciens soutiennent que si les montagnes s'écroulent, le monde entier (le tout) doit aussi disparaître – toutefois, le stoïcisme admet que les mondes puissent se succéder, ce qui serait une autre forme d'éternité. Entre aristotéliciens et stoïciens se retrouve finalement cette notion de cycle qui perdure : un monde unique qui se renouvelle ; des mondes qui se recréent.

La question de l'âge du monde est ici centrale. Aux yeux d'Aristote, pour qui tout ne cesse de se renouveler, l'âge du monde est infini. Pour les stoïciens, les manifestations de la baisse des eaux ou de l'érosion des montagnes annoncent au contraire la fin d'un monde, qui renaîtra.

Les grandes questions sur l'évolution de la Terre sont donc posées dès l'Antiquité. Le Moyen Âge sera beaucoup plus péremptoire.

---

[3] Voir *infra*, pp. 453-455.
[4] Voir *infra*, p. 454.

LA TERRE EST PLATE ET AU CENTRE DU MONDE

Au Moyen Âge, le système de pensée devient tributaire de la croyance religieuse. Le concept de monde éternel professé par l'école aristotélicienne est incompatible avec les dogmes chrétiens. En revanche, l'Église s'accommode assez bien de la pensée stoïcienne : il suffit de remplacer la succession des mondes par un acte unique de création et de destruction...

Le monde de Moïse

Le savoir scientifique de l'Église d'Occident est extrêmement réduit. Les pères de l'Église refusent les véritables interrogations scientifiques : les Écritures suffisent à expliquer le monde ; d'ailleurs, seul importe le salut de l'âme.

Le monde de Moïse est une Terre plate flottant sur l'océan, dominée par une voûte céleste soutenue par des piliers qui supportent les eaux d'en haut. Cette Terre plate est jeune : elle compte de six à huit mille ans. Cet âge est bien sûr peu propice à la compréhension des phénomènes géologiques dont la durée est de l'ordre du million d'années.

L'archevêque anglican James Ussher, primat d'Irlande et confident du roi Charles Ier, établit l'histoire de la planète en s'appuyant de la Bible et en ignorant les écrits de l'Antiquité grecque. Dans deux ouvrages publiés en 1650 et 1654, il donne la chronologie suivante : le ciel et la terre ont été créés au début de la nuit précédant le dimanche 23 octobre de l'an 4004 avant J.-C. Le mardi suivant, les eaux avaient été rassemblées et les terres avaient émergé ; l'homme et les autres formes de vie apparurent le jeudi. Le déluge s'abattit sur la Terre 1665 années plus tard, Noé monta dans l'arche le dimanche 7 décembre 2349 avant J.-C. et en redescendit le mercredi 6 mai de l'année suivante. Depuis, la Terre n'a pas changé.

Autre dogme de l'Église médiévale : le géocentrisme, selon lequel la Terre est immobile et au centre de l'Univers, les astres tournant autour d'elle. Ce système astronomique, promulgué par Claude Ptolémée (v. 100-v. 170), fit autorité jusqu'au XVIe siècle[5].

---

[5] Voir *supra*, p. 224.

En marge de l'obscurantisme religieux

Nicolas Copernic (1473-1543) sonne le glas du géocentrisme avec la publication, en 1543, du traité *De revolutionibus orbium caelestium*, dans lequel il suggère que la Terre et les autres planètes tournent à la fois sur elles-mêmes et autour du Soleil [6]. La Terre est ainsi reléguée au rang de planète commune, ce qui suscitera l'ire de l'Église catholique. Galilée, génial observateur de la voûte céleste avec sa fameuse lunette, soutient le système du monde proposé par Copernic ; à l'issue de son retentissant procès mené par l'Inquisition, il est contraint de reconnaître qu'il a tort [7]. Son contemporain, Giordano Bruno (1548-1600), refusant de reconnaître que sa conception d'un Univers infini est hérétique, est condamné à mort et brûlé vif à Rome.

Le Déluge et la Création

Dans d'autres domaines, des observateurs réfléchis retrouvent ou rétablissent des notions de base, déjà connues des Grecs, mais oubliées depuis ou proscrites au nom de la Bible. La présence des fossiles pose de nouveaux problèmes. La Bible affirme que Dieu a d'abord créé la terre ferme, puis les animaux. Comment expliquer alors la présence de vestiges d'animaux à l'intérieur de la Terre ? Certains auteurs, pour rester orthodoxes, interprètent les fossiles comme des jeux de la nature, des accidents dus au hasard ou à une mystérieuse force plastique ou pétrifiante. Pour d'autres, c'est le Déluge qui permet de concilier les observations géologiques et la foi chrétienne.

Néanmoins, les interrogations se multiplient et se précisent. Albert le Grand (v. 1200-1280) observe des fossiles dans les calcaires parisiens et et en fournit une explication correcte : ce sont des restes d'animaux qui ont vécu dans des mers aujourd'hui disparues. Léonard de Vinci (v. 1200-1519) suppose qu'« au-dessus de l'Italie, là où volent de multitudes d'oiseaux, nageaient jadis des bancs entiers de poissons ». Il ajoute : « Si les coquilles avaient été

---

[6] Voir *supra*, pp. 235-236.
[7] Voir *supra*, pp. 246-249.

dans l'eau troublée d'un déluge, elles se trouveraient mêlées et disjointes [...] et non en rangs réguliers, par couches, comme nous les voyons de nos jours. » Les fossiles ont donc été déposés au fond d'une mer, qui a séjourné longtemps, c'est-à-dire plus de quarante jours. Pour expliquer comment « le lit de la mer a surgi à l'air » et les reliefs montagneux, Léonard de Vinci imagine qu'une « immense caverne a dû s'affaisser, percée par les cours des sources ». La Terre dont elle s'est séparée, allégée du poids de la partie effondrée et de l'eau qui la recouvrait, « s'est élevée vers la hauteur ». Ainsi s'expliquent « les coquilles marines des huîtres que l'on voit sur les hautes montagnes ». Cette idée des effondrements perdurera jusqu'au XVIIIe siècle.

Buridan

Le philosophe scolastique français Jean Buridan (v. 1300-après 1358) est une grande figure de la géologie du Moyen Âge. L'hémisphère Nord étant majoritairement continental et l'hémisphère Sud plutôt océanique, il propose une théorie pour expliquer cette dissymétrie : les deux hémisphères terrestres n'ont pas la même masse. Les terres, prédominantes au Nord, sont plus légères que le fond des océans, parce que le Soleil les réchauffe davantage. Ainsi, Buridan imagine un modèle selon lequel la Terre est constituée d'un emboîtement de deux sphères – l'une océanique et l'autre continentale – avec deux centres distincts : un « centre de grandeur » géométrique correspondant à la forme globale de la planète, et le centre de gravité, décalé par rapport au précédent en raison de la différence de masse entre les deux hémisphères. Au fil du temps, l'érosion allège les continents et alourdit les océans. Ainsi, les premiers gardent leurs reliefs par allègement alors que les seconds s'approfondissent. Le schéma global de Buridan apporte une hypothèse de la conservation des reliefs, mais il n'explique en rien la présence de fossiles sur la terre ferme. Cette présence est selon lui due au fait que le fond des océans, devenu trop lourd, ne s'enfonce plus, se comble, puis se déverse vers les continents. Les deux centres convergent alors.

Dans ses *Questions sur le traité des météores*, Buridan reprend ces notions de cycles continents-océans et leur attribue des périodes bien supérieures à celles que le carcan religieux impose. Pour lui, la différence de réchauffement entre l'hémisphère océanique et l'hémisphère continental, qu'il relie au cycle de l'oscillation de l'axe de la Terre – celui de la précession des équinoxes[8] – et les temps nécessaires à l'érosion des continents et au comblement des océans par les sédiments correspondent à un cycle d'inversion continents-océans qui ne « se produit peut-être [qu']une fois seulement en des centaines de millions d'années ».

Dans le monde arabe et en Orient

Durant les premiers siècles de notre ère et le Moyen Âge, l'Occident s'est coupé du reste du monde scientifique. Les acquis de l'Antiquité, notamment ceux des Grecs, y ont été ignorés. Il n'en est pas de même dans le monde arabe. La science grecque est conservée par les écrits – notamment ceux de la bibliothèque d'Alexandrie, jusqu'à ce qu'elle soit détruite. Mais les écrits restent nombreux ; ils sont notamment réunis à Byzance (Constantinople). Au ve siècle, les chrétiens nestoriens sont chassés de Byzance et partent fonder des écoles en Syrie et en Perse. Les manuscrits grecs sont d'abord traduits en syriaque, puis en arabe au fil des invasions. C'est ainsi que le philosophe et médecin iranien Avicenne (980-1037) peut étudier les textes grecs[9]. Il fait aussi ses propres observations : les reliefs des montagnes se construisent naturellement et indirectement par l'érosion des eaux formant des dépressions – des vallées et des canyons –, à ne pas confondre avec les effondrements souterrains suggérés par Léonard de Vinci cinq siècles plus tard !

À l'appui de sa thèse, Avicenne fait remarquer que les mêmes couches de terrain se retrouvent de part et d'autre des vallées. Si cette observation peut apparaître aujourd'hui triviale, si elle a été certes plus aisée dans les couches horizontales du désert d'Arabie que dans les terrains abondamment plissés et faillés de la Grèce, il n'en reste pas moins que Avicenne a été le premier à la faire et à jeter ainsi les prémices de la stratigraphie corrélative.

Les savants arabes porteront ensuite leur savoir, largement tiré de celui des Grecs, vers l'Ouest, en Afrique, en Espagne et jusqu'en France.

---

8 Voir *supra*, pp. 222-223.
9 Voir *supra*, p. 304.

L'Orient est resté longtemps isolé de l'Occident. Les découvertes furent nombreuses, mais essentiellement technologiques. Deux d'entre elles auront d'importantes conséquences pour le développement des sciences de la Terre. En 132, le Chinois Chang Heng met au point le premier « sismographe », qui décèle non seulement un tremblement de terre, mais indique la direction de propagation de l'onde sismique. En 83, un autre Chinois, Loxen Heng, avait remarqué qu'une cuillère de magnétite (un oxyde de fer), posée en équilibre sur une plaque de bronze poli, indique toujours le nord. Les Chinois utilisèrent cette propriété vers l'an 1100 ; les Arabes apprirent d'eux l'utilisation de la boussole, et la révélèrent aux Européens qui s'en servirent à partir du XIIe siècle. Ce fut notamment un instrument essentiel de la découverte du monde marin.

LE MONDE MARIN

Des techniques et des découvertes

À la fin du XVe siècle, de nouveaux instruments qui permettent de se positionner en mer rendent enfin possibles les longues explorations marines.

La boussole est restée longtemps le seul instrument utilisé par les navigateurs. Mais pour mesurer la distance parcourue en mer, on utilisait un loch, qui prenait en compte la vitesse et la dérive du navire. Le loch est un simple cordage sur lequel des nœuds sont espacés régulièrement. L'extrémité est plongée dans l'eau ; on compte le nombre de nœuds qui glissent entre les doigts tout en notant le temps avec un sablier. La vitesse se mesure donc en nœuds. Le loch permet aussi d'observer la dérive du bateau en comparant la distance parcourue et la position estimée par la hauteur des astres. Bien que peu fiable, cette méthode a permis de cartographier très tôt les principaux courants marins La mesure de la hauteur des astres au-dessus de l'horizon donne la latitude. La méridienne, c'est-à-dire la mesure de la hauteur du Soleil au-dessus de l'horizon lorsqu'il passe au méridien (au Sud, au plus haut sur l'horizon) facilite la détermination de la latitude, surtout dans l'hémisphère Sud où l'étoile polaire n'est pas visible. Les instruments utilisés sont l'astrolabe, le quadrant puis, au XVIe siècle, l'arbalète, avant que l'invention du sextant, dérivé de l'octant décrit dès 1666 par l'Anglais Robert Hooke (1635-1703), puis par Newton, et réalisé en 1731 par un autre Anglais, John Hadley (1682-1744), ne vienne révolutionner la détermination de la latitude en mer.

Autre problème essentiel pour la navigation maritime, celui de la détermination de la longitude. Dès le début du XVIe siècle, on sait qu'il suffit de comparer l'heure à laquelle on observe un phénomène astronomique, par exemple le passage du Soleil au méridien, avec l'heure à laquelle ce phénomène se produit dans un lieu de référence, pour situer le méridien sur lequel on se trouve par rapport à un méridien de référence. Cependant, ce n'est qu'après l'invention du chronomètre de marine, en 1735, par le Britannique John Harrison (1693-1776) que les navigateurs disposeront de garde-temps suffisamment précis pour pouvoir appliquer cette méthode [10]. En 1569, le géographe et mathématicien flamand Gérard Mercator (1512-1594) publie la première grande carte du monde à l'usage des navigateurs, dressée selon la projection qui porte son nom. Les méridiens sont des droites parallèles équidistantes, mais la distance entre les parallèles augmente avec la latitude, ce qui exagère les surfaces aux plus hautes latitudes. Avec ce type de projection, il suffit de tracer une ligne droite entre deux points pour obtenir la route la plus directe (sans changement de cap). Dès lors, les voyages seront facilités, les lieux découverts plus aisément retrouvés, la cartographie du contour des terres précisée et les observations océanographiques multipliées.

Une nouvelle discipline : l'océanographie

Après les grands voyages de découverte, la cartographie des côtes ouest de l'Afrique et celle des côtes est de l'Amérique du Sud montre une troublante analogie, que les naturalistes du XVIe siècle remarquent : ces côtes semblent pouvoir s'emboîter si l'on rapproche les deux continents. Bien sûr, cela n'apparaît à l'époque que comme une simple coïncidence ; nous y reviendrons avec les expéditions d'Alexander von Humboldt au XVIIIe siècle et les travaux d'Alfred Wegener au début du XXe siècle [11].

---

[10] Voir *supra*, p. 261.
[11] Voir *infra*, pp. 463-467.

L'apport essentiel de la navigation, du XIVe au XVIe siècle, réside dans la cartographie. Puis, les routes maritimes étant bien tracées, le commerce et la colonisation primeront sur la recherche.

Un nouvel élan est amorcé avec la fondation, à Londres, en 1660, de la Royal Society. Celle-ci, deux ans plus tard, charge le mathématicien Lawrence Rooke (1623-1662) d'établir la collecte des données scientifiques recueillies par les marins : flux et reflux des marées, profondeurs mesurées par les sondes, direction des vents et des courants, prélèvements d'eau de mer, changements de temps, configuration et nature des fonds océaniques, etc. Ce vaste programme constitue la première étude méthodique des océans et marque la naissance d'une nouvelle discipline, l'océanographie.

En 1663, le Hollandais Isaäc Vossius (1618-1689), compilant les journaux de bord de nombreux capitaines, décrit les trajectoires des courants qui, dans l'Atlantique Nord, effectuent un vaste mouvement circulaire dans le sens des aiguilles d'une montre : les eaux équatoriales longent les côtes de Floride, remontent les côtes est de l'Amérique du Nord puis s'écoulent vers l'est en direction de l'Europe avant de redescendre vers l'équateur et reprendre la trajectoire de cette immense boucle.

En 1679, l'Italien Luigi Ferdinando Marsili (1658-1730) rejoint à Istanbul l'ambassadeur de Grande-Bretagne, Sir John Finch. Ce dernier avait constaté que le Bosphore, qui relie les eaux de la mer Noire à celles de la mer de Marmara puis à celles de la Méditerranée, présente une particularité : selon les pêcheurs, les courants de surface et ceux de profondeur circulent en sens inverse. Marsili vérifie ce phénomène, et le modélise avec une maquette censée reproduire les différents bassins pour étayer son hypothèse : les eaux de la mer Noire, alimentée par de nombreux fleuves, plus douces et donc plus légères, circulent en surface vers le Sud ; en revanche, les eaux de la Méditerranée, plus salées et donc plus denses, s'écoulent en profondeur en sens inverse pour compenser la circulation globale des eaux de cette région.

Les questions relatives aux échanges océaniques au niveau du détroit de Gibraltar, entre la Méditerranée (aux eaux plus salées) et l'océan Atlantique (aux eaux plus douces), trouvent alors leur réponse. Comment l'important débit des eaux de l'Atlantique peut-il alimenter un bassin fermé (la Méditerranée) sans en élever le niveau ? Parce que les eaux salées et denses de la Méditerranée refoulent en profondeur le trop plein vers l'Atlantique.

Des observations de Vossius et de Marsili résultera, trois siècles plus tard, le schéma global des eaux de l'océan mondial. D'une part, les courants marins de surface forment de grandes boucles anticycloniques tournant dans le sens des aiguilles dans l'hémisphère Nord, dans le sens inverse dans l'hémisphère Sud. D'autre part, la circulation des eaux profondes s'établit pour tout l'océan ; cette convection générale, dite thermohaline, car liée à la température et à la salinité de l'eau de mer, décrit une immense boucle avec des courants de surface et des courants froids profonds.

Courants et marées

La distinction entre courants et marées n'apparaît qu'avec les travaux de Nicolas Copernic. En 1543, il publie sa célèbre théorie selon laquelle la Terre tourne autour du Soleil. Les mouvements des eaux et de l'atmosphère sont dus à cette rotation.

En 1691, le navigateur anglais William Dampier (1652-1715) publie *Nouveau Voyage autour du monde*. Par marée, il entend le flux et le reflux, cycle biquotidien, qui se produit sur toutes les côtes. Par courant, il décrit un mouvement bien différent, notamment quant à la durée, la direction et le caractère transocéanique.

Concernant les courants marins, John Hadley affirme, dans les années 1730, que la seule rotation de la Terre n'est pas suffisante pour expliquer les boucles anticycloniques dans les deux hémisphères. C'est peut-être en 1735 que Hadley comprit les fondements de ce qu'on appelle aujourd'hui l'environnement global, c'est-à-dire les interactions atmosphère-continents. Nous reviendrons sur ses travaux. Soulignons cependant sa réflexion sur la circulation océanique et la circulation atmosphérique : il observe que, sur un globe en rotation, un point placé près de l'équateur est animé d'une vitesse plus grande qu'un point situé plus près du pôle, car il parcourt un arc de cercle beaucoup plus long. L'eau (ou l'air) chauffé(e) au voisinage de l'équateur s'écoule (ou s'élève) vers le nord – pour l'hémisphère Nord – mais elle conserve aussi la vitesse acquise par la rotation de la Terre. La vitesse des courants marins (ou des masses d'air), qui s'écoulent vers le nord, est de plus en plus faible ; ceux-ci dérivent donc vers l'est. Hadley explique ainsi que les alizés soufflent du nord-est au voisinage de l'équateur dans l'hémisphère Nord, et du sud-est dans l'hémisphère Sud. La direction des grands

Pourquoi l'eau de mer est-elle salée ?

Si l'on avait compris, dès les travaux de Marsili, que plus l'eau de mer était salée, plus elle était dense, on ne put guère expliquer cette salinité avant la fin du XVIIIe siècle. Vers 1660, le physicien et chimiste anglo-irlandais Robert Boyle (1627-1691) étudie des échantillons d'eau de mer prélevés par des capitaines à différentes profondeurs au travers de l'Atlantique. Il établit clairement que, contrairement à ce que l'on pensait jusqu'alors, les eaux marines ne sont pas constituées d'une couche superficielle salée recouvrant de l'eau douce profonde.

Ce n'est que vers 1770 que le chimiste français Antoine Laurent de Lavoisier (1743-1794) parvient à analyser des prélèvements de l'eau de la Manche et à en isoler le chlorure de sodium et quatre autres composants. Aujourd'hui, les géologues et les chimistes s'accordent à penser que la salinité, ou salure, des mers est due, principalement, aux phénomènes de dégazage, de volcanisme, d'attaque acide des roches et de dissolution de gaz atmosphériques qui façonnaient la Terre à l'époque de sa formation. Cette hypothèse a néanmoins été récemment remise en cause : contrairement à que les géologues admettaient jusqu'à la fin des années 1990, la salinité a fortement varié au cours des temps géologiques. Elle n'a donc pas été « héritée » de l'époque de la formation de la Terre. On estime, désormais, que la salinité de l'eau de mer est déterminée par la vitesse à laquelle se forme le nouveau plancher des océans (selon l'axe des dorsales océaniques).

courants océaniques obéit à la même loi. Le mathématicien français Gaspard Coriolis (1792-1843) formalisera scientifiquement, équations à l'appui, les observations de Hadley : la rotation de la Terre exerce une force – la force de Coriolis – qui dévie les masses en mouvement (air ou eau) vers la droite (c'est-à-dire vers l'est) dans l'hémisphère Nord et vers la gauche dans l'hémisphère Sud. C'est pourquoi, par exemple, les alizés sont déviés en sens opposés lorsqu'ils se dirigent vers l'équateur.

Isaac Newton (1642-1727), le premier, a montré les liens existant entre les marées et la gravitation. Les marées désignent, dans l'acception la plus courante, le mouvement oscillatoire du niveau de la mer résultant, principalement, de la Lune, mais aussi du Soleil [12].

---

12 Voir aussi *supra*, p. 130 *sq*.

L'expédition du Challenger

Aux XVIIIe et XIXe siècles, les scientifiques reprennent la mer, ne se contentant plus de collecter les informations recueillies par les marins. Les échanges commerciaux exigent une meilleure connaissance du domaine marin, qui représente plus de 70 % de la surface de la Terre. Les scientifiques veulent désormais explorer un monde encore inconnu : les fonds océaniques.

Au commencement du XIXe siècle, les Français, les Russes et les Danois effectuent sans réel résultat plusieurs expéditions scientifiques autour du monde. Les Américains envoient en 1838 six navires avec une équipe de scientifiques, dont des hydrographes et des naturalistes (minéralogistes, botanistes et zoologistes). Deux bâtiments seulement reviendront, quatre ans plus tard, après avoir parcouru 80 000 milles, rapportant des informations sur les courants, les fonds et la température de l'eau, etc. En 1847, l'Américain Matthew Fontaine Maury (1806-1873) publie la première édition de ses *Cartes des vents et des courants*. Celles-ci sont adoptées par tous les marins, qui, en retour, collaborent à la collecte d'observations permettant d'en améliorer la précision.

Les explorations océanographiques se multiplient. La plus impor tante est celle du *Challenger*, tour du monde scientifique et océanographique en 1 290 jours ! Le 21 décembre 1872, l'océanographe anglais Charles Wyville Thomson (1830-1882) appareille à Portsmouth avec à son bord une dizaine de scientifiques et leur matériel : laboratoire de chimie pour analyser l'eau de mer, lignes de sonde, équipements pour prélever des espèces biologiques dans les abysses, appareillages de thermométrie et de salinité, etc. Le *Challenger* termine son périple le 24 mai 1876, après avoir parcouru près de 130 000 km.

Le rapport complet de l'expédition, en 50 volumes (30 000 pages) rédigés et illustrés avec soin par John Murray, ne paraît qu'en 1895. La plus grande partie concerne la zoologie, mais les informations en sciences de la Terre y sont aussi riches en enseignements. Ainsi, la plongée simultanée, en certains sites, de deux thermomètres à des profondeurs différant de quelques mètres, permit de démontrer l'existence de courants froids profonds, et de courants plus chauds en surface, circulant de sens inverse. Cette observation, effectuée dans tous les océans, confirmait les hypothèses de Vossius et de

Marsili en les précisant admirablement : on put mesurer des variations de température de l'eau de mer, à quelques mètres d'écart en profondeur, de près de dix degrés Celsius, démontrant ainsi définitivement l'existence des courants profonds en particulier, et de la circulation thermohaline en général. Par ailleurs, la sonde dite de Baillie permet à la fois de mesurer la profondeur et de prélever des sédiments du fond. La profondeur record de 4 475 brasses (8 189 m) a été atteinte à l'aplomb de la fosse des Mariannes, et l'on a découvert dans les sédiments des milliers d'espèces nouvelles ainsi que des nodules polymétalliques.

Grâce à la bouteille d'eau de mer à fermeture automatique de Buchanan, des analyses chimiques à différentes profondeurs ont été réalisées. Elles montrent que la salinité varie selon les profondeurs et les endroits, mais que les quantités de chaque élément constituant l'eau de mer restent relativement constantes (loi de William Dittmar [1833-1892]).

John Murray effectue une autre constatation importante d'un point de vue sédimentologique. Il observe que la nature des dépôts dépend de la hauteur de l'eau sous laquelle ils se sont formés : les moins profonds sont de nature calcaire (squelette de globigérine), alors que les plus profonds, sont siliceux (tests de radiolaires), la pression ayant dissous les carbonates.

Tous ces résultats marquent l'essor de l'océanographie physique, visant à décrire, physiquement et chimiquement, le milieu prédominant de notre planète et qui va succéder à l'océanographie fondée sur l'étude des courants et des marées.

L'océanographie moderne

D'autres expéditions océanographiques ont lieu après celle du *Challenger*. Mais les principales découvertes du milieu marin se feront dans la seconde moitié du XXe siècle, grâce aux développements technologiques.

On peut distinguer deux avancées majeures. La première survient après la Seconde Guerre mondiale, avec le développement de l'acoustique marine, l'apparition de l'hydraulique à bord des navires et la mise au point de dispositifs techniques tel que le joint torique qui révolutionne la conception de matériel résistant à la pression. Ainsi, au cours des années 1950, la plongée réussie à un peu plus de 4 000 m de profondeur du bathyscaphe français F.N.R.S. III apporte une nouvelle dimension à l'océanographie, la vision directe des scientifiques. La seconde avancée, à l'origine d'une nouvelle mutation de l'océanographie, vient de l'apport des techniques spatiales : d'une part, l'avènement des systèmes de navigation par satellite (Transit en 1964, Argos en 1980) ; d'autre part, le lancement, en 1978, du premier satellite véritablement océanographique, Seasat, doté d'un altimètre radar qui permettait de mesurer la hauteur des vagues avec une précision de 50 centimètres.

Grâce à ces techniques nouvelles, on a pu notamment mieux comprendre le fonctionnement de l'océan global et les interactions entre celui-ci et l'atmosphère.

SUR LES MONTAGNES ET LES OCÉANS

L'étude de la formation des montagnes et celle des océans ont toujours été liées, parfois sans que les scientifiques en aient réellement conscience, puisqu'un monde semble séparer les profondeurs maritimes et les sommets rocheux.

Les fossiles : témoins biologiques ou jeux de la nature ?

Pour les scientifiques des XVIe et XVIIe siècles, il est difficile de comprendre que les fossiles et les espèces vivantes des mers, souvent de formes différentes, sont issus d'une même nature biologique. Lamarck ne publiera sa théorie *(Philosophie zoologique)* qu'en 1809, et Darwin *De l'origine des espèces par voie de sélection naturelle* qu'en 1859 ; de ces deux ouvrages résultera une théorie de l'évolution des espèces qui explique les différences morphologiques au cours des temps géologiques. Mais Darwin sera fortement combattu par les milieux religieux et par les linnéens [13].

Au XVIe siècle, Bernard Palissy ne voit aucune phylogénie entre les espèces vivantes et les fossiles. Ces derniers représentent pour

[13] Voir *infra*, pp. 523-525.

lui des « espèces disparues » – et l'expression restera longtemps usitée –, car trop pêchées !

Mais d'autres « naturalistes » observent que les fossiles sont bien différents selon la nature des couches de terrain qui les contiennent. Ce sont donc des *lapides sui generis*, c'est-à-dire des formes créées par les couches qui les abritent, autrement dit des « jeux de la nature ». Les plus extrémistes verront même dans ces derniers, à l'époque des guerres de religion, des signes divins représentant la tiare pontificale pour les uns, le visage de Luther pour les autres, etc.

Sténon et la formation des reliefs

En 1669, le Danois Niels Steensen, dit Nicolas Sténon (1638-1686), publie le *Prodomus* d'une dissertation « Sur un solide contenu naturellement dans un solide », qui pose définitivement les bases de la géologie moderne.

Selon Sténon, tout solide est issu d'un fluide. Les strates (couches de terrain) du sous-sol se sont donc successivement déposées l'une sur l'autre, processus que l'on appellera plus tard *sédimentation*. Ces strates sont d'abord horizontales et continues. Chacune contient les coquilles et autres débris, restes des êtres vivants qui vivaient à l'époque, et qui se sont accumulés au fond de l'eau. Léonard de Vinci, on l'a vu, avait déjà formulé une hypothèse presque semblable sur la contiguïté d'un même type de fossiles dans une même couche de terrain, sans l'expliquer. Mais Sténon va plus loin. Il distingue deux types de dépôts : ceux contenant des fossiles marins, du sel marin, etc., et ceux moins consolidés, contenant des graines, des restes végétaux, c'est-à-dire des dépôts lacustres, qu'il considère plus jeunes. On peut sourire de cette chronologie, quand on connaît l'étendue de l'échelle stratigraphique actuelle, allant des dépôts quaternaires aux plus anciens, vieux de centaines de millions d'années. Mais l'univers de Sténon est celui de la Bible, âgé de quelques milliers d'années seulement, et il est difficile au savant de concilier observation et théologie. Sténon a eu cependant le mérite d'assigner aux fossiles un rôle fondamental dans la détermination des faciès des formations géologiques.

Pour la formation des reliefs, Sténon tire ses hypothèses de ce qu'il voit en Toscane : les tranches des strates mises à nu impliquent une rupture ou une ablation ; leur situation inclinée implique un dérangement, lequel est la cause des montagnes. À cette époque, pour expliquer les reliefs, on envisageait en effet plus volontiers des effondrements que des soulèvements. Sténon imagine le processus suivant : sédimentation en couches rocheuses horizontales et superposées, première émersion de ces couches et creusement des plus anciennes formant une cavité interne, effondrement des couches les plus supérieures, nouvelle immersion par les eaux et dépôts de sédiments plus récents, nouvelle émersion, nouveau creusement intérieur et nouvel effondrement des couches supérieures récentes. Ainsi distingue-t-il d'une part des montagnes anciennes, faites de strates rocheuses sans fossiles, et d'autre part des « petites montagnes » récentes, plus meubles, encaissées dans des vallées d'effondrement. Le feu, ou l'infiltration de l'eau, serait la cause de la sape des soubassements des couches de terrain.

Avec ces deux principes – la chronologie stratigraphique et la formation des reliefs – la géologie devient une science d'observation, la géologie de terrain, qui perdura jusqu'au XXe siècle.

Voyages dans les Alpes

Organisateur de la première ascension du mont Blanc en 1786, le physicien et naturaliste suisse Horace Bénédict de Saussure (1740-1799), réalise lui-même la deuxième, un an plus tard, accompagné par de nombreux guides. Ses observations sont essentiellement d'ordre atmosphérique : pression et hygrométrie de l'air, considérations sur la rareté de l'air avec l'altitude, etc. Il publie ses différents résultats dans son ouvrage majeur, *Voyages dans les Alpes* (1779-1794, 4 vol.), qui pose les premiers principes de la météorologie rationnelle

Après lui, les explorations dans les Alpes se multiplient. Un auteur fera plus particulièrement avancer les idées dans la formation des montagnes, dans la droite lignée de Sténon Il s'agit du diplomate et géologue français Benoist de Maillet (1656-1738), qui parcourt les Alpes et dont la théorie est publiée en 1748, dans un ouvrage posthume intitulé *Tellamied* (anagramme du nom de l'auteur), *ou Entretiens d'un philosophe indien avec un missionnaire français sur la diminution des eaux, la formation de le terre, l'origine de l'homme*, etc. Le titre a de quoi surprendre ! Mais son contenu apporte de nouvelles idées, qui annoncent le neptunisme [14]. Comme Sténon, Maillet distingue des montagnes primitives. Il ne croit pas à la création du monde, mais plutôt à un renouvellement perpétuel, où la Terre est tantôt recouverte par les eaux, tantôt entièrement asséchée. Ainsi, les montagnes primitives se formeraient au fond des océans, par l'accumulation de matériaux, le soubassement correspondant à l'ancienne croûte du monde antérieur. Comme la future montagne primitive est très profondément immergée, aucune vie n'est possible dans ses abords, ce qui explique que les montagnes primitives ne contiennent pas de fossiles ! Mais le cycle veut ensuite que le niveau marin baisse, la montagne primitive émerge, s'érode, et que la vie naisse sur son pourtour en eaux peu profondes. Ainsi apparaissent d'autres montagnes, stratifiées et contenant des fossiles, s'appuyant sur la montagne primitive qui les domine.

Comme Sténon également, Maillet distingue deux types de montagnes, les plus anciennes sans fossiles, et les « petites montagnes » stratifiées et fossilifères. Mais le cycle de formation qu'il imagine est plus complet : il rejette le concept biblique de la Création, lui préférant celui du cycle, qu'il estime à cinq cent mille ans pour la diminution des eaux. Seule ombre au tableau : selon sa théorie, les montagnes les plus anciennes sont les plus élevées. Aujourd'hui, alors que l'on sait que les Alpes et l'Himalaya sont des montagnes récentes, on peut s'étonner de cette hypothèse, mais il faut se souvenir que pour les contemporains de Maillet, tout se formait au fond des océans.

Tout vient des océans

Maillet est un libre penseur, mais il alimente la pensée alors en vigueur : les reliefs viennent des variations du niveau de la mer – nous ne sommes pas encore si loin du Déluge. Pour les savants d'une grande partie du XVIIIe siècle, les « montagnes » ne sont que des accumulations de dépôts de matériaux plus importants, dues à une baisse du niveau des mers. D'où le nom de *neptunisme* donné à ce concept qui, d'une manière générale, veut que toutes les roches

---

[14] Voir *infra*, pp. 433-434.

se forment au fond des océans (Neptune était le dieu romain de la Mer). Un écueil toutefois : cette théorie implique des masses océaniques primordiales fantastiques pour admettre que les hauts sommets des Alpes, par exemple, aient jadis été profondément immergés. L'abbé italien Anton Lazzaro Moro (1687-1764), dans son ouvrage *De Crost acei e degli altri marini corpi che sitrovano su' monti*, publié en 1740, propose un compromis : le niveau de la mer baisse (Maillet pensait que l'eau s'évaporait vers d'autres astres) et les reliefs les plus récents (ceux qui sont stratifiés et qu'il nomme « montagnes secondaires »), en opposition aux montagnes primaires, s'élèvent par un soulèvement interne, qu'il rattache aux éruptions volcaniques. Il en veut pour preuve la naissance d'une île surgie en 1707 et celle, en 1538, du Monte Nuevo dans la baie de Naples, au milieu des champs Phlégréens, tout près du Vésuve. Moro a ainsi une vision actualiste (les mêmes causes produisent les mêmes effets), mais le neptunisme perdurera encore.

Une notion importante est cependant acquise : les « anciennes montagnes » et les petites montagnes » de Maillet ou de Sténon, les « montagnes primaires » et les « montagnes secondaires » de Moro, correspondent à ce que nous appelons à présent le « socle » et la « couverture ». Un premier pas vers la catégorisation des montagnes est donc franchi.

Catégorisation des montagnes

Le minéralogiste allemand Johann Gottlob Lehmann (1719-1767) publie en 1756 un *Essai d'histoire naturelle des couches de la terre*. Il s'inspire de Maillet et de Moro pour distinguer plusieurs classes de montagnes, mais à la différence de ces derniers, il invoque des venues successives de la mer proches des transgressions et régressions aujourd'hui connues. Lehmann remarque surtout que les « terres anciennes » peuvent présenter des couches inclinées, et que les « terres nouvelles » s'y sont déposées à l'horizontale. Ce genre d'observation annonce la définition de discordance angulaire entre les différentes couches, qui elle-même annonce la notion de cycle sédimentaire (et orogénique) de James Hutton, à la fin de ce XVIIIe siècle. Un contemporain et compatriote de Moro, le minéralogiste et chimiste Giovanni Arduino (1714-1795), distingue quant à lui les montagnes selon leur âge et leur nature. Il note que les montagnes primitives sont essentiellement schisteuses, les montagnes secondaires principalement calcaires, et ajoute une troisième classe de montagnes, formées de sable et d'argile, qu'il nomme tertiaires. Pour les reliefs les plus anciens, il présume à juste titre que le granite se trouve sous les schistes. Cette hypothèse est confirmée par le Suédois Ferber (1678-1761) qui, dans les montagnes entre Venise et l'Inn, décrit au centre du granite, de part et d'autre des schistes et, à l'extérieur, des calcaires.

Outre l'idée acquise que les couches de la Terre restent des archives de la formation des continents, un schéma d'organisation des montagnes semble se généraliser sur le modèle des Alpes : les massifs cristallins, au centre, dominent topographiquement les massifs calcaires subalpins. Les massifs hercyniens de l'Europe suivent la même disposition. En 1777, dans la lointaine Sibérie et à l'entour, le naturaliste et explorateur allemand Peter Simon Pallas (1741-1811) trouve dans les montagnes une même disposition : au cœur, des roches granitiques (et au sens actuel, gneissique aussi) fortement redressées. Puis, en allant vers la périphérie, des couches schisteuses, puis calcaires, moins inclinées, et plus loin encore, des couches d'argiles ou de calcaires plus meubles et horizontales– ce que nous appellerions aujourd'hui la bordure sédimentaire.

Au fil des explorations, un ordre universel s'établit sur l'organisation des massifs montagneux, selon la vision des neptuniens. Mais comment expliquer les redressements et les plissements des terrains les plus anciens ?

De l'origine des plissements

Lors de ses explorations des Alpes, Horace Bénédict de Saussure a observé des couches redressées à la verticale et d'autres « couches en C » ou en S (des plis). Il explique ces particularités par « un refoulement » qui aurait replié les couches l'une sur l'autre, et qu'il considère comme la « cause générale de redressement des couches originairement horizontales ». Mais il n'apporte aucune explication à ce retournement. Dieudonné, ou Déodat, de Gratet de Dolomieu (1750-1801) observe également de grands plis anciens dans les Alpes. Il en puise l'explication dans les écrits de l'Anglais William Whiston (1667-1752), qui a publié en 1696 *A New Theory of the*

Earth. Les structures plissées seraient dues à un choc tangentiel cométaire, seul le choc d'un astéroïde pouvant expliquer, selon Dolomieu, une telle poussée latérale pour plier des masses rocheuses aussi importantes. Même si l'hypothèse est fausse, elle est intéressante. D'une part, parce que, contrairement à Saussure, Dolomieu envisage le phénomène de plissement à l'échelle du massif alpin dans son ensemble (on ne parle pas encore de tectonique). D'autre part, parce que le bouleversement des couches, auparavant horizontales, n'est plus dû à des mouvements verticaux – les affaissements de Sténon, les abaissements du niveau marin de Maillet, ou les montées volcaniques de Moro –, mais à des contraintes « horizontales » ce qui, au moins pour les montagnes de type alpin, correspond mieux à ce que l'on connaît de la tectonique d'aujourd'hui.

En 1721-1723, un ingénieur français des Ponts et Chaussées, Henri Gautier (1660-1737), publie de façon plutôt confidentielle de remarquables hypothèses sur le cycle récurrent érosion-sédimentation-orogenèse, annonçant déjà les théories du géologue britannique James Hutton (1726-1797). Pour lui, les couches des montagnes, ordonnées à un certain moment, ont été bouleversées avant que d'autres couches plus récentes ne viennent se sédimenter à leur tour en lits stratigraphiques horizontaux. Ces bouleversements, qui forment des plis et des « renversements » seraient dus à des mouvements latéraux. Contrairement à Whiston et Dolomieu, il n'invoque pas de cause astronomique (chute d'astéroïde), mais des causes internes, propres au globe terrestre. Car, selon Gautier, la Terre est creuse, et son écorce soumise à deux forces à la fois antagonistes et complémentaires, la gravité et une « force centrale » due à la rotation de la planète.

Les discordances vues par Hutton

Les observations les plus claires viennent de James Hutton, considéré comme « le fondateur de la géologie moderne ». Il est surtout connu pour avoir donné au plutonisme ses lettres de noblesse [15], mais dans son ouvrage majeur – *Theory of the Earth*, 1795 – il livre des informations capitales sur les plissements et, surtout, les cycles orogéniques, au travers de l'observation des « discordances ».

---

[15] Voir *infra*, pp. 435-436.

Pour Hutton, les couches de terrain sont indurées par le feu central de la Terre (un des concepts du plutonisme), mais une partie de ces couches fondent, et ce sont les produits de fusion qui déforment les strates de différentes façons (plis, cassures). Le tout est soulevé en masse au-dessus du niveau des mers : ainsi naissent de nouvelles montagnes, à leur tour érodées. Les produits de l'érosion alimentent de nouvelles couches sédimentaires, qui se déposent à l'horizontale sur les plus anciennes, d'où la discordance angulaire observée entre certains terrains, par le naturaliste genevois Jean-André Deluc (1727-1817) notamment.

Hutton apporte l'explication qui manquait aux discordances en formulant sa théorie du cycle géostrophique. Les couches sont brisées et déformées par la montée de matière en fusion (le granite et autres granitoïdes) ; les couches redressées émergent et forment de nouvelles terres ; leur érosion sectionne la partie supérieure et constitue une surface d'arasement qui sera le nouveau fond marin lorsque les eaux remonteront. Au début, les produits d'érosion sont grossiers, ils constituent ce qu'on appelle aujourd'hui un conglomérat de base, qui signe la fin d'une orogenèse (formation d'une chaîne de montagnes) et annonce un nouveau cycle sédimentaire. En effet, une nouvelle transgression marine apportera de nouveaux sédiments, qui seront d'autant plus fins que les eaux seront profondes, déposés en couches horizontales sur le conglomérat et le socle ancien.

Hutton établit sa théorie de son bureau d'Edimbourg ; il n'ira la vérifier qu'a posteriori sur le terrain, en différents sites, dans son pays. Il observe effectivement le socle plissé aux couches redressées, le conglomérat et les strates sédimentaires horizontales et plus récentes ; et, bien sûr, les discordances qu'il nomme « jonction » ou « contact ». Au premier abord, on pourrait penser qu'il se contente de distinguer, comme ses contemporains, des montagnes primaires et des montagnes secondaires, mais son analyse va bien plus loin, c'est celle des cycles orogéniques : les montagnes se forment, s'érodent et se succèdent. Chaque discordance ponctue les orogenèses, constituant ainsi une archive qui permet à la fois de déceler et de dater les événements géologiques – même si Hutton déclare que nulle part « nous ne trouvons de vestige d'un commencement, ni de perspective d'une fin », tant le problème de la datation est relatif. Hutton ne croît pas à la Création ; plutoniste dans l'âme, il pense que les cycles sont éternels puisque la fusion et l'érosion des matériaux effacent la plupart des événements géologiques.

Parallèlement, James Hutton imagine que les couches primitives du socle doivent contenir des fossiles, puisque ce sont d'anciennes formations sédimentaires transformées par le feu central. Il en trouvera effectivement dans des schistes alpins, déformés certes, ce qui confirmera sa théorie cyclique. Il pressent ainsi, sans l'exprimer réellement, le métamorphisme que son compatriote Charles Lyell (1797-1875) définira plus tard [16].

Buch et Beaumont : les soulèvements

Géologue et géographe allemand, Léopold von Buch (1774-1853) suit les thèses de Hutton en attribuant à certains reliefs un « soulèvement » dû au feu interne de la Terre. En effet, ses premières observations ont lieu en Auvergne, dans l'île de la Grande Canarie, et en Italie. Buch y voit des volcans, avec ou sans cratère, des caldeiras avec plusieurs cônes volcaniques. Selon lui, tous ces reliefs sont dus à des montées de magma au travers des couches sédimentaires, et il a raison. Mais il devient ultraplutoniste. Les volcans ne sont pas des montagnes. Buch interprète la chaîne des Alpes comme, non pas des montées ponctuelles de magma, mais comme le résultat d'une montée de matière en fusion le long d'immenses failles ! Il tente de généraliser ses observations et distingue en Allemagne quatre systèmes de montagnes d'après leur direction. L'idée des soulèvements successifs paraît bien ancrée. La quête des différentes orogenèses va commencer.

Un autre auteur, le Français Léonce Élie de Beaumont (1798-1874), se lance dans cette recherche. Surtout connu pour avoir publié, avec Armand Petit-Dufrénoy, en 1841, la première *Carte géologique générale de France* au 1/500 000e, Beaumont s'intéresse aussi aux soulèvements. Il montre que des « soulèvements » répétés ont affecté la France et les territoires voisins, soulèvements marqués par des discordances d'âges différents selon les lieux et, à distance, par des ruptures dans la sédimentation tranquille, accompagnées d'un changement de faune. Comme Buch, il classe les montagnes selon leur direction principale, en systèmes associés à des époques

[16] Voir *infra*, pp. 436-438.

orogéniques – crises discontinues d'un même phénomène, notion relative au catastrophisme. À un système montagneux correspondent, selon lui, une direction et un âge : pour classer ce système, il suffit de connaître cette direction ou cet âge. En 1829, Beaumont reconnaît quatre « systèmes » (qu'on appellerait aujourd'hui des phases tectoniques) ; en 1852, dans *Notice sur les systèmes de montagnes*, il en décrit quatre nouveaux ; il en imagine ensuite plus de cent ! Cette dernière hypothèse résulte d'une théorie qu'il mathématise à l'excès, comme sous le nom de « réseau pentagonal ». Comme Buch, Beaumont considère en effet que les chaînes de montagnes s'alignent sur de grandes fractures. Géométriquement, il assimile ces fractures à de grands cercles de la Terre. Ces derniers ne sont pas disposés au hasard ; ils s'organisent en un réseau de quinze qui se croisent cinq par cinq et dessinent douze pentagones à la surface du globe. Le pentagone est effectivement la seule figure géométrique qui permet le pavage complet d'une sphère. De ce pur modèle théorique, Élie de Beaumont conçoit qu'il ne permet pas de recenser les nombreux « systèmes de montagnes » qu'il imagine ; peu importe, des systèmes récents font retour à des directions anciennes !

Cette théorie, depuis lors réfutée, rencontre à son époque un immense succès. Il faut dire qu'Élie de Beaumont était réputé, autoritaire, et acceptait peu la critique. Sa théorie a eu le mérite de donner une impulsion à la géologie structurale, par l'abondance des faits qu'elle recensait.

La Terre telle une pomme flétrie

Élie de Beaumont s'interroge aussi sur les mécanismes responsables des reliefs, qu'il considère dans une optique catastrophiste. Comme Buch, il leur attribue une origine ignée, et non une origine aqueuse comme les neptuniens. Mais, bien que les deux géologues s'accordent sur l'idée de soulèvements, Élie de Beaumont, contrairement à Buch, évoque des élévations de reliefs par effondrement des régions avoisinantes : ce sont des « soulèvements relatifs », qui ne sont pas sans rappeler des thèses plus anciennes, comme celle de Sténon sur les affaissements[17].

---

[17] Voir *supra*, pp. 423-424.

Beaumont se fonde pour cela sur les travaux de deux de ses contemporains et compatriotes. Le premier, Louis Cordier (1777-1861), est professeur de géologie au Muséum. Il établit, aux vues de mesures de la température dans le sous-sol, que celle-ci augmente avec la profondeur. Le second est le célèbre mathématicien Joseph Fourier (1768-1830), éminemment connu pour ses séries trigonométriques [18]. Il montre que le gradient de la température avec la profondeur s'explique par un lent refroidissement de la Terre.

Pour Élie de Beaumont, la croûte terrestre est solide car elle a atteint sa température d'équilibre. Mais si l'intérieur du globe présente un gradient de température, c'est que le refroidissement se poursuit. Ce refroidissement entraîne une contraction des zones internes terrestres, dont résulte un déséquilibre de la croûte, qui ne peut que s'effondrer pour « recoller » aux zones plus chaudes. Selon une métaphore devenue classique, la Terre se comporte comme une pomme qui se flétrit : les rides de la pelure du fruit illustrent les systèmes de montagnes de la Terre. Cependant, il faut noter que pour Beaumont, ce refroidissement crée des reliefs par des épisodes de type catastrophique, et non d'une façon continue.

Deux remarques, suite à cette « modélisation fruitière ». Il y a d'une part une contradiction avec le modèle mathématique de Élie de Beaumont : il ne peut y avoir de directions de chaînes préétablies avec un plissement aléatoire dû à une contraction du globe. D'autre part, il faut souligner une régression : Élie de Beaumont refait appel à la théorie périmée des affaissements, contrairement à une tectonique tangentielle auparavant envisagée par Whiston et Dolomieu, même si la cause qu'il prônait est fausse. Et pourtant, Élie de Beaumont note que certaines couches de la croûte sont écrasées comme dans un étau, symptomatique de contraintes horizontales, et il sait, a fortiori, que des terrains peuvent en recouvrir d'autres, que l'on appelle aujourd'hui « chevauchements » ou, dans la phase extrême, « nappe de charriage ». Le dogme de l'orogenèse dû au refroidissement lent du globe perdurera néanmoins.

À cette époque, il est évident que la géologie se cherche. Le neptunisme est toujours vivace et le plutonisme de plus en plus incisif. Mais on sent qu'un modèle plus global, c'est-à-dire à l'échelle terrestre, est activement recherché.

---

[18] Voir *supra*, p. 79.

DE L'ORIGINE DES CHOSES TERRESTRES

Concernant la formation des roches, deux grandes théories, le neptunisme et le plutonisme, s'affrontent jusqu'à la fin du XVIIIe siècle, partageant un même défaut, celui d'attribuer une origine unique à toutes les roches. Le neptunisme fait référence à Neptune, dieu romain de la Mer, le plutonisme à Pluton, dieu des Enfers dans les mythologies grecque et romaine. Un autre mouvement, le vulcanisme, émerge lorsqu'est abordée la question de la nature des roches. Enfin, au début du XIXe siècle, un autre type de roches est identifié et expliqué, en marge du « tout sédimentaire » et du « tout magmatique » : les roches métamorphiques.

Le neptunisme de Werner

Le neptunisme attribue une origine sédimentaire à toutes les roches. La notion n'est pas nouvelle ; on la trouve dès le Xe siècle, dans une *Encyclopédie* des frères de la Pureté (doctrine « ismaïlienne ») achevée en 980.

Au XVIIIe siècle, le plus farouche défenseur du neptunisme est l'Allemand Abraham Gottlob Werner (1749-1817). Né à Lusace, fils d'un sidérurgiste, c'est un géologue de terrain : il collectionne, identifie, décrit, nomme et classifie les minéraux, puis les roches. Nous lui sommes redevables de maintes descriptions scientifiques classiques de roches : granite, gneiss, basalte, etc. En se fondant sur ses observations, il affirme que les montagnes comprennent un cœur granitique, puis gneissique et micaschisteux (la formation « primaire » ou « primordiale » dont parlaient ses prédécesseurs), une « formation de transition », faite surtout de grauwacke (variété de grès siliceux), séparant des formations anciennes et des formations de roches sédimentaires, en contrebas et à plat, plus récentes. L'ensemble est recouvert par les terrains de la « formation de délavage », composés de graviers et de sables détritiques.

Les observations géologiques *in situ* de Werner sont identiques à celles de Hutton, son aîné de plus de vingt ans. On peut, à présent, les résumer ainsi : un socle, un conglomérat de base (« de transition ») et une couverture sédimentaire. Mais les deux auteurs donnent de l'ensemble une explication différente. Hutton voit des discordances qui marquent des événements catastrophiques séparant une phase orogénique et un cycle sédimentaire. Werner, au contraire, imagine une continuité dans les dépôts successifs, au sein d'un océan universel en retrait progressif. Qu'il s'agisse des calcaires, des granites ou des basaltes, tous résultent de précipitations successives de matériaux dissous ou remaniés dans l'océan. Werner refuse à la fois la tectonique et le magmatisme. Néanmoins, en subdivisant les montagnes en douze formations qui commencent par notre dévonien et finissent par la craie du crétacé, en passant par des couches salifères, des grès, des calcaires ou des basaltes, Werner inaugure efficacement la stratigraphie du XIXe siècle. Pour lui, l'universalité de la superposition des différentes couches permet une corrélation simple biunivoque entre l'âge des grandes formations universelles et leur nature lithologique. Si Werner était très optimiste en ne justifiant sa théorie que par des observations limitées à l'Erzgebirge (massif aux confins de l'Allemagne et de la République tchèque), il n'en reste pas moins le précurseur des corrélations stratigraphiques à distance.

Le vulcanisme de Desmarets

Contemporain de Werner et de Hutton, le géologue français Nicolas Desmarets (1725-1815) s'intéresse vivement à la géologie régionale, principalement à celle de l'Auvergne. Il s'appuie d'abord sur les travaux de son compatriote Jean-Étienne Guettard (1715-1786) qui, en 1752-1756, reconnaît dans les Puys d'anciens volcans et des coulées de lave. Mais Guettard distingue le basalte, qu'on trouve abondamment dans la région, des autres coulées volcaniques qui se superposent en « fausses strates », trompant les neptuniens. Il faut dire que le basalte est une lave qui présente, en se refroidissant, un débit en prismes hexagonaux – appelés « orgues » basaltiques – verticaux, et généralement perpendiculaires à la coulée. On a d'ailleurs longtemps considéré les basaltes, en raison de leur forme géométrique proche de celle de certains cristaux, comme des minéraux et non comme des roches.

Pendant onze ans, Desmarets sillonne l'Auvergne, qu'il cartographie en détail. Dès 1775, il s'attache à l'étude des phénomènes de l'érosion en terrain volcanique. Il montre le rôle primordial des cours d'eau en tant qu'agents morphologiques du Massif central, et, plus important encore, démontre que le basalte prismé fait partie des coulées volcaniques, anciennes ou récentes.

Desmarets n'a pas cherché un modèle global ; il a très intelligemment limité ses études à une région, le Massif central, et à un type de roches, les basaltes. Mais Werner ne tiendra pas plus compte de ses travaux que de ceux de Barthélemy Faujas de Saint-Fond (1741-1819) qui, en 1771, a fait des observations similaires sur les basaltes de Saxe.

Le plutonisme de Hutton

James Hutton fonde sa théorie sur l'action de la chaleur interne de la Terre, dont résultent trois effets principaux : la consolidation des sédiments, le soulèvement des strates et la formation des montagnes, et l'injection de granite dans les couches par la remontée de magma [19]. Les grandes idées exposées par le géologue écossais dans son ouvrage *Theory of the Earth* (1795) ont porté un coup décisif au neptunisme et nuancé la conception du « tout magmatique » du plutonisme.

Hutton est philosophe autant que scientifique. Sa théorie de la Terre ne constitue qu'une partie d'un système de pensée plus vaste, englobant le monde physique et l'univers de la connaissance.

Sa thèse de doctorat (1749) traite « du sang et de la circulation du microcosme » : l'organisme se révèle capable de « restaurer son destin quotidien par l'effet de la cause même de destruction ». Il est étonnant que, plusieurs décennies plus tard, Hutton considère le processus global terrestre selon la même philosophie : point de Création, pas de début, pas de fin, mais une régénération constante, grâce à la force souterraine de la chaleur interne. La Terre, tel le corps d'un être vivant, s'use en même temps qu'elle se répare ! Les reliefs s'érodent et se restaurent indéfiniment dans un équilibre fragile sur lequel Hutton donne peu de détails.

Cette théorie de la régénération fait abstraction du temps, alors que Werner imaginait un commencement (la Création), qui se poursuivrait sans épisodes catastrophiques. Werner connaît le terrain : il établit l'historique stratigraphique de la Terre sans chamboulements.

---

[19] Voir *supra*, pp. 428-430.

Hutton est davantage théoricien, et c'est peut-être pour cette raison qu'il s'intéresse aussi aux travaux de laboratoire des physiciens : des expériences laissent présager que certains matériaux peuvent se transformer en roches proches du granite. L'intuition est juste : à la fin des années 1950, on observera que des sédiments, comprimés sous une pression de 2 000 bars et portés à une température de 800 °C, fondent en un liquide à composition granitique ! Hutton se montre également précurseur sur la question tectonique. Selon lui, les montées granitiques bouleversent les couches et sont responsables des soulèvements (qu'il balise grâce aux discordances), alors que le système de Werner impose un ordre bien établi des couches dans le temps.

Schématiquement, on peut dire que Werner écrit l'histoire de la Terre en fondant les bases de la stratigraphie dans toutes ses notions, tandis que Hutton abandonne l'histoire au profit de processus géologiques.

Le métamorphisme vu par Lyell

Il manque cependant encore une composante physique importante, la pression, pour expliquer la formation de tous les types de roches.

Le Britannique Charles Lyell associe les deux facteurs physiques que sont la température et la pression pour définir un autre processus géologique, le métamorphisme, et décrire d'autres roches, qui en découlent, les roches métamorphiques.

Avant lui, son compatriote James Hall (1761-1832) a inauguré la géologie expérimentale. Entre 1801 et 1803, il chauffe du calcaire enfermé dans des tubes de fer forgé. Loin de se décomposer comme dans les fours à chaux, le calcaire fond, puis, par refroidissement recristallise en donnant du marbre ; la transformation d'une roche sous l'effet de la chaleur et de la pression est ainsi démontrée. En 1825, Charles Lyell introduit le terme de *métamorphisme* pour la désigner.

Issu d'une famille écossaise aisée, Charles Lyell était destiné à une carrière de juriste. Diplômé d'Oxford, il abandonne ses études de droit pour se consacrer, malgré des problèmes de vue croissants, à sa véritable passion, la géologie. Il publie en 1830 le premier volume de ses *Principle of Geology*, brillante synthèse des connaissances géologiques, et argumentaire contre le neptunisme de Werner ou le catastrophisme de Hutton, de Deluc ou d'Élie de Beaumont. Les trois volumes de son œuvre (1830, 1832 et 1833) connaîtront un grand succès.

Werner distinguait les roches éminemment cristallines, dépourvues de débris organiques, comme le granite, qu'il appelait roches primaires ; les roches secondaires, désignées ainsi en raison de leurs strates fossilifères ; et des « roches intermédiaires », placées dans des terrains de transition, caractérisées par leur composition minéralogique, comme le gneiss et le micaschiste, ou par des strates fossilifères dont la texture montre des signes manifestes de déformations d'origine mécanique. Werner avait apparemment reconnu en ces « roches intermédiaires » les roches métamorphiques, mais, neptuniste, il ne pouvait expliquer leur formation, qu'il situait à tort entre les roches primaires et les roches secondaires.

Pour Lyell, la texture des roches de transition est due à des processus qui, depuis leur formation, ont modifié leur arrangement intérieur. De plus, il attribue à ces roches, parfois de même texture, des âges très différents, car les « plans de division » (la schistosité) coupent les vrais plans de stratification, et passent même directement à travers les fossiles enchâssés dans ces roches. Ainsi, selon lui, si des roches fossilifères d'âges divers ont, à des époques différentes, subi quelques modifications notables dans leur mode d'arrangement, en prenant telle ou telle texture, considérées jadis comme étant caractéristiques de telle ou telle période de l'histoire du globe, pourquoi n'en serait-il pas de même à l'égard de l'état cristallin le plus avancé, tel que celui qui distingue le gneiss, le micaschiste et le marbre « statuaire » ?

Avec sa « théorie métamorphique », Lyell va saper les bases de la théorie neptunienne. Pour lui, certaines roches, ont été transformées en gneiss, en micaschistes ou en marbre. Il envisage deux hypothèses à ce processus : l'influence de la chaleur souterraine s'exerçant sous une forte pression (c'est la bonne explication), ou des causes chimiques et électriques dont la manière d'agir, dit-il, serait encore inconnue.

C'est notamment d'après ses travaux de recherche et de synthèse que s'établiront les grands principes de la pétrologie. D'abord, l'aspect cristallin d'une roche ne peut présager de son âge. Ensuite, les processus naturels que sont l'érosion et la sédimentation (fer de lance des neptuniens), la fusion (facteur principal de formation des roches pour les plutonistes), la température et la pression (pour garder la bonne hypothèse de Lyell), conduisent à un continuel renouvellement des matériaux terrestres. Toutes les roches peuvent s'éroder, fondre et s'enfouir pour aboutir aux trois grands types connus : les roches sédimentaires, les roches plutoniques et les roches métamorphiques, susceptibles de se transformer les unes en les autres au cours des temps géologiques.

SUR L'ATMOSPHÈRE

Très longtemps, le savoir sur l'atmosphère s'est résumé à des pensées philosophiques ou à des croyances populaires. Si l'Antiquité a enregistré quelques observations scientifiques pures, notre connaissance des dimensions et de la complexité de cette couche gazeuse a pour l'essentiel été acquise au cours des quatre derniers siècles. Et c'est seulement lorsqu'un réseau mondial de mesures, utilisant des moyens de communication rapides, a permis d'étudier globalement les ramifications de la dynamique de l'atmosphère – et, surtout, quand on l'a vu de l'espace – qu'il a été possible de percevoir l'unité sous-jacente des processus à l'œuvre.

L'étude de l'atmosphère réunit trois disciplines intimement liées : l'étude au sens strict, à savoir la composition de l'air, la structure des différentes couches, etc. ; la météorologie, qui étudie les processus thermodynamiques et mécaniques déterminant l'évolution de l'atmosphère, et qui mêle observation et prévision ; la climatologie, fondée sur les archives naturelles terrestres (sédiments, glace, etc.) et la mémoire des phénomènes météorologiques passés.

Le savoir des Anciens

Parmi les plus anciens écrits, des tablettes de terre cuite font état des règles climatiques utilisées par les Babyloniens. Sur l'une d'elles est gravée : « Quand le soleil est entouré d'un halo, la pluie va tomber. Quand un nuage obscurcit le ciel, le vent va souffler. »

On doit aux Chinois les premières observations météorologiques régulières. Réalisées sous la dynastie Shang, vers 1300 avant J.-C., elles décrivent l'aspect du ciel, les hauteurs de neige et les caractéristiques du vent pour dix jours consécutifs. Dans le *Tso Chuan*, daté de 654 avant J.-C., sont mentionnées des observations particulièrement précises des solstices et des équinoxes. Mais la science de l'atmosphère, et notamment la météorologie moderne, n'émerge pas des observations chinoises, enfermées entre mythes et superstitions ; elle va s'élaborer progressivement grâce à la pensée grecque.

Thalès (v. 625-v. 547 avant J.-C.), surtout connu aujourd'hui pour son fameux théorème de géométrie [20], a gagné la célébrité auprès de ses contemporains grâce à la prévision d'une éclipse de Soleil [21], vraisemblablement celle du 28 mai 585 av. J.-C. Savant accompli, il fut sans doute le premier à donner à ses connaissances de l'atmosphères des applications pratiques. Sa doctrine philosophique s'organise autour de l'eau, « premier élément » : la condensation de l'eau produit les corps solides ; par évaporation, elle se change en air, et l'air à son tour en feu. L'eau est ainsi le support de tout : les astres flottent sur les eaux supérieures, tandis que la terre flotte sur les eaux inférieures, ce qui explique toutes les perturbations du sol et de l'atmosphère. Cette théorie inspira certains contemporains de Thalès et leurs disciples, et les conduisit paradoxalement vers des hypothèses exactes concernant les processus atmosphériques. Ainsi, Anaximandre (v. 610-v. 546 avant J.-C.) suggère que le vent, loin d'être un phénomène régi par les dieux, est un courant naturel de l'air. Un siècle plus tard, Anaxagore (v. 500-v. 428 avant J.-C.) comprend que c'est sous l'effet de la chaleur que l'air monte, et que les nuages se forment lorsque l'air ascendant se refroidit – ce qui signifie que la température baisse avec l'altitude, évidence qui ne fut vraiment admise par les scientifiques qu'à la fin du XIXe siècle !

---

[20] Voir *supra*, pp. 27-29.

[21] Hérodote, historien grec du Ve siècle avant J.-C., rapporte que les Mèdes et les Lydiens, alors en conflit depuis cinq ans, virent dans le phénomène un avertissement du ciel, déposèrent les armes et firent la paix. Hérodote ajoute que Thalès avait prédit cette éclipse aux Ioniens, *pour l'année dans laquelle elle se produisit.* Mais les connaissances de l'époque ne permettaient pas de prédire la date de l'éclipse ni sa zone de visibilité sur la Terre.

Les *Météorologiques* d'Aristote (384-322 avant J.-C.) font de lui le fondateur de la discipline. La plupart des phénomènes atmosphériques y sont étudiés : nuages, pluie, rosée, neige, orages et phénomènes optiques tels que les arcs-en-ciel ou halos. Son œuvre est complétée par le *Traité des vents* de Théophraste (v. 372-287 avant J.-C.), travail remarquable qui fera autorité en météorologie pendant près de vingt siècles.

Du Moyen Âge à l'avènement de la météorologie populaire

Les Arabes, on l'a vu [22], reprennent les acquis des Grecs avant de les transmettre aux Européens. Environ un millénaire après Théophraste, cette transmission est assurée par al-Kindi (v. 800-v. 870). Parmi ses nombreux écrits, al-Kindi traite de l'optique météorologique et explique l'origine des variations de couleurs du ciel. S'il emprunte à Platon, il est aussi sensible au caractère « scientifique » de la pensée aristotélicienne. En droite ligne de son œuvre, au Xe siècle, les frères de la Pureté – une confrérie secrète de Bassora, adepte d'une philosophie nationaliste – font paraître une encyclopédie *(Rasa'ula Ikhwan as-Safa)* qui consacre un chapitre aux phénomènes atmosphériques ; ce sera le vecteur de la diffusion en Occident des connaissances sur l'atmosphère. Pourtant, malgré les rigueurs climatiques, l'Occident chrétien du Moyen Âge continue d'ignorer la météorologie, qui n'est évoquée qu'à travers les commentaires de la Bible.

Au XIIe siècle, les Arabes renouent avec le savoir météorologique grec, particulièrement celui d'Aristote, et permettent aux Occidentaux de le redécouvrir. Le philosophe et savant anglais Roger Bacon (v.1214-1294), surnommé le Docteur admirable, tente le premier de dépasser les théories aristotéliciennes par une approche expérimentale, malheureusement encore trop dépendante du carcan religieux [23]. Au XIVe siècle, le révérend William Herle (1337-1344) établit l'un des premiers recueils d'observations météorologiques quotidiennes, concernant essentiellement la ville d'Oxford. Libéré des croyances populaires et religieuses, il montre une périodicité des

---

22 Voir *supra*, p. 414.
23 Voir *supra*, p. 406.

perturbations et, surtout, décrit la particularité des phénomènes atmosphériques à l'avant et à l'arrière de ces perturbations.

Avec la découverte de l'Amérique par Christophe Colomb, en 1492, suivie, à la fin du XVe siècle, d'autres grandes découvertes géographiques, les explorateurs sont confrontés à de nouveaux phénomènes atmosphériques. En 1513, le navigateur espagnol Juan Ponce de Léon (1460-1521) découvre l'existence du Gulf Stream. Le caractère planétaire de la météorologie commence alors à apparaître, conférant davantage d'intérêt à cette discipline.

Au XVIe siècle, malgré le manque d'instruments, l'observation des phénomènes atmosphériques constitue un savoir empirique, plus ou moins exact, et diffusé le plus souvent sous forme de dictons et de proverbes : on assiste au développement de la météorologie populaire, fondée sur l'expérience.

Naissance d'une « sous-science » : la météorologie des physiciens

Prenant le pas sur les croyances populaires, les physiciens jettent les premières bases de ce qui va devenir la météorologie. L'invention, aux XVIIe et XVIIIe siècles, d'instruments fiables, permettant de mesurer les nombreuses données de température, d'humidité, de pression (et donc de direction des vents), rend enfin possible l'étude de l'atmosphère.

Le pluviomètre, par exemple, est utilisé en Europe à partir de 1639. Mais surtout, en 1643, le philosophe, mathématicien et physicien italien Evangelista Torricelli (1608-1647) invente ce qui va devenir le baromètre : un tube de verre fermé à l'une de ses extrémités, rempli de mercure puis retourné et placé sur une cuve contenant elle-même du mercure ; le mercure du tube s'abaisse jusqu'à un certain niveau, qui varie ensuite selon la pression de l'atmosphère.

Informé de ces travaux, le magistrat français Florin Périer (1605-1672), beau-frère de Blaise Pascal, vérifie le 19 septembre 1648 que la pression atmosphérique varie avec l'altitude, en mesurant la différence de hauteur de mercure dans le tube entre le pied du Puy de Dôme (71 cm) et son sommet (63 cm). Un mois plus tard, Pascal confirme ce résultat en comparant la pression atmosphérique au pied et au sommet de la tour Saint-Jacques à Paris : les mesures s'affinent !

En 1664, l'Anglais Robert Hooke (1635-1703) [24] invente l'hygroscope, fait de corde de boyau animal dont l'allongement sous l'effet de l'humidité entraîne la rotation d'une aiguille. En 1667, apparaît le premier anémomètre fiable, qui indique la direction et la force du vent. Le thermomètre est mis au point en 1730-1731, simultanément par René Antoine Ferchault de Réaumur (1683-1757) et par le Suédois Anders Celsius (1701-1744), en tirant parti des changements d'état de l'eau (congélation, ébullition...).

La réflexion sur les processus atmosphériques peut désormais s'engager. Vers 1765, Antoine Laurent de Lavoisier (1743-1794) [25] propose les premières règles de prévision du temps : « La prédiction des changements qui doivent arriver au temps [....] a ses principes et ses règles, qui exigent une grande expérience et l'attention d'un physicien très exercé. Avec toutes ces données (les différentes mesures physiques de l'atmosphère), il est presque toujours possible de prévoir un jour ou deux à l'avance, avec une très grande probabilité, le temps qu'il doit faire ; on pense même qu'il serait d'une grande utilité pour la société ».

À la fin du XVIIIe siècle et au début du XIXe se constitue une sorte de dualité entre la physique, s'efforçant de comprendre les processus atmosphériques, et l'une de ses applications directes (qui n'est pas encore vraiment de la météorologie), la prévision du temps qu'il va faire.

Avec les travaux de savants tels que Dalton, Gay-Lussac ou Avogrado [26], les connaissances sur les gaz s'accumulent et permettent de mieux comprendre les phénomènes atmosphériques. La voie d'une nouvelle science est désormais ouverte.

Le premier réseau météorologique européen

Le 14 novembre 1854, au cours de la guerre de Crimée, une violente tempête cause la perte du vaisseau *Henri IV*, l'une des plus belles unités de la flotte française, et de 38 navires de commerce. Le ministre de la Guerre, le maréchal de France Jean Baptiste Philibert

---

24 Voir *supra*, p. 416, et *infra*, p. 513.
25 Voir *supra*, p. 338.
26 Voir *supra*, p. 343.

Vaillant, charge alors l'astronome Urbain Le Verrier (1811-1877), directeur de l'Observatoire de Paris, d'étudier les causes météorologiques du désastre. Le Verrier découvre rapidement l'itinéraire de cette tempête, qui a traversé en trois jours toute l'Europe, et crée un service chargé de prévoir les tempêtes. Ainsi naît un réseau de stations météorologiques, qui deviendra de plus en plus dense au fil des ans ; en 1865, il compte déjà 59 stations échangeant leurs informations et constituant ce qu'on appelle alors le « chemin de fer » météorologique.

L'acquisition des données

Le « chemin de fer » permet de suivre le parcours des perturbations, mais pas de s'en protéger : subir les intempéries prévues reste la règle jusqu'à la moitié du XIXe siècle.

Les observations des stations météorologiques signalent une relation étroite entre les variations du temps et celles de la pression atmosphérique. Le météorologiste anglais Christophorus Henricus Didericus Buys-Ballot (1817-1890) parvient à l'expliquer. En 1857, il publie une *Note sur le rapport de l'intensité de la direction du vent avec les écarts simultanés du baromètre*. Il y établit l'une des plus grandes lois de l'atmosphère, celle sur laquelle repose toute la science météorologique : le vent se dirige toujours suivant les lignes isobares, c'est-à-dire des lignes d'égales pressions (dans l'hémisphère Nord, par exemple, le vent laisse les basses pressions à sa gauche). Les lignes isobares apparaissent alors sur les cartes météorologiques.

Buys-Ballot met aussi en évidence une autre loi : plus les lignes isobares sont serrées, plus le vent est fort. La méthode de prévision météorologique est très simple : on repère les masses nuageuses et les intempéries les accompagnant, et, selon la direction et l'intensité du vent confirmées par les cartes de lignes isobares, on tente de prévoir la direction que prendront les perturbations.

Le « chemin de fer » présente cependant une incertitude majeure : il ne tient compte que des mouvements horizontaux des masses d'air, c'est-à-dire qu'il n'intègre pas le paramètre « altitude » de l'atmosphère. Or, il est nécessaire de prendre en compte les reliefs – qui peuvent freiner ou arrêter les perturbations en les obligeant à décharger leurs précipitations, et donc faire faiblir les vents – et d'acquérir des données en altitude, pour prévoir le déplacement des nuages, les vents d'altitudes ne coïncidant pas avec des vents plus bas.

Les premières mesures des conditions atmosphériques en altitude sont réalisées à l'aide d'appareils enregistreurs emportés par des cerfs-volants, dont Léon Teisserenc de Bort (1855-1913) est le principal initiateur. Mais il est difficile de suivre les cerfs-volants et de récupérer les données. Teisserenc de Bort leur substitue alors de petits ballons gonflés à l'hydrogène qui, emportés par le vent et suivis du sol à la lunette, permettent de calculer la direction et la vitesse des courants aériens en altitude. Grâce à cette invention, Teisserenc de Bort découvre et étudie la stratosphère. Mais ces « ballons-sondes » présentent un inconvénient : les mesures qu'ils ont effectuées ne peuvent être exploitées qu'après le retour à la station des instruments, qui retombent au sol en des points parfois fort éloignés de celui du lancement. Or, la prévision météorologique exige de la rapidité ! La mise au point, par le Français Robert Bureau (1892-1965) de la technique des radiosondages, apporte un progrès capital : le 8 mars 1927, sont reçus à Trappes (à l'ouest de Paris), à l'Observatoire Léon Teisserenc de Bort, les premiers signaux radio émis par un ballon-sonde dans la stratosphère et permettant de mesurer rapidement, outre la pression, la température et l'humidité de l'air, la direction et la vitesse du vent en altitude. même par temps « bouché ».

Dès lors, les lâchers de ballons-sondes se systématisent. Parallèlement, le nombre des stations d'observation augmente : la prévision météorologique commence à acquérir ses lettres de noblesse et à devenir un domaine de recherche à part entière. Elle va beaucoup évoluer par la suite, mais les premiers prévisionnistes connaissent déjà de beaux succès, notamment avec la prévision effectuée en vue du débarquement des troupes alliées en Normandie, en juin 1944.

Hadley, Ferrel et la circulation générale de l'air

La météorologie étudie des mouvements de l'atmosphère sur des distances de quelques milliers de kilomètres au plus, et concernant surtout les latitudes des zones tempérées. Bien avant les travaux de

Teisserenc de Bort, d'autres scientifiques se sont intéressés à la circulation générale de l'air à l'échelle du globe terrestre. Le premier d'entre eux est Edmund Halley (1656-1742). Cet astronome anglais, surtout connu pour avoir calculé l'orbite et prédit le retour de la comète qui porte à présent son nom [27], dresse en 1686 la première carte donnant la distribution des vents sur les océans. Son compatriote, le mathématicien et physicien John Hadley, déjà cité [28], s'appuie ensuite sur ses observations pour énoncer les premières lois de la circulation générale de l'air.

Hadley se fonde sur une constatation simple : du fait de la courbure de la Terre, une même quantité d'énergie solaire se répartit sur une plus grande surface aux hautes latitudes qu'à l'équateur. En conséquence, l'air est plus chauffé à l'équateur, par unité de surface, qu'aux pôles. D'une manière ou d'une autre, il faut qu'un équilibre s'établisse. Or, un principe de la physique thermodynamique indique que le « chaud » s'écoule vers le « froid ». Si le globe terrestre était immobile, l'air chaud de l'équateur s'élèverait en altitude puis se dirigerait vers les pôles, où, refroidi et donc plus lourd, il redescendrait avant de se diriger à nouveau vers l'équateur. Mais Hadley ne se contente pas de ce schéma simple de circulation atmosphérique, comportant deux boucles symétriques, de part et d'autre de l'équateur. Il tient compte de la perturbation induite par la force de Coriolis, liée à la rotation de la Terre [29]. Il établit ainsi l'existence de deux types de boucles de circulation atmosphérique, désignées à présent sous le nom de « cellules de Hadley ». Il explique également, vers 1735, la répartition des grandes zones climatiques du globe terrestre.

À l'équateur, les masses d'air chaud, qui s'élèvent, condensent leur humidité sous forme de pluie ; ainsi, le climat équatorial est chaud et humide. En altitude, ces masses d'air, déchargées de leur humidité, se dirigent vers les pôles, mais freinées par la force de Coriolis, elles se refroidissent et, donc, redescendent vers les tropiques. Lors de leur descente vers l'équateur, elles se réchauffent et engendrent des vents secs et chauds – auxquels Hadley donne le nom d'alizés – qui rendent désertiques les régions qu'ils balaient.

---

[27] Voir *supra*, p. 256.
[28] Voir *supra*, pp. 418-419.
[29] Voir *supra*, p. 419.

Hadley imagine un mécanisme analogue, mais inverse, au voisinage des pôles. L'air froid, plus lourd, s'écoule en surface vers les plus basses latitudes avant de se réchauffer et de remonter vers 55-65° de latitude pour retourner vers les pôles. Dans ces secondes cellules de Hadley, appelées plus fréquemment de nos jours « cellules polaires » pour les différencier des premières, prédominent des vents d'est ; les marges est présentent donc un climat océanique, « moins » froid et plus humide que celui des inlandsis, au temps très sec et glacial.

Entre les cellules de Hadley équatoriales et polaires se situent les zones tempérées. L'Américain William Ferrel (1817-1891) étudie les processus atmosphériques globaux de ces latitudes moyennes, où s'affrontent les masses d'air froid descendant des pôles, et celles d'air chaud remontant de l'équateur : la météorologie y est donc très variable. Ferrel établit quelques règles générales caractérisant ces zones perturbées : les vents d'ouest prédominants y imposent un climat océanique doux sur les façades continentales ouest et un climat continental plus rigoureux sur les côtes est.

En 1951, l'Américain J. Palmen propose un modèle plus synthétique, caractérisé par une cellule dite « de Ferrel » entre les tropiques et l'équateur, c'est-à-dire située aux latitudes moyennes. Il indique que, si ces circulations d'air sont associées, en surface, aux hautes pressions subtropicales et polaires, aux basses pressions équatoriales et tempérées, ainsi qu'à la circulation atmosphérique des basses couches (alizés et mousson dans la zone chaude, flux d'ouest sous les moyennes latitudes, flux d'est sous les régions polaires), en altitude, ces cellules sont liées aux courants-jets de la haute troposphère. Les courants-jets ont été mis en évidence fortuitement en 1944, lorsque des avions américains allèrent bombarder Tokyo. Poussés par le courant-jet subtropical, les appareils se déplacèrent à une vitesse réelle supérieure de 140 km/h à celle prévue, et les pilotes ratèrent leur cible.

LES FOSSILES COMME HORLOGE

Nicolas Sténon[30] a assigné aux fossiles un rôle fondamental dans la détermination des faciès des formations géologiques. Les couches stratigraphiques se distinguent par leur faciès, mais leur superposition ne permet pas une chronologie de leur formation en raison des bouleversements tectoniques qui peuvent survenir ultérieurement : plis, chevauchements, charriages, etc. En revanche, certains fossiles, restes d'espèces biologiques disparues, constituent une véritable horloge géologique.

Les levés de cartes géologiques

Au XVIIIe siècle, les données de la stratigraphie paléontologique se multiplient : on les synthétise alors sur une carte géologique. L'idée est avancée dès 1720, par Bernard Le Bovier de Fontenelle (1657-1757), neveu de Corneille, qui, à propos des travaux de Réaumur sur les fossiles, écrit : « Pour parler sûrement de cette matière, il faudrait avoir des espèces de cartes géographiques dressées selon toutes les matières de coquillages enfouis en terre ».

En 1739, Piccoli publie une carte des gisements fossilifères d'Italie. En 1743, le médecin anglais Christopher Packe (1686-1749) donne la première carte géologique, celle des environs de Canterbury. En 1746, le naturaliste et géologue français Jean-Étienne Guettard (1715-1786) publie *Mémoire et carte minéralogique sur la nature et situation qui traversent la France et l'Angleterre.* Il est le premier à prendre conscience du bassin anglo-parisien, en établissant une zonation de terrains plus âgés à la périphérie (schistes du Paléozoïque), puis une zone marneuse (le Mésozoïque, selon la nomenclature actuelle), et enfin une aire centrale, surtout sablonneuse et calcaire (le Tertiaire). Cinquante signes conventionnels indiquent les carrières, les sites fossilifères, les sources thermales, etc., faisant de la carte de Guettard un document très moderne.

En 1815, l'Anglais William Smith (1769-1839) publie *A Map of the strata of England and Wales with a Part of Scotland* en quinze

---

30 Voir *supra*, pp. 423-424.

feuilles, à l'échelle d'un pouce pour cinq miles. William Smith est un homme de terrain : il observe, récolte et compare roches et fossiles. C'est lui qui donne le nom de « strates » aux différentes couches géologiques ; leur description constituera la « stratigraphie ».

En France, il faudra attendre plus d'un quart de siècle pour obtenir un document équivalent, tant par la superficie couverte que par l'échelle cartographique. Il sera réalisé par Armand Petit-Dufrénoy (1792-1857) et Léonce Élie de Beaumont. Le projet est initié dès 1811 par André Brochant de Villiers (1722-1840), professeur de minéralogie et de géologie à l'école des Mines, mais ce n'est qu'en 1842 que les deux coordonnateurs de cette vaste entreprise publieront la *Carte géologique de la France au 1/500 000*^e^, accompagnée d'une notice explicative à laquelle ont participé de nombreux géologues. Ce précieux inventaire des formations géologiques françaises servira de base aux études ultérieures.

L'échelle des temps

Les levés de cartes géologiques de plus en plus vastes et précises constituent l'un des volets du progrès de la connaissance de l'histoire de la Terre aux XVIIIe et au XIXe siècles. Mais cette période coïncide aussi avec une avancée spectaculaire dans l'évaluation des temps géologiques, stimulée par deux questions fondamentales : quand la vie a-t-elle commencé et quelle fut son évolution ?

Sténon et Hutton avaient élaboré un certain ordre du temps, principalement fondé sur la formation des reliefs avec leurs corrélations stratigraphiques, leurs bouleversements et les discordances qui pouvaient apparaître entre eux. Toutefois, tout se résumait en des montagnes primitives granitiques, des montagnes secondaires schisteuses et des reliefs périphériques aux couches horizontales et sans fossiles, avec des différences notables selon les auteurs[31]. Avec les levés des cartes géologiques dans les bassins sédimentaires et la théorie de l'évolution des espèces biologiques qui fonde la paléontologie[32], l'échelle des temps s'établit peu à peu.

---

31 Voir *supra*, p. 447.
32 Voir *infra*, p. 508.

L'un des grands précurseurs de ce domaine est l'abbé Jean-Louis Giraud-Soulavie (1752-1813). Dans son *Histoire naturelle de la France méridionale*, parue de 1780 à 1784, il étudie le Vivarais, dresse la première carte géologique française coloriée, subdivise l'ensemble calcaire sur la base de trois faunes successives et invoque le changement graduel des espèces. Il conclut que « si ces observations, que j'ai faites, en Vivarais, sont confirmées dans d'autres provinces, il en résultera une histoire chronologique des animaux fossiles et vivants, établis par des faits incontestables ». C'est un nouveau et immense chapitre de la géologie qui s'ouvre...

De fait, en d'autres lieux, des subdivisions stratigraphiques sont établies : on qualifie de *carbonifères* les terrains à charbon de l'Angleterre ; les terrains de craie caractérisent le *crétacé* ; le terme de *jurassique* désigne et regroupe les calcaires du Jura, etc.

Tandis que s'accumulent les connaissances stratigraphiques, le naturaliste français Alcide Dessalines d'Orbigny (1802-1857) synthétise ces données et apporte ses propres contributions. Son activité est immense, surtout dans la description et l'identification de milliers d'espèces. On lui doit notamment la connaissance de certains groupes peu connus alors, tel celui des foraminifères. Établissant une échelle stratigraphique, en classant les terrains en paléozoïques, triassiques, jurassiques, crétacés, tertiaires et contemporains, d'Orbigny parvient à reconnaître vingt-huit divisions, auxquelles il donne le nom d'*étages*.

S'il échelonne correctement les terrains secondaires, grâce aux nombreux fossiles caractéristiques que ceux-ci renferment, sa classification chronologique pêche par les étages les plus récents et les plus anciens. La division des terrains tertiaires est surtout l'œuvre d'un autre naturaliste français, Gérard Paul Deshayes (1795-1875), qui distingue trois époques, nommées respectivement éocène, miocène et pliocène par Charles Lyell.

Pour les terrains les plus anciens, d'Orbigny ne dispose guère d'indices : on n'y a jamais identifié de fossiles. Son « paléozoïque » regroupe, du plus récent au plus ancien, quatre époques : le permien, le carboniférien (aujourd'hui appelé carbonifère), le dévonien et le silurien. La partie inférieure de son échelle omet donc, pour le paléozoïque, l'ordovicien et le cambrien, la dernière époque, marquée pourtant par l'explosion du vivant. On peut imaginer que ces terrains, fortement métamorphisés et transformés tectoniquement, étaient peu étudiés à la fin du XVIIIe siècle, à l'instar des terrains aujourd'hui désignés sous le terme de précambrien, et nommés alors « terrains azoïques » (antérieurs à l'apparition de la vie). Car la grande question est, et reste, celle de la date de l'apparition de la vie sur la Terre.

On comprend dès lors que d'Orbigny élude cette question fondamentale dans sa chronologie stratigraphique. Dans son *Cours élémentaire de paléontologie et de géologie stratigraphiques*, il affirme que « chacun des étages qui se sont succédés dans les âges du monde, renferme sa faune spécifique, bien branchée, distincte des faunes inférieures et supérieures, et que ces différentes faunes ne se sont pas succédées par passage de forme, ou par remplacement graduel, mais bien par anéantissement brusque ». Il rejoint en cela les idées antérieures de Georges Cuvier (1769-1832), et, dans une certaine mesure, celles de Élie de Beaumont qui invoquait la disparition des différentes espèces à chaque formation des montagnes (ce qui excluait l'eau et donc les espèces marines). Mais comment alors expliquer le renouvellement des faunes ?

Aujourd'hui, l'échelle stratigraphique regroupe entre 80 et 90 étages, selon les classifications des différents continents. Elle a bénéficié de nouvelles méthodes de datation, en particulier de la radiochronologie (datation absolue et non relative, comme celle fondée sur les principes de la stratigraphie et les répartitions des fossiles), qui permet de dater les roches et les minéraux grâce aux éléments radioactifs et les produits de désintégration qu'ils contiennent. Le terme d'*étage* a changé de sens (il désigne désormais une unité fondamentale de la subdivision des temps géologiques), et les principales divisions des temps géologiques sont encore l'objet de remaniements.

Au profit de l'industrie minière

Les cartes géologiques et l'échelle stratigraphique ne servent pas seulement à comprendre le passé : elles sont aussi de formidables outils de découverte et de la prospection des gîtes minéraux, charbons et hydrocarbures.

Une figure a marqué l'histoire de la géologie avant la cartographie géologique, celle de Georg Bauer, dit Agricola (1494-1555).

Cet érudit a vécu dans la plus grande région minière de l'Europe (la Saxe, Land d'Allemagne s'étendant sur le versant nord-ouest de l'Erzgebirge et sur son avant-pays) du XVIe siècle. En contact avec toutes les techniques industrielles, il est le premier géologue dont les connaissances théoriques et pratiques s'affirment dans des ouvrages où la spéculation cède devant l'observation. Il a profondément influencé ses contemporains, ses successeurs et, à travers eux, toute la géologie. Le plus connu de ses six ouvrages, *De re métallica*, publication posthume (1556) illustrée de gravures sur bois, expose magistralement certains problèmes d'extraction et de traitement des minerais.

Mais pour exploiter le sous-sol, il faut savoir comment les couches qu'on voit affleurer se prolongent en profondeur. Certes, les mineurs disposent d'un savoir empirique de plusieurs siècles, mais la révolution industrielle a des exigences plus rationnelles : les cartes géologiques accompagnées de leurs notices permettront d'optimiser les recherches.

Johann Gottlob Lehmann (1719-1767) est le premier à comprendre l'importance de l'ordre des strates et à faire usage du savoir accumulé par les carriers et les mineurs. Il étudie notamment les couches en Saxe, et plus particulièrement celles des monts métallifères (Erzgebirge). L'exploitation minière exige des cartes plus précises que celles établies par les géologues : des cartes métallogéniques et les cartes minières, aux échelles bien supérieures que celle établie, par exemple, par Élie de Beaumont et Petit-Dufrénoy. Néanmoins, les grandes lignes à cette époque restent acquises : les terrains houillers se sont déposés à l'époque carbonifère (environ 30 millions d'années), le sel, la potasse, la soude et le gypse sont principalement d'âge permien en Saxe (environ 260 millions d'années), etc.

Quant aux charbons, la cartographie permet à la fin du XIXe siècle de distinguer les bassins « paralidiques » (formés au bord de la mer), comme ceux du Nord de la France, et les bassins « limniques » (lacustres), comme ceux du Massif Central. Dès que les premiers puits de pétrole sont creusés, en 1859, on reconnaît que le sable est une roche « réservoir » favorable, et qu'au-dessus du pétrole liquide on trouve souvent du gaz naturel. Lors de la décennie 1880, on note que sous le pétrole se rencontrent souvent des eaux salées, plus lourdes que l'ensemble des eaux, et que du pétrole et du gaz, classés par densité, sont souvent logés dans des anticlinaux (des plis en forme de « A »), voûtes naturelles qui les empêchent de s'échapper vers le haut : c'est l'origine très féconde de « pièges géologiques », l'un des fils directeurs de la prospection moderne.

Pourtant, au début du XIXe siècle, on ne sait si l'on doit donner à la formation du pétrole et des gaz une origine minérale ou organique, à partir d'êtres vivants. Ce n'est qu'à partir de 1920, que la seconde hypothèse s'avérera être la bonne, losqu'on découvrira des bactéries capables de provoquer, par « fermentation », la formation de divers hydrocarbures : le pétrole lui-même est de la matière organique fossile (foraminifères et autres micro-organismes marins, accumulations de végétaux microscopiques comme des algues, des spores, des pollens...).

Que ce soit par leur nature, par leurs particularités, ou par l'importance de leurs accumulations, les fossiles et la stratigraphie jouent donc un rôle capital dans la détection et l'exploitation des ressources naturelles de la planète. Citons seulement quelques autres exemples. Le charbon, au sens large, regroupe la houille (5 % de carbone [C]), la tourbe (55 % de C), la lignite (de 70 à 75 % de C), le charbon proprement dit (85 % de C), l'anthracite (de 92 à 95 % de C) et le graphite formé de carbone pur. Tous sont combustibles et essentiellement formés de débris végétaux. La caractérisation des terrains et des roches, ainsi que les conditions biologiques, chimiques et physiques des milieux disparus, permet aussi la localisation des minerais métallifères (cuivre, plomb, uranium, nickel, manganèse...), ainsi que des gisements de sulfures, sulfates, phosphates... Les phosphates par exemple, proviennent de la matière organique (soit dans les coquilles et les os, soit de la décomposition de la matière organique et d'excréments). Ils comptent beaucoup pour l'industrie chimique.

Les calcaires sont très utilisés pour la construction : taille, ou éléments de la chaux et du ciment. En calcinant une argile calcaire, l'Anglais Robert L. Parker fabrique pour la première fois un ciment de type moderne, en 1796. Trois ans plus tard, le calcaire trouve une autre application, imprévue, dans le domaine des arts graphiques, avec l'invention de la lithographie (technique de reproduction des dessins gravés sur une pierre calcaire à grain très fin) par l'écrivain de théâtre autrichien Aloïs Senefelder (1771-1834), désireux de publier lui-même l'un de ses textes, refusé par un éditeur.

Parmi les roches siliceuses, les diatomites (composées par des diatomées fossiles, micro-algues unicellulaires possédant un test siliceux), très légères, poreuses et dures, sont utilisées comme filtres (toutes les industries sucrières, pharmaceutiques et chimiques s'en servent), absorbants (fabrication de la dynamite) et abrasifs. Enfin, les silex sont très souvent d'origine organique (la silice, secrétée par des radiolaires, des diatomées ou des éponges, est dissoute à la mort des animaux, concentrée, puis recristallisée). Le silex, l'un des premiers outils de l'histoire de l'humanité, entre aujourd'hui dans les constructions modernes en constituant la masse principale du béton.

La révolution industrielle, qui va commencer à la fin du XIXe siècle, en Angleterre, s'appuiera largement sur les cartes géologiques et l'échelle stratigraphique, complétées par des connaissances sans cesse accrues.

L'ACTUALISME ET LE CATASTROPHISME

Au seuil du XIXe siècle, les grandes interrogations sur l'évolution du monde minéral et biologique persistent. La question de l'éternité du monde, notamment, préoccupe les savants, avant que ne s'impose l'idée de sa transformation.

Elle vient d'abord des biologistes, mais le « transformisme » [33] s'applique aussi aux processus géologiques. Ainsi, Deluc parle-t-il d'« espèces perdues » à propos de la stratigraphie et de la paléontologie. De même le naturaliste suédois Carl von Linné (1707-1778) se demande en 1742 : « toutes les espèces sont-elles filles du temps ? ». Biologie et géologie s'associent alors dans les grandes interrogations de cette époque.

La révolution créatrice du début du XIXe siècle s'articule autour des rapports entre l'homme et le cosmos terrestre. Pour Jean-André De Luc l'aîné, ou Deluc, (1727-1817), l'idée d'une suite de mutations de la biosphère est surtout imposée par les travaux de Georges Cuvier, qui interprète la suite des « mondes » disparus en terme de cataclysmes exterminateurs, contrairement à Jean-Baptiste de Monet, chevalier de Lamarck (1744-1829), qui défend la thèse opposée

---

[33] Voir *infra*, pp. 547-548.

d'une transformation graduelle du monde (principalement vivant en ce qui le concerne) et fonde sa fameuse théorie de l'évolution [34].

Au plan géologique, Deluc s'inspire aussi des travaux de Charles Lyell et de Louis-Constant Prévost sur l'idée d'actualisme : si l'on comprend les processus géologiques actuels, on pourra expliquer les processus anciens. Dans un premier temps le géologue genevois, contradicteur de Hutton [35], ne comprend pas le sens des discordances si bien expliquées par son contemporain anglais : selon la vieille idée de Leibniz et de Buffon (trop naturalistes ?), les couches qui présentent une « apparence de masure » ou d'« édifice tombé en ruine » ne se sont pas soulevées, mais affaissées, à cause de cavités internes. Cependant, Deluc observe et compare les processus géologiques qui se sont produits à des époques diverses. S'il n'a pas compris l'intérêt des discordances [36], il observe le caractère répétitif de la formation des montagnes et des cycles sédimentaires.

À partir de l'actualisme, Deluc tente d'expliquer à la fois le renouvellement des reliefs et celui des espèces biologiques. Concernant ces dernières, il distingue les espèces qui disparaissent et celles qui éprouvent « de grands changements », se transforment, mais survivent en s'adaptant.

Réfutant le terme « actualisme », il propose le principe des « causes actuelles » (1790), que le géologue et logicien anglais William Whewell (1794-1866) reprendra en 1832 sous le terme de « doctrine uniformitarienne » – la différence entre ces principes reste très ténue.

Pour Deluc, les phénomènes anciens obéissent à des lois de même nature et de même intensité que les phénomènes actuels. Toutefois, il ne suit pas tout à fait Lyell et les actualistes dans l'*a priori* de la continuité. Les actualistes militent pour la continuité de l'histoire de la Terre, mais ne peuvent résoudre le problème de l'établissement des temps géologiques – à savoir l'échelle stratigraphique qui s'établit, avec les interruptions chronologiques sédimentaires et les extinctions brutales d'espèces observées par les paléontologues. La non-continuité des séries sédimentaires, prévue et confirmée par

---

[34] Voir *infra*, p. 547.
[35] Voir *supra*, pp. 435-436.
[36] Voir *supra*, pp. 428-430.

Hutton (discordances), la méconnaissance de certaines étapes stratigraphiques, et l'extinction des espèces à certaines époques, mettent effectivement à mal l'actualisme dans son principe de continuité, ce qui renforce la doctrine des « causes actuelles » de Deluc, autorisant certaines interruptions et... d'autres courants de pensées.

De la continuité de l'histoire de la Terre ou d'une succession d'événements catastrophiques qui modifient son évolution (biologique ou géologique), qu'en est-il ?

Les neptuniens, qui attribuaient à toutes les roches une origine aqueuse[37], étaient ce que nous pourrions appeler des anti-actualistes. Persuadés que les roches magmatiques résultaient d'un dépôt marin, ils faisaient observer que rien de semblable ne pourrait se produire aujourd'hui. Ils reconnaîtront pourtant au siècle des Lumières l'actualisme de certains phénomènes. Par ailleurs, Deluc, nous l'avons vu, nuance cette pensée, avec son principe des causes actuelles : il note les interruptions évolutives qui ne démentent guère l'actualisme mais rayent la notion de continuanisme.

À l'anti-actualisme des « anciens » neptuniens et au principe des causes actuelles de Deluc (mais aussi de Lyell, de Prévost et de bien d'autres), s'est toujours opposée la théorie du catastrophisme, selon laquelle au début des temps géologiques, ou périodiquement, les phénomènes passés auraient eu une plus grande ampleur.

Hutton était-il partisan de la théorie du catastrophisme ? Oui, si l'on en croit sa brillante démonstration des cycles orogéniques, prouvée par les discordances observées sur le terrain. En fait, à quelques dizaines d'années d'écart, le catastrophiste Hutton et le « néo-actualiste » Deluc tiennent à peu près le même propos : pour le premier, les grands bouleversements géologiques sont signés par des changements radicaux ; pour le second, l'homogénéité des principaux processus géologiques révèle une certaine continuité dans le fonctionnement global de la Terre, avec cependant des crises brutales. Ce sont là deux visions qui se rejoignent.

Dans les années 1830, environ quarante ans après que Deluc ait créé l'expression « causes actuelles », le principe d'une histoire « collatérale » du monde physique et du monde biologique est largement accepté.

---

37 Voir *supra*, pp. 433-434.

En 1807 est fondée la Société géologique de Londres ; en 1830, celle de France, puis les Académies et les colloques se multiplient. Les scientifiques communiquent : ainsi, le naturaliste français Georges Cuvier emprunte-t-il par exemple au géologue Deluc sa pensée sur l'évolution du monde, qu'il cantonne au règne vivant. De même, le naturaliste anglais Charles Darwin (1809-1882), disciple de Lyell, défend l'idée de passages progressifs qu'il faut chercher dans la nature actuelle, tout en admettant des discontinuités. Au cours d'un voyage en Amérique du Sud, Darwin observe que les côtes du Chili se sont sensiblement soulevées depuis le séisme de 1822. Il en conclut que les « tremblements de terre, les éruptions volcaniques et les brusques élévations du rivage du Pacifique, doivent être considérés comme les irrégularités d'un phénomène beaucoup plus étendu », ce qui signifie que les discontinuités observables dans la nature *actuelle* se sont produites dans le passé, mais ne traduisent pas l'essentiel des phénomènes géologiques.

Entre les champs lexicaux de l'actualisme et du catastrophisme – tous issus du transformisme –, l'évolution minérale et biologique de la planète se situe donc dans un modèle où les phénomènes plus ou moins permanents (ou plus ou moins périodiques) construisent des structures semblables, mais de plus en plus complexes à cause de leur superposition, et que certains événements catastrophiques sont susceptibles de modifier.

Aujourd'hui, l'évolution et l'« actualisme » font toujours débat, mais les découvertes récentes amènent à un consensus raisonnable, au plan géologique (avec la théorie de la tectonique des plaques) au plan paléontologique, et biologique (avec l'aide de la génétique). Les événements catastrophiques sont mieux connus : la disparition des dinosaures a par exemple permis de largement médiatiser l'avant-dernier, qui s'est produit à la limite du crétacé et du tertiaire (- 65 millions d'années).

LA SURFACE DE LA TERRE EN MORCEAUX

Avant la seconde moitié du XIXe siècle, les théories et les travaux tentant d'expliquer les processus gouvernant l'évolution de la Terre sont parcellaires ou trop hypothétiques.

Un courant simple émerge cependant – si simple qu'il faudra bien du temps pour qu'il soit accepté. En observant les marées et les courants marins, le ballet incessant des masses nuageuses, ou encore l'érosion des montagnes, les hommes ont acquis la conviction que la Terre n'est pas immuable. Toutefois, si, pour les fluides (océans et atmosphère), dont les mouvements sont facilement observables, c'est devenu une certitude, il n'en est pas de même pour les continents... Mais c'est ce concept que développera, avec d'autres précurseurs, Alfred Wegener, avec sa théorie de la dérive des continents, en 1912. Cette révolution dans les sciences de la Terre est mal accueillie ; le corps scientifique se partage entre « fixistes » et « mobilistes », et il faudra un demi-siècle pour que les seconds apportent des preuves irréfutables.

Quelques précurseurs

Le chancelier d'Angleterre Francis Bacon (1561-1626) est surtout connu pour être le philosophe qui a rompu avec la scolastique. Il s'insurge en effet contre l'enseignement propre au Moyen Âge, fondé sur la tradition aristotélicienne interprétée par les théologiens. Il prône au contraire un enseignement articulé autour de l'exploration et de l'étude de la nature. Attaché à la séparation des sciences et de la religion, Bacon a contribué à constituer l'espace des sciences, qu'il a doté d'une juridiction autonome. En 1620, sans suggérer que l'Afrique et l'Amérique sont séparées, il écrit qu'il existe une certaine ressemblance entre la côte pacifique de l'Amérique du Sud et la côte atlantique de l'Afrique, morphologiquement complémentaires. Ces similitudes de tracés entre les côtes, qui semblent pouvoir s'emboîter, avaient déjà retenu l'attention des cartographes du XVIe siècle. Bacon note également que ces deux continents vont s'amincissant vers le sud.

Naturaliste, explorateur, géographe, géologue, historien, homme politique Friedrich Heinrich Alexander von Humboldt (1769-1859) a une vision d'ensemble des composants de la planète. Il déclare à d'autres savants : « Nous étudions les pierres et nous négligeons les montagnes ; nous avons les matériaux mais nous ignorons comment ils s'assemblent ». Lors de ses expéditions, il a compris qu'il existe de très nombreuses analogies entre la côte ouest de l'Afrique et la côte est de l'Amérique. Il souligne par exemple que les montagnes du Congo ont les mêmes caractéristiques que celles du Brésil, que les grandes plaines qui bordent le golfe de Guinée sont géologiquement semblables à la grande plaine de l'Amazone.

Toutefois, Humboldt considère que l'Atlantique n'est qu'une vaste vallée creusée par l'érosion dans un large continent et remplie ensuite par les eaux du déluge. Sa théorie est bientôt complètement discréditée dans les milieux scientifiques, principalement par les arguments de James Hutton [38], puis par ceux du biologiste français Lamarck. Ce dernier est surtout connu comme le père du transformisme, avec une théorie explicative de l'évolution [39]. Selon lui, il n'y a pas de dérive des continents, mais un déplacement du monde océanique : les continents sont usés sur leurs côtes orientales par les mouvements océaniques, tels les marées, tandis qu'ils s'agrandissent au même rythme le long de leurs côtes occidentales par accumulations des produits sédiments dus à l'érosion. Ainsi, tandis que les continents étaient bien ancrés, les océans avaient décrit un certain nombre de circonférences complètes du globe et remodelaient périodiquement toutes les terres émergées.

Le premier à invoquer une mobilité des continents est le géographe italo-américain Antonio Snider-Pellegrini. Dans un ouvrage au titre ambitieux, *La Création et ses mystères dévoilés* publié à Paris en 1858, il affirme que les continents ont d'abord tous été constitués d'un côté de la Terre, lors de son refroidissement et de sa cristallisation à partir d'un bloc en fusion. Dans cet état d'instabilité – Snider était un tenant des anciennes théories catastrophistes –, le Déluge aurait provoqué la fragmentation de ce continent unique. Sa thèse avant-gardiste ne fut pas prise au sérieux.

---

[38] Voir *supra*, pp. 428-430, 435-436.
[39] Voir *supra*, p. 542 *sq*.

Les ponts continentaux de Suess

Le géologue autrichien Eduard Suess (1831-1914), célèbre pour ses travaux de paléontologie, est aussi l'auteur d'un ouvrage majeur, *La Face de la Terre*, dont il commence la rédaction en 1878. L'œuvre est si considérable que le premier volume paraît en 1883, et le troisième et dernier tome en 1909. Suess s'intéresse aux « mouvements actuels de la croûte extérieure du globe » et adopte un point de vue résolument directionnaliste. Il suit en cela la thèse de Élie de Beaumont [40] : le refroidissement interne de la planète provoque une contraction du globe et donc un effondrement de la croûte externe solide pour « recoller » aux zones plus chaudes. Cependant, dans cette continuité inéluctable, Suess n'exclut pas des mouvements brutaux latéraux responsables des plis, des chevauchements et des nappes de charriage, s'accommodant du « catastrophisme modéré » de Charles Lyell. À ses yeux toutefois, les mouvements verticaux d'affaissement dominent sur les poussées tangentielles.

Les voyages et les études de terrain se poursuivent et la paléontologie, discipline maîtresse de cette époque, apporte des données décisives. L'idée d'un plus vaste continent, abordée plus haut, est étayée par les découvertes de fossiles d'une fougère, *Glossopteris* (du Carbonifère au Trias supérieur, mais surtout, présente au Permien, il y a environ 260 millions d'années [Ma]), en Inde et en Australie, et d'un petit reptile, *Mesosaurus*, qui vivait il y a environ 270 Ma, trouvé en Afrique du Sud et au Brésil.

Ce type de similitudes entre continents se multiplie : la continuité des structures géologiques, et la présence d'espèces biologiques semblables sur des terres aujourd'hui séparées par des continents, prouve qu'il a existé des connexions entre l'Afrique, l'Amérique du Sud, l'Inde et l'Antarctique.

Pour les structures géologiques, Suess imagine que l'Europe s'est structurée au cours d'élévations successives de montagnes, se superposant les unes aux autres. C'est lui qui crée le terme de « calédonien » pour désigner les anciens reliefs (du Cambrien, de l'Ordovicien et du Silurien) que l'on trouve en Scandinavie, en Écosse et en Irlande. Le géologue français Marcel Bertrand (1847-1907),

---

[40] Voir *supra*, p. 432.

disciple de Suess, et parmi les fondateurs de la tectonique moderne, montrera que cette ancienne chaîne de montagnes, ainsi que la chaîne hercynienne plus récente (couvrant le Dévonien, le Carbonifère et le Permien) qu'il définit, se prolongent jusqu'en Amérique du Nord. Ces chaînes semblent donc traverser l'Atlantique.

Dans le deuxième volume de son ouvrage, Suess regroupe les terres de l'époque de *Glossopteris* et de *Mesosaurus* en deux supercontinents qu'il nomme Gondwana (Afrique, Amérique du Sud, Inde, Australie et Antarctique) et Atlantis (Amérique du Nord et Eurasie). Il imagine que ces continents rassemblaient les continents actuels (dans la même position qu'aujourd'hui) et qu'ils étaient réunis par des liaisons terrestres (ou « ponts continentaux »), permettant le passage des espèces biologiques ; la Terre se contractant, ces liaisons se seraient ensuite effondrées pour laisser place aux océans.

À la fin du XIXe siècle, cette théorie des continents perdus est très populaire. Diverses observations vont cependant l'ébranler, venant encore une fois des géophysiciens.

Des montagnes creuses ?

Le géophysicien français Pierre Bouguer (1698-1758) participe à une mission au Pérou, chargée de mesurer un arc de méridien au niveau de l'équateur [41]. Il fait à cette occasion des observations d'ordre gravimétrique, en relation avec les reliefs. Dans les Andes, Bouguer remarque que la déviation du fil à plomb par les énormes masses montagneuses est moins forte que prévue, comme si les montagnes étaient creuses, ou de moindre densité qu'on ne l'imaginait (on sait alors déjà que la gravité varie avec la latitude et l'altitude). Son contemporain britannique, George Everest (1790-1866), surtout connu pour avoir donné son nom à la plus haute montagne du monde, prend en 1823 la direction du service géodésique de l'Inde. Il se consacre entièrement au développement de la triangulation et de la cartographie de l'Inde. Comme Bouguer, il remarque, dans l'Himalaya, que la déviation du fil à plomb montre une déficience de densité des énormes masses montagneuses par rapport aux calculs théoriques. Ces deux scientifiques explorateurs

---

[41] Voir *supra*, p. 257.

sont à l'origine d'une théorie, l'« isostasie »[42] qui démentira la théorie des « ponts continentaux » de Eduard Suess.

Les premières tentatives d'explication du phénomène observé ont été l'œuvre de deux Britanniques, l'astronome George Biddell Airy (1801-1892) et le mathématicien John Henry Pratt (1809-1871). Selon Airy, la compensation du relief topographique est assurée en profondeur par la présence d'une racine de même densité que les roches de surface, et donc de densité plus faible que le manteau environnant. Cette « racine légère » profonde diminue la pesanteur totale associée au relief. Selon Pratt, la compensation résulte d'une variation latérale de densité dans la croûte terrestre et la partie supérieure du manteau, à l'aplomb du relief.

Ces deux hypothèses s'appuient sur la densité des matériaux. Le géologue américain Clarance Edward Dutton (1841-1912) en fera la synthèse. Il utilise, d'une part, les travaux de Lyell sur la formation des montagnes (où il compare la formation des chaînes de montagnes au soulèvement « isostasique » de la Scandinavie), et d'autre part les études sismiques du géologue yougoslave Andrija Mohorovicic (1857-1936), qui ne seront reconnues qu'en 1909 : une discontinuité (qui porte son nom) existe entre la croûte solide et rigide, et l'« intérieur plus fluide et plus dense », discontinuité située de 30 à 35 km sous les continents et à environ à 15 km sous les océans. Dutton montre ainsi que l'équilibre de la croûte terrestre est dû aux différences de densité entre ses divers éléments. Ainsi, les continents, appelés « sial » à l'époque (pour *si*licium et *al*uminium, principaux éléments du granite, constituant essentiel des continents), plus légers, flottent sur une couche plus dense, le « sima » (pour *si*licium et *ma*gnésium, principaux éléments du basalte), formant le fond des océans. Dutton explique que les chaînes de montagnes remontent au cours de leur érosion, à la manière d'une péniche qui s'élève lorsqu'elle est déchargée : c'est la théorie de l'isostasie, bien illustrée par la Scandinavie qui s'est effondrée sous le poids des inlandsis des glaciations du Quaternaire, et relevée après leur fonte.

Si certains mouvements verticaux isostasiques sont possibles, la théorie des ponts continentaux est incompatible avec l'isostasie : les continents, plus légers, ne peuvent s'enfoncer définitivement dans le sima, et l'hypothèse de Suess tombe donc à l'eau.

---

[42] Voir *infra*, p. 464.

Les continents tels des radeaux

Suess considère que le sial repose sur le sima. Il distingue aussi un cœur terrestre correspondant au noyau actuel de la planète. À la fin du XIXe siècle et au début du XXe, la plupart des géophysiciens anglo-saxons sont convaincus de la non-mobilité de la partie solide externe de la Terre. Ils refusent donc la migration des pôles Nord et Sud, et celle des continents.

En revanche, l'école allemande intègre les données de la météorologie et de la climatologie dans l'étude de la géophysique, et adopte l'idée selon laquelle les fragments de la croûte terrestre flotteraient sur un intérieur liquide. Mais de là à les faire dériver...

Dans un imposant manuel de géophysique intitulé *Physics of the Earth's Crust* (1881), le Britannique Osmond Fisher (1817-1914) suggère cependant que des courants de convection dans l'intérieur relativement fluide de la planète, ascendants sous les océans et descendants sous les continents, peuvent jouer un rôle dans la création des montagnes. Cette idée ne sera pas reprise avant la seconde moitié du XXe siècle.

C'est alors qu'intervient un chercheur américain dont les travaux seront décisifs, Frank B. Taylor (1860-1938). Dans un remarquable article, intitulé *Bearing of the Tertiary mountain belt on the origin of the Earth's plan,* qu'il publie en 1910, il soutient que les continents ne se sont pas enfoncés, mais déplacés horizontalement vers les positions qu'ils occupent actuellement. Sa théorie se fonde sur l'étude de certaines chaînes de montagne telles que les Andes « orientales », les Rocheuses, les Alpes et l'Himalaya, toutes formées pendant le Tertiaire, qui a commencé il y a quelque 35 Ma.

Pour expliquer ces phénomènes, qu'il attribue à de formidables pressions latérales, Taylor suggère que deux protocontinents, l'un et l'autre situés aux pôles, se fracturent et que de grandes masses de terre convergent vers l'équateur avant d'entrer en collision et de former les chaînes de montagnes du Tertiaire. Pour lui, le moteur de ces déplacements est dû à la Lune – qu'il considère comme une « comète » capturée par la Terre –, attirée par la Terre. L'idée que le mouvement latéral des continents serait lié à la naissance de la Lune avait déjà été évoquée par Fisher en 1881, et, deux ans plus tôt, par George H. Darwin (fils de Charles, 1845-1912) sous une expression un peu différente, et elle perdurera jusqu'au XXe siècle.

Pour l'hémisphère Nord, Taylor étaie son hypothèse en se référant au Groenland, qu'il considère comme le reste d'un massif ancien qui se serait fissuré et dont se seraient détachés le Canada et le Nord de l'Europe.

Et pour l'hémisphère Sud, « moins continentale » et plus océanique, il imagine que l'Australie a dû se déplacer vers le nord-est, comme le montre l'observation des chaînes plissées tertiaires de la Nouvelle-Guinée et des régions voisines.

Parallèlement, grâce aux sondages topographiques effectués au cours des différentes missions océanographiques, on connaît déjà à l'époque la présence d'une immense chaîne de montagnes sous-marines, parallèle aux marges continentales de part et d'autre de l'océan Atlantique. Il s'agit de la dorsale médio-atlantique, qui sera identifiée et cartographiée au début de la seconde moitié du XXe siècle[43]. Taylor estime que ce relief médio-atlantique est la marque de la séparation de l'Afrique et de l'Amérique.

Malheureusement, ses arguments en faveur du mouvement des continents sont peu étayés par des preuves acquises indépendamment, notamment dans le domaine de la géophysique. Aussi, la plupart de ses idées seront-elles ignorées ou réfutées. Mais, environ deux ans plus tard, l'Allemand Alfred Wegener, un scientifique pluridisciplinaire – ce qui fait sa force – élabore une synthèse des travaux de Taylor et de ses précurseurs, en y ajoutant sa propre réflexion.

Alfred Wegener et la dérive des continents

Dans la lignée des grands savants du XVIIe et du XVIIIe siècles, Alfred Wegener (1880-1930) s'est intéressé à toutes les disciplines contribuant à la compréhension de la Terre – climatologie, volcanisme, paléontologie, magnétisme, océanographie, glaciologie, etc. –, ce qui lui a donné une vision globale de l'évolution de la planète.

Né le 1er novembre 1880 à Berlin, Wegener soutient d'abord une thèse d'astronomie, sur les *Tables alphonsines*[44], en 1904, avant de se passionner pour la météorologie, qui n'en est alors qu'à ses débuts. Au cours d'un des voyages qu'il effectue en ballon, afin de caractériser les circulations atmosphériques, il bat, avec son frère Kurt, le record mondial de durée de vol en aérostat. En 1906, invité

---

43 Voir *infra*, p. 470.

44 Voir *supra*, p. 234.

en qualité de météorologue officiel, il participe à une exploration du Groenland conduite par le Danois Ludwig Mylius-Erichsen (1872-1907), pour cartographier principalement la côte nord-est de cette contrée polaire. Déjà, Wegener remarque que les positions géodésiques de certains sites ne correspondent pas aux mesures effectuées auparavant, et concordent vers une hypothèse annonciatrice d'une grande découverte : le Groenland semble s'être déplacé vers l'ouest !

De retour de cette mission en 1908, Wegener s'installe à Marburg (Allemagne) où il est chargé de cours à l'université, puis maître de conférences à l'Institut des sciences physiques. Après trois années d'enseignement, il publie *La Thermodynamique de l'atmosphère,* qui restera un classique pour les étudiants en météorologie.

Un an auparavant, en 1912, s'est tenue à Francfort-sur-le Main la session annuelle de l'Union géologique. Le 6 janvier, Wegener y a présenté une communication, qui fera date, intitulée *Idées nouvelles sur la formation des grandes structures de la surface terrestre (continents et océans) sur des bases géophysiques.* Il y expose l'hypothèse selon laquelle les continents actuels auraient été primitivement groupés en un bloc unique, qui se serait fragmenté, puis les différents fragments se seraient déplacés horizontalement, à la manière de radeaux, jusqu'à leur position actuelle, transitoire.

Géologues et géophysiciens s'insurgent violemment contre cette théorie révolutionnaire. D'une part, parce qu'ils n'admettent pas l'intervention d'un météorologue dans ce qu'ils considèrent comme leur domaine réservé ; d'autre part, parce qu'il semble à l'époque impossible que des masses aussi importantes que celles des continents puissent se déplacer, même lentement. Pourtant, les réflexions de Wegener ne sont alors que la synthèse de travaux antérieurs, dont il a tiré le meilleur : les observations géographiques et/ou structurales de Bacon et de Humboldt, l'hypothèse de Snider-Pellegrini, la théorie des « ponts continentaux » de Suess et la formulation géophysique de l'isostasie, les études révélatrices de Taylor et de ses précurseurs... Cette synthèse peut se résumer ainsi : si les analogies biologiques et structurales entre certains continents montrent que ceux-ci ont été en relation, si la théorie de l'isostasie prouve que des parties continentales n'ont pas pu disparaître dans le sima, enfin si les côtes situées de part et d'autre de l'Atlantique semblent pouvoir s'emboîter, il faut admettre que les continents se déplacent horizontalement à la surface du globe, autrement dit qu'il se produit au cours du temps une « dérive des continents ».

Blessé lors de la Première Guerre mondiale, Wegener profite de sa convalescence pour rédiger en 1914 *Die Entstehung der Kontinende und Oceane* (« La Genèse des continents et des océans »), qui reprend sa communication de 1912, augmentée d'observations effectuées au cours d'une deuxième expédition au Groenland, de l'été 1912 à l'été 1913. L'auteur y apporte ses propres arguments. S'intéressant naturellement aux paléoclimats, il constate qu'au Carbonifère, il y a environ 300 Ma, l'Amérique du Sud, l'Afrique septentrionale, l'Inde et l'Australie étaient en partie recouvertes d'une calotte glaciaire, comme en témoignent les tillites (moraines fossiles) et les stries laissées sur les roches dues à l'écoulement des glaciers. Il en conclut que tous ces continents, réunis en un seul bloc – le Gondwana –, occupaient une position proche du pôle Sud. En revanche, sur les autres terres – l'Amérique du Nord et l'Eurasie, formant un bloc appelé la Laurasie –, s'épanouissaient une faune et une flore de type tropical, à l'origine des riches bassins houillers que nous connaissons aujourd'hui. Entre le Gondwana et la Laurasie, s'étendait une mer d'orientation est-ouest, la Téthys, dont on peut considérer qu'une partie de la Méditerranée est le vestige.

En 1924, Wegener s'installe avec sa famille en Autriche, où il est nommé professeur de météorologie et de géophysique à l'université de Graz. Il présente au Congrès de Liège ses vues sur les grandes structures géologiques de la planète, qu'il distingue en trois types : des zones de compression, dues aux rapprochements des continents, qui finissent par se heurter et où les structures se chevauchent et forment des chaînes de montagnes ; des zones d'étirement, où de la surface océanique est créée en éloignant les continents ; et des zones de translation, où les continents coulissent de part et d'autre de grands décrochements, qu'on appellera « failles transformantes ». Wegener pose ainsi les fondements des structures dont s'empareront les théories qui suivront sur le fonctionnement global de la surface de la Terre, notamment la « tectonique des plaques » [45].

Quand les fixistes l'emportent sur les mobilistes

Le modèle de Wegener exige désormais une réponse à la question qu'il pose implicitement : quelles sont les forces qui poussent les

---

[45] Voir *infra*, pp. 473-477

continents à dériver ? Wegener suggère que la rotation de la Terre tend à pousser les continents d'une part vers l'ouest, du fait de la rotation de la planète (dans le sens ouest-est) et de l'attraction du Soleil et de la Lune par effet de marée, d'autre part des pôles vers l'équateur, en raison de l'effet centrifuge. Mais les géophysiciens, dont l'Anglais Harold Jeffreys (1891-1989), montrent rapidement que ces forces sont incapables de déplacer les continents : d'ailleurs, si elles avaient été assez puissantes pour le faire, elles auraient arrêté la rotation de la Terre en moins d'un an ! L'explication de Wegener est rejetée, et toute sa théorie avec.

Les géophysiciens ne sont pas les seuls contradicteurs de Wegener. Le géologue Hans Stille (1876-1966), tectonicien et homme respecté, s'insurge lui aussi. S'il a divisé l'histoire de la Terre en une série de phases orogéniques, reprenant un peu les idées d'Élie de Beaumont, il est fixiste, et croît donc à la permanence des océans. Sa notoriété fera le reste.

Pourtant, Wegener a ses alliés. Nous avons déjà mentionné son quasi contemporain Taylor [46]. Le géologue suisse Émile Argand (1879-1940) admet, dans son ouvrage sur la *Tectonique de l'Asie* (1922), que l'ensemble des chaînes qui s'étendent des Alpes occidentales à l'Himalaya est issu du mouvement de dérive du continent de Gondwana sur l'Eurasie. Quant au géologue sud-africain Alexandre L. Du Toit (1878-1948), dans son ouvrage *Our Wandering Continents* (1937), il rend hommage à Wegener et montre que la dérive des continents peut expliquer non seulement les chaînes alpines, mais aussi les chaînes hercyniennes et calédoniennes.

En novembre 1926, Wegener refuse de se rendre à New York pour débattre de ses travaux avec ses contradicteurs. Il prépare alors une nouvelle expédition, au Groenland, dont il veut confirmer la dérive vers l'ouest, à travers un autre profil géodésique. L'expédition débute en 1929. Le 8 mai 1930, on retrouve le corps du scientifique gisant dans sa tente, enfoui sous la neige.

Il faudra attendre le début des années 1960 pour que l'exploration, la cartographie et les observations géophysiques des fonds sous-marins confirment la dérive des continents.

---

[46] Voir *supra*, pp. 462-463.

LA DÉRIVE DU PÔLE NORD MAGNÉTIQUE

Peu à peu, les disciplines se spécialisent, et cloisonnent leurs découvertes. Les sciences de la Terre progressent pourtant, mais de façon divergente ; les spécialistes sont alors contraints de limiter leur champ : c'est la non-synthèse de la compréhension globale de la Terre, dans son fonctionnement et son histoire. Nous sommes loin de l'époque de Taylor et de Wegener, où le dialogue entre paléontologistes et géophysiciens, entre stratigraphes et climatologues, s'instaurait autour d'une vaste synthèse.

Une découverte majeure va bouleverser cette configuration : l'aimantation naturelle rémanente (ANR), ou aimantation fossile permanente, de certaines roches. Le principe en est simple : certaines roches gardent en mémoire les caractéristiques (direction et latitude) du champ magnétique terrestre qui régnait à l'époque de leur formation. Déclinaison et inclinaison doivent être déterminées grâce à un magnétomètre suffisamment sensible. Ce « paléomagnétisme » s'appuie sur l'hypothèse que le champ magnétique terrestre moyen est celui d'un dipôle axial placé au centre de la Terre. Parallèlement, le géomagnéticien doit s'assurer que l'échantillon soumis aux mesures n'a pas été déplacé par des mouvements tectoniques depuis sa formation, et n'a pas subi de transformations physiques dues au métamorphisme. En effet, les corps ferromagnétiques (pour les roches, essentiellement celles contenant de la magnétite), chauffés à une température appelée point de Curie (environ 600 °C pour les roches) perdent leur aimantation. S'ils se refroidissent au-dessous de ce seuil, ils s'aimantent de nouveau en fonction du champ magnétique dans lequel ils sont placés, et conservent ensuite cette orientation magnétique. C'est ainsi que les laves, en se solidifiant pour donner les roches volcaniques, fossilisent le champ magnétique terrestre. Il en est de même pour les roches sédimentaires, qui intègrent des éléments ferromagnétiques, ces derniers s'orientant selon le champ terrestre soit au moment de leur dépôt (aimantation rémanente détritique), soit lors de leur cristallisation – diagenèse et autres processus sédimentaires – (aimantation rémanente chimique).

Dès 1853, l'Italien Macedonio Melloni (1798-1854) avait remarqué que des basaltes d'Auvergne faisaient varier l'aiguille de la boussole, et supposé que cette anomalie magnétique avait été acquise lors de refroidissement de la lave. L'hypothèse est confirmée par Bernard Brunhes (1867-1910) en 1906, puis par Paul Mercanton entre 1910 et 1930. L'explication théorique en sera fournie par Louis Néel (1904-2000), prix Nobel de physique en 1970 pour ses travaux sur les propriétés magnétiques des solides et Émile Thellier (1904-1987).

Si l'on connaît l'âge des roches qui présentent une ANR, il devient possible d'établir l'histoire des variations du champ magnétique terrestre. Il est plus aisé de déterminer l'âge des roches sédimentaires, qui contiennent des fossiles ; pour les roches volcaniques, les découvertes en radiochronologie, utilisée aussi pour les matériaux sédimentaires, viendront à la rescousse. Dès lors, la communication entre géophysiciens, géologues, paléontologues et stratigraphes se rétablit.

Deux équipes anglaises étudient l'histoire des variations du champ magnétique terrestre : celle de l'université de Cambridge, avec notamment Stanley Keith Runcorn (1922-1995), Edward Irving et K.M. Creer, et celle de l'Imperial College de Londres. L'équipe de Cambridge procède à la première étude paléomagnétique systématique, en Angleterre, sur des roches remontant au Trias. Elle constate que l'orientation du champ magnétique de ces roches sédimentaires ne coïncide pas avec celle du champ mesuré aujourd'hui. Les chercheurs de l'Imperial College décident alors de vérifier sur d'autres continents l'existence de ce qu'on appelle alors une « dérive du pôle Nord » : en Afrique du Sud, en Australie, au Canada et, plus particulièrement, en Inde, dans les immenses trapps (énormes empilements de coulées de lave sur des surfaces atteignant plusieurs milliers de kilomètres) du Deccan. Là, les résultats montrent que, si l'on considère le pôle magnétique comme fixe, l'Inde a effectué un lent mouvement vers le nord-est entre le Jurassique et la fin du Tertiaire.

Runcorn propose de définir les positions du pôle magnétique pour diverses époques géologiques et dans différentes régions. Les années 1940 et 1950 verront s'effectuer une série de mesures et de synthèses.

Avec son équipe, Runcorn établit au milieu des années 1950 que « le pôle Nord se trouvait au milieu du Pacifique, vers Hawaii, puis qu'il a migré vers l'ouest pour atteindre le continent asiatique, au Sud du Japon, vers la fin de l'ère primaire et qu'il avait alors remonté à travers la Sibérie [...] », vers sa position actuelle. Ce cheminement du pôle Nord, établi d'après l'étude de roches volcaniques en Europe du Nord, fait l'objet, en 1955, d'une première publication de Runcorn, avant que celui-ci ne synthétise ses travaux en 1962, dans un ouvrage majeur : *Paleomagnetic evidence for continental drift and its geophysal cause.*

Deux explications du phénomène sont envisageables, le déplacement du pôle ou bien celui des roches. Des mesures similaires effectuées en Amérique du Nord à la même époque et pour la même période vont lever l'incertitude. Le pôle Nord semble y suivre également un déplacement régulier au cours du temps, mais selon un cheminement autre que celui observé en Europe. Le pôle Nord ne pouvant occuper en même temps deux positions différentes, on en conclut que ce sont les deux continents qui se sont déplacés différemment.

C'est le début de la confirmation et de la validation de la dérive des continents, envisagée par Taylor et par Wegener. Mais le paléomagnétisme réserve encore d'autres surprises...

L'EXPANSION DES FONDS OCÉANIQUES

La découverte des paysages profonds

Wegener meurt sans avoir trouvé le moteur de la dérive des continents. En 1929, le géologue écossais Arthur Holmes (1890-1965), avait pourtant émis une hypothèse séduisante. Dans un article sur la *« Radioactivité et les mouvements de la Terre »*, il remarquait que l'activité volcanique ne pouvait à elle seule évacuer la chaleur dégagée par la désintégration des éléments radioactifs piégés dans les roches terrestres. Pour lui, de gigantesques courants de convection, capables de fragmenter et de pousser les continents, devaient exister sous l'écorce terrestre. Mais Holmes ne dispose d'aucune preuve, et son hypothèse laisse les scientifiques de l'époque indifférents. L'intérieur de la Terre, inaccessible à l'observation directe, est alors bien mal connu. Il en va de même des fonds océaniques, encore inexplorés. C'est pourtant là que réside la solution...

Depuis la fin du XIXe siècle, on sait, grâce à la pose des câbles télégraphiques, qui ont révélé des reliefs accentués, que l'océan Atlantique n'est pas une plaine, comme on l'a longtemps imaginé. Entre 1925 et 1927, des géologues repèrent au beau milieu de l'Atlantique un immense bourrelet montagneux qu'ils nomment « dorsale médio-Atlantique ». Mais à quoi correspond-il ? Nul ne le sait encore.

La Seconde Guerre mondiale marque un tournant dans la connaissance du milieu sous-marin, qui devient un enjeu stratégique. Il s'agit alors de préparer les débarquements, mais aussi et surtout de repérer les sous-marins ennemis. Les scientifiques, notamment aux États-Unis, sont mis à contribution et de nombreuses techniques de sondage voient le jour : magnétiques, électriques, sismiques et acoustiques. Dans le Pacifique, Harry Hammond Hess (1906-1969), à bord de l'*USS Cape Johnson*, profite du sonar embarqué pour ausculter les fonds océaniques, et découvre une multitude de monts sous-marins d'origine volcanique. Les sommets des « guyots » (qu'il nomme ainsi, en 1946, en l'honneur du géologue américain d'origine suisse Arnold Guyot [1807-1884], de l'université de Princeton) semblent avoir été rognés par le vent et les vagues pendant des millénaires. William Maurice Ewing (1906-1974), qui fondera quelques années plus tard, à l'université de Columbia (New York), le *Lamont Geology Observatory* (devenu aujourd'hui le *Lamont-Doherty Earth Observatory*), se met également au service de la Marine américaine et poursuit ses travaux sur la propagation des ondes acoustiques dans l'océan. Dès les années 1930, il avait montré, dans le cadre de ses expériences de sismologie, que les signaux acoustiques engendrés par de faibles explosions sous-marines pouvaient être utilisés pour cartographier les fonds marins et mesurer l'épaisseur des sédiments.

À la fin du conflit, l'exploration des fonds marins s'intensifie, en particulier aux États-Unis. Les crédits affluent. En 1950, sous l'impulsion de l'océanographe Roger Revelle (1909-1991), la *Scripps Institution of Oceanography* de La Jolla, en Californie, organise la première grande mission d'après-guerre, « Mid-Pac » (pour *Mid-Pacific Expedition*) dans le centre du Pacifique. Les plus grands spécialistes embarquent à bord du navire océanographique *R/V Horizon* : Roger Revelle (1909-1991), Robert Sinclair Dietz (1914-1995), sir Edward Bullard (1907-1980), Art Maxwell... La moisson est exceptionnelle, les résultats surprenants. Tout d'abord, il apparaît que le plancher des océans est jeune et mobile ! Rappelons que la majorité des géologues croit alors à la permanence des continents et des bassins océaniques. Et s'ils existent depuis le début des temps géologiques, ils sont nécessairement très vieux. Or, l'étude de la propagation des ondes sismiques révèle que les sédiments qui recouvrent le plancher océanique forment un tapis beaucoup plus fin que prévu, de 100 à 200 mètres d'épaisseur seulement. Mais ce n'est pas tout. Les guyots d'Ewing sont eux aussi très jeunes. Leur sommet est en effet occupé par des récifs coralliens vieux d'à peine 60 millions d'années. Conclusion : ils sont passés de l'état d'îles à celui de montagnes sous-marines en 60 millions d'années et non en 2 ou 3 milliards d'années, comme on le supposait jusqu'alors...

Les scientifiques constatent aussi que le flux de chaleur qui s'échappe de la croûte océanique est au moins aussi élevé que celui mesuré au-dessus des continents. Ils en déduisent que la chaleur interne de la Terre se dissipe probablement par convection, apportant de l'eau au moulin d'Arthur Holmes. Les nombreuses missions océanographiques qui se succéderont dans les années 1950 confirmeront la singularité des fonds océaniques.

Les premières cartes

Une nouvelle étape est franchie en 1953. Cette année-là, Maurice Ewing, alors à la tête du *Lamont Geology Observatory*, charge Bruce Charles Heezen (1924-1977) de dresser la carte bathymétrique de l'Atlantique nord. Avec la cartographe Marie Tharp (née en 1920), ils reprennent les millions de mesures de profondeur faites dans l'Atlantique nord, les reportent une à une. Un travail de titan, sans ordinateur ! Une surprise les attend : la dorsale médio-océanique, qui culmine à près de 3 000 mètres au-dessus des fonds abyssaux, est entaillée en son milieu par une vallée profonde de 2 kilomètres et large de 2 à 50 kilomètres. Ewing et Heezen font immédiatement le lien entre cette vallée et l'énorme fossé (ou « rift » en anglais) qui entaille l'Est africain, caractérisé par une activité sismique et volcanique permanente. Mais est-ce justifié ? Heezen remarque alors que les épicentres des séismes les plus récents sont tous situés le long de cette vallée centrale. Parallèlement, sir Edward Bullard, de l'université de Cambridge, mesure le flux de

La découverte de la Terre profonde

Dès le début du XXe siècle, les sismologues utilisent la propagation des ondes émises lors des grands tremblements de terre pour ausculter l'intérieur du Globe. Plusieurs grandes discontinuités sont ainsi mises en évidence. La première, découverte en 1909 par le Yougoslave Andrija Mohorovicic (1857-1936) est située à une trentaine de kilomètres de profondeur. Appelée familièrement « Moho », elle sépare la croûte du manteau terrestre. La seconde discontinuité, à 2 900 kilomètres de profondeur, marque la frontière entre le manteau et le noyau. Elle est mise en évidence en 1914 par l'Allemand Beno Gutenberg (1889-1960). Enfin, en 1936, la Danoise Inge Lehmann (1888-1993) identifie une troisième discontinuité majeure à 5 100 kilomètres de profondeur, entre le noyau externe et la graine centrale. C'est également grâce à la sismologie qu'en 1926 Gutenberg découvre l'existence, à une centaine de kilomètres de profondeur, d'une couche visqueuse : l'asthénosphère (du grec asthenos, « sans force ») sur laquelle glisse la lithosphère rigide, constituée de la croûte (continentale ou océanique) et de la partie superficielle du manteau.

chaleur. Or, celui-ci est près de huit fois supérieur à l'axe des dorsales... Pour Maurice Ewing et Bruce Heezen, l'affaire est entendue : la vallée axiale qui entaille la dorsale médio-Atlantique est bien le siège d'une activité volcanique et sismique intense.

Mais à quoi sert cette dorsale ?

La théorie de Dietz et de Hess

En 1962, Harry Hammond Hess (1906-1969), alors professeur de géologie à l'Université de Princeton, publie un article intitulé *Histoire des bassins océaniques*, dans lequel il expose sa théorie (qu'il qualifie lui-même, faute de preuves, de « géopoétique ») : le manteau terrestre est animé de vastes mouvements de convection ; des matériaux profonds remontent au niveau des dorsales pour former le nouveau plancher océanique ; celui-ci dérive de part et d'autre de la dorsale, à la manière d'un tapis roulant, puis plonge à nouveau dans le manteau au niveau des fosses qui bordent certains continents. Il quantifie même ce déplacement : de l'ordre du centimètre par an ! Ce modèle d'expansion continuelle des fonds océaniques permet d'expliquer à la fois la morphologie des dorsales, les énormes quantités de chaleur dégagées à cet endroit, la faible épaisseur des sédiments et l'évolution des guyots. Hess en tire aussi la conclusion que les bassins océaniques sont des formations transitoires dont la surface varie au cours des temps géologiques : des océans s'ouvrent tandis que d'autres se ferment. À l'inverse, les continents sont les mémoires de la Terre. Leur faible densité ne leur permet pas de plonger dans le manteau : entraînés passivement sur le tapis roulant, ils restent toujours à la surface du Globe.

Reprenant les idées de Hess, le géologue américain Robert Sinclair Dietz (1914-1995), auquel on doit le terme d'« expansion du fond océanique », comprend que ce n'est pas la croûte océanique qui dérive latéralement, mais une couche beaucoup plus épaisse qu'il nomme « lithosphère » (du grec *lithos*, « pierre »). Autrement dit, les continents ne flottent pas librement sur un liquide comme l'avait suggéré Wegener, mais sont enchâssés dans cette lithosphère et se déplacent avec elle.

Cinquante ans après, la théorie de la dérive des continents est ainsi redécouverte et enrichie par celle de l'expansion des fonds océaniques. Mais Hess et Dietz, comme Wegener avant eux, se heurtent au scepticisme de la communauté scientifique. Seul le géophysicien John Tuzo Wilson (1908-1993) se rallie immédiatement à eux, avec un nouvel argument : l'âge des îles océaniques. Plus elles sont éloignées de la dorsale océanique, plus elles semblent vieilles.

LA TECTONIQUE DES PLAQUES

Des fonds marins en « peau de zèbre »

Ce sont les géophysiciens qui vont apporter les preuves irréfutables de l'expansion océanique et du déplacement des continents. On savait depuis quelques décennies déjà que lorsqu'une roche magmatique refroidit, les minuscules particules magnétiques qu'elle contient s'alignent et se figent suivant la direction et l'inclinaison du champ magnétique du moment. En mesurant l'aimantation de laves déposées à terre, les spécialistes du champ magnétique passé (ou

« paléomagnétisme ») avaient ainsi constaté qu'à plusieurs reprises au cours des temps géologiques, le pôle Nord magnétique (vers lequel pointe l'aiguille de nos boussoles) s'était déplacé vers le pôle Sud, et vice-versa.

Après la Seconde Guerre Mondiale, on cherche à établir la carte du champ magnétique dans les océans. Les scientifiques mesurent alors systématiquement ce paramètre, grâce à des magnétomètres traînés par les bateaux. En 1955, des chercheurs du *Scripps Institute of Oceanography of California* dressent la carte des anomalies magnétiques (c'est-à-dire des différences entre le champ magnétique mesuré et la champ magnétique théorique) dans le Pacifique. Et remarquent que, curieusement, dans certaines régions, de grandes bandes d'anomalies positives (où le champ magnétique observé est supérieur au champ magnétique théorique) alternent avec des bandes d'anomalies négatives (dans lesquelles le champ observé est inférieur au champ théorique). Figurées respectivement en noir et en blanc, ces bandes forment une sorte de « peau de zèbre ».

À mesure que les données s'accumulent, d'autres régularités émergent. Les paléomagnéticiens découvrent ainsi que ces bandes noires et blanches sont souvent parallèles à l'axe de la dorsale et même, dans certains cas, symétriques à ce même axe.

En 1963, Lawrence W. Morley, Frederick J. Vine et Drummond H. Matthews, font le rapprochement entre cette « peau de zèbre », l'échelle chronologique des inversions du champ magnétique terrestre établie pour les quatre derniers millions d'années par Allan Cox et ses collègues de l'U.S. Geological Survey, à San Francisco, et l'hypothèse de l'expansion des fonds océaniques développée par Hess et Dietz. Conclusion : les anomalies magnétiques sont le reflet de l'expansion des fonds océaniques. En se refroidissant, les laves basaltiques émises à l'axe des dorsales enregistrent en effet la direction du champ magnétique ambiant, tantôt « normal », tantôt inverse. Et puisque le nouveau plancher océanique se forme en continu au niveau des dorsales et s'éloigne de part et d'autre de la dorsale, par l'arrivée de nouveau magma, on observe une succession de bandes d'anomalies alternativement positives et négatives.

Nombre de géophysiciens restent néanmoins sceptiques : les anomalies magnétiques se s'organisent pas toujours d'aussi belle façon et la « peau de zèbre » n'est, à leurs yeux, qu'une rareté. Mais tout bascule à la fin des années 1960 grâce à deux articles scientifiques. Dans le premier, le Canadien John Tuzo Wilson développe le concept de « faille transformante » : les immenses fractures qui découpent les dorsales permettent en réalité à deux portions de plancher océanique de coulisser l'un contre l'autre et ce, sur des distances pouvant atteindre mille kilomètres. Conséquence directe : les bandes magnétiques sont elles aussi décalées horizontalement au niveau de ces fractures, et la peau de zèbre ne peut apparaître que si les relevés magnétiques sont suffisamment détaillés... Le second article, rédigé par Frederick J. Vine et John Tuzo Wilson, analyse soigneusement les données magnétiques acquises sur la dorsale de Juan de Fuca, dans le Pacifique. La précision est telle que les auteurs peuvent attribuer à chaque bande d'anomalies un épisode d'inversion du champ magnétique terrestre et donc une date. Ils en déduisent la vitesse d'expansion des fonds océaniques : de un à douze centimètres par an. Mais ce n'est pas tout. Si la « peau de zèbre » est la projection horizontale de l'échelle chronologique des inversions du champ magnétique, elle permet nécessairement de dater les fonds océaniques. Les plus anciens ont moins de 160 millions d'années (contre quelque 3,6 milliards d'années pour la croûte continentale) ! Ces résultats seront confirmés dès 1968. Le programme américain JOIDES (pour *Joint Oceanographic Institution for Deep Earth Sampling*) de forage systématique des océans montrera en effet que l'âge et l'épaisseur des sédiments au contact des basaltes augmentent régulièrement au fur et à mesure que l'on s'éloigne de l'axe de la dorsale. Les géophysiciens se rallient alors massivement à l'hypothèse de l'expansion des fonds océaniques.

L'heure de la grande synthèse

Les années 1960 sont également très riches pour les sismologues, qui accumulent de précieuses informations. Ainsi, on découvre que les tremblements de terre se produisent dans des régions biens précises : le long des dorsales océaniques et des fosses qui bordent certains océans, sur les failles transformantes et au niveau des zones montagneuses. Leurs foyers sont, pour la plupart, superficiels et localisés dans la lithosphère, cette couche cassante épaisse d'une centaine de kilomètres qui recouvre le Globe, sauf au niveau des fosses océaniques, où on les observe jusqu'à sept cents kilomètres de profondeur ! Dès les années 1930, le Japonais Kiyoo Wadati (1903-1995) avait noté que les foyers de ces séismes profonds se localisaient suivant des surfaces inclinées, ce que confirma en 1955 l'Américain Hugo Benioff (1894-1968), sans en donner d'explication satisfaisante. Reprenant les données des deux sismologues, les Américains Lynn R. Sykes (né en 1937), Jack Oliver (né en 1923) et Bryan L. Isacks, du *Lamont Geology Observatory*, suggèrent alors que les plans inclinés (dits de « Wadati-Benioff ») sur lesquels les foyers des séismes s'alignent, matérialisent la plongée de la lithosphère rigide dans l'asthénosphère plastique. La production de nouvelle lithosphère à l'axe des dorsales océaniques est donc compensée par un mécanisme de destruction (la « subduction »), qui permet de maintenir constante la surface totale de la Terre. C'est de cette observation, complétée par l'hypothèse de l'expansion océanique, que va naître la théorie de la tectonique des plaques.

En 1965, John Tuzo Wilson en pose les fondements, en affirmant que la surface de la Terre est composée d'une mosaïque de plaques rigides (qu'il nomme « plaques lithosphériques ») qui ne cessent de bouger les unes par rapport aux autres, en raison de l'expansion des fonds océaniques. Ces mouvements peuvent être décrits par des déplacements de points à la surface d'une Terre plate (un modèle qualifié de « géométrie plane »).

Il faudra attendre deux ans pour que soit faite la synthèse de toutes ces données. William Jason Morgan (né en 1935), alors tout jeune professeur à l'université de Princeton, s'y attèle le premier. Le 19 avril 1967, lors de la grande réunion annuelle des sciences de la Terre organisée par l'*American Geophysical Union (AGU),* il affirme lui aussi que la surface de la Terre est divisée en plaques rigides, mais il décrit leurs déplacements latéraux non sur une surface plane, comme le fit Wilson, mais sur une sphère. Il applique les théorèmes établis au XVIIIe siècle par le célèbre mathématicien suisse Leonhard Euler (1707-1783) décrivant le mouvement des calottes sphériques à la Terre. Dès lors, le mouvement relatif d'une plaque peut être décrit par une simple rotation entre sa position initiale et sa position finale autour d'un axe passant par le centre de la Terre (dit « axe de rotation eulérien »). Morgan calcule ainsi la direction et la vitesse de déplacement – de l'ordre de 1 à 15 centimètres par an – des six grandes plaques et des douze plus petites qu'il a identifiées.

La même année, le Britannique Dan McKenzie (né en 1942) développe, avec l'Américain Robert L. Parker, des idées analogues, en raisonnant uniquement sur des données sismologiques. Pour eux, les plaques forment des entités indéformables dont les limites – les dorsales, les failles transformantes, les zones de subduction et celles de collisions continentales – concentrent l'essentiel de l'activité tectonique, sismique et volcanique.

Le Français Xavier Le Pichon (né en 1937), apportera la dernière pierre à l'édifice. Bien que longtemps opposé à l'hypothèse de l'expansion des fonds océaniques, qu'il a réfutée lors de sa soutenance de thèse, en avril 1966, il reprend en juin 1968 l'ensemble des données magnétiques, les confronte aux cartes des failles transformantes et reconstitue les mouvements relatifs des continents en utilisant la méthode développée par William Jason Morgan. Il montre qu'il suffit de six grandes plaques lithosphériques pour expliquer l'ensemble des observations. Il en détermine les frontières à partir de l'activité tectonique et retrace leurs déplacements au cours des derniers 120 millions d'années.

Les années 1960 marquent un tournant dans les sciences de la Terre. En moins de dix ans, la théorie de la tectonique des plaques a pris forme, éclairant d'un concept unificateur une multitude d'observations sans liens apparents. Enfin, géologues et géophysiciens peuvent retracer dans ses grandes lignes l'évolution de la Terre.

VERS UN MODÈLE DU TOUT

La théorie de la tectonique des plaques explique nombre de processus géologiques terrestres : l'ouverture et la fermeture des océans, la formation des montagnes de divers types et, en partie, les processus internes du manteau qui en sont, notamment, la cause... Mais cette théorie, encore incomplète, ne peut et ne pourra jamais permettre de comprendre tous les mécanismes qui s'expriment dans le fonctionnement de la planète Terre. En effet, la tectonique des plaques décrit essentiellement certains mouvements qui agitent, à partir du noyau, l'asthénosphère et la lithosphère. Cependant, d'autres « couches », telles l'hydrosphère (les océans, les glaciers et l'eau douce), l'atmosphère, qui est la couche gazeuse de la planète, et la biosphère, qui rassemble les espèces vivantes, végétales ou animales, dont l'homme, intègrent et régissent aussi la machine

Terre, elle-même influencée par le cosmos qui l'entoure. Et toutes ces couches interagissent.

Les effets planétaires du volcanisme

Prenons un exemple simple de ces interactions dont le volcanisme est le vecteur. Un volcan résulte de montées de magma du manteau terrestre – parfois depuis l'interface noyau-manteau dans le cas des points chauds. Lorsqu'une éruption volcanique de type explosif « troue » la lithosphère, de grandes quantités de gaz, de cendres et de particules sont éjectées dans la haute atmosphère, à 15 ou 20 kilomètres d'altitude. Ces particules peuvent former un voile autour de la Terre, renvoyer ainsi la partie réfléchie du rayonnement solaire vers l'espace, et donc causer des dérèglements climatiques. En 1815, lors de l'explosion du Tambora (Indonésie), on estime que ce sont 150 millions de tonnes de particules qui furent éjectées dans la stratosphère, formant un voile qui fit plusieurs fois le tour du globe avant de retomber ; on retrouvera par exemple des cendres du Tambora dans les neiges du Groenland de l'été 1816.

Au début des années 1960, les scientifiques sont capables, à partir des archives terrestres, de quantifier l'impact des fortes éruptions volcaniques sur le climat : l'éruption du mont Agung (Indonésie), en 1963, a fait chuter la température moyenne à la surface de la Terre de 0,25° C ; celle du volcan El Chichón en 1982 (Mexique) d'environ 0,3° C ; celle du Pinatubo en 1991 (Philippines) de 0,2° C, etc.

L'histoire géologique nous apprend que ces énormes éruptions ne sont pas rares et, en confrontant les informations historiques et les données scientifiques, on peut établir des corrélations entre des périodes froides et des années de volcanisme intense – ainsi, par exemple, le *Petit Âge glaciaire* que connut l'Europe du XVIe au XVIIIe siècle [47] a-t-il été synchrone d'une forte activité volcanique de la Terre. Un volcan est donc le trait d'union entre les couches les plus profondes et les plus hautes de la Terre.

Dans les années 1970-1980 se développe une idée majeure : la Terre est une machine compliquée mais entière, c'est-à-dire que les phénomènes qui s'y produisent ne peuvent être compris que globa-

---

[47] Voir *infra*, pp. 480-481.

Les grandes extinctions d'espèces

Il y a 65 millions d'années (à la limite du Crétacé et du Tertiaire, ou limite C-T), de 60 à 75 % des espèces vivantes, animales et végétales (dont les dinosaures), disparurent de la surface de la Terre. Une des deux hypothèses sérieuses avancées pour expliquer cette extinction massive fait référence à ce qu'on appelle parfois l'« hiver volcanique ». Le plateau volcanique du Deccan, au centre de l'Inde, couvre environ 520 000 km, avec des épaisseurs de lave de plus de deux kilomètres montrant l'extraordinaire intensité de cette mégacatastrophe volcanique, datée justement à la limite C-T. L'autre hypothèse s'appuie sur la chute d'une grosse météorite, dont on situe l'impact à la même époque dans le golfe du Mexique. En fait, les deux phénomènes eurent probablement lieu, additionnant leurs effets. L'injection d'énormes quantités de poussières dans la haute atmosphère aurait en effet pu bloquer la photosynthèse et rompre les chaînes alimentaires fondées sur les végétaux.

Cinq grandes extinctions massives ont eu lieu au cours des temps géologiques. Les deux plus sévères se sont déroulées à la fin de l'Ordovicien (il y a 440 millions d'années), exterminant chaque fois 85 % des espèces qui peuplaient la biosphère.

lement, à l'échelle de toute la planète. Il en est ainsi des principaux processus qui régissent notre environnement global : les cycles biogéochimiques des éléments fondamentaux de la vie (eau, carbone, azote, etc.), le réchauffement du Globe, annoncé puis confirmé par les climatologues, ou encore d'autres phénomènes qui illustrent bien des interactions existant entre les océans, l'atmosphère et les continents [48].

Et les coquilles marines sur les montagnes ?

La tectonique des plaques, belle théorie, fournit-elle une réponse aux interrogations des Anciens quant à la présence des coquillages marins sur la Terre ferme ? Les fossiles et les roches sédimentaires

[48] Voir *infra*, p. 485 *sq*.

que contiennent les continents, visibles aujourd'hui à pied sec, témoignent de la présence de la mer, voire de son avancée sur les terres (appelée *transgression*), à une certaine époque, puis de son retrait à une autre (*régression*). Ces variations du niveau marin peuvent avoir plusieurs causes, qui ne sont pas toutes liées à la tectonique des plaques.

Certes, certaines transgressions peuvent être dues à une importante activité volcanique des dorsales océaniques (larges de 1 000 à 3 000 km et culminant en moyenne à 2 000 km) et aux mouvements isostasiques liés à la formation des montagnes. L'abondante production de croûte océanique diminue d'autant le volume disponible des eaux océaniques et provoque la montée de ces dernières. Pour cette raison, on estime que le niveau de la mer au Crétacé supérieur (il y a environ 70 millions d'années) était de 200 à 300 m plus élevé que le niveau de la mer actuelle.

D'autres transgressions et régressions peuvent avoir des causes climatiques dues à des perturbations des courants marins, notamment les événements ENSO (*El Niño Southern Oscillation*)[49], à des interactions du système lithosphère-biosphère avec l'atmosphère, en particulier l'effet de serre[50] ou encore à des variations des paramètres orbitaux de la Terre[51]. Au maximum de la dernière période glaciaire (il y a environ 20 000 ans), par exemple, le niveau des mers était environ 100 m plus bas qu'aujourd'hui, en raison de la rétention d'eau par les inlandsis.

Ainsi, les grandes variations climatiques du Quaternaire se traduisent par des périodes de glaciation d'une durée d'environ 100 000 ans, entrecoupées par des interglaciations d'une durée de 10 000 à 20 000 ans, comme celle que nous traversons aujourd'hui.

À l'intérieur de ces grands cycles, de nombreuses fluctuations modérément chaudes ou froides affectent différentes parties du globe. Ainsi, au cours de l'interglaciation contemporaine, une période de chaleur, le *Grand optimum climatique*, sévit vers 4000 avant J.-C. et fut suivie d'un millénaire plus froid. Une autre période chaude se déroula de l'an 500 avant J.-C. à l'an 1000 environ et affecta l'Europe médiévale, de 800 à 1250. Au XVe siècle, une

---

49 Voir *infra*, pp. 283-285.
50 Voir *infra*, p. 486.
51 Voir *infra*, p. 489.

La grotte Cosquer, un témoin climatologique

Découverte en 1991 par le plongeur professionnel dont elle porte désormais le nom, la grotte Cosquer (datée du paléolithique, entre 18 500 et 27 000 ans) est la seule grotte ornée au monde dont l'entrée s'ouvre sous la mer, à 37 m de profondeur, au pied des falaises du cap Morgiou, dans les calanques de Marseille.

Cette grotte illustre admirablement la paléogéographie de cette époque, au maximum de la dernière glaciation. L'entrée de la galerie était située à environ 100 m au-dessous du niveau de la mer actuelle, en raison de la rétention des eaux par les calottes glaciaires. En effet, à cette époque, le golfe du Lion et le golfe de Marseille étaient entièrement émergés, tandis que, plus à l'est, les îles d'Hyères étaient reliées à la côte des Maures.

À l'intérieur de la grotte, lors de la plongée de l'hiver 1994, on a dénombré, figurés sur les parois, de nombreux animaux terrestres (bouquetins, chamois et aurochs) ou marins, comme des phoques et des pingouins, témoignant du climat de l'époque de ces peintures rupestres sur l'actuelle côte d'Azur.

vague de froid s'établit sur diverses régions d'Europe et s'étendit progressivement dans l'hémisphère Nord de l'ouest vers l'est : ce *Petit Âge glaciaire* dura plus de trois siècles. La Tamise gela plusieurs fois et l'on vit le roi d'Angleterre Henri VIII descendre le fleuve en traîneau de Londres à Greenwich. Ces perturbations sont principalement dues à des fluctuations de la quantité d'énergie solaire reçue par la Terre, liées à des variations de la position de notre planète vis-à-vis du Soleil et de l'activité de ce dernier[52].

Actuellement, en plus du réajustement isostasique associé à la fonte des grandes calottes glaciaires géologiquement achevée il y a

---

[52] Les astronomes désignent sous le nom d'*activité solaire* un ensemble de phénomènes associés au magnétisme du Soleil et qui affectent les diverses régions de l'astre selon des cycles dont les principaux ont une périodicité de onze et de vingt-deux ans. La manifestation la plus connue de cette activité est la présence de nombreuses taches sombres à la surface du Soleil ; l'activité solaire se manifeste aussi par de violentes éjections de matière et de particules chargées dans l'espace interplanétaire.

environ 7 000 ans, les marégraphes situés dans des zones peu actives sur le plan tectonique détectent tous une montée du niveau de la mer. Pour ne prendre qu'un exemple, l'enregistrement effectué à Brest, qui a commencé en 1807, témoigne d'une relative stabilité jusqu'au début du XXe siècle, où s'amorce une montée progressive des eaux, qui atteint 18 cm en 1897. Ce nombre est proche de la valeur mondiale, et les différentes stations situées sur les cinq continents ont enregistré une transgression comprise entre 10 et 25 centimètres au cours des cent dernières années. Son caractère global a été confirmé par dix années de mesures altimétriques effectuées par des satellites, dont l'engin franco-américain Topex-Posséidon, lancé en 1992, fut le précurseur.

Les satellites

On attribue à Socrate ce conseil : « L'homme doit s'élever au-dessus de la Terre, jusqu'à la frange extérieure de l'atmosphère et même au-delà, car c'est ainsi qu'il comprendra le monde où il vit. »

Les satellites ont véritablement bouleversé l'observation de la Terre. Les premiers satellites d'observation avaient une mission essentiellement militaire et il a fallu attendre 1972 pour assister à la mise en orbite, par les États-Unis, du premier satellite civil de télédétection, Landsat 1, capable d'offrir des images de la Terre vues de l'espace à une altitude de 900 km. Depuis, les satellites d'observation de la Terre se sont multipliés et diversifiés. La première à en bénéficier a été la géographie : d'abord, la cartographie si chère aux géologues de terrain, puis les gérants de l'occupation des sols, pour des besoins économiques, agricoles ou urbains. Parmi ses principaux bénéficiaires, figure également la météorologie, qui ne pourrait plus se passer aujourd'hui des observatoires spatiaux.

Il n'est plus une couche de la Terre dont l'étude ne tire parti, à présent, de l'outil satellitaire : la biosphère continentale (gestion des cultures, surveillance de la déforestation et de la désertification...), la lithosphère et ses mouvements (observation du déplacement des plaques, recherche et gestion des ressources naturelles, détection des risques naturels) ; l'hydrosphère (étude des courants océaniques, mesure de la hauteur du niveau de la mer et des vagues, relevé de la température de l'eau, surveillance de l'évolution des glaces océaniques et continentales ainsi que des inondations...) ; l'atmosphère (mesure de ses composantes physico-chimiques, qui influent sur le climat ; prévision météorologique ; surveillance de la pollution et du trou d'ozone...) ; enfin, la « planétosphère » (ou « géosphère »), néologisme désignant l'ensemble dans lequel viennent s'intégrer les différentes couches précédentes, et qui interagit avec le cosmos.

La météorologie numérique

Aujourd'hui, pour prévoir le temps, de puissants ordinateurs intègrent les milliers de mesures effectuées chaque jour au sol, dans l'atmosphère par des ballons-sondes, et dans l'espace par des satellites... Les calculs sont faits pour des zones cubiques de 100 km de côté, 60 000 étant nécessaires pour quadriller la surface entière de la Terre. 10 millions de mesures chiffrées sont indispensables à une bonne prévision, et il ne faut pas moins de 1,5 milliard d'opérations mathématiques pour établir des prévisions planétaires pour 24 heures.

El Niño et La Niña

Le courant froid marin appelé communément « courant du Pérou » ou « courant de Humboldt », vient des profondeurs des eaux antarctiques, puis longe la côte ouest de l'Amérique du Sud. Ses eaux froides, riches en plancton et donc en poissons, ont permis le développement de l'industrie de la pêche dans les pays côtiers comme le Chili et le Pérou. Or, certaines années, un courant chaud inverse, appelé El Niño, vient recouvrir les eaux froides (plus lourdes) et chasse les bancs de poissons au large du Pacifique. Ce phénomène, au-delà de ses conséquences sur l'industrie de la pêche hauturière et côtière, influe sur le climat, non seulement en Amérique du Sud mais aussi en d'autres régions de la planète.

C'est lors des années 1920-1930 que l'on comprit que ce phénomène, observé localement, était dû à des interactions océan-atmosphère plus vastes. Habituellement, un régime de hautes pressions (anticyclone) est stabilisé au-dessus de l'île de Pâques, situé dans l'est du Pacifique, couplé à un régime dépressionnaire dans l'ouest du Pacifique (au large de l'Indonésie et de l'Australie). Le sens des alizés intertropicaux, qui sont des vents d'est, est bien conforme à ce champ de pression, les vents soufflant des zones de hautes pressions vers les zones de basses pressions. Ces alizés poussent donc les eaux chaudes du Pacifique vers l'ouest, de part et d'autre de l'équateur. Il en résulte une accumulation d'eaux chaudes dans l'ouest du Pacifique malgré les remontées du courant Kuroshivo dans le Pacifique nord, du courant est australien dans le Pacifique sud et du contre-courant équatorial, qui ramène une partie des eaux vers l'est. Ainsi, les eaux du Pacifique ouest sont plus chaudes de 7 à 8° C et plus élevées de 50 cm, en moyenne, que celles du Pacifique est.

Régulièrement, l'anticyclone de l'île de Pâques se déplace vers l'ouest du Pacifique ; les alizés faiblissent, voire s'inversent localement (entre l'Indonésie et les méridiens 160 et 180°) : non seulement les eaux chaudes ne s'accumulent plus dans l'ouest du Pacifique, mais le contre-courant équatorial, que ne retiennent plus les alizés, les redistribue largement d'ouest en est jusqu'aux côtes américaines, où elles descendent le long du Pérou et du Chili (c'est El Niño), et vers les côtes californiennes. Le déplacement de l'anticyclone vers l'ouest est appelé oscillation australe *(Southern Oscillation)* ; la combinaison de l'oscillation australe et du courant El Niño constitue ce qu'on appelle un événement ENSO *(El Niño Southern Oscillation).*

Les répercussions climatiques d'un événement ENSO sont redoutables. Alors que, normalement, la façade ouest de l'Amérique intertropicale est préservée des précipitations par la présence de l'anticyclone, la forte évaporation des eaux chaudes d'El Niño forme d'énormes masses nuageuses, qui déversent des pluies diluviennes sur les côtes des États-Unis, du Mexique, de l'Équateur et du Pérou, accompagnées de vents violents, provoquant des inondations et des glissements de terrains. À l'inverse, dans l'ouest du Pacifique, où habituellement la zone dépressionnaire apporte des pluies poussées par les alizés, pluies vitales pour l'Indonésie et l'Australie, la dérive de l'anticyclone installe la sécheresse, provoquant le dépérissement des cultures et de gigantesques incendies de forêts.

Les événements ENSO affectent aussi l'océan Indien, en même temps que le Pacifique et l'océan Atlantique, de 12 à 18 mois après que El Niño ait terminé son activité dans le Pacifique. Les trois événements majeurs du XXe siècle se sont déroulés en 1982-1983, en 1997-1998 (le plus fort du XXe siècle et observé alors et prédit dès avril 1997) et en 2000 et 2001.

Un indice, le S.O.I. *(Southern Oscillation Index)*, permet de mesurer l'intensité de l'oscillation australe (par exemple, la différence du champ de pression atmosphérique entre Tahiti, dans le Pacifique central, et Darwin, dans l'ouest australien) ainsi que l'intensité des alizés le long de l'équateur. Des valeurs positives du S.O.I. correspondent à une situation normale ou froide, des valeurs négatives, à un El Niño.

Quelquefois, comme en 1998-1999, le S.O.I. a de fortes valeurs positives. Les alizés sont alors tellement puissants que le Pacifique central et oriental devient très froid. Ce phénomène, plus rare, reçoit l'appellation de La Niña. Ainsi, à partir du mois d'août 1998, les eaux moins chaudes, le renforcement des alizés sur le Pacifique et les changements concomitants dans la circulation atmosphérique plus à l'est ont contribué au nombre important de cyclones violents (quatorze) qui ont frappé les Caraïbes et l'Amérique centrale entre août et novembre 1998. En avril 1999, la phase froide a été bien marquée, avec une anomalie de température de – 1,3° C dans le Pacifique central. Le niveau de la mer à l'est du Pacifique est descendu à 20 centimètres au-dessous de la moyenne, alors qu'il était monté à 38 centimètres au-dessus en octobre 1997...

El Niño et La Niña sont des exemples récurrents des interactions entre l'océan mondial et l'atmosphère, et de leurs conséquences sur les continents, donc sur la biosphère.

Le bilan radiatif de la Terre

Source même de la vie, le rayonnement solaire peut aussi la menacer. Le bilan radiatif de la Terre est actuellement la théorie la plus aboutie des interactions entre le cosmos et la Terre qui abrite la vie, la seule connue jusqu'à présent.

L'essentiel de l'énergie reçue par la Terre provient du Soleil sous forme de lumière visible. Une partie de ce rayonnement (30 % en moyenne) est réfléchie par les nuages ou par la surface terrestre. Cette fraction réfléchie s'appelle l'*albédo*. Sa valeur peut osciller entre 5 % sur une mer calme et 85 % sur de la neige fraîche. Le rayonnement solaire est absorbé par l'atmosphère dans une proportion de 20 %, mais, pour l'essentiel, c'est-à-dire 50 % du rayonnement incident, il est absorbé par la surface terrestre (océans et continents). Il est alors transformé en rayonnement infrarouge, c'est-à-dire en chaleur, et renvoyé vers l'espace. L'échauffement de l'atmosphère vient donc « du bas » et diminue avec l'altitude jusqu'à la tropopause, zone de transition entre la couche atmosphérique la plus basse, la troposphère, qui s'étend jusqu'à 8 à 17 km d'altitude selon la latitude, et la couche qui la surmonte, la stratosphère.

Ce rayonnement thermique est lui-même absorbé par certaines molécules contenues dans l'atmosphère qui réémettent de la chaleur vers la surface de la Terre : ce phénomène constitue l'*effet de serre.* En effet, le processus est comparable, très schématiquement, au principe d'une serre dont la couverture transparente laisse passer la lumière solaire mais emprisonne ensuite la chaleur pour la renvoyer vers les cultures.

Les molécules responsables de l'effet de serre

Les molécules contenues dans l'atmosphère qui piègent le rayonnement infrarouge thermique comportent trois atomes ou plus : principalement, la vapeur d'eau (H_2O), le gaz carbonique (CO_2), le méthane (CH_4), le protoxyde d'azote (NO_2), l'ozone (O_3), et divers gaz artificiels, dus aux activités anthropiques. Hormis les gaz issus uniquement de l'activité industrielle, l'intensité de l'effet de serre qu'ils provoquent dépend non seulement de leur teneur dans l'atmosphère, mais aussi de la densité de l'atmosphère. Ainsi, à titre d'exemple, on peut comparer leur action dans l'atmosphère de deux planètes voisines de la Terre, Mars et Vénus. Sur Mars, l'atmosphère, principalement constituée de CO_2, est très peu dense. L'effet de serre y est donc peu important ; la température à la surface est de – 40 °C. En revanche, sur Vénus, l'atmosphère, elle aussi essentiellement constituée de CO_2, est très dense et l'effet de serre y joue un rôle majeur : la température au sol atteint + 460 °C. Sans l'effet de serre, la Terre et Vénus auraient la même température au sol : – 18 °C.

L'effet de serre est donc un phénomène naturel. Il explique que la surface de la Terre ait une température globale moyenne d'environ + 13° C, permettant à l'eau de s'y maintenir à l'état liquide et donc à la vie de s'y développer. Sans l'effet de serre, la température moyenne au sol serait de – 18° C. Ce qui est moins naturel en revanche, c'est l'augmentation de l'effet de serre observée aujourd'hui et attribuée avec certitude aux conséquences des activités humaines, à l'origine d'un réchauffement climatique préoccupant.

Les gaz à effet de serre influent à des degrés divers selon leur nature et leur densité dans l'atmosphère. Par exemple, la teneur de l'atmosphère en méthane (CH_4), produit de la dégradation des matières organiques en milieu anaérobie, a doublé au cours des deux derniers siècles (accroissement du nombre de rizières, de ruminants, de fuites de gaz naturel, etc.). Elle est faible par rapport à la teneur de l'atmosphère en gaz carbonique (CO_2), mais le méthane est un excellent absorbant dans l'infrarouge : l'addition d'un gramme de méthane produit un effet de serre additionnel environ 60 fois plus fort que celle d'un gramme de CO_2. Ainsi, le CH_4 est responsable de 15 % environ de l'effet de serre additionnel terrestre au cours des dernières décennies. Et que dire des chlorofluorocarbures (CFC), purs produits de l'activité industrielle (utilisés dans l'industrie du froid, la fabrication des mousses plastiques, la propulsion d'aérosols, etc.) ? Bien qu'ils ne soient présents qu'en très faible quantité dans l'atmosphère, on leur doit plus de 30 % de l'effet de serre anthropique cumulé sur les dernières décennies. La signature, en 1987, du protocole de Montréal, a permis de contrôler leur diffusion, puis leur interdiction, mais il faudra quelques décennies pour que leurs effets soient anéantis ; d'autre part, certains produits de remplacement, s'ils respectent la couche d'ozone, ont un effet de serre du même ordre que celui des CFC.

En ce qui concerne le réchauffement climatique, la température moyenne du globe est surtout fonction de la teneur de l'atmosphère en dioxyde de carbone (gaz carbonique, CO_2), pour une part naturelle et pour une autre part due à l'intervention de l'homme (ou anthropique). Les réservoirs de carbone sont les océans, la biosphère, la lithosphère continentale et l'atmosphère. Les océans contiennent cinquante fois plus de carbone (dissous sous forme de carbonates) que l'atmosphère. Malgré les échanges de gaz carbonique entre l'atmosphère et les océans, le bilan est positif pour ces derniers : ils absorbent une partie du CO_2 de l'atmosphère. En revanche, les échanges de CO_2 entre les deux autres réservoirs (la biosphère et les sols) sont à l'avantage de l'atmosphère. Ces transferts contribuent à un renouvellement total du gaz carbonique tous les quatre ans environ.

À l'échelle géologique, ces équilibres persistent. Cependant, il est établi que la concentration de CO_2 dans l'atmosphère augmente d'environ 0,5 % par an : l'activité humaine produit annuellement plusieurs milliards de tonnes de carbone, créant la moitié du CO_2 de

L'ozone

Découvert en 1839 par le chimiste Christian Friedrich Schöbein (1799-1868), l'ozone (corps simple gazeux, de formule O_3, dont la molécule comporte trois atomes d'oxygène) joue dans la thermosphère et la stratosphère un rôle protecteur, en absorbant les rayons ultraviolets (U.V.) nocifs à la vie sur Terre. Néanmoins, sa destruction dans ces deux couches atmosphériques et sa formation dans la plus basse couche de l'atmosphère, la troposphère, sous l'effet des activités humaines, présentent un réel danger pour notre environnement.

C'est en 1985 qu'une équipe britannique, travaillant dans l'Antarctique, annonce la découverte de ce qu'on a pris l'habitude d'appeler le « trou d'ozone » : une diminution dramatique de la quantité d'ozone dans la stratosphère au printemps austral (octobre). Les scientifiques soulignaient depuis les années 1970 le risque de destruction de l'ozone stratosphérique par des produits issus de l'activité humaine. Parmi eux, le Hollandais Paul J. Crutzen (né en 1933) et les Américains Mario Molina (d'origine mexicaine, né en 1943) et F. Sherwood Rowland (né en 1927) ont obtenu, en 1995, le prix Nobel de chimie pour leurs travaux sur les processus modifiant l'abondance de l'ozone dans les différentes couches de l'atmosphère...

Dans la troposphère, où nous respirons, l'ozone est un polluant actif. Sa production dépend du rayonnement solaire et de réactions faisant intervenir des hydrocarbures partiellement brûlés et des oxydes d'azote (les réactions du *smog*). Ces conditions se rencontrent en été, dans un air pollué par un fort trafic automobile. L'ozone troposphérique est également produit dans les régions tropicales où l'on brûle d'importantes quantités de matières végétales (feux de brousse, déforestation), et à certaines altitudes par les avions.

l'atmosphère actuelle. Les océans pourront-ils absorber cet accroissement si rapide, alors que le cycle de la convection océanique est de plusieurs siècles ?

Vostok : les archives de notre environnement

Établie en 1957, la station Vostok, située près du pôle géomagnétique Sud, est l'une des deux seules stations permanentes en Antarctique, l'autre étant la base américaine Amundsen Scott. À la fin de 1984, bénéficiant du support logistique américain, pour l'aéroportage, une petite équipe de Français rejoint Vostok pour la collecte des échantillons de glace récoltés par forage. Les échantillons consistent en des carottages dans la calotte glaciaire. Le but est d'analyser les bulles de gaz atmosphériques que contient la neige accumulée, gaz révélateurs du climat de chaque année. Dès 1987, les résultats publiés fournissent une première synthèse concernant le climat à partir d'un carottage de plus de 2 000 m couvrant près de 140 000 ans... Puis de nouveaux carottages atteignent 3 350 m en 1994 et 3 623 m en janvier 1998, permettant de déchiffrer les climats du passé sur 420 000 ans !

Les résultats sont de plusieurs types. D'abord, les forages renseignent sur les cycles climatiques : ils confirment les glaciations du Quaternaire et leur âge, corrélé à des variations cycliques de la distance Terre-Soleil (donc de la quantité d'énergie solaire reçue par la Terre) liées aux fluctuations de trois paramètres orbitaux de la planète, comme l'astronome yougoslave Milutin Milankovic (1879-1958) fut le premier à l'établir, dès les années 1920.

Deuxièmement, on observe que la teneur des gaz à effet de serre est étroitement liée aux variations climatiques. Entre les périodes glaciaires et les périodes interglaciaires, les teneurs extrêmes passent de 180 à 300 ppmv (parties par million, en volume) pour le CO_2 et de 320 à 770 ppbv (parties par milliard, en volume ; b est l'initiale de billion, au sens américain du terme) pour le CH_4. Les niveaux actuels (en 2002), supérieurs respectivement à 360 ppmv et 1 700 ppbv, n'ont jamais été atteints au cours des dernières centaines de milliers d'années et traduisent l'impact des activités humaines sur la composition de l'atmosphère ainsi que sur le réchauffement climatique.

Notons enfin que le forage de 1998 s'est arrêté pour des raisons non pas techniques, mais scientifiques. Entre le socle rocheux et la glace à 3 600 m repose un lac atteignant 230 km de longueur et jusqu'à 85 km de largeur, pour une profondeur de 870 m, sans compter une épaisseur importante de sédiments, ce qui représente une superficie supérieure à plus de vingt fois celle du lac Léman. Ce lac date peut-être de quelques millions d'années, mais son âge est encore débattu. Le plus important tient au fait qu'il pourrait contenir des traces d'une vie isolée de la biosphère depuis des millions d'années. D'où l'intérêt d'avoir stoppé le forage en 1998 pour éviter toute contamination accidentelle. Les scientifiques s'activent pour

« analyser » le lac en toute sécurité, stimulés par une autre découverte, issue de l'analyse des images à haute résolution de la surface d'un des gros satellites de Jupiter, Europe, prises par la sonde américaine Galileo à la fin des années 1990 : la glace qui recouvre la surface de ce satellite est, par endroits, fragmentée comme une banquise, et elle pourrait envelopper un océan, lui-même susceptible d'abriter des formes de vie uniques. L'étude du lac de Vostok et celle de l'océan sous-jacent présumé d'Europe requièrent la même capacité à effectuer des prélèvements « propres » avec, bien sûr, dans chaque cas, des technologies spécifiques.

PERSPECTIVES

Malgré les très importants progrès accomplis au XXe et au début de ce XXIe siècle dans la connaissance de la Terre et de son histoire, notre monde recèle encore bien des secrets. La « planète bleue » contemplée avec émotion, dans l'espace, par tous les astronautes, se révèle un ensemble à la fois divers et complexe, en osmose avec son environnement cosmique, dont l'évolution est gouvernée par de multiples interactions et que l'on ne peut espérer appréhender que dans le cadre d'une théorie unitaire et globale. La technologie spatiale a ouvert une nouvelle page dans son étude, en offrant de nouveaux outils pour l'observer à distance, mais aussi en permettant l'exploration des autres planètes du Système solaire et en autorisant ainsi des comparaisons précieuses pour mieux comprendre comment des mondes nés ensemble, d'un même matériau, ont pu, au fil du temps, acquérir des visages si différents. Avec, dans le cas de la Terre, l'éclosion et le développement de la vie...

Yves Gautier

Chapitre VI

LES SCIENCES DE LA VIE

Depuis les temps les plus reculés, l'homme s'est trouvé confronté à son environnement vivant, animal et végétal. Ce rapport a été pendant des dizaines de millénaires celui d'un simple instinct de survie. Mais avec *Homo sapiens sapiens*, c'est un véritable savoir qui peu à peu s'est mis en place et s'est transmis de génération en génération.

Le souci de la qualité de sa subsistance l'a conduit tout d'abord à approfondir sa connaissance des bêtes et des plantes, en élaborant une histoire naturelle empirique dont on retrouve l'expression dans les systèmes parfois sophistiqués qu'utilisent, aujourd'hui encore, certaines populations des confins de l'Amazonie.

La préoccupation de son propre corps l'engage en même temps dans une recherche de moyens qui vont atténuer ses souffrances, le guérir de divers maux ou soigner ses blessures. Cette démarche sera le plus souvent associée à des rituels où interfèrent le magique et le religieux.

Par une lente progression de 35 000 à 5 000 ans avant J.-C., puis de façon accélérée jusqu'à notre époque, le genre humain va développer et affiner ces deux formes d'activité qui deviendront l'histoire naturelle et la médecine, avec cependant pour les diverses civilisations, des périodes de progrès fulgurants interrompues par des phases de stagnation ou même de régression.

À l'époque historique, les premiers acteurs de cette quête de la connaissance sont tout à la fois médecins, naturalistes et souvent philosophes. Peu à peu, cependant, et plus particulièrement à partir du XIXe siècle, s'individualisent le médecin praticien, le chercheur de laboratoire, le spécialiste sur le terrain de la faune et de la flore. Le premier exerce la médecine et les autres pratiquent dans un domaine plus large et plus diversifié pour lequel Lamarck propose en 1802 le terme de *biologie* (du grec *bios*, « vie » et *logos*, « science »). On sait, de nos jours, que de multiples interférences et une étroite communauté d'intérêt règnent entre médecine et biologie (au sens que Lamarck donnait à ce terme), aussi avons-nous choisi de donner à cette partie de l'ouvrage le titre général de « sciences de la vie » qui leur convient à l'une comme à l'autre.

PRÉHISTOIRE DE LA BIOLOGIE

Les premières manifestations connues de l'intérêt, et des connaissances, de l'homme au plan anatomique se situent au paléolithique supérieur (35 000 à 10 000 avant J.-C.). L'homme représente alors sur les parois des grottes les espèces animales auxquelles il est confronté (antilopes, chevaux sauvages, bisons, aurochs, lions des cavernes, etc.). Ces dessins, saisissants de réalisme tant dans la forme que dans l'expression du mouvement, révèlent un certain nombre de connaissances anatomiques. Qu'il s'agisse de l'expression de rites magiques liés à la chasse, ou d'allégories sociales autour de la dualité mâle-femelle, on peut voir dans ces sanctuaires paléolithiques « comme un premier Traité de l'Univers ou des êtres vivants, que l'humanité naissante propose à sa postérité avant même l'invention de l'écriture » [1].

Parallèlement à cet inventaire zoologique que constitue l'art pariétal naît une médecine paléolithique : on peut aussi observer des vestiges de trépanations au niveau de la boîte crânienne (à la fin du paléolithique, 12 000 ans avant J.-C.) ; d'autres documents sont révélateurs de pathologies ayant reçu des soins ; enfin, quelques éléments osseux remaniés témoignent de fractures ayant fait l'objet d'une réduction rudimentaire, mais sans doute fortuite. Par ailleurs, nombre de modifications corporelles semblent davantage répondre à des pratiques rituelles (mutilation, sacrifices humains, funérailles) ou à un banal cannibalisme, qu'à l'exercice d'une médecine préhistorique.

Au mésolithique, puis au néolithique, l'homme devient cultivateur et éleveur. C'est le début d'une lente progression dans la connaissance des végétaux alimentaires, principalement des céréales, que l'on va

---

[1] Annette Laming, Lascaux, Paris, Union générale d'éditions, 1959.

notamment chercher à rendre plus digestes. C'est aussi l'établissement des principes fondamentaux d'une ébauche de zootechnie, qui progresse avec la domestication, la sélection et l'amélioration des espèces utiles à l'homme (bétail, chien, cheval).

Peu à peu, ces connaissances empiriques vont se préciser, s'affiner et se codifier. Cinq mille ans avant notre ère, ce sont surtout les civilisations orientales qui sont à l'origine de ces progrès, avant que leurs acquis ne soient transmis aux hommes de l'Antiquité grecque, qui leur donneront une nouvelle dimension.

LES PREMIÈRES DONNÉES HISTORIQUES

À l'aube de l'histoire, c'est dans les civilisations indo-orientale, mésopotamienne et égyptienne qu'il faut chercher les manifestations d'un savoir biologique, qui apparaît extrêmement diversifié et déjà très approfondi.

L'antériorité des Chinois

On mesure le niveau des connaissances et de la culture biologique des Chinois lorsque l'on sait que, quatre millénaires avant notre ère, ils possédaient déjà une parfaite maîtrise de l'élevage du ver à soie, de la cochenille de la laque, de l'huître perlière mais aussi des grillons, des poissons, et des petits mammifères (pour leur divertissement).

La médecine chinoise a proposé très tôt de nombreuses thérapies encore à l'honneur de nos jours : les premiers principes de l'acupuncture datent de 2500 avant J.-C. et seront ensuite codifiés dès le IIIe siècle après J.-C. On sait également qu'au premier millénaire avant notre ère, les médecins chinois avaient déjà une idée très élaborée de l'anatomie humaine ; on estime qu'ils connaissaient, dans son principe du moins, le mécanisme de la circulation du sang (quarante siècles avant qu'il ne soit démontré par l'Anglais William Harvey [2]) et se

---

[2] Voir infra, pp. 515-517.

servaient de la pulsologie (étude du rythme, de la régularité et de la vigueur du pouls) pour poser les éléments d'un premier diagnostic (IIIe siècle avant J.-C.).

Une biologie indienne riche et originale

Les anciennes civilisations indiennes proposent, au cours de ces millénaires pré-chrétiens, une vision du monde vivant qui correspond à une biologie au sens large, c'est-à-dire une connaissance de l'ensemble des phénomènes vitaux normaux et pathologiques.

À côté d'acquis empiriques sur les espèces animales utiles à l'homme, on a retrouvé, datant du premier millénaire avant notre ère, des documents relatif à la classification des animaux à l'aide des critères, originaux à l'époque, que sont les aptitudes sensorielles ou les modalités de la reproduction et du développement.

À partir de ces acquis, les savants indiens, par ailleurs bons anatomistes, auraient pu découvrir peu à peu, indépendamment des Occidentaux et avant eux, les grands faits de l'histoire et de l'organisation des animaux, s'ils ne s'étaient ensuite enlisés dans un dogmatisme stérilisant.

La Mésopotamie, berceau de la biologie occidentale

C'est au plus tard au VIe millénaire avant notre ère que différents peuplements vont s'installer et se succéder dans la large vallée qui s'étend du nord au sud entre le Tigre et l'Euphrate ; ils constitueront les civilisations sumérienne, babylonienne et assyrienne.

Tour à tour, celles-ci vont établir un savoir biologique, à propos des animaux et des plantes, ainsi qu'une pratique médicale. Vers 3000 avant J.-C., l'invention de l'écriture en permet la transmission à l'aide de milliers de tablettes cunéiformes [3]. Il se constitue en particulier un recueil de séméiologie médicale complété par des « recettes thérapeutiques » regroupées par types généraux d'affections.

Cette médecine empirique, fondée sur l'usage de « simples » se double toutefois d'une pratique parallèle proprement irrationnelle, à base d'exorcisme et d'interventions divines.

---

[3] Voir *supra*, p. 20.

Les apports de la civilisation égyptienne

L'Égypte ancienne montre, comme la Mésopotamie, un savoir biologique porté à un haut niveau de perfectionnement. La pratique de la dissection, initialement dans le but d'embaumer les cadavres, conduit à une connaissance confirmée de l'anatomie de l'homme et de quelques animaux (chats, crocodiles...). Très tôt, ces acquis en médecine et en zoologie sont aussi conservés et transmis grâce à leur transcription sur papyrus (dès 1850 avant J.-C., par exemple, pour un traité de gynécologie).

LA BIOLOGIE OCCIDENTALE DE L'ANTIQUITÉ

Le miracle grec

Présenté comme un moment privilégié de l'évolution intellectuelle, le « miracle grec », pour reprendre l'expression de Renan, n'en est pas moins redevable aux connaissances antérieures, chinoises, indiennes, proche-orientales et moyenne-orientales (Égypte et Mésopotamie).

À ces six siècles d'or de la pensée humaine qui sont propres à la civilisation grecque, on propose comme justification la prééminence de la démarche philosophique ; celle-ci sera le dénominateur commun de tous les acteurs de cette épopée, qui vont s'interroger sur le monde qui les entoure. En effet, dans ce premier millénaire qui précède notre ère, les progrès de la connaissance du vivant sont le fait d'hommes tout à la fois médecins, naturalistes et philosophes.

Abandonnant la démarche empirique, c'est dans la recherche de la cause de la maladie que le médecin va s'efforcer de trouver le remède qui convient au patient.

Quant au naturaliste, son propos sera de situer l'homme dans un univers vivant qu'il entend décrire et classer, mais dont il est convaincu d'être le terme le plus élaboré.

L'école ionienne (600-400 avant J.-C.)

L'école ionienne, ou milésienne, approfondit et diversifie les idées de son fondateur, Thalès de Milet (v. 625-v. 547 avant J.-C.)[4]. Ses représentants affichent un matérialisme qu'ils s'efforcent d'appliquer aussi bien à l'origine des êtres vivants qu'aux modalités de leur fonctionnement. Ainsi, avec Anaximandre (v. 610-v. 546 avant J.-C.), Héraclite d'Éphèse (v. 550-v. 480 avant J.-C.), puis Empédocle d'Agrigente (v. 490-v. 435 avant J.-C.)[5], ce sont, avant la lettre, tout à la fois les idées de transformisme et de sélection naturelle qui sont déjà exprimées[6].

Pour Anaximandre, l'homme actuel est l'aboutissement d'un processus de transformation progressive à partir de formes animales différentes et plus simples (comme les poissons), dont le berceau fut l'eau qui recouvrait initialement la Terre. Héraclite d'Éphèse croit, lui aussi, en cette « mutabilité », dans laquelle certains auteurs modernes trouvent les germes de la théorie de l'évolution. La même idée sera reprise ultérieurement par Empédocle d'Agrigente, pour qui les rapports que le monde vivant entretient avec son environnement sont marqués par une opposition que ce monde doit vaincre de façon permanente pour survivre.

Dans la simplicité de sa démarche, la philosophie naturelle des Ioniens comprend deux éléments, l'un d'observation et l'autre de pensée. Héraclite est le premier à s'interroger pour savoir quelle doit être la vraie méthode pour parvenir à la compréhension de la nature : par la raison ou par les sens.

C'est pour tenter de résoudre ce problème qu'un des disciples de Pythagore[7], Alcméon de Crotone (v. 520-v. 450 avant J.-C.), jette les fondements de la physiologie expérimentale. Dans le domaine des sensations, ses travaux sur le goût méritent d'être évoqués car ce sens fut largement sollicité plus tard par les médecins de l'école d'Hippocrate pour poser leur diagnostic.

---

4 Voir *supra*, p. 287.
5 Voir *supra*, pp. 293-294.
6 Sur le transformisme et la sélection naturelle, voir *infra*, pp. 547-548.
7 Voir *supra*, p. 289.

Hippocrate et la médecine hippocratique (IVe siècle avant J.-C.)

Hippocrate, père de la médecine

Le IVe siècle avant J.-C. est principalement dominé par le rayonnement de l'école médicale de Cos et de son plus illustre représentant, Hippocrate (460-v. 377 avant J.-C.). La somme des travaux de ce dernier, le *Corpus hippocratique*, compte une soixantaine de traités, rédigés par lui-même, ses élèves ou ses disciples.

L'influence d'Hippocrate a été considérable, tout en ayant le mérite de se démarquer des pratiques magico-religieuses de l'époque. En dépit de grandes faiblesses théoriques, surtout en anatomie (la dissection de l'homme était alors exceptionnelle) et malgré un bref déclin à la fin du IVe siècle avant J.-C., son enseignement, enrichi de données nouvelles, remis à l'honneur et imposé par Galien au IIe siècle après J.-C. [8], restera jusqu'au XIXe siècle le support de bien des principes fondamentaux de la médecine, comme par exemple la théorie des « humeurs » selon laquelle la maladie traduit une altération de l'équilibre des liquides, ou *humeurs*, de l'organisme. Bien que reconnue maintenant comme dénuée de tout fondement scientifique, la thèse des quatre humeurs – sang, phlegme, bile jaune et bile noire – et des quatre tempéraments associés reste encore présente dans le langage courant lorsqu'on parle d'un individu sanguin, phlegmatique, bilieux ou colérique.

On doit avant tout à Hippocrate le principe de la recherche des causes des maladies, ce que nous appelons aujourd'hui l'étiologie, après l'établissement d'un diagnostic fondé sur un répertoire de signes cliniques. Le souci du patient devient également la préoccupation première du praticien, ce qu'exprime encore à notre époque le « serment d'Hippocrate », code d'éthique et de déontologie médicale, que prononcent les jeunes médecins qui s'engagent dans la carrière.

Plusieurs écoles prestigieuses

Plusieurs autres écoles se partagent à l'époque le savoir médical : Rhodes, Crotone, Agrigente, Cnide. Une collection de textes médicaux,

---

8 Voir *infra*, pp. 501-502.

dont les plus anciens remontent au début du Ve siècle, témoignent aujourd'hui encore de cette activité.

Des divergences apparaissent pourtant entre les écoles, par exemple entre celles de Cos et de Cnide : les élèves de la première pensent que le médecin doit mettre son savoir au service de l'humanité, et que son premier devoir est de guérir ; ceux de la seconde, à l'idéal plus scientifique que strictement médical, font passer l'étude même de la maladie au premier plan.

Aristote

Si Hippocrate est considéré comme le père de la médecine, Aristote (384-322 avant J.-C.) [9] est celui de la biologie. Il donne à cette discipline déjà tellement diversifiée ses principes fondateurs, et l'élève au rang de science fondamentale. Il en aborde tous les aspects traditionnels (zoologie, botanique, anatomie et physiologie), dégageant en même temps des voies nouvelles : l'anatomie comparée, l'embryologie, la tératologie, l'écologie, l'éthologie, etc.

L'aristotélisme

Dans son approche encyclopédique de l'Univers, Aristote « *imagine la vie comme un principe immatériel animant la matière et la nature ordonnée par une intelligence supérieure en vue d'un but, d'où le rôle primordial des causes finales* » [10]. On désigne sous le nom d'*entéléchie* cet aspect essentiel de la philosophie aristotélicienne. Rejetée par les pères de l'Église (saint Augustin, en particulier) cette doctrine sera délaissée pendant un millénaire avant d'être remise à l'honneur au XIIIe siècle par Roger Bacon, Albert le Grand et, surtout, saint Thomas d'Aquin qui, dans sa *Somme théologique*, concilie aristotélisme et christianisme au point d'en faire un des piliers de la scolastique. Il en résultera pour la biologie une nouvelle phase d'obscurantisme, qui persistera pendant quelques siècles.

---

9 Voir *supra*, pp. 109-111.

10 Maurice CAULLERY, *Les Étapes de la biologie*, Paris, PUF, 1941 (coll. « Que sais-je ?).

Aristote fut cependant de son vivant un admirable observateur de la nature et si, dans un souci d'encyclopédisme, il accepte sans discernement des informations discutables (comme celles d'Hérodote), l'essentiel de ses travaux n'a pas été fondamentalement remis en question. Certains trouveront d'ailleurs une éclatante confirmation au XIXe siècle [11]. Il fut le premier à concevoir la notion d'*espèce*, et on lui doit en anatomie comparée le principe d'*homologie* (structurale) qu'on oppose aujourd'hui encore à celui d'*analogie* (fonctionnelle). Il reconnaît, par exemple, une forme particulière de placentation que montrent certains Sélaciens [12], alors que cette modalité de la gestation semblait n'appartenir qu'aux seuls mammifères.

Des quelque quatre cents espèces animales qu'il a pu rencontrer, décrire et disséquer, Aristote propose une classification qu'il intègre à une « Échelle de la nature » ; celle-ci, qui progresse de la matière inerte aux mammifères et à l'homme, ne peut être, d'après lui, que le fruit de l'intelligence divine. Selon Aristote, les animaux se répartissent en deux grandes classes, selon qu'ils sont pourvus de sang ou qu'ils en sont dépourvus. La première, *Ennaima*, comprend quatre groupes : les quadrupèdes vivipares (parmi lesquels Aristote range déjà les cétacés, les phoques et les chauve-souris), les quadrupèdes ovipares (dont les reptiles et les batraciens), les oiseaux et les poissons. Elle correspond, en fait, aux vertébrés. La seconde, *Anaima*, se subdivise en trois groupes : les animaux à corps mou couvert d'écailles (ou crustacés), les animaux à corps mou recouvert d'une coquille (mollusques, oursins) et les insectes.

Quant à la physiologie aristotélicienne, elle se révèle supérieure à celle d'Hippocrate ; elle est dominée aussi par le désir d'exprimer de façon générale les lois du vivant.

Malgré d'accablantes erreurs, qui seront reprises et enseignées sans discernement pendant tout le Moyen Âge, l'œuvre d'Aristote est d'une qualité exceptionnelle. Elle nous est parvenue sous la forme d'une somme d'ouvrages *(Histoire des animaux, Des parties des animaux, De la génération des animaux, De l'âme...)*, très vraisemblablement écrits par ses élèves à partir de ses cours. Il n'eut pas de

---

[11] Voir *infra*, p. 548 *sq*.

[12] La placentation est la formation du placenta. Les Sélaciens sont une sous-classe de poissons marins comprenant les raies, les requins, les roussettes, les torpilles...

successeur, à l'exception de Théophraste (v. 372-287 avant J.-C.) [13], que l'on considère comme le père de la botanique.

Les idées d'Aristote ont été bien entendu remises en question et remaniées par la biologie moderne. Elles ont néanmoins exercé une profonde influence sur bien des biologistes. Ainsi, en 1750, Buffon déclare qu'*« Aristote connaissait peut-être mieux les animaux, et sous des vues plus générales, qu'on ne les connaît aujourd'hui »*. Un siècle plus tard, Darwin rend à son tour hommage au philosophe grec, d'une phrase restée célèbre : *« Linné et Cuvier ont été mes dieux, quoique de manière très différente, mais ils n'étaient que des écoliers par rapport au vieil Aristote. »*

Après la disparition d'Aristote, Athènes perd au IIe siècle avant J.-C. son statut de centre intellectuel au profit d'Alexandrie, où la médecine va être particulièrement à l'honneur, stimulée par la rivalité qui oppose deux hommes : Hérophile (335-280 avant J.-C.) et Érasistrate (v. 320-v. 250 avant J.-C.). Mais un puissant courant de contestation s'impose avec les « Empiriques » qui remettent en question l'intérêt de la recherche des causes et prônent le retour à la seule exploitation de l'expérience acquise.

La médecine gréco-romaine

L'apport des Romains à la biologie n'est pas à la mesure de leur hégémonie dans de nombreux domaines. En fait, la médecine gréco-romaine reste profondément marquée par la pensée grecque, mais le monde médical se divise en de nombreux courants qu'animent diverses spéculations philosophiques.

La doctrine d'Hippocrate, remise en question ou revisitée, sera à l'origine de sectes médicales surtout marquées par une démarche spéculative : *atomistes* inspirés des idées de Démocrite [14], *pneumatistes* qui se fondent sur l'existence d'un « souffle vital », *éclectiques* qui « empruntent » ce qu'ils jugent bon aux autres écoles.

Un grand nom, celui de Galien, s'impose cependant. Il va édifier une œuvre capitale pour les siècles à venir.

---

[13] Voir *supra*, p. 296.
[14] Voir *supra*, p. 296.

Galien, dernier grand biologiste de l'Antiquité

Originaire de Pergame, cité grecque d'Asie Mineure léguée aux Romains, Galien (v. 131-v. 201) fait des études de médecine à l'école d'Alexandrie, où il s'imprègne des théories de Platon et d'Aristote : comme eux, il adoptera le principe d'une intelligence divine qui se révèle dans la nature et qui est parfaite et définitive. Revenu à Pergame, il y pratique son art pendant quelques années puis, à l'âge de trente-trois ans, part pour Rome, où sa notoriété lui vaut de devenir le médecin personnel de l'empereur Marc Aurèle.

Ses travaux concernent surtout la physiologie et la médecine. Certains sont remarquables : sa démonstration du rôle du cerveau sur la contraction des muscles marque un grand progrès sur les idées d'Aristote. En revanche, ses déductions concernant le fonctionnement des appareils cardio-vasculaire et respiratoire sont totalement fausses, au plan tant anatomique que fonctionnel. Il est allé jusqu'à étayer sa théorie en imaginant que le sang (porteur du « souffle vital ») passait du cœur droit au cœur gauche par de minuscules orifices portés par la paroi qui les sépare. Il faudra attendre quatorze siècles pour que quelqu'un – en l'occurrence, le Flamand André Vésale – ose affirmer que ces orifices n'existent pas [15].

Auteur très prolifique, Galien a écrit deux cent cinquante-six traités, dont la majorité a malheureusement été détruite en 191, lors de l'incendie du temple de la Paix où ses manuscrits étaient déposés. Sa contribution à la biologie et à la médecine aurait eu plus de valeur s'il ne s'était pas égaré dans les travers du raisonnement que sont le finalisme, les *a priori* et la dialectique.

Sa doctrine très complexe, le *galénisme*, est proche de celle des Éclectiques [16] : elle reprend et développe les thèses de ses prédécesseurs, plus particulièrement celles d'Hippocrate. Elle repose sur l'existence de quatre humeurs (sang, bile, atrabile, pituite), quatre éléments (chaleur, froid, humidité, sécheresse) et trois *pneuma* ou esprits (esprit vital pour le cœur, esprit naturel pour le foie, esprit animal pour le cerveau). L'altération de ces principes est à l'origine des maladies, qui peuvent être traitées dès lors qu'on connaît le principe défaillant.

[15] Voir *infra*, p. 510.
[16] Voir *supra*, p. 500.

Malgré le crédit dont jouissait Galien auprès des empereurs (Marc Aurèle, Commode, Septime Sévère), ses œuvres et ses idées furent peu prisées par ses confrères, de son vivant. Il faut dire qu'il faisait preuve d'un caractère cassant et orgueilleux, de dogmatisme et de parti pris religieux. Il ne fit allégeance à aucune secte médicale de l'époque, et on ne lui connaît aucun élève.

La postérité, en revanche, a réservé un accueil exceptionnel au galénisme : n'ayant pas de doctrine médicale établie, l'Église, au Moyen Âge, adopta celle de Galien, notamment parce que celui-ci se référait toujours à un Dieu unique, et l'érigea même quasiment en dogme jusqu'au-delà du XVe siècle. L'influence de Galien s'exerça également auprès des médecins byzantins (tel Alexandre de Tralles) et arabes (Avicenne, Averroès).

Une compilation monumentale : l'« Histoire naturelle » de Pline l'Ancien

Rares sont les Romains ayant joué un rôle déterminant dans l'évolution des idées qui agitent médecins et biologistes des débuts de l'ère chrétienne. Seul Pline l'Ancien (23-79 après J.-C.) se distingue de savants plutôt médiocres. Ce naturaliste, par ailleurs militaire et haut fonctionnaire, laisse à sa mort (lors de l'éruption du Vésuve qui détruisit Herculanum et Pompéi) une monumentale *Histoire naturelle* en trente-sept volumes, qui n'est malheureusement qu'une vaste compilation de connaissances sans discernement ni esprit critique.

Si les expéditions romaines lui offrent l'occasion de découvrir de nombreuses espèces animales et végétales qu'il tente de classer avec plus ou moins de bonheur, Pline se veut avant tout le rapporteur objectif de connaissances très variées (géographie, zoologie, botanique, médecine, ethnographie, minéralogie...) puisées dans plus de deux mille ouvrages, mais dont il n'a pratiquement jamais eu l'occasion de vérifier le bien-fondé ou l'exactitude. C'est ainsi, notamment, qu'il transmet le savoir des Grecs, principalement d'Aristote et de Théophraste, en patricien cultivé et sceptique, avec la tranquille assurance que lui donne la puissance romaine, sans aucun souci d'expérimentation personnelle.

Il serait injuste cependant de trop dénigrer la contribution de Pline. Avant la longue période d'obscurantisme qui va gagner le monde occidental au Moyen Âge, son œuvre constitue un ultime témoignage des connaissances de son époque. Mi-scientifique, mi-naïve, tenant parfois de l'encyclopédie et parfois de l'almanach, elle n'en reste pas moins la seule somme biologique dont va disposer la chrétienté pendant les quinze siècles suivants. C'est ce qui expliquera son succès ainsi que la longue persistance de certaines idées fausses qu'elle va enraciner profondément.

Bien avant la chute de l'Empire romain, le « miracle grec » s'est évanoui ; après la disparition de ses principaux acteurs, leurs enseignements se perpétuent tels quels pendant des siècles, suscitant une adhésion d'autant plus forte qu'ils ne vont pas à l'encontre des textes bibliques. Significative à cet égard est une gravure du XVIe siècle représentant Aristote, Platon, Hippocrate et Galien, idéalement réunis dans une commune harmonie de pensée. Il faudra attendre la Renaissance et sa vision élargie du Monde pour que l'humanité se libère de ses œillères et que s'opère une révolution des idées, tant en médecine qu'en biologie.

LE MOYEN ÂGE

Les sombres siècles du haut Moyen Âge

Nul n'a jamais réellement expliqué pourquoi, à la nature si ouverte de la civilisation grecque, a succédé l'« obscurantisme » de la civilisation chrétienne du haut Moyen Âge (VIe-XIIe siècles). Seule une école de médecine, celle de Salerne, préserve encore un certain savoir (limité, car l'anatomie ne pouvait se pratiquer que sur le porc et quelques autres vertébrés). Pendant cette période, la pratique médicale sera essentiellement le fait des monastères (médecine monastique), limitée à des recettes de « simples », parfois associées à des pratiques de magie.

L'apogée médiévale et la redécouverte de l'Antiquité grecque

Le XIIe siècle se singularise par un retour (contrôlé par l'Église) aux auteurs et aux textes de l'Antiquité grecque. Au plan de la théologie, on a dit plus haut ce que ce revirement devait à Roger Bacon et saint Thomas d'Aquin [17]. Au plan pratique, c'est aux Arabes qu'on doit les traductions qui permettent de retrouver cette pensée. Les principaux bénéficiaires de cet *aggiornamento* sont Aristote et Galien [18].

Sans doute faut-il voir dans cette attitude, qui va très vite évoluer en une adoption sans réserve, un parti pris des religions monothéistes à l'égard d'une science qui se révèle être en accord avec la théologie. Un tel consensus ne peut conduire qu'à renforcer le dogmatisme naturel de l'héritage galénique. Toute remise en question, donc tout progrès, sont bannis ; les enseignements, exacts ou erronés, imposés par une scolastique devenue cependant laïque, seront pour quelques siècles encore absolument intouchables.

Les grands problèmes de la biologie sont alors considérés comme résolus : l'origine des espèces par la Création, la physiologie par les enseignements de Galien. Tout au plus, quelques questions restent-elles encore controversées, par exemple celle de savoir à quel moment l'âme entre dans l'embryon.

Dans les monastères, les ouvrages anciens remis à l'honneur sont copiés ; les erreurs originelles sont aggravées par celles des copistes, et l'on préfère reproduire le dessin médiocre d'un herbier séculaire, plutôt que de faire une œuvre nouvelle à partir d'un échantillon original et vivant.

Rares sont ceux qui tentent de résister à cette forme d'aliénation. Deux esprits parviennent cependant à s'en libérer : Albert le Grand (1200-1280) et Frédéric II de Hohenstaufen (1194-1250), roi de Sicile.

Religieux dominicain (canonisé par l'Église catholique en 1931), théologien, philosophe et savant allemand, Albert de Bollstädt, dit Albert le Grand, restera une référence absolue jusqu'au XVIIe siècle et sera qualifié de « miracle de son siècle ». Plus scientifique que médecin, il réalise une immense encyclopédie qui englobe l'ensemble de la science grecque, latine, arabe et juive. Professeur à l'université de Paris, il enseigne place Maubert, près de laquelle une rue perpétue aujourd'hui son souvenir (la rue Maître-Albert).

Quant à Frédéric II de Hohenstaufen, il organise les cours de l'école de Salerne et ordonne, dans un décret de 1240, que les étudiants se voient présenter une dissection au moins une fois par an et

---

17 Voir *supra*, pp. 518-519.
18 Voir *supra*, pp. 304-305.

que les chirurgiens ne puissent être diplômés sans avoir étudié l'anatomie.

Ce n'est qu'au XVe siècle que l'interdit de l'Église sur les dissections sera enfin levé. Vers la fin du bas Moyen Âge, cependant, les hommes observent à nouveau le monde sans idées préconçues : d'abord en Italie, puis progressivement dans toute l'Europe, la Renaissance s'impose aussi bien pour les sciences de la nature et la médecine que dans toutes les formes de l'expression artistique.

Les lumières du monde arabe (800-1300)

Entre les VIIIe et XVe siècles, la maîtrise des différentes disciplines scientifiques, dont la médecine, progresse dans le monde arabe qui s'étend de l'Espagne aux confins du Moyen-Orient.

On attribue cette suprématie, d'autant plus flagrante que l'Europe est dans une position de très net retard, à des générations de grands intellectuels (lettrés, artistes et médecins) soutenus par des souverains cultivés et éclairés, mais aussi à la pratique d'une langue officielle commune, l'arabe. La naissance et la rapide expansion de l'islam seront également un facteur de réussite mais, comme pour le christianisme, les dérives intégristes contribueront à son déclin à partir du XVIe siècle.

La traduction des œuvres anciennes

Dès le VIIIe siècle, le monde musulman s'emploie à traduire en arabe non seulement les ouvrages des auteurs de l'Antiquité grecque ou romaine (Hippocrate, Galien), mais aussi les contributions des civilisations indienne (pharmacopée) et égyptienne (anatomie), ainsi que les descriptions de techniques médicales issues de ces corpus. Chaque grande ville (Bagdad, puis Le Caire et Cordoue) possède alors une prestigieuse bibliothèque qui devient un centre de rayonnement intellectuel. Cette entreprise monumentale de traduction est le fait de médecins érudits, tout particulièrement Hunayn ibn Ishaq (808-873) et Thabit ibn Qurra (826-901) [19]. Ce travail ne se limite

---

[19] Voir *supra*, pp. 47-48.

pas à une stérile compilation, mais fait l'objet de commentaires, de comparaisons et d'apports de grande valeur. Ainsi Hunayn ibn Ishaq réalise-t-il notamment les premiers schémas anatomiques de l'œil humain.

Rhazès, Avicenne et Averroès

Nombre de savants du monde musulman vont contribuer jusqu'au XVIe siècle à enrichir la médecine arabe, principalement en anatomie, en embryologie et en physiologie. Parmi les plus célèbres se trouvent Abu Bakr Muhammad ibn Zakariya al-Razi, dit Rhazès (v. 860-v. 925) [20], Abu Ali al-Husayn ibn Abdallah ibn Sina (980-1037), dit Avicenne [21], et Abu al-Walid ibn Ruchd, dit Averroès (1126-1198).

Rhazès, Persan qui enseigne à Bagdad, est l'auteur d'un *Livre complet de la médecine* (en vingt volumes), qui constitue la première somme médicale en langue arabe. Son analyse des maladies (parmi lesquelles la variole et la rougeole) fait la part belle aux idées d'Hippocrate et aux informations de sources indiennes ou moyen-orientales qu'il confronte à ses propres observations.

Persan également, né près de Boukhara dans l'actuel Ouzbékistan, Avicenne est sans nul doute le plus célèbre représentant de la médecine arabe. Disciple d'Aristote, il consigne dans son *Canon de la médecine* son expérience clinique de nombreuses maladies, parmi lesquelles la méningite aiguë, la pleurésie et l'apoplexie. On lui reproche parfois d'avoir beaucoup emprunté à la théorie contestable des quatre humeurs d'Hippocrate, adoptée et diffusée plus tard par Galien.

Quant à Averroès, Arabe de Cordoue, il propose une analyse de la métaphysique d'Aristote au regard des enseignements du Coran. Cette démarche *(averroïsme)* le rapproche de Thomas d'Aquin qui, un siècle plus tard, tentera de concilier aristotélisme et christianisme, ouvrant ainsi la voie à la scolastique.

On a longtemps considéré que la science arabe n'avait joué qu'un rôle de relais entre le « miracle grec » et la Renaissance européenne.

---

[20] Voir *supra*, p. 304.
[21] Voir *supra*, p. 304.

Il est aujourd'hui établi que son apport a été particulièrement riche et original, annonçant, et même, pour certains, devançant la révolution scientifique du XVIIe siècle.

LA RENAISSANCE DE LA BIOLOGIE EUROPÉENNE

Pour les arts et les lettres, la Renaissance atteint son apogée au XVIe siècle. Il faudra attendre un siècle pour que d'autres disciplines, la philosophie bien sûr, mais aussi la médecine et les sciences de la nature, brillent d'un éclat aussi vif. Le phénomène se produit d'abord en Italie, puis en France, où il se prolonge avec le prodigieux siècle des Lumières.

Une nouvelle génération de naturalistes

Alors que de nombreux naturalistes se contentent de compilations, d'autres, parce qu'ils manifestent une plus grande curiosité d'esprit, se tournent vers la nature et la décrivent selon leur propres observations. Ce nouvel examen va révéler de nombreuses erreurs chez les Anciens, dénoncées et corrigées. Les investigations s'étendent à l'Europe entière, puis au Nouveau Monde, dont la faune et la flore sont révélées grâce aux expéditions des *conquistadores*.

La faculté de Montpellier met à l'honneur la zoologie et l'anatomie comparée. Dans son *Histoire complète des poissons*, Guillaume Rondelet (1507-1556) étudie plus de trois cents espèces de poissons et autres animaux marins, pour lesquels il utilise une taxinomie binominale – chaque espèce étant désignée par deux noms – que le suédois Linné imposera définitivement en 1758 [22].

Son collègue Pierre Belon (1517-1564) consacre ses recherches aux oiseaux et aux autres vertébrés : il est le premier à proposer pour l'ensemble du groupe un plan commun d'organisation qu'Étienne Geoffroy Saint-Hilaire reprendra et généralisera trois siècles plus tard [23].

---

22 Voir *infra*, p. 524.
23 Voir *infra*, pp. 544-548.

La botanique et ses applications en pharmacopée connaissent un essor comparable à celui de la zoologie. Elles s'enrichissent de nombreuses descriptions de plantes, principalement grâce au Français Charles de Lécluse (1526-1609). Parallèlement, les universités créent et développent de vrais jardins de plantes médicinales, comme à Padoue (1545), à Pise (1547), à Bologne (1567), à Leyde (1577) ou à Montpellier (1598).

Naissance de la paléontologie

Avant d'être considérés, au Moyen Âge, soit comme des substances minérales ayant pris accidentellement l'aspect d'êtres organisés, soit comme des « ratés » de la Création, restés sans lendemain, les fossiles, dès l'Antiquité, ont été regardés comme des vestiges d'animaux ayant vécu dans des temps anciens.

L'Italien Girolamo Fracastoro (Jérôme Fracastor, 1483-1553) est sans doute le premier à reconnaître dans les coquilles enchâssées dans certaines roches continentales, les vestiges de bivalves marins disparus. Bernard Palissy (v. 1510-1589/90), plus connu pour ses talents de céramiste [24], confirme ce point de vue dans ses conférences publiques, précisant qu'il ne s'agit pas là de « jeux de la nature » ou, lorsque ces coquillages se trouvent loin de la mer, de témoins du Déluge. À la même époque, l'Allemand Georg Bauer, dit Agricola (1494-1555) [25], crée à leur propos le mot *fossile* et propose, en 1550, un premier inventaire de ses découvertes *(De natura fossilium)*.

Un autre regard sur le corps humain

Le souci d'une observation rigoureuse gagne également la médecine. Avec la médecine scolastique mais laïque, la dissection de l'homme est de nouveau autorisée, ou du moins tolérée par l'Église. Les conclusions scientifiques nées de l'observation infirment souvent les dogmes établis à partir des travaux de Galien et d'Aristote. La résistance aux idées nouvelles sera vive, tant du côté de l'Église que

---

[24] Voir *supra*, p. 315.
[25] Voir *supra*, pp. 450-451.

de celui des milieux laïcs conservateurs. Deux hommes d'exception, Léonard de Vinci et André Vésale, vont marquer cette époque, mais ils se heurteront à une vive opposition.

Léonard de Vinci et André Vésale : l'épreuve de l'observation

Peintre, ingénieur, dessinateur, architecte, sculpteur, théoricien, anatomiste, le génie de Léonard de Vinci (1452-1519) s'est exercé dans de multiples domaines. On se contentera ici de mentionner sa contribution à l'anatomie humaine et comparée. Passant outre les interdits, il pratique la dissection de plus de trente corps humains ; il en rend compte dans des dessins d'un réalisme inégalé. Tous ne sont pas publiés de son vivant, par condamnation du pape Jules II qui, s'il apprécie sa peinture, goûte peu ses dissections. Par ailleurs, des injections de cire chaude lui permettent d'observer les quatre cavités cardiaques ainsi que les ventricules encéphaliques. Dans son *Dell'Anatomia*, Vinci présente ses observations sous un angle dynamique ; il décrit et met en action les différents organes du corps humain qu'il analyse comme une machine complexe. Dans ses études, remarquables au demeurant, de l'appareil génital de l'homme et du fœtus en cours de gestation, il prend parfois quelques libertés avec l'observation afin de ne pas trop contredire les écrits de Galien ou d'Avicenne. Ainsi, ses croquis illustrant la fécondation chez l'homme font état d'un second urètre, qui relie la colonne vertébrale au pénis et permet le passage de l'âme vers l'embryon ; dans le même esprit, sa représentation de l'utérus féminin comporte sept compartiments, qui évoquent les sept jours de la Création selon la Genèse ; enfin, il fait du diaphragme une limite anatomique entre la partie spirituelle du corps humain (le cerveau et le cœur) et ses organes plus matériels (l'estomac, l'intestin...).

Le Flamand André Vésale (1514/15-1564) est issu, pour sa part, d'un milieu voué à la médecine depuis trois générations. Il fait ses études à la Sorbonne, sous l'autorité du galéniste Jacques Dubois (connu sous le nom de Sylvius [1478-1555]), puis quitte Paris pour Padoue, où il est immédiatement nommé professeur d'anatomie. Son cours fait alors sensation, car il pratique lui-même les dissections au lieu de les commenter doctement. C'est là qu'il entreprend la réalisation des trois cents planches de son *De Humani Corporis fabrica*, qui sera publié à Bâle en 1543. Il y mettra sa méthode en application : il faut que les médecins *« finissent par ajouter plus de foi à leurs yeux et à leur raison agissante qu'aux écrits de Galien »*.

Vésale est en désaccord avec Galien sur de nombreux points, comme par exemple celui de la paroi interventriculaire du cœur, pour laquelle il exclut définitivement la présence de pores permettant le passage du sang d'un ventricule à l'autre [26].

Au cours des cinq années qu'exige la réalisation de son œuvre, Vésale va faire l'objet de critiques, puis d'une hostilité croissantes. Rejeté par ses pairs, condamné par l'Inquisition, il est contraint d'abandonner sa chaire et trouve refuge comme conseiller médical à la cour de Charles Quint, puis de son fils Philippe II. Les vingt dernières années de sa vie sont improductives : il ne peut poursuivre ses recherches anatomiques, et meurt à l'âge de cinquante ans, au retour d'un pèlerinage en Terre sainte.

Anatomistes prestigieux, Léonard de Vinci et Vésale ont dû affronter tous deux le dogmatisme et le conservatisme de leur époque. La postérité leur a heureusement rendu justice, tardivement en ce qui concerne Léonard, certaines de ses études n'ayant été révélées qu'au XIXe siècle. On doit aussi reconnaître à leurs illustrations une qualité artistique exceptionnelle. Il est rarissime que l'histoire de la culture occidentale offre un tel mariage de la science et de l'art. Cela n'étonne pas chez Léonard ; quant aux planches de Vésale, elles ont été réalisées par son ami et compatriote Jan van Kalkar (v. 1460-1519), graveur de talent qui avait été l'élève de Titien.

La médecine se diversifie

Tout en demeurant plus ou moins dépendante du dogmatisme, l'anatomie humaine continue néanmoins de progresser. Ses résultats serviront de support à bien des investigations fonctionnelles qui marqueront le siècle suivant.

L'Italien Gabriele Falloppio (Gabriel Fallope, 1523-1562) complète les travaux de son maître Vésale en neuroanatomie, et approfondit les connaissances de l'appareil génital féminin. Avec un autre élève de

---

[26] Voir *supra*, p. 501.

Vésale, Arantius, il décrit le placenta et certains éléments de la circulation du sang chez le fœtus.

Girolamo (Jérôme) Fabrici d'Acquapendente (1533-1619) poursuit le travail de son maître Fallope, initie l'Anglais William Harvey à l'étude de la circulation sanguine et prélude aux recherches de Malpighi sur l'embryologie du poulet[27].

Quelques médecins de cette époque sont devenus plus célèbres que d'autres, aussi bien grâce à leur talent qu'à cause des hasards de l'Histoire.

Ambroise Paré (v. 1509-1590), considéré comme le père de la chirurgie, est connu aussi par sa charge de chirurgien auprès des rois de France : c'est lui qui fut appelé au chevet d'Henri II, mortellement blessé lors d'un tournoi en 1559.

Le médecin suisse Paracelse (1493-1541)[28], tour à tour admiré et décrié par ses contemporains, n'appartient à aucune des écoles de son temps. Il s'oppose violemment à Galien et aux médecins arabes en pratiquant une « alchimie spirituelle » qui le pose en médiateur entre la nature divine et les hommes. On a fait de lui à la fois le précurseur de la médecine psychosomatique et le créateur d'une pharmacopée qui fait appel à la chimie des minéraux (chimiâtrie ou iatrochimie) et aux plantes médicinales. Il a laissé une œuvre considérable qui trouve encore des adeptes de nos jours.

François Rabelais (v. 1494-1553), surtout connu pour son œuvre littéraire, est tour à tour frère franciscain, moine bénédictin, étudiant errant, médecin, puis curé de Meudon. Malgré ses outrances et ses défauts, il apparaît comme une réplique du bon sens à la pensée cosmique et naturiste de son temps, à laquelle il oppose la tradition humaniste. Pour lui, le cœur du problème ne réside pas dans la nature, mais en l'homme. Médecin, il se moque de l'alchimie et de l'astrologie, mais n'en raille pas moins les docteurs de Sorbonne. Il refusera de souscrire aussi bien à la science officielle qu'à cette science nouvelle qui voit le jour.

---

27 Voir *infra*, p. 519.
28 Voir *supra*, pp. 312-313.

LE XVIIe SIÈCLE : LA PREMIÈRE RÉVOLUTION BIOLOGIQUE

En biologie, comme d'ailleurs dans tous les domaines de la science, le XVIIe siècle offre une première remise en question de l'attitude de l'homme à l'égard de la nature. Les philosophes de l'époque n'y sont pas étrangers. L'Anglais Francis Bacon, dans son *Instauratio magna* (1623) préconise l'empirisme comme la règle première de la recherche. Le français René Descartes définit, dans son *Discours de la Méthode* (1637) puis dans le *Tractatus de homine* (publié après sa mort, en 1664), les principes d'une théorie mécaniste qui s'applique à tous les êtres vivants, homme comme animaux. En 1674, l'Anglais John Mayow (1640-1679) en donnera une illustration très convaincante par l'analyse fonctionnelle de la musculature humaine. Plus tard, un médecin philosophe français, Julien Offroy de La Mettrie (1709-1751), en atteindra les limites avec son *Homme-machine* (1748), s'attirant la réprobation de ses contemporains – à l'exception de Frédéric II de Prusse, qui le prend sous sa protection.

Parallèlement à ce parti pris d'observation et d'expérimentation, le siècle voit naître le microscope. Cette invention va permettre de poser un autre regard sur les êtres vivants et révéler l'existence d'un niveau d'organisation jusqu'ici inconnu. Accueilli favorablement puis décrié, il devient finalement un incontournable outil de la recherche en biologie.

Le microscope révèle l'invisible

On connaît depuis l'Antiquité le pouvoir grossissant de certaines lentilles, ces « compte-fils » qu'utilisent depuis 1590 les drapiers hollandais pour examiner la trame des tissus. Au début du XVIIe siècle, ces lentilles ne sont que des gadgets mais, judicieusement combinées, elles vont donner naissance à la lunette astronomique qui, à partir de Galilée, ouvre une ère nouvelle dans l'observation de l'Univers [29], et au microscope composé, qui va révéler aux curieux d'abord, puis au monde savant, les particularités de la vie microscopique.

---

29 Voir *supra*, p. 245.

Le microscope suscite très vite un véritable engouement. Il permet d'accéder à une configuration nouvelle et inattendue du monde en descendant « l'échelle de la nature ». Mais l'enthousiasme sera de courte durée : au XVIIIe siècle, le microscope perd son intérêt aux yeux des savants qui lui reprochent son peu de fiabilité par son champ réduit, sa faible luminosité et ses aberrations optiques. En 1800, Xavier Bichat dira encore à son propos : *« Quand on regarde dans l'obscurité, chacun voit à sa manière. »* D'autres, et non des moindres (Diderot), critiquent le niveau d'organisation du vivant auquel il donne accès : *« Aux grands génies les grands objets ; les petits génies aux petits objets. »*

À partir du XIXe siècle pourtant, avec l'amélioration des lentilles et de la source d'éclairage, le microscope devient l'indispensable instrument d'investigation que l'on sait, jusqu'à l'invention, au siècle suivant, du microscope électronique, qui autorisera un nouveau changement d'échelle et donnera une fois encore une image différente du monde vivant.

L'Anglais Robert Hooke (1635-1703) n'a consacré que deux années de sa vie à la microscopie, mais sa contribution n'en a pas moins été considérable. Les quelque soixante planches de ses *Micrographia* (1665) sont, par la qualité de l'observation et des dessins, un équivalent de l'œuvre de Vésale en anatomie humaine [30]. On a coutume de lui attribuer la paternité du mot *cellule*, par lequel il aurait désigné des structures répétitives observées sur un fragment de liège.

Sans formation médicale ou naturaliste, attachant par son ingéniosité et son inlassable curiosité, le paisible drapier hollandais Antonie Van Leeuwenhoek (1632-1723) fait accéder l'humanité au monde des animalcules grâce à son compatriote Reinier De Graaf (1641-1673), qui communique ses dessins à la *Royal Society* de Londres. Ses observations sont des plus diversifiées : des bactéries aux protozoaires ainsi qu'aux petits métazoaires [31] encore méconnus (cœlentérés, nématodes, rotifères, etc.). Chez l'homme, il met en évidence les globules rouges, la fibre musculaire striée et les spermatozoïdes – également décrits par son compatriote Louis Dominicus Hamm en 1677. Cette dernière découverte va avoir des répercussions considérables [32].

---

30 Voir *supra*, pp. 509-510.

31 On oppose les métazoaires, êtres vivants pluricellulaires, aux protozoaires, unicellulaires.

32 Voir *infra*, p. 519 *sq*.

Le médecin italien Marcello Malpighi (1628-1694) s'intéresse, quant à lui, particulièrement aux organes et aux tissus (le mot n'existe pas encore), qui vont faire l'objet de ses observations microscopiques. À côté de ses études sur le développement embryonnaire du poulet (1670), la biologie du ver à soie (1669) et les galles des végétaux, il établit l'histologie du cortex cérébral, des reins, de la rate, des papilles gustatives ; il met en même temps en évidence la circulation sanguine dans les capillaires. Ses observations en font le père de l'histologie – étude des tissus –, où de très nombreuses structures portent son nom.

Le microscope, en révélant la structure intime des organes et l'existence d'êtres infiniment petits, va conforter l'idée d'une nature dont la complexité ne doit rien à la métaphysique, et dont on peut connaître le fonctionnement par l'observation et l'expérimentation.

Les bénéfices de l'expérimentation

L'expérimentation, plus rigoureuse, gagne en objectivité et va permettre de résoudre ou d'apporter des éléments de réponse à des problèmes qui se posent depuis plusieurs siècles. On se libère également – autant que faire se peut à l'époque – de toutes les constructions intellectuelles relevant d'un « esprit de système ». Ainsi porte-t-on un nouveau regard sur le dogme de la génération spontanée et les questions que posent le sang et l'appareil circulatoire ; les mécanismes de la reproduction et du développement embryonnaire ne seront en revanche que partiellement élucidés.

Francesco Redi et la génération spontanée

On sait aujourd'hui que tout être vivant provient d'une vie préexistante. Au XVIIe siècle, comme jadis Aristote et les Anciens, de nombreux érudits ou théologiens admettent le principe de la génération spontanée, autrement dit pensent que les êtres vivants peuvent apparaître spontanément à partir de la matière inerte. Toutefois, ce processus n'est pas censé s'appliquer aux vertébrés supérieurs (mammifères et oiseaux) mais seulement aux insectes, aux vers ainsi qu'aux grenouilles et anguilles qu'on voit naître de la vase ou de substances en décomposition. L'Église n'y trouve rien à redire, bien que le principe de la génération spontanée soit en contradiction avec la Genèse, qui affirme que l'arche de Noé accueillit avant le Déluge un couple de chaque espèce... C'est d'ailleurs un argument qu'avancent quelques opposants, comme l'Anglais Thomas Browne (1605-1682) et le Français Pierre Gassendi (1592-1655).

En 1668, un érudit italien, Francesco Redi (1626-1698), médecin à la cour des Médicis, apporte une contribution nouvelle au débat. Avec un protocole rigoureux, il expérimente en plaçant des fragments de viande dans des bocaux ouverts ou fermés à l'aide d'une fine gaze. Au bout de quelques jours, seule la viande putréfiée des bocaux ouverts, accessible aux mouches, recèle des vers, qui n'apparaîtront jamais dans les bocaux qui sont fermés. L'apparition des vers dépend donc de la possibilité qu'ont les mouches de venir pondre leurs œufs sur la viande.

L'expérience de Redi prouve l'absence de génération spontanée, du moins pour ce qui concerne certains insectes. Cette démonstration est plutôt bien accueillie à l'époque par le monde savant, sauf chez les tenants acharnés de la spontanéité. Il faut dire que Redi prend soin de ne pas généraliser ses résultats, ne serait-ce même qu'à l'ensemble des insectes. Ce n'est qu'au siècle suivant que son expérience sera remise en question (tant dans son principe que dans ses modalités pratiques), en particulier parce qu'elle n'a pas pris en compte les animalcules décrits par Van Leeuwenhoek [33]. Elle trouvera des adversaires (Needham) et des partisans (Spallanzani), et le problème de la génération spontanée, après encore deux siècles d'interminables controverses, ne trouvera une solution définitive qu'avec Louis Pasteur, entre 1860 et 1864 [34].

William Harvey et la circulation sanguine

Né à Folkestone, en Angleterre, William Harvey (1578-1657) fait ses études de médecine à Padoue sous l'autorité de Fabrici d'Acquapendente. De retour en Angleterre, il mène une brillante carrière. En 1615, il est nommé professeur d'anatomie et de chirurgie au Collège royal de médecine, à Londres. En 1618, il devient le médecin du roi Jacques Ier, en 1625 celui de son fils, le futur Charles Ier. Il abandonne toute activité en 1649, après l'exécution de Charles Ier et

---

33 Voir *supra*, p. 513.
34 Voir *infra*, pp. 560-564 et 582-585.

l'établissement de la dictature de Cromwell, et meurt d'une hémorragie cérébrale en 1657.

C'est le problème de la circulation sanguine qui va retenir principalement son attention ; il l'aborde dans un esprit critique et objectif : *« Il faudra [...] confirmer ce qui est exact, réformer ce qui est faux, chercher la vérité à l'aide de dissections anatomiques, d'expériences nombreuses et d'observations attentives soigneusement faites »* (*De motu cordis*, 1668). La critique, il l'applique surtout à Galien [35] et à ses défenseurs. L'objectivité, il la manifeste dans ses observations, mais surtout dans le recours à une analyse expérimentale quantifiée. L'idée de faire intervenir la mesure, et par-là même le chiffre, en physiologie est, à l'époque, dans bien des esprits.

Harvey va rencontrer l'opposition farouche des galénistes. Il trouvera en Descartes un efficace propagandiste et obtiendra le soutien d'artistes et d'écrivains tels que Boileau ou Molière, puis celui du premier chirurgien de Louis XIV.

Sa démonstration présente cependant un point faible : le passage du sang des artères vers les veines, qu'il explique par une certaine porosité des tissus. C'est Malpighi qui, en 1661, quatre ans après sa mort, mettra en évidence le transit du sang dans le réseau capillaire.

Parallèlement aux travaux d'Harvey, le Français Jean Pecquet (1622-1674) révèle l'existence d'un véritable système de circulation de la lymphe (vaisseaux et ganglions), qui aboutit finalement dans la circulation sanguine.

À la même époque, le chirurgien anglais Richard Lower (1631-1691) fait les premières tentatives de transfusion sanguine (du chien ou du mouton vers l'homme) ; il semble bien que le hasard, en produisant des coagulations précoces dès le tube d'injection, soit à l'origine de la prétendue réussite de ces opérations, ces sangs étant bien entendu incompatibles.

Controverses autour de la génération

Le XVIIe siècle marque le début d'un autre débat qui se prolongera pendant au moins deux siècles, celui de la génération – en d'autres termes, celui de l'origine de l'embryon – chez l'homme, les

---

[35] Voir *supra*, p. 501.

mammifères et les oiseaux. On n'en trouvera donc ici que les prémices, les péripéties ultérieures étant analysées plus loin [36].

La double semence

Jusqu'au début du XVIIe siècle, l'idée qui prévaut est celle de la double semence : à la suite d'une copulation, la semence femelle se mêle dans l'utérus à celle du mâle, donnant un mélange à partir duquel se forme le fœtus. Les Anciens avaient formulé cette hypothèse (Hérophile, Hippocrate, Aristote, Galien), reprise par Francis Bacon, Ambroise Paré, Van Helmont, Descartes et bien d'autres. En revanche, le rôle respectif des semences ne faisait pas l'unanimité. Source de chaleur et de mouvement, un peu à la façon d'une fermentation (selon Descartes), cette rencontre doit tout à la nature spirituelle (selon les Anciens) ou magnétique (Harvey) de la semence mâle.

Précisons que cette théorie ne s'appliquait qu'à l'homme et aux mammifères. La reproduction des oiseaux passait par la ponte des œufs, celle des autres êtres vivants obéissait à la loi de la génération spontanée [37], encore incontestée.

C'est à William Harvey (1651) que l'on doit l'idée que l'œuf constitue l'état initial de toute forme de reproduction. Ayant reconnu la présence d'un œuf (il s'agissait en fait du chorion et du sac amniotique d'un fœtus déjà formé) dans l'utérus d'une femelle de mammifère en début de gestation, il formule le célèbre principe de l'*ovisme*, selon lequel le fœtus provient d'un œuf produit par la mère et stimulé par le contact avec l'*« aura seminalis »* du sperme masculin. Cette hypothèse offre l'intérêt de regrouper les espèces vivipares et ovipares tout en étant en accord avec les observations d'Aristote, qui a déjà décrit des cas de viviparité chez les Sélaciens, et l'ovoviviparité, connue de longue date chez la vipère [38].

---

[36] Voir *infra*, p. 556 *sq*.

[37] Sur la génération spontanée, voir *supra*, p. 514.

[38] Voir *supra*, pp. 498-500, sur Aristote. Les animaux ovipares se reproduisent par œufs, tandis que les petits des animaux vivipares naissent sans enveloppe et déjà développés. Les ovovivipares conservent les œufs dans leurs voies génitales jusqu'à l'éclosion des jeunes.

À la même époque, un siècle après Vésale, le Hollandais Reinier De Graaf (1641-1673) décrit dans l'ovaire de mammifère (le *testicule femelle*, selon la terminologie du moment) les follicules qui portent son nom ; il les interprète comme autant d'œufs susceptibles d'être fécondés, par analogie avec les œufs en formation qu'on observe dans l'oviducte [39] des oiseaux.

Enfin, en 1677, le médecin danois Thomas Bartholin (1616-1680) démontre que la semence femelle n'est qu'une simple sécrétion glandulaire (glandes vulvo-vaginales, dites aujourd'hui de Bartholin). La théorie de la double semence perd alors toute crédibilité. Seule, donc, la semence mâle stimule l'œuf, qui se transforme alors en être vivant. Cette étape ouvre de nouvelles hypothèses.

L'épigenèse

À partir d'une matière organique indifférenciée, l'œuf se transforme en fœtus par étapes successives . c'est l'*épigenèse*, selon le terme inventé par Harvey. Aristote partageait déjà cette idée, qui ne rencontre au XVIIe que peu de partisans, parmi lesquels Descartes. L'épigenèse pose en effet cette question ardue : comment se forme l'être vivant à partir de la masse amorphe et inorganisée de l'œuf ? Une autre théorie va donc s'imposer, celle du *préformationnisme* ou *préformisme*.

Le préformisme

L'idée initiale en revient semble-t-il à un médecin vénitien peu connu, Giuseppe degli Aromatari (*Epistola de generatione plantarum*, 1625). Au lieu d'opposer la génération animale à la génération végétale, comme on le fait alors, il propose de placer sur un même plan l'œuf des animaux et la graine des plantes. Cette dernière montrant, comme on l'admet couramment, le rudiment des parties de la plante, on doit voir par exemple dans l'œuf de poule (non couvé) l'ébauche du futur poulet.

---

[39] L'oviducte est le conduit par lequel les œufs passent de l'ovaire hors du corps.

L'idée de cette préformation germinale va recevoir le puissant soutien de l'Italien Marcello Malpighi (1628-1694)[40] pour l'embryon de poulet (*De formatione pulli in ovo*, 1672). Elle suscite aussi l'adhésion du Hollandais James Swammerdam (1637-1680), qui transpose l'idée aux œufs des insectes avant de la généraliser à tout le règne animal et à l'homme.

Les observations microscopiques vont apporter une singulière dimension à cette théorie du préformisme.

L'animalculisme (ou spermatisme)

Grâce au microscope, un jeune étudiant en médecine hollandais, Louis Dominicus Hamm, découvre en 1677 la présence d'« animalcules » dans le sperme humain. Van Leeuwenhoek étend cette observation à de nombreuses espèces animales et considère ces animalcules comme des germes préformés[41].

Au sexe mâle revient alors l'apport essentiel dans le processus de reproduction, l'œuf de la mère ne jouant qu'un rôle de réceptacle et de milieu nutritif pour le fœtus. Certains adeptes de cette théorie vont perdre toute objectivité scientifique pour la conforter, tel le Hollandais Nikolaas Hartsoeker (1656-1725), qui publie en 1694 une figure représentant un spermatozoïde humain contenant un petit homme aux genoux repliés sous le menton, dans une position évoquant celle d'un fœtus.

L'origine des germes : dissémination ou emboîtement ?

Animalculistes et ovistes, bien que radicalement opposés, se trouvent confrontés au même problème, celui de l'origine des germes préformés.

L'hypothèse de la *dissémination* s'inspire de la génération spontanée[42] : les germes sont partout, et seules des conditions favorables leur permettent de se développer. Mais, au lieu de se développer dans n'importe quel milieu, comme les germes des infusoires, il

---

[40] Voir *supra*, p. 514.
[41] Voir *supra*, p. 513.
[42] Sur la génération spontanée, voir *supra*, p. 514.

doivent s'introduire dans un organisme qui leur correspond : pour les disséminationnistes ovistes, c'est dans l'œuf de la femelle que les germes trouvent refuge.

L'autre hypothèse est celle d'un *emboîtement* des germes : toutes les générations successives d'une forme animale (ou végétale) se succèdent les unes à l'intérieur des autres. Ce point de vue n'oppose pas en vérité les animalculistes et les ovistes, mais il semble plus « concevable » dans la seconde éventualité, compte tenu de la taille importante de l'œuf en regard du microscopique spermatozoïde.

Ces idées conduisent à de curieuses extrapolations. Pour l'espèce humaine, selon le médecin italien Antonio Vallisneri (1661-1730), l'ovaire de la première femme, Ève, contenait des œufs renfermant non seulement en minuscule tous les enfants qu'elle a faits ou pouvait faire, mais encore toute la race humaine, toute sa postérité jusqu'à l'extinction de l'espèce. De même, tous les animaux qui ont été, sont et seront, ont été créés tous à la fois, et tous renfermés dans les premières femelles !

Les animalculistes expriment une opinion identique, mais à propos des spermatozoïdes.

On est surpris aujourd'hui de l'extravagance de ces idées. Mais la microscopie naissante avait ouvert l'accès à un monde nouveau qui allait impressionner les esprits pendant plus de cent cinquante ans. Les philosophes y seront également sensibles comme en témoigne, par exemple, dans les *Pensées* de Blaise Pascal, l'allusion au ciron, cet acarien considéré jusqu'à l'invention du microscope comme l'expression du vivant infiniment petit[43]. Pour sa part, Nicolas de Malebranche (1638-1715), dans une démarche de conciliation entre dogme et rationalisme, se posera en ardent défenseur de l'emboîtement des germes (*De la recherche de la vérité*, 1674).

---

[43] *« Qu'est-ce qu'un homme dans l'infini ? Mais pour lui présenter un autre prodige aussi étonnant, qu'il recherche dans ce qu'il connaît les choses les plus délicates. Qu'un ciron lui offre dans la petitesse de son corps des parties incomparablement plus petites, des jambes avec des jointures, des veines dans ses jambes, du sang dans ses veines, des humeurs dans ce sang, des gouttes dans ses humeurs, des vapeurs dans ces gouttes ; que, divisant encore ces dernières choses, il épuise ses forces en ces conceptions, et que le dernier objet où il peut arriver soit maintenant celui de notre discours ; il pensera peut-être que c'est là l'extrême petitesse de la nature. »* (Pascal, *Pensées*, fragment 199-72, « Disproportion de l'homme ».)

À l'aube du XVIIIe siècle, les mécanismes de la fécondation et du développement embryonnaire sont encore loin d'être élucidés. Les plus grands noms de la médecine et de la biologie s'engagent dans différentes théories qu'ils conjuguent de multiples façons : on rencontrera des ovistes, des animalculistes, des ovistes préformistes, des ovistes épigénétistes, etc.

Ce foisonnement des idées n'est rendu possible que par des échanges entre les chercheurs de toutes nationalités. Cette communication se fait parfois grâce aux correspondances qui naissent entre particuliers, mais surtout grâce aux sociétés savantes, qui recueillent et publient résultats et débats, où le latin perd de son importance au profit de la langue nationale. Les plus illustres sont l'*Academia dei Lincei* (Rome, 1601), la *Royal Society* (Londres, 1662), l'Académie des sciences (Paris, 1666). Un certain nombre d'entre elles existent encore de nos jours. C'est aussi à cette époque qu'est fondé, en 1635, à Paris, le Jardin royal des plantes médicinales, où sera bientôt dispensé un enseignement de botanique, de chimie et d'anatomie destiné d'abord aux futurs médecins et apothicaires. En 1718, l'institution perdra sa vocation exclusivement médicale et deviendra le Jardin du Roi, puis, en 1729, abandonnera sa fonction d'officine et se voit adjoindre un Cabinet d'histoire naturelle, transformé sous la Convention en Muséum national d'histoire naturelle [44].

La physique et la chimie au secours de la médecine

Évoquée plus haut à propos de Paracelse, l'*iatrochimie*, système thérapeutique fondé sur la chimie [45], est étudiée par des médecins comme le Flamand Jan Baptista Van Helmont (1577-1644) [46] et le Hollandais François de La Boë, dit Franciscus Sylvius (d'origine française, 1614-1672). Alors que Van Helmont se fourvoie parfois dans des considérations ésotériques, La Boë se fonde sur les quelques données plus tangibles de la chimie de l'époque, qu'il applique aux mécanismes de la digestion.

---

44 Voir *infra*, p. 542.
45 Voir *supra*, pp. 313-314.
46 Voir *supra*, pp. 317-318.

L'attitude mécaniste que préconisent au début du siècle certains savants, dont René Descartes, donne naissance à l'*iatrophysique*, qui fait de l'organisme une machine formée de poutres (le squelette), de leviers (les articulations), de poulies et de ressorts (les muscles), d'une pompe (le cœur) et d'un triturateur des aliments (l'estomac). La démarche iatrophysique sera aussi le fait du médecin allemand Friedrich Hoffmann (1660-1742), père d'une conception organiciste du corps, dont les activités seraient engendrées par un fluide nerveux fabriqué par le cerveau. Le Hollandais Herman Boerhaave (1668-1738) tentera en vain de rapprocher iatrochimie et iatrophysique.

La paléontologie face à la théologie

Au XVIIe siècle, toute découverte remettant en question les Écritures se heurte à l'hostilité active de la faculté de théologie. La découverte de formes aujourd'hui disparues fait peser un doute sur la nature de la Création : si des espèces peuvent s'éteindre, d'autres peuvent apparaître. Parallèlement, on ne peut évaluer l'ancienneté au-delà de 6 000 ans, car le Déluge biblique est encore la seule cause admise de la disparition d'espèces, comme le soutient le naturaliste danois Nicolas Sténon (1638-1686), même si certains commencent à en douter, tel, en dépit de son état ecclésiastique, le géologue anglais Thomas Burnet (1635-1715) [47].

LE XVIIIe SIÈCLE : OBSERVATION, EXPÉRIMENTATION, RATIONALISME

Après l'effervescence parfois extravagante du XVIIe, le XVIIIe siècle va reprendre l'examen des problèmes en suspens et en résoudre un certain nombre grâce à une démarche plus rationnelle et à un usage critique de la méthode expérimentale.

Observation et expérimentation constituent une double démarche fondamentale, inscrite dans un rationalisme qui triomphe de la scolas-

---

[47] Voir *supra*, p. 401.

tique. Ainsi assiste-t-on à l'élaboration, de 1751 à 1772, de l'Encyclopédie, *« Tableau général des efforts de l'esprit humain dans tous les genres »*, à laquelle contribuent les plus grands esprits de l'époque, sous la direction de Diderot et d'Alembert.

Il peut paraître arbitraire de confiner dans les limites d'un siècle le progrès des connaissances et des idées. Mais ce siècle exceptionnel va offrir des réponses qui ont gardé aujourd'hui encore toute leur pertinence, et des formulations nouvelles qui annoncent les découvertes les plus importantes du XIXe siècle. Il va aussi donner naissance à nombre de médecins et de naturalistes remarquables, dont Linné et Buffon, qui dominent les sciences naturelles. Enfin, la Révolution française, contribuant à libérer les esprits d'une influence religieuse que la tradition, et parfois la prudence, poussaient encore à ménager, participe avec la fin du siècle au rayonnement des Lumières.

Linné, le systématicien

« Le naturaliste fait l'inventaire et décrit l'œuvre admirable de Dieu, créateur des espèces ; c'est pourquoi la systématique est la science suprême. » Telle est la mission *(« marcher dans les pas de Dieu »)* que s'impose le naturaliste suédois Carl von Linné *(voir l'encadré)*, tout au long d'une œuvre qui va marquer son époque mais aussi les siècles suivants.

Carl von Linné (1707-1778)

Né à Råshult, il se passionne très tôt pour la botanique. Après des études brillantes, quelque peu perturbées par l'intérêt exclusif qu'il témoigne pour l'herborisation, il soutient une thèse de médecine (1735). Mais son génie précoce de naturaliste a reçu entre temps les encouragements de la Société royale d'Uppsala qui lui a confié en 1732 une mission d'étude en Laponie.

Après un séjour de quelques années à Leyde, il voyage en Europe (en Angleterre et en France), où sa réputation de naturaliste averti le précède déjà. En 1738, il revient en Suède où lui est confiée, en 1741, la chaire de botanique de l'université d'Uppsala, qu'il occupera jusqu'à sa mort en 1778, accumulant la gloire et les honneurs.

Linné fait essentiellement œuvre de classificateur (on dit aussi nomenclateur), avec un génie que Lamarck reconnaît comme supérieur. En l'appliquant aux plantes, puis aux animaux, il généralise la nomenclature binominale, qui consiste à désigner chaque espèce par deux noms, le premier (substantif) correspondant au genre et le second (adjectif ou substantif employé adjectivement) à l'espèce. On y ajoute le nom de l'auteur qui a décrit l'espèce et la date à laquelle cette description a été publiée. Linné établit ainsi son *Systema Naturae*, dont l'édition de référence, en 1758, ne comporte pas moins de deux mille cinq cents pages.

Linné donne à l'être humain le nom d'*Homo sapiens* (faisant peut-être preuve d'un trop bel optimisme dans le choix du qualificatif...) et le classe parmi les mammifères, plus précisément au voisinage des singes, dans l'ordre des primates. C'est d'une grande audace à une époque où on reconnaît dans la nature quatre règnes distincts : animal, végétal, minéral et humain.

L'œuvre de Linné se fonde sur une conception résolument fixiste du monde vivant, qui considère que les animaux et les plantes n'ont subi aucune modification depuis la Création. La reconnaissance et l'isolement des diverses espèces se présentent comme un inventaire pour lequel on applique le critère morphologique d'identité. Pour Linné, tous les individus d'une même espèce sont issus d'un seul et même couple, créé par Dieu au commencement des choses ; les multiplications successives l'ont toujours maintenue strictement semblable à elle-même.

Définie de la sorte, l'espèce est une catégorie non arbitraire (naturelle), puisqu'elle satisfait au double critère d'inclusion-exclusion. L'introduction du nom de genre est en revanche intuitive car elle se fonde sur la prise en compte d'une communauté de traits : ainsi se voient attribuer le même nom de genre, celui de *Canis*, le chien *(Canis familiaris)*, le loup *(Canis lupus)*, le renard *(Canis vulpes)* et le chacal *(Canis aureus)*. Par l'association de ces deux noms, une telle nomenclature ne pouvait pas manquer de suggérer la patronymie, c'est-à-dire rendre compte d'une parenté originelle à partir d'un ancêtre commun. Une telle conception s'affirme plus fortement encore dans l'établissement de catégories d'ordre supérieur, avec par exemple l'introduction du concept taxinomique de famille.

Linné n'a pas manqué de prendre conscience de ces atteintes au dogme du fixisme. En premier lieu, il a vu dans les ressemblances des espèces les conséquences d'hybridations accidentelles, ce qui le conduit à tempérer son immutabilisme strict. Plus tard, en 1762, il conçoit une éventuelle souche commune à tous les espèces d'un même genre, leur diversification s'opérant sous l'effet de croisements et d'hybridations. L'intervention du Créateur se situerait alors selon lui à la hauteur des divers genres, peut-être bien des familles. Dans une œuvre posthume (*Amœnitates*, 1779), il voit dans le temps un des facteurs déterminants pour la diversification des espèces : avec une certaine honnêteté scientifique à laquelle il faut rendre hommage, le fixiste jadis farouchement convaincu venait peu à peu à l'idée du transformisme.

Buffon, encyclopédiste et philosophe de la nature

En 1707, la même année que Linné, naît à Montbard, en Bourgogne, Georges-Louis Leclerc de Buffon. Ses études et ses goûts le portent surtout vers la philosophie, les mathématiques et la physique, puis vers l'histoire naturelle et plus particulièrement la botanique. Ayant hérité d'une fortune considérable, il met à profit ses connaissances scientifiques pour améliorer le rendement de ses biens : toute sa vie sera marquée par cette double activité : recherche scientifique d'une part, gestion scrupuleuse de sa fortune d'autre part. En 1739, il est nommé à Paris intendant du Jardin du Roi, poste qu'il occupera jusqu'à sa mort, en 1788. Pendant la Révolution, sa tombe sera profanée, ses ossements, dispersés, et le plomb de son cercueil, utilisé pour fondre des balles.

Le personnage est remarquable à bien des égards. Ce qui étonne en premier lieu, c'est sa capacité de travail et la rigueur de son emploi du temps quotidien. Seul le respect d'une telle règle de vie va lui permettre de mener à bien ses multiples activités. Son style est brillant et ses aphorismes célèbres : *« Le génie est une longue patience »* ou encore *« Le style, voilà l'homme »*. Nombre des intellectuels de son temps lui témoignent, avec plus ou moins de sincérité, une grande admiration. Pour sa part, il déteste cordialement les systématiciens et, plus particulièrement, Linné (qu'il appelle « Monsieur Linnæus ») et Réaumur.

L'encyclopédiste

Par son *Histoire générale des animaux*, Buffon s'inscrit au premier rang du courant encyclopédiste du siècle. Quarante volumes sont publiés de 1749 à 1804 – dont les huit derniers, posthumes, seront dus à Étienne de La Ville, comte de Lacépède (1756-1825) et à Charles Nicolas Sigisbert Sonnini de Manoncourt (1751-1812). Il fait preuve de nombreuses innovations lorsqu'il précise, par exemple, des particularités biologiques peu évoquées à l'époque comme le taux de fécondité, la durée de la gestation, les périodes de reproduction et les éventuelles possibilités de croisement. L'œuvre aura un retentissement considérable, même si certains verront injustement dans son auteur le « Pline du XVIIIe siècle », c'est-à-dire essentiellement un compilateur.

On y relève cependant quelques très lourdes erreurs, qu'on retrouve dans l'exposé de sa philosophie de la nature [48], dont elles affaiblissent la portée. En premier lieu, Buffon ignore les invertébrés, qui ne trouveront pas place dans son *Histoire naturelle (« une mouche ne doit pas tenir plus de place dans l'esprit du naturaliste qu'elle n'en tient dans la nature »).* Il reste aussi partisan de la génération spontanée, malgré les travaux de Redi et de Spallanzani [49] ; une telle opinion qu'on pouvait à la rigueur encore défendre à son époque à propos des animalcules, est devenue insoutenable pour les animaux organisés. Sur ce point, Buffon est en effet en retard sur la pensée de son époque. Enfin, on a déjà évoqué son animosité constante à l'égard des systématiciens ; celle-ci l'amènera jusqu'à refuser un temps l'idée de transformisme parce qu'elle lui semble une conséquence logique et naturelle des nomenclatures qui répartisssent les êtres vivants par familles et par genres.

La philosophie biologique de Buffon

Au-delà de ses contributions scientifiques, Buffon s'inscrit dans l'esprit de l'Encyclopédie avec ses idées philosophiques. Mais en 1774, sa *Théorie de la Terre* provoque un scandale : il affirme que la

---

48 Voir *infra*, p. 527.
49 Voir *supra*, pp. 514-515.

planète a été formée il y a 74 382 années, alors que la Bible interdit de penser que la Terre a plus de 6000 ans ; il formule d'audacieuses hypothèses, affirmant par exemple que l'homme et le singe ont une origine commune, ou que chaque famille d'animaux ne dérive que d'un animal. Le scandale le contraindra à se réfugier dans un discours prudent où il mêlera habilement « ce qu'il pense tout de bon avec ce qu'il affecte de penser » [50].

Les idées de Buffon sur la Nature s'affirment au fur et à mesure de la rédaction de ses ouvrages. L'idée maîtresse est celle d'une unité de la nature pour l'ensemble de ses productions : *« Partout un œil averti discerne la ressemblance sous la dissemblance apparente, la proximité en dépit de l'éloignement... il y a enchaînement, continuité entre les êtres vivants ; de l'un à l'autre, on passe par gradation, par nuance »* [51]. Cette hypothèse s'accompagne toutefois d'un fixisme catégorique pour chacune des espèces, et d'une réfutation des notions de genre et de famille. Ces réticences ne sont néanmoins pas réellement fondées sur une conviction profonde : il faut les mettre sur le compte de l'opposition aux systématiciens, et Buffon admettra par la suite l'idée d'une souche commune pour plusieurs espèces. Il propose parallèlement la notion (qui s'admet fort bien à l'époque), d'espèces « nobles », constantes et invariables, d'où seraient issues des espèces « inférieures », par dégénération.

Exposées dans les *Époques de la Nature* (1779), ces conceptions conduiront Buffon à prendre parti en faveur de ce qu'il convient de nommer un *transformisme limité* et à rechercher les causes de la dégénération dans l'action du milieu (climat, température), dans la nourriture et dans la domestication. À aucun moment Buffon n'évoque une idée de filiation, il exprime au contraire celle de succession. Selon lui, le principe d'une variation progressive tirant le supérieur de l'inférieur ne peut être admis, pas plus qu'on ne peut faire dériver une espèce « noble » d'une espèce « inférieure ».

Assez curieusement, Linné et Buffon sont venus plus ou moins tardivement à des idées transformistes. D'autres naturalistes contemporains partagent ces idées. Ainsi, Pierre Louis Moreau de Maupertuis (1698-1759) développe, sous un prudent pseudonyme (Bauman),

---

[50] Jean ROSTAND, *Esquisse d'une histoire de la biologie*, Paris, Gallimard (coll. « Idées »), 1945.

[51] *Ibid.*

des idées sur la variation progressive des espèces et sur le rôle des mutations ; l'Anglais Erasmus Darwin (1731-1802), grand-père de Charles Darwin, énonce aussi des idées transformistes, que l'on retrouvera plus tard dans l'œuvre de Lamarck et dans celles des autres inventeurs de l'évolutionnisme.

La génération : le débat continue

Au XVIIIe siècle, comme au siècle précédent, les plus éminents biologistes continuent de s'affronter sur le problème de la génération et ses corollaires, la reproduction et le développement embryonnaire.

La génération spontanée et ses conséquences

Si les expériences de Redi (1668) [52] se sont révélées convaincantes en démontrant l'inexistence de la génération spontanée chez les êtres organisés que sont les insectes, il n'en va pas de même en ce qui concerne les animalcules observés au sein des infusions.

Avec la collaboration de Buffon, spontanéiste convaincu, un prêtre britannique, John Turberville Needham (1713-1781) montre que du jus de mouton, placé dans un récipient parfaitement étanche et préalablement chauffé pendant une demi-heure, se peuple rapidement d'animalcules.

L'Italien Lazzaro Spallanzani (1729-1799), expérimentateur rigoureux, reprend vers 1770 l'expérience de Needham : dans des récipients strictement bouchés et soumis à un chauffage prolongé, le jus de mouton ne révèle aucune trace de vie.

Un débat, sans vainqueur à l'époque, oppose alors les tenants du spontanéisme (représentés par Needham) aux antispontanéistes (comme le Français Réaumur et le Suisse Bonnet). Les premiers refusent tout crédit au résultat de Spallanzani, estimant que l'excès de chauffage a détruit la « force génésique » naturellement présente dans les infusions.

En fait, du résultat obtenu dépendait, dans un cas comme dans l'autre, le bien-fondé de la théorie de l'*épigenèse* (pour les sponta-

---

52 Sur la génération spontanée, voir *supra*, p. 514.

néistes) ou de la *préformation* (pour les antispontanéistes). D'autres découvertes vont contribuer à alimenter le débat d'une façon très différente.

Trembley et la régénération de l'hydre d'eau douce

En 1740, le naturaliste suisse Abraham Trembley (1700-1784) découvre une forme animale particulièrement simple, l'hydre d'eau douce, et montre qu'elle est capable de régénérer la partie manquante de son corps lorsqu'on la coupe en deux ou plusieurs morceaux. Peu de temps après, Spallanzani et Bonnet constatent que d'autres formes animales plus perfectionnées – ver de terre, escargot, etc. – sont, elles aussi, capables de régénération. Alors que Trembley se réfugie dans une prudente réserve, partisans de la préformation et de l'épigenèse tentent d'exploiter cette particularité biologique au service de leur théorie. Tandis que, pour les préformationnistes (Bonnet), la régénération confirme la présence de germes dans le corps de l'animal, les épigénistes font état de la mise en œuvre d'une formation « mécanique » (Buffon) ou « essentielle », vitaliste (Bordeu, Barthez)[53] ou métaphysique (Wolff)[54].

Bonnet et la parthénogenèse du puceron

En 1740, un autre naturaliste suisse, âgé d'à peine vingt ans, Charles Bonnet (1720-1793), découvre chez le puceron la parthénogenèse – reproduction sans l'intervention d'un mâle dans une espèce caractérisée par l'existence de deux sexes. Auparavant, Réaumur[55], dans un chapitre de ses *Mémoires pour servir à l'histoire des insectes*, s'est étonné de voir le puceron se multiplier sans qu'il y ait accouplement et a vainement tenté d'en obtenir une descendance à partir d'un individu isolé. Bonnet, lui, y parvient et obtient en deux mois plus de soixante-quinze jeunes à partir d'un seul adulte.

---

[53] Voir *infra*, p. 536.
[54] Voir *infra*, pp. 531-532.
[55] Voir *infra*, p. 533.

Le développement d'individus à partir d'un œuf vierge apporte un argument de taille à la thèse de l'ovisme[56] (le germe de l'embryon n'existe que chez la femelle) et à la doctrine de la préformation. Charles Bonnet, après avoir adopté le principe de l'emboîtement[57], s'efforce d'exploiter sa découverte : il en résulte un important ouvrage (*Palingénésie philosophique*, 1768), où des considérations prémonitoires d'une très grande sagacité sur l'évolution et une conception moderne du germe côtoient d'étranges spéculations.

Spallanzani et la reproduction des crapauds

Au début du siècle, on ne sait pas encore exactement comment s'opère la fécondation. Mais il est bien établi qu'elle est externe chez les batraciens : le mâle déverse sa semence sur les œufs que vient de pondre la femelle. Spallanzani va permettre de comprendre ce procédé grâce à des expériences universellement connues (1777). Tout d'abord, il revêt de caleçons (en taffetas) des crapauds mâles : aucun œuf ne produit de têtard, mais on retrouve dans les caleçons de petites gouttes de liqueur. Mais les œufs vierges sur lesquels on a déposé ces gouttes de liqueurs vont se développer. Spallanzani obtient le même résultat en prélevant du liquide dans les vésicules séminales ou en utilisant un broyat de testicules. En 1780, il généralisera ses observations à la fécondation interne et réalisera la première insémination artificielle par injection intravaginale de sperme à une jeune chienne.

Comment se manifeste ensuite le pouvoir fécondant de la semence ? L'idée d'une intervention sous forme de vapeur (l'*« aura spermatica »*), défendue notamment par le Suisse Albrecht von Haller[58] est encore à l'époque la plus répandue. Spallanzani vient de démontrer qu'un contact est nécessaire entre les œufs et la semence. Mais en oviste convaincu, il précise que cette dernière n'agit que par sa partie liquide, confirmant en cela le point de vue de Bonnet pour qui le premier effet de la semence masculine est d'imprimer certains

---

[56] Voir *supra*, p. 517.
[57] Voir *supra*, pp. 519-520.
[58] Voir *infra*, p. 535.

caractères paternels que préformistes, ovistes et partisans de l'emboîtement [59] ne peuvent en effet nier chez l'individu achevé.

Plus réaliste, Maupertuis revient, en 1751, à la conception ancienne de la fusion des semences et explique ainsi le mélange des caractères parentaux : chaque semence contenant une multitude de « particules séminales » est un concentré de toutes les parties du corps des parents qui se combinent alors pour définir les particularités du futur individu.

Wolff et l'embryologie descriptive du poulet

Malgré quelques contradicteurs, le préformisme et l'ovisme font l'objet d'un large consensus au XVIIIe siècle. La parthénogenèse, la régénération, puis les expériences de Spallanzani sur la fécondation, confortent ces idées, d'autant que les arguments de ceux qui les combattent (Buffon ou Maupertuis, par exemple) sont des plus fragiles. On ne peut non plus accepter l'idée qu'un être se forme à partir d'une semence amorphe, d'une glu dénuée de toute organisation. Un jeune médecin allemand va cependant porter un coup fatal à l'idée naïve de l'animal contenu en miniature dans son germe.

Kaspar Friedrich Wolff naît à Berlin en 1733. Docteur en médecine à vingt-six ans, il quitte sa ville natale à trente et un ans pour Saint-Pétersbourg, où il poursuivra ses recherches jusqu'à sa mort, en 1794.

Influencé par la philosophie de Leibniz, Wolff repousse fermement l'idée d'une préformation germinale. Il lui oppose une épigenèse [60] radicale marquée de vitalisme [61], dont il faut chercher les causes dans l'expression d'une force essentielle et non dans le seul jeu des lois de la physique et de la chimie. Ce point de vue théorique porte en lui toute sa faiblesse, mais Wolff se révèle un exceptionnel anatomiste : à partir de 1766, avec ses travaux sur le développement embryonnaire du poulet, il crée l'embryologie descriptive et jette un sérieux doute sur la préformation germinale. Grâce à de méticuleuses observations microscopiques, il suit l'apparition de structures qui se transforment peu à peu en organes achevés.

---

[59] Voir *supra*, pp. 519-520.
[60] Voir *supra*, p. 518.
[61] Voir *supra*, p. 353.

Opposée au préformisme triomphant de l'époque, l'œuvre de Wolff restera largement méconnue ; la qualité et la précision de ses descriptions ne laisseront cependant pas Bonnet indifférent et constitueront des références pour les embryologistes des siècles suivants.

À la fin du XVIIIe siècle, la question de la génération n'a pas encore reçu de réponse satisfaisante. Malgré tout, l'étude positive de la fécondation (Spallanzani) et celle du développement embryonnaire (Wolff) sont en marche. Tout en restant à la mode, le préformisme n'est plus acceptable dans les faits, mais l'épigenèse n'est pas plus défendable sur le plan théorique. «... *Ce n'est que beaucoup plus tard que la théorie cellulaire et surtout la théorie chromosomique, sauront dévoiler sous cette épigenèse visible que Wolff avait démontrée, la subtile organisation germinale que soupçonnait Bonnet*[62]. »

Physiologie : quand l'expérimentation l'emporte sur la spéculation

Le XVIIIe marque un progrès considérable dans la connaissance des grandes fonctions que sont la digestion, la respiration, la circulation du sang, le fonctionnement du système nerveux et, dans une moindre mesure, dans le domaine de la physiologie végétale.

On doit cette avancée à l'ingéniosité de nouvelles expérimentations, mais aussi à la part de plus en plus grande que vont prendre les mesures physiques et les analyses chimiques dans l'interprétation des résultats.

Cependant, se manifeste également une réaction antimatérialiste qui, sous des noms divers (vitalisme, animisme, organiscisme, etc.), ne fait que reprendre une idée fort ancienne, la métaphysique d'Aristote, adaptée par Thomas d'Aquin aux exigences dogmatiques de l'Église ; elle s'exprime aussi, avec Leibniz, dans la conception d'un monde harmonieusement réglé par le Créateur, ce dernier calculant et faisant exister la meilleure combinaison possible de « monades » (ou « atomes spirituels ») dont se compose la réalité.

---

[62] Jean ROSTAND, *Esquisse d'une histoire de la biologie, op. cit.*

La digestion

Réaumur

Physicien et naturaliste, entomologiste de talent, le Français René Antoine Ferchault de Réaumur (1683-1757) consacre une part importante de son activité à l'étude des mœurs des insectes. C'est dans ce domaine qu'il s'attire la durable animosité de Buffon, animosité qu'il lui rend bien, jugeant son *Histoire naturelle* inexacte et pompeuse.

Avec un jeune milan apprivoisé, des canards et des poulets, il tente d'étudier la physiologie de la digestion chez les oiseaux. On la voit alors comme un processus de trituration ou de putréfaction localisé dans le gésier; Réaumur démontre qu'elle est chimique et qu'elle se produit dans l'estomac, mais le liquide gastrique recueilli à l'aide d'éponges introduites à ce niveau dans le tube digestif de l'oiseau reste inopérant sur les aliments *in vitro*.

Spallanzani

Le génial abbé italien[63] reprend, en 1780, les observations de Réaumur en se livrant à des expériences sur une corneille vomisseuse, puis sur lui-même afin de généraliser les résultats à l'espèce humaine. Il montre ainsi le bien-fondé des conclusions de Réaumur en établissant (par des digestions artificielle *in vitro*) le rôle déterminant de la température sur l'action du suc gastrique.

La respiration

Au XVIIe siècle, le physicien et chimiste irlandais Robert Boyle (1627-1691) et le médecin anglais Richard Lower (1631-1691) ont démontré que l'air contient une « quintessence vitale » que l'organisme consomme en le respirant. Mais le médecin et chimiste allemand Georg Ernst Stahl (1660-1734) va ensuite donner une interprétation erronée des mécanismes connus maintenant sous le

---

63 Voir *supra*, pp. 528-530.

nom d'oxydation en élaborant la théorie du *phlogistique*, qui en est somme toute l'expression inverse [64].

De Priestley à Saussure

Pasteur et savant britannique, Joseph Priestley (1733-1804) [65] a l'idée de brûler de l'oxyde de mercure ; il recueille ainsi un gaz, l'« air déphlogistiqué », qui prolonge par sa présence la vie d'une souris confinée sous une cloche. Comparant ensuite le sang qui arrive aux poumons à celui qui les quitte, il montre que le premier est chargé de phlogistique (on dit aujourd'hui *réduit*) alors que le second est déphlogistiqué (ou hématosé). Il s'est donc produit dans les poumons un échange fondamental dans le phénomène de la respiration.

En France, Lavoisier [66] et Laplace [67] démontrent brillamment que la production de chaleur animale est liée à la respiration, qu'il faut interpréter comme une combustion. Spallanzani [68], à la fin de sa vie, montre que le phénomène respiratoire lui-même se réalise au niveau des tissus, et non dans l'appareil respiratoire.

La connaissance de la physiologie des végétaux bénéficie également des expérimentations sur la respiration. Mais en remplaçant les animaux par des plantes vertes, les savants vont obtenir des résultats paradoxaux. S'inspirant des expériences de Priestley, le médecin hollandais Jan Ingen-Housz (1730-1799) montre que les végétaux verts placés à la lumière produisent de l'oxygène et que, la nuit, il exhalent « une sorte d'air » fatal à la vie des animaux (il s'agit, en fait, de gaz carbonique). Quelques années plus tard, le physicien et naturaliste suisse Horace Benedict de Saussure (1740-1799) – qui effectuera en 1787 la deuxième ascension du mont Blanc – démontre que les végétaux tirent la plus grande partie de leur nourriture de l'air, le sol leur apportant l'eau et certains minéraux essentiels. Mais la substance verte qui les colore ne lui semble guère utile...

---

[64] Voir *supra*, pp. 327-329.
[65] Voir *supra*, pp. 332-334.
[66] Voir *supra*, p. 338.
[67] Voir *supra*, p. 338.
[68] Voir *supra*, p. 528.

Albrecht von Haller, le physiologiste « absolu »

L'expérimentation biologique du siècle doit également beaucoup à une figure exceptionnelle de la biologie de l'époque, le Suisse Albrecht von Haller (1708-1777). Né à Berne, extraordinairement érudit, il est à la fois médecin, anatomiste, botaniste, poète et diplomate. Docteur à dix-neuf ans, il devient à vingt-neuf ans professeur à l'université de Göttingen et apporte alors sa contribution à des recherches aussi variées que celles du rôle de la bile dans la digestion, de la nature musculaire des battements cardiaques, du processus de formation des os, etc. En médecine, il fournit la première description des mécanismes de la thrombose. Il publie treize cents articles, et ses *Elementa Physiologiae* en huit volumes (1756-1766), compendium de la physiologie de son temps, resteront une solide référence pendant plus d'un siècle.

D'abord partisan de l'épigenèse, il devient ensuite, avec Bonnet, un préformationniste convaincu, ardemment combattu par le jeune Wolff[69]. Par ailleurs, à l'âme unique (animisme de Stahl[70]), ou au principe vital des médecins de l'époque, il substitue les propriétés vitales que sont la mobilité et la sensibilité, toutes deux accessibles à l'expérimentation. Cette conception, qui lui est propre, laisse aussi une place à l'organiscisme (Hoffmann).

Le tissu nerveux et le tissu musculaire ont révélé leur nature particulière. Le médecin et physicien italien Luigi Galvani (1737-1798), en les soumettant à une stimulation électrique, interprète faussement leur fonctionnement naturel en termes d'électricité animale, ce que Volta réfutera au début du XIXe siècle tout en ouvrant la voie à l'électrophysiologie[71].

Avec la mise en œuvre de l'expérimentation, les différentes fonctions physiologiques des organismes vivants commencent à être élucidées au XVIIIe siècle. Les résultats obtenus constituent déjà l'ébauche des acquisitions du siècle suivant.

---

69 Voir *supra*, pp. 531-532.
70 Voir *infra*, p. 536.
71 Voir *supra*, pp. 159-160.

La médecine au XVIIIe siècle

La médecine du XVIIIe siècle doit se lire sur deux plans. D'une part, la réaction aux conceptions matérialistes de l'époque. D'autre part, les progrès réalisés dans les domaines de l'anatomie et de la physiologie humaines, ainsi que dans les pratiques thérapeutiques.

Les diverses doctrines médicales

Médecin allemand, Friedrich Hoffmann (1660-1742) fonde le fonctionnement de l'organisme sur une circulation d'humeurs (l'*organiscisme*), dont la plus importante, le « fluide nerveux », est à l'origine d'un tonus qui règle toutes les fonctions végétatives. On trouve également cette référence à la doctrine humorale (règle de la médecine hippocratique [72]) chez un médecin hollandais contemporain, Boerhaave. Dans les deux cas, ce système conduit à une expression mécaniciste, surtout chez Hoffmann.

Il n'en sera pas de même avec l'*animisme* de Georg Ernst Stahl, pour qui tous les phénomènes (normaux ou pathologiques) de l'organisme relèvent d'un principe immatériel : l'*anima* (« âme »). La santé du corps est celle de l'âme, qu'il importe de libérer des contraintes par des thérapies diverses comme la stimulation par des boissons alcoolisées, la chaleur, les pensées élevées, mais aussi les saignées.

Une autre doctrine voit dans la vie comme le résultat de l'action d'un principe vital, distinct à la fois de l'âme et de l'organisme, et responsable de la réalité dynamique de l'être au-delà de la mise en œuvre des lois physico-chimiques. Ce *vitalisme* trouve ses racines dans l'Antiquité, avec les pneumatistes [73] ; ses principaux théoriciens seront les médecins français Théophile de Bordeu (1722-1776) et Paul Joseph Barthez (1734-1806), collaborateurs réguliers de l'Encyclopédie.

L'anatomie et la médecine praticienne

Les connaissances anatomiques progressent ; pour le corps humain, le mérite en revient surtout aux chirurgiens.

---

[72] Voir *supra*, p. 497.
[73] Voir *supra*, p. 500.

A côté des aspects observés chez l'individu sain, on commence à prendre en compte ceux qui accompagnent la maladie : ainsi se crée une *anatomie pathologique*. Le Suisse Théophile Bonet (1620-1689) et l'Italien Antonio Maria Valsalva (1666-1723), auteurs d'un protocole rigoureux pour les autopsies, sont des précurseurs, mais c'est surtout le célèbre chirurgien français Guillaume Dupuytren (1777-1835), qu'on considère également comme l'inventeur de la médecine légale, qui joue un rôle déterminant dans l'essor de cette spécialité médicale.

John Hunter (1728-1793)

Figure exceptionnelle, le médecin écossais John Hunter est l'un des chirurgiens les plus novateurs. Il donne à la science opératoire une dimension physiologique et scientifique, particulièrement dans le cas du traitement des anévrismes.

Praticien et chercheur infatigable, il s'investit dans de nombreux domaines comme la dentisterie, l'inflammation des tissus, les maladies vénériennes. Controversiste passionné, souvent excessif, il s'attaque violemment à Spallanzani à propos de la digestion des oiseaux. Mais il est aussi un maître très proche de ses élèves, dont par exemple le jeune Jenner.

Chirurgien extraordinaire du roi (1789) et, plus tard, chirurgien général des armées, carrière assez exceptionnelle pour un autodidacte, Hunter ne fit jamais fortune : il investit tous ses revenus dans une collection de pièces anatomiques et d'échantillons végétaux, le Musée Hunter, exposition scientifique à vocation pédagogique.

Trois événements de l'époque ont marqué la pratique médicale : la découverte de la vaccination antivariolique par l'Anglais Edward Jenner, celle de la prévention et du traitement du scorbut par l'Écossais Lind, et la popularisation de la méthode d'auscultation pulmonaire par le Français Laennec.

La vaccination antivariolique

La variole est alors un fléau redoutable, pouvant présenter un caractère épidémique : on lui attribue la mort de soixante millions de personnes au cours du seul XVIIIe siècle. Le procédé de variolisation, qui consiste à inoculer une variole bénigne, est connu depuis le début du siècle, mais il donne assez souvent lieu à des accidents ou reste sans effet protecteur.

L'apprenti médecin Edward Jenner (1749-1823) n'a que vingt ans lorsqu'il remarque que les sujets atteints de *cowpox* (ou vaccine), maladie bénigne propre aux bovins, sont immunisés contre la variole ou n'en développent qu'une forme très atténuée. En 1776, il infecte par le pus d'un sujet atteint de vaccine un sujet sain, qui s'avère six semaines plus tard protégé contre la variole. Après des réticences des milieux académiques, l'efficacité de cette vaccination sera reconnue dans le monde entier et son inventeur couvert d'honneurs.

Le traitement du scorbut

Le scorbut est alors une maladie grave, fréquente en cas de carence d'aliments naturels et frais. Il se caractérise par des hémorragies multiples conduisant à une profonde cachexie, qui entraîne la mort. Le médecin écossais James Lind (1716-1794) est le premier à préconiser la consommation de citron, dont les effets bénéfiques sont spectaculaires. Cette découverte rend moins périlleuses certaines explorations maritimes, mais il faudra attendre le XXe siècle et la découverte de la vitamine C pour donner une justification scientifique à la géniale prescience de Lind.

L'auscultation

On attribue au médecin français René Laennec (1781-1826) le mérite de l'invention du stéthoscope et de la vulgarisation de la méthode d'auscultation. Mais déjà, depuis 1761, le médecin autrichien Leopold Auenbrügger (1722-1809) recommande la recherche des lésions pulmonaires, pleurales ou cardiaques par la percussion thoracique. Ce sera le médecin de Napoléon Ier, le baron Jean Corvisart (1755-1821), qui assurera la diffusion de ce procédé en publiant, en 1808, sa *Nouvelle méthode pour reconnaître les maladies internes de poitrine par la percussion* ; Laennec en exploitera la pratique à partir de 1815.

Les « médecines » marginales

Il est parfois difficile de faire la part de l'illumination, de l'escroquerie ou de la géniale prescience dans le cas de théories scientifiques ou d'exercice médical. Chaque siècle en donne de nombreux exemples, souvent entretenus et propagés par la crédulité humaine. Deux personnages illustrent ces ambiguïtés au XVIIIe siècle.

Le premier est le médecin allemand Franz Anton Mesmer (1734-1815). À l'électricité animale (que Galvani croyait avoir découverte) Mesmer préfère le magnétisme et, dès 1766, il affirme soigner ses malades avec des aimants. Mais, ayant obtenu des résultats également favorables sans avoir y recours, il attribue ses succès à son « magnétisme personnel ». En 1769, il énonce sa doctrine du « magnétisme animal » et, sous le nom de *mesmérisme*, affirme que tous les êtres animés possèdent un « fluide magnétique universel », transmissible d'un « magnétiseur », chez qui le fluide se trouve en abondance, vers un patient dont les troubles révèlent précisément une carence dans ce domaine. À Vienne comme à Paris, il pratique des séances de groupe autour du célèbre « baquet à magnétiser », grâce auquel il passera à la postérité. On peut supposer que cet ésotérisme scientifique, doublé d'un effet de mode, a pu provoquer chez certains d'heureux effets psychosomatiques. Mais la médecine officielle refuse de cautionner les charlataneries de Mesmer, qui meurt en Suisse après avoir été pourchassé dans toute l'Europe.

Autre figure controversée, le Suisse Johann Kaspar Lavater (1741-1801) n'est pas médecin mais philosophe, poète et théologien. Il n'entend pas soigner, mais sa théorie, la *physiognomonie*, prétend connaître le psychisme (caractère, qualités, défauts, etc.) de chacun par l'étude de la conformation de sa tête, de son visage et de ses expressions. Si elle ne reçoit pas le soutien des milieux scientifiques et médicaux, la physiognomonie influence profondément les milieux artistiques, comme l'illustrent par exemple les *Soixante-quatre têtes de caractère* du sculpteur autrichien Franz Xavier Messerschmidt (1736-1783).

Pratiquement à la même époque, un médecin de Vienne, Franz Joseph Gall (1758-1828), anatomiste réputé du système nerveux, va développer des idées d'apparence plus sérieuses sous le nom d'*organologie*. Cette discipline, qui deviendra plus populaire sous le nom de *phrénologie*, est censée permettre d'apprécier les facultés intellectuelles de chacun en se fondant sur l'examen des bosses crâniennes.

Les grandes expéditions scientifiques

Le XVIIIe siècle s'illustre aussi par des expéditions scientifiques qui mettent les naturalistes en présence d'espèces inconnues, dont la diversité et l'étrangeté vont étonner le monde occidental.

Déjà, en 1694, le botaniste français Joseph Piton de Tournefort (1656-1708), au terme de nombreux voyages, a publié avec ses *Éléments de botanique* un inventaire des plus complets des flores d'Europe et du Moyen-Orient.

En 1735, un autre botaniste français, Joseph de Jussieu (1704-1779), participe à l'expédition de La Condamine et Bouguer en Amérique du Sud (jusqu'au Pérou) ; il demeure sur place jusqu'en 1771. On lui doit l'introduction en Europe de nombreuses plantes qui seront cultivées dans un but ornemental (l'héliotrope, par exemple) ainsi que d'une résine naturelle qui sera à l'origine du caoutchouc. Plus tard, Louis Antoine de Bougainville (1729-1811), de 1766 à 1769, puis Jean-François de Lapérouse (1741-1788), de 1785 à 1788, dirigeront des voyages d'exploration en ayant à leur bord des naturalistes. Mais c'est sans conteste le Britannique James Cook (1728-1779) qui mènera, entre 1768 et 1779, les trois plus importants périples maritimes du siècle. Zoologistes et botanistes en rapporteront des milliers de dessins et d'esquisses d'animaux jusque là inconnus en Europe (tels le kangourou, le koala ou l'ornithorynque) ainsi qu'une grande variété de plantes conservées dans de précieux herbiers.

Alexander von Humboldt

Autre grand explorateur, l'Allemand Alexander von Humboldt (1769-1859), s'attache principalement au continent sud-américain. Avec le chirurgien de marine français Aimé Bonpland (1773-1858), il recueille et décrit des milliers de plantes nouvelles, dont il acclimate certaines espèces. Sur le terrain, ils créeront une véritable géographie de la végétation, révélant des associations de plantes dans des milieux favorables par leur sol et leur climat. Il s'agit là d'une esquisse magistrale de ce qu'on appelle aujourd'hui la *phytosociologie*. Les deux naturalistes en rendront compte dans les trente-six volumes de leur *Voyage aux régions équinoxiales du Nouveau Continent, fait de 1799 à 1804*.

Bonaparte et l'expédition d'Égypte

La campagne d'Égypte (1798-1801), est présentée à son époque comme la plus grande expédition scientifique de tous les temps. Imaginée par Bonaparte comme une opération militaire, elle est aussi une mission scientifique sans précédent. Cent soixante-sept savants y participent. La représentation dans le domaine des sciences de la vie reste toutefois modeste : douze médecins et chirurgiens, cinq zoologistes (dont Geoffroy Saint-Hilaire et Savigny [1777-1851]) et cinq botanistes. Les médecins joueront un rôle déterminant pendant l'épidémie de peste en Palestine, en particulier Nicolas René Desgenettes (1762-1837) par les mesures d'hygiène publique qu'il imposera (enlèvement des ordures, balayage des rues...) et qui contribueront à limiter la prolifération des rats ; ce séjour leur fournira aussi l'occasion de décrire certaines pathologies rares (comme les sarcocèles). Si l'on excepte les excellents croquis de la flore indigène exécutés par Pierre-Joseph Redouté (1759-1840), le bénéfice de l'expédition pour les naturalistes se révèle assez mince.

Le XVIIIe siècle a vu naître une véritable pensée scientifique, rationnelle et libérée des contraintes métaphysiques. Dans le domaine des sciences de la vie, les inventaires de la faune et de la flore révèlent une extraordinaire diversité des formes, confirmée par les rapports des expéditions lointaines, dans laquelle la pensée transformiste puisera d'ailleurs des arguments décisifs. À la fin du siècle, la biologie expérimentale associe la rigueur des protocoles à la mesure de paramètres physiques et chimiques.

À l'aube du XIXe siècle, les découvertes fondamentales des décennies à venir (théorie cellulaire, théorie de l'évolution, lois de l'hérédité, origine microbienne des maladies infectieuses, etc.) sont déjà présentes dans les esprits.

LE XIXe SIÈCLE : DIVERSIFICATION ET INTERNATIONALISATION

Dans les années 1800, au sein des disciplines traditionnelles que sont l'anatomie, la physiologie et la systématique, s'affirment de nouvelles formes d'études comme l'anatomie comparée, la cytologie (étude de la cellule), l'expérimentation en embryologie, la physiologie et la médecine expérimentales, la microbiologie, la biochimie, la génétique, l'endocrinologie, la neurobiologie, l'écologie et bien entendu l'étude de l'évolution. De multiples interférences s'établissent entre ces diverses voies d'investigations, qui conduisent à de nouvelles formulations. Cytologie et génétique, génétique et étude de l'évolution, étude de l'évolution et paléontologie ne cessent de dialoguer et de s'enrichir mutuellement. Parallèlement, on assiste à une internationalisation des idées, diffusées par des revues scientifiques spécialisées d'une grande qualité.

À l'origine de ces nouveaux aspects de l'analyse du vivant, quelques naturalistes, chercheurs ou médecins d'exception. Ce sont leurs œuvres, et celles de leurs élèves, qui vont nous nous guider dans l'inventaire des acquisitions précédant le puissant essor de la biologie du XXe siècle.

La triade prestigieuse : Lamarck, Geoffroy Saint-Hilaire, Cuvier

Au cours du XIXe siècle, l'inventaire des formes vivantes va considérablement s'accroître. De son vivant, Linné a décrit 4 236 espèces d'animaux ; en 1898, on en recense plus de 418 600 (d'après le zoologiste allemand Karl August Möbius [1825-1908]). Parallèlement, la connaissance anatomique et fonctionnelle du vivant connaît d'immenses progrès.

Par un décret du 10 février 1793, la Convention crée le Muséum national d'Histoire naturelle qui se substitue au Jardin du Roi et au Cabinet d'histoire naturelle[74]. La jeune Révolution entend ainsi doter la nation d'un établissement d'éducation populaire et de recherche. Elle y attache une élite scientifique où vont s'illustrer Lamarck, Geoffroy Saint-Hilaire et Cuvier.

Lamarck

Jean-Baptiste de Monet, chevalier de Lamarck (1744-1829), est d'abord destiné à l'état ecclésiastique et fréquente le collège des jésuites d'Amiens. Mais il le quitte à dix-sept ans, après la mort de son père, pour embrasser la carrière des armes et participe aux

---

[74] Voir *supra*, p. 521.

combats de la guerre de Sept Ans. Sous-lieutenant en 1763, il abandonne l'armée cinq ans plus tard et gagne Paris, où il va désormais se consacrer à la médecine, à la musique, à la météorologie et au journalisme.

La botanique est alors déjà pour lui une passion ; il suit assidûment les cours de Bernard de Jussieu et les séances d'herborisation de Jean-Jacques Rousseau. En 1779, il publie une *Flore françoise*. Deux ans plus tard, il entre au Jardin du Roi, où il est nommé responsable de l'herbier, puis bibliothécaire jusqu'en 1790.

Lors de la création du Muséum national d'histoire naturelle en 1793, malgré ses compétences, la chaire de botanique échappe à Lamarck à qui on attribue une chaire nouvelle : la « Zoologie des Insectes, des Vers, des Animaux microscopiques » (animaux invertébrés). Lamarck a cinquante ans ; botaniste, on lui demande d'enseigner l'histoire naturelle des invertébrés. Malgré l'entière nouveauté de cette tâche, il s'y investit totalement et publie en 1801 son *Système des animaux sans vertèbres*, qu'il complètera de 1815 à 1822 par les sept volumes d'une œuvre maîtresse : l'*Histoire naturelle des animaux sans vertèbres*.

En tant que naturaliste, Lamarck fut un morphologiste accompli et un anatomiste scrupuleux ; sur ce plan, son œuvre brille par sa rigueur. Mais parallèlement, certains aspects de son travail le mènent à une réflexion philosophique dont il rendra compte dans sa *Philosophie zoologique* (1809). Alors qu'il était initialement fixiste, son engagement philosophique témoigne d'un revirement total à l'égard de cette conception du monde. Sans doute a-t-il influencé par les écrits du médecin et philosophe français Georges Cabanis, et peut-être aussi par ceux du botaniste et poète anglais Erasmus Darwin (grand-père de Charles Darwin). Mais c'est surtout au cours de ses études sur les animaux invertébrés qu'il relève de nombreux exemples de passage graduel et ménagé d'une forme animale à une forme voisine, ce qui le conduit à contester la valeur absolue accordée à l'époque à la notion d'espèce et à formuler ses idées transformistes. Il mobilisera ensuite toute son énergie pour dégager les circonstances et les causes de ces transformations.

Cette orientation, dépourvue selon ses contemporains de la nécessaire rigueur scientifique, sera violemment attaquée, et Cuvier[75]

---

[75] Voir *infra*, pp. 545-547.

n'aura aucun mal à faire déconsidérer cet aspect – sans doute le plus important – des œuvres de son collègue. Atteint de cécité, discrédité, raillé par ses collègues du Muséum, il meurt en 1829 abandonné de tous. En 1908, une souscription nationale lui érigera enfin un monument, réalisant la prophétie de sa fille Cornélie : *« La postérité vous admirera ; elle vous vengera, mon père ! »*

Geoffroy Saint-Hilaire

Dès l'âge de dix-huit ans, Étienne Geoffroy Saint-Hilaire (1772-1844) fréquente le Jardin des Plantes et le Collège de France, où son engouement pour la minéralogie et la zoologie lui vaut d'être remarqué par le cristallographe Haüy et par Daubenton. À vingt ans, il entre au Cabinet d'histoire naturelle. Deux ans plus tard, en 1794, on lui confie la chaire de Zoologie des Vertébrés qui vient d'être créée au Muséum – et qui sera limitée l'année suivante aux Mammifères et Oiseaux. Son activité de naturaliste va s'y développer jusqu'à sa mort, avec de remarquables travaux d'anatomie et de systématique.

En 1798, il participe à l'expédition d'Égypte. Il fait également très tôt la connaissance du jeune Cuvier ; l'amitié et le travail les lieront jusqu'à leur célèbre querelle académique, en 1830.

Geoffroy Saint-Hilaire est convaincu qu'il existe un plan d'organisation général du monde animal. Formulée par Buffon et esquissée par Vicq d'Azyr et Goethe, cette recherche le conduit à partager, pour l'essentiel, les idées de son aîné Lamarck. Les titres de ses œuvres majeures (*Philosophie anatomique*, 1818-1822 et *Principes de Philosophie zoologique*, 1830) sont à cet égard significatifs. Il s'en éloigne cependant sur les causes de ce qu'il sera sans doute le premier à appeler transformisme en 1830.

Dans sa tentative de démonstration de l'unité de plan d'organisation, Geoffroy Saint-Hilaire se fonde sur un certain nombre de principes qui reposent sur la notion d'analogie des structures, faisant le cas échéant appel à des aspects embryonnaires lorsque celles-ci ne sont pas morphologiquement décelables chez l'adulte. Il s'intéresse alors aux malformations qui résultent d'un développement embryonnaire anormal et crée la *tératologie* (ou science des monstres), que son fils Isidore Geoffroy Saint-Hilaire (1805-1861) approfondira par la suite.

À partir de 1820, Geoffroy Saint-Hilaire se lance dans des spéculations de plus en plus audacieuses. C'est d'abord une comparaison originale entre les insectes et les vertébrés puis, en 1830, par l'intermédiaire de ses élèves Meyranx et Laurencet, un rapprochement hardi entre les mollusques céphalopodes et les poissons. La réprobation de Cuvier [76], qui couve depuis dix ans, se manifeste publiquement lors d'une séance de l'Académie des sciences le 28 février 1830. La querelle d'idées et les échanges verbaux sans aménité se poursuivront deux ans, brisant l'amitié entre les deux hommes et secouant les milieux académiques.

Au-delà de cette opposition anatomique, ce sont de nombreux points d'affrontement qui s'expriment : pour Cuvier, le respect du fait et la conception analytique, pour Geoffroy Saint-Hilaire le droit à l'hypothèse et la recherche d'une expression synthétique. C'est aussi le débat entre épigenèse et préformisme qui se poursuit : Geoffroy Saint-Hilaire, comme Lamarck, est entièrement acquis à l'épigenèse alors que Cuvier défend le concept préformiste, qui sous-tend son fixisme convaincu [77].

Cuvier

Fils d'ancien militaire, instruit au sévère Collège académique de Stuttgart, Georges Cuvier (1769-1832) s'intéresse lui aussi très tôt à l'histoire naturelle. Sa formation dans ce domaine est pour l'essentiel celle d'un autodidacte.

Le jeune Geoffroy Saint-Hilaire, à qui il fait part de ses premières observations, le fait venir à Paris et le prend comme collaborateur. En 1799, sa réputation d'anatomiste et de zoologiste n'est plus à faire : professeur au Collège de France à trente ans, il se voit confier trois ans plus tard, en 1802, la chaire d'Anatomie comparée au Muséum national d'histoire naturelle. Les travaux qu'il mène alors vont lui valoir un prestige grâce auquel il va régner en maître sur tout ce qui relève des sciences naturelles en France.

On lui doit un véritable renouveau de l'anatomie comparée (*Leçons d'Anatomie comparée*, 1800-1805), et il acquiert également

[76] Voir *infra*, p. 551.
[77] Voir *supra*, pp. 518-519.

une réputation légendaire en paléontologie des vertébrés, branche de la zoologie dont il est véritablement le fondateur (*Recherches sur les ossements fossiles*, 1812-1813).

Esprit réaliste et précis, ses exposés brillent par leur clarté et leur rigueur dans l'exposition des faits, dans un style qui égale celui de Buffon. Sa démarche scientifique se fonde sur ses deux célèbres principes : la subordination des organes et la corrélation des formes.

Ce partisan d'un fixisme intransigeant va parfois se trouver confronté à la réalité d'une faune disparue, témoignage manifeste d'une certaine modification des espèces actuelles, comme lors de ses reconstitutions à partir des ossements fossiles des quadrupèdes des carrière de gypse de Montmartre. Il n'y voit pourtant aucun lien de filiation avec les espèces actuelles. Pour Cuvier, leur disparition résulte d'une brusque modification des conditions du milieu, ce qu'il appelle une « révolution du globe ». Il y aurait eu trois événements de ce genre depuis la création du monde, le dernier correspondant au déluge (*Discours sur les révolutions de la surface du globe*, 1825). Les espèces présentes dans la nature actuelle n'auraient pas été affectées et seraient venues d'ailleurs.

On a reproché à juste titre à Cuvier ce dogmatisme intransigeant : *« [Il perçoit] nettement la relation entre le degré d'ancienneté des couches terrestres et la nature des espèces fossiles qu'elles renferment ; (...) il voit la vie se modifier de terrain en terrain, se rapprocher, par étapes, de sa figure présente. Et cette modification, ce rapprochement ne l'éclaire en rien. Dans cette suite d'étapes, il ne lit pas le déroulement d'une vaste démarche continue. La filiation, l'enchaînement des êtres lui échappent ; il s'entête à morceler, à tronçonner l'histoire de la Vie*[78]*. »*

Cuvier, par son autorité, retardera de quelques décennies la reconnaissance du transformisme. Mais son œuvre magistrale apporte paradoxalement de quoi le conforter.

On vient de voir comment ces trois géants de l'école zoologique française de la première moitié du XIXe siècle ont contribué, souvent en collaboration, au renouveau et à l'essor des connaissances dans cette discipline. Parallèlement deux d'entre eux, Lamarck et Geoffroy Saint-Hilaire, seront conduits à élaborer une « biologie philoso-

---

[78] Jean ROSTAND, *Esquisse d'une histoire de la biologie, op. cit.*

phique », ferment de l'hypothèse transformiste que combattra avec vigueur Cuvier. C'est de ce débat capital qu'il va être maintenant plus précisément question.

L'évolution : les débuts d'un grand débat

Le terme utilisé en 1830 par Geoffroy Saint-Hilaire est celui de *transformisme*. À cette époque le mot *évolution* n'avait pas le sens qu'on lui donne aujourd'hui : il s'appliquait aux différentes étapes qui marquent la complication progressive de l'embryon. Il ne prend sa signification actuelle qu'à la fin des années 1860, et Darwin lui-même ne l'emploie qu'en 1872, à l'occasion de la sixième édition de *L'Origine des espèces*.

Le transformisme : intuition, théorisation, contestation

On a déjà évoqué plus haut la lente et discrète progression de l'idée de continuité des êtres vivants (plus particulièrement des animaux) au cours du XVIIIe siècle (Benoist de Maillet, Maupertuis)[79]. Ces intuitions sont aussi présentes dans le *Zoonomia* (1794-1796) d'Erasmus Darwin. Notons enfin qu'à la fin de sa vie, en 1762, Linné lui-même reconnaît que « les espèces sont l'œuvre du temps », et qu'en 1779 Buffon exprime l'idée d'un « transformisme limité ».

Les inventeurs du transformisme ont tous pris conscience de la diversité des espèces, ce qui va les conduire à l'idée qu'à partir d'un modèle initial, des transformations successives contribuent à la réalisation des formes vivantes de la nature actuelle. La *Philosophie zoologique* (1809) de Lamarck, « première théorie positive de l'évolution du vivant », fait de lui « le père du transformisme ». Acquis aux idées de Buffon, il voit l'origine du vivant dans les infusoires – protozoaires vivant dans les eaux stagnantes –, par le truchement de la génération spontanée[80]. Puis, sous l'action de fluides internes, les formes se compliquent par tendances naturelles, celles-ci pouvant alors être modifiées par des circonstances nouvelles que sont l'influence du milieu et le mode de vie. Le temps joue dans cette évolution

---

79 Voir *supra*, pp. 527-528.

80 Sur la génération spontanée, voir *supra*, p. 514.

un rôle considérable. Une fois le processus de transformation mis en place, les modifications qu'il engendre se transmettent à la descendance par ce que Lamarck postule : l'hérédité des caractères acquis.

On a reproché à Lamarck l'absence de faits précis pour étayer des hypothèses explicatives par ailleurs profondément marquées de finalisme. On a beaucoup raillé son principe de développement dû à l'usage, celui de la régression trouvant sa cause dans le défaut d'emploi, et son vocabulaire, qui prête en effet à la critique lorsqu'il formule par exemple l'adaptation en terme de besoin. Le recours au facteur temps constitue en revanche une hypothèse sérieuse, surtout en regard des « six mille et quelque cent ans » que propose la Genèse (déjà critiquée par Buffon qui reporte le déluge à – 75 000 ans). Lamarck parlera de millions de siècles (et sera quand même encore en deçà de la vérité). *« Toute science doit avoir sa philosophie, affirmait Lamarck, ce n'est que par cette voie qu'elle fait des progrès réels. »* C'est précisément par cet aspect de sa double démarche intellectuelle, de naturaliste et de philosophe, qu'il suscita critiques, railleries puis indifférence. Les esprits étaient d'autant moins disposés à admettre ses idées qu'elles semblaient tout à fait hors de ses fonctions officielles. Elles le plaçaient en réalité en droite ligne des anciens (Thalès, Aristote), et lui vaudraient plus tard de grands adeptes (Haeckel, Bergson, Teilhard de Chardin, Monod...).

La grande idée de Geoffroy Saint-Hilaire est, on l'a vu, l'unité de plan d'organisation. Elle contient dans son essence même l'idée du transformisme. Tous les êtres vivants (du moins les animaux) ont été formés sur un plan essentiellement semblable dans son principe ; la nature en donne ensuite mille variations. Mais au plan philosophique, il n'y a *« qu'un seul animal, modifié par quelques retranchements ou par de simples changements dans la proportion des parties »*. À l'instar de Lamarck, il adopte à l'égard de la science une conception philosophique, mais il ne partage pas les idées de son aîné sur les causes du transformisme, qu'il attribue à l'action directe des milieux ambiants, action plus déterminante encore lorsqu'elle s'exerce sur l'embryon, bien plus plastique que l'adulte. Il se pose en cela en partisan convaincu de l'épigenèse [81].

---

[81] Voir *supra*, p. 518.

Charles Darwin

Fils de médecin, petit-fils d'Erasmus Darwin, poète, philosophe et biologiste, déjà cité [82], Charles Darwin (1809-1882) naît à Shrewsbury, en Angleterre. Attiré par la médecine puis par la prêtrise, il étudie à Édimbourg et à Cambridge. Lors de son séjour au séminaire de Cambridge, le botaniste Henslow reconnaît son goût pour l'histoire naturelle et le fait embarquer comme naturaliste sur le *Beagle*, qui part en 1831 pour un tour du monde. De ce voyage de cinq ans qui le conduit en Amérique du Sud (notamment aux îles Galapagos), à Tahiti, en Australie et en Afrique du Sud, Darwin rapporte une somme d'observations et une quantité considérable de matériel, à l'exploitation desquels il va consacrer le reste de sa vie.

Grâce à ses observations, Darwin a acquis la conviction de la variabilité des espèces. Il est également convaincu qu'il existe entre elles une parenté (une filiation), ce dont il apporte de multiples preuves - par exemple la diversité des quatorze espèces de pinsons des îles Galapagos, qu'il attribue à l'isolement géographique s'exerçant sur une espèce souche commune. L'explication des causes naturelles de cette « descendance avec modification », selon ses termes, il la trouve dans l'expression de la « lutte pour la vie » inspirée par l'*Essai sur le principe de population* de Malthus (1798-1826). La nature exerce par ce procédé un tri, une sélection naturelle qui, dans les multiples expressions d'une variabilité, retient les plus aptes à survivre.

En 1859, stimulé par la lecture du mémoire sur les faunes de Malaisie de son compatriote Alfred Russel Wallace (1823-1913), qui parvient aux même conclusions que lui, Darwin publie l'ouvrage qui lui vaudra la célébrité, *L'Origine des espèces par le biais de la sélection naturelle*, dans lequel il expose une théorie explicative de l'évolution biologique (baptisée depuis *darwinisme*), par le jeu de la sélection naturelle opérant sur des variations aléatoires des caractéristiques des individus.

La parution de cet ouvrage marque, selon Jean Rostand, une date dans l'histoire de la pensée humaine. À l'époque, il rencontre un vif succès : le monde scientifique est alors mieux préparé à recevoir les idées qu'il développe. Des réticences subsistent pourtant, notamment après la publication du deuxième ouvrage de Darwin, *La Descendance*

---

[82] Voir *supra*, pp. 528 et 547.

de l'Homme (1871), dans lequel l'auteur ajoute la sélection sexuelle comme principe additionnel de la sélection naturelle.

La conception de Lamarck [83] était faite de postulats et d'hypothèses : elle se fondait sur un nombre limité et peu démonstratif de preuves. Toute autre est la théorie darwinienne, étayée par un faisceau d'observations et de faits irréfutables, et confortée d'ailleurs par les résultats de certains scientifiques contemporains (géologues, paléontologues, embryologues...). Mais le postulat, commun à Lamarck et à Darwin, de l'hérédité des caractères acquis, va être dénoncé par l'Allemand August Weismann (1834-1914) [84]. Confirmation et récusation de ce point de vue seront l'objet d'un débat au XXe siècle, dont les conclusions seront d'importance pour le transformisme en donnant respectivement naissance au néodarwinisme et au néolamarckisme [85].

Parmi les adversaires du transformisme, il faut citer en premier lieu l'Église, bien que ni Lamarck ni Geoffroy Saint-Hilaire ni Darwin ne penche vers l'athéisme ou vers une attitude antireligieuse. Les attaques les plus féroces sont dirigées par le clergé anglican contre Darwin. On connaît l'affrontement qui opposa l'évêque d'Oxford, Samuel Wilberforce, à Thomas Henry Huxley, farouche prosélyte de Darwin qui fut lui-même indigné par la virulence des propos de son défenseur.

Le 30 juin 1860, lors d'une séance de la *British Association for the Advancement of Science*, l'évêque, s'adressant publiquement à Huxley, lui pose la question suivante : « M. Huxley, j'aimerais savoir : est-ce par votre grand-père ou par votre grand-mère que vous descendez du singe ? ». Huxley réplique : « Entre avoir pour grand-père un misérable singe ou un homme richement doué par la nature et possédant une grande influence, mais qui utilise cependant ses facultés et cette influence dans le but d'introduire le ridicule dans une grave discussion scientifique, j'affirme sans hésiter ma préférence pour le singe ! »

En même temps, le pouvoir politique est peu enclin à accepter le transformisme. On cite l'attitude de Napoléon qui, dans la perspective du Concordat de 1803, disait à ses savants : « Surtout ne touchez pas à *ma* Bible... » L'opinion publique, et en particulier les classes

---

83 Voir *supra*, pp. 542-544.
84 Voir *infra*, p. 558.
85 Voir *infra*, pp. 610-611.

aisées, gardent un mauvais souvenir des excès de la Révolution et retrouvent dans la Restauration une quiétude intellectuelle que ne doivent pas venir troubler des propos non conformistes.

Il faut enfin citer parmi les adversaires du transformisme les institutions scientifiques. La vindicte du tout puissant Cuvier va s'exercer à l'égard de Lamarck, puis de Geoffroy Saint-Hilaire. Puis l'Académie des sciences de Paris entend fermer sa porte à Charles Darwin, taxé d'amateurisme.

Mais, à la fin du XIXe siècle, malgré toutes ces réticences, l'idée du transformisme est acquise. En lui témoignant leur soutien, des chercheurs d'autres disciplines vont même lui apporter les arguments qui permettent de répondre aux critiques les plus sérieuses.

Le transformisme conforté

« L'évolution est sans aucun doute *le* problème des problèmes et tous les aspects de la biologie se doivent de contribuer à sa résolution », comme aimait à le souligner le paléontologue et systématicien américain George Gaylord Simpson (1902-1984) [86]. On n'évoquera ici que deux aspects de cette convergence d'intérêts des sciences biologiques, en se réservant d'en montrer ultérieurement les apports plus diversifiés, mais aussi plus déterminants, du siècle suivant [87].

En embryologie, c'est au biologiste russe Karl Ernst von Baer (d'origine allemande, 1792-1876) que l'on doit, en 1828, la formulation du développement de l'œuf en trois couches de cellules ou feuillets embryonnaires, à partir desquelles l'embryon édifie ses différents organes. L'Allemand Robert Remak (1815-1865) leur donnera plus tard les noms respectifs d'ectoderme, de mésoderme et d'endoderme.

C'est en s'inspirant de cette théorie que le zoologiste et biologiste allemand Ernst Haeckel (1834-1919) formule en 1866 sa fameuse *loi biogénétique fondamentale* : l'ontogenèse – le développement de l'individu, de l'œuf fécondé à l'état adulte – serait une courte répétition de la phylogenèse – la lignée à laquelle appartient l'animal considéré. C'est ainsi que, selon lui, l'embryon humain, avant d'atteindre le statut de mammifère, passe par des stades successifs

---

[86] *L'Évolution et sa signification*, 1964.
[87] Voir *infra*, pp. 610-611.

correspondant à ceux des embryons des autres vertébrés, des poissons aux amphibiens puis aux reptiles. Par le truchement d'un arbre généalogique, Haeckel rend aussi compte de l'évolution générale des êtres vivants : à l'origine, des organismes rudimentaires, et au sommet, l'homme.

D'autres embryologistes contribuent plus discrètement, mais tout aussi efficacement, à conforter la théorie transformiste. En 1867, par exemple, le zoologiste russe Aleksandr Kovalevski (1840-1901) remarque la présence d'une corde dorsale [88], décrite par von Baer, à différents stades du développement de certains invertébrés marins (l'amphioxus, l'ascidie) et des vertébrés ; il en déduit qu'elle témoigne de leur origine commune.

Lamarck, puis Darwin, posaient pour principe que seules des durées de temps considérables devaient permettre la réalisation des mécanismes du transformisme. En 1833, le géologue britannique Charles Lyell (1797-1875), contestant la théorie des catastrophes – seul argument qu'opposaient les fixistes à l'égard des faunes disparues – donne à Darwin le facteur temps que réclamait sa théorie. Toutefois, l'un des plus éminents physiciens d'Angleterre, William Thomson, lord Kelvin (1824-1907), va jeter le doute dans son esprit en ramenant l'âge de la Terre à une durée bien inférieure à celle qu'exigent les conceptions darwiniennes [89].

La théorie cellulaire

Le XIXe siècle voit s'édifier la théorie cellulaire, dont l'importance n'a d'égale que l'invention du transformisme (qui lui sera lui-même par la suite redevable dans bien des domaines). Alors que les idées transformistes donnaient lieu à des controverses passionnées, la théorie cellulaire s'impose d'emblée, aussi bien pour les végétaux que pour les animaux. Elle vient à son heure ; elle exprime par une synthèse vaste et cohérente l'ensemble des données généralement admises.

En ramenant à la cellule tous les aspects de la vie de l'être vivant, son édification, sa reproduction, son développement, son fonction-

---

[88] Structure cellulaire allongée, en forme de baguette, entourée d'une gaine, s'étirant entre le système nerveux et le tube digestif.

[89] Voir *supra*, pp. 549-551.

nement et ses dysfonctionnements, elle est à l'origine de progrès déterminants dans des disciplines biologiques qui ne pouvaient alors prétendre qu'à une analyse somme toute grossière des phénomènes vitaux. Il appartiendra au siècle suivant d'en découvrir les structures et les fonctions plus intimes, au niveau des éléments constituant la cellule, puis dans ses édifices moléculaires.

L'histologie

La théorie cellulaire s'est édifiée très progressivement, principalement grâce aux contributions des botanistes. Les observations sont de même nature dans les règnes animal et végétal, mais les cellules végétales sont séparées du milieu extérieur par un cadre rigide – la paroi pecto-cellulosique – qui rend leur examen plus aisé. Un siècle et demi après les premières observations de cellules ou, plus exactement, de leurs parois cellulosiques, par l'Anglais Robert Hooke[90], lors de l'examen au microscope d'une mince tranche de liège, les Français Charles François de Mirbel (1776-1854), Pierre Turpin (1775-1840), François-Vincent Raspail (1794-1878) et René Dutrochet (1776-1847) constatent que les végétaux sont composés de petites unités morphologiques qu'ils qualifient d'utricules, de saccules, de vésicules...

René Dutrochet (1776-1847)

Médecin militaire sous Napoléon, Dutrochet quitte l'armée en 1809 et se consacre au niveau d'organisation de la cellule. Entrevoyant la composition cellulaire des animaux et des végétaux, il en a tiré les prémices du concept moderne de *cellule*, écrivant notamment, dans ses *Mémoires pour servir l'histoire anatomique et physiologique des végétaux et des animaux* (1837) : « Quand on compare l'extrême simplicité de la cellule avec l'extrême complexité de ses potentialités, il devient évident que la cellule est véritablement la pièce fondamentale de l'organisme. » On lui doit aussi la découverte de deux phénomènes importants : la migration des globules blancs hors des capillaires vers les tissus, ou *diapédèse* (1824) et le transfert d'eau à travers la membrane des cellules, ou *osmose* (1827).

---

90 Voir *supra*, p. 513.

Les leucocytes et les protozoaires [91] constituent également un matériel cellulaire particulièrement intéressant. En 1845, grâce à l'Allemand Karl Theodor von Siebold (1804-1885), les protozoaires sont envisagés comme des organismes formés d'une seule cellule.

Au début du siècle, sous l'impulsion de Xavier Bichat (1771-1802), tout à la fois médecin, anatomiste et physiologiste, l'intérêt se porte sur les organes qui se révèlent être composés de cellules diversement agencées : à ce niveau d'organisation intermédiaire qu'il reconnaît, Bichat donne le nom de *tissu* (*Anatomie générale appliquée à la physiologie et à la médecine*, 1801). Il dénombre vingt et un types de tissus, qu'il appelle respectivement muqueux, séreux, osseux, conjonctif, musculaire, nerveux, cérébral... créant ainsi une nomenclature qui reste utilisée aujourd'hui. On le considère d'ailleurs souvent comme le père de l'*histologie* (terme créé en 1844 par le naturaliste anglais Richard Owen pour désigner la science des tissus) [92], malgré la singulière réticence qu'il ne cessa de manifester à l'encontre du microscope.

La cytologie : protoplasme, noyau, chromatine

Nombreux sont les biologistes convaincus de la réalité d'une entité de structure commune à tous les êtres vivants. On doit la formulation de la théorie cellulaire au botaniste allemand Mathias-Jacob Schleiden (1804-1881) et à son compatriote, le médecin histologiste Theodor Schwann (1810-1882). Le mémoire de ce dernier, *Mikroskopische Untersuchungen*, publié en 1839, marque la naissance de la théorie cellulaire. L'impulsion est donnée et, en moins de trente ans, s'édifient les fondements de la *cytologie*, qui étudie les structures de la cellule et ses caractéristiques fonctionnelles. Ces progrès sont favorisés non seulement par les perfectionnements du microscope et la mise au point de techniques de préparation (coupes minces au microtome, colorations), mais aussi, bien souvent, par le choix d'un matériel favorable, par exemple les cellules végétales pour la rigidité de leur contour ou certaines cellules animales (ascaris, triton) pour leur grande taille.

---

[91] Les leucocytes sont les globules blancs du sang et de la lymphe. Sur les protozoaires, voir *supra*, p. 513.

[92] Voir *supra*, p. 514, sur la contribution de Malpighi à l'histologie.

Deux constituants de la cellule retiennent l'attention. Premier constituant, le contenu, que le microbiologiste français Félix Dujardin (1801-1860) va appeler, en 1835, *sarcoplasme* (chez les infusoires [93]), terme qui sera remplacé par celui de *protoplasme* (1840, Jan Evangelista Purkinje). Le terme de *cytoplasme* (1878, du grec *kutos*, « cellule ») désigne le protoplasme hormis le noyau. Deuxième constituant, une formation plus réfringente au sein des cellules, que le botaniste britannique Robert Brown (1773-1858) décrit en 1831 et à laquelle il donne le nom de *noyau*. Son contenu présente des petites particules, sous forme de mottes, de croûtes, de poussière, que l'on peut colorer à l'aide de techniques appropriées ; le biologiste allemand Walther Flemming (1843-1905) les nommera *chromatine*. En 1861, le biologiste allemand Max Schultze (1825-1874) définira par conséquent la cellule « comme une petite masse de protoplasme renfermant un noyau ».

La division cellulaire : chromosomes et mitose

Les tissus jeunes qui s'accroissent et ceux qui se renouvellent sont le siège de nombreuses divisions cellulaires. Ce phénomène est observé dès 1875 dans le monde végétal par le botaniste polonais Edward Strasburger (1844-1912) et de 1879 à 1882 dans le monde animal par Walther Flemming.

Par ailleurs, de nombreux observateurs – parmi lesquels, dès 1875, le Belge Édouard Van Beneden (1846-1910) [94], ont constaté qu'au cours de la division cellulaire, la chromatine laisse provisoirement place à des structures filamenteuses. En 1882, Flemming nomme *mitose* (du grec *mitos*, « filament ») ce mode de division indirecte, différente de la division directe par scissiparité, et décrit les structures filamenteuses comme fissurées dans le sens de la longueur. Van Beneden prouve en 1885 que celles-ci persistent dans le noyau (mais sous une autre forme) entre deux mitoses ; lorsqu'on peut les observer, on constate qu'elles sont en nombre pair et que la valeur ainsi trouvée caractérise chaque espèce. En 1888, l'Allemand Wilhelm von Waldeyer-Hartz (1836-1921) appellera ces dernières *chromosomes*.

---

93 Sur les infusoires, voir *supra*, p. 547.

94 Voir aussi *infra*, pp. 557-558.

Ainsi se trouve vérifié l'adage énoncé en 1855 par l'Allemand Rudolf Virchow (1821-1902) : *« omnis cellula e cellula »* (« toute cellule naît d'une autre cellule »).

La reproduction et le développement embryonnaire

La fécondation

La connaissance de tout le processus de la reproduction sexuée accompagne les progrès de la cytologie, dont elle est un des aspects particuliers. On doit à Karl Ernst von Baer [95] d'avoir révélé en 1827 la nature cellulaire de l'œuf et son développement ultérieur, la segmentation étant considérée dès 1840 par l'anatomiste et histologiste allemand Karl Bogislaus Reichert (1811-1883) comme une succession de divisions (appelées ultérieurement mitoses [96]) conduisant à l'édification de l'individu.

La cellule sexuelle femelle se trouve à l'état d'ovule dans l'ovaire. Sa transformation en œuf exige, après sa libération dans les voies génitales, un contact avec la semence masculine qui la fécondera. Dès le XVIIe siècle, Van Leeuwenhoek a décrit les animalcules mobiles présents dans la liqueur séminale mâle et émit l'hypothèse de leur rôle dans cet événement [97]. Appelés d'abord *spermies*, ils sont finalement nommés *spermatozoïdes* en 1851 par Duvernoy. Leur intervention dans la fécondation de l'ovule n'est cependant pas immédiatement admis : si le médecin suisse Jean-Louis Prévost (1790-1850) et le chimiste français Jean-Baptiste Dumas (1800-1884) la pressentent dès 1824, il faut attendre 1854 pour que le biologiste suisse Rudolf Albert von Kölliker (1817-1905) en donne confirmation.

Les progrès sont de même nature dans le domaine de la reproduction végétale. Le Suisse Karl Wilhelm von Nägeli (1817-1891) reconnaît chez les végétaux inférieurs (mousses, fougères...) l'équivalent des spermatozoïdes, qu'il nomme *anthérozoïdes*. L'Italien Giovanni Battista Amici (1786-1863), puis le Français Adolphe

---

[95] Voir *supra*, p. 551.
[96] Voir *supra*, p. 555.
[97] Voir *supra*, p. 519.

Brongniart (1801-1876), montrent le rôle du pollen (et du tube pollinique) chez les végétaux supérieurs.

On sait donc, au milieu du XIXe siècle, que le concours de deux cellules particulières, les *gamètes* (ovule et spermatozoïde), sont à l'origine de la formation de l'œuf. Reste à découvrir ce qui se produit lors de leur rencontre...

En 1875, le biologiste allemand Oskar Hertwig (1849-1922), mélangeant des ovules et du sperme d'oursin dans de l'eau de mer, observe pour la première fois la pénétration du spermatozoïde dans l'ovule. Les noyaux fusionnent à l'intérieur de l'ovule et réalisent ainsi la fécondation et la formation d'une cellule-œuf. De nombreux ouvrages accordent au botaniste français Gustave Adolphe Thuret (1817-1875) la découverte, dès 1854, de ce processus de fécondation chez le fucus, mais cet auteur ne mentionne ni la pénétration de l'anthérozoïde, ni une éventuelle fusion des noyaux. Par ailleurs, selon certains, c'est l'entomologiste britannique George Newport (1803-1854) qui aurait le premier, en 1850, observé la pénétration d'un spermatozoïde dans un ovule de grenouille. Comme le soulignent Pascal Duris et Gabriel Gohau : « Il y a là une bonne illustration de la délicate et souvent vaine quête de précurseur en histoire de la biologie [98]. »

En choisissant un matériel particulièrement favorable, l'ascaris – ver parasite de l'intestin de l'homme –, Van Beneden observe que l'ovule et le spermatozoïde présentent un nombre de chromosomes inférieur de moitié à celui des autres cellules de l'organisme. C'est le résultat d'une *réduction chromatique*, phénomène que Van Beneden étudie avec son élève, l'Allemand Theodor Boveri (1862-1915). En 1887, les deux hommes en précisent les modalités et démontrent qu'elle s'opère à l'occasion d'un mode de division propre aux cellules mères de gamètes, la *méiose*. La formation d'une cellule-œuf réunit ces deux lots chromosomiques (paternel et maternel) et reconstitue la *diploïdie* [99] de toutes les cellules de l'organisme.

Dès lors le noyau, puis les chromosomes, ne tardent pas à être considérés comme le siège des propriétés héréditaires. Cette idée

---

98 *Histoire des sciences de la vie*, Paris, Nathan, 1997.

99 Une cellule diploïde compte 2*n* chromosomes.

restera cependant dans un domaine purement spéculatif pendant encore une vingtaine d'années.

En 1887, August Weismann propose de différencier deux lignées cellulaires à partir de l'œuf : l'une, la *lignée germinale*, est à l'origine des gamètes, l'autre, la *lignée somatique*, à l'origine de toutes les autres cellules de l'organisme. Ces deux lignées sont totalement indépendantes : les modifications affectant la lignée somatique ne sont pas transmissibles à la génération suivante. Cette théorie de la continuité du plasma germinatif ruine l'hypothèse de la transmission des caractères acquis de Lamarck et de Darwin [100]. Elle est en même temps une géniale intuition que l'on s'appliquera à valider dans la première moitié du XXe siècle.

L'embryologie expérimentale

L'embryologie était jusqu'alors essentiellement descriptive ; dans la seconde moitié du XIXe siècle, elle devient aussi expérimentale.

Médecin et naturaliste, le Français Laurent Marie Chabry (1855-1894) est l'un des fondateurs de cette nouvelle discipline. Il s'intéresse à l'œuf des ascidies [101], et réalise en 1887 une expérience fondamentale : il détruit l'une des deux cellules résultant de la première mitose de l'œuf (les *blastomères*). Il obtient alors un demi-embryon et en déduit l'existence d'une prédétermination très précoce de l'œuf. Un tel développement, dit « en mosaïque » semble un argument en faveur du concept préformiste [102].

L'autre grand fondateur de l'embryologie expérimentale est l'Allemand Wilhelm Roux (1850-1924). En 1888, il travaille sur l'œuf de grenouille qui présente les mêmes caractéristiques d'œuf-mosaïque que celui de l'ascidie. Reprenant une idée ébauchée dès 1874 par le Suisse Wilhelm His (1863-1934), il définit une embryologie causale (ou mécanique du développement) et fonde en 1895 les *Archives d'embryologie (Arkiv für Entwicklungsmechanik der Organismen)*, où pendant plus d'un siècle vont être publiés les articles les plus déterminants de cette discipline.

---

[100] Voir *supra*, pp. 549-550.

[101] Voir *supra*, p. 552.

[102] Voir *supra*, pp. 518-519.

Un autre Allemand, élève de Roux, Hans Driesch (1867-1941), applique le même protocole expérimental sur l'œuf d'oursin. Il constate cette fois qu'au stade 2, chaque blastomère isolé est capable de donner un embryon entier. Cette découverte de l'œuf à régulation va cette fois dans le sens de l'épigenèse [103]. En fait, on va s'apercevoir très vite que les deux processus – mosaïque et régulation – ne sont pas exclusifs l'un de l'autre et que « l'ontogenèse est en définitive une combinaison de préformisme et d'épigenèse [104] »

La parthénogenèse expérimentale

Découverte en 1740 chez le puceron par Bonnet, la parthénogenèse naturelle [105] est en fait le développement de l'ovule sans intervention du spermatozoïde.

En 1899, le physiologiste germano-américain Jacques Loeb (1859-1925) obtient les premières parthénogenèses expérimentales. Pour cela il plonge des œufs vierges d'oursin dans diverses solutions (de sels minéraux, d'acides gras ou simplement hypertoniques par rapport à l'eau de mer). Le Français Yves Delage (1854-1920) obtiendra par la suite des résultats de même nature en les généralisant à d'autres espèces animales (éponges). Une simple piqûre ou l'inoculation d'un globule sanguin à l'aide d'un fin stylet permettent au Français Eugène Bataillon (1864-1953) d'obtenir le développement complet d'un œuf vierge de batracien (grenouille ou crapaud).

Ce phénomène de parthénogenèse expérimentale ne va pas manquer de susciter au XXe siècle de nombreuses hypothèses explicatives conduisant à un déterminisme physico-chimique, avec par exemple la notion d'*induction*, due à l'Allemand Hans Spemann (1921). Celle-ci repose sur la propriété que possède une région de l'embryon précoce [106] de jouer un rôle privilégié dans la formation des organes (ou *organogenèse*). Prélevée et transplantée dans une autre partie indifférente d'un autre embryon, cette région particulière y fait apparaître un jeu d'organes surnuméraires.

---

103 Voir *supra*, p. 518.

104 Pascal DURIS et Gabriel GOHAU, *Histoire des sciences de la vie*, *op. cit.*

105 Voir *supra*, pp. 529-530.

106 Baptisée l'*organisateur de Spemann.*

De curieuses observations complètent cet historique de l'embryologie. Ainsi, en 1897, l'entomologiste français Paul Marchal (1862-1942) découvre le phénomène de *polyembryonie*, qui consiste en la formation de plusieurs embryons à partir d'un œuf unique : chez les vertébrés, on l'observe par exemple chez le tatou ; elle n'apporte cependant que peu d'éléments d'information sur cette forme particulière de polyembryonie que représentent les jumeaux univitellins (vrais jumeaux) humains.

L'embryologie, comme toutes les découvertes fondamentales de la biologie et de la médecine, ébauche au XIXe siècle, et notamment dans sa seconde moitié, une pensée qui sera approfondie par le siècle suivant. Cette règle vaut aussi pour l'évolution des connaissances sur les micro-organismes et pour la physiologie expérimentale. Elle ne s'applique pas, en revanche, à la génétique : en 1865, le monde scientifique ignore les travaux du religieux et botaniste autrichien Gregor Mendel (1822-1884), et il faudra attendre le siècle suivant pour les découvrir et les faire fructifier [107].

Louis Pasteur et les succès de la microbiologie

La question de la génération spontanée

Le débat sur la génération spontanée est loin d'être résolu dans la première moitié du XIXe siècle [108]. Dans cette querelle des abbés du siècle dernier – Needham est pour, Spallanzani est contre –, il reste difficile de proposer un protocole expérimental à l'abri de toute critique.

Cependant, la découverte, par l'Allemand Christian Gottfried Ehrenberg (1795-1876) et le Français Henri François Gaultier de Claubry (1792-1878), de la présence, dans l'air, dans l'eau et dans les infusions, d'une multitudes d'animaux microscopiques, semble donner gain de cause à Spallanzani, bien que le spontanéisme (on lui préfère alors le terme d'*hétérogénie*) ait encore d'ardents défenseurs, comme le médecin français Félix Archimède Pouchet (1800-1872).

---

107 Voir *infra*, pp. 576-577.
108 Voir *supra*, pp. 528-529.

En janvier 1860, l'Académie des sciences crée un prix pour récompenser le chercheur capable de «jeter un jour nouveau sur la question des générations dites spontanées». Pasteur, bien que chimiste de formation, relève le défi et réalise de 1860 à 1864 une série d'expérimentations qui démontrent avec la rigueur souhaitée l'absence de génération spontanée: tout organisme naît d'un organisme préexistant *(« omne vivum e vivo »)*. En 1872, à l'unanimité, l'Académie lui décerne le prix, mais le débat n'est pas clos pour autant.

L'opposition entre Pasteur et Pouchet a également pris un tour qui, malgré les intéressés, n'a plus rien de scientifique. Les esprits progressistes, favorables aux idées de Darwin, soutiennent le spontanéisme de Pouchet, tandis le très catholique et très conservateur Pasteur apparaît comme un rempart contre l'athéisme. La Troisième République en fera cependant un savant positiviste, tandis que les spontanéistes seront taxés d'obscurantisme !

Les fermentations

Le prestige de Pasteur est déjà grand à l'époque dans le domaine de l'étude des infiniment petits (les *microbes*, selon le terme proposé par Charles-Emmanuel Sédillot en 1878). Sa carrière de chimiste a débuté à ce propos par une série de découvertes au moyen desquelles il révèle le rôle des bactéries et des levures (champignons unicellulaires) dans le mécanisme des fermentations. Abordant dès 1855 des recherches en ce domaine, il étudie successivement les fermentation lactique (1857), alcoolique (1858-1860), butyrique (1861) et acétique (1861-1864). On sait aujourd'hui quelles applications l'industrie alimentaire a tiré de ces résultats en généralisant le procédé de conservation connu sous le nom de *pasteurisation*.

Les bactéries pathogènes

Les bactéries sont des organismes unicellulaires sans noyau de très petite taille (quelques micromètres). Certaines sont pathogènes pour l'homme et responsables (souvent par les toxines qu'elles élaborent) de graves maladies. En se consacrant à leur étude avec son élève Émile Roux (1853-1933), Pasteur était dans son droit; en apportant des méthodes décisives pour les combattre, il s'aventure dans le domaine médical. Le savant n'étant pas médecin, les milieux officiels de la profession se mobilisent contre lui.

La découverte des agents infectieux

À l'exception des virus, presque tous les agents infectieux responsables des graves maladies de l'homme et des animaux ont été découverts entre 1875 et 1910. On n'en cite ici que les plus importants. *Trichomonas vaginalis*, parasite du vagin, est découvert en 1836-1837 par Alfred Donné (Fr., 1801-1878) ; viennent ensuite les mycoses humaines, décrites par David Gruby (Fr., 1810-1898). En 1880, Alphonse Laveran (Fr., 1845-1922) découvre l'hématozoaire du paludisme.

Les bactéries composent l'effectif le plus important. Les principales découvertes sont celles du bacille de la lèpre en 1874, par Armauer Hansen (Norv., 1841-1912) ; du gonocoque responsable des blennorragies en 1879, par Albert Neisser (All., 1855-1916) ; du staphylocoque et du streptocoque en 1880, par Louis Pasteur) ; du bacille de la fièvre typhoïde en 1880, par Karl Joseph Eberth (All., 1835-1926) ; du bacille diphtérique en 1883-1884, par Edwin Klebs (All., 1834-1913) et Friedrich Löffler (All., 1852-1915) ; du bacille du tétanos en 1884, par Arthur Nicolaier (All., 1862-1915) ; de l'agent de la brucellose ou fièvre de Malte en 1887, par David Bruce (Brit., 1855-1931) ; du bacille de la peste en 1894, par Alexandre Yersin (Fr., 1863-1943).

Pour Pasteur, le salut est dans la vaccination, déjà appliquée de façon empirique depuis Jenner [109]. Ses premières interventions concernent le choléra de la poule, puis la maladie du charbon. En juillet 1885, désavoué de tous, y compris de son élève Roux *(voir l'encadré)*, il prend le risque d'inoculer son « vaccin » antirabique à un jeune Alsacien de neuf ans, Joseph Meister, qui avait été mordu soixante heures plus tôt par un chien enragé. Le traitement réussit, le prestige de Pasteur devient immense. Un établissement scientifique portant son nom, l'Institut Pasteur, fondé par souscription internationale et reconnu d'utilité publique, est inauguré à Paris en 1888 pour poursuivre son œuvre dans le domaine médical et biologique. Placé à sa tête, Pasteur y continue ses recherches jusqu'à sa mort.

---

[109] Voir *supra*, pp. 537-538.

Émile Roux (1853-1933)

Docteur en médecine et bactériologiste, Émile Roux associe sa carrière à celle de Pasteur de 1878 à 1886. Lors de la vaccination contre la rage, il se désolidarise de son maître, qu'il rejoindra cependant peu après, à la suite des violentes attaques de l'Académie de médecine dont celui-ci fait l'objet. Sa contribution la plus marquante dans le domaine de la bactériologie est celle de la découverte des toxines bactériennes qu'une atténuation appropriée peut rendre vaccinantes. En 1889, avec la collaboration du bactériologiste français Alexandre Yersin (d'origine suisse, 1863-1943), il élabore la toxine diphtérique. Parallèlement à l'Allemand Emil von Behring (1854-1917), élève de Robert Koch (1863-1910), il découvre que l'injection de toxine diphtérique atténuée provoque dans l'organisme l'apparition d'anatoxine [110] ; injectée à un animal, cette dernière le protège de la diphtérie. Il partage donc avec Behring le mérite de l'invention de la *sérothérapie* (1892).

Il serait injuste de considérer Pasteur comme seul responsable des progrès de la microbiologie. À la même époque, Robert Koch, « l'*alter ego* de Pasteur dans les pays de langue allemande », poursuit ses recherches dans la même voie. En 1882, il découvre le bacille de la tuberculose (qui devient dans le monde entier le *bacille de Koch*, ou BK). Il crée en 1885 à Berlin l'Institut d'hygiène, qui sera l'équivalent allemand de l'Institut Pasteur. Plus tard, il découvre le vibrion cholérique et, en 1890, élabore la tuberculine.

Parmi les contemporains de Pasteur figure également le chirurgien britannique Joseph Lister (1827-1912). Très tôt convaincu par les travaux du Français sur les micro-organismes, il emploie dès 1865 des substances comme l'acide phénique, précurseur des antiseptiques et des mesures de prophylaxie. L'asepsie des récipients et du matériel médical obtenue par chauffage (en autoclave) deviendra très vite une règle absolue.

La fin du siècle est marquée par la découverte d'agents infectieux plus petits encore que les bactéries : les virus, dont on ne révélera la structure – non cellulaire – qu'au siècle suivant [111]. Un certain nombre sont néanmoins déjà connus par les pathologies qu'ils provoquent,

[110] Toxine artificielle ayant perdu tout ou partie de la toxicité de la toxine originelle (endotoxine), mais ayant conservé son pouvoir antigénique.

[111] Voir *infra*, pp. 590-591.

comme celui de la fièvre aphteuse, découvert en 1898 par les Allemands Friedrich Löffler (1852-1915) et Paul Frosch (1860-1928), ou celui la mosaïque du tabac, révélé en 1892 par le Russe Dimitri Ivanovsky (1864-1920).

Jusqu'en 1884, on avait tout ignoré des moyens de défense que peut mettre en œuvre l'organisme pour s'opposer aux attaques microbiennes. En 1883, le médecin et biologiste russe Ilia Metchnikov (1845-1916) voit dans les leucocytes les défenseurs du corps par phagocytose ; mais ils peuvent être aussi à l'origine d'autres mécanismes de défense par le biais de molécules qu'ils élaborent, les anticorps, qui s'opposent aux éléments étrangers (pathogènes ou non), les antigènes. Cette conception dualiste anticorps-antigène est développée par le médecin et microbiologiste belge Jules Bordet (1870-1961). À la fin du siècle, les principaux fondements de l'immunologie moderne sont déjà en place.

Louis Pasteur est resté depuis plus d'un siècle le symbole du savant bienfaiteur de l'humanité. Il force l'admiration aussi bien par ses résultats que par sa personnalité. Si on l'a présenté plus haut comme l'auteur de l'adage *« omne vivum e vivo »* [112], il n'en restait pas moins préoccupé par la discontinuité qui séparait encore, à son époque, la chimie de la matière vivante et celle de la matière inanimée. Il avait l'intuition que le passage de l'une à l'autre était possible dans des conditions expérimentales exceptionnelles. Ce sont ces conditions que le chimiste américain Stanley Miller (né en 1930) recréera en 1953, plus d'un demi-siècle après la mort de Pasteur, lors d'une expérience restée célèbre [113].

Des résultats décisifs en physiologie

Le XIXe siècle est aussi celui du triomphe de la physiologie expérimentale. Alors qu'avant 1800, elle restait encore limitée à quelques domaines (par exemple, la digestion, avec Réaumur, et surtout la respiration, sous l'impulsion de Lavoisier), elle s'affirme au cours de la première moitié du siècle, puis s'impose avec une étonnante diversification dans ses dernières décennies. Elle se fonde, à des degrés divers, sur une pensée mécaniciste qui s'oppose au vitalisme

---

112 Voir *supra*, p. 561.
113 Voir *infra*, pp. 609-610.

de Bordeu et Barthez [114] – encore présent cependant chez Bichat, Flourens ou Driesch. En revanche, des physiciens ou des chimistes – comme le Français Marcellin Berthelot (1827-1907) ou l'Allemand Justus von Liebig (1803-1873) – donnent du vivant une interprétation matérialiste, que certains jugent parfois excessive.

Prestigieux représentant français de cette physiologie expérimentale, Claude Bernard (1813-1878) en fait « une science indépendante ayant ses méthodes et son but » (*Introduction à l'étude de la médecine expérimentale*, 1865). Des savants d'autres pays européens lui apportent aussi des contributions importantes : notamment, les Allemands Johannes Peter Müller (1801-1858) et Carl Ludwig (1816-1895) ; les Britanniques Charles Bell (1774-1842), Marshall Hall (1790-1857) et Charles Scott Sherrington (1857-1952) ; les Russes Ivan Setchenov (1829-1905) et Ivan Pavlov (1849-1936) ; et le Tchèque Jan Evangelista Purkinje (1787-1869).

Claude Bernard, Magendie et la médecine expérimentale

Rien ne prédestine Claude Bernard à la carrière qui sera la sienne. Des études secondaires médiocres, puis un apprentissage sans éclat de la médecine, discipline où il manifeste plus de goût pour la recherche que pour la clinique. Il concrétise ce choix lorsqu'à partir de 1841, le physiologiste François Magendie (1783-1855) le prend pour assistant à la chaire de médecine du Collège de France, où il a lui-même succédé à Laennec dix ans plus tôt. Il a alors vingt-huit ans, et va accumuler travaux et découvertes qui le rendront rapidement célèbre. Suppléant de Magendie en 1847, il cumule les chaires de physiologie expérimentale à la Sorbonne (1854) et de médecine au Collège de France (1855) – la première étant transférée au Muséum en 1868. Il doit beaucoup à son maître, dont il partage les idées à l'égard de la physiologie. Pour Magendie, *« la médecine, c'est la physiologie de l'homme malade »* : soucieux de la faire progresser par la recherche expérimentale, il adopte un strict déterminisme physico-chimique, opposé à toute forme de vitalisme, et une scrupuleuse soumission aux résultats des expériences. La postérité gardera aussi de Magendie l'image d'un vivisecteur sans état d'âme, scandalisant bon nombre de ses collègues.

---

[114] Voir *supra*, p. 536.

La digestion

On a montré au XVIIIe siècle (Réaumur, Spallanzani) que la digestion est un phénomène chimique [115]. En 1832, le chirurgien américain William Beaumont (1785-1853) est amené à soigner chez un patient une fistule gastrique chronique, qui fait communiquer directement le milieu extérieur et l'estomac. Cela va lui permettre d'étudier le rôle de l'acide chlorhydrique dans la digestion, mais aussi les modalités de sécrétion du suc gastrique. Plus tard, à l'aide de fistules gastriques expérimentales, il précisera la nature des ferments responsables du processus de la digestion (les *diastases*).

Claude Bernard fera de ce processus digestif le thème de ses premières recherches. Elles lui donneront l'occasion de préciser la nature et le rôle du suc gastrique (1845), puis de la salive (1847), et d'apporter de 1849 à 1856 d'utiles compléments à la compréhension de la digestion des graisses.

Le milieu intérieur, les régulations

L'étude des mécanismes digestifs conduit Claude Bernard à s'intéresser au foie, au niveau duquel il met en évidence la propriété de stocker, puis de restituer par voie sanguine le glucose. Il démontre en 1848 la réalité de cette fonction du foie (par l'expérience dite « du foie lavé »), puis en 1857 la nature de cette forme de stockage (un glucide complexe, le glycogène).

La découverte de ce mécanisme va le conduire à formuler la notion très générale de *milieu intérieur*, correspondant à l'ensemble des conditions physico-chimiques qui régissent le fonctionnement normal de l'organisme. Les modalités de son maintien en réponse à d'éventuelles perturbations s'opèrent par la mise en œuvre de régulations. Ces dernières se font par le biais de mécanismes nerveux ou par l'intervention de sécrétions internes. On découvrira ensuite que ces régulations reposent en général sur des médiations hormonales [116].

Si Claude Bernard établit la nature du diabète sucré (1849), il ne découvre cependant pas le rôle du pancréas dans la régulation de la

---

115 Voir *supra*, p. 533.
116 Voir *infra*, pp. 603-604.

glycémie ; les Allemands Joseph von Mering (1849-1908) et Oskar Minkowski (1858-1931) en feront la démonstration en 1890 ; le second révélera, en 1892, le mécanisme endocrine [117] de cette intervention.

Brown-Séquard, père de l'endocrinologie

On sait depuis de nombreuses années que l'atrophie ou l'ablation de certaines glandes peut être la cause de troubles graves, souvent mortels ; parallèlement, l'Allemand Arnold Berthold (1803-1861), en 1849, puis son compatriote Moritz Schiff (1823-1896), en 1884, constatent que des injections d'extraits ou des greffes corrigent les effets de l'ablation.

Ces observations confirment le physiologiste français Charles Édouard Brown-Séquard (1817-1894) dans ses propres expérimentations et le conduisent à affirmer en 1891 que *« l'organisme sécrète pour son propre compte des produits ou des ferments spéciaux qui, versés dans le sang, viennent influencer toutes les autres cellules, rendues ainsi solidaires les unes des autres par un mécanisme autre que celui du système nerveux »*. Il pose ainsi les fondements de l'*endocrinologie*, qui étudie les modalités d'action de ces substances, produites par des glandes *endocrines* déversant leur sécrétion dans le sang : le foie, l'hypohyse, la thyroïde, etc. En même temps, Brown-Séquard exprime la réalité d'un processus de communication par voie humorale (ou hormonale). Le mot *hormone* sera créé en 1905 par le Britannique Ernest Henry Starling (1866-1927) ; la première hormone (l'adrénaline) sera isolée en 1901 par le Japonais Jokichi Takamine (1854-1922).

Le système nerveux

Au XIXe siècle, des progrès décisifs sont accomplis dans la connaissance du système nerveux, en particulier dans la découverte des aspects électriques de son fonctionnement. Il y a en premier lieu la reconnaissance – dans le cadre de la théorie cellulaire – de l'originalité

---

117 Voir *infra*, p. 603, sur l'endocrinologie.

de la cellule nerveuse, baptisée *neurone* en 1891, par Wilhelm von Waldeyer-Hartz [118]. Elle est caractérisée par des prolongements qui permettent d'établir le contact avec d'autres cellules, les dendrites (de forme ramifiée, d'où leur nom tiré du grec *dendron*, « arbre ») et l'axone (d'aspect lisse et de diamètre uniforme, du grec *axon*, « axe »), mais elle présente néanmoins une très grande diversité de formes. De 1892 à 1904, l'Espagnol Santiago Ramon y Cajal (1852-1934) en donnera un inventaire pratiquement exhaustif, en généralisant une technique spécifique d'imprégnation chromo-argentique mise au point par Camillo Golgi [119] dès 1880.

On doit aussi à Ramon y Cajal la théorie unitaire du neurone, qui démontre l'existence d'une solution de continuité le long de chacun des éléments d'une chaîne neuronique et l'intervention d'une substance chimique – en opposition avec la théorie dite « réticulariste » qui prévaut à l'époque, due à l'Allemand Albrecht Bethe (1872-1954). Ce dispositif conduit le Britannique Charles Scott Sherrington (1857-1952) à créer en 1897 le concept de *synapse* (du grec *sunapsis*, « point de jonction ») pour caractériser la région de contact entre les prolongements des cellules nerveuses.

La connaissance de l'organisation fonctionnelle progresse à d'autres niveaux. Magendie, Bell, Brown-Séquard, Setchenov s'intéressent à la moelle épinière, et principalement à son activité réflexe. Il en est de même pour les centres nerveux contenus dans la boîte cranienne (l'encéphale). Pierre Flourens (1794-1867) met en évidence le centre respiratoire dans le bulbe rachidien et démontre (en même temps que Purkinje) le rôle du cervelet dans les mécanismes de l'équilibre. Dès 1825, Jean Bouillaud (1796-1881) avait démontré qu'une lésion des lobes du cerveau provoquait une aphasie (perte de la parole) ; reprenant son travail, Paul Broca (1824-1880) localise l'aire responsable en 1861. En 1874, l'Allemand Carl Wernicke (1848-1904) découvrira, dans le cortex pariétal, cette fois, une aire dont la lésion est suivie d'aphasies sensorielles.

Après les travaux de l'Italien Carlo Mateucci (1811-1868), c'est surtout en Allemagne, parmi les élèves de Johannes Müller (1801-1858), que se développent les recherches sur l'activité électrique caractérisant le fonctionnement du neurone. Emil Du Bois-Reymond

---

118 Voir *supra*, p. 555.
119 Voir *infra*, pp. 573-574.

(1818-1896) et Hermann von Helmholtz (1821-1894) sont ainsi amenés à définir cette manifestation, l'*influx nerveux*, dont Helmholtz mesure en 1850 la vitesse de propagation. Avec Carl Ludwig, ces deux Allemands se distinguent par l'usage de nombreux appareils de mesure et d'enregistrement (galvanomètre, kymographe, etc.). Le recours à la physique ou à la chimie s'inscrit pour eux dans une démarche intellectuelle strictement matérialiste, qui ne laisse aucune place au vitalisme [120]. En 1847, Helmholtz publie le manifeste *Uber die Erhaltung der Kraft* (« Sur la conservation de la force »), par lequel il jette les bases d'une biologie nouvelle fondée sur ces principes.

Si la phrénologie de Gall [121] ne rencontre pas toujours à l'époque le scepticisme souhaitable, Johann Ludwig Wilhelm Thudichum (1829-1901), un Allemand réfugié en Angleterre, a le mérite d'effectuer en 1874 les premières tentatives d'isolement des substances du cerveau, auxquelles il donne des noms qui ont été conservés dans la terminologie actuelle (céphaline, sphyngomyéline, cérébrosides).

La respiration

Lavoisier a eu le grand mérite de considérer la respiration comme une combustion lente sous l'influence de l'oxygène de l'air, cette combustion étant à l'origine de la chaleur animale [122].

Deux questions se posent aux physiologistes du XIXe siècle. La première concerne la nature du combustible. L'Allemand Justus von Liebig (1803-1873), va y apporter des éléments de réponse essentiels en précisant la nature des nutriments dégradés : glucides, lipides et protides. Toute la *biochimie* s'édifie autour de cette classification : à elle revient la charge d'étudier la synthèse et la dégradation des composés des êtres vivants. L'Allemand Eduard Pflüger (1829-1910) définit quant à lui dès 1877 la notion de *quotient respiratoire* (rapport entre le volume de gaz carbonique dégagé et le volume d'oxygène absorbé dans un temps donné).

---

120 Voir *supra*, p. 353.
121 Voir *supra*, p. 539.
122 Voir *supra*, p. 534.

La seconde question est celle du siège de la combustion. Lavoisier la plaçait à tort au niveau des poumons, mais Spallanzani déjà la supposait au sein des tissus, ce que confirme Paul Bert en 1869. L'Anglais George Harley (1829-1896) montre que l'oxygène se fixe au sang par le biais d'une liaison chimique. En 1864, l'Allemand Felix Hoppe-Seyler (1825-1895) nomme *hémoglobine* cette substance.

Si le problème de la physico-chimie de la respiration n'est pas encore résolu à la fin du XIXe siècle, celui de la commande et de la régulation du rythme respiratoire (comme du rythme cardiaque) paraît élucidé. Claude Bernard, notamment, démontre l'intervention du nerf parasympathique, tandis que Carl Ludwig et le Russe Élie de Cyon (1842-1912) mettent en évidence, en 1866, l'action du nerf dépresseur du cœur.

Comment les végétaux respirent-ils ?

En 1837, avec René Dutrochet (1776-1847), on estime que les végétaux respirent sur deux modes : normal, à la lumière, et « subsidiaire », à l'obscurité. Il faut attendre 1851 pour que Lazare Garreau (1812-1892) prouve que les végétaux respirent de la même façon le jour et la nuit, mais qu'à la lumière se produit un phénomène interférant avec la respiration. Ce problème de la photosynthèse ne sera résolu que bien plus tard [123] ; mais, depuis 1817, les pharmaciens français Pierre Joseph Pelletier (1788-1842) et Joseph Bienaimé Caventou (1795-1877) ont donné le nom de *chlorophylle* à la « matière verte » de la feuille.

Au terme de cet inventaire des progrès de la biologie au XIXe siècle, deux rubriques semblent ne pas avoir été évoquées. La génétique (ou science de l'hérédité) est à l'époque celle des « hybrideurs », et ce sont surtout les plantes qui font l'objet de ces croisements. En 1826, Augustin Sageret (1763-1851) prend conscience de ce que peut être la dominance (et de son contraire, mais le terme *récessif* n'existe pas encore), ainsi que de la disjonction des caractères parentaux chez les hybrides. Charles Naudin (1815-1899) confirme cette particularité en 1865 dans un mémoire sur les solanacées. Enfin, pour les animaux, le Suisse Jean Antoine

[123] Voir *infra*, pp. 584-585.

Colladon (1755-1830), par des croisements répétés de souris noires et blanches, a parfaitement compris qu'un caractère peut rester stable et se manifester à l'état pur à travers plusieurs générations, en dépit de croisements réitérés. Une synthèse d'envergure sera donnée de tous ces travaux par le religieux autrichien Gregor Mendel, mais son mémoire, présenté en 1865, restera pratiquement méconnu [124]. Quelques savants, dont le botaniste suisse Karl Wilhelm von Nägeli, en auront pourtant connaissance, mais ne prendront malheureusement pas conscience de son importance.

L'anthropologie connaît la même « traversée du désert ». La calotte crânienne de l'homme de Néanderthal (près de Düsseldorf) est découverte en 1856, mais son interprétation et sa datation font l'objet des avis les plus divers. D'autres vestiges plus complets découverts en 1886 près de Namur relancent le débat.

La question est de savoir s'il existe un chaînon manquant entre l'homme et les grands singes. Le Néerlandais Eugène Dubois (1858-1940) va à sa recherche à Java, où ses fouilles (1890-1894) lui permettent de découvrir un fossile pré-humain, le pithécanthrope. Mais, de retour en Europe (en 1895), il ne rencontre que scepticisme chez les scientifiques et indignation dans les milieux religieux. Pendant trente ans, le pithécanthrope restera dans un placard dans un musée de Haarlem et ce n'est qu'après la découverte, dans les années 1930, d'autres *Homo erectus*, comme le sinanthrope (ou homme de Pékin) qu'on voudra bien à nouveau lui manifester de l'intérêt [125].

Le XIXe siècle a vu les connaissances biologiques se développer considérablement. En 1900, quelques hommes sont assez présomptueux pour laisser entendre que l'essentiel a déjà été découvert. De nombreuses questions restent cependant encore sans réponse. Et surtout, idées et techniques vont évoluer pour donner au siècle suivant l'univers biologique que nous connaissons.

---

124 Voir *infra*, pp. 576-577.

125 Voir *infra*, pp. 612-613.

LE XXe SIÈCLE

Jusqu'aux années 1950, la biologie approfondit, confirme, diversifie les découvertes du siècle précédent. Puis commence à se dessiner une nouvelle biologie, qui sera celle de la fin du siècle et des décennies à venir. Quelles sont les particularités des problèmes que pose le vivant aujourd'hui ?

Au plan des hommes d'abord, la recherche n'est plus le fait de quelques-uns, mais s'organise en équipes, dans la réalisation d'un plan d'investigation concerté, souvent à l'échelle mondiale (comme c'est le cas pour la carte du génome humain). Les chercheurs sont tous extraordinairement spécialisés ; parallèlement, la mise en œuvre d'un programme fait intervenir de nombreuses disciplines explorant les différents niveaux d'intégration du vivant : de l'écologie à la biologie moléculaire. On peut bien sûr déplorer que des naturalistes d'exception comme Pierre-Paul Grassé (1895-1985) ou Théodore Monod (1902-2000) n'aient pas eu de successeurs, mais il faut admettre que la réflexion philosophique des grands biologistes du siècle – en France, Pierre Teilhard de Chardin, Jean Rostand, Jacques Monod (1910-1976), François Jacob (né en 1920), Jean-Pierre Changeux (né en 1936), Jean Hamburger (1909-1992), etc. – s'est portée à un niveau qui égale celui de leurs prédécesseurs.

Au plan des moyens enfin, la recherche en biologie s'ouvre aux techniques et aux appareillages les plus sophistiqués qu'offrent la physique et la chimie (microscopes électroniques, électrophorèse[126], autohistoradiographie, etc.). Dans tous les domaines, plans d'expérience et résultats font l'objet de statistiques et partout, l'indispensable outil informatique accompagne le chercheur.

Mais la particularité essentielle de la biologie de la fin du XXe siècle, c'est qu'elle est devenue un fait de société. Dès 1960, un louable effort d'actualisation des programmes des classes terminales des lycées a été mis en vigueur. De bonnes revues de vulgarisation, la radio, et surtout la télévision, proposent au grand public de comprendre et de suivre les progrès de la science. Le domaine médical est bien entendu privilégié : des myopathies à l'hormone de jouvence, rares sont les domaines ignorés de l'homme de la rue.

---

126 Voir *infra*, p. 583.

Certains aspects prennent de nouvelles dimensions – éthiques, par exemple, lorsqu'il s'agit de l'avortement (RU 486) ou du clonage humain. Le citoyen interroge, s'informe, et le cas échéant entend contrôler les options (de la viande aux hormones à l'usage des OGM). Le statut du biologiste s'est modifié : le « savant » respecté et désintéressé du XIXe siècle laisse aujourd'hui place au chercheur spécialiste, salarié, susceptible d'être contesté, voire accusé, et les conflits qui donnaient jadis lieu à d'âpres discussions au sein des académies trouvent aujourd'hui une large tribune au sein des médias et parfois devant les tribunaux.

On ne peut plus rendre compte des progrès de la biologie avec une analyse chronologique de ses différents aspects même si, dans ce chapitre, nous avons par souci de cohérence choisi de faire quelques incursions dans le XIXe siècle pour faire clairement apparaître l'évolution de la pensée.

Plus que jamais, chaque discipline emprunte à d'autres, et la connaissance du vivant va s'établir peu à peu à partir d'un faisceau de résultats. Mais en ce début de XXIe siècle, il semble bien que c'est dans la génétique moléculaire que se trouve l'aboutissement commun de toutes les formes d'investigation.

De la biologie cellulaire à la biologie moléculaire

La fin du XIXe siècle et les premières décennies du XXe siècle apportent de notables progrès dans la connaissance de la cellule. Les techniques de coloration et les perfectionnements du microscope optique permettent de reconnaître et de décrire les éléments constituants du cytoplasme (ou *organites* : mitochondries, appareil de Golgi...) et du noyau (mottes de chromatine et nucléole des noyaux « quiescents »), ainsi que les chromosomes au cours de la mitose et de la méiose [127].

On a déjà évoqué le rôle du biologiste allemand Theodor Boveri, précurseur de la théorie chromosomique, à qui l'on doit le mot *méiose* [128] et la notion de *gradient* en embryologie. L'Italien Camillo Golgi (1843-1926) est quant à lui surtout célèbre pour son

---

127 Sur le cytoplasme et le noyau, voir *supra*, pp. 554-555. Sur la méiose et la mitose, voir *supra*, pp. 556-558.

128 Voir *supra*, p. 557.

travail dans les domaines de l'histologie et de la cytologie (principalement du système nerveux). Au sein du cytoplasme cellulaire, ses techniques d'imprégnation argentique lui permettent en 1898 de décrire un « appareil réticulaire interne » qui reçoit plus tard le nom d'*appareil de Golgi* et dont on découvrira le rôle dans le stockage et la maturation des substances synthétisées par la cellule.

Enfin, la culture des tissus et des cellules *in vitro* va permettre d'étudier les éléments du vivant isolés de leur complexe organique : bien des branches de la biologie y auront par la suite recours (hématologie, embryologie, cancérologie, parasitologie, etc.). Deux précurseurs sont, en 1903, le Français Justin Jolly (1870-1953) et, en 1907, l'Américain Ross Granville Harrison (1870-1959). En 1912, Alexis Carrel (1873-1944), médecin et chirurgien français, reçoit le prix Nobel pour ses travaux dans ce domaine.

Les limites qu'impose le pouvoir séparateur du microscope optique (0,2 micromètre) et l'empirisme qui caractérise bien des techniques histologiques laissent encore persister de nombreuses indéterminations à propos des organites cellulaires, sur la réalité des structures observées (les *artefacts*) et sur leur rôle dans la cellule. L'invention, en 1931, du microscope électronique et la généralisation de son usage en biologie à la fin de la Seconde Guerre mondiale vont conduire à une nouvelle vision de l'organisation cellulaire – ses *ultrastructures* –, qui contribue à en élucider les fonctions.

Au cours des années 1950, les observations au microscope électronique révèlent que la cellule est délimitée par une membrane de 7,5 nanomètres composée de trois feuillets superposés ayant sensiblement la même épaisseur : la *membrane plasmique*. Observées dans les mêmes conditions, d'autres structures intracellulaires montrent également leur nature membranaire. Le caractère très général de cette ultrastructure des membranes amène en 1959 le biologiste américain J. David Robertson (1923-1995) à la qualifier de *membrane unitaire*. Un véritable réseau membranaire des constituants cellulaires est ainsi mis en évidence, depuis la membrane plasmique jusqu'à l'enveloppe du noyau, en passant par le réticulum endoplasmique[129], les dictyosomes

[129] Observé en 1945 par l'Américain Albert Claude, le réticulum endoplasmique est un réseau (*reticulum*, en latin) comprenant des tubes interconnectés entre eux et des membranes disposées parallèlement.

golgiens[130], les lysosomes[131], les vésicules de sécrétion, les mitochondries[132] et les chloroplastes[133].

Les Britanniques James Frederic Danielli (1911-1984) et Hugh Dawson ont émis en 1935 un modèle de la membrane plasmique, dit « sandwich protéique ». Celui-ci, insuffisant, se voit substituer l'hypothèse de la « mosaïque fluide », due aux Américains Seymour Jonathan Singer et Garth L. Nicolson (1972). Proposant que les protéines qui composent la membrane plasmique sont mobiles, ce modèle confère à cette zone de frontière entre la cellule et le milieu extracellulaire une grande souplesse, qui va permettre de rendre compte de nombreuses particularités fonctionnelles. Une véritable biologie des membranes se met alors en place, prépondérante aujourd'hui encore.

D'autres constituants cellulaires ne présentent pas cette structure membranaire, notamment dans le hyaloplasme – substance fondementale du cytoplasme. C'est par exemple le cas de corpuscules de 15 nanomètres de diamètre, épars dans le hyaloplasme ou répartis à la surface de certaines régions du réticulum (qui prend alors le qualificatif de granuleux). L'Américain Albert Claude (d'origine belge, 1898-1983) les isole en 1945 dans une fraction subcellulaire et leur donne le nom de *ribosomes*, avant qu'en 1950 le biologiste américain George Emil Palade (d'origine roumaine, né en 1912) n'en donne la description. Le hyaloplasme contient également des structures filamenteuses, les *microfilaments* et les *microtubules* ; dans certains cas, l'association complexe de ces microtubules conduit pour les cils et les flagelles à des images qui n'ont pas manqué de surprendre à l'époque.

Quant au noyau cellulaire, on établit que son enveloppe est en fait une double membrane percée d'une multitude de pores nucléaires. Le chromosome, enfin, révèle les détails de son architecture

---

130 Empilements de membranes constituant l'appareil de Golgi. Voir *supra*, p. 574.

131 Petites vésicules découvertes en 1949 par le Belge Christian de Duve (né en 1917). Les lysosomes constituent en quelque sorte l'« appareil digestif » de la cellule.

132 Organites intervenant dans les chaînes respiratoires productrices d'énergie.

133 Siège de la photosynthèse (voir *infra*, pp. 584-585) dans les cellules des végétaux chlorophylliens.

jusqu'au niveau de la fibre choroïdienne (d'un diamètre moyen de 10 nanonmètres), constituée d'un chapelet de nucléosomes (unités fondamentales de la chromatine [134]).

La microscopie électronique entraîne ainsi la biologie du domaine microscopique à une échelle submicroscopique, puis moléculaire. À ce niveau, la relation entre structure et fonction se pose en des termes nouveaux. Pour le biologiste et vulgarisateur français Joël de Rosnay (né en 1937), les années 1960 marquent le début d'une véritable « révolution biologique » qui va trouver des outils (des techniques) et des idées (des hypothèses) dans les derniers progrès de la génétique et de la chimie du vivant [135]. C'est le cheminement de celles-ci qu'il faut maintenant évoquer, jusqu'à leur rencontre avec la biologie cellulaire.

La génétique : de Mendel à Morgan

Gregor Mendel

On a beaucoup écrit sur le discret itinéraire scientifique du botaniste autrichien Johann Mendel (1822-1884) – devenu Gregor après son entrée au monastère des Ermites de Saint-Augustin à Brünn [136]. Contrairement à ce qui a été affirmé, la double présentation, en 1865, de ses travaux à la Société d'histoire naturelle de Brünn n'a pas été ignorée : une dizaine d'auteurs la mentionnent avant la fin du siècle. Après avoir réalisé de nombreux croisements de plantes, il en était arrivé à une double constatation :

– la « grande uniformité d'aspects » des hybrides de première génération ;

– la « bigarrure » des individus de deuxième génération, « que le hasard seul peut diriger ».

Le botaniste français Charles Naudin (1815-1899), qui a connaissance des travaux de Mendel, en tire deux conclusions : d'une part, cette combinaison de deuxième génération est instable et un retour plus ou moins rapide s'opère vers les caractères parentaux ; en

[134] Voir *supra*, p. 555.

[135] Voir notamment Joël de ROSNAY, *La Révolution biologique*, Paris, Éd. du Seuil, 1982.

[136] Alors en Autriche-Hongrie ; aujourd'hui Brno, en République tchèque.

second lieu, cette dissociation-recombinaison rend inutile, par son caractère chaotique, toute tentative d'analyse plus poussée.

Ignorant les travaux de Naudin, Mendel entreprend à partir de 1856 de croiser des pois *(Pisum sativum)* en suivant une méthodologie rigoureuse. Son mérite sera de travailler sur des lignées «pures», en ne considérant comme des différences que des couples de caractères morphologiquement opposés: la couleur des graines (vert ou jaune); leur aspect (lisse ou ridé). Ses résultats portent aujourd'hui le nom de *lois de Mendel* ; elles introduisent un ordre méthodique dans le chaos décrit par Naudin.

Deux aspects de l'œuvre de Mendel sont sans aucun doute responsables de l'oubli relatif dans lequel il a été tenu. En premier lieu, son emploi des statistiques (avant la lettre), alors parfaitement insolites dans les milieux scientifiques. En second lieu, ses résultats, qui, à l'époque du darwinisme conquérant, n'allaient pas dans le sens de la plasticité des espèces: Nägeli et bien d'autres pensaient que les souches pures pouvaient varier si on les cultivait assez longtemps [137].

Il y a quelques années, on a fait un mauvais procès à Mendel, en l'accusant d'avoir triché sur ses résultats numériques dans un sens qui lui semblait favorable, et qui se serait, fort heureusement, révélé être le bon. L'un des arguments de cette accusation repose sur la faiblesse de l'effectif de ses échantillons. Rappelons toutefois pour la défense du savant qu'on estime qu'en huit ans, il a utilisé 27 000 plans et près de 300 000 graines, ce qui devrait le mettre à l'abri des reproches, du moins en ce qui concerne les effectifs.

Hugo De Vries

Si nous avons choisi d'évoquer Gregor Mendel dans le cadre du XXe siècle, c'est parce que ses travaux et ses résultats ont été «redécouverts» en 1900 par le Néerlandais Hugo De Vries (1848-1935). Parallèlement, les travaux indépendants mais simultanés de deux autres botanistes, l'Allemand Carl Erich Correns (1864-1933) et l'Autrichien Erich Tschermak von Seysenegg (1871-1962), concourent à la reconnaissance de la valeur de l'œuvre de Mendel

---

137 Voir *supra*, p. 571.

par les milieux scientifiques. Quelques années plus tard, en 1902 et 1908, le Britannique William Bateson (1861-1926) et le Français Lucien Cuénot (1866-1951) démontrent que les lois de Mendel s'appliquent également au règne animal.

Célèbre grâce à ses travaux de génétique, De Vries s'est aussi illustré par ses études sur les cellules végétales. Une analyse des différentes formes d'onagre récoltées dans un champ en friche va le conduire à formuler une théorie mutationniste (suivant en cela les idées anciennes de Maupertuis[138]) : le passage d'une espèce à une autre se fait non pas graduellement comme le supposait Darwin, mais par transformation brusque et héréditaire, appelée *mutation*. Il étaie cette théorie des mutations entre 1901 et 1903, par l'examen de 53 509 plantes résultant de générations successives, et découvre parmi elles ce qu'il considère comme huit espèces nouvelles. L'ironie du sort, comme le montre ensuite le Danois Wilhelm Ludwig Johannsen (1857-1927), c'est que les plantes étudiées par De Vries ne sont pas de nouvelles espèces, mais des types intermédiaires stables. Cependant, la notion de mutation est bien exacte, comme le confirmeront par la suite de nombreuses autres expériences[139].

Thomas Hunt Morgan et l'interprétation chromosomique des lois de Mendel

L'étude de la méiose par Van Beneden[140] a montré le rôle déterminant des chromosomes dans la formation des gamètes (1883) : leur nombre, réduit de moitié dans le spermatozoïde et dans l'ovule, se trouve rétabli dans l'œuf lors de la fécondation, par l'addition de chaque demi-lot de chromosomes parentaux. Une analogie frappante existe avec ce qu'observent les généticiens au niveau des hybrides : elle va conduire peu à peu les biologistes à démontrer que « les unités héréditaires ou facteurs mendéliens ont bien pour siège les chromosomes »[141].

---

[138] Voir *supra*, pp. 527-528.
[139] Voir *infra*, pp. 580-582.
[140] Voir *supra*, p. 557.
[141] W.S. Sutton, cité par Jean ROSTAND, *Esquisse d'une histoire de la biologie, op. cit.*

L'Américain Walter Stanborough Sutton (1877-1916) formule le premier cette hypothèse, en 1903. Puis sa compatriote Nettie Maria Stevans (1861-1912) montre que certains chromosomes possèdent des prérogatives particulières : ils déterminent le sexe et sont responsables de caractères dits « liés au sexe ». On leur donne le nom d'*hétérochromosomes* (par opposition aux autres, appelés *autosomes*). À partir de 1910, l'Américain Thomas Hunt Morgan (1866-1945) et son équipe posent les fondements de la théorie chromosomique de l'hérédité, grâce au choix judicieux d'un matériel exceptionnellement favorable et de méthodes d'expérimentations rigoureuses.

Le choix de ce matériel, la mouche du vinaigre *(Drosophila melanogaster)*, fut réellement déterminant pour Morgan, qui avait utilisé auparavant des souris, des rats, des pigeons et même des pucerons... La drosophile présente en effet de remarquables qualités pour les généticiens : son cycle vital est bref (douze jours, soit trente générations par an), son nombre de chromosomes se réduit à quatre, et certains de ses chromosomes sont géants, par exemple ceux des cellules des glandes salivaires ; enfin, elle offre, par des mutations spontanées (ou provoquées), des centaines de caractères héréditaires (forme des ailes, couleur des yeux, pigmentation du corps...). Il faut aussi saluer Morgan pour avoir su s'entourer d'une équipe de chercheurs brillants et passionnés (C.B. Bridges, A.H. Sturtevant, H.J. Muller et T.S. Painter).

On doit à Wilhelm Ludwig Johannsen, déjà mentionné [142], l'essentiel de la terminologie qui sera utilisée par la suite. Si le Britannique William Bateson (1861-1926) est l'inventeur du mot *génétique* (1905-1906), c'est Johannsen qui a donné en 1909 le nom de *gènes* aux « facteurs mendéliens » localisés sur le chromosome. Il a ainsi été conduit à distinguer le *génotype*, qui correspond à la constitution génétique d'un organisme, du *phénotype*, qui en est la représentation apparente chez un individu. Enfin, il a introduit les termes d'*homozygote* – ou lignée pure – pour un caractère, et d'*hétérozygote* pour désigner les individus hybrides. Plus tard, on donnera le nom d'*allèles* aux diverses variations que présente un

---

142 Voir *supra*, p. 578.

gène et aux modifications phénotypiques qui peuvent en être la conséquence.

Toute la génétique mendélienne est alors reconsidérée. Certaines exceptions soulignées par Mendel conduisent ainsi à de fructueuses interprétations. C'est le cas des caractères apparemment transmis ensemble, que Morgan qualifie de « liés » – on parle de *linkage* –, parce qu'ils sont portés par un même chromosome où ils sont linéairement disposés. En 1912, on va cependant observer des « exceptions au *linkage* »: dans une génération existe un nombre limité d'individus pour qui il y a dissociation de deux caractères, alors que dans la majorité des cas ils restent liés. L'explication se trouve dans un événement de la gamétogenèse, l'enjambement (ou *crossing-over*), qui peut se produire lors de la première division de la méiose : il y a alors échange de matériel génétique entre deux chromosomes homologues. La séparation de gènes liés, qui en est une éventuelle conséquence, est d'autant plus probable que les emplacements (ou *loci*) de ces gènes sont plus éloignés l'un de l'autre.

L'exploitation de cette particularité va conduire l'Américain Alfred Henry Sturtevant (1891-1970) à établir des cartes factorielles (ou chromosomiques), où les gènes sont localisés linéairement et à des distances qui correspondent à la fréquence d'exception au *linkage* qu'on y observe lorsqu'on les étudie deux à deux. Cette carte est achevée dès 1925 pour la drosophile ; on ne manquera pas de la rapprocher des bandes transversales que son compatriote Theophilus Shickel Painter (1889-1969) mettra en évidence en 1933 sur les chromosomes géants des cellules des glandes salivaires de cette même drosophile.

Hermann Joseph Muller (1890-1967), l'un des collaborateurs de Morgan, se consacre plus particulièrement aux mutations, qu'il tente pendant plus de dix ans de provoquer artificiellement ; ce n'est qu'en 1927 qu'il trouve avec les rayons X un agent mutagène efficace – le taux de mutation spontanée y est multiplié par 250. Cette découverte qui, dans une certaine mesure, va dans le sens de la théorie mutationniste de De Vries, ne parvient pas à convaincre Morgan, pour qui aucune mutation n'est à elle seule capable de produire de nouvelles espèces.

Les travaux de l'école morganienne vont susciter dans de nombreux pays une somme considérable de recherches. D'autres espèces animales (grillon, teigne des farines, cobaye, souris, etc.) ou

Science et idéologie

La science et l'idéologie ne font pas bon ménage... Rappelons l'exemple de l'eugénisme, prôné par d'éminents savants comme Francis Galton (1822-1911) ou Alexis Carrel (1873-1944), et les atroces applications de l'Allemagne nazie. Dans un autre domaine, rappelons aussi la désolante errance de la génétique soviétique de 1948 à 1965 : c'est d'abord un célèbre agronome, Ivan Mitchourine (1855-1935), qui se lance dans la sélection de plantes sur la base d'idées néolamarckiennes erronées, affirmant en particulier l'hérédité des caractères acquis. Sa doctrine, le *mitchourinisme*, devient le credo du pouvoir stalinien. Son zélateur, le biologiste et agronome de valeur Trofim Lyssenko (1898-1976), présente les idées de Weismann comme un « schéma mystique » adopté Mendel et Morgan et contraire à l'essence même du matérialisme dialectique. La génétique classique est considérée comme « réactionnaire », et ceux qui la défendent appartiennent à un courant « idéaliste, indigent au point de vue scientifique et stérile au point de vue pratique ». Soutenu par le pouvoir socialiste soviétique, Lyssenko met ses idées en application et engage son pays dans un programme désastreux, tant pour l'agriculture que pour l'élevage. L'école génétique soviétique ruine son crédit pour plusieurs décennies, même si certains de ses membres les plus prestigieux réussissent à s'expatrier. En France, de nombreux scientifiques pourtant acquis à l'idéologie communiste refusent de créditer de telles contrevérités scientifiques. Le poète Louis Aragon (1897-1982) s'en fait en revanche le chantre avec autant de passion que d'incompétence. Il faudra attendre 1965 pour que l'URSS, à l'occasion du centenaire des lois de Mendel, réhabilite la génétique mendélienne et morganienne.

végétales (maïs, datura, etc.) sont étudiées. La théorie chromosomique de l'hérédité va pourtant rencontrer de sérieuses réticences de la part de nombreux biologistes européens. À de rares exceptions près, comme Jean Rostand, les Français manquent fâcheusement de discernement dans cette affaire ; ils tentent même, en vain, de s'opposer à la création d'une chaire de génétique à la Sorbonne en 1945. L'un des plus virulents à l'époque est le zoologiste Étienne Rabaud (1868-1956). Cet antidarwinien, qui voit à juste titre dans la théorie chromosomique de l'hérédité un sérieux obstacle à la transmission des caractères acquis, récuse toute qualification scientifique à Morgan « auteur qui fonde un système sur des bases si mal assurées et qui étale avec une pareille légèreté des prétentions excessives».

Malgré l'éventualité des mutations, la théorie chromosomique présente à l'époque des relents de fixisme; certains la perçoivent aussi comme une résurgence malheureuse du préformisme[143]. En 1920 s'édifie avec le Britannique Ronald Aylmer Fisher (1890-1962), l'Indien John Burdon Sanderson Haldane (d'origine britannique, 1892-1964) et l'Américain Sewal Wright (1889-1988) une génétique des populations qui apporte, par le biais d'une micro-évolution, des réponses aux préoccupations transformistes du darwinisme. Elle permettra d'édifier une théorie «synthétique» de l'évolution dont il sera question plus loin[144]. En France, le zoologiste Georges Teissier (1900-1972), promoteur de la biométrie, et le généticien Philippe L'Héritier (1906-1994) utilisent des «cages à populations» qui vont leur permettre d'étudier, pendant des années, des générations successives de milliers de drosophiles. Ils démontrent finalement, en 1937, la réalité d'une variabilité génétique qui se maintient au sein d'une même population d'une espèce; c'est à partir de celle-ci que se réalisent les mécanismes évolutifs.

Ces nouvelles conceptions évolutives reçoivent un accueil mitigé de la part des biologistes, plus particulièrement, une fois encore, en France, où l'on reste malgré tout très attaché au lamarckisme. L'analyse statistique en rebute aussi plus d'un, mais l'intérêt principal s'oriente alors vers l'étude chimique du fonctionnement de la cellule. De 1930 à 1960, on assiste à des progrès important dans le domaine de la biochimie, que viendront compléter avec bonheur ceux de la biologie moléculaire.

Vers une chimie du vivant

Les grands processus métaboliques à l'échelle cellulaire

L'idée que la matière vivante puisse trouver dans des réactions chimiques l'essence même de son activité n'est pas nouvelle (Réaumur, Spallanzani, etc.[145]). Le XIXe siècle lui apporte de nom-

---

143 Voir *supra*, pp. 518-519.
144 Voir *infra*, p. 611.
145 Voir *supra*, pp. 528-529.

breuses confirmations, dont la plus décisive est la synthèse de l'urée, réalisée en 1828 par le jeune chimiste allemand Friedrich Wöhler (1800-1882). Jusqu'à cette date, on attribuait à cette substance présente dans les organismes de mystérieuses particularités qui auraient été propres au vivant. Un autre Allemand, Justus von Liebig (1803-1873), est le promoteur d'une nouvelle science, la *biochimie*, où vont s'illustrer bon nombre de ses compatriotes jusqu'à la veille de la Seconde Guerre mondiale : Emil Fischer (1852-1919), Eduard Buchner (1860-1917), Richard Willstätter (1872-1942) et bien d'autres.

La cellule est à nouveau explorée, mais on s'attache maintenant à ses constituants chimiques et à la façon dont ils réagissent entre eux dans la réalisation d'un métabolisme à l'échelle cellulaire. Après les travaux de Pasteur, l'intérêt se porte vers les substances qui interviennent dans les fermentations et dans les digestions (les *ferments solubles*). Le Français Pierre Jacques Antoine Béchamp (1816-1908) leur attribue en 1864 le nom de *zymases* ; on va très rapidement lui préférer celui d'*enzymes,* introduit en 1878 par l'Allemand Wilhelm Friedrich Kühne (1837-1900).

L'autre composant cellulaire qui retient l'attention, ce sont les molécules « albuminoïdes » nommées *protéines* depuis 1838. Considérées comme des agrégats de petites molécules, les protéines sont à

Ultracentrifugation, chromatographie et électrophorèse

La connaissance de la structure des organites cellulaires et des protéines est grandement redevable à la chimie et la physique traditionnelles, puisqu'elle leur emprunte certaines de leurs techniques ou de leurs appareillages.

En 1926, le chimiste suédois Theodor Svedberg (1884-1971) imagine de soumettre du matériel cellulaire aux effets d'une centrifugation poussée *(ultracentrifugation)*, ce qui permet d'isoler progressivement les constituants des cellules.

En 1906, le botaniste russe Mikhaïl Tsvet (1872-1919) met au point une technique de séparation des protéines, la *chromatographie*, à laquelle le Suédois Arne Wilhelm Tiselius (1902-1971) adjoint en 1930 la technique de l'*électrophorèse*, fondée sur le déplacement de particules chargées, en solution ou en émulsion, sous l'effet d'un champ électrique.

l'origine de l'état colloïdal[146] du hyaloplasme de la cellule. Manifestation même de la vie, selon Friedrich Engels (*Dialectique de la nature,* 1835), elles vont susciter une attitude vitaliste[147] qui sera défendue, en France, pendant près d'un demi-siècle, par le biologiste Émile Duclaux (1840-1904). Cependant, une toute autre interprétation s'impose à partir de 1920, avec la mise en évidence de la nature macromoléculaire des protéines par l'Allemand Hermann Staudinger (1881-1965). Ce nouveau statut s'accompagne de caractéristiques structurales qui conduisent à leur tour à diverses interprétations fonctionnelles, certaines protéines pouvant être des enzymes, comme l'avait pressenti dès 1903 le physicien français Victor Henri (1872-1940).

Au plan fonctionnel, un long cheminement est encore nécessaire pour expliquer les modalités d'action des protéines enzymatiques à l'échelle de la cellule.

La chimie cellulaire est lancée par l'Allemand Otto Warburg (1883-1970), qui met à la disposition des chercheurs un appareil, le *microrespiromètre*, à l'aide duquel le Hongrois Albert Szent-Györgyi (1893-1986), puis l'Allemand Hans Adolph Krebs (1900-1981), vont élucider le mécanisme de la respiration cellulaire. En premier lieu, il est démontré que le gaz carbonique produit à cette occasion est le résultat d'une série de réactions biochimiques effectuées à l'aide d'enzymes spécifiques, le *cycle de Krebs*. Il est également établi que toutes les cellules tirent leur énergie d'une molécule universellement répandue, l'adénosine triphosphate ou ATP, découverte en 1929 par l'Allemand Karl Lohmann (1898-1978).

Au début des années 1940, Albert Claude montre que c'est au niveau de la membrane interne des mitochondries[148] que se réalise la synthèse de l'ATP, tandis que le Britannique Peter Mitchell (1920-1992) explique le mécanisme de cette réaction, qui s'accompagne de la formation d'eau.

Chez les végétaux chlorophylliens, l'étude du système membranaire (les thylakoïdes) des chloroplastes[149] va permettre de

---

[146] L'état colloïdal caractérise une substance dans laquelle des particules portant une charge électrique de même signe se trouvent suspendues dans un liquide grâce à un équilibre dynamique.

[147] Voir *supra*, p. 353.

[148] Voir *supra*, p. 575.

[149] Voir *supra*, p. 575.

comprendre progressivement le mécanisme de la synthèse de substances organiques à partir du dioxyde de carbone, à l'aide de la lumière : la *photosynthèse*[150]. En 1932, l'Américain Robert Emerson (1903-1959) y reconnaît une phase lumineuse et une phase obscure, tandis qu'en 1937 le Britannique Archibald Vivian Hill (1838-1914) démontre que la production d'oxygène qui caractérise la photosynthèse résulte de la photolyse – décomposition chimique par la lumière – de l'eau. À partir de 1947 enfin, l'Américain Melvin Calvin (1911-1997) élucide le mode de fabrication des substances carbonées à partir du gaz carbonique absorbé (cycle de Calvin).

Deux des aspects fondamentaux de la biologie cellulaire, la respiration et la photosynthèse, viennent d'être évoqués : la biochimie y joue, on l'a vu, un rôle important. Mais quelle part a-t-elle pris dans la résolution des aspects de la biologie cellulaire qui interfèrent avec la génétique ?

La synthèse : quatre questions et les réponses de la nouvelle biologie

Comment les gènes produisent-ils leur action ?

En 1936, les Américains George Wells Beadle (1903-1989) et Edward Tatum (1909-1975), à Stanford, et le Français Boris Ephrussi (d'origine russe, 1901-1979), à Paris, résolvent ce problème avec un matériel particulièrement favorable, la moisissure rouge du pain, sur laquelle ils provoquent une mutation par exposition aux rayons X. Dans deux des 2 000 tubes ainsi traités, la moisissure cesse de se développer. Les chercheurs concluent que la mutation qui l'affecte l'a empêché de fabriquer une substance vitale, qui s'avère être la vitamine B6 car son adjonction rend à nouveau la moisissure active. Le croisement de la forme mutante avec une forme normale donne alors 50 % de spores déficientes et 50 % de spores normales, en accord avec les lois de Mendel (croisement en retour). Ce résultat est exprimé par la célèbre formule « un gène, une enzyme ». Un pont est ainsi établi entre la génétique et un processus métabolique.

---

[150] Voir *supra*, p. 570.

Quelle est la nature chimique des gènes ?

Une première réponse, prémonitoire, est apportée en 1932 par le bactériologiste anglais Fred Griffith (1881-1941). Il atténue une souche virulente de pneumocoques et vérifie que celle-ci n'a plus aucune virulence sur des souris. Il injecte une fois encore chez une souris cette souche sans toxicité, mais en l'associant à une souche virulente tuée par la chaleur. La souris ainsi traitée meurt de pneumonie ; à l'examen, Griffith retrouve dans le sang de l'animal de nombreux pneumocoques virulents ! En 1944, le médecin et chimiste américain Oswald Theodore Avery (1877-1955), qui n'a pas été convaincu par ce résultat surprenant, reprend très rigoureusement les expériences avec ses collaborateurs Maclyn McCarty (né en 1911) et Colin M. McLeod (1909-1972). Il aboutit au même résultat ; avec d'autres investigations complémentaires, il démontre alors que l'information génétique à l'origine du facteur de virulence se situe au niveau de l'ADN de la souche mortelle, celui-ci gardant malgré la chaleur son activité de déterminant génétique : il se réalise, avec l'ADN des souches non virulentes, une « hybridation par cadavre ». Une étude de même nature, réalisée cette fois sur des bactériophages par les Américains Max Delbrück (1906-1981) et Alfred Day Hershey (1908-1997), confirme ces résultats en 1952, année qui marque ainsi la naissance de la génétique moléculaire. Parallèlement, les travaux de l'Américain Salvador Edward Luria (d'origine italienne, 1912-1991), qui a montré dès 1943 que les bactéries peuvent acquérir une résistance aux virus grâce à des mutations spontanées, suscitent un regain d'intérêt.

Comment la structure de l'ADN peut-elle receler une information génétique ?

Des éléments de réponse sont apportés en 1951 par l'Américain Erwin Chargaff (d'origine tchèque, né en 1905), qui montre que cette molécule, l'ADN, bien connue des chimistes depuis 1869, est essentiellement présente au niveau des chromosomes. C'est un polymère de quatre types de molécules biologiques appelées nucléotides, dont chacun est caractérisé par une base azotée différente, l'adénine (A), la guanine (G), la thymine (T) et la cytosine (C), les deux premières étant des bases puriques, les deux dernières des bases pyrimidiques. Si dans toutes les cellules le rapport de la quantité de bases puriques et pyrimidiques est égal à l'unité (il y a autant d'adénine que de thymine, de guanine que de cytosine), la valeur du rapport A+T / C+G est en revanche une caractéristique de chaque espèce.

Le 25 avril 1953, dans la revue *Nature*, le jeune Américain James Dewey Watson (né en 1928) et le Britannique Francis Harry Compton Crick (né en 1916) publient leur modèle de la structure en double hélice de la molécule d'ADN ; il leur a été inspiré par les images en diffraction aux rayons X obtenues par le Britannique Maurice Wilkins (né en 1916) et sa collaboratrice Rosalind Elsie Franklin (1920-1958). On peut comparer la molécule d'ADN à une échelle de corde enroulée en hélice autour d'un axe imaginaire. Les montants de l'échelle sont formés par l'alternance régulière d'une molécule de sucre, le désoxyribose, et d'un groupement phosphoré. Les barreaux de l'échelle, fixés aux molécules de sucre, sont formés d'un assemblage de deux bases, l'une purique, l'autre pyrimidique. Il existe quatre paires de bases possibles à chaque échelon : A-T, T-A, G-C, C-G.

Quelque temps après, Watson et Crick précisent les implications génétiques de ce modèle, en supposant que la succession des barreaux A-T et C-G qui relient les deux brins hélicoïdaux pourrait être le support d'un code.

À partir de 1957, Crick reprend cette hypothèse et propose, avec le Britannique Sydney Brenner (d'origine sud-africaine, né en 1927), le principe du code génétique, qui définit chaque acide aminé entrant dans la composition d'une protéine par une suite de trois nucléotides (désignés par leur base azotée), ou triplet d'ADN. Le physicien américain George Anthony Gamow (d'origine russe, 1904-1968) avait pressenti aussi dès 1953 l'existence de ce code, mais avec chevauchement des triplets. Crick estime préférable, à juste raison, de s'en tenir au 4^3 possibilités de coder les 20 acides aminés connus, en admettant l'existence de triplets de ponctuation (*Stop* ou *Start*) ainsi qu'une certaine redondance (un même acide aminé pouvant être désigné par des triplets différents). Quelques années seront encore nécessaires pour mener à bien le décryptage de ce *code génétique,* qui se révèle être universel, en ce sens qu'ils s'applique à tous les être vivants (avec quelques exceptions chez certains protozoaires ciliés et pour l'ADN mitochondrial) ; les néo-darwiniens verront dans cette universalité l'indice d'une origine commune de toutes les formes vivantes. Commencé en 1960, le tableau définitif est achevé en 1967, notamment grâce aux efforts des Américains Marshall Warren Nirenberg (né en 1927) et Robert Holley (1922-1993) et de l'Américain Severo Ochoa (d'origine espagnole, 1905-1993).

L'information génétique portée par l'ADN est transmise de la cellule mère aux cellules filles par un mécanisme de duplication de la molécule d'ADN qui précède la mitose. Cette opération s'effectue selon un mode semi-conservatif démontré par Griffith dès 1928. Le mécanisme moléculaire en sera ensuite élucidé en 1956 par les Américains Arthur Kornberg (né en 1918) et Matthew Stanley Meselson (né en 1930) : après ouverture de la molécule, il y a séparation des deux brins (parentaux) et synthèse de brins néoformés qui viennent les compléter, en respectant pour chaque nucléotide la règle de complémentarité des bases azotées. Chaque chromosome ainsi dédoublé est dit bichromatidien.

Comment l'information génétique portée par l'ADN s'exprime-t-elle au sein de la cellule ?

La réponse est le fruit d'un travail collectif où s'illustrent plus particulièrement les Français Jacques Monod (1910-1976), André Lwoff (1902-1994) et François Jacob (né en 1920). Leur matériel est une bactérie, *Escherichia coli*, et la synthèse étudiée est celle d'une enzyme, la _-galactosidase. En 1959-60, ils démontrent l'existence, au niveau de l'ADN, de gènes de structure (codants pour la protéine proprement dite), mais aussi de gènes régulateurs qui en déclenchent et en contrôlent la synthèse. Cet ensemble de gènes est nommé *opéron*.

L'expression de l'information portée par l'ADN ne va pas pour autant se transformer directement en une chaîne polypeptidique. On sait depuis 1940, grâce au Belge Jean Brachet (1909-1988), que le taux d'un autre acide nucléique, l'acide ribonucléique (ARN), est corrélé avec l'activité de synthèse des protéines ; plus tard, l'Américain George Emil Palade (d'origine roumaine, né en 1912) précise que cette richesse en ARN se situe au niveau des ribosomes et confirme l'implication de ces derniers dans les synthèses protéiques. À partir de 1960, Jacob et Monod découvrent l'ARN messager, qui se révèle être à l'analyse (par un autre Français, le biochimiste

François Gros [né en 1925]), une molécule polynucléotidique monocaténaire (c'est-à-dire formée d'un seul brin), où le pentose est le ribose et l'uracile remplace la thymine. Cet ARN transcrit l'information portée par l'ADN en appliquant pour chacun de ses nucléotides le principe de complémentarité des bases azotées. Cette information se présente sous la forme d'une suite de codons dont la traduction (en terme d'aminoacides) va s'effectuer au niveau d'un ribosome grâce à l'intervention d'ARN de transfert spécifiques de chaque aminoacide (Paul Berg, É.-U.,1956). Ainsi s'édifie la structure primaire de la protéine dont les caractéristiques (nombre, ordre et nature des acides aminés), conservées au niveau de l'ADN, sont traduites dans le hyaloplasme. Des techniques d'auto(histo)radiographie (suivi de la trace d'un acide aminé marqué et incorporé à une protéine) permettent par la suite de visualiser le rôle de réseau de stockage et de maturation des complexes endomembranaires que sont le réticulum endoplasmique rugueux et l'appareil de Golgi.

Depuis la découverte de Crick et Watson, un demi-siècle s'est écoulé, marqué encore par d'étonnantes avancées dans de nombreux domaines des sciences de la vie, toutes redevables de ces précurseurs qui ont donné naissance à une biologie nouvelle.

La microbiologie : du « microbe » au prion

L'étude des micro-organismes (protistes, bactéries puis virus) se poursuit au début du XXe siècle dans la continuité des acquis pasteuriens. L'accent porte surtout sur la recherche des responsables de maladies infectieuses : le trypanosome de Gambie pour la maladie du sommeil (1903), le tréponème de la syphilis (1905), le bacille de la coqueluche (1906), etc.

À côté des particularités immunologiques que révèle leur étude – et dont il sera question plus loin – on découvre que les bactéries sont sensibles à certaines substances extraites de végétaux inférieurs (levures, champignons), les antibiotiques. L'action néfaste de ces substances sur les « microbes » est découverte en 1929 (fortuitement selon la légende) par le Britannique Alexander Fleming (1881-1955), et s'accompagne le plus souvent d'une certaine spécificité qui les rend efficaces sur des cibles bactériennes bien précises, à l'exemple de la typhomycine, alors que d'autres, comme la pénicilline, ont un « spectre d'intervention » plus large.

Bactériophages et virus

C'est le microscope électronique qui a révélé aux biologistes la structure des virus et des phages. Leur patrimoine génétique peut se présenter sous la forme d'ADN, mais d'autres sont des rétrovirus, c'est-à-dire qu'ils présentent deux molécules d'ARN accompagnées d'une enzyme particulière, la transcriptase inverse. On connaît également des virus à ADN monocaténaires ou à ARN bicaténaire.

Certains restent un sujet de préoccupation majeure pour l'humanité. Le virus du sida (HIV) découvert conjointement en 1983 par le Français Luc Montagnier (né en 1923) et l'Américain Robert Gallo (né en 1937), fait l'objet d'une abondante littérature, tout comme celui de l'hépatite virale sous ses différentes formes (A, B et C). Si le virus de la variole ne semble plus être un danger aujourd'hui, il n'en est pas de même pour les différentes formes de grippe et pour la rougeole (en Amérique latine et en Afrique tropicale pour cette dernière).

Trois fièvres hémorragiques virales ont fait leur apparition en Afrique au cours des trente dernières années : la maladie à virus Marburg et les fièvres hémorragiques à virus Ebola ou Lassa, toutes dues à des formes virales d'un type nouveau, les torovirus. Par ailleurs, depuis les travaux de l'Américain Francis Peyton Rous (1879-1970), il semble prouvé que certains virus ont des propriétés oncogènes (ou cancérogènes) et qu'il existe bien une théorie virale du cancer.

Depuis quelques années, les événements montrent que certaines particules protéiques, les prions, possèdent un pouvoir infectieux qui se manifeste dans des affections à caractère épizootique comme l'encéphalite spongiforme bovine (maladie de la vache folle) ou sa forme ovine (tremblante du mouton). On redoute une possibilité de contagion vers l'homme et la prolifération de sa forme humaine, la maladie de Creutzfeldt-Jacob.

Les virus ne sont véritablement étudiés qu'à partir des années 1930 : leur existence n'était auparavant décelée que par la possibilité d'infection qu'offraient des filtrats de plus en plus sélectifs. Un certain nombre de ces « poisons » (sens latin du mot « virus ») étaient cependant déjà connus, comme ceux de la mosaïque du tabac, de la fièvre aphteuse, de la fièvre jaune, ou des oreillon. Contrairement aux bactéries, qui se développent sur un milieu nutritif, les virus exigent pour proliférer une environnement cellulaire (culture de tissus).

En 1915, le bactériologiste canadien Félix Hubert d'Hérelle (1873-1949) et son homologue britannique Frederick William Twort (1877-1950) découvrent une variété de virus qui attaque les bactéries et auquel ils donnent le nom de *bactériophage*. Certains pensent à l'époque que virus et bactériophages se situent aux frontières du vivant; comme beaucoup attribuent alors aux virus la taille d'une grosse protéine, il semble inconcevable qu'un virus condense dans un si petit volume tout le mécanisme de la vie. En 1935, l'Américain Wendell Meredith Stanley (1904-1971) isole, purifie et obtient à l'état cristallisé le virus de la mosaïque du tabac. En répétant son expérience de cristallisation, les biochimistes anglais Frederick Charles Bawden (1908-1972) et Norman Pirie (1907-1997) découvrent que la molécule obtenue contient du phosphore provenant d'un acide nucléique, l'ADN, qui est une caractéristique des êtres vivants.

D'Hérelle et Twort avaient fondé les plus grands espoirs sur l'intérêt clinique des bactériophages à l'égard des bactéries pathogènes. En fait, cet intérêt s'est avéré nul, mais les bactériophages sont devenus un prodigieux matériel expérimental en génétique moléculaire, comme la drosophile en génétique chromosomique.

Le génie génétique

En 1952, deux jeunes biologistes américains, Joshua Lederberg (né en 1925) et Norton David Zinder (né en 1928), découvrent qu'un phage passant d'une bactérie à une autre peut prendre quelques unités génétiques du premier hôte, qu'il transfère ensuite chez le second (phénomène de transduction). La possibilité de modifier l'ADN d'un organisme (bactérien puis eucaryote), par transduction (adjonction d'un fragment d'ADN) ou par d'autres procédés comme l'injection de plasmide, autorise la « création » de nouveaux individus qu'on qualifie de *transgéniques*.

Les précurseurs de ce « génie génétique » sont des Américains. Dès 1972, Paul Berg (né en 1926) met au point des techniques de manipulation *in vitro* de l'ADN (coupure de la molécule par des enzymes de restriction, puis association de deux fragments à l'aide de l'ADN ligase) ; l'année suivante, Cohen et Boyer introduisent des gènes étrangers dans une bactérie et obtiennent ainsi le premier OGM (organisme génétiquement modifié). Ce « génie génétique » va trouver très vite de nombreux champs d'expression, notamment dans les domaines de l'agriculture et de la thérapie médicale.

Dans le domaine de l'agriculture, les applications se succèdent : tabac (1983), résistance aux insectes de certaines plantes alimentaires (1985), maïs (1988). En 1994, des tomates transgéniques sont commercialisées. Une polémique agite maintenant les milieux agricoles européens sur les conséquences – même à l'occasion de la recherche – de la culture de plants de maïs transgéniques dont il est impossible de contrôler la dissémination dès lors qu'ils sont placés en pleine terre dans les champs. Quant à la généralisation des OGM dans l'alimentation humaine, aucune réponse sérieuse n'a été donnée à ce jour sur les conséquences qui pourraient en résulter à court ou à moyen terme.

Dans le domaine médical, le premier organisme « humanisé » a été, en 1977, une bactérie dont l'ADN modifié a alors produit de l'insuline. En 1981, la micro-injection dans un ovule fécondé de souris d'un fragment d'ADN humain codant pour l'hormone de croissance (HGH) permet d'obtenir, après réimplantation, quelques descendants de souris femelle dont le lait contiendra cette HGH humaine (ce que l'on peut vérifier par électrophorèse). En 1986, une manipulation permet d'obtenir des truites à croissance accélérée. En 1987, une souris transgénique produit de l'insuline humaine, tandis qu'en 1997 une forme de tabac « humanisée » réalise la synthèse de l'hémoglobine.

Les chromosomes et le génome

Toutes les techniques du génie génétique reposent sur le fait qu'une séquence de la molécule d'ADN, un gène, garde une information qui peut coder pour une enzyme, mais aussi de façon plus générale pour tout autre type de molécule protidique (polypeptide ou protéine). La molécule d'ADN est elle-même portée par un chromosome et c'est, on l'a vu, d'abord au niveau du chromosome qu'ont été localisés les caractères héréditaires.

Les aberrations chromosomiques

Pour chaque espèce, le nombre et la forme des chromosomes sont obtenus par un caryotype. C'est à partir d'anomalies observées sur le caryotype humain que se sont expliquées un certain nombre de pathologies. Les syndromes de Klinefelter (44XXY) et de Turner (44X0) sont classiques. En 1959, les Français Jérôme Lejeune (1926-1994) et Raymond Turpin (1895-1988) ont démontré que la cause du mongolisme (syndrome de Down) était une trisomie 21, conséquence de la non-disjonction de la paire de chromosome 21 chez l'un des parents lors de la méiose. C'est également au cours de la gamétogenèse que peut se produire la perte d'un fragment de chromosome : l'absence de bras court du chromosome 5 par exemple, conduit au syndrome du cri du chat. L'enfant atteint de cette maladie, dont le poids est inférieur aux normes, présente un visage figé et émet un léger miaulement qui est la conséquence de malformations pharyngées. Dans certains cas enfin, une délétion peut s'accompagner d'une addition sur un chromosome d'une paire différente (translocation équilibrée). Il s'agit là de mutations chromosomiques.

Les maladies génétiques

Dans d'autres circonstances, ce sont quelques éléments de la molécule d'ADN qui sont concernés ; de telles mutations ont déjà été évoquées sous le nom de *mutations géniques*. Elles introduisent un facteur de diversité dans l'expression d'un gène *(allèle muté)*, mais dans certains cas les allèles mutés peuvent être le support d'affections génétiques *(allèles morbides)*. Dès lors, on a jugé utile de déterminer, d'abord au niveau des différentes paires de chromosomes, les gènes pouvant présenter des allèles de cette nature. En 1927, l'Américain Thomas Benton Cooley (1871-1945) met en évidence la nature génétique de la drépanocytose (hémoglobine à hématies falciformes) dont l'allèle muté responsable est localisé en 1978 sur le chromosome 11. Ce sera par la suite la chorée de Huntington (chromosme 4), l'hypercholestérolémie (chromosome 19), l'hémophilie A (chromosome X), la phénylcétonurie (chromosome 12) la myopathie de Duchenne (chromosome X), la mucoviscidose (chromosome 7), etc.

La génomique

La convergence de la biologie moléculaire du gène, du génie génétique, des techniques de l'informatique, de la robotique et de la physico-chimie donne naissance, dans la dernière décennie du XXe siècle, à une nouvelle discipline, la *génomique*, qui vise à la connaissance complète des génomes, tant en ce qui concerne le nombre et la position sur les chromosomes des gènes qui les constituent, que leur séquence chimique et les produits cellulaires (le plus souvent protéiques) qui résultent de leur fonctionnement.

En 1990, est mis en œuvre un vaste programme d'identification, de cartographie et d'analyse du génome humain, HGP *(Human Genome Project)*, coordonné par une organisation internationale appelée HUGO *(Human Genome Organization)*. Il commence par une phase de cartographie puis, à partir de 1996, s'engage dans le séquençage (détermination, dans chaque chromosome, de l'enchaînement des bases azotées constituant l'ADN, en vue d'identifier les gènes et de déterminer leur fonction). En 2000, l'essentiel du génome est décrypté : le nombre total de gènes, de l'ordre de 30 000, s'avère très inférieur à celui qui était estimé (100 000 environ). Le séquençage complet devrait être achevé vers 2005.

En attendant, une thérapie génique se met en place. On obtient en 1987 des souris transgéniques portant le gène de la mucoviscidose. En 1991, apparaît le premier ADN médicament et, en 1993, on procède aux premiers essais de traitement par thérapie génique de la mucoviscidose et du cancer, avec des résultats malheureusement encore peu concluants.

En marge de la thérapie génique : les empreintes génétiques

On doit à l'Américain Kary Banks Mullis (né en 1944) l'invention, en 1983, d'une technique d'amplification *in vitro* de l'ADN (« photocopieuse à ADN »). Cet outil, sans lequel l'établissement de la carte du génome humain aurait sans doute demandé des décennies d'efforts, est aussi à l'origine de l'établissement pour chaque individu d'une empreinte génétique (sorte de code-barre obtenu à partir d'une infime quantité de son ADN) qui n'appartient qu'à lui (avec une probabilité de « doublon » inférieure à un milliardième). Utilisées aujourd'hui en médecine légale, les empreintes génétiques sont toutefois identiques chez les jumeaux vrais ; on y retrouve aussi, à des degrés divers, les caractéristiques des parents chez les individus d'une même fratrie.

Les défenses de l'organisme : de l'allergie aux maladies auto-immunes

Les travaux des Français Charles Richet (1850-1935) et Paul Portier (1866-1962) sur l'anaphylaxie (1901-1902) annoncent ce que seront les réactions de défense de l'organisme à l'égard d'une substance qualifiée à l'époque d'allergisante. À cette réponse sévère, nommée précisément « choc anaphylactique », l'Autrichien Clemens von Pirquet (1874-1920) oppose celle plus nuancée de son test tuberculinique et introduit les termes d'allergène et d'allergie pour désigner réciproquement l'agent déclenchant et le phénomène observé.

À la même époque, l'Américain Karl Landsteiner (d'origine autrichienne, 1868-1943) reconnaît les quatre groupes sanguins (A, B, AB et O) et montre qu'il existe entre eux certaines incompatibilités qui se manifestent par des agglutinations. En 1941, il découvre le facteur Rhésus, pouvant également être à l'origine d'accidents de transfusion. Tous ces facteurs se transmettent selon les lois de Mendel et semblent avoir pour acteurs des substances chimiques, ce qui plaide en faveur d'une étroite relation avec les gènes.

On a déjà indiqué que le Russe Metchnikov avait découvert que l'organisme réagit à la présence d'un élément étranger par une mobilisation de ses globules blancs, qui s'efforcent de l'éliminer par un processus de phagocytose.

Deux conceptions vont donc s'affronter pendant un temps : « les humoralistes » et les « cellularistes », à l'avantage semble-t-il des premiers avec les Allemands Emil von Behring (1854-1917) et Paul Ehrlich (1854-1915), qui trouvent un argument dans la spécificité de l'intervention humorale, absente de la réponse phagocytaire, beaucoup plus générale.

Dès 1891, les termes d'*anticorps* (au lieu d'*antitoxine*) et d'*antigène* (au lieu de *toxine*) sont adoptés. La neutralisation de l'antigène passe par la réalisation d'un complexe immun favorisé par la complémentarité des deux types de molécules. Lorsque les antigènes sont portés par la membrane d'une bactérie, l'Allemand Eduard Buchner (1860-1917) montre également que la réalisation de ce complexe active une substance du sérum, le complément qui, après une cascade de réactions, met en place un dispositif provoquant la lyse de la cellule.

À partir de 1935, la nature protéique des antigènes et des anticorps est reconnue et leur complémentarité moléculaire (dans le complexe immun) apparaît comme étant analogue à celle de l'enzyme et de son substrat spécifique. La nomenclature des anticorps est établie en 1964 et cinq types d'immunoglobulines sont alors décrites (IgG, IgG, IgA, IgE, IgD). On démontre parallèlement que chaque molécule d'anticorps est composée de chaînes polypeptidiques lourdes et légères et qu'on y reconnaît une partie constante et une partie variable ; seule cette dernière est spécifique d'un antigène donné.

L'intervention des globules blancs défendue par Metchnikov trouve sa place dans une réaction immunitaire précoce et non spécifique ; elle se manifeste aussi par l'élimination des complexes immuns. En revanche, la réponse immunitaire dont on vient de faire état correspond à ce qui sera désigné par la suite comme réponse immunitaire spécifique à médiation humorale (R.I.M.H).

C'est notamment grâce à Isaacs (1921-1967) et Lindenmann (né en 1924) qu'on démontrera, en 1957, que l'organisme dispose d'un autre mode de défense, de nature humorale mais spécialement dirigé contre les infections virales. Il s'agit de l'interféron, protéine libérée par les cellules infectées par un virus et acheminée vers les cellules encore saines, auxquelles elle confère la possibilité de résister au virus.

L'étude des greffes va révéler un autre type de réponse immunitaire tout en apportant une réponse à certains échecs de la R.I.M.H. (cas du bacille de Koch par exemple). Dès 1906, Alexis Carrel s'est heurté à l'impossibilité de réaliser des homogreffes (greffe sur un animal d'un tissu ou d'un organe provenant d'un autre individu de la même espèce). Parallèlement, l'Américain James B. Murphy (1884-1950) a attiré l'attention sur le rôle prépondérant de certains leucocytes : leur irradiation prive l'animal de réponse spécifique.

En 1958, le Français Jean Dausset (né en 1916) démontre que l'acceptation ou le rejet des greffes repose sur les caractéristiques du « soi » que tout individu porte à la surface de ses cellules nucléées, et plus particulièrement les leucocytes ; il donne le nom de HLA *(Human Leucocytes Antigens)* classe I et HLA classe II à ces deux types de glycoprotéines membranaires. Cette appellation, propre à l'espèce humaine, sera par la suite généralisée par les termes CMH I et CMH II (Complexe Majeur d'Histocompatibilité – majeur, par opposition aux marqueurs des globules rouges qualifiés de mineurs parce qu'il n'induisent que les quatre catégories différentes que sont les groupes sanguins)

Ces caractéristiques du « soi », propres à chaque individu, sont définies génétiquement par six gènes situés sur une portion bien précise du chromosome 6. Ces gènes sont dits *polymorphes*, car ils possèdent un grand nombre d'allèles pouvant donner naissance à des milliards de combinaisons. À l'exception des jumeaux vrais, il paraît improbable que deux individus possèdent le même HLA ; tout au plus pourra-t-on déceler quelques ressemblances (donc une moindre incompatibilité) chez les membres d'une même fratrie.

Progressivement, en particulier grâce aux travaux de l'Australien Frank Macfarlane Burnet (1899-1985), les immunologistes vont mettre en évidence les acteurs qui assurent l'expression active de cette incompatibilité. Deux catégories de lymphocytes interviennent, issues toutes les deux de la moelle rouge des os : les lymphocytes B et les lymphocytes T.

Les lymphocytes B y subissent une maturation qui aboutit à la mise en place d'un grand répertoire immunologique, avec un type de récepteurs propre à chaque clone de cellules (on estime a 10^6 le nombre de clones différents de lymphocytes B, mis en place par cette maturation). La mise en présence d'un antigène provoque par contact direct avec les récepteurs un processus de sélection clonale, puis de multiplication et enfin de différenciation en plasmocytes, qui vont synthétiser les anticorps appropriés.

Les lymphocytes T subissent leur maturation dans le thymus. Une double immunocompétence est alors acquise (assortie de la mise en place d'un répertoire immunologique aussi diversifié que celui des lymphocytes B). Puis, dans l'organisme, leur sélection clonale se fait sur la base de la double reconnaissance du « soi » associé à l'antigène ; la présentation de ce « soi modifié » s'opère généralement sur la membrane d'un macrophage. Certains lymphocytes T, dits auxiliaires, jouent un rôle déterminant par le biais de la sécrétion d'interleukines, substances qui vont activer les lymphocytes B, tandis que d'autres, dits cytotoxiques, sont responsables de la lyse des cellules étrangères (ou abritant un virus, ou cancéreuses).

Bon nombre de maladies, dites auto-immunes, se caractérisent par une réaction de défense de l'organisme à l'égard de ses propres structures, qu'il considère comme antigéniques. Certaines d'entre elles sont liées à des facteurs héréditaires (comme le diabète juvénile), d'autre à un dérèglement interne de l'organe cible (myasthénie pour les récepteurs à acétylcholine, sclérose en plaques pour les gaines de myéline).

L'immunologie est à l'origine de considérables acquisitions dans le domaine médical. En vaccinothérapie, le BCG (contre la tuberculose) est mis au point en 1920 par deux Français, le médecin Albert Calmette (1863-1933) et le vétérinaire Camille Guérin (1872-1961) ; en 1923, un autre Français, Gaston Ramon (1886-1963), découvre le vaccin contre la diphtérie et le tétanos. Enfin, le bactériologiste américain John Edward Salk (né en 1914) élabore le premier vaccin contre la poliomyélite, en 1954, deux ans avant celui mis au point à l'Institut Pasteur par le médecin et virologiste français Pierre Lépine (1901-1989). Aujourd'hui, on tend à réaliser des vaccins de synthèse à l'aide d'acides aminés constitutifs de protéines virales, ce qui provoque la formation d'anticorps dirigés contre le virus (ou du moins contre les protéines de son enveloppe).

Les greffes d'organes ont également bénéficié des connaissances acquises à propos des phénomènes de rejet. On essaie d'abord de trouver le degré de compatibilité le plus élevé entre donneur et receveur (parentèle). Puis, après la greffe, on utilise des immunodépresseurs (azathioprine, cyclosporine), ou des bloquants de l'action des interleukines, ce qui atténue l'activation des lymphocytes. En 1957, le Français Georges Mathé (né en 1922) réussit la première greffe de moelle osseuse. En 1959, Jean Hamburger, en France, et Joseph Edward Murray (né en 1919), aux États-Unis, réalisent les premières transplantation rénales : pour maîtriser le phénomène de rejet, ces greffes sont d'abord réalisées entre jumeaux homozygotes, puis entre jumeaux hétérozygotes, avant que l'on ne fasse usage d'immunosuppresseurs. Les premières tentatives de greffe du foie ont lieu en 1963. Le Sud-africain Christian Barnard (1922-2001) réalise la première greffe cardiaque en 1967. Enfin, depuis 1998, plusieurs chirurgiens ont tenté avec plus ou moins de bonheur de réaliser une greffe de la main.

Fécondation et développement embryonnaire

Dès le début du siècle les modalités de la fécondation ont été observées pour de nombreuses espèces. Mais, au-delà du rapprochement des gamètes, bien des interrogations subsistent à propos de la pénétration dans l'ovule d'un seul élément mâle (monospermie), appartenant à l'espèce qui a produit l'ovule. La biologie moléculaire explique aujourd'hui cette sélection spécifique par l'application d'une stricte compatibilité des membranes respectives du spermatozoïde et de l'ovule ; c'est ensuite la membrane pellucide de l'œuf qui, en devenant la membrane de fécondation, s'oppose à la pénétration d'autres spermatozoïdes.

Des territoires présomptifs aux gènes « architectes »

De la fin du XIXe siècle à la première moitié du XXe, l'embryologie descriptive s'enrichit des résultats d'une embryologie expérimentale s'interrogeant sur les causes et les mécanismes du développement embryonnaire. Ses grands initiateurs sont le Suisse Wilhelm His (1863-1934) et les Allemands Wilhelm Roux (1850-1924) et Hans Spemann (1869-1941).

En 1925, l'Allemand W. Vogt dresse une carte des territoires présomptifs indiquant dès les premiers stades la destinée de chacun sous la forme de lignées cellulaires. L'Allemand Theodor Boveri et l'Américain Charles M. Child (1869-1954) reconnaissent au sein de ces lignées des gradients qui dirigent la différenciation cellulaire et contiennent des informations de position.

Dès 1921, Spemann et son élève Hilde Mangold (1898-1924) montrent qu'une région d'un stade précoce du développement, la lèvre du blastopore de la gastrula, a un pouvoir organogène : en effet, greffée dans la région ventrale de l'embryon, elle y induit le développement des structures dorsales que sont le système nerveux, la corde et les somites. De nombreuses formes d'induction (parfois réciproques) vont se mettre en place après l'intervention de cet organisateur primaire qu'est cette région de l'embryon.

On ne notait pas alors d'opposition fondamentale entre l'intervention d'un organisateur et la mise en place d'un gradient, même si la première formulation pouvait être taxée de vitalisme[151]. Johannes Holtfreter (1901-1992) fait finalement admettre une conception cellulaire portée au niveau des tissus, qu'on désigne sous le terme de *champs morphogénétiques*.

À partir des années 1960, génétique et biologie moléculaire s'imposent en morphogenèse. Le généticien américain Edward B. Lewis (né en 1918) découvre (chez la drosophile) que certains gènes, dits

---

[151] Voir *supra*, p. 353.

homéotiques, interviennent pour « sculpter » les différentes parties du corps avec un mode d'intervention hierarchisé ; des mutations de ces gènes peuvent avoir pour effet de créer des malformations. L'Allemande Christiane Nüsslein-Volhard (née en 1942) et l'Américain Eric Wieschaus (d'origine suisse, né en 1947) confirment les résultats de Lewis et démontrent que ces gènes « architectes » sont presque tous identiques chez les métazoaires (de la méduse à la souris).

De la parthénogenèse expérimentale au clonage « à la chaîne »

La parthénogenèse est le développement de l'ovule sans intervention de la semence mâle. En 1939, l'Américain Gregory Goodwin Pincus (1903-1967) obtient le premier mammifère parthénogénétique (un lapin). Ce procédé n'introduit aucun élément génétique nouveau et les individus obtenus ne sont que le reflet de la diversité des gamètes de la femelle choisie. Mais, en remplaçant dans l'ovule d'une femelle sa garniture génétique (son noyau) par celle de l'une de ses cellules somatiques, on obtient un individu qui est une copie conforme de sa « mère » : on parle alors de *clone*.

Le clonage génique consiste à multiplier une portion d'ADN correspondant à un gène ; l'une de ses applications est la réalisation d'anticorps dits « monoclonaux », indispensables dans les tests immunologiques. À l'échelle cellulaire, des mitoses successives mettent en place des clones de cellules toutes génétiquement identiques : expérimentalement, les cultures de tissus en sont l'exemple le plus courant. À l'échelle des organismes, les clones naturels sont les jumeaux (vrais, c'est-à-dire monozygotes). Expérimentalement, on peut obtenir des clones (chez les espèces favorables : mouton, vache) en dissociant précocement les blastomères d'un embryon en voie de développement. Chaque individu obtenu, et chaque population constituée de tels individus, constitue un clone. Cette technique a été appliquée au mouton dès 1979, puis, en 1990, par culture des cellules dissociées à des stades plus tardifs, conduisant à un véritable clonage « à la chaîne », abandonné depuis car trop onéreux.

Les premiers clonages animaux obtenus par transplantation de noyau ont été l'œuvre des Américains Robert W. Briggs (1911-1983) et Thomas J. King (1952) et du Britannique John Bertrand Gurdon (né en 1933).

L'expérience de Gurdon (1973) est classique : elle utilise 2 variétés de crapauds Xénope l'un brun vert, l'autre albinos. On énuclée un ovule de la femelle pigmentée et on y introduit le noyau d'une cellule intestinale de têtard albinos. À l'issue du développement de cet œuf, on obtient un crapaud albinos.

En 1996, l'Écossais Ian Wilmut (né en 1945) et son équipe obtiennent le premier clone de brebis (Dolly), à partir d'une cellule différenciée de l'adulte (cellule du pis). Ce résultat est d'une portée technique, économique et éthique considérable. L'année suivante, on associe clonage et transgenèse pour obtenir une nouvelle brebis clonée (Polly), puis, en 1998, naît un clone de veaux transgéniques.

Le clonage soulève aujourd'hui de nombreuses interrogations. Pratiqué à l'aide du matériel génétique d'un adulte, il remet en question l'un des dogmes de la biologie cellulaire, celui de l'effacement chez l'adulte des éléments du programme génétique qui dirigent le développement embryonnaire. Au plan de l'éthique, si cette technique ne soulève, semble-t-il, que peu d'objections quand il s'agit de l'appliquer au bétail, un très ferme interdit doit être imposé en ce qui concerne l'espèce humaine

Les aspects nouveaux de la physiologie

Les divers aspects de la physiologie des organismes sont devenus trop nombreux et trop complexes pour qu'on tente de rendre compte de l'ensemble des acquis propres au XXe siècle en ce domaine. Nous n'en évoquerons ici que deux, les hormones et les vitamines, que leur nouveauté et leur importance justifient de mettre ainsi en avant.

Les hormones

Elles réalisent un mode de communication entre les cellules du corps par un mécanisme autre que la voie nerveuse. À la fin du XIXe siècle, Charles Édouard Brown-Séquard a établi la notion de glande à sécrétion interne, dont le produit est véhiculé par le sang afin d'agir à distance. Mais c'est surtout dans le premier quart du XXe siècle que se révèlent la diversité et la spécificité des hormones. Dès 1901, l'Américain Thomas Bell Aldrich (1861-1939) et le

Japonais Jokichi Takamine (1854-1922) isolent l'adrénaline à partir de la surrénale. En 1904, les Britanniques William Maddock Bayliss (1860-1924) et Ernest Henry Starling (1866-1927) découvrent la sécrétine produite par les cellules de la paroi duodénale : ce sera la première substance désignée sous le nom d'hormone. En 1909, l'Allemand Julius Lothar Meyer (1830-1895) isole, à partir des îlots de Langerhans du pancréas, une substance qu'il appelle insuline ; le Français Édouard Charles Hédon (1863-1933) confirmera en 1913 sa nature endocrine, avant que son action antidiabétique ne soit démontrée en 1922 par les Canadiens Frederik Grant Banting (1891-1941) et Charles Herbert Best (1899-1978).

En 1914, à la suite de l'Italien Giulo Vassale (1862-1912), l'Américain Edward Calvin Kendall (1886-1972) isole et nomme le principe actif de la thyroïde : c'est la thyroxine. Indépendamment, vers 1925, le Français Émile Gley (1857-1930) et le Canadien James Bertram Collip (1892-1965) révèlent l'existence d'une hormone parathyroïdienne. En 1937, Kendall isole puis synthétise les hormones corticosurrénaliennes ; en 1949, il découvre la corticotrophine hypophysaire (ACTH), dont il sera question plus loin. Enfin, en 1926, le physiologiste américain Walter Bradford Cannon (1871-1945) formule son principe d'homéostasie, par lequel il désigne l'ensemble des facteurs régulateurs qui assurent la constance du milieu intérieur.

Les hormones sexuelles

La physiologie sexuelle est également sous contrôle hormonal. Pour le sexe mâle, les Français Paul Ancel (1873-1961) et Pol André Bouin (1870-1962) démontrent en 1902 que le tissu interstitiel séparant les tubes séminifères du testicule est à l'origine d'un principe virilisant que Laqueur nommera en 1935 *testostérone*.

Les hormones ovariennes (œstrogènes et progestérone) exercent leur action à l'occasion du cycle génital femelle. Une parfaite connaissance de leurs rôles respectifs conduit l'Américain Pincus à démontrer le rôle inhibiteur de la progestérone sur la maturation folliculaire pendant la gestation ; il conçoit alors divers progestatifs de synthèse et, en 1956, met au point la pilule. Ce premier contraceptif oral donne à l'espèce humaine la maîtrise de sa reproduction. Le traitement par des hormones ovariennes a d'autres applications, par exemple pour la préparation d'un transfert d'embryon dans un processus de procréation médicalement assistée (fécondation *in vitro* et transfert d'embryon ou *fivete*). Enfin, c'est grâce à une « antihormone », le RU 486 (ou « pilule du lendemain », antagoniste compétitif de la progestérone), mis au point en 1987 par le Français Étienne Émile Beaulieu (né en 1926), que l'on dispose aujourd'hui d'un contragestatif oral.

Les neurohormones

Le principe de la commande des régulations par voie nerveuse (réflexe) a été âprement défendu par le Russe Pavlov. Elle n'est en fait nullement incompatible avec l'intervention des hormones : les deux processus se complètent parfois harmonieusement (réflexe de lactation) et montrent même une étroite parenté.

On connaît depuis 1828 l'existence dans l'hypothalamus des groupes de neurones (dits neurosécréteurs) qui produisent deux hormones acheminées le long de leur axone jusqu'aux cellules de l'hypophyse postérieure. En 1955, l'Américain Vincent Du Vigneaud (1901-1978) précise la nature et le rôle de ces sécrétions, l'ocytocine et la vasopressine (ou hormone anti-diurétique).

On sait également que l'hypophyse antérieure (ou adénohypophyse) sécrète de nombreuses hormones, parmi lesquelles l'hormone de croissance, isolée en 1944 par l'Américain Herbert Mc Lean Evans (1882-1971). On y rencontre également la prolactine, ainsi que de nombreuses stimulines qui activent la sécrétion d'autres glandes endocrines (corticosurrénales, thyroïde, ovaire). En 1952, l'Anglais Geoffrey Harris (né en 1913) constate que certaines sécrétions hypothalamiques exercent une action de stimulation sur les tissus endocriniens antéhypophysaires. À la fin de l'année 1954, les Américains Roger Guillemin (d'origine française, né en 1924) et Andrew Schally (d'origine polonaise, né en 1926) démontrent la réalité, la diversité et la spécificité de ces facteurs de stimulation hypophysaires. On utilise le plus souvent le terme de gonadolibérines (GnRH) pour ceux qui activent la sécrétion des gonadostimulines.

Chimistes, physiologistes et médecins se sont donc impliqué dans les progrès de l'endocrinologie. La biologie cellulaire contribue à cette évolution en élucidant le mode d'action des hormones à son échelle. La nature même de l'hormone est un préalable à son action sur la cellule cible. Les hormones peptidiques (comme l'insuline) doivent y trouver un récepteur membranaire ; un intermédiaire est alors indispensable pour que l'information gagne l'intérieur de la cellule. Ce rôle est joué par une protéine enzymatique de la membrane (l'adénylate cyclase) dont l'activation provoque la formation d'un « second messager » (l'AMP_c) qui catalyse des réactions en cascade conduisant à la réalisation du métabolisme attendu. On doit à l'Américain Earl Sutherland (1915-1974) d'avoir révélé, en 1950, ce mécanisme qu'on retrouvera lors de certaines modalités de transmission synaptique.

La nature lipidique des hormones stéroïdes (comme les œstrogènes) leur permet de traverser la membrane et de venir prendre position sur des récepteurs intracytoplasmiques, ce qui provoque dans ce cas aussi la réponse de la cellule.

Les vitamines

Les vitamines se sont révélées principalement par les pathologies qu'entraîne leur carence : impliquées dans la catalyse de nombreuses réactions métaboliques, elles sont en effet indispensables au bon fonctionnement de l'organisme. Les premières informations scientifiques à leur sujet sont dues au Hollandais Christiaan Eijkman (1858-1930), en 1896, à propos du béri-béri, puis au Britannique Frederick Gowland Hopkins (1861-1947), qui découvre en 1906 l'existence de facteurs nutritionnels accessoires. L'Américain Casimir Funk (d'origine polonaise, 1884-1967) leur donne en 1911 le nom de *vitamines,* terme consacré par l'usage et pourtant mal choisi : il signifie « substance aminée nécessaire à la vie » alors que nombre de vitamines ne sont pas des amines et que beaucoup d'avitaminoses ne sont pas mortelles.

À partir de 1940, presque toutes les vitamines, réparties en hydrosolubles (B, C, et PP) et en liposolubles (A, D, E, K) sont identifiées ; elles sont toutes synthétisées depuis 1956.

La neurobiologie

Par la spécificité de ses structures (le tissu nerveux) et de ses fonctions (qui, portées au plus haut degré, sous-tendent le comportement et la pensée), la neurobiologie offre au XXe siècle une telle somme de découvertes que seules les plus déterminantes sont évoquées ici.

L'influx nerveux et sa transmission

On sait depuis le siècle précédent que le fonctionnement du tissu nerveux s'accompagne de manifestations électriques. Il s'agit alors d'en préciser l'origine et la véritable nature. L'un des précurseurs dans ce domaine est le Britannique Edgar Douglas Adrian (1889-1977), mais ce sont ses compatriotes Dorothy Hodgkin (1910-1994) et Julian Sorell Huxley (1887-1975) qui proposent, en 1938, une théorie ionique expliquant la formation de l'influx nerveux et les modalités de sa « propagation ». En même temps qu'on appréhende la nature de cette onde de dépolarisation (qui n'est donc pas assimilable à un courant électrique), se pose le problème de sa transmission le long d'une chaîne de neurones. Deux théories s'affrontent à propos de cette *synapse* (selon le terme créé par Charles Scott Sherrington en 1897) : celle des « hommes de l'étincelle », partisans déterminés (comme le Français Louis Lapicque [1866-1952]) d'un contact électrique et celle des « hommes de la soupe », qui vont l'emporter et démontrer la réalité de l'intervention d'une substance chimique.

En 1921, l'Allemand Otto Loewi (1873-1961) met en évidence une « substance vagale » responsable du ralentissement du rythme cardiaque à la suite de la stimulation du nerf pneumogastrique. Par ailleurs, la stimulation du sympathique cardiaque libère une autre substance, la sympathine, responsable de l'accélération du rythme cardiaque. La substance vagale se révèlera être l'acétylcholine et, en 1946, le Suédois Ukf Svante von Euler (1905-1983) montrera que la sympathine est la noradrénaline. Entre temps, les Britanniques Henry Hallett Dale (1875-1968) et Arthur James Ewins (1882-1957) confirment la théorie de Loewi et font de l'acétylcholine le premier des neurotransmetteurs.

Grâce à l'utilisation de microélectrodes, l'Australien John Carew Eccles (1903-1998) réalise des enregistrements au niveau des neurones : ces potentiels postsynaptiques sont autant de manifestations de l'action du neurotransmetteur au niveau des synapses, qui selon les cas peuvent être excitatrices ou inhibitrices, et faire l'objet d'un mécanisme d'intégration. Les décennies suivantes sont consacrées à la découverte d'autres neurotransmetteurs, à l'étude de leur synthèse, de leur libération et de leur inactivation. On porte aussi un intérêt tout particulier aux récepteurs et aux substances étrangères qui imitent ou inhibent l'action du neuromédiateur en occupant son site de fixation. La nature même du récepteur retient aussi l'attention : en 1970, le Français Jean-Pierre Changeux (né en 1936) montre que le récepteur à acétylcholine de la plaque motrice est une protéine en forme de rosette organisée en cinq sous-unités.

La neuropharmacologie

C'est un domaine de recherche qui s'efforce de découvrir des applications thérapeutiques dont l'action se situe au niveau de la synapse ou des trajets nerveux concernés par un type de neuromédiateur. Les diverses spécialités (psychotropes) sont, selon leur nature, des somnifères, des anxiolytiques, des antidépresseurs, etc. Les molécules les plus étudiées sont celles désignées sous le nom de neuroleptiques, découverts par les Français Jean Delay (1907-1987) et Pierre Deniker (1917-1998) ; leur utilisation comme antipsychotiques est introduite en 1952 par Henri Laborit (1914-1995).

On s'efforce aujourd'hui de synthétiser des molécules plus précisément ciblées sur le type de désordre psychique rencontré, d'adapter leur action aux contingences du temps (effet immédiat, effet retard, pendant quelques jours après la prise) et de réduire au maximum les effets secondaires souvent indésirables (tremblements, réduction des sécrétions salivaires, restrictions alimentaires...). Les somnifères respectent la stratégie de sommeil des patients, déterminée à l'aide d'hypnogrammes montrant la succession des divers stades du sommeil au cours de la nuit. Souvent maintenant les somnifères ne sont que des inducteurs de sommeil ; il est fréquent aussi de les associer à des anxiolytiques ou à des antidépresseurs.

L'organisation fonctionnelle du cortex cérébral

La connaissance des fonctions du cortex cérébral s'est d'abord fondée sur le constat des conséquences de lésions. D'abord appliquée à l'examen des déficits moteurs, cette étude est étendue, en

1909, par le Britannique Harvey Williams Cushing (1869-1939), aux zones responsables des perceptions sensorielles. Une synthèse en est donnée ensuite sous la forme d'une carte des aires corticales par l'Allemand Korbinian Brodmann (1868-1918). Enfin, le Canadien Wilder Graves Penfield (1891-1976) met à profit les observations recueillies au cours de centaines d'opérations pour représenter ses célèbres homoncules sensitif et moteur, respectivement situés sur les circonvolutions pariétale et frontale ascendantes.

Au-delà de l'anatomie pathologique, les techniques d'investigation cérébrale se perfectionnent. L'électroencéphalographie, inventée en 1925 par l'Allemand Hans Berger (1873-1941), permet d'obtenir des informations plus fonctionnelles qui seront utiles dans les cas des lésions cérébrales et de l'épilepsie. Remplacée depuis 1973 par les techniques de tomodensitométrie, du scanner et de l'imagerie par résonance magnétique (IRM), elle reste un outil de référence pour l'étude des potentiels évoqués et des caractéristiques de la vigilance et du sommeil.

La réflexologie

Cet aspect du fonctionnement nerveux est dominé pendant plus d'un demi-siècle par le génie du Britannique Charles Scott Sherrington (1857-1952), l'un des pères de la neurologie moderne avec son compatriote John Hughlings Jackson (1835-1911). Par d'ingénieuses expériences, Sherrington définit et analyse les réflexes médullaires, puis établit le concept d'intégration qui préside à la coordination des mouvements. On lui doit aussi la révélation de la proprioception (le sens musculaire) et son implication dans la posture et dans le contrôle des mouvements. En 1925, avec son fidèle collaborateur Edward J.T. Liddell (1895-1981), il introduit la notion d'innervation réciproque qui régit la contraction et l'inhibition des couples de muscles agonistes et antagonistes.

La sensibilité

Tous les appareils sensoriels font l'objet de recherches fonctionnelles approfondies grâce à l'électrophysiologie et aux microélectrodes.

La vision est cependant la fonction la plus sollicitée. La microscopie électronique précise la structure des cellules visuelles, dont le fonctionnement est élucidé au niveau de la genèse des potentiels rétiniens par la réalisation de réactions chimiques dont les pigments visuels sont les acteurs. L'interprétation du codage de l'information, de la rétine au cortex visuel, est rendue compréhensible par la découverte, en 1959, des champs récepteurs, par l'Allemand Robert Huber (né en 1937) et le Suédois Torsten Nils Wiesel (né en 1924).

Par ailleurs, avec les progrès de la neuropharmacochimie, la douleur fait aujourd'hui l'objet de nouvelles recherches fondamentales et appliquées (antalgiques).

La psychophysiologie

Farouchement opposé à Sherrington qu'il soupçonnait d'animisme, le Russe Pavlov est surtout connu pour la mise en évidence de ce qu'il appelle les « réflexes conditionnels », au sens où ils sont étroitement liés à un stimulus qui est en même temps à l'origine de leur établissement. Sherrington n'acceptera jamais cette conception du mouvement, trop matérialiste à ses yeux.

Vers 1930 l'Américain Burrhus Frederic Skinner (1904-1990) imagine un autre type de conditionnement : un animal enfermé dans une cage (« boîte de Skinner ») peut obtenir de la nourriture en fournissant une réponse déterminée. Ce type de conditionnement dit « opérant » va permettre alors l'analyse des modalités de l'apprentissage dans une conception behavioriste.

L'école de psychophysiologie française se singularise quant à elle par la diversité et l'excellence de ses contributions. Les plus universellement reconnues sont celles de Michel Jouvet (né en 1925), sur les mécanismes neurologiques du sommeil et de la veille, et celles de Henry Hécaen (1912-1983), sur les localisations et la dominance cérébrales.

Éthologie ou comportement animal

L'éthologie est voisine de la psychophysiologie, mais a emprunté à l'occasion à d'autres disciplines, comme la sociologie ; ses précurseurs vont de l'entomologiste Jean Henri Fabre (1823-1915) à l'herpétologue Raymond Rollinat (1859-1931), en passant par l'écrivain belge Maurice Maeterlinck (1862-1949). Mais ses véritables fondateurs sont les Autrichiens Karl von Frisch (1886-1982) et Konrad Lorenz (1903-1989), ainsi que le Britannique Nikolaas Tinbergen (d'origine néerlandaise, 1907-1988), tous trois lauréats du prix Nobel en 1973. À la suite des travaux du Britannique William Donald Hamilton (né en 1936) et de l'Américain Edward Osborne Wilson (né en 1929), l'éthologie, sous le nom de sociobiologie, tente aujourd'hui de trouver dans les gènes les fondements des comportements animaux et humains. Cette démarche n'est pas sans soulever des polémiques lorsqu'il s'agit d'analyser les comportements humains d'une façon analogue aux comportements animaux (surpopulation, réaction au stress, communication, agression,...) Le recours au modèle animal se retrouve également à propos de l'empreinte, des activités innées du nourrisson, de l'attachement de l'enfant à sa mère et, d'une façon générale, des motivations humaines.

L'origine de la vie

La première moitié du XXe siècle est féconde en hypothèses à ce sujet. La seule théorie réellement cohérente est celle du Russe Aleksandr Ivanovich Oparine (1894-1980). En 1924, il publie une monographie, *L'Origine de la vie sur Terre*, dans laquelle il propose que des composés organiques formés au sein des océans sont à l'origine du vivant. Il parvient ainsi à créer de minuscules structures sphériques, les *coacervats*, à partir d'une émulsion contenant des protéines et de la gomme arabique ; mis en présence de catalyseurs, ils échangent des substances avec le milieu extérieur, croissent et se multiplient. Les coacervats ne correspondent pas à proprement parler les premières cellules vivantes, mais ils fournissent un modèle d'unités séparées du milieu extérieur par une membrane. À partir de cette expérience, Oparine peut envisager d'obtenir un système vivant à partir de molécules, d'eau et de l'énergie du rayonnement ultraviolet. En 1929, l'Indien d'origine britannique John Burdon Sanderson Haldane (1892-1964) émet des idées similaires, qualifiant de « soupe chaude » ces substances organiques fondamentales, qui se seraient formées par la combinaison de l'hydrogène, du méthane, de la vapeur d'eau et de l'ammoniac pré sents sur la Terre il y a quelques milliards d'années. En 1953, enfin.

le jeune Américain Stanley Miller (né en 1930) reproduit ces conditions en milieu clos et soumet le mélange – azote, métane, ammoniac, vapeur d'eau – à des décharges électriques intenses et répétées : six jours plus tard, des acides aminés ont été synthétisés.

Mais les conditions initiales présupposées par Oparine sont aujourd'hui remises en question, et un hiatus persiste avant l'apparition des cyanobactéries, les plus anciens organismes unicellulaires connus, il y a environ un milliard d'années. Deux découvertes ont bouleversé les hypothèses admises quant aux conditions nécessaires à la vie : celle, en 1977, sur la dorsale océanique des Galapagos, par 2 600 mètres de profondeur, d'une faune archaïque (la « faune des rifts »), liée à la présence de sources hydrothermales chaudes (15 à 20° C) dans un milieu très froid (3° C) ; puis celle, en 1979, de cheminées océaniques émettant un fluide chargé de sulfures de métaux, d'une température de 350° C, les « fumeurs noirs », et des bactéries extrémophiles (barophiles et hyperthermophiles). Enfin, en 1989, on a constaté dans la grotte de Movile (Roumanie) qu'une production primaire ne reposait pas nécessairement sur un processus de photosynthèse.

La mise en évidence, depuis 1995, de planètes autour de nombreuses étoiles du type du Soleil et la poursuite de l'exploration de Mars, qui renforce la présomption de la présence sur cette planète, dans le passé, d'importantes quantités d'eau à l'état liquide, comme sur la Terre, donnent aujourd'hui un intérêt particulier aux recherches sur l'origine de la vie terrestre.

L'évolution

Les théories de l'évolution au XXe siècle

La théorie d'August Weismann sur la non-transmission de l'acquis, en 1883, prive Darwin d'un de ses arguments majeurs [152]. On ne retiendra donc plus des idées d'origine que celles qui accordent un rôle prééminent à la sélection naturelle, et l'on parlera à partir de 1896 de *néodarwinisme*.

---

152 Voir *supra*, p. 558.

En l'associant à l'hypothèse mutationniste de De Vries, Haldane, Wright et Fisher proposent en 1930 une formulation qui se veut unificatrice, principalement fondée sur les arguments de la toute récente génétique des populations. L'Américain Theodosius Dobzhansky (d'origine russe, 1900-1975) s'y rallie en associant étroitement les acquis de la génétique et l'action du milieu. Enfin, le Britannique Julian Sorell Huxley (1887-1975) donne en 1942 à l'ensemble de ces hypothèses le nom de *théorie synthétique de l'évolution.* Plus tard, l'ornithologue américain Ernst Walter Mayr (d'origine allemande, né en 1904) y apportera sa contribution à l'occasion de sa redéfinition de l'espèce, tandis que son compatriote le paléontologue George Gaylord Simpson (1902-1984) y introduira les notions de macro- et de micro-évolution et de radiation adaptative.

Plus récemment, les Américains Stephen Jay Gould (1941-2002) et Niles Eldredge (né en 1943) se sont démarqués du mutationnisme de De Vries et du néodarwinisme de Simpson ; ils ont proposé une nouvelle conception, dite *des équilibres ponctués,* selon laquelle les espèces sont stables en dehors de brèves périodes d'évolution rapide qui affectent des populations réduites, localisées à la limite de l'aire de répartition. En revanche, pour le généticien japonais Motoo Kimura (1924-1994), l'évolution est un processus parfaitement aléatoire, où les mutations ne sont ni bénéfiques ni défavorables, hors des lois de la sélection naturelle. Il s'agit de la *théorie neutraliste de l'évolution.*

La biodiversité

Si les siècles précédents ont été des siècles d'inventaire de la faune et de la flore, le XXe siècle se singularise en dressant chaque année une liste de plus en plus longue d'espèces disparues ou en voie de disparition : la faune marsupiale d'Australie dans sa diversité, les félins tachetés, les grands cétacés mysticètes (à fanons : baleines et rorquals), ainsi que de nombreuses plantes à fleurs. La découverte de quelques nouvelles espèces de grande taille se produit parfois, comme en Afrique avec l'okapi (1901). Dans le milieu marin, il faut souligner l'intérêt considérable de la découverte de formes primitives (« fossiles vivants ») comme le néopilina (1957), un mollusque, et le cœlacanthe (1938), un poisson. Ce dernier fut un temps considéré comme l'ancêtre des vertébrés, en raison de ses particularités anatomiques ; on sait aujourd'hui qu'il n'est qu'un lointain cousin, descendant d'un groupe frère de nos vrais ancêtres.

Le cladisme

L'attitude du systématicien a changé depuis 1966 : la taxonomie traditionnelle est remise en cause, et une méthode de construction de la phylogénie [153] basée sur les caractères propres de chaque catégorie *(taxon)* est adoptée. On doit à l'entomologiste allemand Willi Hennig (1913-1976) cette *méthode cladistique* (ou *cladisme*), désormais largement utilisée.

La paléontologie

Si le maintien de formes actuelles fragiles est une source d'inquiétude, la mise en évidence de témoignages anciens de la biodiversité est aussi l'un des apanages du XXe siècle. Les formes de vie les plus reculées, mais cependant déjà complexes dans leur organisation, sont étudiées depuis 1909 dans les schistes de Burgess au Canada (470 millions d'années) et depuis 1947 des traces de vie d'unicellulaires sont analysées dans les gisements d'Ediacara, au sud de l'Australie (670 millions d'années). Mais c'est surtout dans la recherche de ses ancêtres que l'homme actuel a fait le plus de progrès.

Évolution humaine

La fin du siècle dernier a été marquée par la découverte, en 1891, du pithécanthrope de Java, le chaînon manquant selon son inventeur, le Néerlandais Eugène Dubois [154]. Le siècle suivant va reculer dans le temps les origines de l'homme, et faire accéder un certain nombre de formes au genre *Homo*.

---

153 Voir *supra*, p. 422.
154 Voir *supra*, p. 571.

En 1924, le Sud-africain Raymond Arthur Dart (1893-1988) exhume à Taung (Afrique du Sud) le crâne d'un hominidé qu'il baptise *Australopithecus africanus* (3,5-2,5 millions d'années), littéralement « singe d'Afrique australe ». Viennent ensuite les prodigieuses découvertes de la famille anglaise Leakey. On doit notamment à Louis Seymour Bazett Leakey (1903-1972) et à son épouse Mary Douglas Leakey (1913-1996) de très importants travaux sur le site d'Olduvai (Tanzanie). En 1959, ils y mettent au jour un nouvel hominidé, *Paranthropus boisei* (1,75 millions d'années). L'année suivante, les Leakey découvrent un hominidé plus encéphalisé que les australopithèques et capable d'une industrie rudimentaire (la *pebble culture*) : *Homo habilis* (2 millions d'années). Mary reconnaît en 1976, sur le site de Laetoli (Tanzanie), la fameuse empreinte de pas humain que l'on attribue à un australopithèque *(Australopithecus afarensis)* ayant vécu à cet endroit il y a 3,6 millions d'années. En 1994, leur fils Richard Erskine (né en 1943) et son épouse Meave (née en 1942) découvrent à Kanapoi (Kenya) le plus ancien australopithèque alors connu (4,1 millions d'années), *Australopithecus anamensis.*

Depuis 1974, la collecte des australopithèques se poursuit et s'enrichit de nouveau spécimens de plus en plus anciens, et très diversifiés. On sait le succès qu'ont rencontré les cinquante-deux fragments osseux de « Lucy », un *Australopithecus afarensis* de 3,1 millions d'années découvert en 1974, à Hadar (Éthiopie), par le Français Yves Coppens (né en 1934). Vingt ans plus tard, l'Américain Tim White (né en 1950) exhume à Aramis, dans la même région, les restes d'une forme différente et plus ancienne, *Ardipithecus ramidus*, remontant à 4,5 millions d'années. En 1995, le Français Michel Brunet (né en 1940) découvre au Tchad « Abel (*Australopithecus bahrelghazali*, 3,3 millions d'années). Puis, les restes d'Orrorin (l'« ancêtre du millénaire ») mis à jour à la fin de l'année 2000 repoussent encore plus loin dans le passé les origines de l'humanité : ils révèlent la présence d'un hominidé grimpeur, mais pratiquant déjà la bipédie, il y a près de 6 millions d'années. Enfin, la découverte, au Tchad, en juillet 2001, par une équipe dirigée par Michel Brunet, du crâne de « Toumaï » *(Sahelanthropus tchadensis)*, vieux d'environ 7 millions d'années, ouvre une nouvelle controverse, certains spécialistes considérant ce fossile comme le plus ancien ancêtre identifié de l'humanité tandis que, pour d'autres, il ne s'agit que d'un ancêtre de grands singes.

QUELLE BIOLOGIE POUR LE XXIe SIÈCLE ?

À la fin du XXe siècle, les orientations de la biologie sont déjà esquissées ; la prospection se situe désormais au sein des macromolécules. Nombre de questions vont chercher leurs réponses dans la génétique moléculaire, qui commence seulement à être exploitée. N'en demeure pas moins un danger réductionniste, qui tend à ramener l'expression du vivant à des processus universels, mais situés au-delà du niveau des interactions régnant au sein d'un organisme. Certains aspects de la médecine en tiennent déjà compte (médecine psychosomatique). C'est également le domaine de l'éthologie et de l'écologie. Cette dernière a notamment un rôle déterminant à jouer afin de définir, corriger et prévenir les risques que les activités humaines font peser sur la santé et l'avenir de la planète (pollutions, épuisement des réserves naturelles, destruction des biotopes, usage inconsidéré des OGM, absence de maîtrise de certaines épizooties...).

En médecine subsiste l'espoir de guérir les maladies génétiques (par la thérapie génique), les infections virales (en particulier, le sida), le cancer, les dysfonctionnement du système nerveux (Alzheimer, Parkinson...). Greffes d'organes ou appareillages gérés par puces électroniques, applications thérapeutiques du clonage, traitement du vieillissement, sont également au programme des réussites médicales de demain. Parallèlement, on reconnaîtra et généralisera certainement les médecines douces et les pratiques homéopathiques.

On vient de décrire les cheminements de la biologie au cours des siècles, avec ses errances, ses erreurs et ses périodes d'obscurantisme. On peut espérer de la biologie de demain qu'elle reste une science rigoureuse, rationnelle et morale ; elle doit aussi affirmer son indépendance à l'égard du profit, et des idéologies religieuses et politiques. Ainsi continuera-t-elle à progresser vers la connaissance, dont la poursuite, affirmait Jean Rostand, est l'honneur de l'esprit humain.

VERS DE NOUVEAUX CONCEPTS

Si le XXe siècle, dans sa seconde moitié, s'est distingué par un début de formulation rationnelle des questions que pose le monde vivant, le XXe a été celui des réponses à bon nombre d'entre elles, comme on vient d'en donner un bref exposé dans les pages qui précèdent. En revanche, il semble bien aujourd'hui, et même depuis quelques décennies, que les acquis apparemment les plus confirmés doivent être reconsidérés en fonction de faits nouveaux des plus inattendus. Le XXIe siècle se présente alors, à bien des égards, comme celui des remises en question, suivies d'une formulation tout à fait nouvelle des concepts fondamentaux de la biologie. Nous allons en donner ici deux exemples : le premier se situe au sein même de la cellule, où s'exercent des mécanismes moléculaires insoupçonnés ; leur découverte jette le trouble dans de nombreux autres domaines, comme la génétique moléculaire, mais aussi dans des applications médicales apparemment pleines d'avenir comme les thérapies géniques. Le second exemple se situe à un tout autre niveau, celui de l'histoire évolutive de l'espèce humaine, pour laquelle, ici aussi, de profonds changements conduisent à une profonde révision des idées anciennes.

La complexité des mécanismes génétiques

Dans le premier exemple, les acides nucléiques sont au cœur des débats, et plus particulièrement l'ADN dans son rôle de conservation et de transmission des caractères. Dès 1944, le médecin et bactériologiste américain Oswald Theodore Avery (1877-1955) a pressenti que l'ADN est le support de l'hérédité ; son hypothèse s'est trouvée confortée en 1953 par la découverte du modèle de la double hélice, par Watson et Crick[155]. Dès lors, tout un système hiérarchisé s'est mis en place, avec la formulation du code génétique, permettant d'exprimer l'information portée par les gènes, ces fragments de molécules d'ADN qui se succèdent le long des chromosomes. Ensuite, les ARN ont permis d'exprimer l'information génique sous la forme de protéines dont l'assemblage conduit à la réalisation des caractères phénotypiques de l'individu... Puis la mise en évidence de boucles de régulation et la prise en compte de mutations géniques sont venues compléter un processus déjà suffisamment complexe.

---

155 Voir *supra*, p. 587.

Jusqu'en 1970, la colinéarité gène-protéine est un fait bien établi que peu de biologistes remettent en question, et la confiance dans la notion de gène n'a d'égale que l'enthousiasme que suscite le génome humain. Un avenir plein de promesses s'ouvre aux chercheurs, avec deux voies dont la mise en œuvre ne soulève, semble-t-il, que des difficultés techniques surmontables : la thérapie génique et le clonage.

Pourtant, les résultats n'ont pas été à la hauteur des espérances et les échecs ont soulevé des interrogations fondamentales qui jettent le doute sur la prééminence du gène (et de l'ADN) dans la transmission des caractères (par exemple, lorsqu'un clone ne ressemble pas à son modèle). Il faut donc à présent se résoudre à l'idée que le « tout ADN » n'est pas une règle et qu'à chaque étape du processus de transcription-traduction de nouveaux acteurs ou de nouveaux mécanismes interviennent. À tous les niveaux, on découvre peu à peu, non pas des boucles récurrentes, mais une action déterminante, fondamentale même, de ces nouveaux venus. Certains sont déjà connus, d'autres se révèlent peu à peu ; mais, pour André Pichot, l'existence et les modalités d'intervention de ces agents sont d'une telle importance que c'est « tout l'édifice génétique qui est à remettre en cause ». On jugera de l'incidence et de la diversité de ces révisions à l'aide de quelques exemples.

On sait depuis quelques décennies que l'ADN du noyau ne s'exprime pas dans sa totalité et qu'un pourcentage important de la molécule (au moins 40 %) n'est pas retenu. Cet ADN silencieux (parfois appelé *junk DNA* ou ADN poubelle) est cependant indispensable à l'expression des gènes ; il peut être aussi à l'origine de la synthèse de protéines différentes de celles attendues, ou encore perturber l'expression du génome par des petites séquences qualifiées de « gènes sauteurs ».

Des idées nouvelles se font jour depuis quelques années sur le rôle de l'ADN mitochondrial (ADN mit) dont la présence s'avère indispensable, par exemple dans le cas d'un clonage. Nouveau venu aussi au cours de la dernière décennie, l'ARN interférent (ARN i) qui sous la forme d'un double brin porteur de la même séquence de nucléotides que l'ARN messager (ARNm), possède la capacité de détruire ce dernier et de réduire ainsi une partie de l'expression génique au silence.

On ne peut ignorer aussi les nouveaux pouvoirs qu'il faut accorder aux protéines histones, constituants avec l'ADN des fibres nucléosomiques. Pour que la traduction (en ARN m) se réalise, il faut que l'attraction exercée sur les brins d'ADN s'atténue. Tout dépend ici de la présence ou de l'absence de radicaux méthyle (CH_3) ou acétyle ($CHCO^-$) tant sur l'ADN que sur les histones, et cette particularité semble être sensible à des interactions du milieu. C'est plus ou moins directement que le dogme de la non-hérédité des caractères acquis est alors remis en question. Ce processus de méthylation-acétylation paraît bien être conservé lors des mitoses qui font se succéder les générations des cellules de l'organisme. Pour certains auteurs, il serait « effacé » lors de la méiose qui préside à la formation des cellules reproductrices, ce qui interdirait toute transmission de particularités ainsi introduites d'un individu à sa descendance ; pour d'autres, il subsiste toujours, à un certain degré, au niveau des protéines des gamètes, de même que s'exerce une influence maternelle non négligeable sur les noyaux de ces cellules reproductrices.

Découvertes en 1989, les protéines « chaperons » sont de grosses molécules qui interviennent dans la bonne mise en place des structures tridimensionnelles des autres protéines de l'organisme. Ici aussi, des dysfonctionnements peuvent se manifester soit directement soit par l'entremise de leurs formes dévoyées que seraient les prions. On soupçonne que de telles perturbations apparaissent en réponse à des stimulis environnementaux, ce qui laisse imaginer l'existence de mutations protéiques, à coup sûr non-géniques.

On peut évoquer enfin un avatar de l'ADN dont les conséquences risquent de se traduire par exemple à la hauteur des empreintes génétiques. Il met en scène la membrane placentaire, considérée jusqu'à une date récente comme imperméable à tout échange cellulaire entre la mère et son fœtus. Il semble bien qu'il n'en soit rien et que cette « barrière » soit traversée au cours de la gestation dans un sens comme dans l'autre par des cellules fœtales ou maternelles. On donne à ce phénomène le nom de *microchimérisme,* tandis que les cellules concernées qui possèdent une certaine pérennité peuvent être conservées par l'un ou l'autre des receveurs pendant plusieurs décennies. Ainsi, une seule personne peut abriter toute une population de cellules différentes appartenant à sa mère et à sa fratrie, ce mécanisme pouvant se reproduire sur plusieurs générations. C'est aussi le principe de la stricte identité des vrais jumeaux (monozygotes) qui se trouve aussi mis en question. On peut toutefois s'interroger sur le fait que ces envahisseurs cellulaires « étrangers » ne soient pas éliminés par le système immunitaire du receveur. Pour l'instant, aucune explication n'est proposée mais, selon certains auteurs, le microchimérisme pourrait conduire les immunologistes à reconsidérer leurs connaissances.

Le puzzle de l'hominisation

Notre second exemple a trait à l'évolution humaine. On a vu plus haut que les découvertes successives d'Orrorin *(Orrorin tugenensis)* en 2000, puis de Toumaï (*Sahelanthropus tchadensis*) en 2001 repoussent à près de 7 millions d'années l'origine du plus ancien hominidé connu. Mais c'est surtout dans le domaine de ce que l'on appelle le processus d'hominisation que bien des idées acquises doivent ici aussi être reconsidérées au profit de points de vue radicalement nouveaux. La cause première se situe dans la découverte pendant les dernières décennies du XXe siècle d'une multitude de formes qu'on doit s'efforcer de placer dans la lignée des ponginés ou des homininés, après avoir tenté de définir les caractéristiques du dernier ancêtre commun (DAC) à ces deux lignées d'hominidés. Au-delà de cette détermination (Orrorin ?, Toumaï ?) se pose le problème de la définition du genre *Homo* et de sa distinction des différentes formes d'australopithèques puis de paranthropes. La tâche est d'emblée rendue complexe par le buissonnement et la diversité des formes ; les deux révèlent aussi, à l'occasion, de nombreux cas de coexistence pendant des périodes considérables dans des biotopes identiques (savanes arborées humides). Mais ces découvertes conduisent aussi à douter des critères considérés jusqu'alors comme déterminants et fiables pour décider de l'appartenance au genre *Homo,* comme l'aptitude à la bipédie, la création et l'utilisation de l'outil, enfin dans une moindre mesure la valeur du volume endocrânien. C'est ainsi que la bipédie se rencontre chez des formes d'hominidés très anciennes (peut-être bien déjà chez Orrorin). En fait, pour le paléontologue Pascal Picq, il est préférable de parler *des* bipédies (il évoque une mosaïque de bipédies chez les australopithèques) et de reconnaître leur ancienneté au sein des hominidés. Il en va de même pour l'outil taillé qui n'est sans doute pas exclusif *d'Homo habilis* : on doit très certainement l'attribuer aussi à certains australopithèques comme par exemple *Australopithecus garhi,* qui fut son contemporain (il y a 2 millions d'années). D'autres exemples peuvent être proposés dans des domaines variés, y compris celui du langage qui n'est plus une condition suffisante pour isoler les hominés depuis qu'une aire de Wernicke a été mise en évidence chez le chimpanzé. On doit alors revenir à une définition du genre *Homo* prenant en compte l'ensemble des adaptations anatomiques et comportementales qui permettent de se libérer des la dépendance au monde des arbres. Dans ces conditions, *Homo habilis* et *Homo rudolfensis* ne répondent pas à ces critères et doivent être écartés du genre *Homo* au sens strict, dont le premier véritable représentant serait alors *Homo ergaster*, qui fut le premier homme à migrer hors de l'Afrique (entre 1,5 et 1 million d'années).

Les découvertes récentes conduisent à un bouleversement des idées généralement admises sur l'évolution humaine que résume bien cette remarque de Pascal Picq : « Le schéma tristement linéaire et hiérarchique qui fait succéder une série d'ancêtres alignés entre le chimpanzé et l'homme n'est plus. La vision progressiste, qui associe une bipédie de plus en plus perfectionnée, un cerveau de plus en plus grand, des mains de plus en plus habiles et des outils de plus en plus diversifiés vole en éclat. »

Déchiffrer toute la complexité des mécanismes génétiques et assembler les divers éléments du puzzle de l'hominisation constituent deux grands défis, parmi d'autres, à relever demain dans le domaine des sciences de la vie...

Roland Platel

BIBLIOGRAPHIE INDICATIVE

Ouvrages généraux d'histoire des sciences

BLAY (Michel), HALLEUX (Robert) *et al.*, dir., *La Science classique, XVIe-XVIIIe siècles : dictionnaire critique*, Paris, Flammarion, 1998.

DAUMAS (Maurice), dir., *Histoire de la science. Des origines au XXe siècle,* 2e éd., Paris, Gallimard, 1963 (« Encyclopédie de la Pléiade », t. V).

GILLISPIE (Charles Coulston), HOLMES (Frederic L.), éd., *Dictionnary of Scientific Biography*, New York, Ch. Scribner's sons, 1970-...

FARRINGTON (Benjamin), *La Science dans l'Antiquité : Grèce, Rome,* trad. de l'anglais, Paris, Payot, 1967 (« Petite Bibliothèque Payot »).

« Histoire et philosophie des sciences », *Sciences humaines,* n° 31 (déc. 2000/janv.-févr. 2001), hors-série.

KUHN (Thomas Samuel), *La Structure des révolutions scientifiques*, trad. de l'anglais par Laure MEYER, nouv. éd., Paris, Flammarion, 1991.

LLOYD (Geoffrey Ernest Richard), *Une Histoire de la science grecque*, trad. de l'anglais par Jacques BRUNSCHWIG, Paris, Éd. du Seuil, 1993 (coll. « Points sciences »). Réunit, du même auteur, *Les Débuts de la science grecque, de Thalès à Aristote* et *La Science grecque après Aristote* (Paris, La Découverte, 1990).

NEUGEBAUER (Otto), *Les Sciences exactes dans l'Antiquité*, Arles, trad. de l'américain par Pierre SOUFFRIN, Arles, Actes Sud, 1957.

RASHED (Roshdi), dir., *Histoire des sciences arabes,* Paris, Éd. du Seuil, 1997, 2 vol.

ROBIN (Léon), *La Pensée grecque et les origines de l'esprit scientifique,* nouv. éd., Paris, Albin Michel, 1963 (coll. « L'évolution de l'humanité »).

RONAN (Colin), *Histoire mondiale des sciences,* Paris, Éd. du Seuil, 1988 ; rééd., 1999 (coll. « Points Sciences »).

SELIN (Helaine), éd., *Encyclopaedia of the History of Science, Technology, and Medicine in non-western Cultures*, Dordrecht, Kluwer Academic Publishers, 1997.

SERRES (Michel), dir., *Éléments d'histoire des sciences*, Paris, Bordas, 1989.

TATON (René), dir., *Histoire générale des sciences*, Paris, PUF, 1957-1964, 4 vol.

Mathématiques

BOYER (Charles B.) et MERZBACH (Uta C.), *A History of Mathematics*, 2e éd., New York, John Wiley & Sons, 1989.

DAHAN-DALMÉDICO (Amy) et PEIFFER (Jeanne), *Une Histoire des mathématiques. Routes et dédales*, Paris, Éd. du Seuil, 1986 (coll. « Points Sciences »).

DUCROCQ (Albert) et WARUSFEL (André), *Les Mathématiques, plaisir et nécessité : un parcours guidé dans l'univers des mathématiques*, Paris, Vuibert, 2000.

GRATTAN-GUINNESS (Ivor), éd., *Companion Encyclopedia of the History and Philosophy of the Mathematical Sciences*, Londres, New York, Routledge, 1994, 2 vol.

« The history of mathematics », article dans l'*Encyclopædia Britannica*.

KATZ (Victor J.), *A History of Mathematics*, 2e éd., New York, Addison-Wesley, 1998.

SELIN (Helaine), éd., *Mathematics across Cultures*, Dordrecht, Kluwer Academic Publishers, 2000.

L'École de mathématiques et de statistiques de l'université de Saint-Andrews, en Écosse, entretient un site Internet consacré à l'histoire des mathématiques, où l'on trouve (en langue anglaise) beaucoup d'informations utiles et d'accès aisé :
http ://www-groups.dcs.st-and.ac.uk :80/~history/

Physique

BROWN (Laurie M.), DRESDEN (Max), HODDESON (Lilian), *Pions to Quarks : particle physiques in the 1950s',* Cambridge, New York, Cambridge University Press, 1989.

CROZON (Michel), *La Matière première,* Paris, Éd. du Seuil, 1987 (coll. « Science ouverte »).

– *L'Univers des particules,* Paris, Éd. du Seuil, 1999 (coll « Points Sciences »).

DAVIES (Paul), dir., *La Nouvelle Physique*, trad. de l'anglais par Françoise BALIBAR et Vincent FLEURY, Paris, Flammarion, 1993.

DESIT-RICARD (Isabelle), *Une petite histoire de la physique*, Paris, Ellipses, 2001 (coll. « L'esprit des sciences »).

DUGAS (René), *Histoire de la mécanique,* Neuchâtel, Éd. du Griffon, 1950.

MAURY (Jean-Pierre), *Petite histoire de la physique,* Paris, Larousse, 1992 (coll. « Références »).

– *Une Histoire de la physique sans les équations,* Paris, Vuibert, 2000.

PAIS (Abraham), *Inward Bound. Of matter and forces in the physical world,* Clarendon Press, New York, Oxford University Press, Oxford, Clarendon Press, 1986.

ROSMORDUC (Jean), *Une Histoire de la physique et de la chimie. De Thalès à Einstein,* Paris, Éd. du Seuil, 1985 (coll. « Points sciences »).

SEGRÈ (Emilio), *Les Physiciens classiques et leurs découvertes. De la chute des corps aux ondes hertziennes,* trad. de l'anglais par Suzanne de CHEVEIGNÉ, Paris, Fayard, 1987 (coll. « Le temps des sciences »).

– *Les Physiciens modernes et leurs découvertes. Des rayons X aux quarks,,* trad. de l'anglais par Suzanne de CHEVEIGNÉ, Paris, Fayard, 1984 (coll. « Le temps des sciences »).

Chimie

Ouvrages généraux

BENSAUDE-VINCENT (Bernadette) et STENGERS (Isabelle), *Histoire de la chimie,* Paris, La Découverte, 1993 ; rééd., 2001 (« La Découverte-Poche »).

DELACRE (Maurice), *Histoire de la chimie*, Paris, Gauthier-Villars, 1920.

HOEFER (Ferdinand), *Histoire de la chimie depuis les temps les plus reculés jusqu'à notre époque*, Paris, L. Hachette, 1842-1843, 2 vol.

LAFONT (Olivier), *D'Aristote à Lavoisier. Les étapes de la naissance d'une science*, Paris, Ellipses, 1994.

– *De l'alchimie à la chimie*, Paris, Ellipses, 2000 (coll. « L'esprit des sciences »).

PARTINGTON (James Riddick), *A History of Chemistry*, Londres, Macmillan and Co., New York, St Martin's Press, 1961-1970, 4 vol.

– *A Short History of Chemistry,* Londres, Macmillan and Co., 1970.

READ (John), *De l'alchimie à la chimie*, trad. de l'anglais par Jacques BRÉCARD, Paris, Fayard, 1959.

VIDAL (Bernard), *Histoire de la chimie*, Paris, PUF, 1985 (coll. « Que sais-je ? »).

WOJTOWIAK (Bruno), *Histoire de la chimie*, 2e éd., Paris, Technique et documentation, 1988.

Rêves et expériences de l'alchimie

BERTHELOT (Marcellin), *La Chimie au Moyen Âge*, Paris, Imprimerie nationale, 1893, 3 vol.

BONARDEL (Françoise), éd., *Philosopher par le feu, anthologie des textes alchimiques occidentaux,* Paris, Éd. du Seuil, 1995 (coll. « Points Sagesses »).

CARON (Michel) et HUTIN (Serge), *Les Alchimistes,* Paris, Éd. du Seuil, 1959 (coll. « Le Temps qui court) ; nouv. éd., 1999 (coll. « Points Sagesses »).

GANZENMÜLLER (Wilhelm), *L'Alchimie au Moyen Âge,* trad. de l'allemand par G. PETIT-DUTAILLIS, Paris, Aubier, 1940 ; 2e éd. par Robert DELHEZ, Verviers, Marabout, 1974.

HALLEUX (Robert), éd., *Les Alchimistes grecs. 1, Papyrus de Leyde, papyrus de Stockholm, fragments de recettes*, Paris, Les Belles Lettres, 1981 (« Collection des universités de France).

HUTIN (Serge), WHITESIDE (Béatrice), *Paracelse, l'homme – le médecin - l'alchimiste,* Paris, La Table Ronde, 1966.

METZGER (Hélène), *La Chimie*, IVe partie de *Civilisation européenne moderne, in Histoire du Monde*, sous la dir. d'Eugène CAVAIGNAC, t. XIII, Paris, E. de Boccard, 1930.

PAGEL (Walter), *Paracelse. Introduction à la médecine philosophique de la Renaissance*, trad. de l'anglais par Michel DEUTSCH, Grenoble, Arthaud, 1963.

Naissance d'une chimie scientifique au XVIIe siècle

BOUGARD (Michel), *La Chimie de Nicolas Lémery,* Turnhout, Brepols, 1999.

KUHN (Thomas Samuel), « Robert Boyle and structural chemistry in the seventeenth century », *Isis*, 43/I, n° 131, 1952, pp. 12-36.

LAFONT (Olivier), « Nicolas Lémery un maillon central de l'histoire de l'acidité », *Revue d'histoire de la pharmacie*, t. 50, n° 333, 2002, pp. 53-62.

METZGER (Hélène), *Les Doctrines chimiques en France du début du XVIIe à la fin du XVIIIe siècle*, Paris, Presses universitaires de France ; rééd. Paris, A. Blanchard, 1969.

Au XVIIIe siècle : retour à la théorie

BENSAUDE-VINCENT (Bernadette), *Lavoisier : mémoires d'une révolution*, Paris, Flammarion, 1993 (coll. « Figures de la science »).
BERTHELOT (Marcellin), *La Révolution chimique, Lavoisier,* Paris, Félix Alcan, 1902.
LEICESTER (Henry Marshall), « Boyle, Lomonosov, Lavoisier and the corpuscular theory of matter », *Isis*, 58, n° 192, 1967, pp. 240-244.
MACQUER (Pierre-Joseph), *Dictionnaire de chymie, contenant la théorie et la pratique de cette science, son application à la physique, à l'histoire naturelle, à la médecine et aux arts dépendans de la chymie,* 2e éd., Paris, P.-Fr. Didot jeune, 1778, 4 vol.
METZGER (Hélène), *Newton, Stahl, Boërhaave et la doctrine chimique,* Paris, A. Blanchard, 1930 ; rééd., 1974.
POIRIER (Jean-Pierre), *Antoine Laurent de Lavoisier : 1743-1794*, Paris, Pygmalion, 1993.

L'explosion scientifique du XIXe siècle

BERTHELOT (Marcellin) et JUNGFLEISCH (Émile), *Traité élémentaire de chimie organique,* Dunod, 1898-1904, 2 t. en 3 vol.
DUMAS (Jean-Baptiste), *Leçons sur la philosophie chimique,* Ébrard, 1837 ; éd. par Albert BRUYLANTS, suivie de l'*Essai de statique chimique des êtres organisés*, Bruxelles, Culture et Civilisation, 1972.
GERHARDT (Charles), *Traité de chimie organique*, Paris, F. Didot frères, 1853-1854, 2 vol.
WURTZ (Adolphe), *Introduction à l'étude de la chimie,* Paris, G. Masson, 1885.
– *Dictionnaire de chimie pure et appliquée*, Paris, Hachette, 1869-1874, 3 t. en 5 vol.

Le XXe siècle : l'âge des approfondissements

GRIGNARD (Victor), dir., *Traité de chimie organique,* Paris, Masson, 1947-1954, 23 t.
INGOLD (C.K.), *Les Réactions de la chimie organique,* Paris, Hermann, 1948.
MARCH (Jerry), *Advanced Organic Chemistry : reactions, mechanisms and structure*, 4e éd., New York, John Wiley & Sons, 1992.

PASCAL (Paul), *Nouveau Traité de chimie minérale,* Paris, Masson, 1956-1963, 20 t.

PAULING (Linus), *La Nature de la liaison chimique et la structure des molécules et des cristaux,* trad. de l'anglais par M. DESMAROUX, Paris, PUF, 1949.

TCHOUBAR (Bianca), *Les Mécanismes réactionnels en chimie organique,* 2e éd., Paris, Dunod, 1964.

Astronomie

Ouvrages généraux

AUDOUZE (Jean) et ISRAËL (Guy), dir., *Le Grand Atlas de l'astronomie*, Paris, Encyclopædia Universalis, 1993.

BARUCH (Jacques-Olivier), HADDAD (Leïla), HENAREJOS (Philippe), HEUDIER (Jean-Louis) et MAURY (Jean-Pierre), *Ciel. Histoires et images de l'Univers*, Paris, Sélection du Reader's Digest, 2000.

BLAMONT (Jacques), *Le Chiffre et le Songe. Histoire politique de la découverte*, Paris, Odile Jacob, 1993.

BRAHIC (André), *Enfants du Soleil. Histoire de nos origines*, Paris, Odile Jacob, 1999.

CHARON (Jean-Émile), *Vingt-cinq siècles de cosmologie*, Paris, Stock, 1980.

CELNIKIER (Ludwik-Marian), *Histoire de l'astronomie,* 2e éd., Paris, Lavoisier, 1996.

HARWIT (Martin), *Progrès et découvertes en astronomie*, 2e éd., Paris, Dunod, 1997.

KOESTLER (Arthur), *Les Somnambules. Essai sur l'histoire des conceptions de l'univers*, trad. de l'anglais par Georges FRADIER, Paris, Calmann-Lévy, 1960.

LA COTARDIÈRE (Philippe de) et FERLET (Roger), dir., *Le Grand Livre du ciel : comprendre l'astronomie du XXIe siècle*, Paris, Bordas, 2001.

LA COTARDIÈRE (Philippe de) et PENOT (Jean-Pierre), *Dictionnaire de l'astronomie et de l'espace*, Paris, Larousse, 1999 (coll. « Les références »).

LEVASSSEUR-REGOURD (Anny-Chantal) et LA COTARDIÈRE (Philippe de), *Les Comètes et les Astéroïdes,* Paris, Éd. du Seuil, 1997 (coll. « Points Sciences »).

NITSCHELM (Christian), *L'Astronomie de la préhistoire à nos jours*, Vannes, Éd. Burillier, 2000.

VERDET (Jean-Pierre), *Une Histoire de l'astronomie*, Paris, Éd. du Seuil, 1990 (coll. « Points Sciences »).
– *Histoire de l'astronomie ancienne et classique*, Paris, PUF, 1998 (coll. « Que sais-je ? »).

L'astronomie ancienne

DREYER (John Louis Emil), *A History of Astronomy from Thales to Kepler, revised with a foreword by W. H. Stahl*, New York, Dover, 1953.
EVANS (James), *The History and Practice of Ancient Astronomy*, Oxford, Oxford University Press, 1998.
LERNER (Michel-Pierre), *Le Monde des sphères, I., Genèse et triomphe d'une représentation cosmique, II, La fin du cosmos classique*, Paris, Les Belles Lettres, 1996-1997, 2 vol. (coll. « L'Âne d'Or »).
NEUGEBAUER (Otto), *A History of Ancient Mathematical Astronomy*, Berlin, Heidelberg, New York, Springer-Verlag, 1975, 3 vol.
PTOLÉMÉE, *Almagest*, trad. et notes par Gerald J. TOOMER, Londres, New York, Princeton University Press, 1984 ; rééd., 1998.
TANNERY (Paul), *Recherches sur l'histoire de l'astronomie ancienne*, Paris, Gauthier-Villars, 1893.

La « révolution astronomique »

COPERNIC (Nicolas), *Œuvres complètes... 1, Fac-similé du manuscrit du « De revolutionnibus »*, éd. par Pawel CZARTORYSKI et Jerzy ZATHEY, trad. fr. par Yvonne POULLE-DRIEUX, Paris, Éd. du CNRS, Varsovie, Cracovie, Académie polonaise des sciences, 1973.
– *De revolutionibus orbium cœlestium*, trad. et comment. de Michel-Pierre LERNER, Alain-Philippe SEGONDS, Jean-Pierre VERDET, avec la coll. de Isabelle PANTIN et Denis SAVOIE, Paris, Les Belles Lettres, à paraître.
GALILÉE, *Le Messager céleste*, trad. et notes par Isabelle PANTIN, Paris, Les Belles Lettres, Paris, 1992 (coll. « Science et humanisme »).
– *Dialogue sur les deux grands systèmes du monde*, Paris, Éd. du Seuil, 1998 (coll. « Sources du savoir ») ; rééd., 2000 (coll. « Points Sciences »).
GINGERICH (Owen), « From Copernicus to Kepler : Heliocentrism as Model and as Reality », *Proceedings of the American Philosophical Society*, 117, 1973, pp. 513-522.
– *The Great Copernicus Chase and other adventures in astronomical history*, Cambridge, Cambridge University Press, 1992.

KEPLER (Johannes), *Le Secret du Monde [Mysterium cosmographicum]*, introd., trad. et notes par Alain-Philippe SEGONDS, Paris, Les Belles-Lettres, 1984 (coll. « Science et humanisme ») ; rééd., Paris, Gallimard, 1993 (coll. « Tel »).

– *New Astronomy [Astronomia nova]*, trad. par William H. DONAHUE, Cambridge, Cambridge University Press, 1992.

KOYRÉ (Alexandre), *La Révolution astronomique. Copernic, Kepler, Borelli*, Paris, Hermann, 1961 (coll. « Histoire de la pensée. École pratique des hautes études », 3).

KUHN (Thomas Samuel), *La Révolution copernicienne*, trad. de l'anglais par Avram HAYLI, Paris, Fayard, 1973 ; rééd., Paris, LGF, 1992 (coll. « Biblio essais »).

RHETICUS (Georgius Joachim), *Narratio Prima*, trad. et comment. par Henri HUGONNARD-ROCHE et Jean-Pierre VERDET, avec la coll. de Michel-Pierre LERNER et Alain SEGONDS, Wroclaw, Varsovie, Cracovie, Ossolineum, 1982 (*Studia Copernicana*, XX).

ROSEN (Edward), *Three Imperial Mathematicians: Kepler trapped between Tycho Brahe ans Ursus*, New York, Abaris Books, 1985.

VERDET (Jean-Pierre) et LERNER (Michel-Pierre), « Copernican Cosmology », *in Encyclopedia of Cosmology*, New York, Londres, Garland Publishers, 1993, pp. 71-99.

Sciences de la Terre

Ouvrages ou articles fondateurs

ARGAND (Émile), *La Tectonique de l'Asie. Conférence faire à Bruxelles, le 10 août 1922, devant le Congrès géologique international (13e session)*, Liège, Impr. Vaillant-Carmanne, 1924.

ARISTOTE, *Météorologiques,* texte établi et trad. par Pierre LOUIS, Paris, Les Belles Lettres, 1982, 2 vol. (« Collection des universités de France).

BEAUMONT (Élie de), *Notice sur les systèmes de montagne*, Paris, P. Bertrand, 1852, 3 vol.

BERTRAND (Élie), *Essai sur les usages des montagnes, avec une lettre sur le Nil*, Zürich, Heidegguer, 1754.

BRONGNIART (Adolphe), « Sur les terrains qui paraissent avoir été formés sous l'eau douce », *Annales du Muséum national d'histoire naturelle*, t. XV, 1810.

BUFFON (Georges-Louis de), *Histoire et théorie de la Terre*, Paris, Imprimerie royale, 1749 (*Histoire naturelle générale et particulière*, 1).

– *Des époques de la nature*, Paris, Imprimerie royale, 1778 (*Histoire naturelle générale et particulière*, 5) ; nouv. éd., avec introd. et notes par Gabriel GOHAU, Paris, Diderot, 1998.

BURNET (Thomas), *Telluris theoria sacra, orbis nostri originem & mutationes generales, quas aut jam subiit, aut olim subiturus est, complectens*, Londres, G. Kettilby, 1681, 1689, 2 vol.

– *The Theory of the Earth, containing an account of the original of the Earth and of all the general changes which it hath already undergone, or is to undergo, till the consummation of all things*, Londres, R. Norton, for Walter Kettilby, London, 1684, 1690, 2 vol. ; réimpr. avec une introd. par Basil WILLEY, Londres, Fontwell, Centaur Press, 1965.

CUVIER (Georges) et BRONGNIART (Alexandre), *Essai sur la géographie minéralogique des environs de Paris, avec une carte géognostique et des coupes de terrain*, Paris, Baudouin, 1811.

CUVIER (Georges), *Discours sur les révolutions de la surface du globe, et sur les changemens qu'elles ont produits dans le règne animal*, Paris, G. Dufour, 1815 ; rééd., avec une préf. de Hubert THOMAS et une postf. de Goulven LAURENT, Paris, L. Bourgois, 1985.

DARWIN (Charles), « Observations of proofs of recent elevation on the coast of Chile... », *Proceedings of the Geological Society of London*, 2 (48), 1837, pp. 446-449.

DESCARTES (René), *Principia philosophiae [Les Principes de la philosophie]*, Amsterdam, L. Elzevier, 1644 ; trad. dans *Œuvres de Descartes*, publiées par Charles ADAM et Paul TANNERY, t. IX/2, Paris, Vrin, 2000.

DESMAREST (Nicolas), « Mémoires sur la nature et l'origine du basalte à grandes colonnes polygonales... », *Mémoires de l'Académie Royale des Sciences de Paris*, 1771.

DIETZ (Robert S.), « Continent and ocean basin evolution by Spreading of the sea floor », *Nature*, 190, 1961, pp. 854-857.

DUHEM (Pierre), *Études sur Léonard de Vinci – Ceux qu'il a lus et ceux qui l'ont lu*, Paris, Hermann, 1906-1913, 3 vol. ; réimpr., Paris, Éd. Archives contemporaines, 1984.

DU TOIT (Alex. L.), *A Geological Comparison of South America with South America...*, Washington, The Carnegie Institution, 1927.

GAUTIER (Henri), *Nouvelles conjectures sur le globe de la Terre*, Paris, A. Cailleau, 1721.

HALL (James), « On the Vertical Position and Convolutions of certain Strata, and their Relation with Granite », *Transactions of the Royal Society of Edinburgh*, vol. VII, 1815, pp. 79-108.

– *Paleontology of New York*, Albany, 1847-1894, 8 vol. ; part 1, vol. 3, 1859.

HAUG (Émile), *Traité de géologie*, Paris, 1907-1911, 3 vol.

HESS (Harry Hammond), « The history of ocean basins » [« Histoire des bassins océaniques »], *in Petrologic Studies. A Volume to Honor A.G. Buddington*, éd. par A.E.J. ENGEL, Harold L. JAMES et B.F. LEONARD, New York, Geological Society of America, 1962, pp. 599-620.

HOOKE (Robert), *Lectures and Discourses of Earthquakes and Subterraneous Eruptions [Lectures et discours sur les tremblements de terre et les éruptions souterraines]* (1668), éd. posth. *in Posthumous Works of Robert Hooke*, Londres, R. Waller, 1705 ; éd. en fac-sim., New York, Arno Press, 1978 ; éd. *in* Ellen Tan DRAKE, *Restless Genius : Robert Hooke and his earthly thoughts*, New York, Oxford, Oxford University Press, 1996.

HUMBOLDT (Alexander von), « Esquisse d'un tableau géologique de l'Amérique méridionale », *Journal de physique, de chimie, d'histoire naturelle et des arts*, 53, 1801, pp. 30-60.

HUTTON (James), « Theory of the Hearth, or an Investigation of the Laws observable in the Composition, Dissolution, and Restoration of Land upon the Globe », *in Transactions of the Royal Society of Edinburgh*, I, 1788 ; rééd., New York, Hafner publishing Co., 1960, 2 vol.

LINNÉ (Carl von), *L'Équilibre de la nature*, trad. par Bernard JASMIN, intr. et notes par Camille LIMOGES, Paris, Vrin, 1972 (coll. « L'histoire des sciences, textes et études »). Comprend l'*Oratio de telluris habitabilis incremento [Discours sur l'accroissement de la terre habitable]* de Linné (Leyde, C. Haak, 1744).

LYELL (Charles), *Principles of Geology*, Londres, John Murray, 1830-1833, 3 vol. ; réimpr. avec une introd. de Martin J.S. RUDWICK, Johnson Reprint Corporation, 1969.

MAILLET (Benoît de), *Telliamed, ou Entretiens d'un philosophe indien avec un missionnaire français sur la diminution de la mer, la formation de la terre, l'origine de l'homme, etc.*, Amsterdam, L'Honoré et fils, 1748, 2 t. en 1 vol. ; nouv. éd., Paris, Fayard, 1984 (« Corpus des œuvres de philosophie en langue française »). Ouvrage posthume rédigé un quart de siècle plus tôt.

SNIDER-PELLEGRINI (Antonio), *La Création et ses mysteres dévoilés, ouvrage où l'on expose clairement la nature de tous les êtres, les éléments dont ils sont composés et leurs rapports avec la globe et les astres, la nature et la situation du feu du soleil, l'origine de l'Amérique et de ses habitants primitifs, la formation forcée de nouvelles planètes, l'origine des langues et les causes de la variété des physionomies...*, Paris, A. Franck, 1858.

STÉNON (Nicolas), *Elementorum myologiae specimen, seu Musculi descriptio geometrica, cui accedunt canis carchariae dissectum caput et dissectus piscis ex canum genere...*, Florentiae, ex typ. sub signo Stellae, 1667 ; trad. anglaise : *The Earliest geological treatise, 1667, by Nicolaus Steno (Niels Stensen)*, trad. et notes par Axel GARBOE, Londres, Macmillan and Co., 1958.

– *De Solido intra solidum naturaliter contento dissertationis prodomus...*, Florentiae, ex typ. sub signo Stellae, 1669.

STRABON, *Géographie*, trad. par Amédée TARDIEU, Paris, L. Hachette, 1867-1890, 4 vol.

SUESS (Eduard), *Das Antlitz der Erde [La Face de la Terre]*, Prague, Vienne, F. Tempsky, 1883-1909, 5 vol ; éd. fr, *La Face de la Terre,* trad. de l'allemand par Emmanuel de MARGERIE, préf. de Marcel BERTRAND, Paris, Armand Colin, 1897-1913, 4 vol.

WEGENER (Alfred), *Neuen Ideen über die Herausbildung der Großformen der Erdrinde auf geophysikalischer Grundlage [Idées nouvelles sur la formation de la structure terrestre...]*, conférence à l'assemblée générale de la Geologische Vereinigung, Francfort, 6 janvier 1912.

– *Die Entstehung der Kontinente und Ozeane*, Braunschweig, Sammlung Vieweg., Hft. 23, 1915 ; trad. fr. : *La Genèse des océans et des continents : théorie des translations continentales*, trad. de l'allemand par Armand LERNER, Paris, Nizet et Bastard, 1937 ; rééd. avec une préf. de José ACHACHE et une postf. de Gabriel GOHAU, Paris, C. Bourgois, 1991.

Ouvrages ou articles modernes

ALLÈGRE (Claude), *L'Écume de la Terre*, nouv. éd., Paris, Fayard, 1999 (coll. « Le temps des sciences »).

CAILLEUX (André), *Histoire de la géologie*, 2e éd., Paris, PUF, 1968 (coll. « Que sais-je ? »).

CHABOUD (René), *Pleuvra, pleuvra pas : la météo au gré du temps*, Paris, Gallimard, 1994 (coll. « Découvertes »).

COURTILLOT (Vincent), *La Vie en catastrophes : du hasard dans l'évolution des espèces*, Paris, Fayard, 1995 (coll. « Les chemins de la science »).

DAMIENS (Jacques), « La météorologie au XIXe siècle », *La Météorologie*, 17, 1987.

DETTWILLER (Jacques), « Le Verrier, ou la naissance de la météorologie moderne », *Bulletin d'information de la Météorologie*, 1977.

– « Histoire maritime et météorologie », *Met/Mat*, 115, 1982.

– « Chronologie de quelques événements météorologiques en France et ailleurs », *Météorologie nationale*, 1982.

Dictionnaire de l'écologie, 2e éd., préf. de François RAMADE, introd. d'Yves GAUTIER, Paris, Encyclopædia Universalis, Albin Michel, 2001.

Dictionnaire des sciences de la Terre : continents, océans, atmosphère, préf. de Hubert CURIEN, introd. d'Yves GAUTIER, Paris, Encyclopædia Universalis, Albin Michel, 1998.

ELLENBERGER (François), « À l'aube de la géologie moderne : Henri Gautier (1660-1737) », *Histoire et Nature*, 7, 1975, pp. 3-58, et 9-10 (1976-1977), pp. 3-142.

– *Histoire de la géologie. 1, Des anciens à la première moitié du XVIIe siècle*, Paris, Technique et Documentation-Lavoisier, 1988.

– *Histoire de la géologie. 2, La grande éclosion et ses prémices, 1660-1810*, Paris, Tec et Doc, 1994.

ELMI (Serge) et BABIN (Claude), *Histoire de la Terre*, 4e éd., Paris, Dunod, 2002.

FIERRO (Alfred), *Histoire de la météorologie*, Paris, Denoël, 1991.

FISCHER (Jean-Claude), *La Géologie*, MA éd., 1986.

FOUCAULT (Alain) et RAOULT (Jean-François), *Dictionnaire de géologie*, 5e éd, Paris, Dunod, 2000.

GAUTIER (Yves), « Wegener Alfred (1880-1930) », in *Encyclopædia Universalis*, Paris, 1983.

– « Les aventuriers des continents perdus », *Ciel et Espace*, n° 346, 1999.

– « Conférence de Rio », « Conférence de Kyoto » in *Encyclopædia Universalis*, 2000.

– dir., *La Science au présent*, Paris, Encyclopædia Universalis. Publication annuelle : la rubrique « Anniversaires » renferme nombre de courts articles sur l'histoire des sciences de la Terre.

GOHAU (Gabriel), *Les Fossiles, naissance et formation d'une pensée scientifique*, Paris, S.E.V.P.E.N., 1966.

– *Une Histoire de la géologie*, Paris, Éd. du Seuil, 1990 (coll. « Points Sciences »).

– *Les Sciences de la terre aux XVIIe et XVIIIe siècles : naissance de la géologie*, Paris, Albin Michel, 1990 (coll. « L'évolution de l'humanité »)

HALLAM (Anthony), *Une Révolution dans les sciences de la Terre : de la dérive des continents à la tectonique des plaques*, trad. de l'anglais, Paris, Éd. du Seuil, 1976 (coll. « Points Sciences »).

HAMELIN (Octave), *Le Système de Descartes*, Paris, F. Alcan, 1911.

JOLLIVET (Marcel), éd., *Le Développement durable, de l'utopie au concept : de nouveaux chantiers pour la recherche*, actes du colloque organisé par l'association Natures-sciences-sociétés-dialogues, décembre 1997, Amsterdam, New York, Paris, Elsevier, 2001.

JOUSSAUME (Sylvie), *Climat d'hier à demain*, préf. de Pierre MOREL, nouv. éd., Paris, CEA, CNRS éd., 1999.

KANDEL (Robert), *L'Incertitude des climats*, introd. de Dominique LECOURT, nouv. éd., Paris, Hachette littératures, 1998 (coll. « Pluriel »).

– *Le Réchauffement climatique*, Paris, PUF, 2002 (coll. « Que sais-je ? »).

LA COTARDIÈRE (Philippe de), GAUTIER (Yves) et RAMADE (François), « L'Univers et la Terre », in *Mémo Larousse : encyclopédie générale visuelle et thématique*, Paris, Larousse, 1999.

LE ROY LADURIE (Emmanuel), *Histoire du climat depuis l'an mil*, nouv. éd., Paris, Flammarion, 1983, 2 vol. (coll. « Champs »).

MAURAIN (Charles), *L'Étude Physique de la Terre : intérieur, couche superficielle, atmosphère*, 3e éd., Paris, PUF, 1961 (coll. « Que sais-je ? »).

MÉGIE (Gérard), *Ozone : l'équilibre rompu*, Paris. Presses du CNRS, 1989.

METZ (Jules), *Croyances, légendes et dictons de la pluie et du beau temps*, Paris, Robert Laffont, 1992.

MIDDLETON (W.E. Knowles), *A History of the Theories of Rain and other Forms of Precipitations*, New York, Franklin Watts, 1965.

MILLER (Russell) *et al.*, *Continents in collision*, Alexandria, Time-Life Books Inc., 1989.

MINSTER (Jean-François), *Les Océans*, Paris, Flammarion, 1994 (coll. « Dominos »).

POMEROL (Charles), LAGABRIELLE (Yves) et RENARD (Maurice), *Éléments de géologie*, 12e éd., Paris, Dunod, 2000.

VILA (Jean-Marie), *Dictionnaire de la tectonique des plaques et de la géodynamique*, Paris, Gordon and Breach Science Publishers, 2000 (coll. « Géosciences »).

Volcano, Alexandria, Time-Life Books Inc., 1982 ; trad. fr. : *Les Volcans*, traduit de l'anglais par Bernadette SAUREL, Amsterdam, Paris, Time-Life, 1982 (coll. « La Planète Terre »).

WHIPPLE (Addison Beecher Colvin) *et al.*, *Restless Oceans*, Alexandria, Time-Life Books Inc., 1983 ; trad. fr. : *Les Courants marins*, traduit de l'anglais par Marcel et Madeleine BOUGARAN, Amsterdam, Paris, Time-Life, 1984 (coll. « La Planète Terre »).

WILSON (Leonard G.), *Charles Lyell. The Years to 1841 : the Revolution in Geology*, New Haven, Londres, Yale University Press, 1972

Sciences de la vie

BUICAN (Denis), *Histoire de la biologie : hérédité, évolution*, Paris, Nathan, 1995.

CHANGEUX (Jean-Pierre), *L'Homme neuronal,* Paris, Fayard, 1983 (coll. « Le temps des sciences »).

COPPENS (Yves) et PICQ (Pascal), dir., *Aux origines de l'humanité. 1, De l'apparition de la vie à l'homme moderne*, Paris, Fayard, 2001

DARWIN (Charles), *La Descendance de l'Homme et la sélection sexuelle*, trad. de l'anglais par Edmond BARBIER, préf. de Carl VOGT, Bruxelles, Éd. Complexe, 1981, 2 vol.

– *L'Origine des espèces au moyen de la sélection naturelle ou La Préservation des races favorisées dans la lutte pour la vie*, texte établi par Daniel BECQUEMONT à partir de la trad. de l'anglais d'Edmond BARBIER, introd., chronologie, bibliogr. par Jean-Marc DROUIN, Paris, Flammarion, 1992 (coll. « GF »).

DELAUNAY (Albert), *Histoire illustrée de la biologie*, Lausanne, Paris, Éditions Rencontre, 1965.

DUPONT (Michel), *Dictionnaire historique des médecins dans et hors de la médecine*, préf. de Jean-Charles SOURNIA, Paris, Larousse, 1999.

DURIS (Pascal) et GOHAU (Gabriel), *Histoire des sciences de la vie*, Paris, Nathan université, 1997 (coll. « Réf. »).

GRMEK (Mirko D.), *Le Legs de Claude Bernard*, Paris, Fayard, 1997 (coll. « Penser la médecine »).

JACOB (François), *La Logique du vivant : une histoire de l'hérédité*, Paris, Gallimard, 1970 (coll. « Bibliothèque des sciences humaines ») ; rééd., 1996 (coll. « Tel »).

LAMARCK (Jean-Baptiste de Monet de), *Philosophie zoologique*, prés. par Jean-Paul ARON, Paris, Union générale d'éditions, 1968 (« Bibliothèque 10/18 »).

– *Philosophie zoologique ou Exposition des considérations relatives à l'histoire naturelle des animaux*, prés. et notes par André PICHOT, Paris, Flammarion, 1994 (coll. « GF »).

LAMING (Annette), *Lascaux,* Paris, Union générale d'éditions, 1959.

LENOBLF (Robert), *Histoire de l'idée de nature*, Paris, Albin Michel, 1968 (coll. « L'évolution de l'humanité »)

LUMLEY (Henri de), *L'Homme premier : préhistoire, évolution, culture*, Paris, Odile Jacob, 1998 ; rééd., 2000 (coll. « Poches »).

MAYR (Ernst), *Histoire de la biologie : diversité, évolution et hérédité*, trad. de l'anglais par Marcel BLANC, Paris, LGF. 1995 (coll « Le livre de poche. Références »), 2 vol.

MONOD (Jacques), *Le Hasard et la Nécessité, essai sur la philosophie naturelle de la biologie moderne*, Paris, Éd. du Seuil, 1970 ; rééd., 1973 (coll. « Points Sciences »)

MORANGE (Michel), *Histoire de la biologie moléculaire*, Paris La Découverte, 1994 (coll. « Histoire des sciences »).

PETIT (Georges) et THÉODORIDÈS (Jean), *Histoire de la zoologie, des origines à Linné*, Hermann, 1962 (coll. « Histoire de la pensée. École pratique des hautes études », 8).

PRENANT (Marcel), *Clefs pour la biologie*, Paris, Seghers, 1971.

ROSNAY (Joël de), *Le Macroscope : vers une vision globale*, Paris, Éd. du Seuil, 1975 ; rééd., 1977 (coll. « Points Sciences »).

ROSTAND (Jean), *Esquisse d'une histoire de la biologie*, Paris, Gallimard, NRF, 1945 (coll. « Idées »).

SOURNIA (Jean-Charles), *Histoire de la médecine*, Paris, La Découverte, 1997 (coll. « La Découverte-Poche »).

TAYLOR (Gordon Rattray), *Histoire illustrée de la biologie*, trad. de l'anglais par Colette VENDRELY, Paris, Hachette, 1965

TEILHARD DE CHARDIN (Pierre), *La Place de l'homme dans la nature le groupe zoologique humain*, Paris, Union générale d'éditions, 1962 (coll. « 10/18 »).

THÉODORIDÈS (Jean), *Histoire de la biologie*, 7e éd., Paris, PUF, coll « Que sais-je ? », 2000.

VIGNAIS (Pierre), *La Biologie, des origines à nos jours : une histoire des idées et des hommes*, Les Ulis, EDP Sciences, 2001.

WIT (Hendrik C.D. de), *La Vie racontée : une biographie de la biologie*, trad. et adapt. fr. par André BAUDIÈRE, Lausanne, Presses polytechniques et universitaires romandes, 1996.

LES AUTEURS

Direction de l'ouvrage

Philippe de La Cotardière, écrivain et journaliste scientifique, s'est spécialisé dans les domaines de l'astronomie et de l'espace tout en portant un grand intérêt à l'histoire des sciences et des techniques. Conseiller éditorial chez Larousse, il est l'auteur, seul ou en collaboration, d'une vingtaine d'ouvrages de vulgarisation, parmi lesquels *Le Grand Livre du ciel* (Bordas, 1999) et *Dictionnaire de l'astronomie et de l'espace* (Larousse, 1999). Président de la Société astronomique de France de 1987 à 1993, il a été lauréat en 1997 du prix de l'information scientifique et technique de l'Académie des sciences et du ministère de l'Éducation nationale, de la Recherche et de la Technologie.

Mathématiques

Maurice Mashaam, après un doctorat en physique théorique, s'est orienté vers le journalisme scientifique, spécialisé en mathématiques et en physique. De 1990 à 1997, il a collaboré au magazine *La Recherche*. Il est l'auteur de l'ouvrage *Bourbaki : une société secrète de mathématiciens* (Belin/Pour la Science, 2002).

Astronomie

Denis Savoie dirige le planétarium et le département astronomie-astrophysique du Palais de la Découverte. Chercheur associé à l'Observatoire de Paris dans l'équipe d'histoire de l'astronomie, il est aussi spécialiste des cadrans solaires et l'auteur d'ouvrages de référence en ce domaine, *La Gnomonique* (Les Belles Lettres, 2001) et *Les cadrans solaires* (Belin, 2003).

Jean-Louis Heudier, astronome à l'observatoire de la Côte d'Azur, spécialiste de la photographie astronomique, contribue activement à la vulgarisation de l'astronomie. Fondateur de l'association *Parsec* et de l'*Astrorama* (La Trinité-sur-Mer), il a participé à de nombreuses émissions de radio et de télévision et il est l'auteur de plusieurs ouvrages destinés au grand public, parmi lesquels *L'Astronomie pour tous* (Flammarion, 2001) et *Le Ciel, mois par mois* (Solar, annuel depuis 2002).

Physique

Michel Crozon, directeur de recherche émérite au CNRS, est un spécialiste de la physique des particules. Ancien directeur de l'information scientifique et technique au ministère de la Recherche et au CNRS, il est l'auteur de plusieurs ouvrages de vulgarisation, parmi lesquels *La Matière première* (Seuil), *L'Univers des particules* (Seuil, coll. « Points ») et *Les Particules élémentaires* (PUF, coll. « Que sais-je ? », en collab.).

Chimie

Olivier Lafont, docteur ès sciences, agrégé de chimie organique, est membre de l'Académie nationale de pharmacie, vice-président de l'Académie internationale d'histoire de la pharmacie et membre du Conseil d'administration du Club d'histoire de la chimie de la Société française de chimie. Professeur à l'université de Rouen, il enseigne la chimie organique et l'histoire des sciences. Il a publié notamment *D'Aristote à Lavoisier, les étapes de la naissance d'une science* (Ellipses, 1994), *De l'alchimie à la chimie* (Ellipses, 2000), *Dictionnaire d'histoire de la pharmacie, des origines à la fin du XIXe siècle* (Pharmathèmes, 2003).

Sciences de la Terre

Yves Gautier, docteur en sciences de la Terre, a occupé successivement plusieurs fonctions dans l'édition et dans la presse. Auteur de plusieurs ouvrages de vulgarisation et de nombreux articles destinés à un large public, chef de service éditorial à l'Encyclopaedia Universalis depuis 1992, il a conçu et dirige depuis 1995 *La Science au présent*, ouvrage annuel d'actualités scientifiques et techniques édité par l'Encyclopædia Universalis (Plume d'or du prix Jean-Rostand 1999, prix Roberval grand public 2001).

Pour la rédaction des chapitres « L'expansion des fonds océaniques » et « La tectonique des plaques », il a bénéficié de la collaboration de **Fabienne Lemarchand-Copreaux,** journaliste scientifique.

Sciences de la vie

Roland Platel, docteur ès sciences, a enseigné la biologie marine, l'anatomie comparée et la neuro-anatomie des vertébrés à l'université Denis-Diderot à Paris. Son activité de recherche s'est principalement tournée vers les aspects phylogénistiques et adaptatifs de l'encéphalisation. Il est l'auteur, seul ou en collaboration, d'une dizaine d'ouvrages dont *Éléments de neurologie* (Sedes, 1992), *Zoologie des cordés* (Ellipses, 1991) et *Des protozoaires aux échinodermes* (Ellipses, 1992).

INDEX DES NOMS DE PERSONNES

A

C

D

E

F

G

H

I

J

K

P

T

U

V

W

Y

Z

INDEX DES NOTIONS

V

Impression réalisée par

BUSSIÈRE
GROUPE CPI

à Saint-Amand-Montrond (Cher)
en avril 2005

N° d'édition : 3011/4. N° d'impression : 051756/1.
Dépôt légal : janvier 2005.
ISBN : 2-84734-052-1

Imprimé en France